新编 Access 2007 数据库管理入门与提高

■ 神龙工作室 编著

人民邮电出版社

北京

图书在版编目（CIP）数据

新编 Access 2007 数据库管理入门与提高 / 神龙工作室编著. —北京：人民邮电出版社，2008.8
ISBN 978-7-115-18465-8

Ⅰ. 新… Ⅱ. 神… Ⅲ. 关系数据库—数据库管理系统，Access 2007 Ⅳ. TP311.138

中国版本图书馆 CIP 数据核字（2008）第 098975 号

内 容 提 要

本书是指导初学者学习 Access 2007 的入门书籍。书中图文并茂地介绍了初学者学习 Access 2007 必须掌握的基础知识、操作方法和使用技巧等。全书共分 13 章，包括 Access 2007 概述、数据库基础、数据库的创建与管理、数据操作、查询、操作查询、SQL 语言、窗体概述、窗体设计、报表、宏对象、VBA 和模块以及综合实例——考勤管理系统等。

本书附带一张精心开发的专业级多媒体教学光盘，它采用全程语音讲解、情景式教学、详细的图文对照和真实的情景演示等方式，紧密结合书中的内容，通过 19 个精彩实例对 Access 2007 的各个知识点进行了深入的讲解，一步一步地引导读者学习 Access 2007 在公司办公中的实际应用。光盘中还包括书中各章“过关练习题”对应的习题答案、书中各个实例对应的素材与模板以及一本内含 300 个经典的 Access 2007 实战技巧的电子图书，大大地扩充了本书的知识范围。

本书既适合 Access 2007 初、中级读者阅读，又可以作为大中专院校和企业的培训教材，同时对 Access 2007 高级用户也有一定的参考价值。

新编 Access 2007 数据库管理入门与提高

◆ 编　　著　神龙工作室
　责任编辑　魏雪萍

◆ 人民邮电出版社出版发行　　北京市崇文区夕照寺街 14 号
　邮编　100061　　电子函件　315@ptpress.com.cn
　网址　http://www.ptpress.com.cn
　三河市海波印务有限公司印刷

◆ 开本：880×1092　1/16
　印张：22.25
　字数：654 千字　　　　2008 年 8 月第 1 版
　印数：1– 4 000 册　　　2008 年 8 月河北第 1 次印刷

ISBN 978-7-115-18465-8/TP

定价：39.80 元（附光盘）

读者服务热线：(010)67132692　印装质量热线：(010)67129223
反盗版热线：(010)67171154

前言

Access 2007 是目前最流行的、功能强大的桌面数据库管理系统之一，它以其强大的功能和直观的操作界面，越来越受到用户的青睐。与其他数据库管理系统相比，Access 2007 具有界面规范、易于掌握的特点，但想能够熟练地掌握 Access 2007 提供的功能也并非易事。编写本书就是为了帮助读者尽快掌握这一数据库管理系统工具。

本书特色一览

❖ **内容全面、信息量大**：本书信息量大，涵盖了 Access 2007 软件中的绝大部分功能，力求在有限的篇幅内为读者奉献更多的知识，并帮助读者在学习的过程中举一反三。

❖ **一步一图、以图析文**：在介绍实际应用案例的过程中，每一个操作步骤的后面均附有对应的图形，这种图文结合的方法，能让读者在学习的过程中直观、清晰地看到操作的效果，易于理解和掌握。

❖ **功能实例、完美融合**：本书根据实例具体操作的需要，将 Access 2007 软件的各项功能充分地融入到实例中，使实例和功能达到了完美的融合。同时在各个章节的最后都有一个"本章小结"，对本章的内容进行了一次完整的贯通，以帮助读者巩固掌握本章的相关知识点和提升解决实际问题的能力。

❖ **书盘结合、易于理解**：本书附带一张多媒体教学光盘，光盘紧扣书中的内容，以实例的形式进行讲解，使用户更易于理解 Access 2007 的基础知识。同时光盘中还附赠了 300 个专业的可直接应用于生活和工作中的 Access 2007 实战技巧，以帮助用户更深刻地了解书本中所介绍的 Access 2007 的各种强大功能，也给用户的日常工作和学习带来了极大的便利。

配套光盘扫描

本书附赠一张多媒体教学光盘，内含 19 个精彩实例，讲解时间长达 3.5 个小时。还包含书中各章"过关练习题"对应的习题答案以及书中各个实例对应的素材文件、原始文件和最终效果，另赠送一本 351 页、内含 300 个经典的 Access 2007 实战技巧的电子图书。

本书的配套光盘是一张精心开发的专业级多媒体教学光盘，它采用全程语音讲解、情景式教学、详细的图文对照和真实的情景演示等方式，紧密结合书中的内容对各个知识点进行了深入的讲解，大大地扩充了本书的知识范围。

光盘使用须知

如果在 Windows Vista 中文版操作系统下使用本光盘，请在运行光盘之前关闭用户账户控制（UAC）功能，否则可能会出现报错现象；在 Windows XP 系统下不会出现报错现象，因此不用进行此项操作。

1. 单击【开始】➤【控制面板】菜单项，打开【控制面板】窗口。

2. 单击左侧窗格中的【经典视图】链接切换到经典视图模式下，然后双击右侧窗格中的【用户账户】图标，打开【用户账户】窗口。

3. 单击【打开或关闭“用户账户控制”】链接打开【打开或关闭“用户账户控制”】窗口。

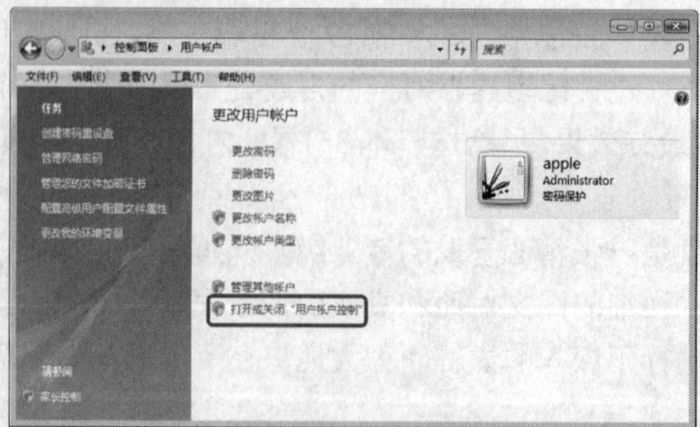

4. 撤选【使用用户账户控制（UAC）帮助保护您的计算机】复选框，然后单击

确定按钮即可完成更改。

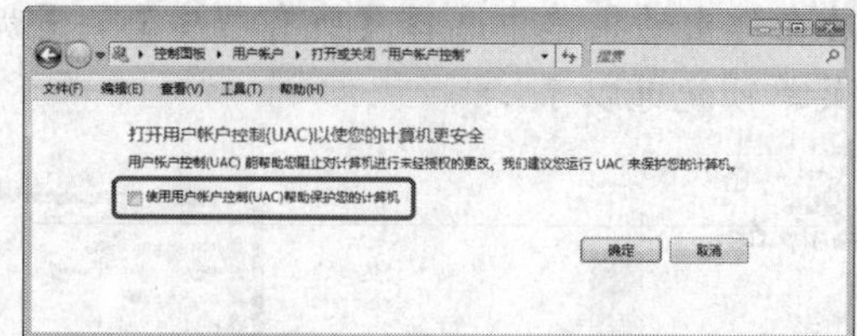

配套光盘运行方法

1. 将光盘印有文字的一面朝上放入光驱中，几秒钟后光盘就会自动运行。
2. 若光盘没有自动运行，在 Windows XP 操作系统下可以双击桌面上的【我的电脑】图标打开【我的电脑】窗口，然后双击光盘图标，或者在光盘图标上单击鼠标右键，在弹出的快捷菜单中选择【自动播放】菜单项，光盘就会运行；在 Windows Vista 操作系统下双击桌面上的【计算机】图标打开【计算机】窗口，然后双击光盘图标，或者在光盘图标上单击鼠标右键，在弹出的快捷菜单中选择【安装或运行程序】菜单项。

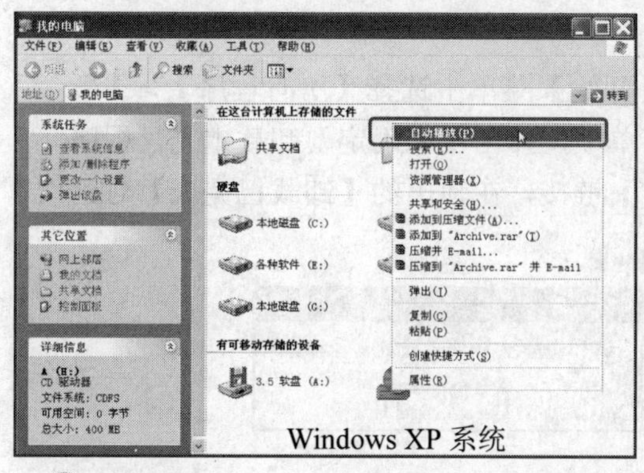
Windows XP 系统

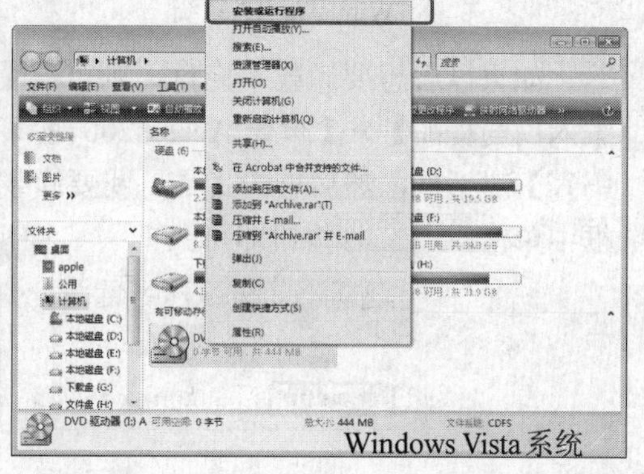
Windows Vista 系统

3. 光驱长期使用读盘的能力可能会下降，旧光驱读盘能力可能也比较差，因此最好将光盘内容安装到硬盘上观看，把配套光盘保存好作为备份。在光盘主界面中单击【安装光盘】按钮，弹出【选择安装位置】对话框，从中选择合适的安装路径，然后单击确定按钮就可以将光盘内容安装到硬盘中。

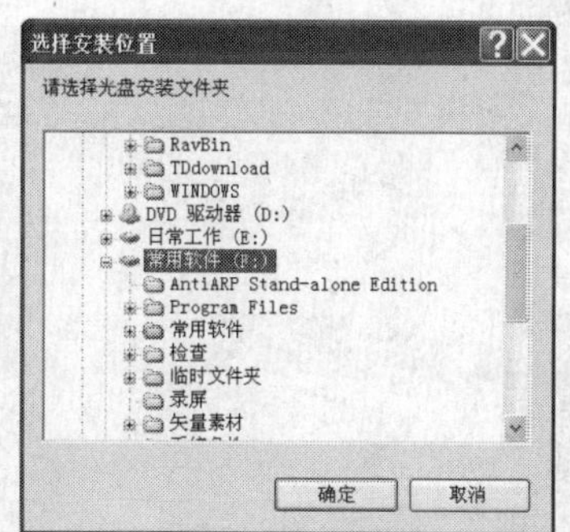

4 以后观看光盘内容时，只要单击【开始】按钮(Windows XP: [开始按钮图], Windows Vista: [开始按钮图])，然后在弹出的菜单中选择【所有程序】➤【新编入门与提高】➤【Access2007】菜单项就可以了。

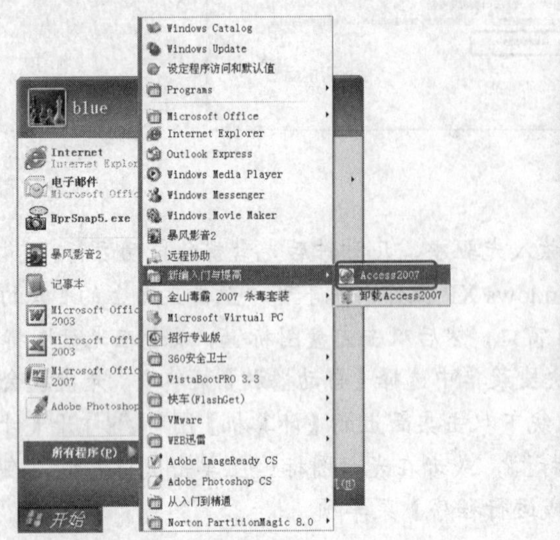

Windows XP 系统

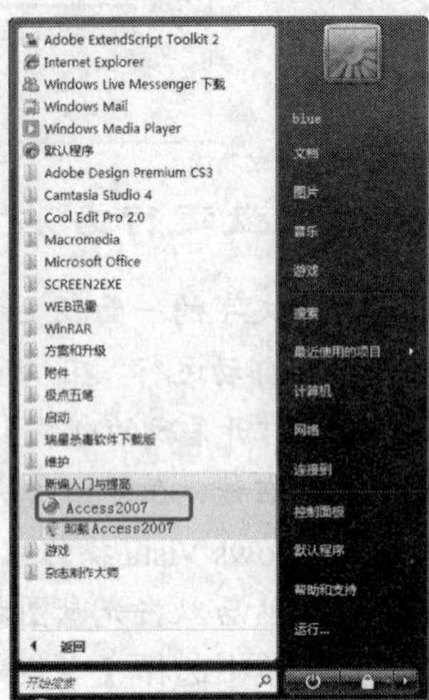

Windows Vista 系统

如果以后想要卸载本光盘，则可在【开始】菜单中选择【所有程序】➤【新编入门与提高】➤【卸载 Access2007】菜单项，弹出【您确定要卸载本光盘程序吗？】对话框，然后单击【是，我要卸载】链接，在弹出的【卸载已完成】对话框中单击 确定 按钮即可。

本书由神龙工作室编著，参与资料收集和整理工作的有孙爱萍、王松燕、张相红、王福艳、徐晓丽、宫明文等。由于时间仓促，书中难免有疏漏和不妥之处，恳请广大读者不吝批评指正。

我们的联系信箱：weixueping@ptpress.com.cn。

编 者

目　录

第 1 章　Access 2007 概述 ········ 1
1.1　Access 2007 简介 ········ 2
1.1.1　初识 Access 2007 ········ 2
1.1.2　Access 2007 操作界面 ········ 2
1.1.3　Access 2007 数据库的新增功能 ········ 6
1.2　Access 2007 的安装、升级和卸载 ········ 8
1.2.1　Access 2007 的安装 ········ 8
1.2.2　Access 2007 的升级 ········ 9
1.2.3　Access 2007 的卸载 ········ 10
1.3　Access 中的对象 ········ 11
1. 表 ········ 11
2. 查询 ········ 12
3. 窗体 ········ 12
4. 报表 ········ 12
5. 宏 ········ 12
6. 模块 ········ 12
1.4　Access 选项设置 ········ 12
1.4.1　【常用】选项设置 ········ 13
1. 使用 Access 时采用的首选项 ········ 13
2. 创建数据库 ········ 13
3. 对 Microsoft Office 进行个性化设置 ········ 13
1.4.2　【当前数据库】选项设置 ········ 14
1. 应用程序选项 ········ 14
2. 导航 ········ 15
3. 功能区和工具栏选项 ········ 16
4. 名称自动更正选项 ········ 16
5. 筛选查阅选项 ········ 16
1.4.3　数据表设置 ········ 16
1. 默认颜色 ········ 17
2. 网格线和单元格效果 ········ 17
3. 默认字体 ········ 17
1.4.4　对象设计器设置 ········ 18
1. 表设计 ········ 18
2. 查询设计 ········ 18
3. 窗体/报表 ········ 18
4. 错误检查 ········ 19
1.4.5　校对设置 ········ 20
1.4.6　高级设置 ········ 20
1. 编辑 ········ 20
2. 显示 ········ 21
3. 打印 ········ 22
4. 常规 ········ 22
5. 高级 ········ 23
1.5　导航窗格 ········ 24
1.5.1　导航窗格简介 ········ 24
1.5.2　导航窗格的控件 ········ 24
1.5.3　导航窗格的视图类型 ········ 25
1.5.4　导入和导出 ········ 25
1. 导入 ········ 25
2. 导出 ········ 27
1.5.5　类别和组 ········ 29
1.6　Access 数据库中的基本操作 ········ 30
1.6.1　新建数据库 ········ 30
1. 通过快捷菜单 ········ 30
2. 通过【Office 按钮】 ········ 30
1.6.2　打开数据库 ········ 31
1. 双击数据库文件打开 ········ 32
2. 在【Microsoft Access】窗口中打开 ········ 32
1.6.3　保存数据库 ········ 33
1. 使用【保存】菜单项 ········ 33
2. 使用【保存】按钮 ········ 33
1.6.4　数据库另存为 ········ 33
1.6.5　重命名数据库 ········ 34
1.6.6　关闭数据库 ········ 34
1.6.7　退出 Access 2007 ········ 35
1. 使用 ✕ 退出 Access(X) 按钮 ········ 35
2. 使用【关闭】按钮 × ········ 35
1.7　本章小结 ········ 35
1.8　过关练习题 ········ 36
第 2 章　数据库基础 ········ 37
2.1　数据库概述 ········ 38
2.1.1　数据库相关概念 ········ 38

1. 数据 38
2. 数据库 38
3. 数据库管理系统 38
4. 数据库系统 38
2.1.2 数据库技术的发展 39
1. 人工管理阶段 39
2. 文件系统阶段 39
3. 数据库系统阶段 40
2.2 数据模型 41
2.2.1 数据模型的组成要素 42
1. 数据结构 42
2. 数据操作 42
3. 数据完整性约束 42
2.2.2 概念模型 42
1. 信息世界的基本概念 42
2. 实体间的联系 43
3. 概念模型的表示方法 43
2.3 数据库系统结构 44
2.3.1 数据库系统的三级模式结构 44
2.3.2 二级映象功能与数据独立性 45
1. 外模式／模式映象 45
2. 模式／内模式映象 45
2.4 本章小结 45
2.5 过关练习题 45
第 3 章 数据库的创建与管理 47
3.1 创建数据库 48
3.1.1 创建空数据库 48
3.1.2 使用模板 49
3.2 创建数据表 50
3.2.1 认识表 50
1. 表的结构 50
2. 表的视图 51
3.2.2 创建表 52
1. 使用数据表视图创建表 52
2. 使用表模板创建表 53
3. 使用表设计视图创建表 54
3.3 “附件”数据类型 55
3.3.1 添加“附件”字段 56
1. 使用数据表视图时添加 56
2. 使用设计视图时添加 56
3.3.2 为“附件”字段赋值 57
3.3.3 打开“附件”字段 58
3.4 设置表属性 59
3.4.1 主键 59
1. 使用【主键】按钮设置 59
2. 使用【主键】菜单项设置 59
3.4.2 索引 60
1. 为单字段设置索引 60
2. 为多字段设置索引 61
3.4.3 字段属性 61
1. 基本属性 62
2. 其他属性 62
3.4.4 修改表结构 66
1. 修改字段属性 66
2. 修改字段顺序 66
3.5 本章小结 67
3.6 过关练习题 67
第 4 章 数据操作 69
4.1 设置数据格式 70
4.1.1 字体 70
4.1.2 字号 71
4.1.3 字形 71
4.1.4 文字颜色 72
4.1.5 背景颜色 73
4.1.6 网格线 73
4.2 记录操作 74
4.2.1 新建 75
4.2.2 保存 75
4.2.3 删除 76
4.2.4 合计 76
4.2.5 拼写检查 78
4.2.6 其他属性 78
1. 行高 78
2. 隐藏列 79
3. 取消隐藏列 80
4. 冻结 81
5. 取消冻结 82
6. 列宽 82

7. 子数据表 …… 83

4.3 查找和替换 …… 86

4.3.1 查找 …… 86

1. 查找指定记录 …… 86
2. 查找指定内容 …… 87

4.3.2 替换 …… 88

4.4 排序和筛选 …… 89

4.4.1 排序 …… 89

4.4.2 筛选 …… 91

1. 基于选定内容筛选 …… 91
2. 按窗体筛选 …… 92
3. 高级筛选/排序 …… 93

4.5 其他 …… 94

4.6 本章小结 …… 95

4.7 过关练习题 …… 96

第 5 章 查询 …… 97

5.1 单表查询 …… 98

5.1.1 初识查询 …… 98

5.1.2 选择查询字段 …… 100

1. 选择字段 …… 100
2. 设置字段属性 …… 101

5.1.3 查询准则 …… 102

1. 使用 OR 连接 …… 102
2. 使用 Between…and 连接 …… 103
3. 使用 In 连接 …… 104
4. 使用 Like 模糊查询 …… 105

5.1.4 计算字段 …… 106

5.1.5 数据排序 …… 108

1. 在数据表视图中排序 …… 108
2. 在设计视图中排序 …… 109

5.1.6 总计查询 …… 110

5.2 多表查询 …… 111

5.2.1 连接查询 …… 111

1. 等值连接 …… 112
2. 外连接 …… 113

5.2.2 嵌套查询 …… 114

5.3 查询向导 …… 116

5.3.1 使用向导创建查询 …… 117

1. 创建简单查询 …… 117
2. 创建交叉表查询 …… 118
3. 创建查找重复项查询 …… 119
4. 创建查找不匹配项查询 …… 120

5.3.2 查询属性 …… 122

1. 打开查询属性 …… 122
2. 设置查询属性 …… 123

5.4 查询设计 …… 124

5.5 本章小结 …… 125

5.6 过关练习题 …… 126

第 6 章 操作查询 …… 127

6.1 选择查询 …… 128

6.2 更新查询 …… 129

6.3 生成表查询 …… 131

6.4 交叉表查询 …… 133

6.5 追加查询 …… 135

6.6 删除查询 …… 137

6.7 本章小结 …… 139

6.8 过关练习题 …… 139

第 7 章 SQL 语言 …… 141

7.1 SELECT 查询 …… 142

7.1.1 SELECT 语句格式 …… 142

7.1.2 SELECT 语法规范 …… 142

7.1.3 目标列表达式 …… 143

1. 列名作为目标列表达式 …… 143
2. 表达式作为目标列表达式 …… 144
3. 字符串作为目标列表达式 …… 147

7.1.4 FROM 子句 …… 148

7.1.5 WHERE 子句 …… 149

1. 比较运算符 …… 149
2. BETWEEN…AND …… 150
3. 谓词 IN …… 151
4. 谓词 LIKE …… 153
5. 谓词 NULL …… 154
6. 逻辑运算符 AND 和 OR …… 155

7.1.6 ORDER BY 子句 …… 156

7.1.7 GROUP BY 子句 …… 158

7.2 计算查询 …… 159

7.2.1 SUM 函数 …… 159

7.2.2 COUNT 函数 …… 160

7.2.3 AVG 函数 …… 162
7.2.4 MAX 和 MIN 函数 …… 163
1. MAX 函数 …… 163
2. MIN 函数 …… 164
7.3 连接查询 …… 165
7.3.1 连接查询 …… 165
7.3.2 JOIN 连接查询 …… 167
1. INNER JOIN …… 167
2. OUTER JOIN …… 168
7.4 其他查询 …… 169
7.4.1 交叉表查询 …… 169
7.4.2 联合查询 …… 170
7.5 操作查询 …… 172
7.5.1 添加数据 …… 172
1. INSERT 语句添加一条新数据 …… 172
2. INSERT 语句添加多条新数据 …… 174
3. SELECT…INTO 语句 …… 175
7.5.2 修改数据 …… 176
7.5.3 删除数据 …… 178
7.6 本章小结 …… 179
7.7 过关练习题 …… 179
第 8 章 窗体概述 …… 181
8.1 窗体简介 …… 182
8.2 创建窗体 …… 183
8.2.1 使用向导创建窗体 …… 183
8.2.2 使用设计视图创建窗体 …… 185
8.3 窗体结构 …… 187
8.3.1 窗体相关概念 …… 187
8.3.2 设置窗体结构 …… 187
8.3.3 窗体属性 …… 188
8.3.4 窗体控件 …… 189
8.3.5 使用窗体控件 …… 190
1. 使用按钮 …… 190
2. 使用组合框 …… 191
3. 使用选项组 …… 192
4. 使用 ActiveX 控件 …… 193
8.4 子窗体 …… 194
8.4.1 创建子数据表数据源 …… 194
8.4.2 创建子窗体 …… 196
8.4.3 插入子窗体 …… 197
1. 不使用控件向导插入子窗体 …… 197
2. 使用控件向导插入子窗体 …… 199
8.5 本章小结 …… 202
8.6 过关练习题 …… 202
第 9 章 窗体设计 …… 203
9.1 窗体设计工具 …… 204
9.1.1 窗体视图工具 …… 204
9.1.2 设计视图工具 …… 205
9.2 窗体界面设计 …… 207
9.2.1 设置控件大小 …… 207
9.2.2 设置窗体布局 …… 209
9.2.3 设置控件属性 …… 212
9.2.4 设置网格线 …… 214
9.2.5 设置窗体外观 …… 215
9.2.6 设置窗体属性 …… 217
1. 设置连续窗体 …… 217
2. 设置窗体视图访问权限 …… 218
3. 设置窗体中的按钮 …… 219
4. 设置"Tab 键次序" …… 220
9.3 本章小结 …… 222
9.4 过关练习题 …… 222
第 10 章 报表 …… 223
10.1 报表概述 …… 224
10.1.1 报表结构 …… 224
10.1.2 操作报表 …… 224
10.1.3 打印报表 …… 226
10.2 创建报表 …… 227
10.2.1 使用【报表向导】按钮创建 …… 227
10.2.2 使用【报表设计】按钮创建 …… 229
10.2.3 使用【报表】按钮创建 …… 232
10.2.4 使用【空报表】按钮创建 …… 232
10.3 设计报表 …… 233
10.3.1 报表属性 …… 233
1. 直接双击 …… 233
2. 单击【属性表】按钮 …… 234
10.3.2 报表数据源 …… 234
10.3.3 报表数据排序 …… 236
10.3.4 报表界面设计 …… 238

10.4 创建子报表 241
10.5 创建标签 243
10.6 图表报表 244
10.6.1 创建图表报表 245
10.6.2 设计图表报表 246
10.7 本章小结 254
10.8 过关练习题 254
第 11 章 宏对象 255
11.1 宏概述 256
11.1.1 宏操作 256
11.1.2 宏和宏组 256
11.2 宏的创建与设计 256
11.2.1 宏的创建 256
11.2.2 宏的设计 257
11.2.3 宏组的设计 260
11.2.4 条件宏 262
11.3 常用宏操作 264
11.4 本章小结 266
11.5 过关练习题 266
第 12 章 VBA 和模块 267
12.1 VBA 概述 267
12.1.1 VBA 优点 268
12.1.2 VBE 简介 268
1. VBE 的打开方式 268
2. VBE 界面 269
12.1.3 使用代码窗口 270
1. 注释语句 271
2. 连写和换行 271
12.2 VBA 基础 272
12.2.1 数据类型 272
12.2.2 变量、常量、数组和表达式 273
1. 变量的声明 273
2. 常量的声明 273
3. 变量和常量的作用域 273
4. 静态变量和非静态变量 274
5. 数组 274
6. 表达式 274
12.2.3 VBA 的关键字和标识符 275
1. 关键字 275
2. 标识符 275
12.2.4 VBA 的控制语句 276
1. 赋值语句 276
2. 循环语句 277
3. 判断语句 280
4. 结构语句 282
12.3 过程和模块 284
12.3.1 子过程 284
12.3.2 函数过程 284
12.3.3 属性过程 285
12.3.4 类模块 285
12.3.5 标准模块 285
12.4 数据库操作 286
12.4.1 DAO 286
12.4.2 ADO 286
12.5 调试 289
12.5.1 错误种类 289
12.5.2 【调试】工具栏 289
1. 【立即窗口】按钮 290
2. 【监视窗口】按钮 290
12.5.3 【调试】菜单 292
12.5.4 调试方法 292
1. 执行代码 292
2. 暂停代码运行 293
3. 查看变量值 293
4. 良好的编程习惯 294
12.6 VBA 对象 295
12.6.1 对象 295
1. VBA 对象简介 295
2. 使用 VBA 对象 296
3. 创建对象 296
12.6.2 类模块 297
12.7 本章小结 298
12.8 过关练习题 298
第 13 章 综合实例—考勤管理系统 299
13.1 总体设计 300
13.1.1 需求分析 300
13.1.2 系统设计 300
13.2 数据库设计 300

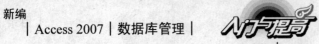

13.2.1 数据表的逻辑结构设计 ······ 300
13.2.2 创建数据库 ······ 303
1. 创建空白数据库 ······ 303
2. 创建数据库 ······ 304
3. 创建关系 ······ 305
13.3 系统模块设计 ······ 307
13.3.1 创建员工信息管理窗体 ······ 307
1. 窗体界面设计 ······ 307
2. 控件功能设计 ······ 309
13.3.2 创建工作时间管理窗体 ······ 318
13.3.3 创建出勤管理窗体 ······ 320
13.3.4 创建考勤管理窗体 ······ 325
13.3.5 创建考勤资料查询窗体 ······ 335
13.3.6 创建系统启动界面 ······ 337
13.4 本章小结 ······ 339
13.5 过关练习题 ······ 340
附录 Access 2007 实战技巧 300 招 ······ 341

第 1 章　Access 2007 概述

Access 2007 是 Microsoft 公司开发的 Microsoft Office 套装办公软件中的一个功能强大的数据库管理软件，适用于中小型企业。

Access 2007 是专业的数据库开发工具，其操作界面由原来的对菜单项和工具栏的操作变为对选项卡和组的操作，这在一定程度上提高了用户的操作效率。

- Access 2007 简介
- Access 2007 的安装
- Access 中的对象
- Access 数据库中的基本操作

1.1 Access 2007 简介

Access 2007 是 Office 2007 套装办公软件中的一个重要组件，集表、窗体、查询、报表、宏和模块等对象于一体，是中小型企业开发数据库系统的首选。

1.1.1 初识 Access 2007

Microsoft Office Access 2007 提供了一组功能强大的管理和处理数据的工具，用户可以通过这些工具快速地开始跟踪、报告和共享信息。还可以通过自定义几个预定义模板、转换现有数据库或创建新的数据库快速地创建应用程序，对这些操作用户不必掌握很深厚的数据库知识即可进行。通过使用 Access 2007 可以轻松地使数据库应用程序和报告适应不断变化的业务需求。

1.1.2 Access 2007 操作界面

打开 Access 2007 数据库窗口，可以看到该窗口采用了一个与以前版本发生了很大变化的全新的界面，如下图所示。

上述界面的左侧列出了 Access 2007 数据库中包含的本地模板和来自 Microsoft Office Online 的模板。选中某种类型的模板，即可在上述界面的中间位置看到这种类型的模板包含的所有模板，例如切换至【教育】选项卡中，就可以在中间位置看到【教职员】和【学生】教育模板。

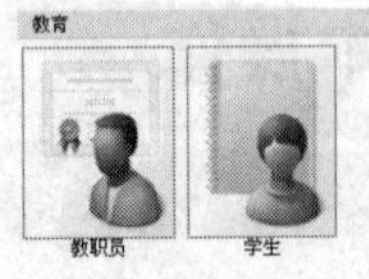

上述界面的右侧列出了最近打开的各个数据库，单击这些数据库链接即可将其打开。这里单击第 1 项：\员工管理系统.mdb。

提示

在 Access 2007 中使用“.accdb”作为文件的扩展名。因为上图中的【打开最近的数据库】窗格中的数据库是采用早期的版本创建的，所以还保持着原来的“.mdb”扩展名。

在 Access 2007 数据库中打开【员工管理系统】数据库，可以看到除了包含与其他的 Office 2007 办公软件中相同的组件外，它还包括导航窗格和选项卡式文档区。下面简要地介绍一下工作界面的各个部分。

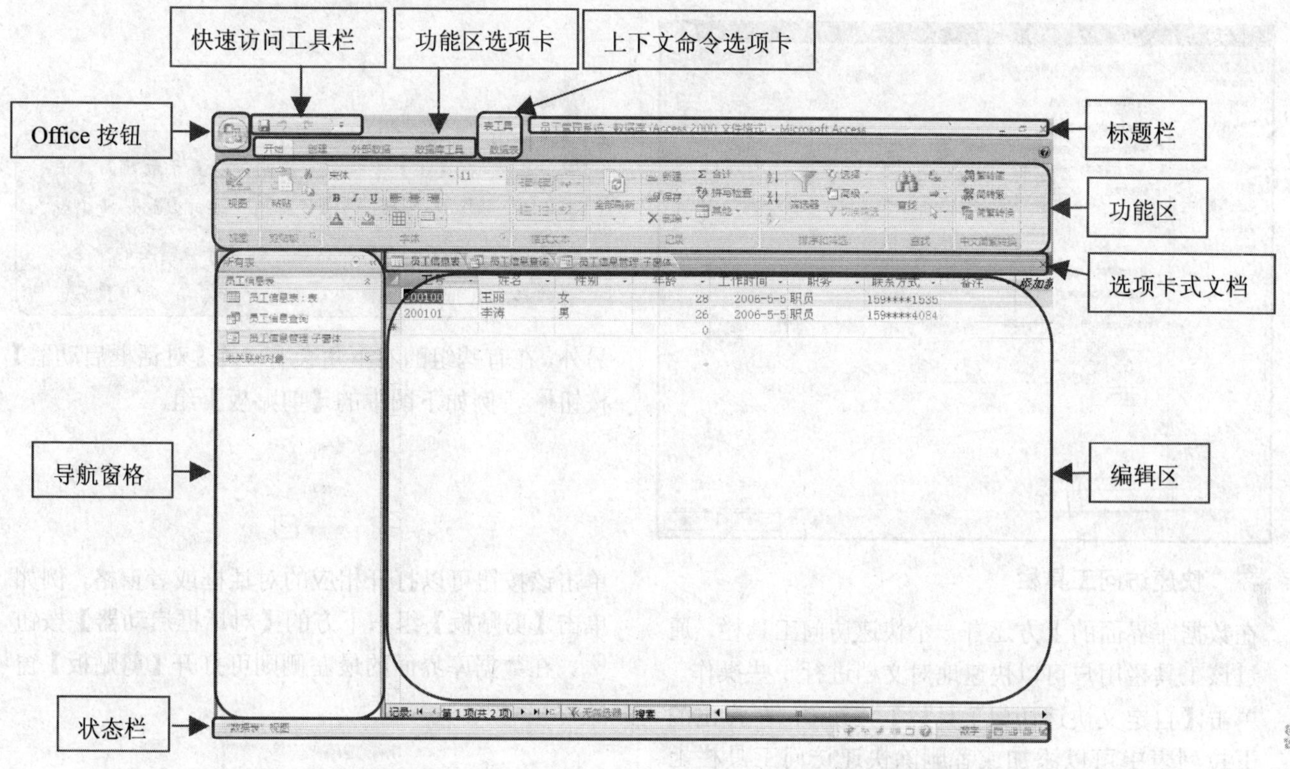

Office 按钮

在以前的 Microsoft Office 版本中，许多有用的功能与文档创作体验完全不相关，只是涉及用户共享文档、保护文档、打印文档、发布文档和发送文档等方面，缺少用户可在一个地方看到所有这些功能的单一位置。

Office Fluent 用户界面将 Microsoft Office System 的功能都整合在“Office 按钮”中作为用户界面的一个入口。这样做可以帮助用户找到这些有用的功能，也可以使功能区的作用侧重于创建优秀文档，从而简化了核心创作方案。

提示

Office Fluent 用户界面包括功能区选项卡、上下文命令选项卡、快速访问工具栏和 Office 按钮等。

单击 Access 2007 操作界面左上角的【Office 按钮】按钮，可以看到下图所示的界面。

在弹出的下拉列表中显示了用户可以进行的各种操作，同时在下拉列表的右侧列出了用户最近使用的文档名称，单击其中的任意一个文档名称即可将其打开。

在菜单项的最下方有两个按钮：Access 选项(I) 按钮和 退出 Access(X) 按钮。单击 Access 选项(I) 按钮会弹出

【Access 选项】对话框，用户可以在此对 Access 选项进行设置。

快速访问工具栏

在数据库界面的上方还有一个快速访问工具栏，通过该工具栏用户可以快速地对文档进行一些操作。单击【自定义快速访问工具栏】按钮，在弹出的下拉列表中可以添加或者删除快速访问工具栏上的按钮。

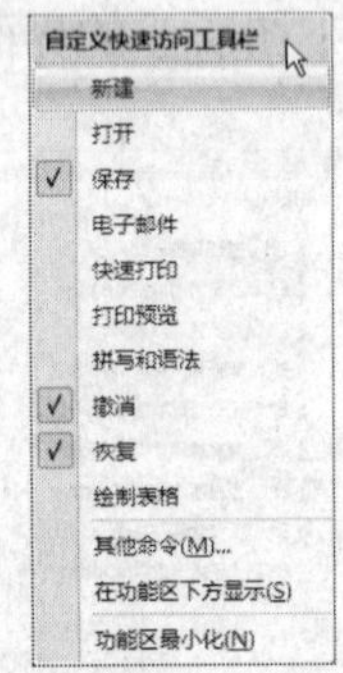

功能区

Access 2007 新增了功能区，替代了 Access 2003 的菜单栏和工具栏。Access 2007 的大多数更改主要集中在功能区，即横跨 Access 界面顶部的区域。

功能区由选项卡、组和命令等 3 部分组成。单击选项卡名称可以打开此选项卡所包含的组和命令，例如下图是在【创建】选项卡中的【表】组中选择【表设计】命令。

在【组】中将最常用的命令置于最前面，使各个命令都位于最佳位置，这样用户就可以轻松地完成常见任务，而不必在程序的各个部分寻找需要的命令，操作起来更加轻松快捷。

另外，在有些组的右下角会有一个【对话框启动器】按钮，例如下图中的【剪贴板】组。

单击该按钮可以打开相应的对话框或者窗格，例如单击【剪贴板】组右下方的【对话框启动器】按钮，在数据库界面的最左侧则可打开【剪贴板】窗格。

上下文命令选项卡

上下文命令选项卡是一组特定的命令集，只在编辑特定类型的对象时才会相关。例如在 Access 数据库中打开一个数据表时，就会在功能区的上方添加一个【表工具 数据表】上下文命令选项卡，单击该选项卡，功能区将显示仅当对象处于表视图时才能使用的命令。

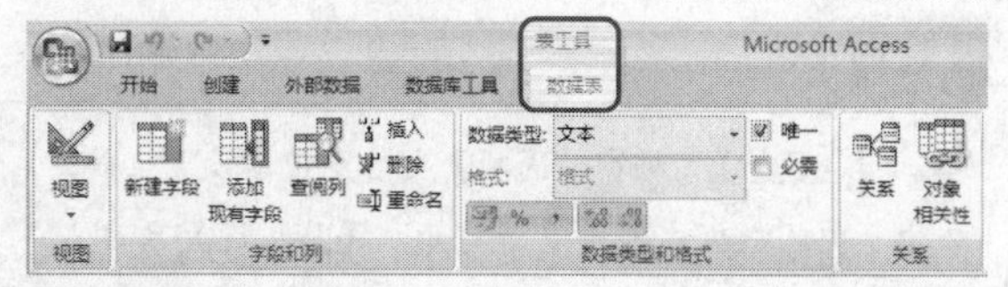

标题栏

标题栏位于 Access 数据库窗口的右上方，主要包括文件名称、程序名称和窗口控制按钮，利用窗口控制按钮可以最小化、还原或者最大化以及关闭 Access 窗口。

Microsoft Access

导航窗格

导航窗格是位于窗口左侧显示数据库对象的区域，取代了 Access 早期版本中的“数据库”窗口。在创建或者打开数据库时，数据库对象的名称将显示在导航窗格中，包括表、窗体、报表、查询、宏和模块等数据库对象。双击导航窗格中的某一个对象，可以在右侧的选项卡式文档区显示出该对象。

单击导航窗格右上角的【“百叶窗开/关”按钮】按钮«则会隐藏该导航窗格，再单击【“百叶窗开/关”按钮】按钮»则会显示导航窗格。

选项卡式文档

选项卡式文档是 Access 2007 与早期 Access 版本的最大不同之处。在 Access 2007 中可以用选项卡式文档代替重叠窗口来显示数据库对象。如下图所示，单击选项卡中不同的选项名称即可切换到不同的选项卡中。

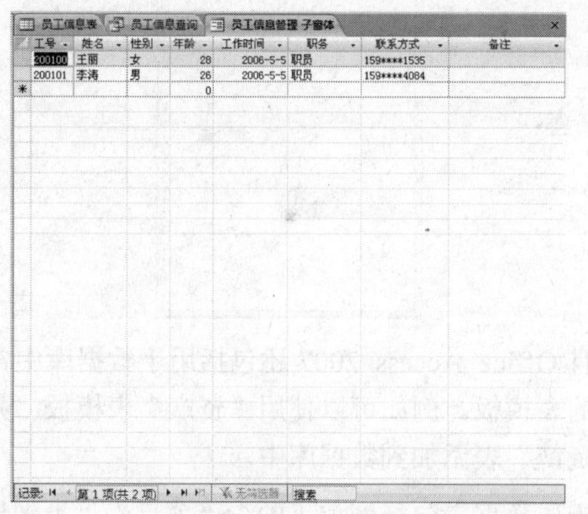

在选项卡上单击鼠标右键，在弹出的快捷菜单中选择相应的命令可以实现对当前数据库对象的各种操作，例如保存、关闭以及视图切换等。

> **提示**　单击选项卡右侧的【关闭】按钮×也可以关闭当前数据库对象窗口。

如果打开的数据库文件是使用 Access 的早期版本创建的，那么这些对象将不会以选项卡的方式显示，而是以重叠窗口的方式显示。要想使用选项卡方式显示，可以通过设置【Access 选项】对话框中的【选项卡式文档】单选按钮来启用选项卡式文档。具体的操作步骤如下。

1. 单击【Office 按钮】按钮，在弹出的下拉列表的右下方单击 Access 选项(I) 按钮。

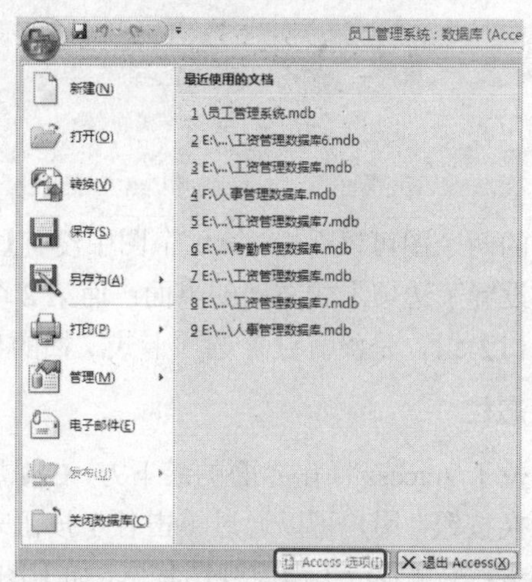

2. 打开【Access 选项】对话框，在左侧的窗格中切换至【当前数据库】选项卡，然后在右侧窗格中的【文档窗口选项】组合框中选中【选项卡式文档】单选按钮，随即可以看到【显示文档选项卡】复选框也变为可用，使其处于选中状态，之后单击 确定 按钮即可。

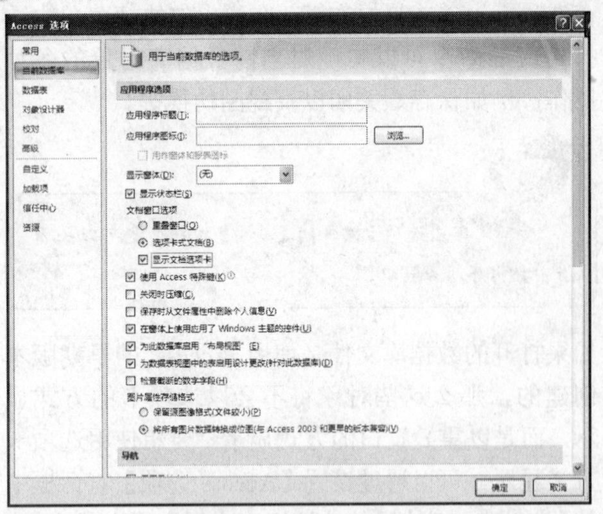

提示

设置【文档窗口选项】之后要使该设置生效，必须要关闭数据文件再重新打开，并且该设置只对当前数据库文件生效。如果打开其他的数据库文件，那么仍然会采用默认的【文档窗口选项】设置。

除了可以在【文档窗口选项】组合框中看出是否使用了选项卡式文档之外，还可以在 Access 数据库界面中看出，如下图所示。

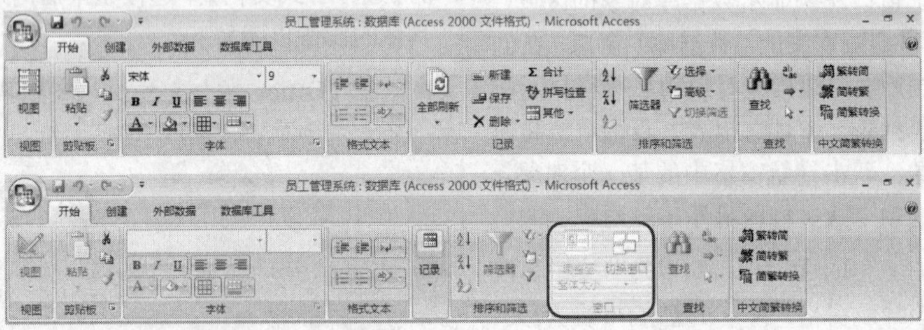

从上面的两个图可以看出，第 1 个图中没有【窗口】组，是设置了选项卡式文档的界面；而第 2 个图中有【窗口】组，是没有设置选项卡式文档的界面。

状态栏

状态栏位于 Access 操作界面的最下方，右侧是各种视图切换按钮，用户可以通过单击各个按钮来切换视图状态；左侧显示了当前视图状态，如下图所示，当前显示的是【"数据表"视图】状态。

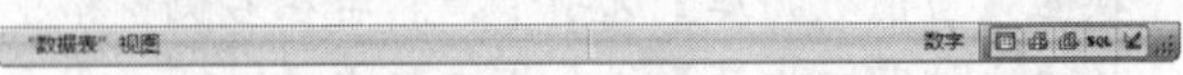

1.1.3 Access 2007 数据库的新增功能

Access 2007 在原来的 Access 数据库的基础上又增加或者增强了一些功能，主要包括以下几个方面。

新增的字段和表模板

Access 2007 提供了包含预定义字段的字段模板，用户可以直接将需要的字段从"字段模板"窗格中拖到数据表上。每个预定义字段都带有名称、字段类型、长度和预设属性等。

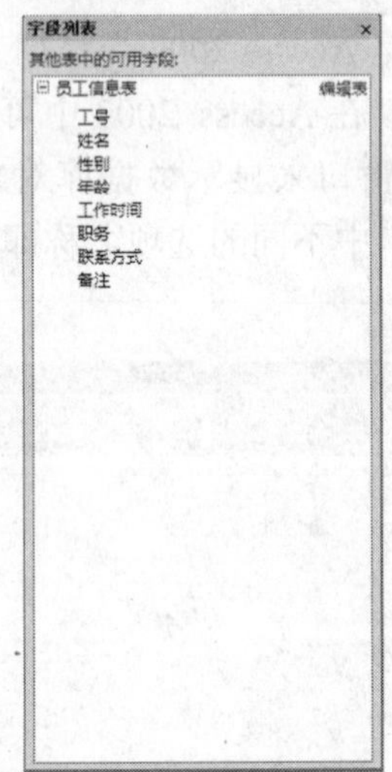

并且 Office Access 2007 还包括用于数据库中常用表的表模板。例如可以使用"资产"表模板，并将"资产"表添加到数据库中。

因为该数据表包括例如"ID"、"项目"、"类别"和

“状况”等常用字段，并设置了各个字段的属性，所以用户能立刻开始使用该数据表。

改进的数据表视图

现在要想创建数据表，只要先切换至【创建】选项卡，并单击【表】组中的【表】按钮，然后在数据表中输入数据即可。

Office Access 2007 会自动地为每个字段分配一个最佳数据类型。“添加新字段”列将显示添加新字段的位置。如果用户需要更改数据类型或者要显示新字段或现有字段的格式，可以通过使用功能区（Microsoft Office Fluent 用户界面的组件）上的命令轻松执行。用户还可以将 Microsoft Office Excel 表中的数据粘贴到新的数据表中，Office Access 2007 会自动地创建所有的字段并识别数据类型。

员工信息表

	工作时间	职务	联系方式	备注	添加新字段
	2006-5-5	职员	159****1535		
	2006-5-5	职员	159****4084		
*					

面向结果的用户界面

Microsoft Office Fluent 用户界面是新的面向结果的用户界面，可以让用户很轻松地在 Office Access 2007 中工作。在早期的版本中命令和功能常常深藏在复杂的菜单和工具栏中，现在用户可以在包含命令和功能的组以及面向任务的选项卡上更容易地找到它们。不管在新的用户界面上进行什么活动，Access 都将显示能够成功完成该任务的最佳工具。

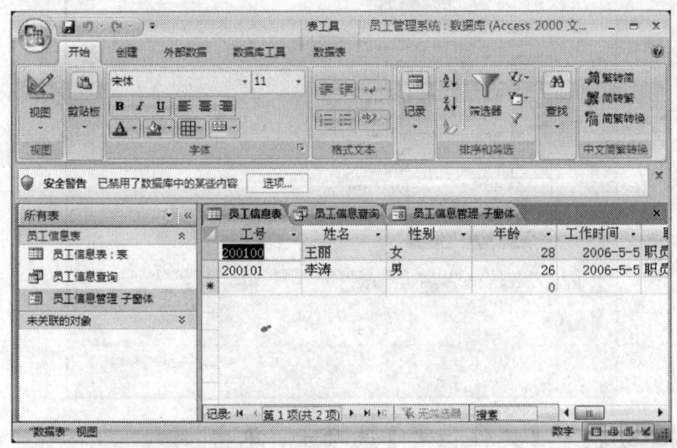

增强的安全性

Office Access 2007 增强了安全功能，它与 Windows SharePoint Services 相集成，能够帮助用户进行更有效的管理，并且使用户的信息跟踪应用程序变得更加安全可靠。通过将跟踪应用程序数据存储在 Windows SharePoint Services 上的列表中，可以审核修订历史记录、恢复被删除的信息以及设置数据访问权限等。

> 提示
>
> Microsoft Windows SharePoint Services 是一项可供扩展和与其他产品共用的技术。Microsoft 和其他软件供应商的一些产品将 Windows SharePoint Services 作为可扩展性平台使用。这些产品通过建立与 Windows SharePoint Services 共同使用的附加功能或自定义已有功能来满足用户的需要。

强大的对象创建工具

使用新增的“创建”选项卡可以快速地创建新的数据库对象，包括窗体、报表、表、Microsoft Windows SharePoint Services 列表、查询、宏和模块等。如果在导航窗格中选择了一个表或查询，可以使用“窗体”或者“报表”命令来创建一个基于该对象的窗体或报表。这些由一次单击创建的新的窗体和报表从视觉上看更具吸引力，并且可以立刻使用。自动生成的窗体和报表具有专业的外观设计，并带有包括一个徽标和一个标题的页眉。此外，一个自动生成的报表还包括日期和时间信息，以及信息性的页脚和总计。

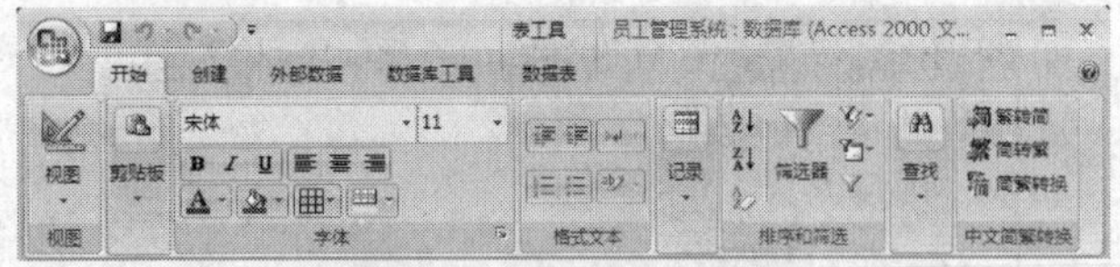

排除故障的最佳方式

Microsoft Office 诊断是一系列有助于发现计算机崩溃原因的诊断测试。这些诊断测试可以解决部分问题，也可以确定其他问题的解决方法。Microsoft Office 诊断取代了 Microsoft Office 2003 功能中的“检测并修复”和“Microsoft Office 应用程序恢复”功能。

1.2　Access 2007 的安装、升级和卸载

Access 2007 是 Microsoft Office 2007 套装的组成部分，在安装 Microsoft Office 2007 的同时即可完成 Access 2007 的安装，其安装的步骤非常简单。

1.2.1　Access 2007 的安装

下面介绍在 Windows XP 操作系统下安装 Office 2007（包括 Access 2007）的方法。

1 将安装光盘插入计算机的光盘驱动器中，在光盘的根目录下双击 Setup.exe 应用程序图标弹出【2007 Microsoft Office system】窗口。

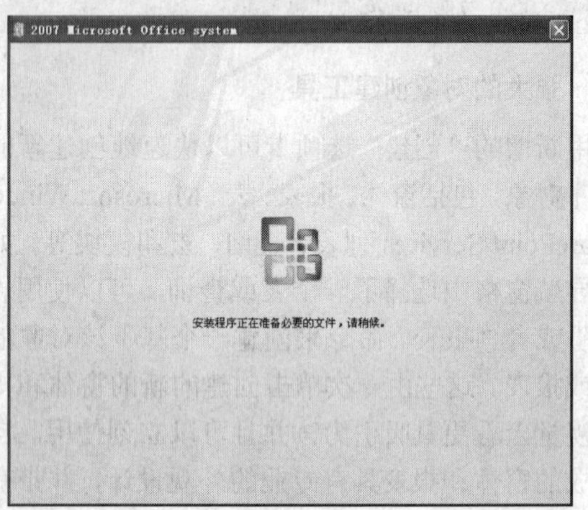

2 随即弹出【输入您的产品密钥】对话框，在下方的文本框中输入产品密钥，然后单击 继续(C) 按钮。

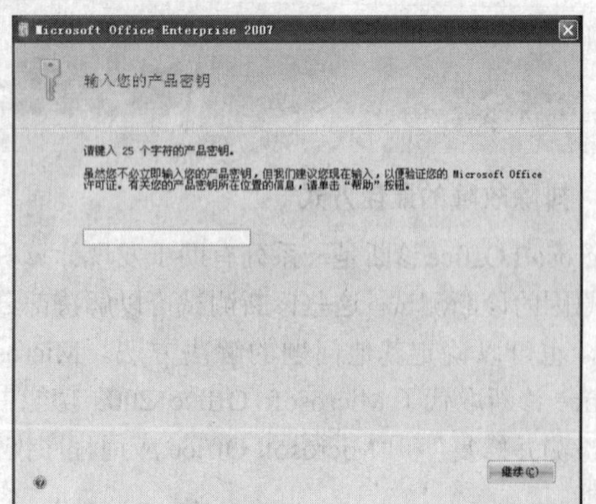

3 弹出【选择所需的安装】对话框，在该对话框中单击 自定义(C) 按钮。

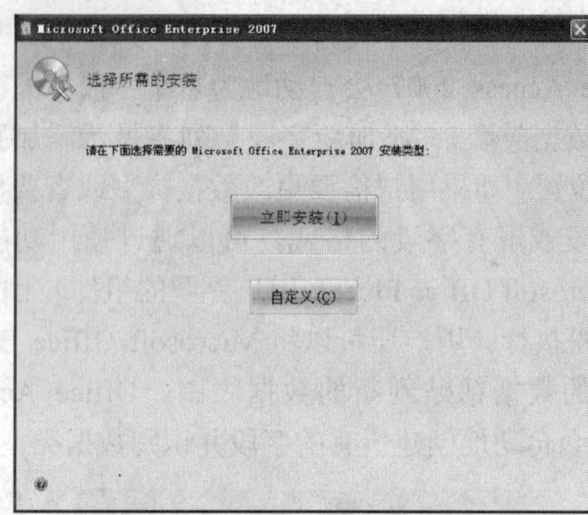

4 弹出【自定义 Microsoft Office 程序的运行方式】对话框，切换至【安装选项】选项卡，在【自定义 Microsoft Office 程序的运行方式】列表框中选择要安装的软件，然后单击 按钮，根据需要在弹出的快捷菜单中选择【从本机运行】、【从本机运行全部程序】、【首次使用时安装】和【不可用】等菜单项，这里为不需要安装的软件选择【不可用】菜单项。

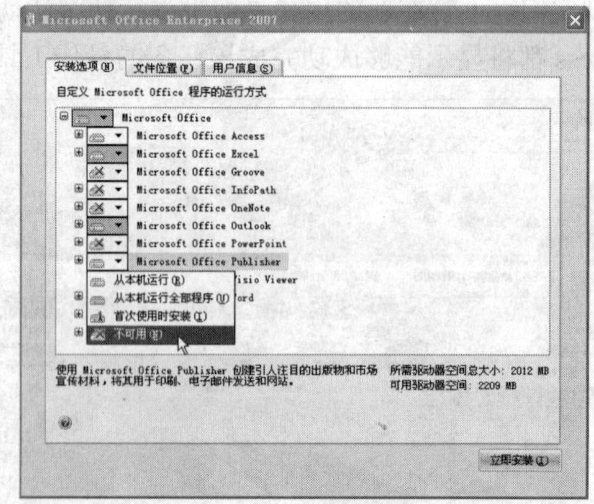

5 切换至【文件位置】选项卡，单击 浏览(B)... 按钮。

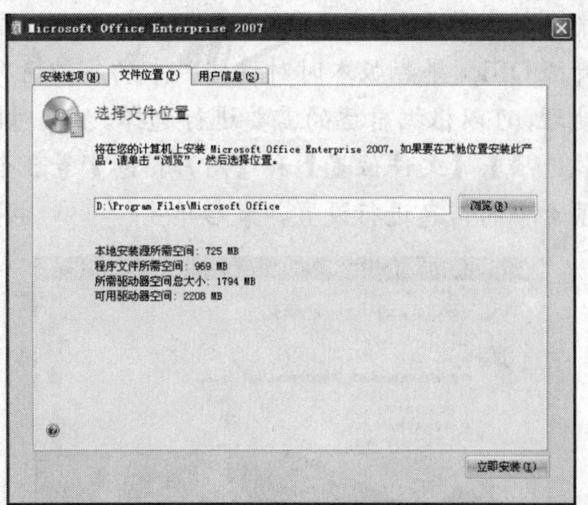

6 随即弹出【浏览文件夹】对话框，在【选择文件位置】列表框中选择文件的安装位置，然后单击 确定 按钮。

7 切换至【用户信息】选项卡，在【全名】、【缩写】和【公司/组织】等文本框中输入相关的信息，然后单击 立即安装(I) 按钮。

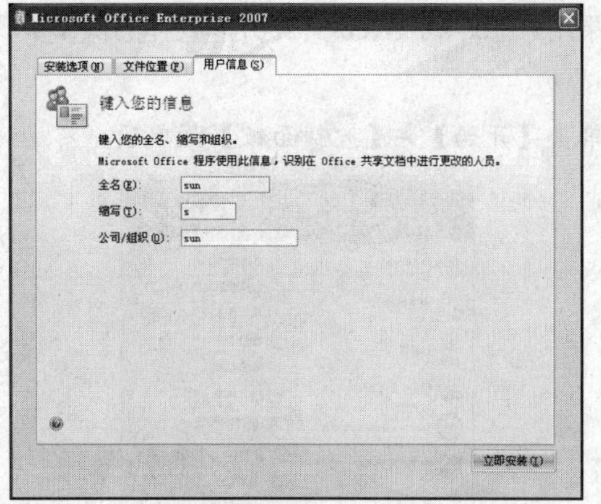

8 随即弹出【安装进度】对话框，在该对话框中显示了 Office 2007 的安装进度。

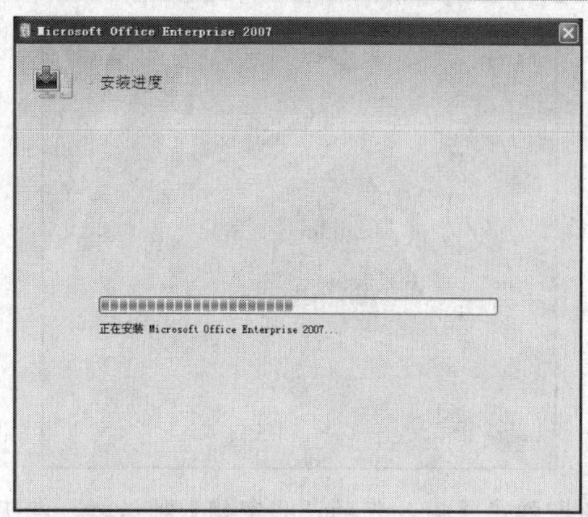

9 最后弹出【已成功安装 Microsoft Office Enterprise 2007】对话框，单击 关闭(C) 按钮即可完成 Office 2007 的安装。

1.2.2 Access 2007 的升级

如果在安装 Office 2007 之前系统中已经存在其他的 Office 的早期版本，那么用户没有必要将早期的版本卸载然后重新安装 Office 2007，直接升级即可。具体的操作步骤如下。

1 将安装光盘插入计算机的光盘驱动器中，在光盘的根目录下双击 Setup.exe 应用程序图标 弹出【2007 Microsoft Office system】窗口。

2 随即弹出【输入您的产品密钥】对话框，在下方的文本框中输入产品密钥，然后单击 继续(C) 按钮。

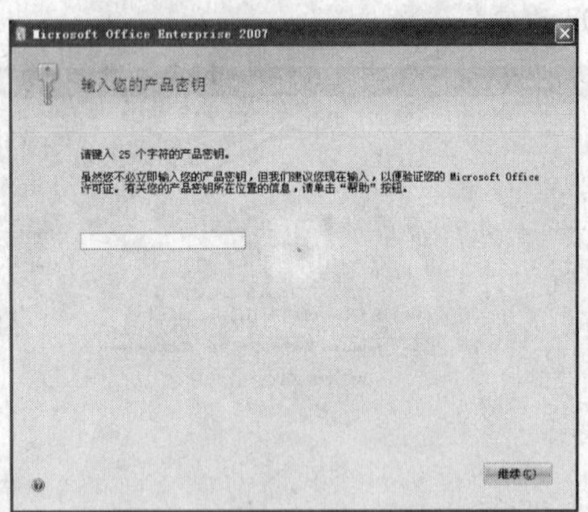

3 弹出【选择所需的安装】对话框，如果单击 升级(P) 按钮，系统将自动对软件进行默认升级；如果单击 自定义(C) 按钮，可以重新设置升级的选项。这里单击 自定义(C) 按钮。

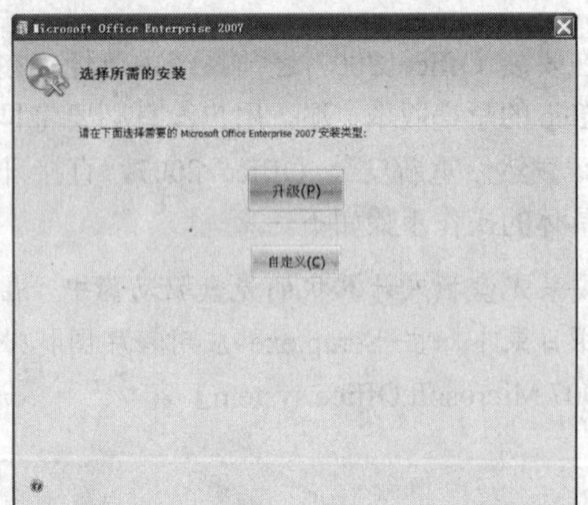

4 随即弹出【升级早期版本】对话框，切换至【升级】选项卡，在【安装程序在计算机上检测到了早期版本的 Microsoft Office】组合框中可以看到升级 Office 早期版本时对这些版本的各种情况的处理，可以根据自己的需要进行选择，然后对【安装选项】、【文件位置】和【用户信息】等 3 个选项卡中的信息进行设置，最后单击 升级(P) 按钮。

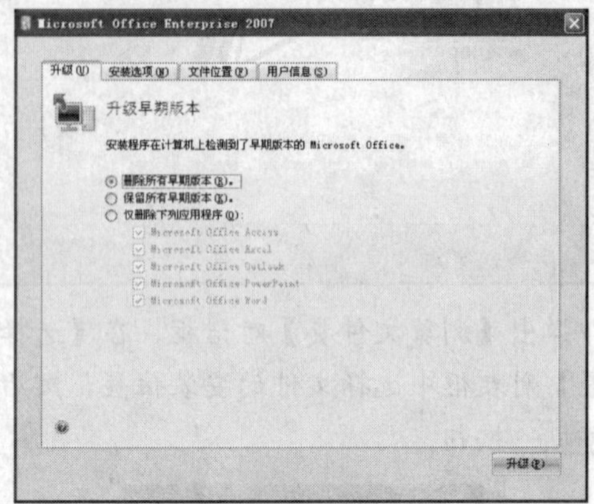

5 下面的几步操作与安装的过程相同，最后会弹出一个【安装】对话框，提示用户需要重新启动机器才能生效，单击 是(Y) 按钮重新启动计算机，升级即成功。

1.2.3 Access 2007 的卸载

如果用户想卸载 Access 2007，具体的操作步骤如下。

1 单击【开始】➤【控制面板】菜单项。

2 打开【控制面板】窗口，在该窗口中双击【添加或删除程序】图标。

3 打开【添加或删除程序】窗口，在该窗口中选择【Microsoft Office Enterprise 2007】选项，并单击 删除 按钮。

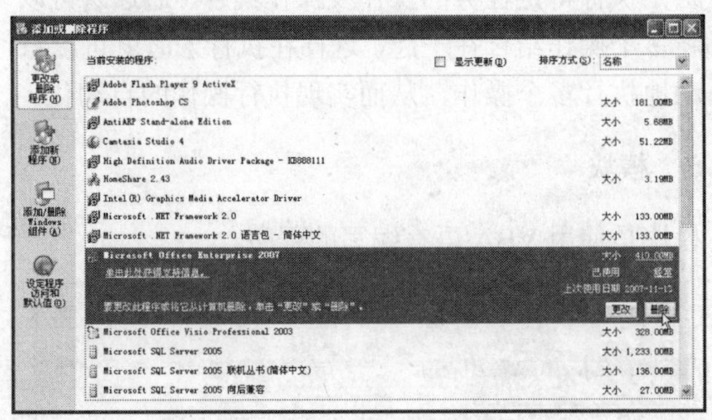

4 随即弹出【安装】对话框，提示用户是否确定要删除 Microsoft Office Enterprise 2007，单击 是(Y) 按钮。

5 弹出【卸载进度】对话框，在该对话框中显示了 Office 2007 的卸载进度。

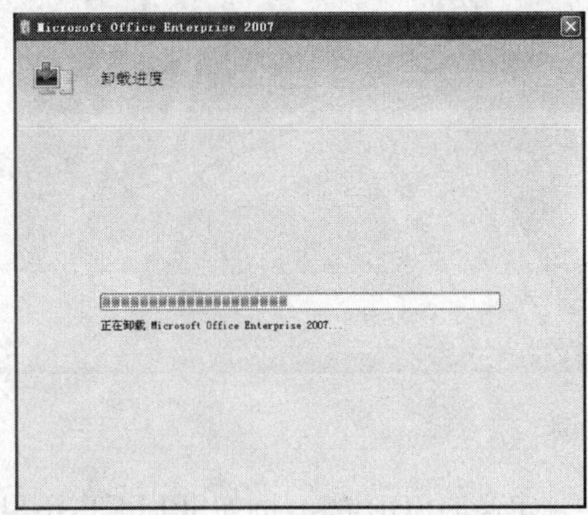

6 弹出【已成功卸载 Microsoft Office Enterprise 2007】对话框，单击 关闭(C) 按钮。

7 弹出【安装】对话框，提示用户需要重新启动系统才能生效，单击 是(Y) 按钮重新启动计算机，卸载即成功。

1.3 Access 中的对象

表、查询、窗体、报表、宏和模块等都是 Access 数据库中的对象，Access 正是通过这些对象来组织和管理数据，所以必须要了解这些数据库对象。

1. 表

表是具体组织和存储数据的对象，用来存储和操作数据的逻辑结构，由列和行组成。在使用数据库时，绝大多数时间都是在与表打交道，数据库内需要有多个保存各种各样数据的表。

在同一个数据库中表的名字必须是唯一的，在同一个表中列的名字也必须是唯一的。

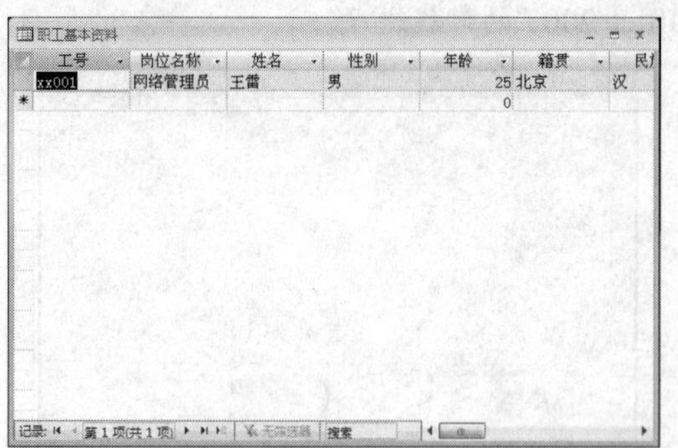

2. 查询

查询是预定义的SQL语句，例如SELECT、INSERT、UPDATE和DELETE语句等。使用查询可以从单个或者多个表中搜索需要的字段，也可以对表进行添加、修改和删除记录等操作。

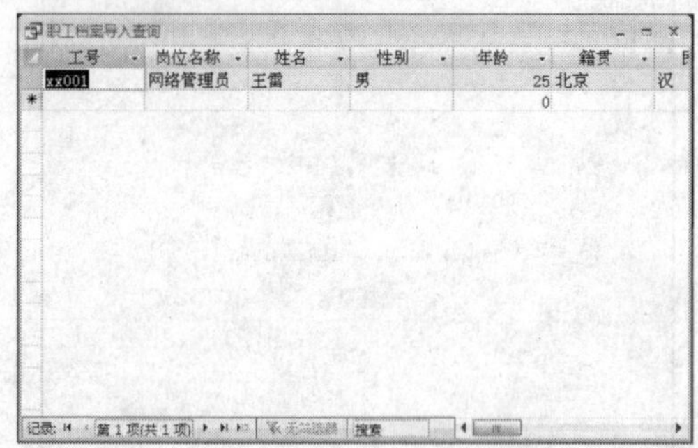

3. 窗体

窗体有多种形式，不同的窗体能够完成不同的功能，可以用来显示和操作数据、显示信息、打印信息和控制流程等。

4. 报表

报表具有特定的版面设置，用来分析和打印数据，并且可以使用图表的形式显示数据信息。

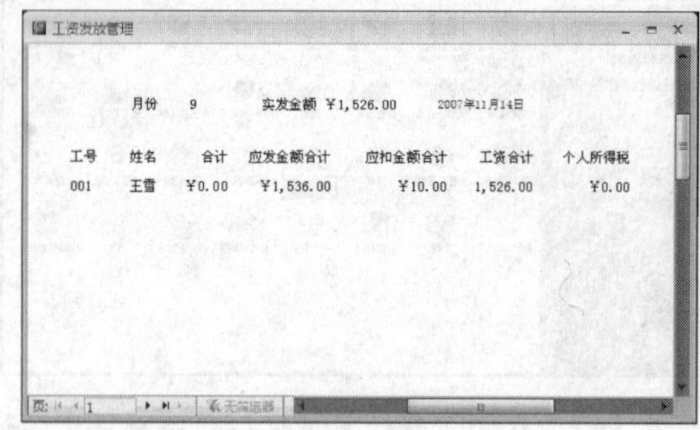

5. 宏

宏是执行特定任务的操作及操作集合，通过宏可以将多个操作结合在一起，这样在执行宏时就可以自动地执行多个操作，从而实现执行操作的自动化。

6. 模块

模块是使用VBA语言编写的程序。

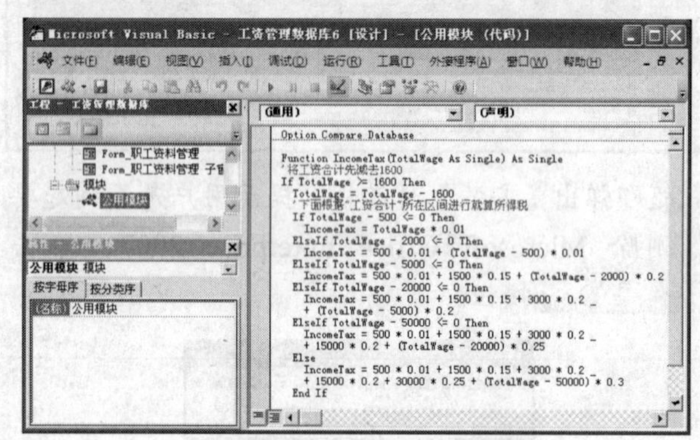

1.4 Access 选项设置

Access 2007 的操作界面比以前的旧版本发生了很多的变化，在新版本中有很多功能是以不同的方式显示在界面上的。本节介绍 Access 选项的设置。

1.4.1 【常用】选项设置

启动 Access 2007 之后，单击【Office 按钮】按钮即可打开 Access 选项的设计界面。

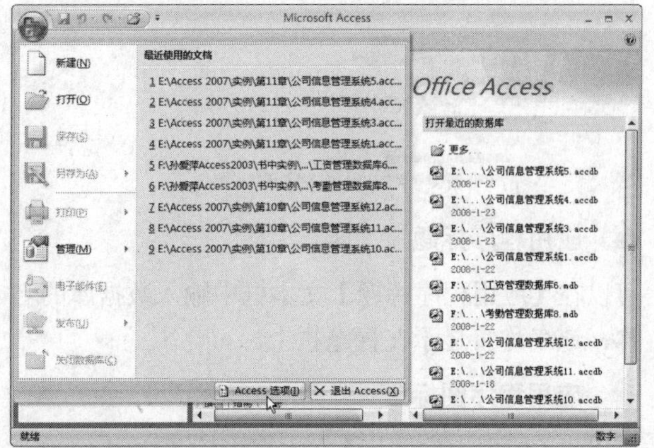

打开【Access 选项】对话框后，第 1 个也是默认选中的就是【常用】选项。

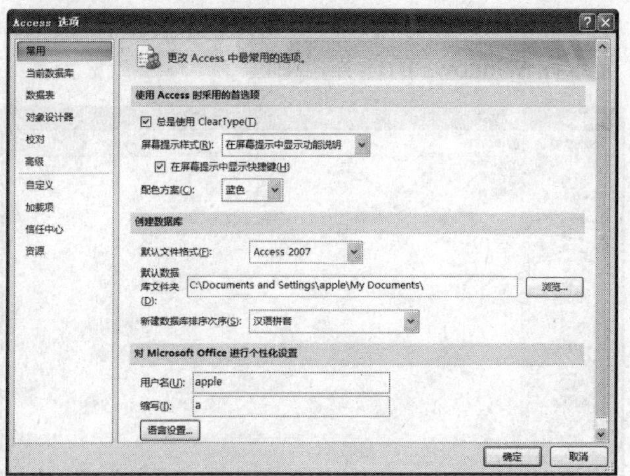

【常用】选项包括使用 Access 时采用的首选项、创建数据库和对 Microsoft Office 进行个性化设置等 3 方面的内容。

1. 使用 Access 时采用的首选项

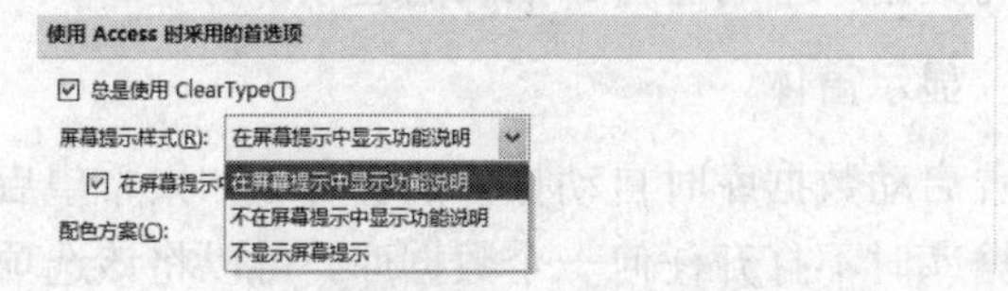

屏幕提示样式

如果选择【在屏幕提示中显示功能说明】选项，那么就会打开屏幕提示和高级屏幕提示。

如果选择【不在屏幕提示中显示功能说明】选项，那么就会关闭高级屏幕提示，但是此时仍然可以看到屏幕提示。

如果选择【不显示屏幕提示】选项，那么就会关闭屏幕提示和高级屏幕提示。

在屏幕提示中显示快捷键

如果选中【在屏幕提示中显示快捷键】复选框，则可在屏幕提示中显示快捷键。

2. 创建数据库

创建数据库
默认文件格式(F): Access 2007
默认数据库文件夹(D): C:\Documents and Settings\apple\My Documents\ 浏览...
新建数据库排序次序(S): 汉语拼音

在【创建数据库】选项区域可以设置或者更改创建新数据库时 Access 使用的文件格式，还可以设置或者更改用于存储新的数据库和文件的默认文件夹。

3. 对 Microsoft Office 进行个性化设置

对 Microsoft Office 进行个性化设置
用户名(U): apple
缩写(I): a
语言设置...

在【对 Microsoft Office 进行个性化设置】选项区域可以对用户名、缩写和语言设置等选项进行设置。

用户名

在其中输入当前用户的姓名或另一个用户的姓名。

缩写

在其中输入当前用户姓名缩写或者另一个用户姓名缩写。

语言设置

单击 语言设置... 按钮打开【Microsoft Office 语言设置 2007】对话框，在该对话框中可以设置或者更改编

辑语言。

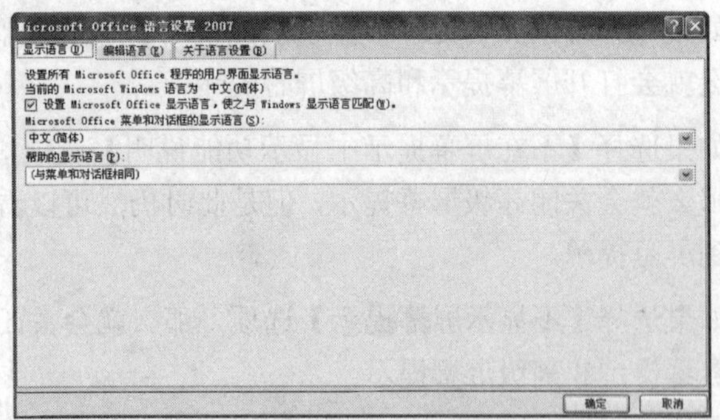

1.4.2 【当前数据库】选项设置

切换至【当前数据库】选项可以打开当前数据库的设置界面。

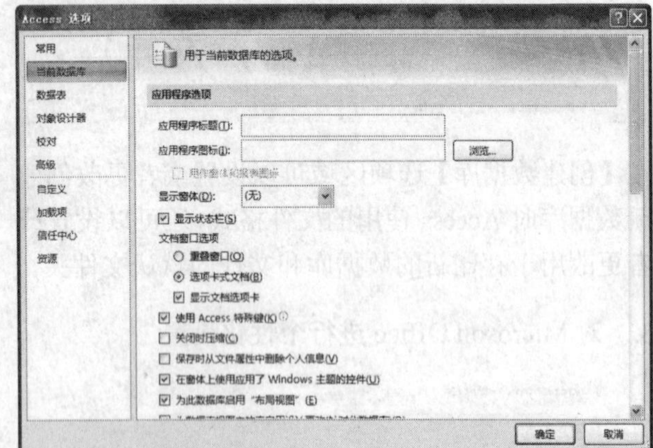

【当前数据库】选项中包括应用程序选项、导航、功能区和工具栏选项、名称自动更正选项和筛选查阅选项等5方面的内容。

1. 应用程序选项

在【应用程序选项】区域可以设置应用程序的标题、图标以及使用Access特殊键等属性。

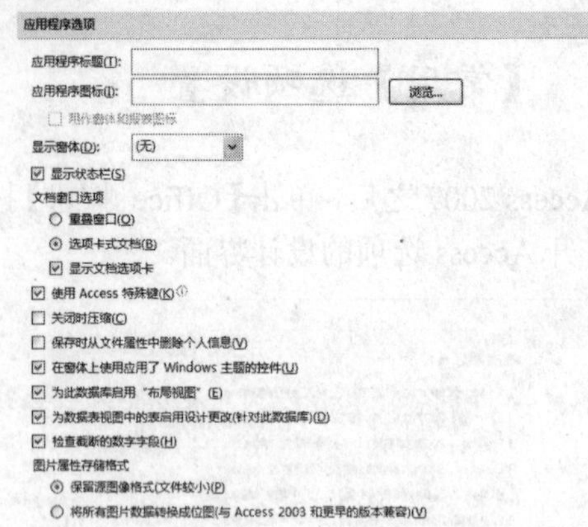

- **应用程序标题**

可以在【应用程序标题】文本框中输入数据库的名称，该名称将显示在标题栏上。

- **应用程序图标**

可以在【应用程序图标】文本框中输入位图（.bmp）或者图标（.ico，car）等文件的路径，或者单击右侧的 浏览... 按钮，在打开的【图标浏览器】对话框中选择，该图标将作为当前数据库文件的程序图标显示在Windows的任务栏中。

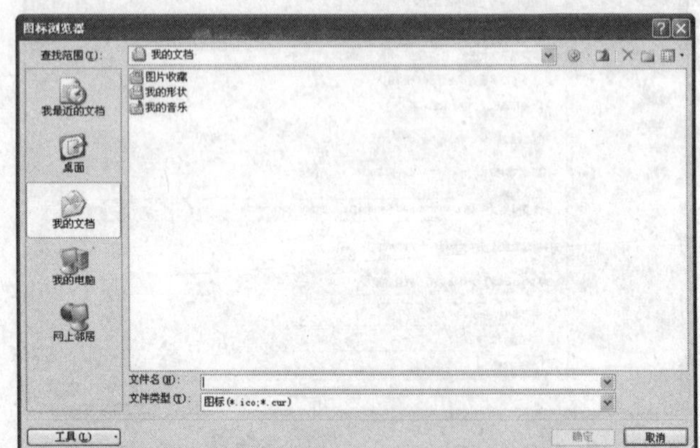

- **用作窗体和报表图标**

选中【用作窗体和报表图标】复选框，那么在【应用程序图标】文本框中设置的图标将显示在当前打开的数据库中的窗体和报表的选项卡标签中。

- **显示窗体**

设置启动数据库时自动打开的窗体。如果希望启动数据库时不打开任何一个数据库，可以将该选项设置为【无】。

显示状态栏

选中【显示状态栏】复选框，则可在 Access 工作区的底部显示状态栏。

文档窗口选项

在【文档窗口选项】选项区中可以选择窗口的显示形式，即重叠窗口或者选项卡式文档。

选中【重叠窗口】单选按钮，用户可以在 Access 2007 中打开多个窗口。

选中【选项卡式文档】单选按钮，将使用单文档界面并且一次显示一个对象。该项为默认选项。

只有选中【选项卡式文档】单选按钮后【显示文档选项卡】复选框才变为可用状态，它用于打开或者关闭出现在任何打开的数据库对象顶部的选项卡。

使用 Access 特殊键

选中【使用 Access 特殊键】复选框可以启用下列快捷键。

【F11】：显示或者隐藏导航窗格。

【Ctrl】+【G】：在 Visual Basic 编辑器中显示相应的窗口。

【Alt】+【F11】：启动 Visual Basic 编辑器。

【Ctrl】+【Break】：使用 Access 2007 项目时停止从服务器上检索记录。

关闭时压缩

选中【关闭时压缩】复选框可以在关闭数据库时自动地进行压缩和修复数据库操作。

保存时从文件属性中删除个人信息

选中【保存时从文件属性中删除个人信息】复选框，可以在保存文件时自动地将个人信息从文件属性中删除。

在窗体上使用应用了 Windows 主题的控件

选中【在窗体上使用应用了 Windows 主题的控件】复选框，可以在窗体和报表控件上使用 Windows 主题，但只能是使用标准主题之外的 Windows 主题时才能应用该设置。

为此数据库启用“布局视图”

选中该复选框可以显示 Access 状态栏上的“布局视图”按钮，或者在右键单击对象选项卡标签出现的快捷菜单中出现“布局视图”菜单项。

提示

因为可以对数据库对象进行禁用布局视图的操作，所以即便启用了该选项也并不一定是可用的。

为数据表视图中的表启用设计更改

选中该复选框将允许用户在使用数据表视图时更改表的设计。

检查截断的数字字段

选中该复选框，如果要显示的数据的长度大于列宽时，该数字将显示为“######”。否则在列中将看到数据的一部分。

图片属性存储格式

如果选中【保留源图像格式】单选按钮，Access 将以原始格式存储图像，这样可以减小数据库大小。

如果选中【将所有图片数据转换成位图】单选按钮，Access 将以 Windows 位图或者与设备无关的位图格式创建原始图像的副本，这样可以查看 Access 2007 的早期版本创建的数据库中的图像。

2. 导航

导航
☑ 显示导航窗格(N)
导航选项...

显示导航窗格

选中该复选框可以在窗体中显示导航窗格。可以按下【F11】键显示隐藏的导航窗格。

导航选项

单击 导航选项... 按钮打开【导航选项】对话框，在该对话框中可以更改导航窗格中显示的类别和组。

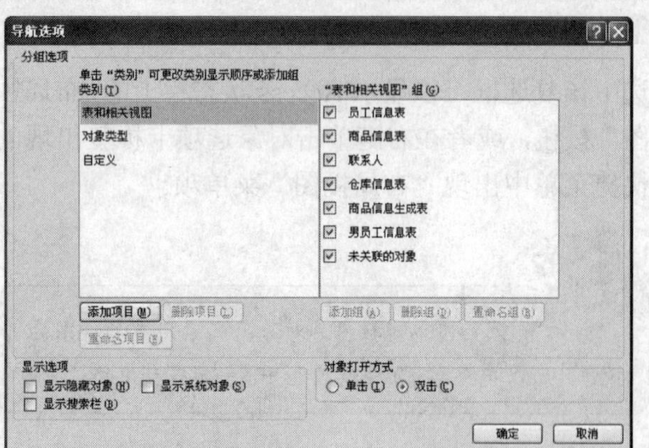

3. 功能区和工具栏选项

功能区和工具栏选项
功能区名称(R):
快捷菜单栏: (默认)
☑ 允许全部菜单(M)
☑ 允许默认快捷菜单(E)

● 功能区名称

从中选择自定义功能区组的名称。

● 快捷菜单栏

设置快捷菜单中的默认菜单栏。

● 允许全部菜单

选中该复选框即可在打开的菜单中显示全部命令。

● 允许默认快捷菜单

选中该复选框即可打开右键单击导航窗格中的数据库对象以及窗体（或者报表）上的控件时出现的快捷菜单。

4. 名称自动更正选项

名称自动更正选项
☑ 跟踪名称自动更正信息(A)
☑ 执行名称自动更正(A)
☐ 记录名称自动更正更改(A)

● 跟踪名称自动更正信息

选中【跟踪名称自动更正信息】复选框，Access 就会自动存储更正命名错误所需的信息。

● 执行名称自动更正

选中【执行名称自动更正】复选框，Access 在发现命名错误时将自动修复错误。如果选中【跟踪名称自动更正信息】复选框并撤选【执行名称自动更正】复选框，那么 Access 将存储所有的错误数据，直到选中该复选框为止。

● 记录名称自动更正更改

选中【记录名称自动更正更改】复选框， Access 将自动记录在修复名称错误时对数据库所做的更改，并将数据保存在 AutoCorrect.log 表中。

5. 筛选查阅选项

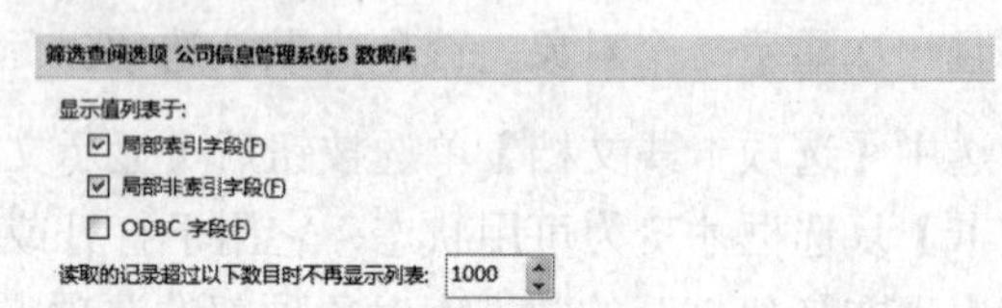

● 显示值列表于

选中【局部索引字段】复选框将包括"按窗体筛选"窗口中显示的值列表的局部索引字段的值。

选中【局部非索引字段】复选框将包括"按窗体筛选"窗口中显示的值列表的局部非索引字段的值。

选中【ODBC 字段】复选框将包括用户使用 ODBC 连接到的表中的值。

● 读取的记录超过以下数目时不再显示列表

在该微调框中显示的数字即为"按窗体筛选"操作创建值列表时要读取的最大记录数。如果完成列表所需的记录数超过了指定的最大记录数，则不会显示值列表。

1.4.3 数据表设置

切换至【数据表】选项可以打开数据表的设置界面。

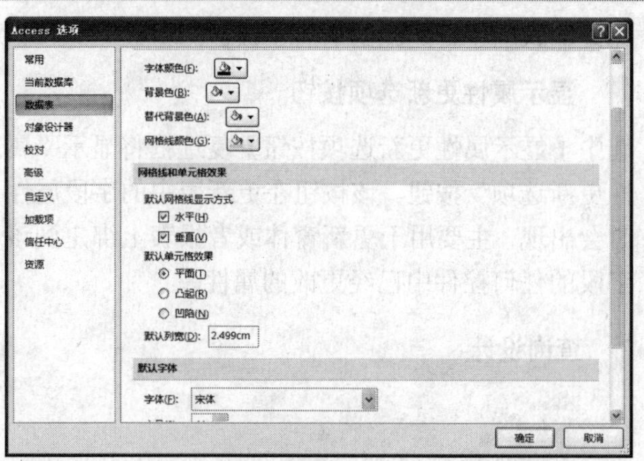

【数据表】选项包括默认颜色、网格线和单元格效果以及默认字体等 3 方面的内容。

1. 默认颜色

字体颜色

用于设置字体颜色。

背景色

用于设置数据表或者查询结果集的背景颜色。

替代背景色

用于设置备用背景色，即在数据表或者查询结果集中隔行加底纹的颜色。

网格线颜色

设置网格线颜色。

2. 网格线和单元格效果

默认网格线显示方式

选中【水平】复选框将显示水平网格线。

选中【垂直】复选框将显示垂直网格线。

默认单元格效果

选中【平面】复选框，将启用数据表或者查询结果集中的单元格平面效果。

选中【凸起】复选框，将启用数据表或者查询结果集中的单元格凸起效果。

选中【凹陷】复选框，将启用数据表或者查询结果集中的单元格凹陷效果。

默认列宽

用于设置数据表或者查询结果集中列的宽度。可以在【默认列宽】文本框中输入一个以英寸或者厘米为单位的度量值，具体由 Windows 设置的度量体制决定。

3. 默认字体

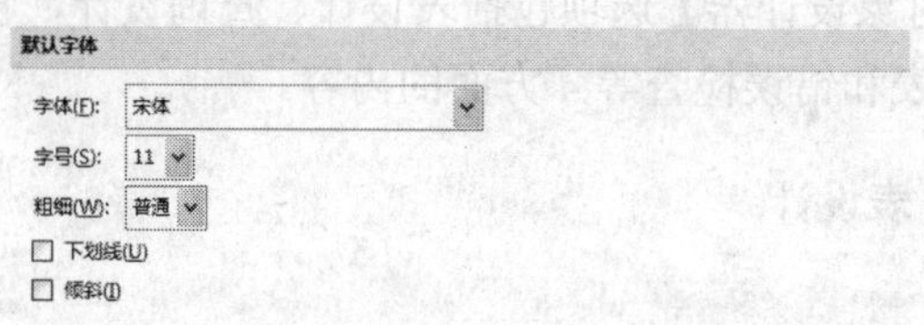

字体

用于设置数据表或者查询结果集中出现的文本的字体。

字号

用于设置所有新数据表或者查询结果集的文本的字号。

粗细

用于设置数据表或者查询结果集中的文本的字体粗细。

下划线

选中【下划线】复选框，将使新数据表或者查询结果集中的文本具有下划线效果。

倾斜

选中【倾斜】复选框，将使新数据表或者查询结果集中的文本具有倾斜效果。

1.4.4 对象设计器设置

切换至【对象设计器】选项可以打开对象设计器的设置界面。

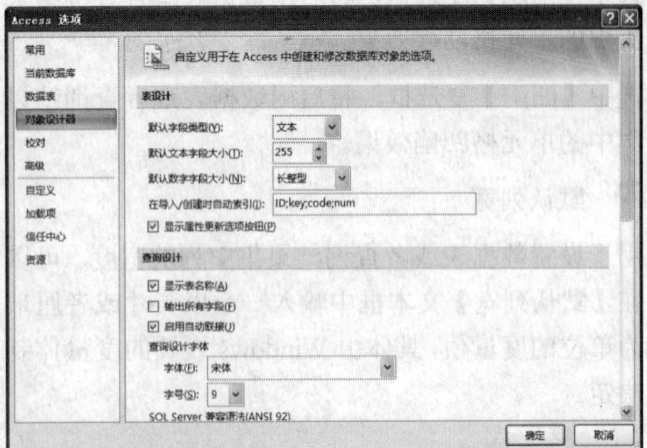

【对象设计器】选项包括表设计、查询设计、窗体/报表和错误检查等 4 方面的内容。

1. 表设计

表设计
默认字段类型(Y): 文本
默认文本字段大小(T): 255
默认数字字段大小(N): 长整型
在导入/创建时自动索引(I): ID;key;code;num
显示属性更新选项按钮(P)

默认字段类型

用于设置新数据表中的字段和添加到现有数据表的字段的默认数据类型，默认为“文本”类型。

默认文本字段大小

用于设置在设置为“文本”数据类型的字段中输入的最大字符数，但最大不能超过默认的最大值 255。

默认数字字段大小

用于设置在设置为“数字”数据类型的字段的大小。

在导入/创建时自动索引

在【在导入/创建时自动索引】文本框中输入字段名称的开始和结束字符，从外部文件导入字段或者将字段添加到表时，Access 2007 将自动索引其名称与此处输入的字符匹配的所有字段。

显示属性更新选项按钮

选中【显示属性更新选项按钮】复选框将显示“属性更新选项”按钮。该按钮在更新表中的字段属性时会出现，主要用于更新窗体或者报表上绑定到该字段的任何控件中已经更改的属性。

2. 查询设计

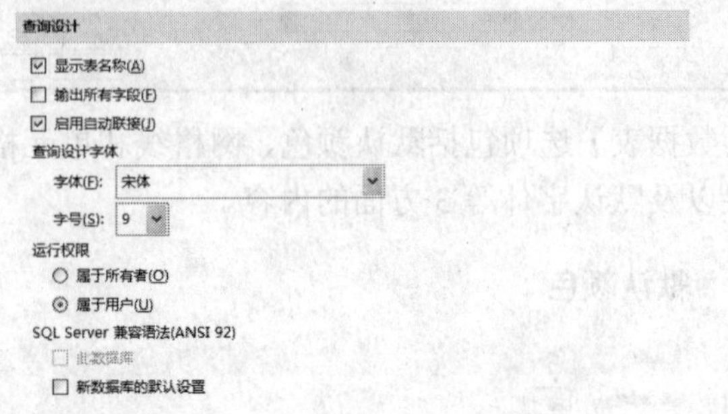

显示表名称

选中【显示表名称】复选框将显示查询设计网格中的“表”行，撤选该复选框将只隐藏新查询的行。如果打开以前显示过表名称的现有查询，Access 将重新启用该选项；如果需要跟踪基于几个表的查询中的字段源，则需要选中该选项。

输出所有字段

选中【输出所有字段】复选框 Access 将向查询添加一个“Select *”语句，该语句将使用给定的查询在基础表或者查询中检索所有的字段。此选项仅用于使用 Access 的当前实例所创建的新查询。

启用自动联接

选中【启用自动联接】复选框将在两表之间自动地创建一个内部联接。但创建联接的两个表必须共享一个相同名称和数据类型的字段，并且这个字段在其中的一个表中必须是主键。

查询设计字体

在【字体】下拉列表中可以设置使用的字体。

在【字号】下拉列表中可以设置使用的字体大小。

SQL Server 兼容语法

当对 Microsoft SQL Server 数据库进行查询操作时将选中该复选框，选中该复选框后则必须对所有的查询使用 ANSI-92 语法。

> **提示**
>
> 如果使用旧的 ANSI-89 语法标准（Access 默认语法）编写现有的查询，查询将返回意外结果或无法运行。

如果选中【新数据库的默认设置】复选框，则可将 ANSI-92 变为所有的当前 Access 实例创建的新数据库的默认查询语法。

3. 窗体/报表

窗体/报表
选中行为
◉ 部分包含(C)
○ 全部包含(L)
窗体模板(M): 普通
报表模板(R): 普通
☐ 始终使用事件过程(E)

【窗体/报表】选项区中的选项用于定义用户拖动矩形以实现选择一个或者多个控件的行为，该选项用于所有的 Access 数据库。

选中行为

如果选中【部分包含】单选按钮，选择的矩形将包含一个控件或者一组控件的一部分。

如果选中【全部包含】单选按钮，选择的矩形将完全包围一个控件或者一组控件。

窗体模板

在【窗体模板】文本框中输入一个现有窗体的名称，该窗体将成为所有的新窗体的模板，并且新窗体将具有与模板窗体相同的节和控件属性。

报表模板

在【报表模板】文本框中输入一个现有报表的名称，该窗体将成为所有的新报表的模板，并且新报表将具有与模板报表相同的节和控件属性。

始终使用事件过程

选中【始终使用事件过程】复选框，在启动 Visual Basic 编辑器时就不会显示【选择生成器】对话框。默认的情况下该对话框将在单击任何事件的属性表上出现。

4. 错误检查

错误检查
☑ 启用错误检查(C)
☑ 检查未关联标签和控件(U)
☑ 检查新的未关联标签(N)
☑ 检查键盘快捷方式错误(K)
☑ 检查无效控件属性(V)
☑ 检查常见报表错误(M)
错误指示器颜色(I)

启用错误检查

选中【启用错误检查】复选框将在窗体和报表中启用错误检查，Access 将在出现一种或者多种错误类型的控件中放置错误指示器，这种错误指示器将以三角形的形式显示在控件的左上角或者右上角，具体位置取决于文本方向。

检查未关联标签和控件

选中【检查未关联标签和控件】复选框，当用户选择某个控件时，Access 将进行检查，以确保所选的对象彼此关联。如果发现错误就会出现“追踪错误”按钮。

检查新的未关联标签

选中【检查新的未关联标签】复选框，Access 将检查所有的新标签，以确保它们与对应的控件相关联。

检查键盘快捷方式错误

选中【检查键盘快捷方式错误】复选框，Access 将检查重复的键盘快捷方式和无效的快捷方式，并可提供可选的快捷方式列表。

检查无效控件属性

选中【检查无效控件属性】复选框，Access 将自动检查控件的无效属性设置。

检查常见报表错误

选中【检查常见报表错误】复选框，Access 将自动检查报表中的常见错误。

错误指示器颜色

用于设置窗体、报表或者控件遇到错误时出现的三角形错误指示器颜色。

> 提示
>
> 【检查新的未关联标签】和【检查键盘快捷方式错误】复选框设置仅适用于窗体。
>
> 【检查常见报表错误】复选框设置仅适用于报表。

1.4.5 校对设置

切换至【校对】选项可以打开校对的设置界面。

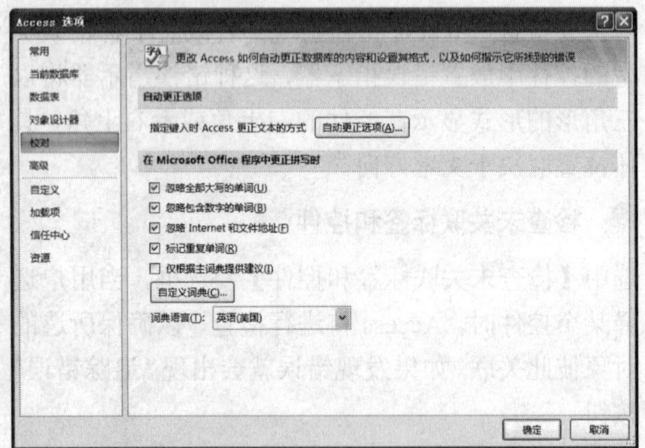

【校对】选项包括自动更正选项和在 Microsoft Office 程序中更正拼写等两方面的内容。

单击 自动更正选项(A)... 按钮，在打开的【自动更正】对话框中可以详细地设置自动更正选项。

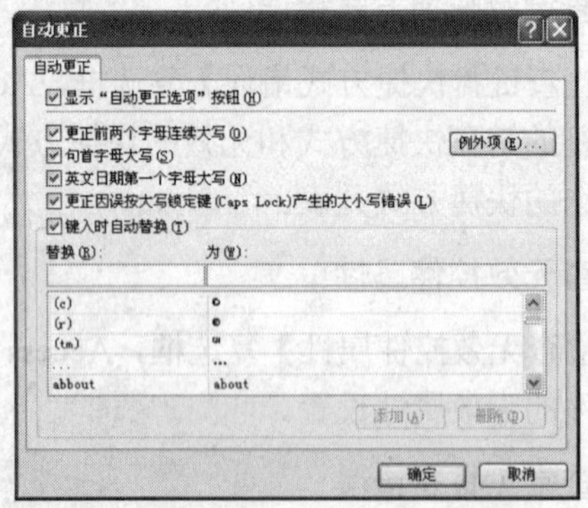

1.4.6 高级设置

切换至【高级】选项可以打开高级的设置界面。

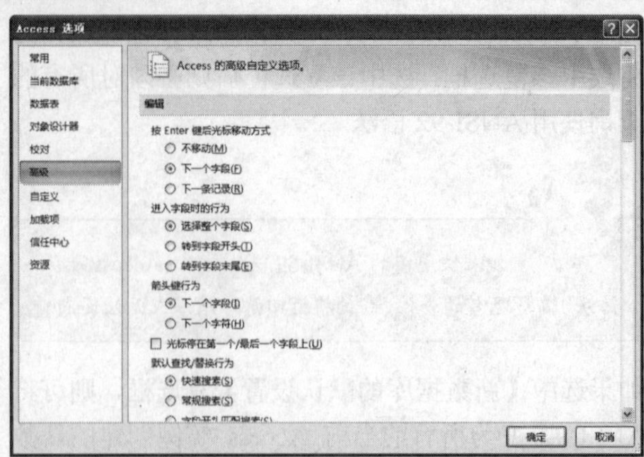

【高级】选项包括编辑、显示、打印、常规和高级等 5 方面的内容。

1. 编辑

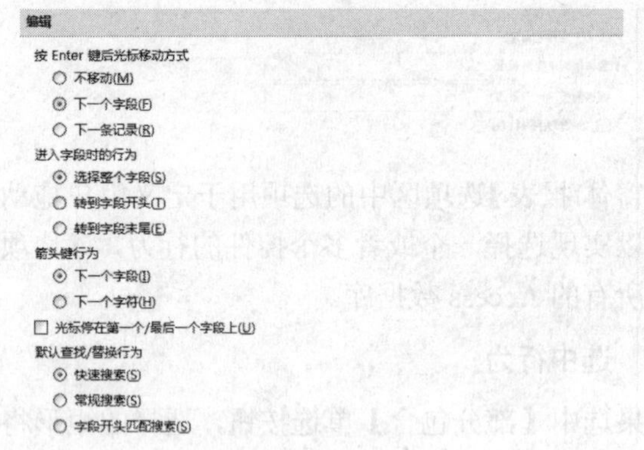

按 Enter 键后光标移动方式

如果选中【不移动】单选按钮，那么按下【Enter】键后则会自动地将插入点保留在当前字段。

如果选中【下一个字段】单选按钮，那么按下【Enter】键后就会将插入点移动到下一个字段，通常情况将根据所设置的文本显示方向来决定下一个字段位于当前字段的左侧还是右侧。

如果选中【下一条记录】单选按钮，那么按下【Enter】键后就会将插入点移动到下一条记录的当前字段。

进入字段时的行为

当在窗体或者数据表中的字段之间使用【Enter】、【Tab】和箭头键移动插入点时，可以在该选项区中设置【Enter】、【Tab】和箭头键。

如果选中【选择整个字段】单选按钮，那么在插入点进入字段时将选择整个字段。

如果选中【转到字段开头】单选按钮，那么在插入点进入字段时将移到字段开头。

如果选中【转到字段末尾】单选按钮，那么在插入点进入字段时将移到字段末尾。

箭头键行为

如果选中【下一个字段】单选按钮，按下【→】键或者【←】键后就可以将插入点移动到下一个或者上一个字段。如果要在所选字段的字符间移动插入点，则需要按下【F2】键。

如果选中【下一个字符】单选按钮，按下【→】键或者【←】键后就可以将插入点移动到字段内的下一个或者上一个字符。

如果选中【光标停在第一个/最后一个字段上】复选框，将禁止【→】键或者【←】键将插入点从第 1 个和最后一个字符移动到上一条或者下一条记录。

默认查找/替换行为

该选项区的设置能够控制 Access 2007 中的查找和替换操作，并应用于全局。

如果选中【快速搜索】单选按钮，那么将搜索当前字段并将整个字段与搜索字符串匹配。

如果选中【常规搜索】单选按钮，那么将搜索所有的字段并匹配字段的任意部分。

如果选中【字段开头匹配搜索】单选按钮，那么将搜索当前字段并匹配字段开头的字符。

确认
记录更改(C)
文档删除(E)
动作查询(Q)
默认方向
从左到右(T)
从右到左(I)
常规对齐方式
界面模式(F)
文本模式(X)
光标移动
逻辑的(L)
可见的(V)
数据表 IME 控件(D)
使用回历(J)

确认

选中【记录更改】复选框将在更改记录时显示确认信息。

选中【文档删除】复选框将在删除数据库对象时显示确认信息。

选中【动作查询】复选框将在对 Access 数据库进行追加、更新、删除和交叉表查询时显示确认信息。

默认方向

如果选中【从左到右】单选按钮，将设置新对象从左到右显示，这种显示方式适用于英语和欧洲语言用户。

如果选中【从右到左】单选按钮，将设置新对象从右到左显示，这种显示方式适用于中东语言用户。

常规对齐方式

如果选中【界面模式】单选按钮，可以使字符显示方式与有效的用户界面语言一致。

如果选中【文本模式】单选按钮，将根据第 1 种特定语言字符的方向对齐显示文本。

光标移动

如果选中【逻辑的】单选按钮，将根据所用语言的显示方向设置双向文本内插入点移动的前进方向。

如果选中【可见的】单选按钮，将通过移到下一个直观相邻的字符来设置双向文本内插入点移动的前进方向。

使用回历

选中【使用回历】复选框，系统将根据伊斯兰农历设置基本日期，否则将使用公历。

2. 显示

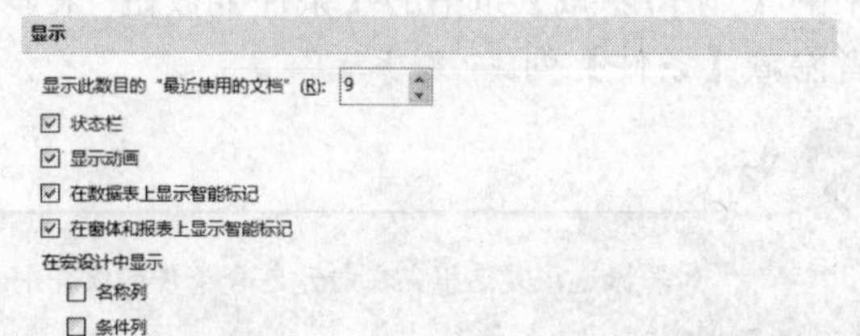

显示此数目的“最近使用的文档”

在【显示此数目的“最近使用的文档”】微调框中

显示的数字是指在【开始使用 Microsoft Office Access】页上【打开最近的数据库】窗格中显示的最近使用过的数据库文件的数量，以及单击【Office 按钮】按钮时在【最近使用的文档】列表中显示的文件的数量。

● 状态栏

选中【状态栏】复选框将在 Access 窗口的底部显示状态栏。

● 显示动画

选中【显示动画】复选框将启动打开动画功能。

● 在数据表上显示智能标记

选中【在数据表上显示智能标记】复选框将在用户的数据表上显示智能标记。

● 在窗体和报表上显示智能标记

选中【在窗体和报表上显示智能标记】复选框将在窗体和报表上显示智能标记。

● 在宏设计中显示

选中【名称列】复选框将在宏设计器中显示【宏名】列。也可以通过单击【宏工具 设计】上下文选项卡中的【显示/隐藏】组中的【宏名】按钮来显示或者隐藏【宏名】列。

> 提示
> 如果撤选该复选框，在打开包含宏名的宏中将显示【宏名】列。

选中【条件列】复选框将在宏设计器中显示【条件】列。也可以通过单击【宏工具 设计】上下文选项卡中的【显示/隐藏】组中的【条件】按钮来显示或者隐藏【条件】列。

> 提示
> 如果撤选该复选框，在打开包含条件的宏中将显示【条件】列。

3. 打印

● 左边距

在【左边距】文本框中输入数据将设置数据表、模块或者新窗体和报表的左边距，可以使用 0 到打印页宽度范围内的所有数据。

● 右边距

在【右边距】文本框中输入数据将设置数据表、模块或者新窗体和报表的右边距，可以使用 0 到打印页宽度范围内的所有数据。

● 上边距

在【上边距】文本框中输入数据将设置数据表、模块或者新窗体和报表的上边距，可以使用 0 到打印页高度范围内的所有数据。

● 下边距

在【下边距】文本框中输入数据将设置数据表、模块或者新窗体和报表的下边距，可以使用 0 到打印页高度范围内的所有数据。

4. 常规

● 显示加载项用户接口错误

选中【显示加载项用户接口错误】复选框可以显示当前用户界面自定义代码中的错误。

● 提供声音反馈

选中【提供声音反馈】复选框可以播放与 Microsoft Office Professional 2007 程序事件相关联的可用声音，包括打开、保存、打印文件以及显示错误信息等。可以在【控制面板】中的【声音和视频设备 属性】对话框中更改分配给不同事件的声音。

提示

如果在某个 Office 程序中选中或者撤选【提供声音反馈】复选框，则同时也就为所有的其他 Office 程序开启或者关闭该功能。

使用四位数年份格式

选中【此数据库】复选框可以将当前打开的数据库的默认年份格式设置为四位数。

选中【所有数据库】复选框可以将所有数据库的默认年份格式设置为四位数。

Web 选项

单击 Web 选项... 按钮即可打开【Web 选项】对话框，在该对话框中可以对数据库对象进行 Web 选项设置。

5. 高级

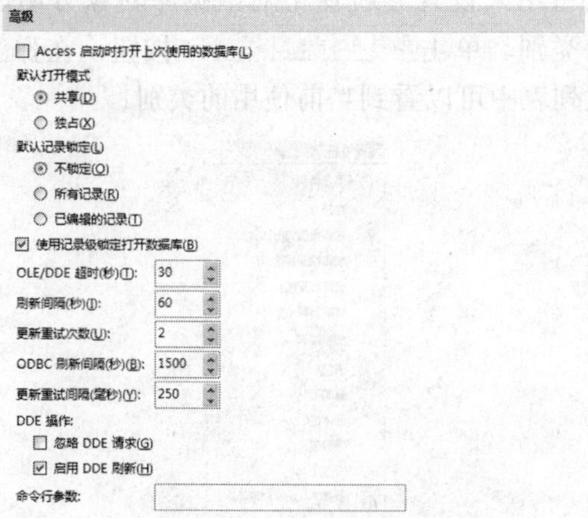

高级
Access 启动时打开上次使用的数据库(L)
默认打开模式
共享(D)
独占(X)
默认记录锁定(L)
不锁定(O)
所有记录(R)
已编辑的记录(T)
使用记录级锁定打开数据库(B)
OLE/DDE 超时(秒)(T): 30
刷新间隔(秒)(I): 60
更新重试次数(U): 2
ODBC 刷新间隔(秒)(B): 1500
更新重试间隔(毫秒)(Y): 250
DDE 操作:
忽略 DDE 请求(G)
启用 DDE 刷新(H)
命令行参数:

Access 启动时打开上次使用的数据库

选中【Access 启动时打开上次使用的数据库】复选框，在启动 Access 数据库时将打开上次使用的数据库而不是打开【开始使用 Microsoft Office Access】界面。

默认打开模式

如果选中【共享】单选按钮将打开现有数据库供所有的用户共享，该单选按钮默认为选中状态。

如果选中【独占】单选按钮将打开现有的数据库供一个用户独占使用。

默认记录锁定

如果选中【不锁定】单选按钮将使记录保持打开状态，以便用户进行编辑。

如果选中【所有记录】单选按钮将锁定打开的窗体或者数据表中的所有记录，并且只要打开这些对象记录即为锁定状态。

如果选中【已编辑的记录】单选按钮将仅锁定当前编辑的记录。

使用记录级锁定打开数据库

选中【使用记录级锁定打开数据库】复选框将使记录级锁定成为当前打开的数据库的默认锁定方式，撤选该复选框将使页面级锁定成为打开的数据库的默认锁定方式。

提示

该设置适用于数据表或者窗体中的数据以及使用记录集对象循环遍历记录的代码，不适用于动作查询和使用 SQL 语句进行批量操作的代码。

OLE/DDE 超时（秒）

可以在【OLE/DDE 超时（秒）】微调框中设置控制 Access 重试失败的 OLE 或者 DDE 尝试的间隔，有效值为 0 至 300，默认值为 30。

刷新间隔（秒）

可以在【刷新间隔（秒）】微调框中设置 Access 自动更新数据表或者窗体视图中的记录之前等待的时间，有效值为 0 至 32766 秒，默认值为 60 秒。

更新重试次数

可以在【更新重试次数】微调框中设置 Access 尝试保存由另一个用户锁定的已更改记录的次数，有效值为 0 至 10，默认值为 2。

ODBC 刷新间隔（秒）

可以在【ODBC 刷新间隔（秒）】微调框中设置 Access

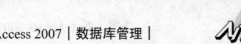

自动刷新通过 ODBC 连接收集的数据之前等待的间隔。该设置只有在数据库网络共享时才可生效。有效值为 0 至 32766，默认值为 1500。

● **更新重试间隔（毫秒）**

可以在【更新重试间隔（毫秒）】微调框中设置 Access 尝试保存由另一个用户锁定的已更改记录之前等待的毫秒数。有效值为 0 至 100，默认值为 250。

● **DDE 操作**

选中【忽略 DDE 请求】复选框，Access 将忽略来自其他应用程序的 DDE 请求。

选中【启用 DDE 刷新】复选框，将使 Access 按照【刷新间隔（秒）】微调框中指定的间隔更新 DDE 连接。

● **命令行参数**

在【命令行参数】文本框中可以输入启动 Access 或者打开 Access 数据库时运行的参数。

1.5 导航窗格

用户可以使用导航窗格在数据库中导航和执行任务，它能够替代切换面板。

1.5.1 导航窗格简介

当在 Access 2007 中启动或者打开数据库时，数据库中的表、查询、窗体、报表、宏以及模块等数据库对象将出现在导航窗格中。

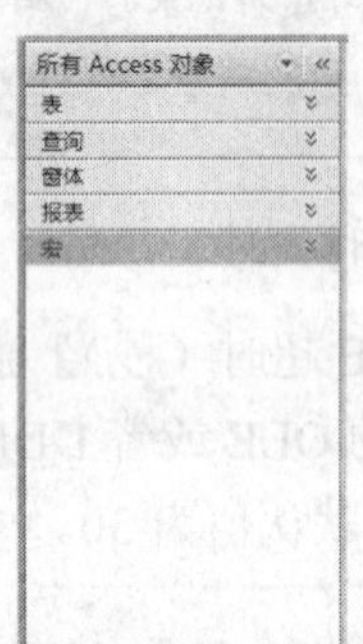

除了可以在导航窗格中执行一些常见的任务外，还可以使用导航窗格将数据导入 Microsoft Office Excel 2007 和 Microsoft Windows SharePoint Services 3.0，或者从 Microsoft Office Excel 2007 和 Microsoft Windows SharePoint Services 3.0 中将数据导入到 Access 2007 中。还可以使用 Microsoft Office Outlook 2007 提供的新的数据收集功能。

导航窗格类似于切换面板，但导航窗格中的内容是始终可见的，而切换面板中的内容则会被其他的打开的窗口遮住。

1.5.2 导航窗格的控件

● **所有 Access 对象 按钮**

该按钮用来设置导航窗格对数据库对象分组所依据的类别。单击 所有 Access 对象 按钮，在弹出的下拉列表中可以看到当前使用的类别。

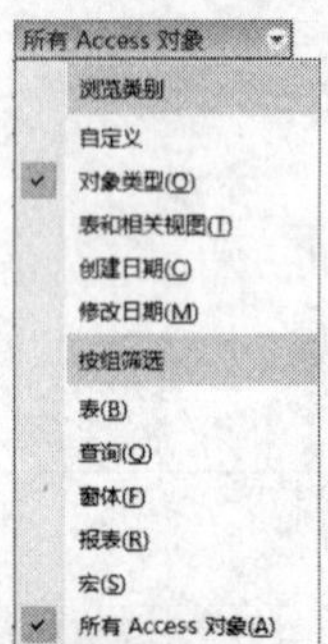

右键单击 所有 Access 对象 按钮，在弹出的快捷菜单中可以选择其他的执行任务。

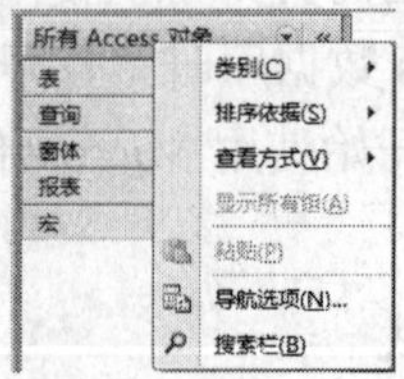

● **【百页窗开/关】按钮 «**

单击【百页窗开/关】按钮 « 可以展开或者折叠导

航窗格。

搜索栏

右键单击所有 Access 对象按钮，在弹出的快捷菜单中单击【搜索栏】菜单项即可显示或者隐藏搜索栏。

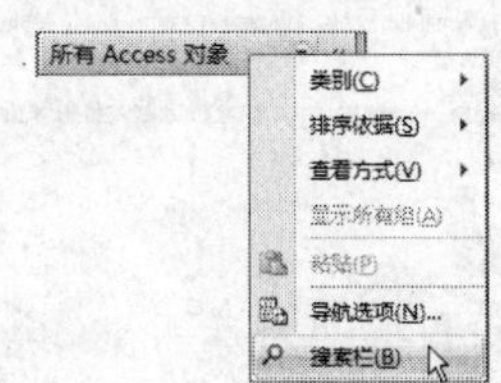

通过在搜索栏中输入部分或者全部对象的名称，即可实现在大型数据库中快速查找对象的功能。

组

导航窗格会将可见的组显示为多组栏，单击向下键 或者向上键 可以实现组的展开或者折叠。

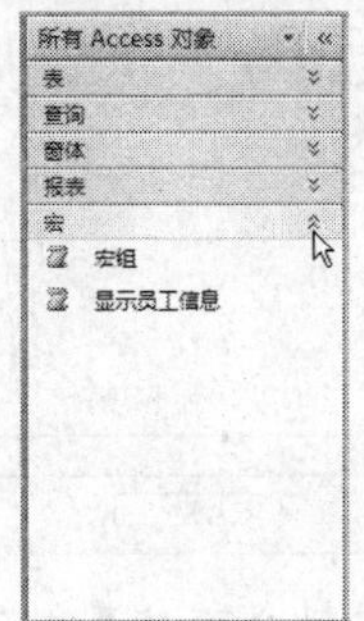

数据库对象

如果使用【对象类型】类别，则可在导航窗口中以组的形式显示表、窗体、报表和宏等数据库对象。

1.5.3 导航窗格的视图类型

用户可以通过导航窗格来查看组中对象的详细信息，例如对象创建时间以及对象所属表等。

右键单击所有 Access 对象按钮，在弹出的快捷菜单中选择【查看方式】菜单项，就可以看到【详细信息】、【图标】和【列表】等子菜单项。

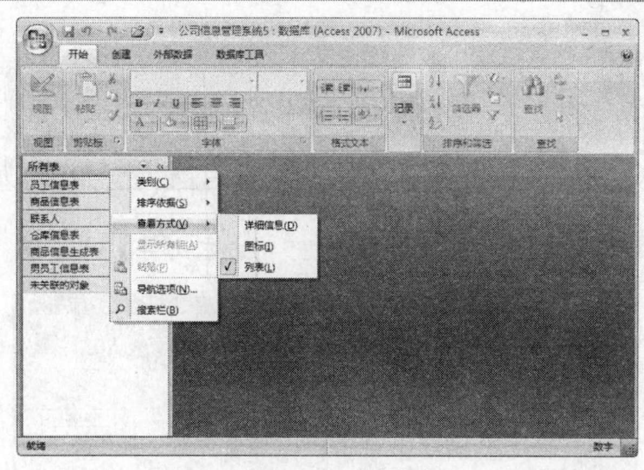

1.5.4 导入和导出

1. 导入

可以在 Access 2007 数据库中导入其他文件，例如 Excel 文件、文本文件、XML 文件以及其他的一些有效数据文件。

通过导航窗格导入对象的具体步骤如下。

1. 启动 Access 2007 数据库打开一个现有数据库，在【导航窗格】中右键单击一个数据表，在弹出的快捷菜单中选择【导入】➤【文本文件】菜单项。

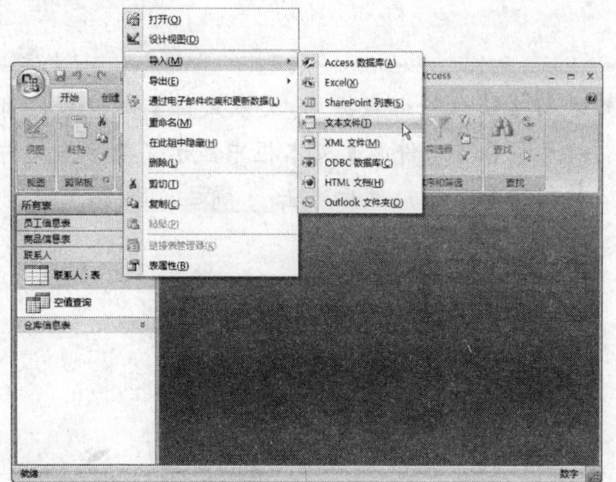

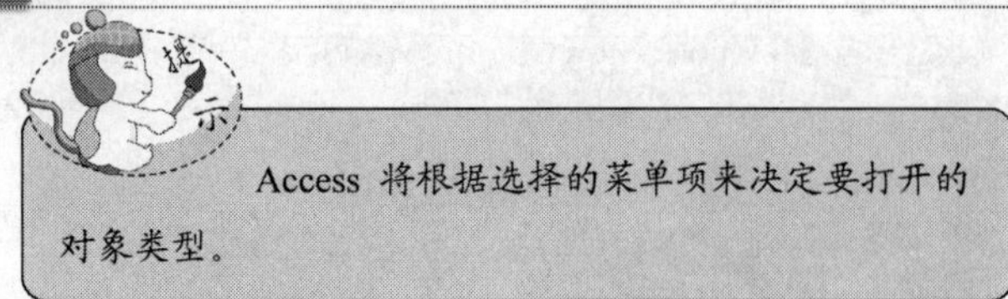

Access 将根据选择的菜单项来决定要打开的对象类型。

2 随即打开【获取外部数据 – 文本文件】对话框。

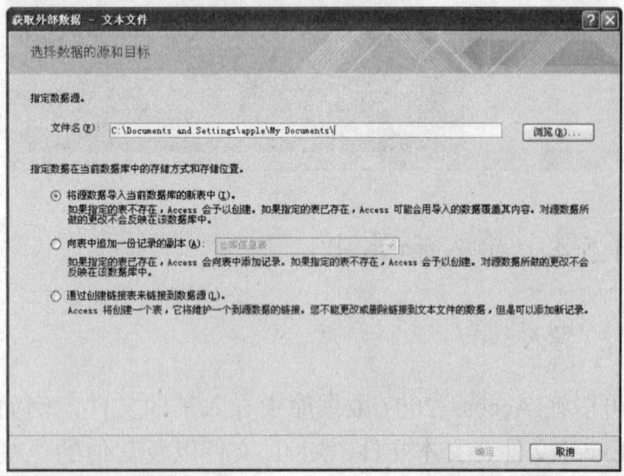

3 单击 浏览(R)... 按钮，在打开的【打开】对话框中选择要导入数据的路径，然后选择或者新建一个文本文件，单击 打开(O) 按钮。

4 返回【获取外部数据 – 文本文件】对话框，可以看到在【文件名】文本框中显示了要导入文件的路径和名称，然后单击 确定 按钮。

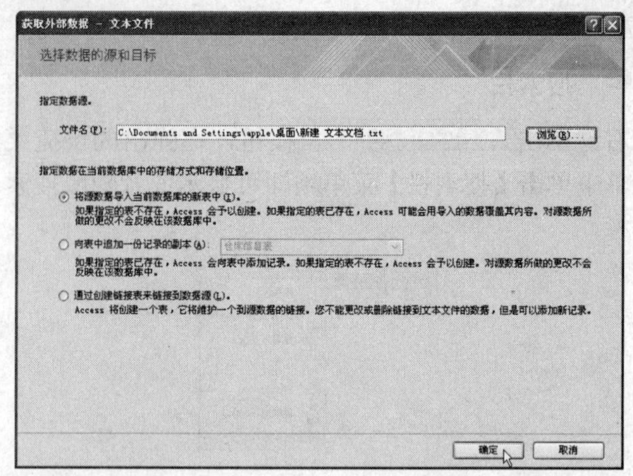

5 随即打开【导入文本向导】对话框，在该对话框中保持默认的设置，然后单击 下一步(N) > 按钮。

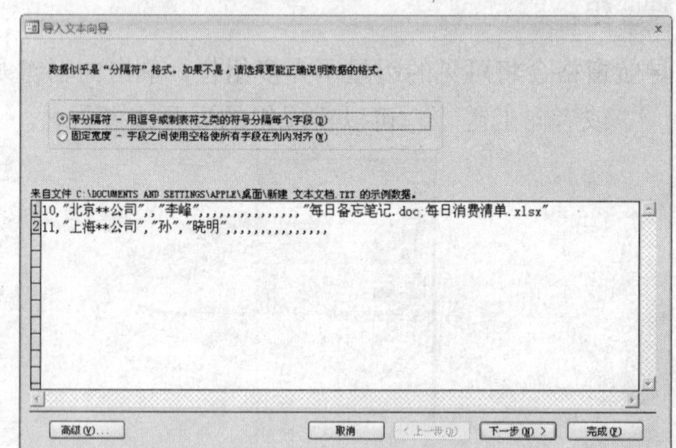

6 打开【请选择字段分隔符】对话框，在【请选择字段分隔符】组合框中选择一种数据的分隔符，默认为【逗号】，然后单击 下一步(N) > 按钮。

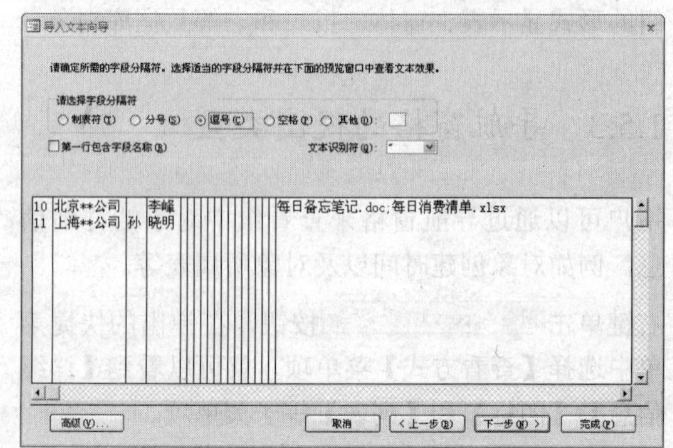

7 打开【字段选项】对话框，可以在【字段名称】文本框中设置各个字段的字段名称，在【数据类型】下拉列表中选择字段的数据类型，这里保持

默认的设置，然后单击下一步(N) >按钮。

8 随即打开【Microsoft Access 建议您为新表定义一个主键。主键用来唯一地标识表中的每个记录。可使数据检索加快】对话框，在此保持默认的设置，然后单击下一步(N) >按钮。

9 在打开的【以上是向导导入数据所需的全部信息】对话框中单击完成(F)按钮。

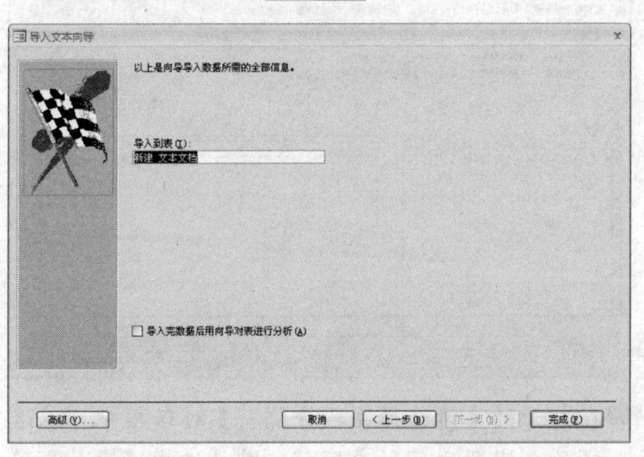

10 最后在【获取外部数据 – 文本文件】对话框中单击 关闭 按钮即可。

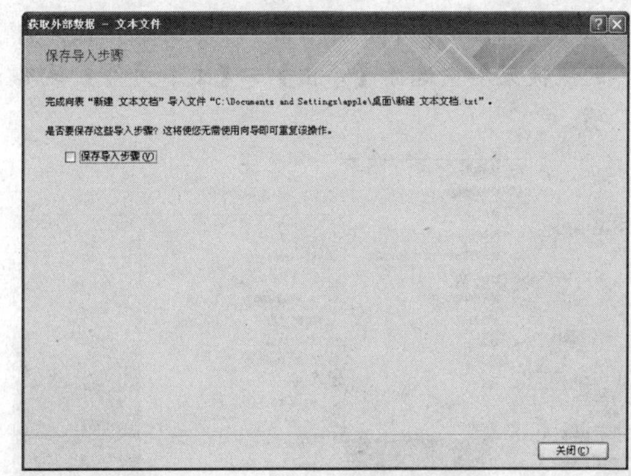

11 此时可以看到将【新建 文本文档】中的数据导入到数据库中，在【导航窗格】中打开该对象就可以看到该对象中包含的全部信息。

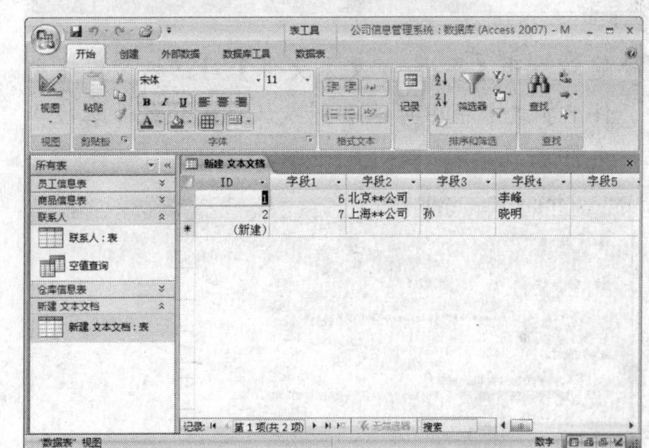

2. 导出

可以在 Access 2007 数据库中导出文件，并将导出的文件保存为 Excel 文件、文本文件、XML 文件以及其他的一些有效数据文件。

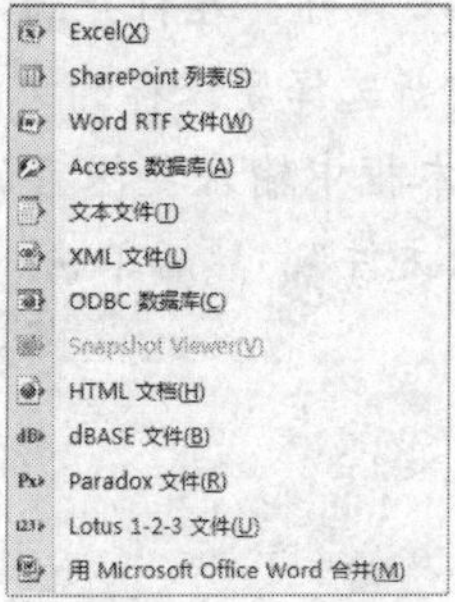

通过导航窗格导出对象的具体步骤如下。

1 启动 Access 2007 数据库打开一个现有数据库，在【导航窗格】中右键单击一个数据表，在弹出的快捷菜单中选择【导出】➤【文本文件】菜单项。

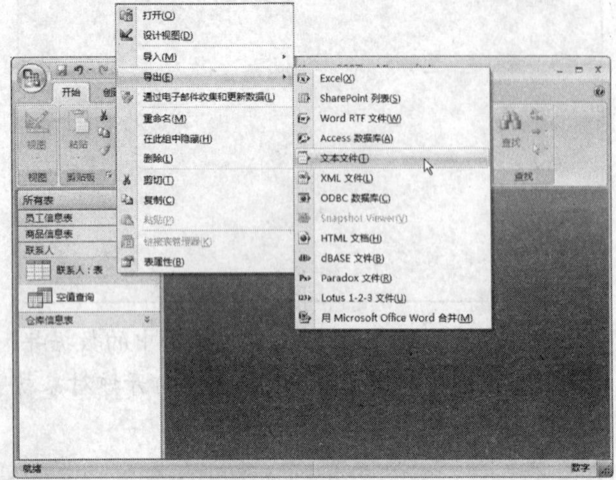

2 随即打开【导出 – 文本文件】对话框，在【文件名】文本框中可以看到默认导出的文件路径和文件名。

3 单击 浏览(B)... 按钮，在打开的【保存文件】对话框中可以重新选择要保存的文件的路径，并在【文件名】文本框中输入要保存的文件名称，这里输入“导出文件”，然后单击 保存(S) 按钮。

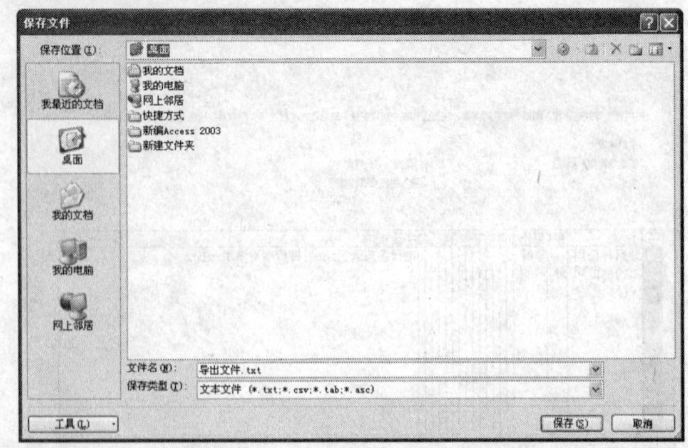

4 返回【导出 – 文本文件】对话框，可以在【文件名】文本框中看到重新选择的文件路径和文件名，然后单击 确定 按钮。

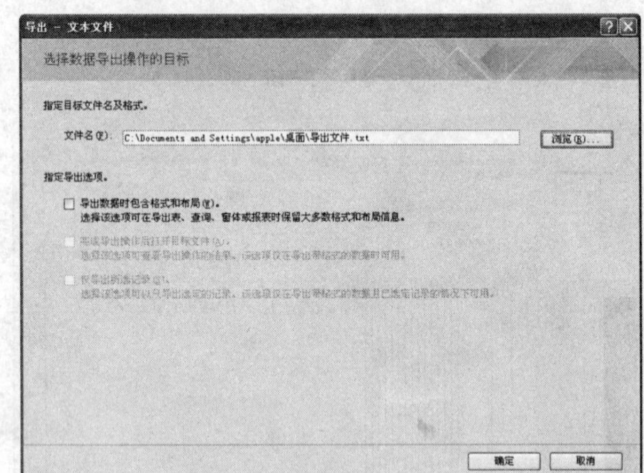

5 随即打开【导出格式示例】对话框，在该对话框中保持默认的设置，然后单击 下一步(N) > 按钮。

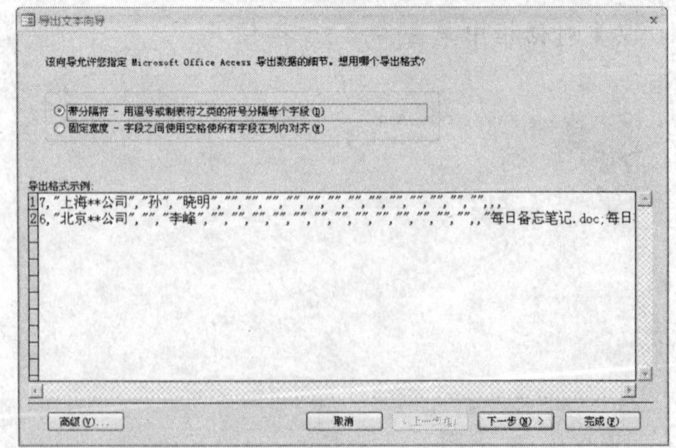

6 在打开的【请选择字段分隔符】对话框中可以选择各个字段之间的分隔符，默认选中【逗号】单

选按钮，然后单击 下一步(N) > 按钮。

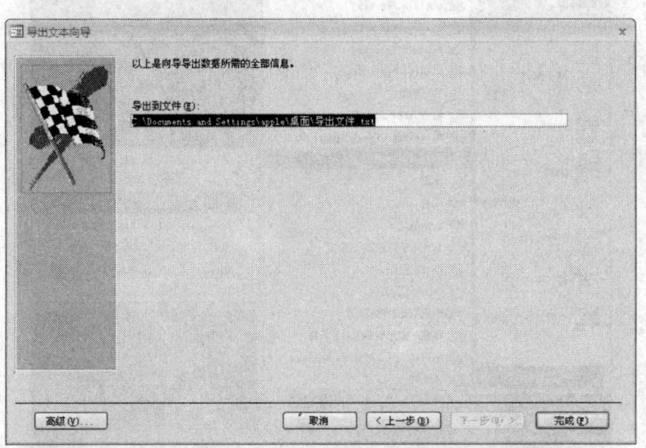

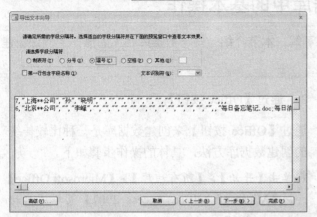

7 随即打开【导出到文件】对话框，单击 完成(F) 按钮。

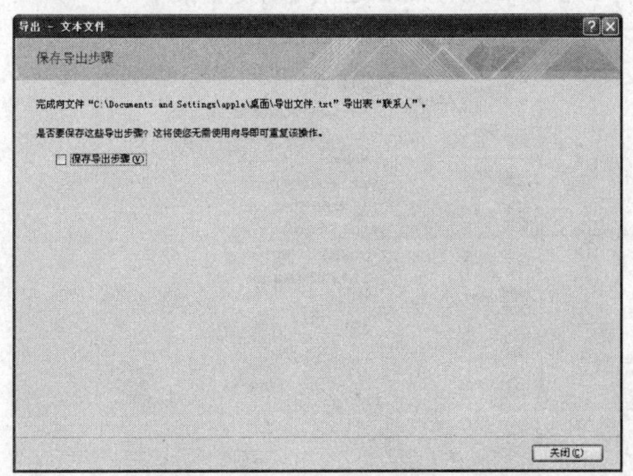

8 最后在【导出 － 文本文件】对话框中单击 关闭 按钮即可。

9 打开【导出文件】文本文件就可以看到导出的 Access 数据表信息。

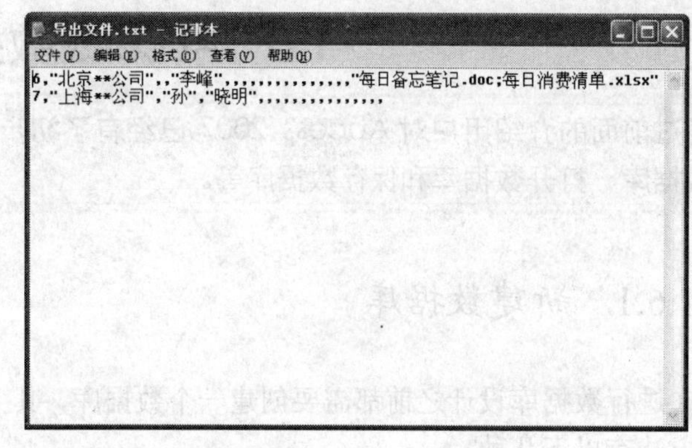

1.5.5 类别和组

单击导航窗格顶部的按钮，在弹出的下拉菜单中可以设置导航窗格的类别和组。

菜单的上半部分是类别，下半部分是组。当选择不同的类别时，组将随之而发生变化；当选择不同的类别或者组时，菜单标题也将发生变化。例如下图中选中的是【表和相关视图】类别，Access 将以所有表来创建组，并将菜单标题更新为【所有表】。

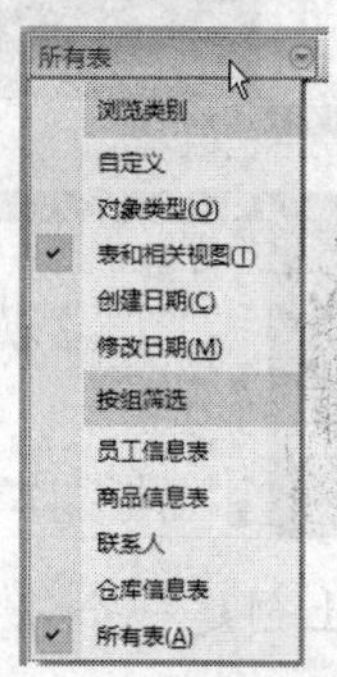

通常情况下不能对 Access 提供的预定义类别进行更改或者删除操作。但如果创建自定义类别并且将自定义组添加到该类别，则能够灵活地进行更改或者删除操作。

1.6 Access 数据库中的基本操作

通过前面的介绍用户对 Access 2007 已经有了初步的了解，本节介绍一些与数据库相关的操作，例如新建数据库、打开数据库和保存数据库等。

1.6.1 新建数据库

在进行数据库设计之前都需要创建一个数据库，其方法有以下几种。

1. 通过快捷菜单

这是一种最方便快捷的方法，具体的操作步骤如下。

1 在桌面的空白处单击鼠标右键，在弹出的快捷菜单中选择【新建】➢【Microsoft Office Access 2007 数据库】菜单项。

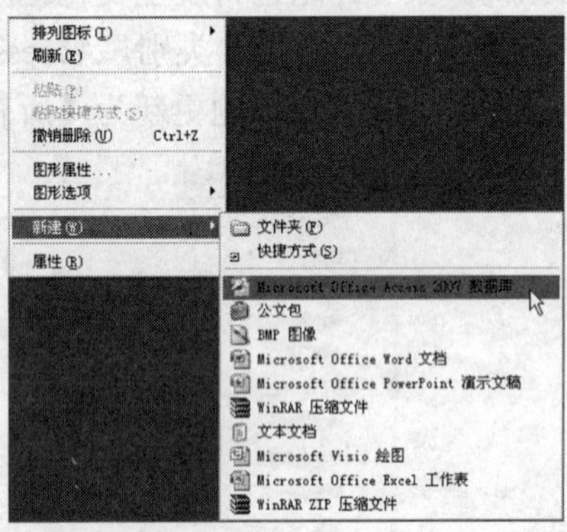

2 随即将在桌面上创建一个以“新建 Microsoft Office Access 2007 数据库.accdb”为文件名的数据库文件，并处于可编辑状态。

3 此时重命名该数据库文件即可。

2. 通过【Office 按钮】

通过【Office 按钮】来创建数据库是一种比较传统的创建数据库方法，具体的操作步骤如下。

1 单击【开始】➢【所有程序】➢【Microsoft Office】➢【Microsoft Office Access 2007】菜单项启动 Access 2007。

2 打开【Microsoft Access】窗口，单击【Office 按钮】按钮，然后选择【新建】菜单项。

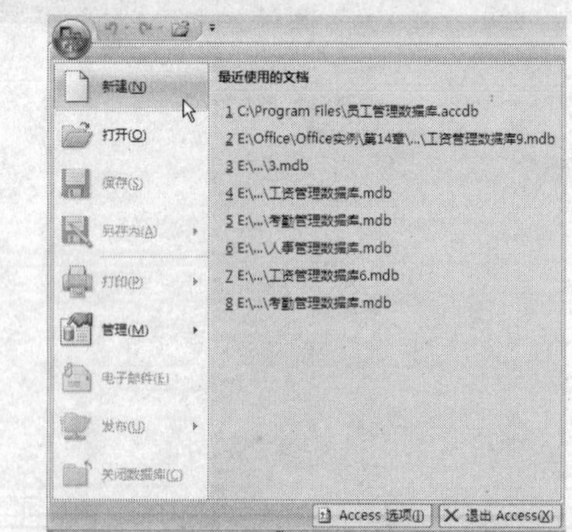

3 此时可以看到右侧的【打开最近的数据库】窗格变成了下图所示的界面。

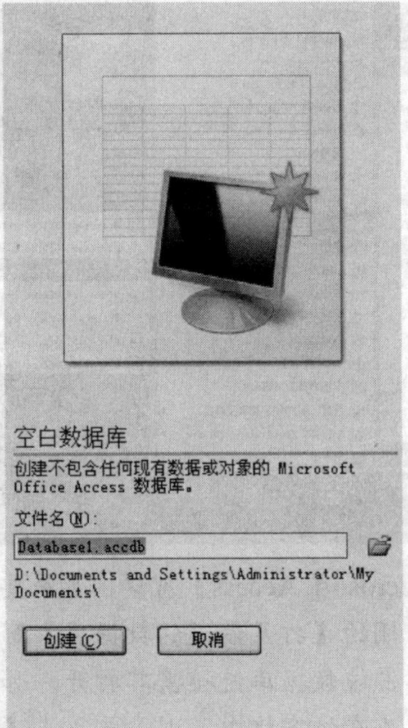

4 在【文件名】文本框中输入要创建的数据库文件的名称，这里输入“员工管理数据库.accdb”，然后单击【打开】按钮打开【文件新建数据库】对话框，在【保存位置】下拉列表中选择文件要保存的位置，这里选择“C:\Program Files ”，然后单击 确定 按钮。

5 此时右侧的窗格如下图所示，然后单击 创建(C) 按钮。

6 随即打开【员工管理数据库】窗口，并创建了一个具有一个【ID】字段的数据表，该字段是数据表的主键，字段的数据类型为“自动编号”。

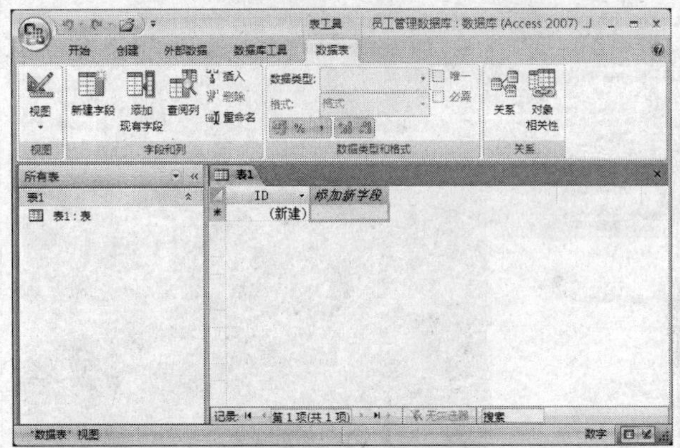

提示：除了可以在【Microsoft Access】窗口单击【Office 按钮】按钮，然后选择【新建】菜单项创建空白数据库之外，还可以通过单击【空白数据库】按钮快速地创建空白数据库。

1.6.2 打开数据库

打开 Access 数据库的方法有很多种，其中最常用的有以下两种。

1. 双击数据库文件打开

双击数据库文件打开数据库的具体步骤如下。

1 找到 Access 数据库文件所在的位置，这里打开“C:\Program Files”，可以看到在该文件下的“员工管理数据库.accdb”文件。

2 双击该数据库文件即可打开【员工管理数据库】窗口。

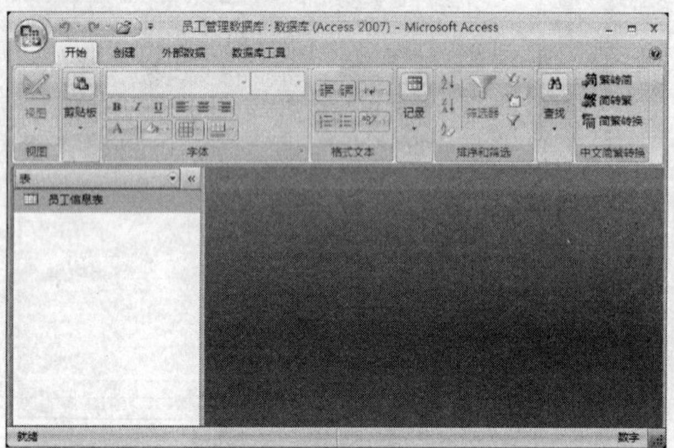

2. 在【Microsoft Access】窗口中打开

在【Microsoft Access】窗口中打开数据库的具体步骤如下。

1 单击【开始】➤【所有程序】➤【Microsoft Office】➤【Microsoft Office Access 2007】菜单项启动 Access 2007。

2 打开【Microsoft Access】窗口，如果要打开的数据库在右侧的【打开最近的数据库】窗格中，则可直接单击该数据库链接将其打开。如果要打开的数据库不在该窗格中，则需要单击【更多】链接。

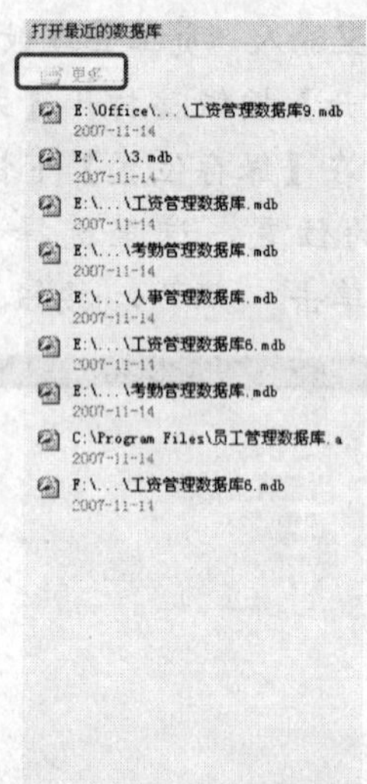

3 随即打开【打开】对话框，在【查找范围】下拉列表中选择要打开文件所在的路径，这里选择“C:\Program Files”，然后选择“员工管理数据库.accdb”选项，再单击 打开(O) 按钮。

4 随即就会打开【员工管理数据库】窗口。

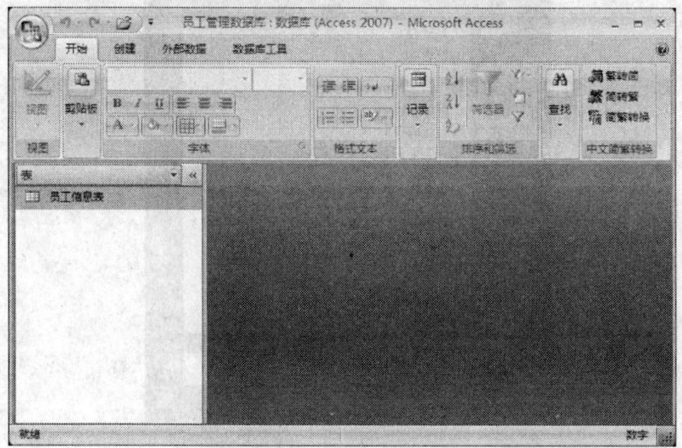

1.6.3 保存数据库

在使用数据库时难免要对数据库进行编辑或者修改等操作，这时就需要用到数据库的保存功能。

1. 使用【保存】菜单项

在打开的【Microsoft Access】窗口中单击【Office 按钮】按钮，然后选择【保存】菜单项。

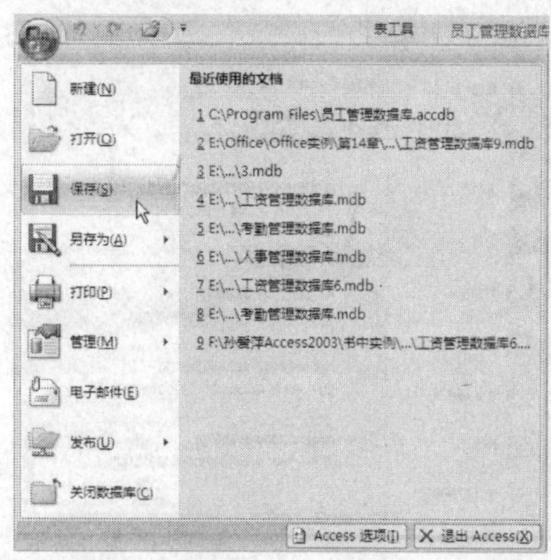

2. 使用【保存】按钮

在打开的【Microsoft Access】窗口中的【快速访问工具栏】中单击【保存】按钮。

提示

用户还可以使用【Ctrl】+【S】组合键快速地保存当前数据库。

1.6.4 数据库另存为

用户还可以采用另存为的方法来保存数据库，可以将数据库保存到多个路径下，并且可以保存文件为多种形式。具体的操作步骤如下。

1 在打开的【Microsoft Access】窗口中单击【Office 按钮】按钮，然后选择【另存为】➢【Access 2007 数据库】菜单项。

2 随即弹出【Microsoft Office Access】对话框，然后单击 是(Y) 按钮即可。

3 随即弹出【另存为】对话框，在【保存位置】下拉列表中选择另存位置，在【文件名】下拉列表文本框中选择或者输入要保存的文件名，然后单击 保存(S) 按钮即可。

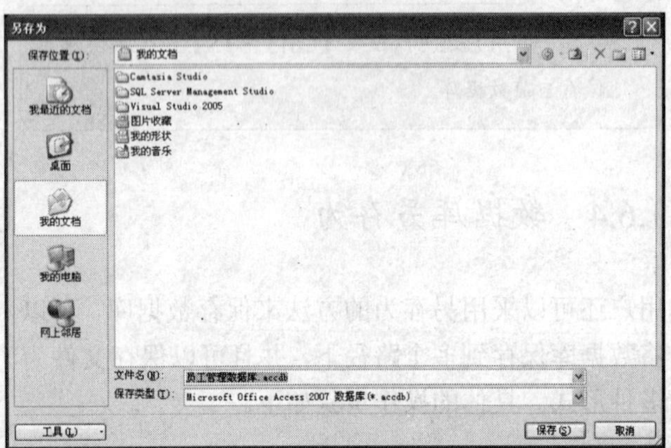

提示：除了可以将数据库另存为【Access 2007 数据库】类型之外，还可以将数据库另存为【Access 2002-2003 数据库】和【Access 2000 数据库】类型，在【另存为】的下一级菜单中选择相应的菜单项即可。

1.6.5 重命名数据库

用户创建完数据库之后，有的时候会因为种种原因要对数据库重新命名。具体的操作步骤如下。

1 右键单击需要重命名的数据库，在弹出的快捷菜单中选择【重命名】菜单项，这里为桌面上的【员工管理数据库.accdb】数据库重命名。

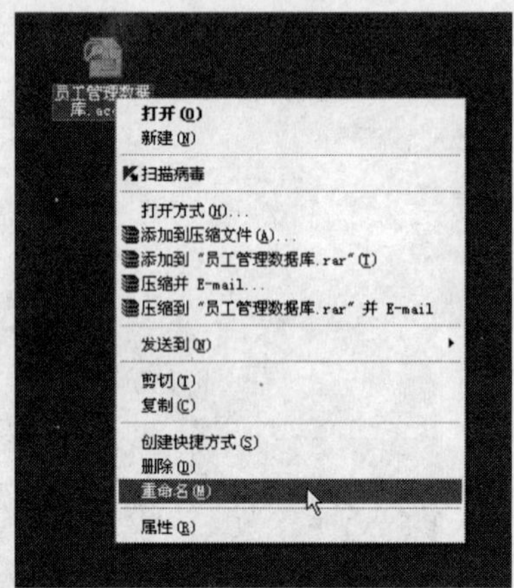

2 待数据库文件名变为可编辑状态时输入要重命名的数据库名称，然后按下【Enter】键即可，这里将【员工管理数据库.accdb】数据库重命名为【员工管理系统.accdb】数据库。

提示：用户还可以通过在需要重命名的数据库文件上连续单击的方法，使数据库文件名变为可编辑状态，然后为数据库重命名。在重命名时要注意不能更改文件的扩展名.accdb。

1.6.6 关闭数据库

数据库在打开的状态下是无法进行剪切（复制）和

粘贴等操作的，必须先关闭数据库才能够进行。要暂时关闭当前数据库而不退出 Access 2007，可以单击【Office 按钮】按钮，然后选择【关闭数据库】菜单项即可。

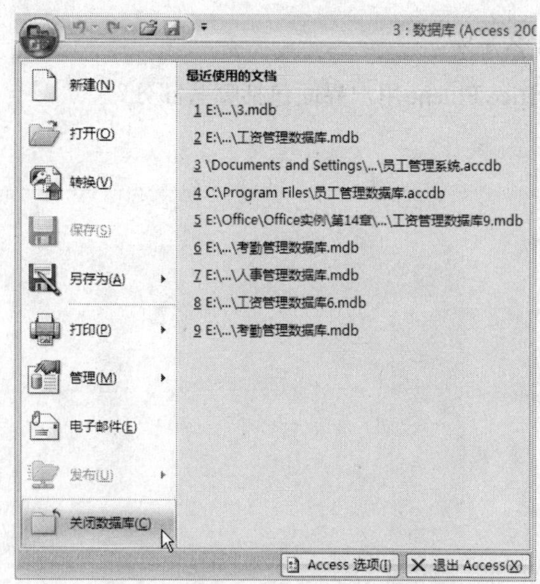

1.6.7 退出 Access 2007

用户完成数据库的编辑之后可以关闭数据库进行其他的操作，方法如下。

1. 使用 退出 Access(X) 按钮

单击【Office 按钮】按钮，然后单击 退出 Access(X) 按钮即可。

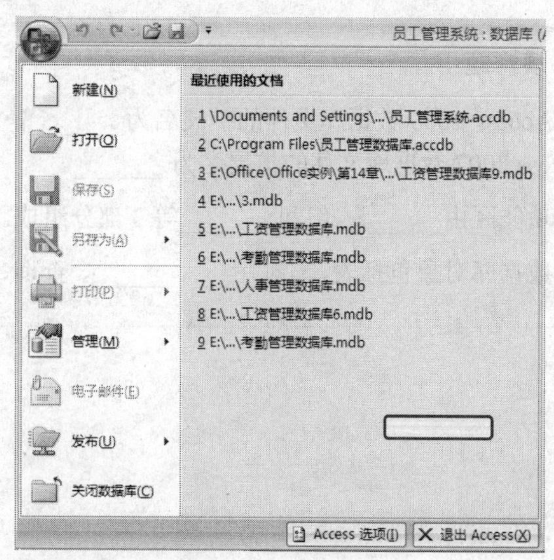

2. 使用【关闭】按钮

直接单击窗口右上方的【关闭】按钮关闭 Access 2007 数据库。

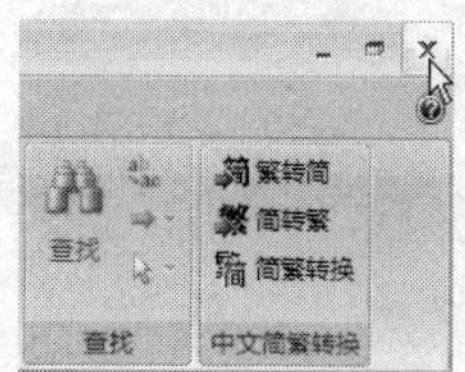

1.7 本章小结

本章介绍了 Access 2007 的基础知识。

首先介绍了 Access 2007 的操作界面，这个版本的操作界面比早期的 Access 版本的操作界面有了很大的改变，介绍了新增的 Office 按钮、快速访问工具栏、上下文命令选项卡以及导航窗格等新增项的功能。

其次简单地介绍了 Access 2007 的新增功能，Access 2007 的安装、升级和卸载的步骤以及 Access 中的表、查询、窗体和报表等对象。

然后介绍了 Access 中的选项设置以及导航窗格的相关知识。

最后介绍了 Access 2007 的新建、打开和保存等数据库的基本操作。

1.8 过关练习题

1. 填空题

⑴ Access 2003 数据库文件的扩展名为_______，Access 2007 数据库文件的扩展名为_______。

⑵ 功能区由_______、组和_______等 3 部分组成。

⑶ 数据库对象包括表、_______、_______、查询、_______和_______等。

2. 简答题

⑴ 什么是宏？

⑵ Office Fluent 用户界面包括哪些部分？

第 2 章　数据库基础

数据库作为存储数据的仓库，统一管理着数据库中的数据。随着社会对数据处理任务要求的提高，数据库得到了越来越广泛的应用，数据库的数量和规模越来越大，数据库的研究领域也得到了扩展和深入。

与数据库紧密相关的 4 个基本概念包括数据、数据库、数据库管理系统和数据库系统。

- 数据库概述
- 数据模型
- 数据库系统结构

2.1 数据库概述

数据库作为应用系统的核心和管理对象，统一管理着各种数据，具有结构化、最低冗余度、较高的程序与数据独立性、易扩展性和易于编制应用程序等优点。

2.1.1 数据库相关概念

数据、数据库、数据库管理系统和数据库系统是与数据库紧密相关的 4 个基本概念，下面简单地介绍一下这几个概念。

1. 数据

数据（Date）是数据库中存储的基本对象，有广义和狭义之分。

从狭义上讲，数据就是指数字，而事实上数字只是最简单的一种数据。从广义上讲，数据还可以包括图片、文字、语音、仓库的物料信息和员工的工作经验情况等。

描述事物的符号记录称为数据。人们可以通过数据来认识世界和交流信息。人类用自然语言进行日常生活的描述，计算机要存储和处理这些信息就需要将自然语言描述为计算机能够处理的语言，这就需要取出事务的特性组成记录来描述。

例如在商品信息表中有商品“手套”的信息，包括商品编号、商品名称、型号、数量、单价和进货日期等信息，此时可以对该商品“手套”进行如下描述：

（200100，手套，N18，500，4.5，2006-10-20）

这些商品信息就是数据，可以经过数据化处理来被计算机识别。通过这些数据就可以知道商品的基本信息。

2. 数据库

数据库（DataBase，简称 DB）是存放数据的仓库。这个仓库在计算机的存储设备上，是存放在一起的相关数据的集合。

人们利用数据库存储、收集并提取大量所需的数据，借助计算机和数据库技术科学地对其保存并加工，以便能够方便而充实地利用这些资源。

数据库是指长期储存在计算机内的、有组织、可共享的数据集合。数据库中的数据按一定的数据模型组织、描述和储存，具有较小的冗余度、较高的数据独立性和易扩展性，并可为各类用户共享。

3. 数据库管理系统

数据库管理系统（DataBase Management System，简称 DBMS）是专门用于管理数据库的计算机系统软件，能够为数据库提供数据的定义、建立、查询和操作等功能，并实现对数据完整性和安全性的控制。它负责科学地组织和存储数据，高效地获取和维护数据。

数据库管理系统位于用户与操作系统之间，它的主要功能如下。

(1) 数据定义功能：数据库管理系统提供有数据定义语言（Data Definition Language，简称 DDL），用来定义数据库中的数据对象。

(2) 数据操纵功能：数据库管理系统提供有数据操纵语言（Data Manipulation Language，简称 DML），用来实现对数据库中数据进行基本的操作。

(3) 数据库的运行管理：数据库的建立、运用和维护都是由数据库管理系统统一管理和控制的，能够保证数据的安全性、完整性、并发控制以及故障后的系统恢复。

(4) 数据库的建立和维护功能：能够完成对数据库初始数据的输入和转换，数据库的转储、恢复和重组织，实现对数据库的性能监视和性能分析等。

4. 数据库系统

数据库系统（DataBase System，简称 DBS）是指在计算机系统中引入了数据库后的系统，一般由数据

库、数据库管理系统（及其开发工具）、应用系统、数据库管理员（DataBase Administrator，简称 DBA）和用户等构成。

2.1.2 数据库技术的发展

数据库技术是随着信息社会对数据管理任务的需要而产生的。随着对数据任务要求的不断提高，数据库也在不断地发展。

在应用程序的推动下，随着计算机硬件和软件技术的发展，数据管理技术到目前共经历了 3 个阶段：人工管理阶段、文件系统阶段和数据库系统阶段。

1. 人工管理阶段

计算机诞生初期主要用于科学计算。没有磁盘等直接存取的存储设备，只有纸带、卡片和磁带等；没有操作系统，没有管理数据的软件；数据处理方式是批处理。

这个时期数据管理的特点如下。

⑴ 数据不保存：计算机主要用于科学计算，数据只是临时输入，一般不需要长期保存。

⑵ 应用程序管理数据：应用程序自己管理需要的数据，没有相应的软件系统负责数据的管理。应用程序中不仅要规定数据的逻辑结构，而且要在程序中设计物理结构，因此程序中存取数据的子程序也将随着存储的改变而改变，数据与程序不具有一致性。

⑶ 数据不能共享：数据面向应用，一组数据只对应一个程序。当两个或多个应用程序涉及某些相同的数据时则必须各自定义，无法实现共享，无法相互利用，从而导致了程序和程序之间存在大量的冗余数据。

⑷ 数据独立性：当数据的逻辑结构或物理结构发生变化时，应用程序也要相应地发生改变，使程序员的负担加重。

人工管理阶段程序与数据之间的对应关系如右图所示。

2. 文件系统阶段

20 世纪 50 年代后期至 60 年代中期，软硬件技术都有了一定的发展，存储设备有磁盘和磁鼓等；操作系统中也已经有了专门用于管理数据的文件系统；处理方式除了人工管理阶段的批处理外，还有了能够联机的实时处理。这个时期数据管理的特点如下。

⑴ 数据可以长期不保存：文件系统阶段计算机大量用于数据处理，为了能反复地进行查询、修改、插入和删除等操作，数据需要长期地保存在外存上。

⑵ 文件系统管理数据：因为已经有了专门用于管理数据的文件系统，所以数据不再需要应用程序的管理，文件系统会把数据组织成相互独立的数据文件，利用“按文件名访问，按记录进行存取”的管理技术对文件进行修改、插入和删除等操作。文件系统实现了记录内有结构，整体无结构。文件系统能够提供程序和数据之间的存取方法的转换，使应用程序与数据之间有了一定的独立性，从而大大地减轻了程序员的负担。

⑶ 数据共享性差，冗余度大：文件仍然面向应用，当不同的应用程序具有部分相同的数据时，也必须建立各自的文件，而无法实现共享，浪费了空间，数据冗余度大。同时因为相同的数据还需要各自管理，所以就必须重复存储，从而造成了数据的不一致，给数据的修改和维护带来了困难。

⑷ 数据独立性差：文件系统面向某一特定应用程序并为该应用程序提供优化的逻辑结构，但系统不允许扩充。一旦逻辑结构改变了，必将影响其应用程序和文件结构的定义，因此数据与程序之间仍缺乏独立性。文件系统仍然是一个无结构的数据集合，不能反映现实世界事物之间的内在联系。文件系统阶段程序与数据之间的对应关系如下图所示。

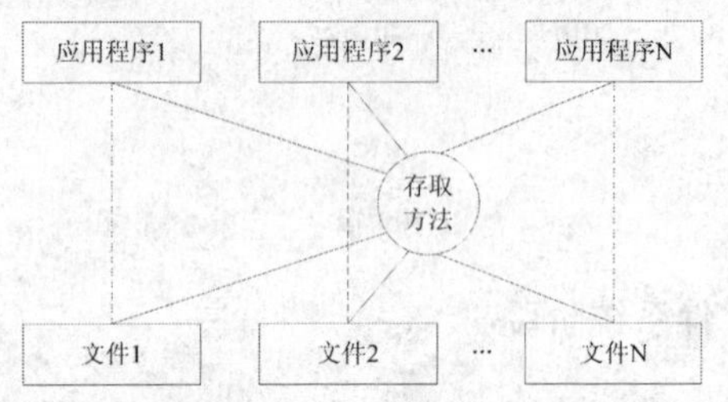

3. 数据库系统阶段

20 世纪 60 年代后期，计算机的应用范围越来越广，用于管理的规模也越来越大，在数据量急剧增长的同时，对共享数据集合的要求也越来越强烈。传统的文件系统已经不能满足人们的需要，为此一个能够统一管理和共享数据的数据库管理系统（DBMS）便应运而生。

在这个阶段中，数据库中的数据不再是面向某个应用或某个程序，而是面向整个企业。大容量磁盘的出现和硬件价格的下降，为数据提供了大量的存储设备；而为编制和维护系统软件及应用程序所需的成本的增加，也使软件的价格上升；联机实时处理不能满足需求，便开始提出和考虑分布处理。为了解决多用户和多应用共享数据的需求，使数据能够为尽可能多的应用服务，于是就出现了统一管理数据的数据库管理系统。

这个时期数据管理的特点如下。

(1) 数据结构化：数据结构化是数据库与文件系统的根本区别。在文件系统中记录内有结构，而整体无结构。文件形式是等长同格式的记录集合，即每个记录的长度必须等于信息量最多的记录的长度，这样会浪费大量的存储空间。

在数据库系统中数据不再针对某一个应用程序，实现了整体结构化，存取数据的方式也变得很灵活，可以存取数据库中的一个或者一组数据项，一个或者一组记录。

提示

在文件系统中，数据的最小存取单位是记录；而在数据库系统中，数据的最小存取单位则是数据项。

(2) 数据的共享性高，冗余度低，易扩充：数据库系统能够从整体的角度来看待和描述数据，所以数据可以被多个用户和多个应用共享。这样就大大地减少了数据冗余，节省了存储空间，尽可能地保证了数据之间的一致性。

数据库阶段的数据结构化不仅可以实现数据同时被多个应用共同使用，而且可以增加新的应用，使数据库具有了很强的弹性，易于扩充。

(3) 数据独立性高：数据的独立性包括数据的物理独立性和数据的逻辑独立性。

物理独立性是指用户的应用程序与存储在磁盘上的数据库中的数据是相互独立的，即数据库管理系统管理数据在磁盘上数据库中的存储方式，应用程序处理的只是数据的逻辑结构，所以当数据的物理结构发生变化时，应用程序不用随之而改变。

逻辑独立性是指用户的应用程序与数据库的逻辑结构是相互独立的，即用户的程序不用随着数据的逻辑结构的改变而改变。

数据与程序的独立，使应用程序的编制得到了简化，减少了应用程序的维护和修改。

(4) 数据由 DBMS 统一管理和控制：为了保证数据并发共享，DBMS 必须提供一些数据控制功能。

提示

多个用户同时存取数据库中的数据或者同时存取数据库中的同一个数据的现象称为数据库共享的并发性。

数据的安全性

数据的安全性是指保护数据以防止不合法的使用造成数据的泄密和破坏。数据安全性要求用户按照规定对某些数据以某些方法使用和处理。

数据的完整性检查

数据的完整性是指数据的正确性、有效性和相容性。数据完整性可以将数据控制在一定的有效范围内，或者保证数据之间满足某一种关系。

并发控制

当多个用户的并发进程同时存取或者修改数据库时，可能会得到错误的结果或者破坏数据的完整性，所以用户在进行并发操作时必须进行控制。

数据库恢复

计算机系统的软硬件故障和操作员的操作失误或者故意破坏都会影响到数据库的正确性，甚至造成数据库的部分或者全部数据的丢失。DBMS 可以将数据库从一个错误状态恢复到某一个已知的正确状态，这就是数据库的恢复功能。

数据库管理阶段程序与数据之间的对应关系如右图所示。

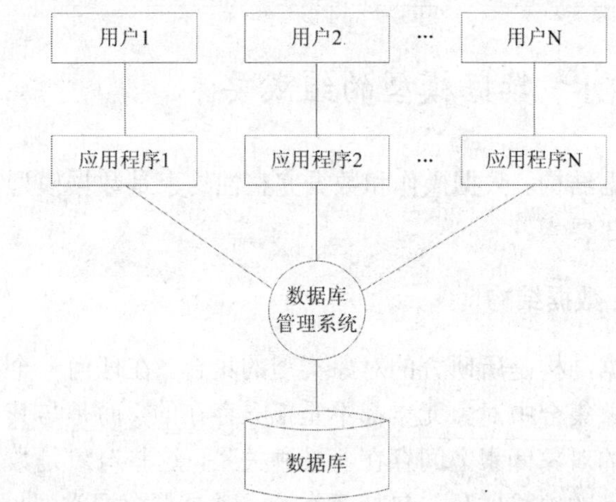

数据库系统的出现使信息系统从以加工数据为中心转向围绕共享的数据库为中心的新阶段。数据的集中管理给应用程序的研制和维护带来了有利的条件，提高了数据的利用率。

2.2 数据模型

现实世界中的具体事物不能直接被计算机处理，必须先将具体的事物通过数据模型的抽象、表示和处理转换成计算机语言，然后才能被计算机识别和处理。

模型是现实世界特征的模拟和抽象。数据模型（Data Model）是一种特殊的模型，是现实世界数据特征的抽象。

数据库虽然能够反映出数据本身的内容和数据之间的联系，但是现实世界中的具体事物不能直接存储在计算机上，必须使用数据模型这个工具来抽象、表示和处理现实世界中的数据和信息，将其转换成计算机能够处理的数据才能存放到计算机上。

一个好的数据模型应具备一定的条件，但到目前为止这些条件还很难实现，具体内容如下。

(1) 能比较真实地模拟现实世界。

(2) 容易为人所理解。

(3) 便于在计算机上实现。

数据库系统中针对不同的应用目的应采用不同的数据模型。根据应用目的的不同，可以将数据模型分为两类：概念模型和数据模型。

概念模型

概念模型也称为信息模型，是按照用户的观点来对数据和信息建模，主要用于数据库设计。

数据模型

数据模型是按照计算机系统的观点对数据建模，用于 DBMS 的实现，主要包括网状模型、层次模型和关系模型等。

为了能把现实世界中的具体事物抽象、组织为某一个 DBMS 支持的数据模型，需要先将现实世界抽象为信息世界，然后再将信息世界转换为机器世界。

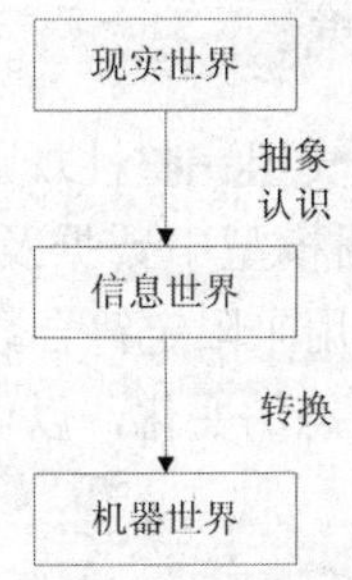

2.2.1 数据模型的组成要素

数据结构、数据操作和数据完整性约束是数据模型的3要素。

1. 数据结构

数据结构是所研究的对象类型的集合。在任何一个对象集合中对象元素都不是孤立存在的，而是与其他的对象元素之间存在着某种关系，这些对象是数据库的组成成分，包括两类：一类是与数据类型、内容和性质有关的对象，一类是与数据之间联系有关的对象。

数据结构是刻画一个数据模型性质最重要的方面。通常按照数据结构的类型来命名数据模型。它是系统的静态特性的描述。

2. 数据操作

数据操作是指对数据库中各种对象（型）的实例（值）允许进行的操作的集合，包括操作以及有关的操作规则。数据库主要有更新和检索两大类操作，数据模型必须定义这些操作的确切含义、操作符号和操作规则以及实现操作的语言。数据操作是系统的动态特性的描述。

数据库的更新操作主要包括添加、修改和删除等。

3. 数据完整性约束

数据的约束条件是一组完整性规则的集合。完整性规则是给定的数据模型中数据及其联系所具有的制约和依存规则，用来限定符合数据模型的数据库状态以及数据库状态的变化，以保证数据的正确、有效和相容。

数据模型应该反映和规定本数据模型必须遵守的基本和通用的完整性约束条件，还应该提供定义完整性约束条件的机制，反映具体应用所涉及的数据必须遵守的特定的予以约束条件。例如某公司仓库中规定某商品的最大库存不得小于100并且不得大于1000等。

2.2.2 概念模型

概念模型是由现实世界转换为机器世界的一个中间过程，也就是信息世界阶段。用于信息世界建模，是现实世界到信息世界的第一层抽象，是数据库设计人员进行数据库设计的有力工具，也是数据库设计人员和用户之间进行交流的语言。因此概念模型一方面要做好现实世界到信息世界的转换，应该具有较强的语义表达能力，能够方便、直接地表达应用中的各种语义知识；另一方面还应该做好从信息世界到机器世界的转换，做到简单、清晰以及使用户容易理解。

1. 信息世界的基本概念

⑴ 实体：客观存在并可相互区别的事物称为实体。

实体可以是具体的人或者物，例如一台显示器、一位教师和一架飞机等，也可以是抽象的概念或者联系，例如商品与仓库的关系，某商品的一次进货，等等。

⑵ 属性：实体所具有的某一特性称为属性。

可以由若干个属性来刻画同一个实体。例如某商品实体可以由商品编号、商品名称和型号等属性组成。给这些属性分别赋值就可以表示一种商品，例如（200100，手套，N18，500，4.5，2006-10-20）。

⑶ 码：能够唯一标识实体的属性集称为码。

例如商品编号是商品实体的码。

⑷ 域：属性的取值范围称为该属性的域。

例如商品编号的域为8位数字，商品名称的域为字符串的集合，最大库存量和最小库存量的域为整数。

⑸ 实体型：用实体名及其属性名集合来抽象和刻

画同类实体称为实体型。

具有相同属性的实体必然具有共同的特性和性质。例如商品（商品编号，商品名称，型号，数量，单价，进货日期）就是实体型。

⑹ 实体集：同型实体的集合称为实体集。

例如所有的商品就是一个实体集。

⑺ 联系：现实世界中的事物内部及其事物之间都是存在联系的，这些联系反映到信息世界就是实体（型）内部的联系和实体（型）之间的联系。

实体内部的联系通常是指组成实体的各种属性之间的联系，实体之间的联系通常是指不同实体集之间的联系。

2. 实体间的联系

两个实体型之间的联系可以分为3类：一对一、一对多和多对多联系。

一对一联系（1∶1）

如果对于实体集A中的每一个实体，实体集B中至多有一个（或没有）实体与之联系，反之亦然，则称实体集A与实体集B具有一对一联系，记为1∶1的联系。

例如在学校里一个班级只有一个班长，而一个班长只在一个班级中任职，所以班级与班长之间具有如下图所示的一对一的联系。

一对多联系（1∶n）

如果对于实体集A中的每一个实体，实体集B中有n个实体（n≥0）与之联系，反之，对于实体集B中的每一个实体，实体集A中至多只有一个实体与之联系，则称实体集A与实体集B有一对多联系，记为1∶n。

例如一个班级中有若干名学生，而每个学生只在一个班级上课，那么班级与学生之间就具有一对多联系。

多对多联系（m∶n）

如果对于实体集A中的每一个实体，实体集B中有n个实体（n≥0）与之联系，反之，对于实体集B中的每一个实体，实体集A中也有m个实体（m≥0）与之联系，则称实体集A与实体集B具有多对多联系，记为m∶n。

例如一份工作同时有若干个员工在做，而一个员工又可以做多份工作，那么员工与工作之间就具有多对多的联系。

实际上一对一联系可以看成是一对多联系的特例，一对多联系可以看成是多对多联系的特例。

两个实体型之间可以存在这3种对应关系，两个以上的实体型之间也存在着一对一、一对多和多对多联系。

3. 概念模型的表示方法

概念模型的表示方法有很多，有实体－联系法、扩充实体－联系法、面向对象模型法和谓词模型法等。其中P.P.S.Chen于1976年提出的实体－联系法（Entity-Relationship Approach）是最著名也是最常用的。该方法用E－R图来描述现实世界的概念模型，是抽象和描述现实世界的有力工具，是各种模型的共同基础。

E－R图提供的表示实体型、属性和联系的方法如下。

实体型

实体型用矩形表示，实体名写在矩形框内。

例如下面的商品和仓库实体型。

商品	仓库

属性

属性用椭圆形表示，并用无向边将其与相应的实体连接起来。

例如商品实体具有商品编号、商品名称、型号、单价、数量和进货日期等属性，用 E－R 图表示如下图所示。

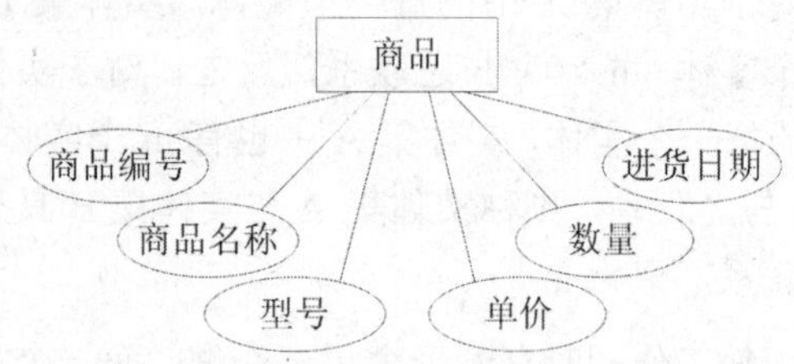

联系

联系用菱形表示，联系名写在菱形框内，并用无向边分别与有关的实体连接起来，同时在无向边的旁边表示联系的类型（1∶1、1∶n 或者 m∶n）。如果一个联系具有属性，那么这些属性也要用无向边与该联系连接起来。

例如用“商品”和“仓库”来描述联系“进货”的属性，表示某个商品在某个时间由某个进货人进货到某个仓库中。那么这些实体及其之间的联系可以用如下所示的 E－R 图表示。

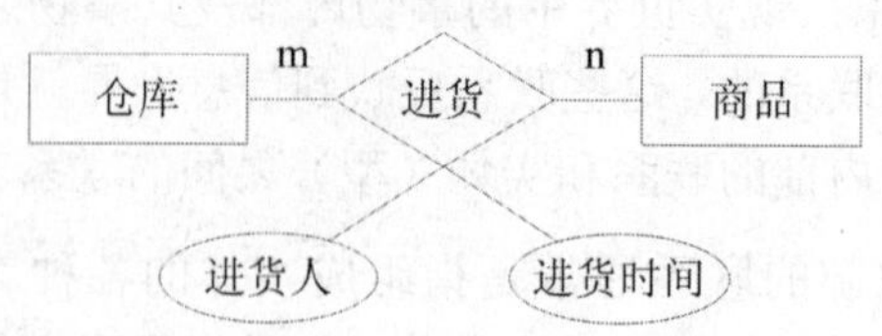

2.3 数据库系统结构

从数据库管理系统的角度看，数据库系统通常采用三级模式结构，即外模式、模式和内模式。
从数据库最终用户的角度看，数据库系统的结构分为集中式结构（又可分为单用户结构和主从式结构）、分布式结构、客户机／服务器结构和并行结构等。

2.3.1 数据库系统的三级模式结构

数据库系统的三级模式是模式、外模式和内模式。

模式（Schema）

模式是数据库中全体数据的逻辑结构和特征的描述，是所有用户的公共数据视图，也可称为逻辑模式。它位于数据库系统模式机构的中间，不涉及数据的物理存储细节也不涉及硬件环境，与具体的应用程序、开发工具以及高级程序设计语言无关。

一个数据库对应一个模式，它是数据库数据在逻辑级的视图。数据库模式以某种数据模型为基础，综合了所有用户的需求，并将这些需求有机地结合成一个逻辑整体。

数据库管理系统提供模式描述语言（模式 DDL）来严格地定义模式。

外模式

外模式是数据库用户（包括应用程序员和最终用户）能够看见和使用的局部数据的逻辑结构和特征的描述，是数据库用户的数据视图。如果不同的用户在应用需求、看待数据的角度、对数据的保密要求等方面存在差异，那么其外模式描述就不同，也可称之为子模式（Subschema）或用户模式。

数据库管理系统提供模式描述语言（子模式 DDL）来严格地定义子模式。

外模式是保证数据安全性的一个有力措施。用户只能看到和访问所对应的外模式中的数据，数据库中的其余数据是不可见的。

内模式

内模式也称存储模式（Storage Schema），一个数据库只能有一个内模式。它是数据物理结构和存储方式的描述，是数据在数据库内部的表示方法。

数据库管理系统提供模式描述语言（内模式 DDL）来严格地定义内模式。

下图所示为数据库系统的三级模式结构。

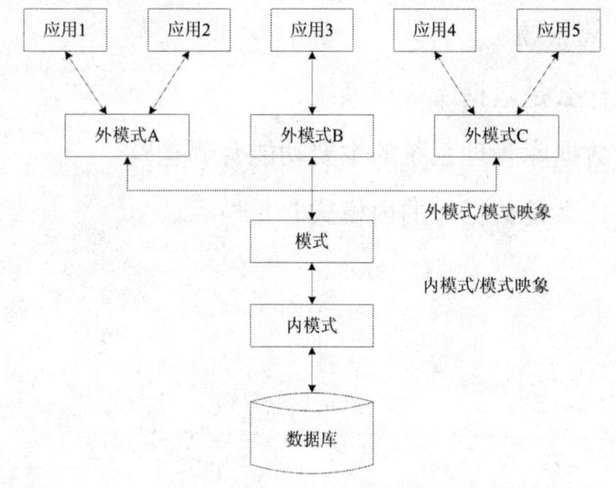

2.3.2　二级映象功能与数据独立性

数据库系统的三级模式是对数据的 3 个抽象级别，由数据库管理系统来管理数据的具体组织，使用户能逻辑地抽象地处理数据，而不必关心数据在计算机中的具体表示方式和存储方式。为了能够在内部实现这 3 个抽象层次的联系和转换，DBMS 在这三级模式之间提供了两级映象：

- 外模式 / 模式映象
- 模式 / 内模式映象

这两层映象的存在，使数据库系统中的数据有了较高的逻辑独立性和物理独立性。

1. 外模式 / 模式映象

模式描述的是数据的全局逻辑结构，外模式描述的是数据的局部逻辑结构。同一个模式可以有任意多个外模式，而每一个外模式在数据库系统中都有一个外模式 / 模式映象，它定义了该外模式与模式之间的对应关系。

当模式改变时，由 DBA 对各个外模式 / 模式的映象做相应的改变，外模式可以保持不变。应用程序依照外模式编写，因为外模式保持不变，所以应用程序也可以不必修改，从而保证了数据的逻辑独立性。

2. 模式 / 内模式映象

数据库中只有一个模式，也只有一个内模式，所以模式 / 内模式映象是唯一的，它定义了数据库全局逻辑结构与存储结构之间的对应关系。当数据库的存储结构改变时，由数据库管理员（DBA）对模式 / 内模式映象做相应的改变，可以使模式保持不变，从而应用程序也可以不必改变，这样就保证了数据的物理独立性。

全局逻辑结构在数据库的三级模式结构中是数据库的中心与关键，它独立于数据库的其他层次，所以设计数据库模式结构时应首先确定数据库的逻辑结构。

2.4　本章小结

本章介绍了数据库的基础知识。

首先介绍了与数据库相关的几个概念：数据、数据库、数据库系统和数据库管理系统。通过对这几个概念的介绍，应对这些概念重新认识和深刻理解。

然后介绍了数据库技术的几个发展阶段：人工管理阶段、文件系统阶段和数据库管理阶段。介绍了这几个阶段的产生和发展背景以及它们的优缺点。

最后介绍了数据模型和数据库体系结构。

2.5　过关练习题

1. 填空题

(1) 数据管理技术到目前共经历了_______、_______和数据库管理系统等 3 个阶段。

(2) 数据库管理系统的两级映象为：_______和

________。

(3) 一个数据库对应________模式，它是数据库数据在逻辑级的________。数据库模式以某种数据模型为基础，综合了________的需求，并将这些需求有机地结合成一个________。

2. 简答题

(1) 什么是数据库管理系统？

(2) 数据库管理系统的主要功能有哪些？

(3) 什么是数据库的内模式？

第 3 章 数据库的创建与管理

创建数据库是进行数据库设计的第一步，其他数据库对象都是在数据库的基础上创建的，数据库容纳了所有的其他数据库对象。

与其他的 Office 2007 配套软件不同的是，在启动 Access 2007 时系统并不会自动地创建一个数据库文件，而是需要用户手动创建。

学习要点

- 创建数据库
- 创建数据表
- “附件”数据类型
- 设置表属性

3.1 创建数据库

创建数据库时可以创建一个空白数据库，也可以根据模板来创建数据库。

3.1.1 创建空数据库

创建空数据库是一种非常简单的创建数据库的方法，也是用户经常使用的一种方法。具体的操作步骤如下。

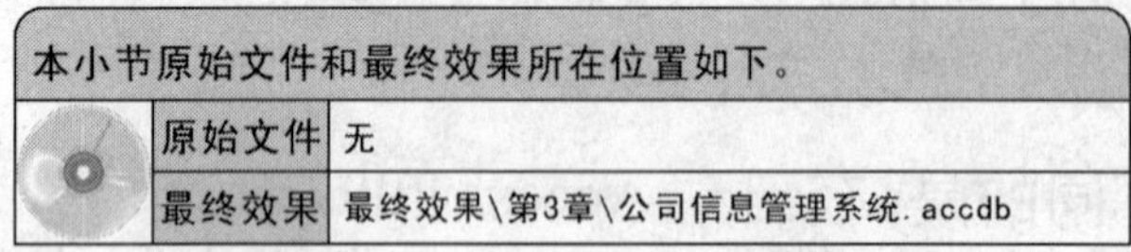

本小节原始文件和最终效果所在位置如下。

	原始文件	无
	最终效果	最终效果\第3章\公司信息管理系统.accdb

1 单击【开始】➤【所有程序】➤【Microsoft Office】➤【Microsoft Office Access 2007】菜单项启动 Access 2007。

2 打开【Microsoft Access】窗口，单击【空白数据库】按钮 创建空白数据库。

3 随即在窗口的右侧窗格中就会显示创建的空白数据库的预览图。

4 可以在【文件名】文本框中输入要创建的空白数据库的名称，这里输入"公司信息管理系统"，然后单击按钮打开【文件新建数据库】对话框，在【保存位置】下拉列表中选择数据库要存放的位置，单击 确定 按钮。

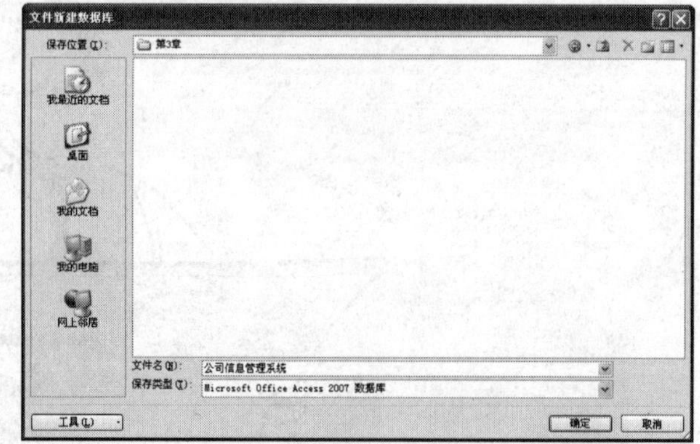

5 返回【Microsoft Access】窗口，然后单击 创建(C) 按钮即可创建【公司信息管理系统】。

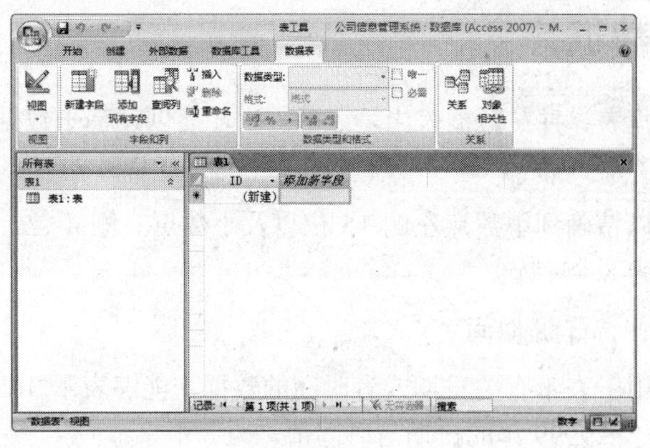

3.1.2 使用模板

使用模板创建数据库的具体步骤如下。

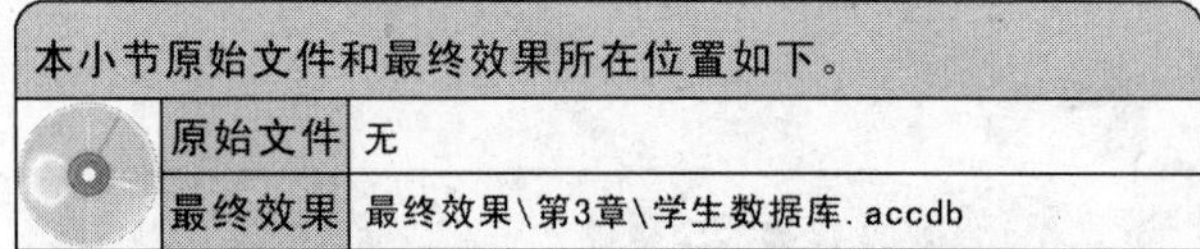

本小节原始文件和最终效果所在位置如下。	
原始文件	无
最终效果	最终效果\第3章\学生数据库.accdb

① 在打开的【Microsoft Access】窗口的【模板类别】窗格中选择模板类别，默认选择的是【功能】选项卡，这里选择【本地模板】选项卡，可以看到中间窗格中显示了所有的本地模板。

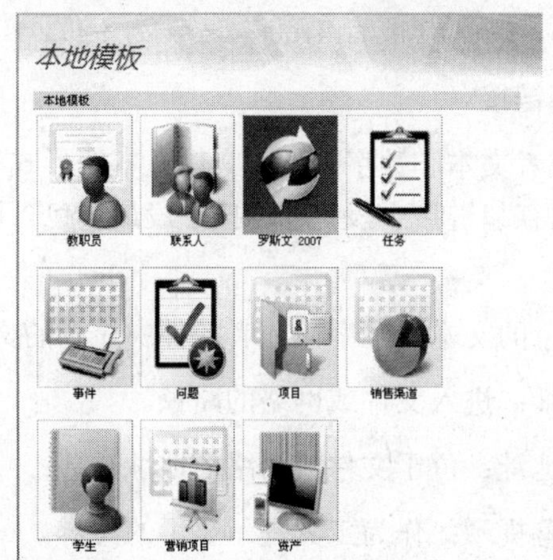

② 选择本地模板中的模板创建数据库，这里选择【学生】模板，随即在窗口的右侧就会显示该模板的预览图。

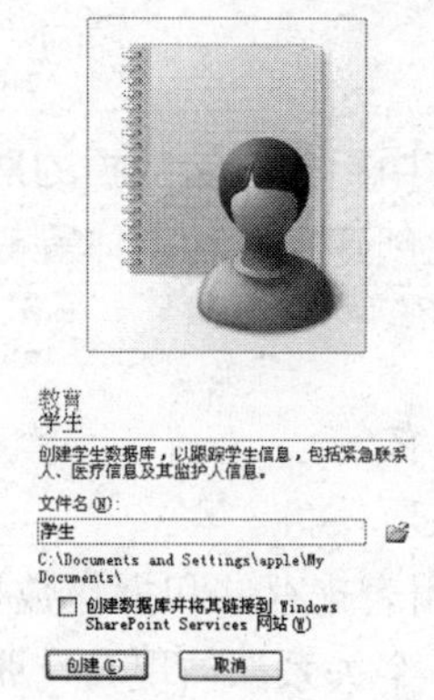

③ 可以在【文件名】文本框中输入使用该模板要创建的数据库的名称，这里输入“学生数据库”，然后单击📂按钮打开【文件新建数据库】对话框，并在【保存位置】下拉列表中选择数据库要存放的位置，单击 确定 按钮。

④ 返回【Microsoft Access】窗口，然后单击 创建(C) 按钮即可创建【学生数据库】。

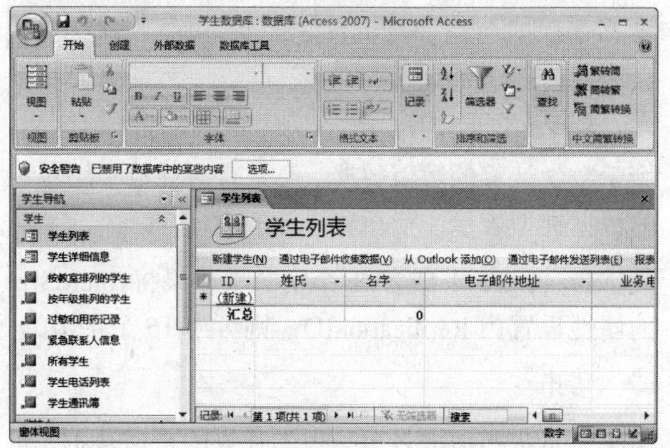

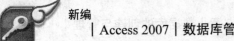

3.2 创建数据表

数据表是数据库中用来存储数据的对象，只有创建了数据表，并在数据表中输入数据，才能创建基于数据表的查询，才能创建报表和窗体等其他的数据库对象。

3.2.1 认识表

Access 2007 使用表来存储和操作数据的逻辑结构，数据库中的每一个关系都体现为一张二维表。在使用数据库时，绝大多数时间都是在与表打交道，数据库内需要有多个保存各种各样数据的表。

1. 表的结构

表是数据库中用来保存所有数据的对象，由字段和记录两个基本元素组成。

在创建数据表时需要为创建的数据表中的字段指明字段的数据类型，Access 2007 中提供的数据类型有以下几种。

- **文本**

文本或者文本与数字的组合，最多为 255 个字符或者长度小于 FieldSize 属性的设置值。

例如“商品编号”和“商品名称”等字段。也可以是和数字计算无关的数字，例如“电话号码”等字段。

Access 不会为文本字段中未使用的部分保留空间。

- **数字**

用于数学计算的数值数据，但是有两种数字用单独的数据类型表示：货币和日期/时间。

数字为 1、2、4 或者 8 个字节（如果将 FieldSize 的属性设置为 ReplicationID，则可为 16 个字节）。

- **货币**

用来表示货币值或者用于数学计算的数值数据，可以精确到小数点左侧 15 位以及小数点右侧 4 位，为 8 个字节。

- **日期/时间**

用于表示有关日期或者时间的数据，能够表示 100 年～9999 年的日期与时间值，为 8 个字节。

- **自动编号**

每当向表中添加一条新的记录时，由 Access 指定的一个唯一的顺序号（每次递增 1）或者随机数，为 4 个字节。

如果将某个字段设置为自动编号数据类型，该字段将不能更新。

- **是/否**

用于表示两种值中的一种，可以自定义格式，例如 Yes/No、On/Off 或者 True/False，为 1 位。

- **超链接**

文本或者文本和数字的组合，以文本的形式存储并用于保存超链接字段。超链接字段最多包含以下几部分：

(1) 显示的文本：在字段或者控件中显示的文本。

(2) 地址：进入文件或网络的路径。

(3) 子地址：位于文件或网络的地址。

(4) 屏幕提示：作为工具提示显示的文本。

其中每一部分最多包含 2048 个字符。

- **OLE 对象**

在其他的使用 OLE 协议程序中创建的对象，用于连接这些 OLE 对象。

受磁盘空间的限制，该字段最多为 1GB 字节。

查阅向导

字段允许使用组合框来选择另一个表或者列表框中的值，如果选择了此项，将打开向导进行定义。

该字段与用于执行查阅的主键字段大小相同，通常为 4 个字节。

备注

长文本或者文本和数字的组合，用来保存较长的字符。

例如一些说明性的文字，最多为 65535 个字符。

附件

附件字段类型是 Access 2007 的新增字段类型，使用该类型可以将多种类型的文件存储在单个字段之中，甚至可以将多种类型的文件存储在单个字段之中。

文件名（包括文件扩展名）不得超过 255 个字符。

> 文件名不得包含以下字符：
> 问号（?）、引号（“）、斜线（/）、反斜线（\）、左括号（<）、右括号（>）、星号（*）、竖线（|）、冒号（:）以及段落标记。

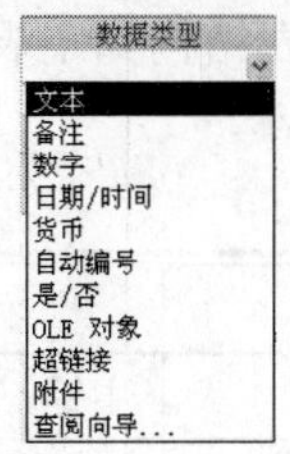

2. 表的视图

Access 2007 中的表有 4 种视图显示方式，分别为数据表视图、数据透视表视图、数据透视图视图和设计视图。用户可以根据不同的情况进行各种视图之间的切换，实现各个数据表的查看与编辑。

要实现各种视图之间的切换，可以通过以下两种常用的方式实现。

在【Microsoft Access】窗口中将选项卡切换至【设计】，然后单击【视图】按钮，在弹出的下拉列表中选择合适的视图即可。

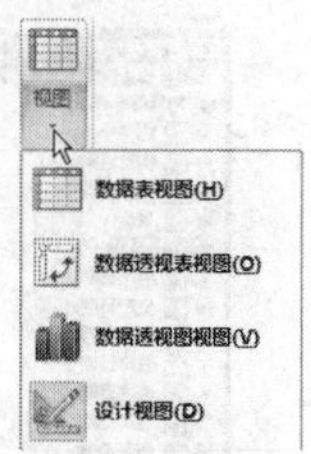

或者通过工具栏中的视图切换按钮实现各种视图之间的切换。

> 单击 按钮即可切换至数据表视图。
> 单击 按钮即可切换至数据透视表视图。
> 单击 按钮即可切换至数据透视图视图。
> 单击 按钮即可切换至设计视图。

数据表视图

为数据表的默认视图，在该视图中可以查看、添加、编辑和删除表中的数据。

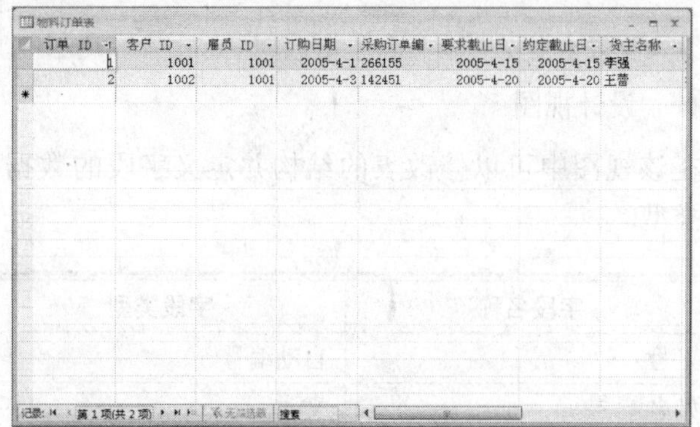

订单 ID	客户 ID	雇员 ID	订购日期	采购订单编	要求截止日	约定截止日	货主名称
1	1001	1001	2005-4-1	266155	2005-4-15	2005-4-15	李强
2	1002	1001	2005-4-3	142451	2005-4-20	2005-4-20	王蕾

数据透视表视图

在该视图中将以数据透视表的方式显示表中的记录。

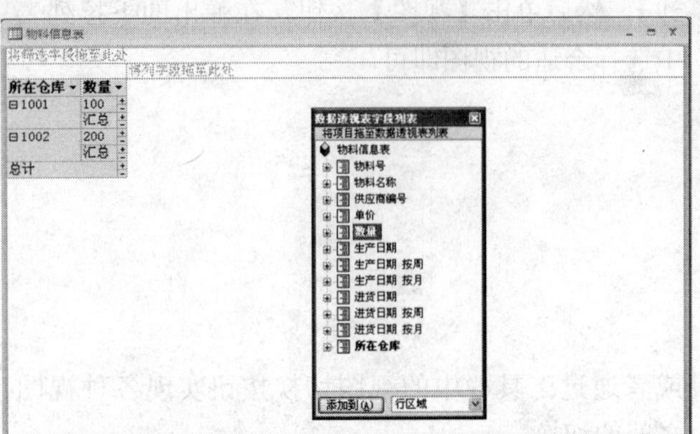

数据透视图视图

在该视图中将以数据透视图的方式显示表中的记录。

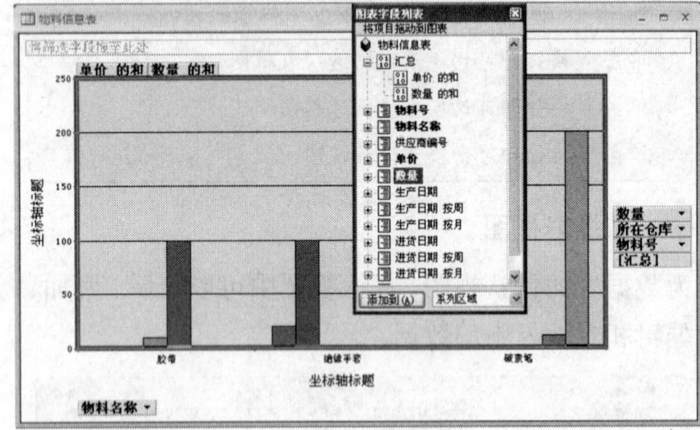

设计视图

在该视图中可以修改表的结构并定义字段的数据类型。

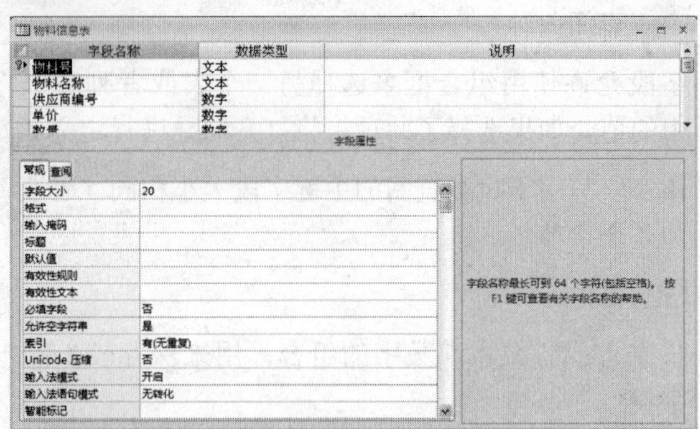

3.2.2 创建表

在 Access 2007 中创建数据表的常用方法有 4 种：使用数据表视图、使用表模板、使用 SharePoint 列表和使用表设计视图。

1. 使用数据表视图创建表

本小节原始文件和最终效果所在位置如下。	
原始文件	原始文件\第3章\公司信息管理系统1. accdb
最终效果	最终效果\第3章\公司信息管理系统1. accdb

"员工信息表"的表结构如下表所示。

字段名称	字段类型	字段大小	备注
工号	自动编号	长整型	主键
姓名	文本	4	
性别	文本	2	
年龄	数字	长整型	
工作时间	日期/时间		
职务	文本	10	
联系方式	文本	20	
备注	文本	50	

使用"数据表视图"的方法创建"员工信息表"的具体步骤如下。

① 打开本小节的原始文件，切换至【创建】选项卡。

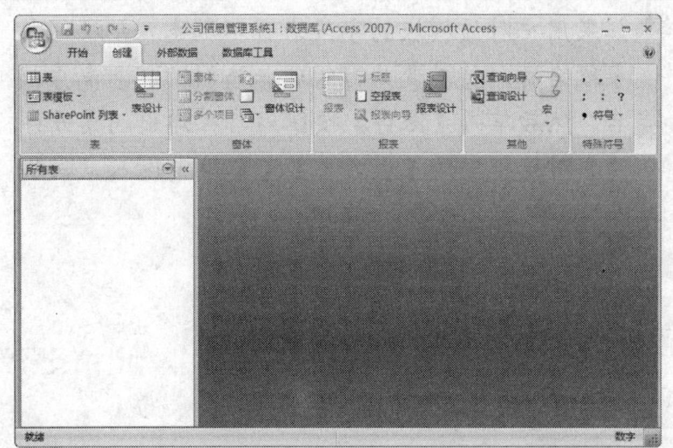

❷单击 表 按钮，可以看到在【功能区选项卡】的右侧添加了一个【上下文命令选项卡】，并自动地切换至该选项卡。

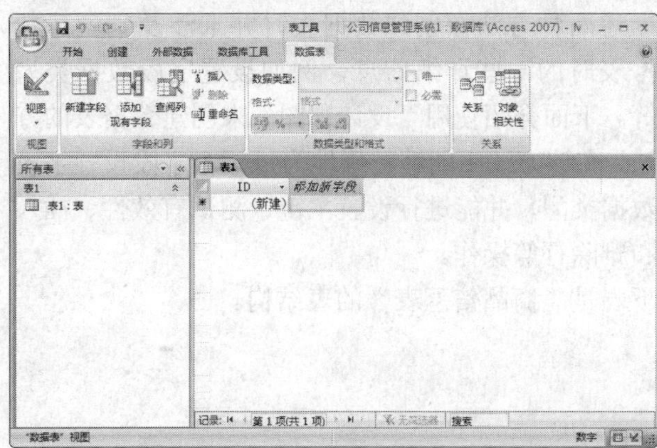

❸根据上表给出的“员工信息表”的各个字段在数据表视图中添加字段。首先双击【ID】字段，可以看到该字段变为可编辑状态，然后在其中输入“工号”。

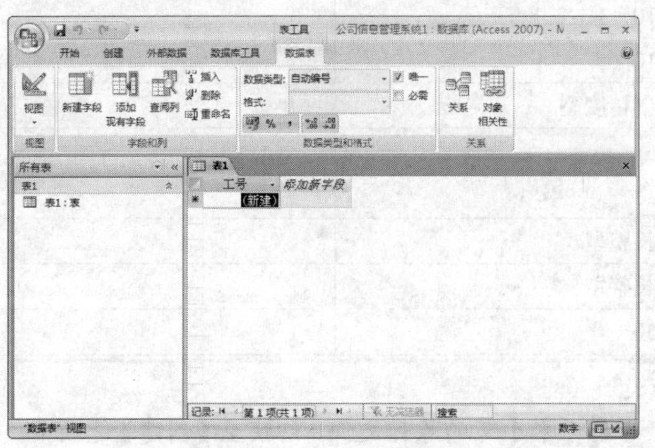

❹按照同样的方法双击【添加新字段】字段，待其变为可编辑状态时输入其他的字段。

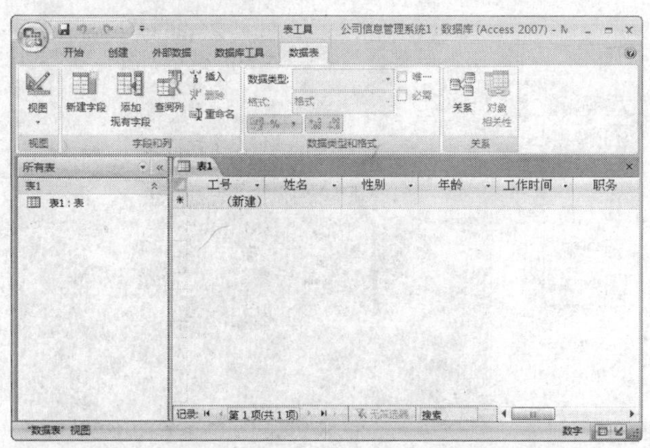

❺单击【保存】按钮弹出【另存为】对话框，在【表名称】文本框中输入要保存的该数据表的名称，这里输入“员工信息表”，然后单击 确定 按钮即可。

2. 使用表模板创建表

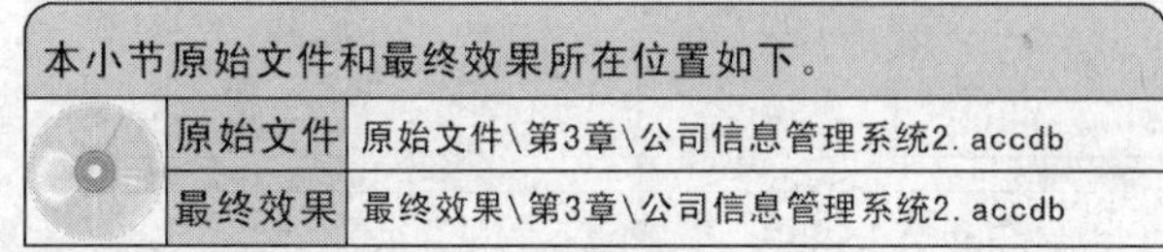

本小节原始文件和最终效果所在位置如下。	
原始文件	原始文件\第3章\公司信息管理系统2. accdb
最终效果	最终效果\第3章\公司信息管理系统2. accdb

使用“表模板”的方法创建“联系人”数据表的具体步骤如下。

❶打开本小节的原始文件，切换至【创建】选项卡。

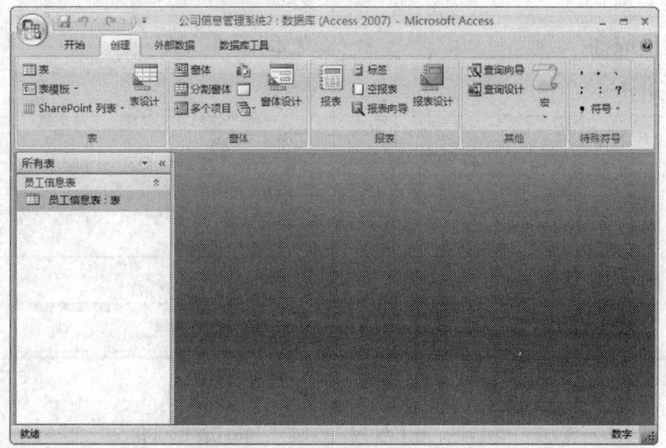

2 单击表模板按钮，在弹出的下拉列表中选择合适的表模板，这里选择【联系人】按钮。

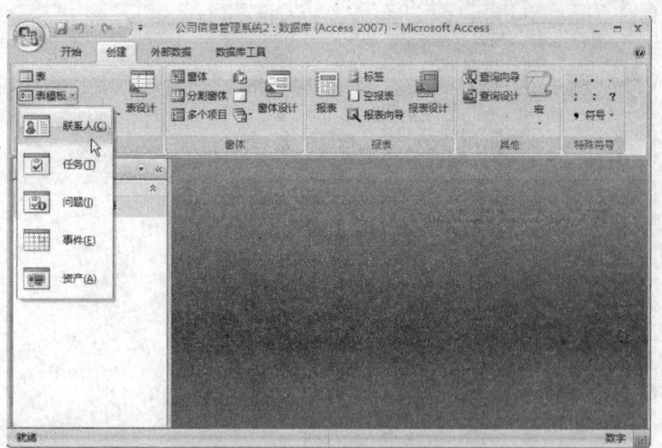

3 随即弹出【联系人】模板。

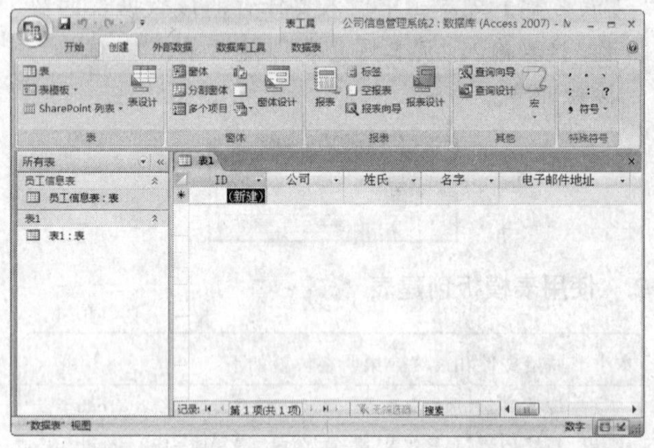

4 如果用户对该模板的字段名称不满意，可以双击字段名称，待其变为可编辑状态时为其重新命名。然后单击【保存】按钮，在弹出的【另存为】对话框中的【表名称】文本框中输入“联系人”，单击 确定 按钮。

3. 使用表设计视图创建表

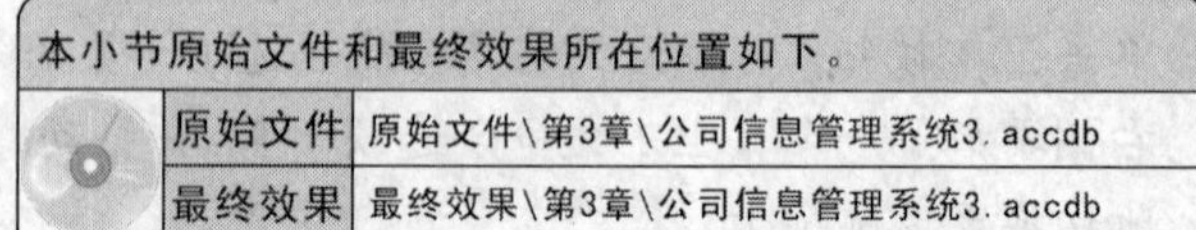

本小节原始文件和最终效果所在位置如下。	
原始文件	原始文件\第3章\公司信息管理系统3. accdb
最终效果	最终效果\第3章\公司信息管理系统3. accdb

上述两种方法在创建数据表时并未涉及到创建数据表时的一些详细信息，例如设置字段数据类型等。下面介绍使用“设计视图”来创建数据表的方法，在该方法中能够精确地为每一个字段设置字段数据类型，并能进行设置主键、测试有效性、插入和删除行等操作。

下表是“商品信息表”的表结构。

字段名称	字段类型	字段大小	备注
商品编号	文本	10	主键
商品名称	文本	20	
类别	文本	10	
供应商	文本	10	
单价	数字	单精度型	
仓库	文本	6	
生产日期	日期/时间		
最小库存量	数字	长整型	
最大库存量	数字	长整型	
备注	文本	50	

使用“设计视图”的方法创建“商品信息表”的具体步骤如下。

1 打开本小节的原始文件，切换至【创建】选项卡。

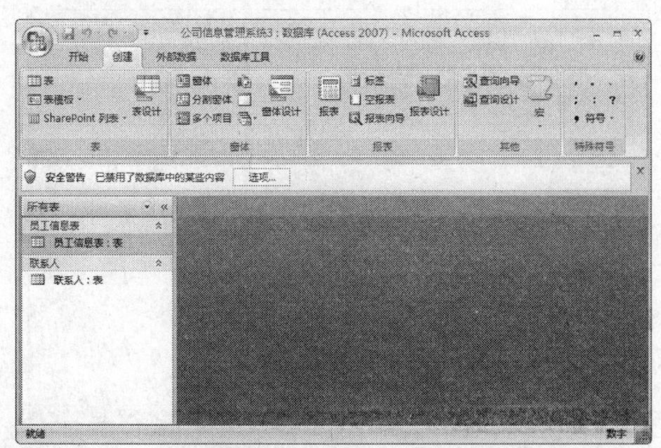

2 单击【表设计】按钮可以看到表设计界面。

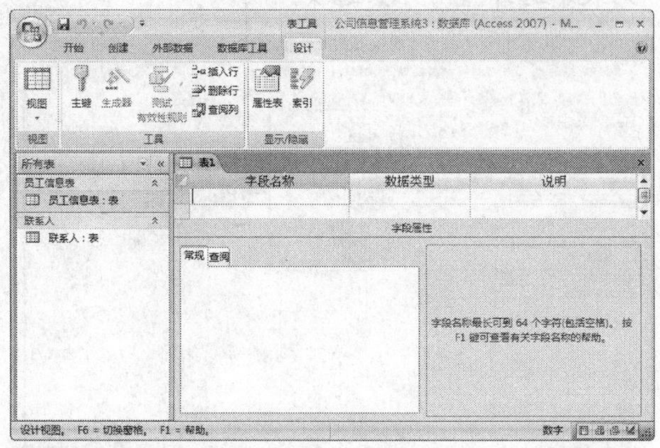

3 在【字段名称】中输入字段的名称，这里输入“商品名称”，然后在【数据类型】下拉列表中选择“文本”。

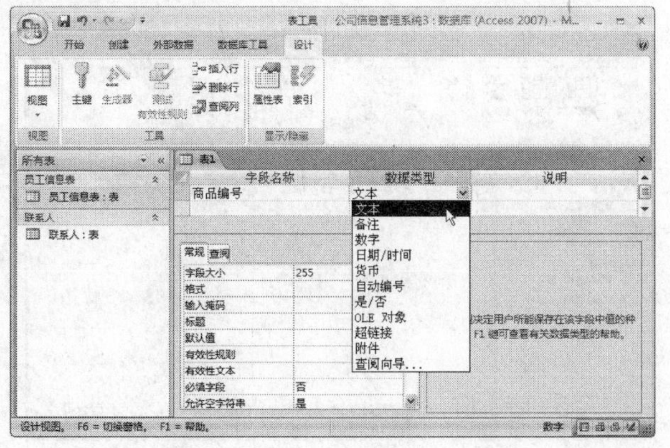

4 在【字段属性】面板中切换至【常规】选项卡，将【字段大小】设置为“10”。

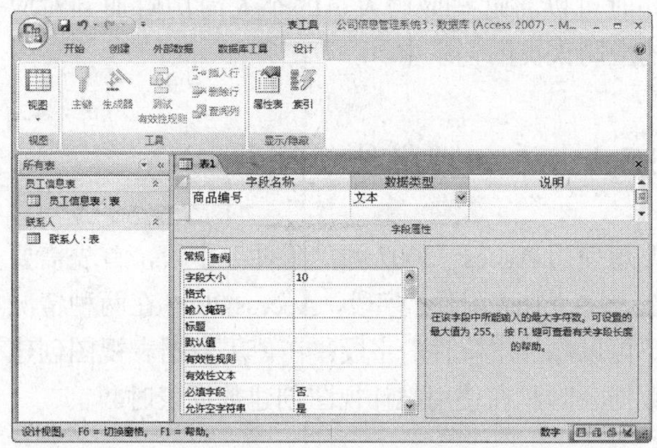

5 重复上面的步骤，将所有的字段设置完毕。

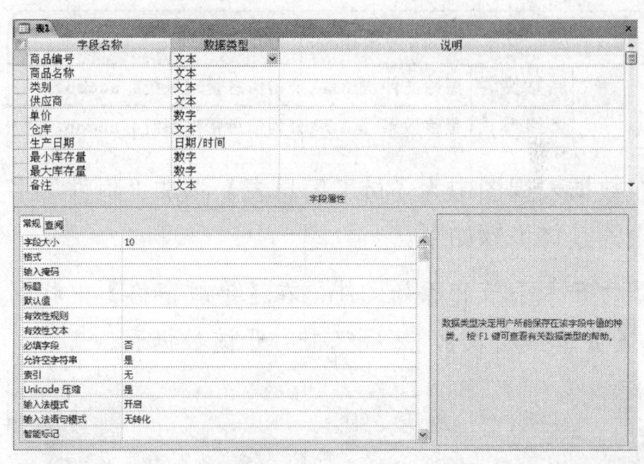

6 单击【保存】按钮，在弹出的【另存为】对话框中的【表名称】文本框中输入“商品信息表”，然后单击 确定 按钮。

7 随即弹出【尚未定义主键】对话框，询问用户是否定义主键，这里单击 否(N) 按钮。

3.3 “附件”数据类型

“附件”数据类型是 Access 2007 中新增的字段数据类型，它可以将一段或者多段数据添加到数据库的记录中，这些数据可以是 Word 2007 文档和 Excel 2007 电子表格等。

附件字段类型可以将多种类型的文件存储在单个字段之中。例如有一个应聘人员信息管理数据库，此时可以将这些应聘人员的个人简历附加到对应的应聘人员的记录中。

3.3.1 添加“附件”字段

要想使用 Access 2007 的“附件”字段，首先需要在表中添加“附件”字段，Access 2007 在两种情况下可以添加“附件”字段：在使用数据表视图创建数据表时和在使用设计视图创建数据表时。

1. 使用数据表视图时添加

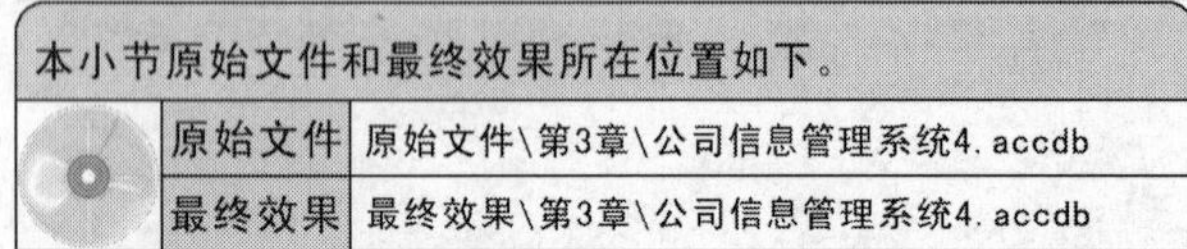

本小节原始文件和最终效果所在位置如下。

原始文件	原始文件\第3章\公司信息管理系统4. accdb
最终效果	最终效果\第3章\公司信息管理系统4. accdb

在数据表视图中为【员工信息表】添加“附件”字段的具体步骤如下。

1 打开本小节的原始文件，在【导航窗格】中找到【员工信息表】，然后双击打开该数据表。

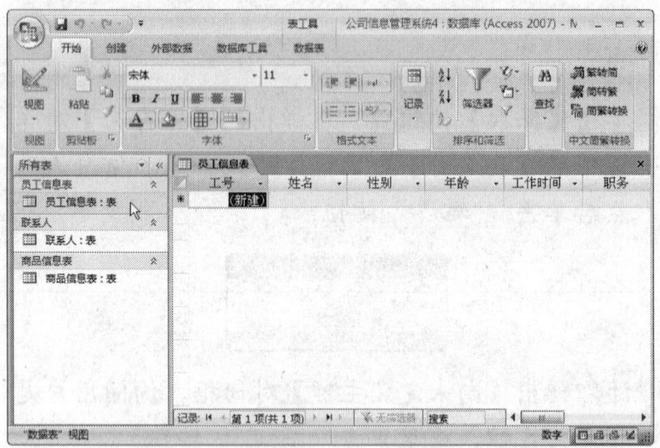

2 在该数据表中添加一个【照片】字段，然后将选项卡切换至【上下文命令选项卡】中。

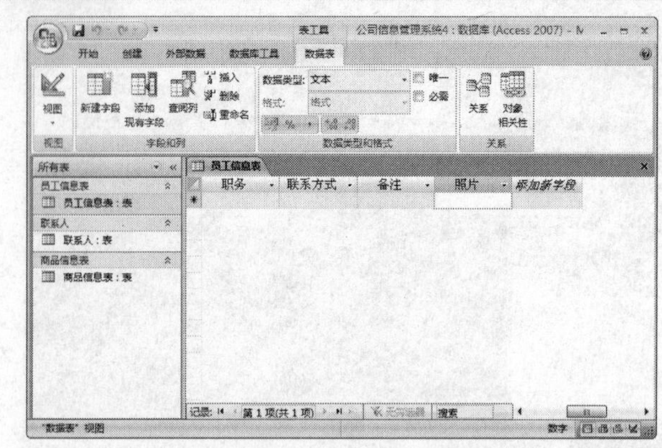

3 在【数据类型和格式】组中的【数据类型】下拉列表中选择【附件】选项。

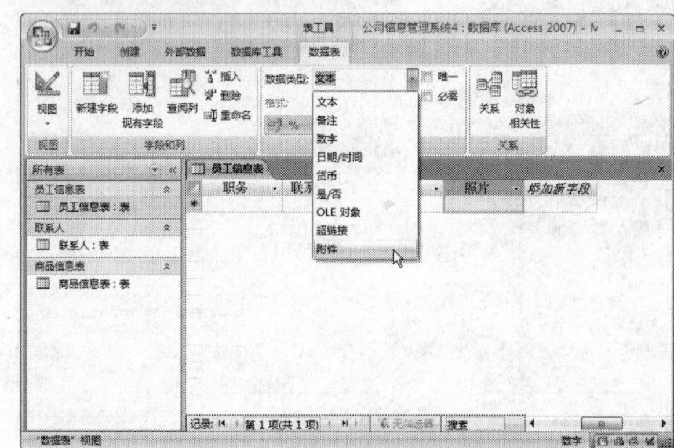

4 此时可以看到【数据类型和格式】组中除了【必需】复选框之外，其他的所有选项都变为不可用状态，并且【照片】字段更新为“附件”的图标。

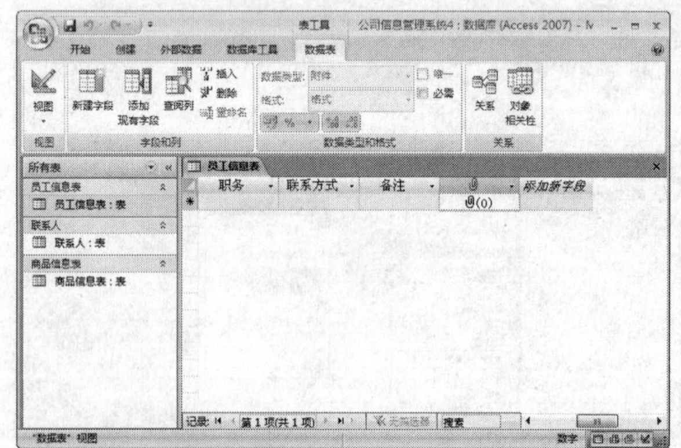

2. 使用设计视图时添加

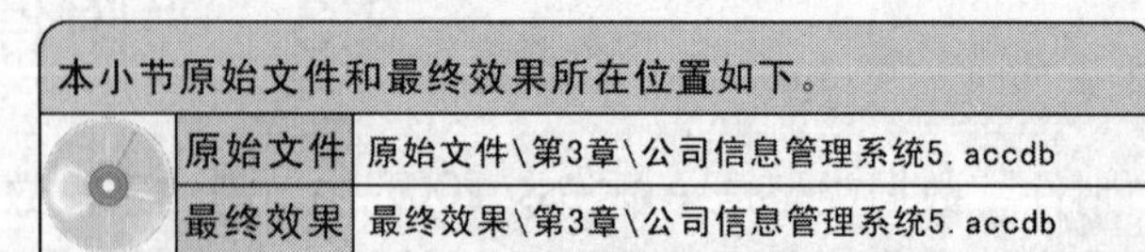

本小节原始文件和最终效果所在位置如下。

原始文件	原始文件\第3章\公司信息管理系统5. accdb
最终效果	最终效果\第3章\公司信息管理系统5. accdb

在设计视图中为【联系人】数据表添加“附件”字段的具体步骤如下。

1. 打开本小节的原始文件，在【导航窗格】中找到【联系人】数据表，然后单击鼠标右键，在弹出的快捷菜单中选择【设计视图】菜单项打开该数据表的设计视图。

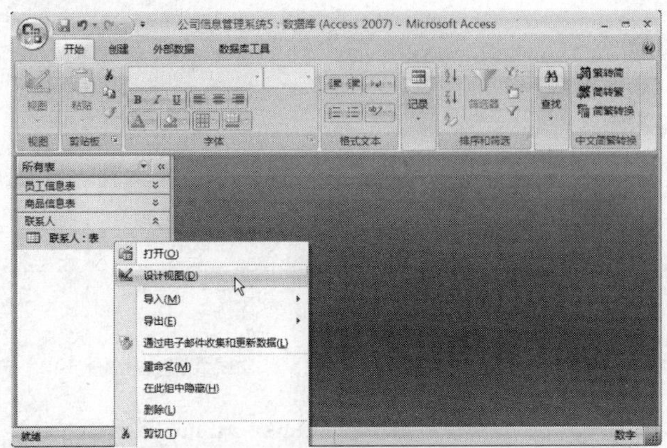

2. 打开【联系人】数据表的设计视图，可以看到在该数据表中存在一个【附件】数据类型的【附件】字段，然后添加一个【附件】数据类型的【照片】字段。

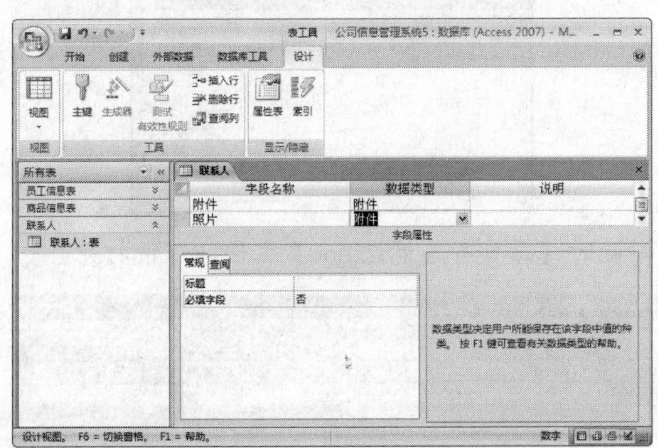

3. 最后单击【保存】按钮保存对该数据表设计的修改即可。

3.3.2 为“附件”字段赋值

为表添加了“附件”字段后可以直接将文件附加到表的记录中，也可以直接从表的记录中查看附件的内容。例如打开一个附加到数据表中的 Word 文档的个人简历，Word 会自动启动，然后就可以在 Word 文档中而不是在 Access 中看到个人简历。

提示：如果当前系统中没有安装 Word 就会弹出一个对话框，用于选择查看该文件的程序。

为数据表中的“附件”字段赋值的具体步骤如下。

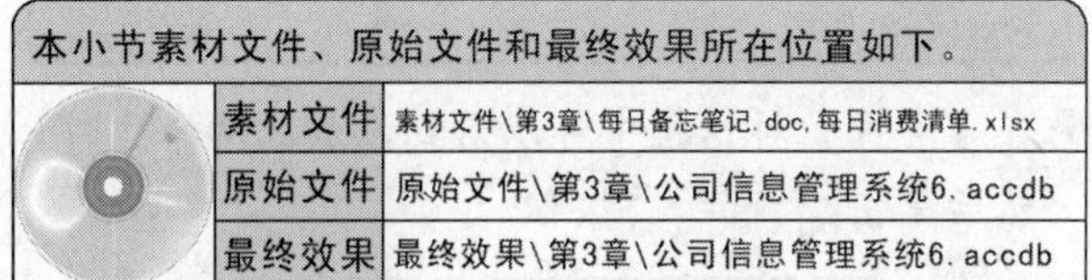

本小节素材文件、原始文件和最终效果所在位置如下。

素材文件	素材文件\第3章\每日备忘笔记.doc，每日消费清单.xlsx
原始文件	原始文件\第3章\公司信息管理系统6.accdb
最终效果	最终效果\第3章\公司信息管理系统6.accdb

1. 打开本小节的原始文件，打开【联系人】数据表，右键单击【照片】字段对应的第 1 条记录处，在弹出的快捷菜单中选择【管理附件】菜单项。

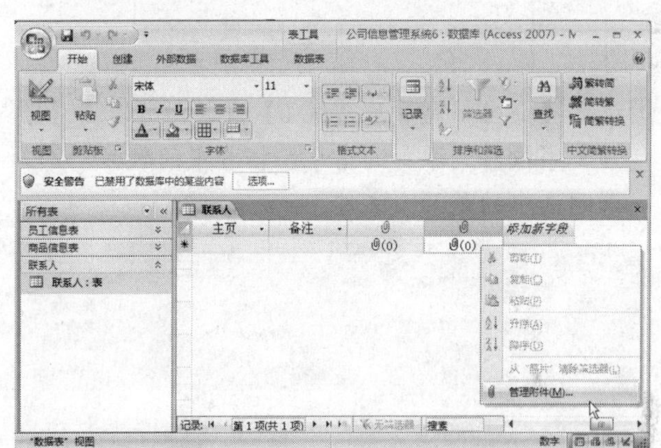

2. 随即打开【附件】对话框，单击 添加(A)... 按钮。

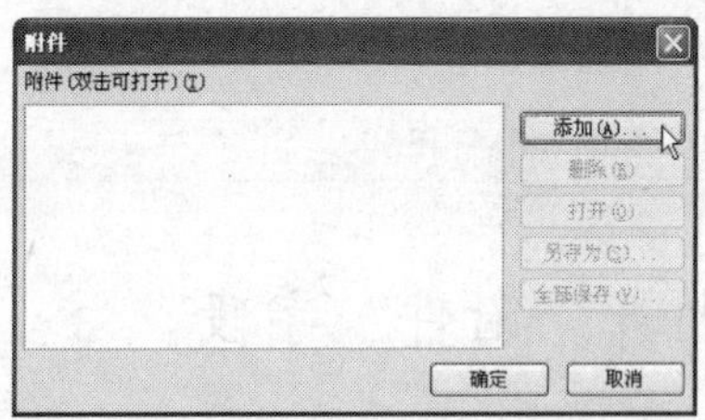

3. 随即打开【选择文件】对话框，从中选择一个或者多个文件，然后单击 打开(O) 按钮。

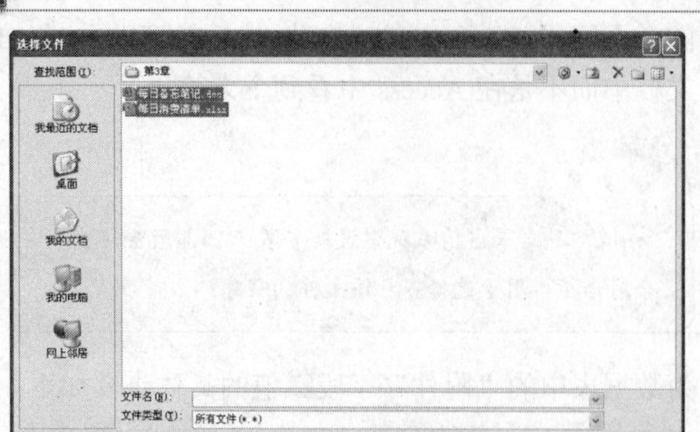

4 在【附件】对话框中可以看到添加的两个文件，然后单击 确定 按钮。

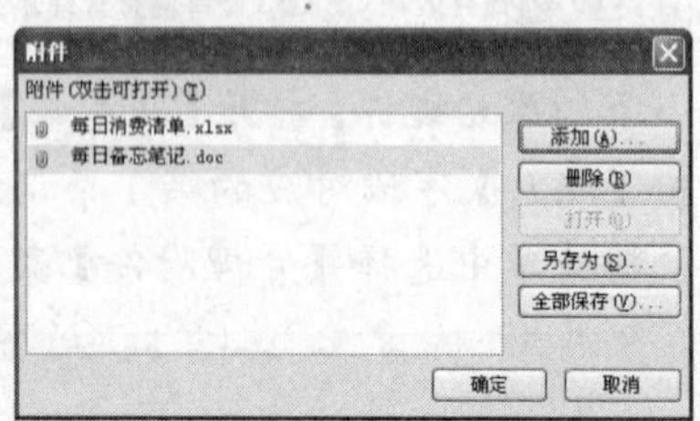

5 返回【公司信息管理系统 6】窗口，可以在【照片】字段看到添加的结果，括号中的数字“2”表明选中的是两个文件。

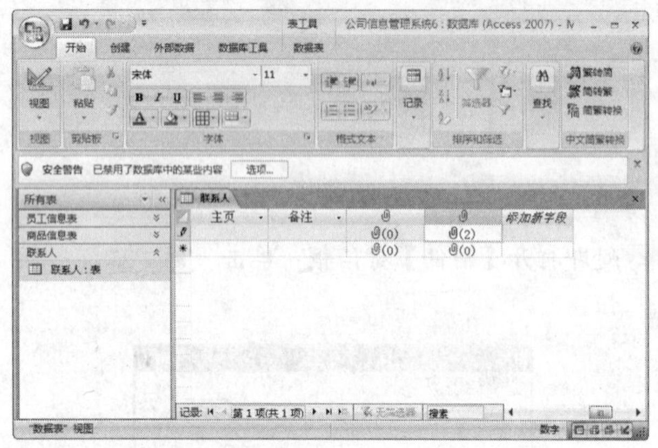

3.3.3 打开“附件”字段

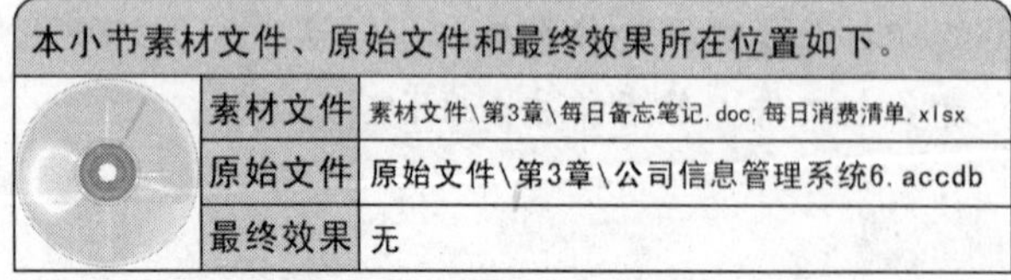

本小节素材文件、原始文件和最终效果所在位置如下。	
素材文件	素材文件\第3章\每日备忘笔记.doc，每日消费清单.xlsx
原始文件	原始文件\第3章\公司信息管理系统6.accdb
最终效果	无

“附件”字段的值不像其他的字段一样显示在数据表中，如果要查看“附件”字段的值，需要将其打开，具体的操作步骤如下。

1 在【公司信息管理系统 6】窗口中打开【联系人】数据表视图，然后在添加文件的“附件”字段中单击鼠标右键，在弹出的快捷菜单中选择【管理附件】菜单项。

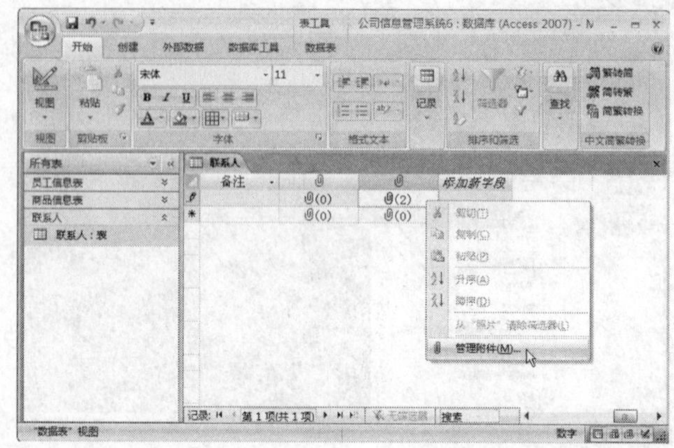

2 此时打开的【附件】对话框中的 打开(O) 按钮为可用状态，从中选择一个文件，这里选择“每日备忘笔记.doc”，然后单击 打开(O) 按钮。

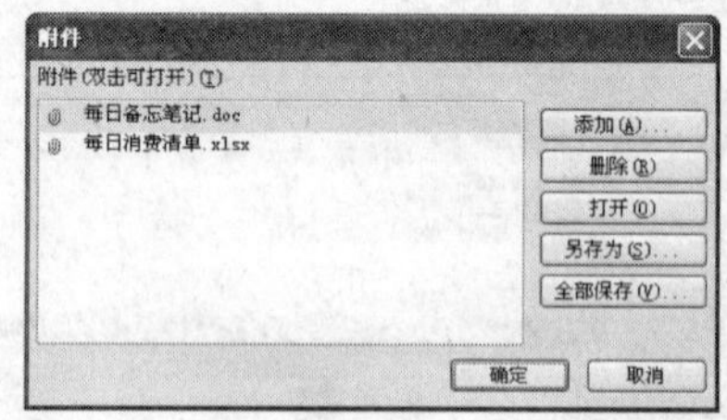

3 此时【每日备忘笔记.doc】文件即可被打开。

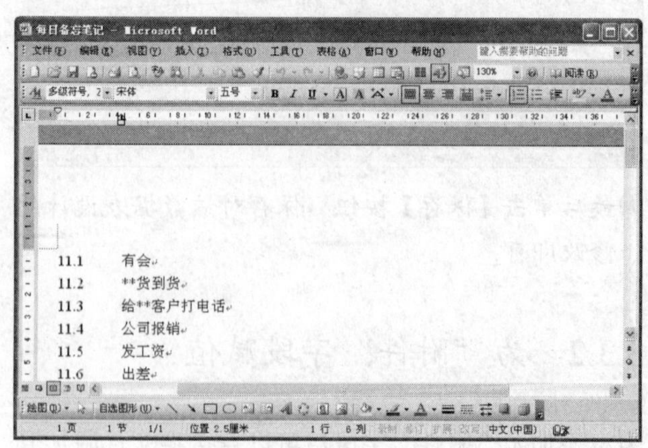

3.4 设置表属性

表是数据库中使用得最频繁的对象。要想更加熟练地使用表，还需要知道表的其他一些属性，包括主键和索引等。

3.4.1 主键

在前面使用“设计视图”方法创建完数据表保存时已经接触了“主键”这个概念，它是一个表中能够唯一标识一条记录的一个或者多个字段。虽然 Access 中的主键并不是必须的，但是通常还是需要为数据表指定一个。

当某一个字段被指定为主键之后，字段的“索引”属性会自动地被设置为“有（无重复）”，并且这种设置是无法改变的。在添加或者修改数据时不能使主键字段存在相同的值，也不能使主键为空。可以利用主键实现记录的快速排序和查找。

提示

多数情况下主键都是单个字段，但在某些情况下单个字段的数据不能唯一标识某条记录，此时就需要设置多字段作为主键。

为字段设置主键的方法很多，下面简单地介绍几种方法。

1. 使用【主键】按钮设置

本小节原始文件和最终效果所在位置如下。	
原始文件	原始文件\第3章\公司信息管理系统7. accdb
最终效果	最终效果\第3章\公司信息管理系统7. accdb

使用【主键】按钮设置主键的具体步骤如下。

1 打开本小节的原始文件，右键单击要设置主键的数据表，这里选择【员工信息表】，然后在弹出的快捷菜单中选择【设计视图】菜单项。

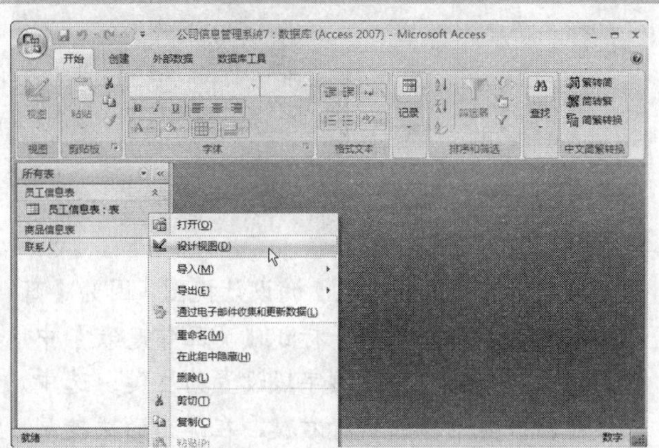

2 随即打开【员工信息表】的设计视图，因为【工号】字段可以唯一标识【员工信息表】中的记录，所以可以将该字段设置为主键。选中该字段，然后单击【主键】按钮即可将该字段设置为主键。

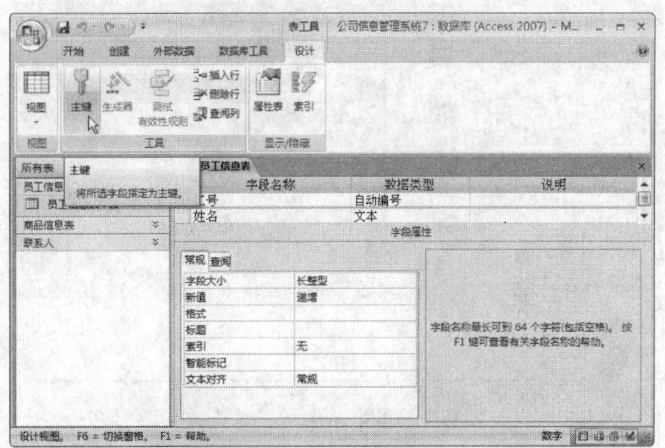

2. 使用【主键】菜单项设置

本小节原始文件和最终效果所在位置如下。	
原始文件	原始文件\第3章\公司信息管理系统8. accdb
最终效果	最终效果\第3章\公司信息管理系统8. accdb

使用【主键】菜单项设置主键的具体步骤如下。

1 打开本小节的原始文件，右键单击要设置主键的数据表，这里选择【商品信息表：表】选项，然后在弹出的快捷菜单中选择【设计视图】菜单项。

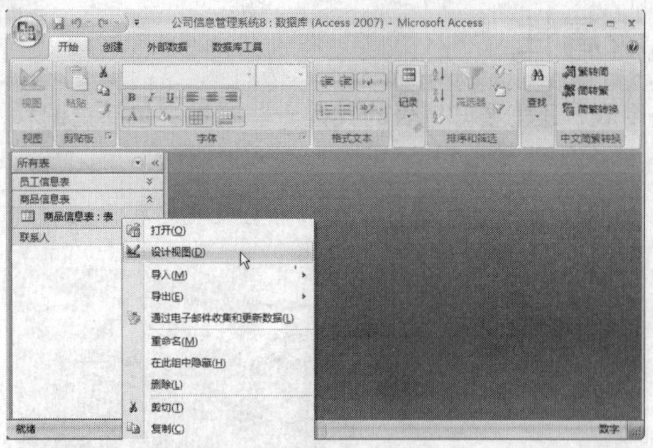

2 随即打开【商品信息表】的设计视图，因为【商品编号】字段可以唯一标识【商品信息表】中的记录，所以可以将该字段设置为主键。选中该字段，然后单击鼠标右键，在弹出的快捷菜单中选择【主键】菜单项即可。

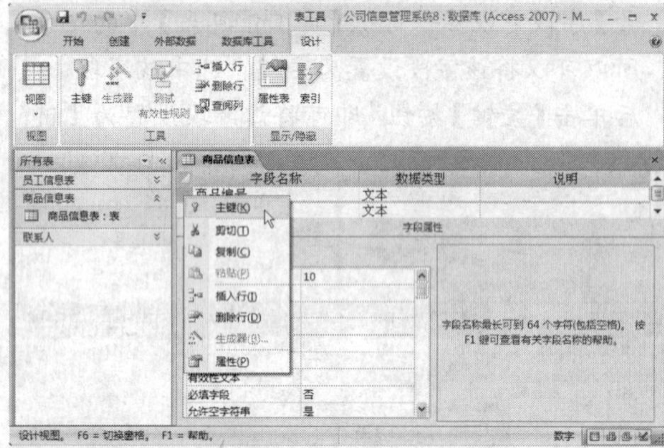

提示

如果要设置多字段主键，首先选中第 1 个主键字段，然后按住【Ctrl】键选中其他的字段，按照上面两种设置主键的方法设置即可。

3.4.2 索引

Access中可以基于单个或者多个字段来创建索引，多字段索引一般用于创建的单个字段索引中存在重复值的情况。

在 Access 数据表中，只有符合下列条件的字段才可以创建索引。

(1) 字段的数据类型为文本、数字、货币或者字段设置索引。

(2) 常用于查询的字段。

(3) 常用于排序的字段。

1. 为单字段设置索引

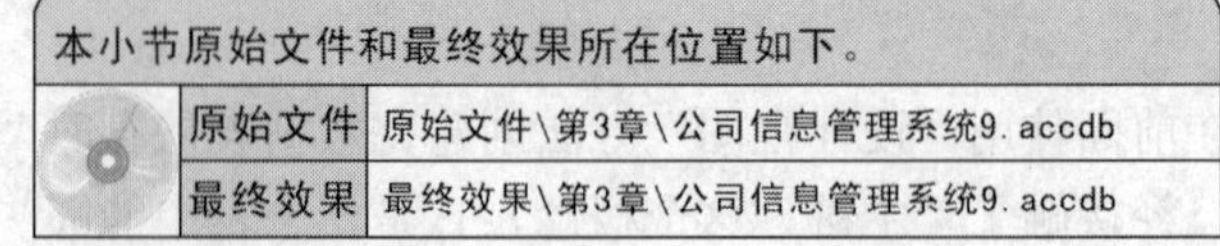

本小节原始文件和最终效果所在位置如下。

	原始文件	原始文件\第3章\公司信息管理系统9. accdb
	最终效果	最终效果\第3章\公司信息管理系统9. accdb

为单字段创建索引的具体步骤如下。

1 打开本小节的原始文件，右键单击【商品信息表:表】选项，在弹出的快捷菜单中选择【设计视图】菜单项。

2 随即打开【商品信息表】的设计视图，选择要创建索引的字段，这里选择“商品名称”，然后在【字段属性】窗格中的【常规】选项卡中单击【索引】属性，在弹出的下拉列表中选择【有（有重复）】选项。

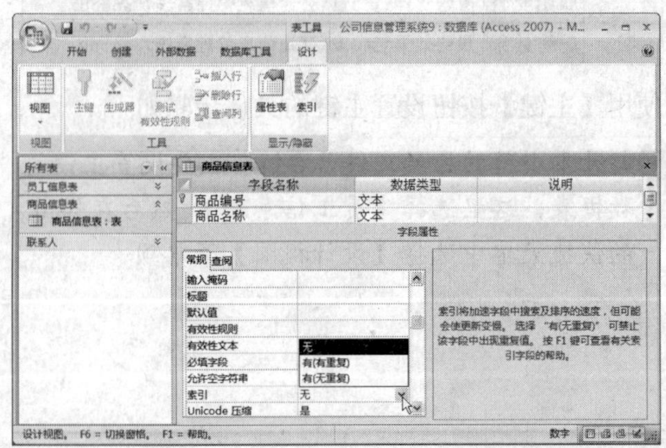

提示

【索引】下拉列表中的可供选择的各项内容的作用如下。

无：系统默认的设置，表示该字段不被索引。

有（有重复）：表示该字段将被索引，而且可以在多条记录中输入相同值。

有（无重复）：表示该字段将被索引，但每个记录的该字段值必须是唯一的（即记录中的该字段值都不相同），这样该字段的信息作索引时总可以找到唯一记录。

2. 为多字段设置索引

本小节原始文件和最终效果所在位置如下。

原始文件	原始文件\第3章\公司信息管理系统10. accdb
最终效果	最终效果\第3章\公司信息管理系统10. accdb

为多字段创建索引的具体步骤如下。

1 打开本小节的原始文件，右键单击【联系人：表】选项，在弹出的快捷菜单中选择【设计视图】菜单项。

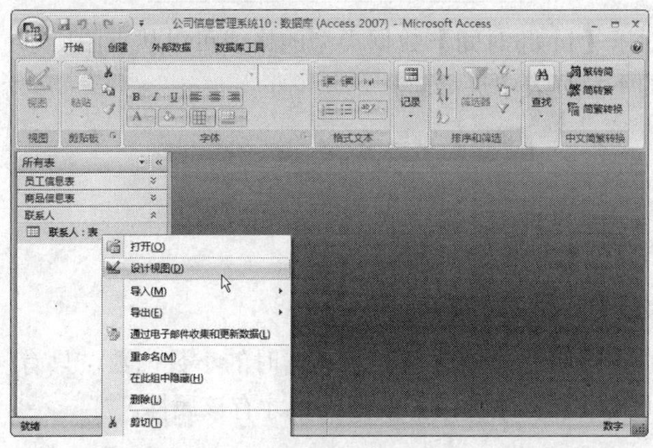

2 随即打开【联系人】的设计视图，切换至【表工具 - 设计】选项卡，然后单击【显示/隐藏】组中的【索引】按钮。

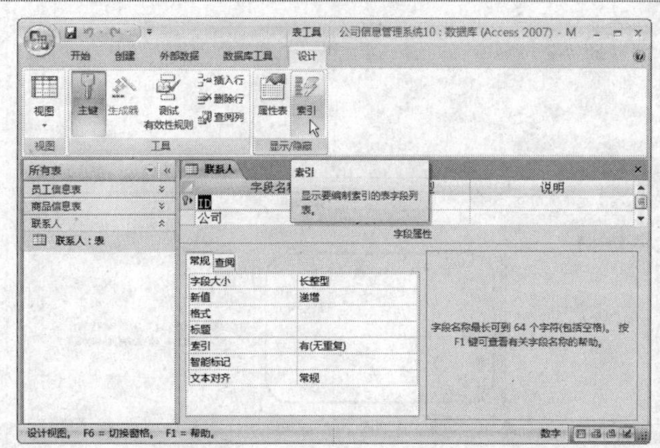

3 随即打开【索引】对话框，在【索引名称】文本框中输入索引名称，可以选择字段名称或者其他合适的名称，在【字段名称】下拉列表中选择索引字段，在【排序次序】下拉列表中选择该字段的排序次序。接着重复该操作，直到将所有的要创建的索引设置完毕为止。

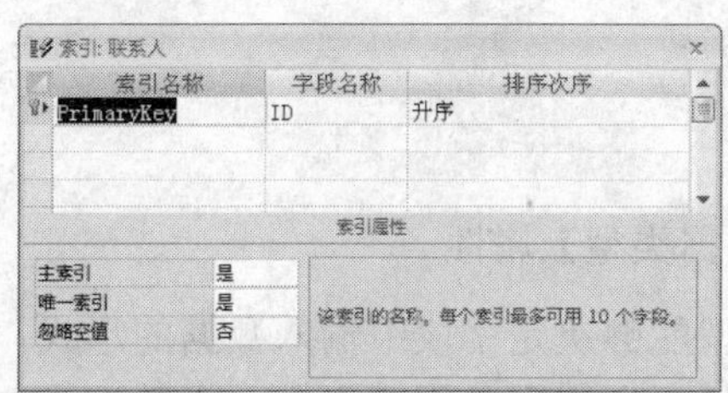

多数情况下在一个字段上创建一个索引就足够了，这样既节省时间又节省空间。除非表的使用模式非常固定，否则在 3 个以上的字段创建索引几乎是没有任何意义的。

提示

不能在备注、超级链接和 OLE 对象等数据类型上建立索引。

3.4.3 字段属性

每个字段都有自己的属性，字段的属性决定了存储、处理和显示字段中数据的方式。

属性包括字段名称、数据类型、说明以及字段属性窗格中的其他属性，例如字段大小、格式、标题和输入掩码等。

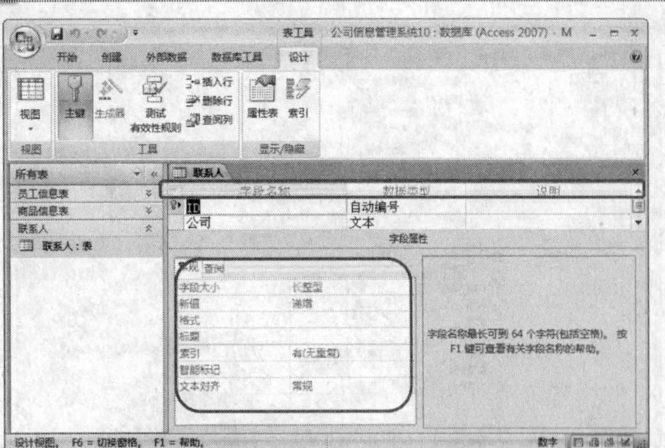

1. 基本属性

(1) 【字段名称】属性

对字段名称的更改不会影响到任何已经存在的表关系，也不会改变数据库中的任何数据。

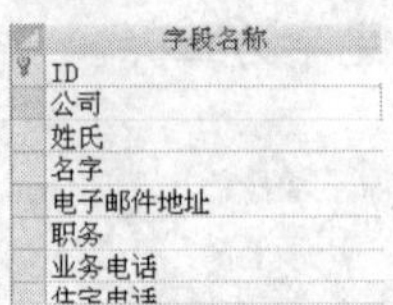

字段名称
ID
公司
姓氏
名字
电子邮件地址
职务
业务电话
住宅电话

(2) 【数据类型】属性

数据类型能够决定字段中输入数据的形式，数据表中的每一个字段都需要指定一个数据类型，系统默认的数据类型是“文本”。

数据类型
自动编号
文本
文本
文本
文本
文本
文本
文本

(3) 【说明】属性

【说明】列的文本框中可以输入关于对应字段的描述性文字。

说明
联系人编号
联系人公司名称
联系人的电子邮箱
联系人在公司的职务
与联系人业务联系的电话

2. 其他属性

【字段属性】面板中的字段属性取决于字段的数据类型，用户可以根据需要设置其属性。

(1) 【字段大小】属性

该属性能够确定一个字段使用的空间大小，只有【文本】和【数字】数据类型才有该属性。

【文本】数据类型的字段大小的取值范围是 0～255，默认值为 50；【数字】数据类型的字段大小可以根据需要从其下拉列表中选择。

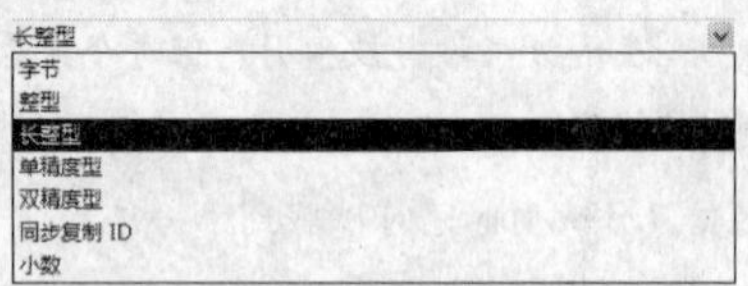

长整型
字节
整型
长整型
单精度型
双精度型
同步复制 ID
小数

(2) 【格式】属性

该属性用来决定数据的打印方式和在屏幕上的显示方式，不同的数据类型对应的该属性也不相同，可以根据需要从其下拉列表中选择。

例如对于【自动编号】和【数字】数据类型的格式可以从下图所示的下拉列表中选择。

常规数字	
常规数字	3456.789
货币	￥3,456.79
欧元	€3,456.79
固定	3456.79
标准	3,456.79
百分比	123.00%
科学记数	3.46E+03

对于【日期/时间】数据类型的格式可以从下图所示的下拉列表中选择。

常规日期	
常规日期	2007-6-19 17:34:23
长日期	2007年6月19日
中日期	07-06-19
短日期	2007-6-19
长时间	17:34:23
中时间	下午 5:34
短时间	17:34

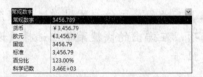

(3) 【小数点位数】属性

通过该属性可以选择显示数据时的小数位数，只有【数字】和【货币】数据类型才有该属性。

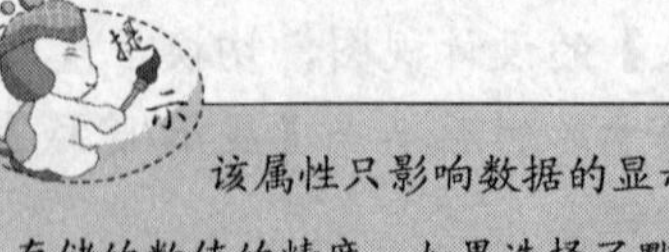

该属性只影响数据的显示方式，并不影响所存储的数值的精度。如果选择了默认选项“自动”，小数位数则由【格式】属性确定。

(4) 【输入掩码】属性

该属性的设置为向字段中输入数据提供了方便，并且能够保证输入数据格式的正确性。

Access 2007 提供的“输入掩码向导”功能可以引导用户设置“输入掩码”，该属性使用的字符定义如下表所示。

字符	说明
0	必须输入数字 0～9
9	可以选择输入数字或者空格
#	可以选择输入数字、加减号或者空格
L	必须输入字母 A～Z
?	可以选择输入字母 A～Z
A	必须输入字母或者数字
a	可以选择输入字母或者数字
&	必须输入数字或者空格
C	可以选择输入数字或者空格
.:;-/	小数点占位符及千位、日期与时间的分割符（实际的字符将根据“控制面板”的“区域和语言选项”中的设置来确定）
<	将所有的字符转换为小写
>	将所有的字符转换为大写
!	使输入掩码从右到左显示，可以在输入掩码中的任何位置包括感叹号
\	使接下来的字符以原义字符显示（例如\a 将显示为 a）

本小节原始文件和最终效果所在位置如下。

原始文件	原始文件\第3章\公司信息管理系统11. accdb
最终效果	最终效果\第3章\公司信息管理系统11. accdb

使用“输入掩码向导”创建“输入掩码”的具体步骤如下。

1 打开本小节的原始文件，右键单击【联系人：表】选项，在弹出的快捷菜单中选择【设计视图】菜单项。

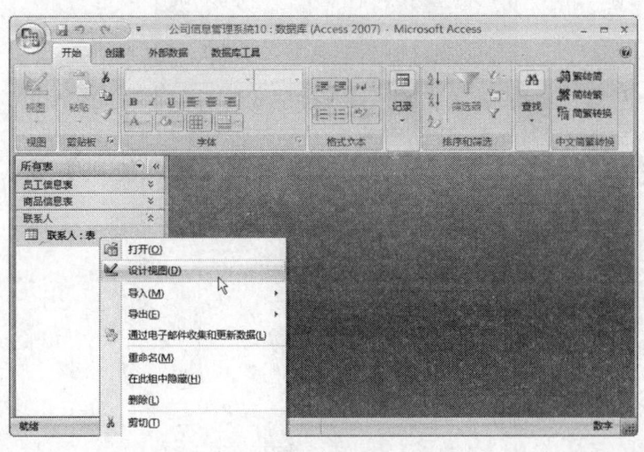

2 随即打开【联系人】的设计视图，选择【邮政编码】字段，然后在【字段属性】面板的【常规】选项卡中单击【输入掩码】文本框。

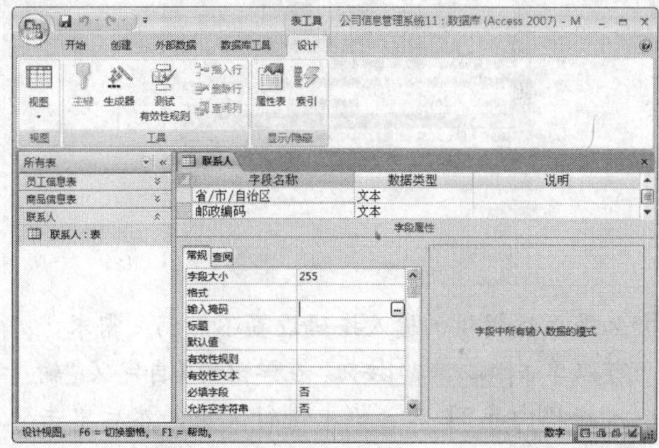

3 单击右侧的【生成器】按钮…，或者在【输入掩码】属性行单击鼠标右键，在弹出的快捷菜单中选择【生成器】菜单项。

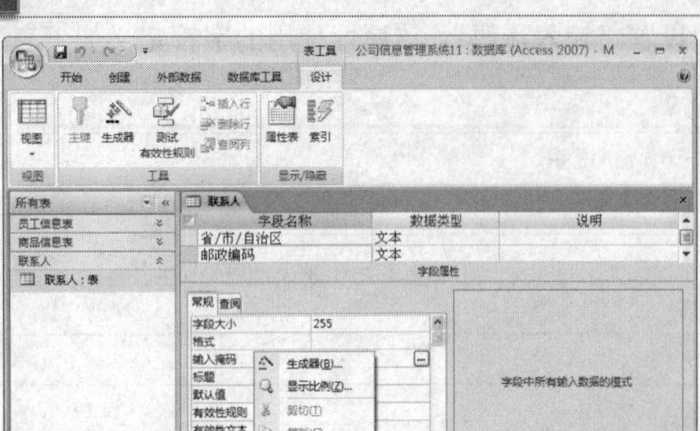

提示

如果此时数据表在上次保存之后又做了修改，就会弹出【输入掩码向导】对话框，提示用户先保存数据表，然后单击 是(Y) 按钮即可。

4 随即弹出【请选择所需的输入掩码】界面，可以从系统提供的输入掩码设置中选择一种，这里选择【邮政编码】选项。

5 如果系统提供的输入掩码设置不能满足需求，可以单击 编辑列表(L) 按钮，在弹出的【自定义“输入掩码向导”】对话框中进行设置，然后单击 关闭 按钮。

6 单击 下一步(N) > 按钮弹出【请确定是否更改输入掩码】界面，然后单击 下一步(N) > 按钮。

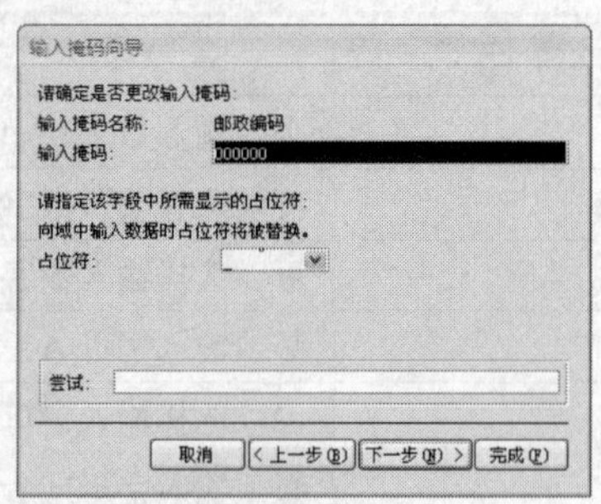

7 弹出【请选择保存数据的方式】界面，在该界面中选择是否使用掩码中的符号，这里选中【像这样使用掩码中的符号】单选按钮，然后单击 下一步(N) > 按钮。

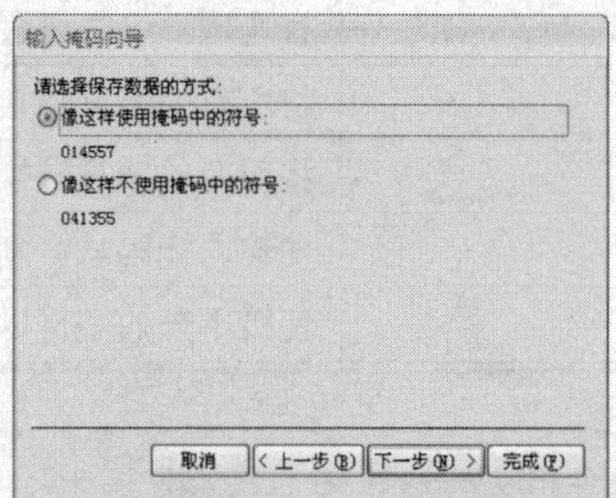

8 弹出【以上是向导创建输入掩码所需的全部信息】界面，然后单击 完成(F) 按钮即可完成输入掩码的创建。

9 在【联系人】设计界面可以看到【输入掩码】属性的设置。

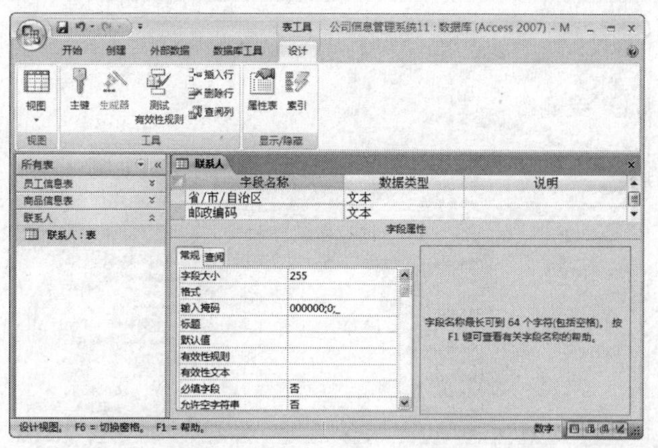

(5) 【有效性规则】属性

设置该属性可以防止非法数据输入到表中，例如在年龄字段中可以设置年龄的取值范围，以免输入不切实际的数据。

本小节原始文件和最终效果所在位置如下。	
原始文件	原始文件\第3章\公司信息管理系统12.accdb
最终效果	最终效果\第3章\公司信息管理系统12.accdb

为字段设置【有效性规则】属性的具体步骤如下。

1 打开本小节的原始文件，在【导航窗格】中右键单击【员工信息表：表】选项，在弹出的快捷菜单中选择【设计视图】菜单项。

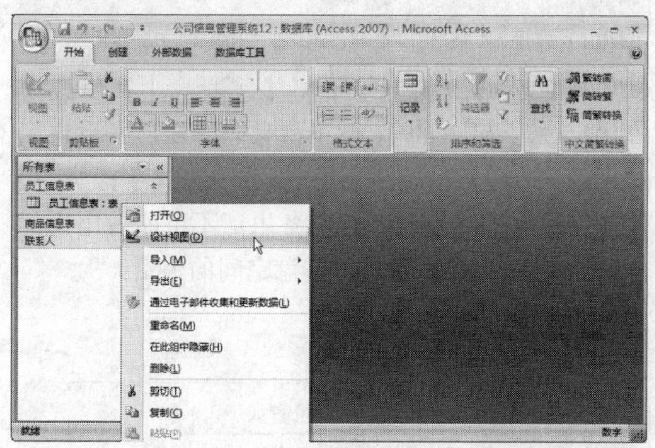

2 随即打开【联系人】的设计视图，选择【年龄】字段，在【有效性规则】属性文本框中输入“>18 AND <60”；或者单击右侧的【生成器】按钮...打开【表达式生成器】对话框，在上方的文本框中输入“>18 AND <60”，然后单击 确定 按钮。

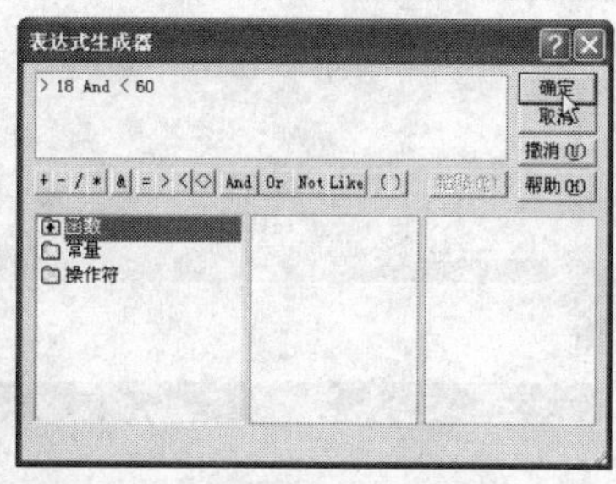

3 单击【保存】按钮保存对该数据表的设计。

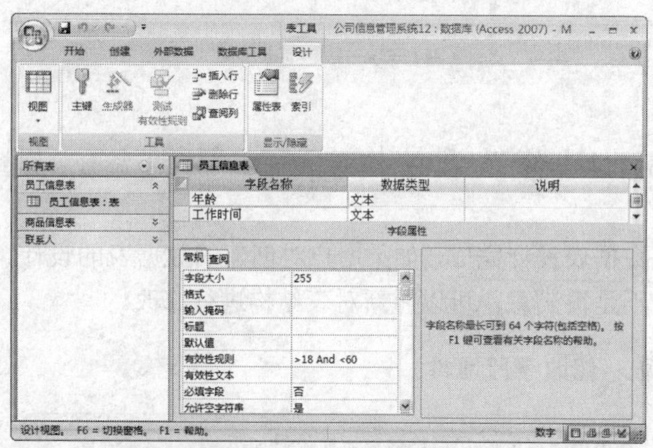

4 在【导航窗格】中双击【员工信息表：表】选项打开【员工信息表】数据表视图。

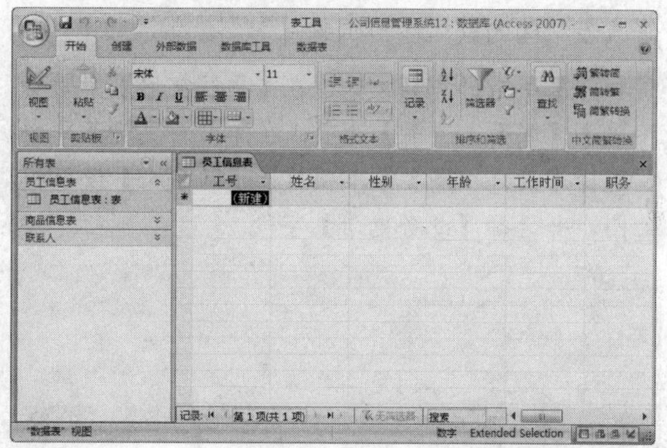

5 在【年龄】字段输入不在“>18 AND <60”范围内的数据，这里输入“12”，当鼠标光标移开该文本框时就会弹出【Microsoft Office Access】对话框，提示用户该数据违反了有效性规则。

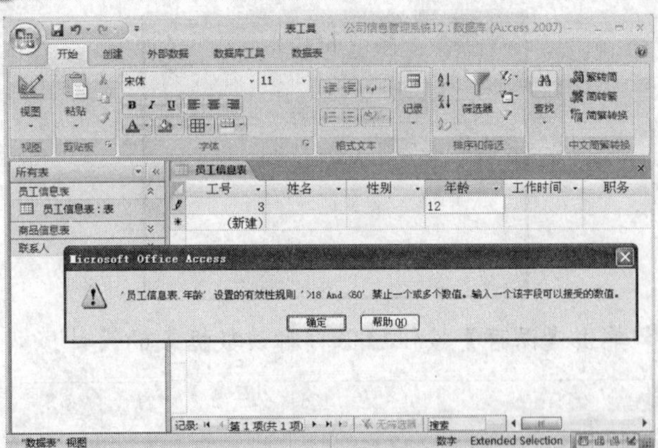

3.4.4 修改表结构

数据表设计完成，如果用户对创建的数据表的设计不是很满意，可以重新对表结构进行修改。

1. 修改字段属性

本小节原始文件和最终效果所在位置如下。		
	原始文件	原始文件\第3章\公司信息管理系统13. accdb
	最终效果	最终效果\第3章\公司信息管理系统13. accdb

修改表结构的具体步骤如下。

1 打开本小节的原始文件，在【导航窗格】中右键单击【联系人：表】选项，在弹出的快捷菜单中选择【设计视图】菜单项打开【联系人】设计视图，并选择【业务电话】字段。

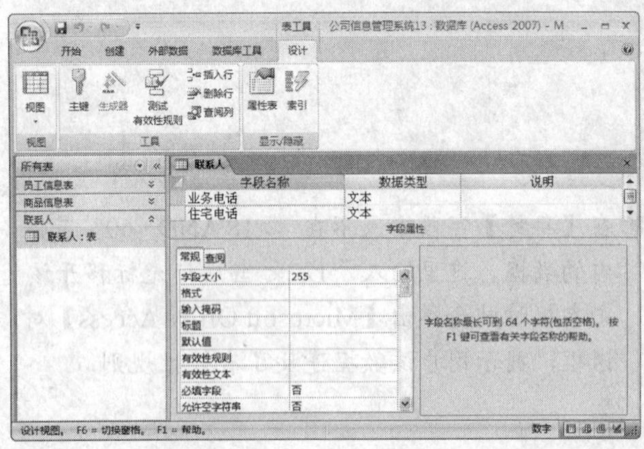

2 在【字段属性】面板的【常规】选项卡中将【字段大小】属性修改为“15”。

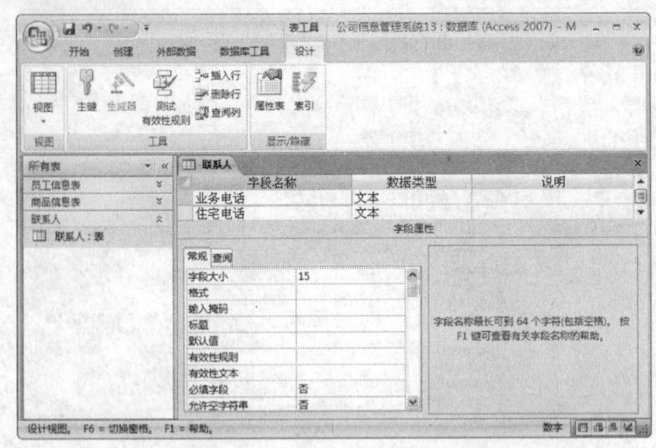

3 单击【保存】按钮保存对该数据表的设计，随即弹出【有些数据可能已丢失】对话框，如果想继续修改可以单击 是(Y) 按钮，否则单击 否(N) 按钮。

提示

如上所述，Access 并不提倡修改表结构。因为在修改的过程中经常会造成数据的丢失，所以在开始创建数据表的时候应尽量将表结构设计好，以免修改时造成不必要的麻烦。

例如在上述修改的例子中将【字段大小】修改为“10”，那么输入的 11 位手机号码的最后一位将无法显示，造成数据丢失。反之，如果将【字段大小】保持为原来的“255”，因业务电话不可能占用大部分的空间，所以又会造成磁盘空间的浪费。

2. 修改字段顺序

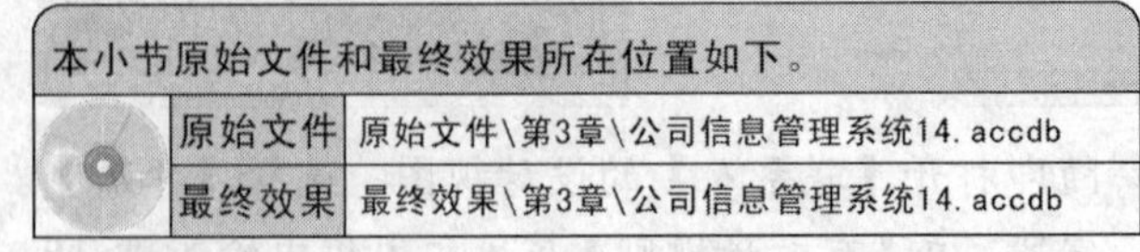

本小节原始文件和最终效果所在位置如下。		
	原始文件	原始文件\第3章\公司信息管理系统14. accdb
	最终效果	最终效果\第3章\公司信息管理系统14. accdb

使用数据表视图查看数据时，有的时候会因为字段太多，要查看的两个或者多个字段相差太远，给用户带来很多的不便。为此可以通过修改字段顺序将要查看的字段移动到一起，具体的操作步骤如下。

1 打开本小节的原始文件，在【导航窗格】中打开【联系人】数据表视图。

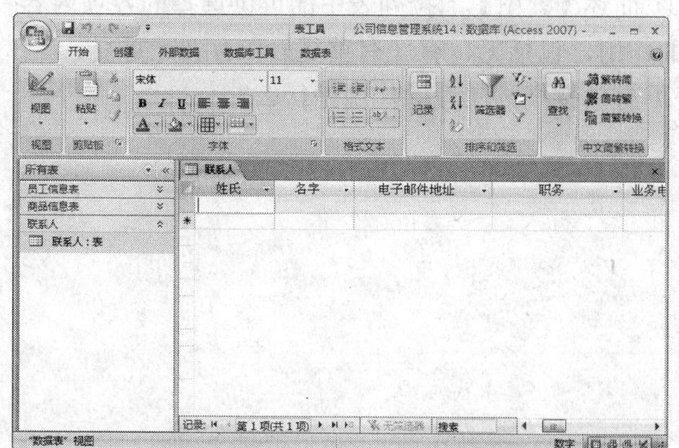

2 选中要移动的字段，这里选中【职务】字段，然后在字段名称处按住鼠标左键，可以看到【职务】字段呈高亮状态。

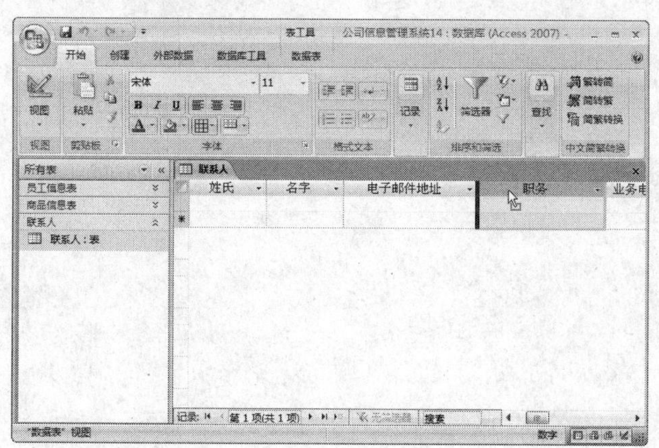

3 将该字段拖动到合适的位置，这里将【职务】字段拖动到【电子邮件地址】字段的前面。

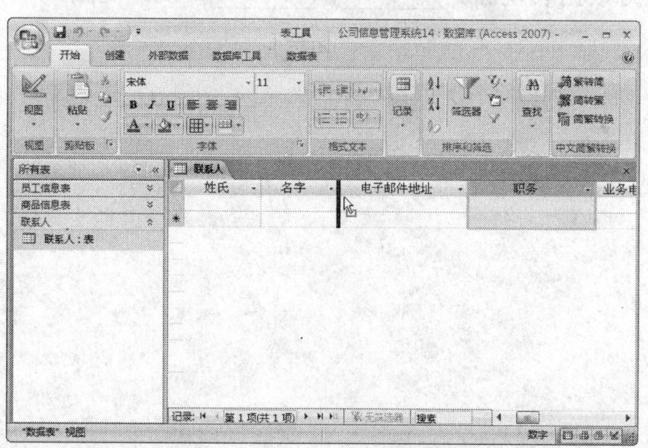

4 松开鼠标左键，可以看到【职务】字段移动到了【电子邮件地址】字段之前。

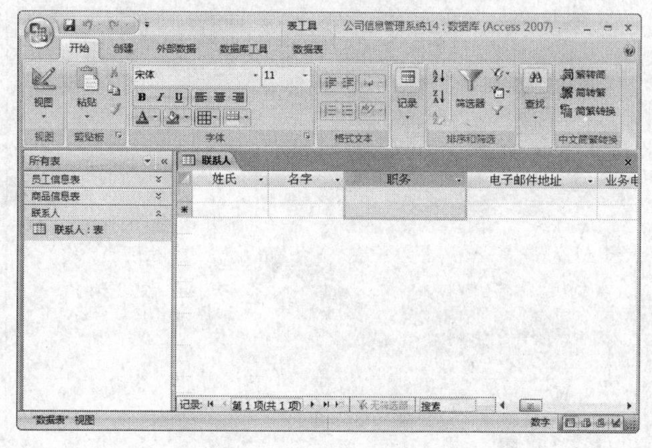

3.5 本章小结

本章介绍了数据库的一些相关知识。

首先介绍了 Access 2007 中数据库的创建方法，即创建空数据库和使用模板创建数据库。其次介绍了数据表，介绍了表中字段的数据类型、数据表的各种视图和几种创建表的方法。然后介绍了 Access 2007 中新增的附加字段数据类型，介绍了该字段的使用方法以及使用该字段的方便之处。最后介绍了如何设置表属性，包括创建主键、创建索引、设置字段属性以及修改表结构等。

3.6 过关练习题

1. 填空题

(1) 表是数据库中用来保存所有数据的________，由________和________两个基本元素组成。

(2) Access 2007 中的字段数据类型包括文本、________、数字、________、货币、自动编号、是/否、________、超链接、________和查阅向导等。

⑶ Access 2007 中的表有 4 种视图显示方式，分别为数据表视图、________、________和设计视图。

2. 简答题

⑴ 简述【索引】下拉列表中的可供选择的各项内容的作用，包括无、有（有重复）和有（无重复）。

⑵ 有效性规则属性的作用是什么？

第 4 章　数据操作

数据表中存放了所有的数据，它是数据库中最常用的一种对象，也是数据库中其他对象的基础。

对数据表的操作主要包括查找、添加、排序、替换、更新和筛选等。

学习要点

- 设置数据格式
- 记录操作
- 查找和替换
- 排序和筛选

4.1 设置数据格式

用户可以通过对数据的字体、字形、字号和字体颜色等进行设置，使数据表中的数据具有更好的显示效果。

4.1.1 字体

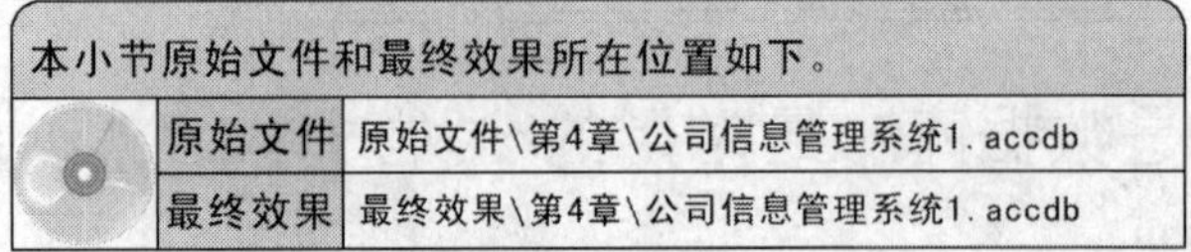

本小节原始文件和最终效果所在位置如下。	
原始文件	原始文件\第4章\公司信息管理系统1. accdb
最终效果	最终效果\第4章\公司信息管理系统1. accdb

默认的情况下在数据表中输入的数据的字体为“宋体”，用户也可以根据需要将字体改为“隶书”和“幼圆”等形式。

设置字体的具体步骤如下。

1 打开本小节的原始文件，在【导航窗格】中双击【联系人：表】选项，打开【联系人】数据表视图。

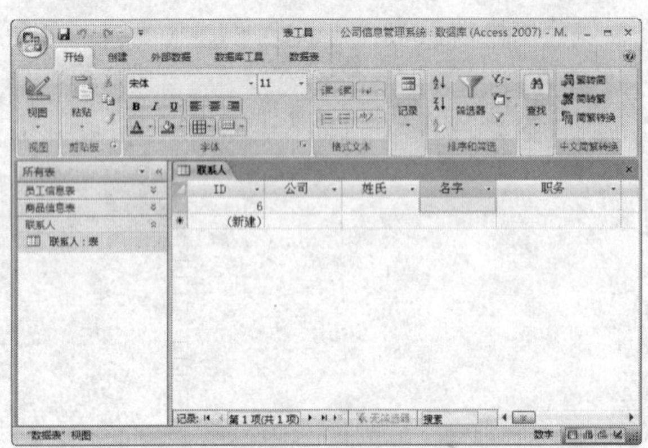

2 在【公司】字段中输入公司名称，可以看到输入的字体为“宋体”。

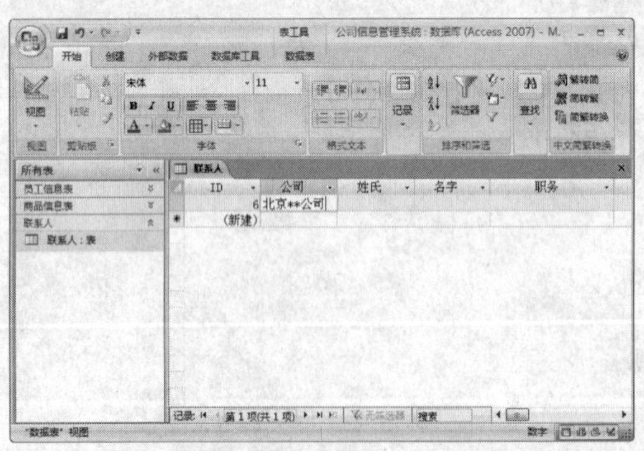

3 单击【字体】组左上方的下箭头按钮，在弹出的字体下拉列表中选择需要的字体，这里选择【隶书】选项。

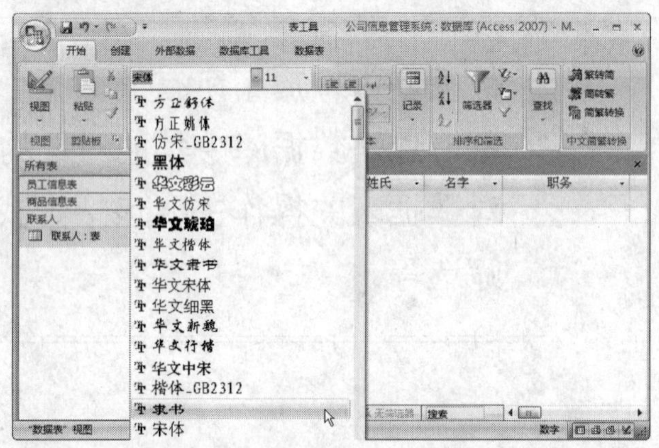

4 此时即可将字体设置为“隶书”。

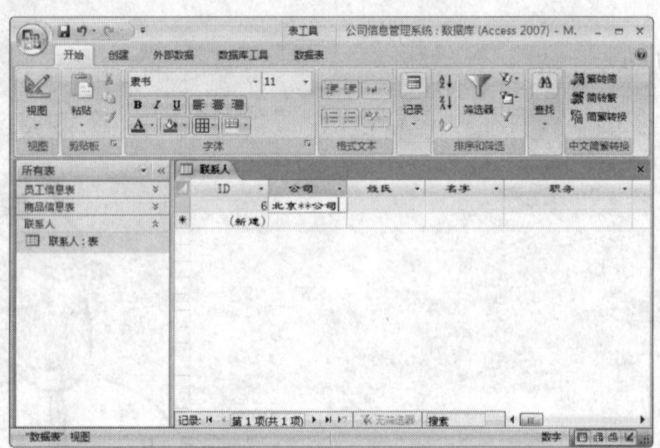

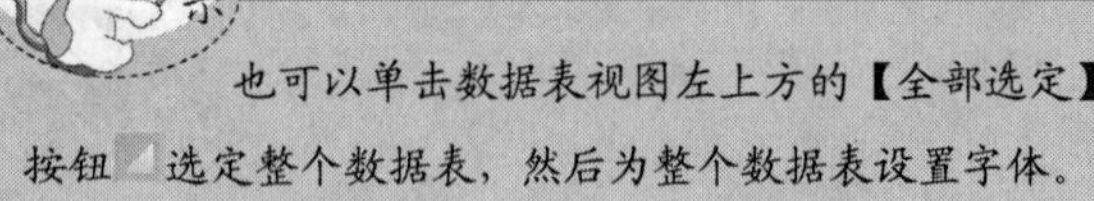

提示

也可以单击数据表视图左上方的【全部选定】按钮 选定整个数据表，然后为整个数据表设置字体。

4.1.2 字号

本小节原始文件和最终效果所在位置如下。	
原始文件	原始文件\第4章\公司信息管理系统2. accdb
最终效果	最终效果\第4章\公司信息管理系统2. accdb

字号是指数据表中输入的数据的大小，默认的情况下为“11”，用户也可以根据需要将字号改为更大或者更小。

设置字号的具体步骤如下。

1 打开本小节的原始文件，在【导航窗格】中双击【联系人：表】选项，打开【联系人】数据表视图。

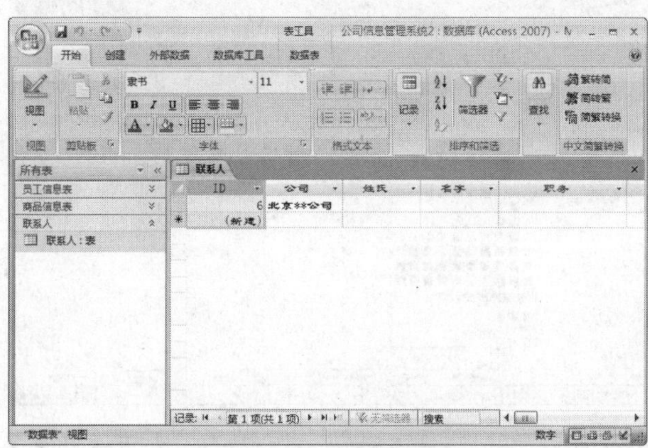

2 在【字体】组右侧的下拉列表文本框中输入“20”，然后按下【Enter】键，即可将数据表中的数据的字号修改为“20”。

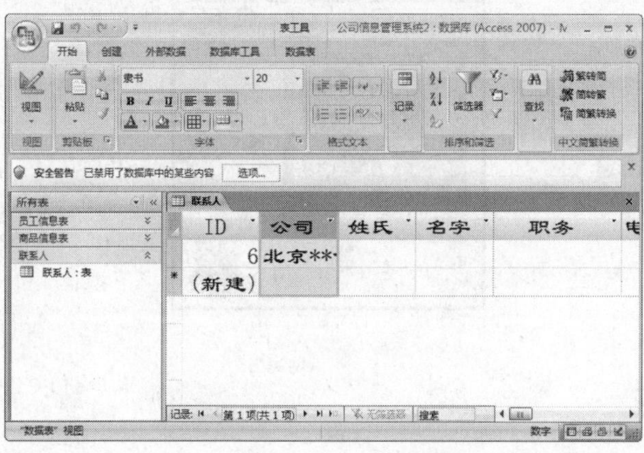

4.1.3 字形

本小节原始文件和最终效果所在位置如下。	
原始文件	原始文件\第4章\公司信息管理系统3. accdb
最终效果	最终效果\第4章\公司信息管理系统3. accdb

字形是指数据表中输入的数据的加粗、倾斜和下划线等效果。默认的情况下不具有这些效果，用户可以根据需要将字形设置为需要的效果。

设置字形的具体步骤如下。

1 打开本小节的原始文件，在【导航窗格】中双击【联系人：表】选项，打开【联系人】数据表视图。

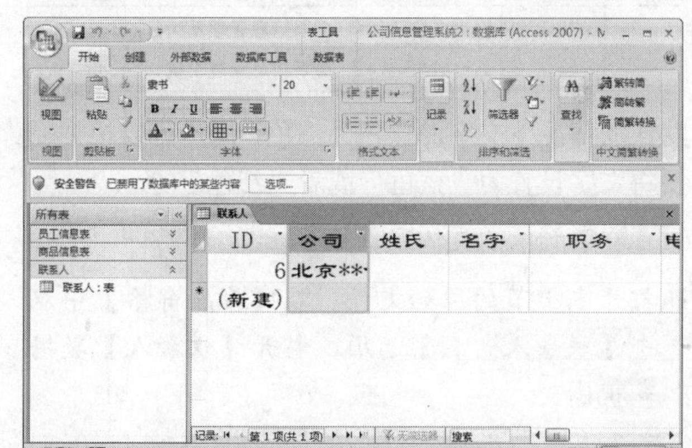

2 单击【字体】组中的【加粗】按钮 **B**，将数据表中的数据的字体设置为加粗状态。

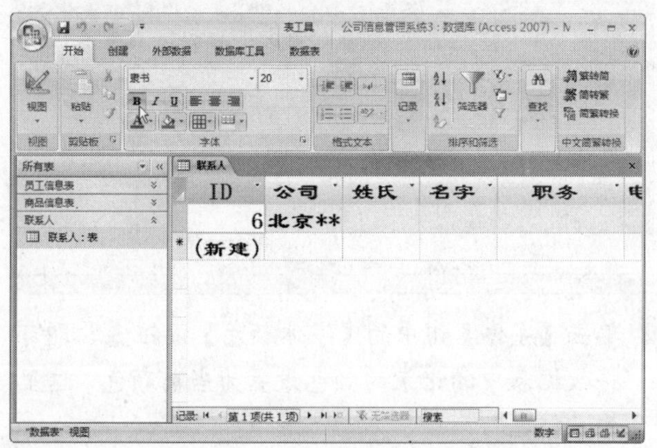

3 单击【字体】组中的【倾斜】按钮 *I*，将数据表中的数据的字体设置为倾斜状态。

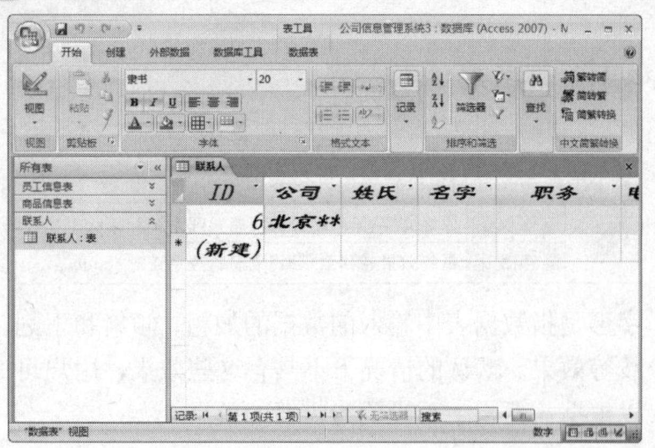

4.1.4 文字颜色

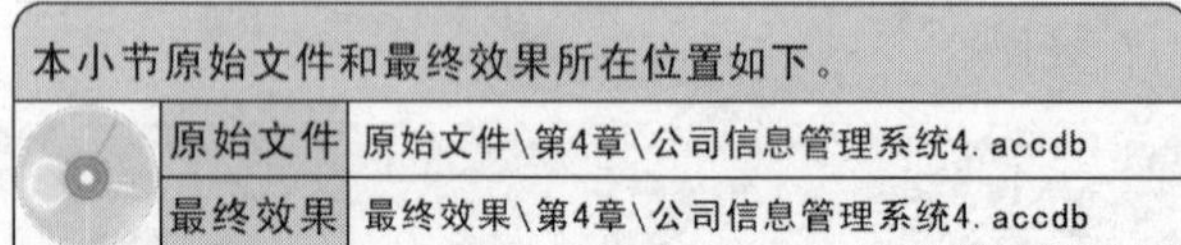

本小节原始文件和最终效果所在位置如下。

原始文件	原始文件\第4章\公司信息管理系统4. accdb
最终效果	最终效果\第4章\公司信息管理系统4. accdb

默认的情况下文字的颜色为黑色，用户可以根据需要将文字设置为“蓝色”或者“红色”等。

设置文字颜色的具体步骤如下。

1 打开本小节的原始文件，在【导航窗格】中双击【联系人：表】选项，打开【联系人】数据表视图。

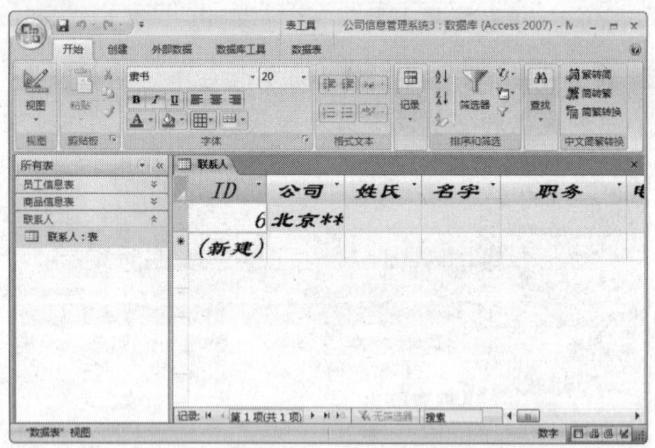

2 单击【字体】组中的【字体颜色】按钮A，即可将数据表中的记录的颜色设置为当前颜色，这里为“红色”。

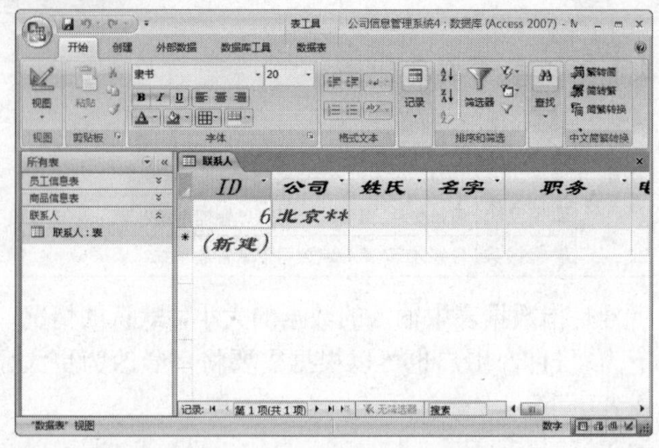

3 如果要将记录的颜色设置为其他的颜色，可以单击【字体颜色】下箭头按钮▾，然后在弹出的字体颜色下拉列表中选择合适的颜色即可。

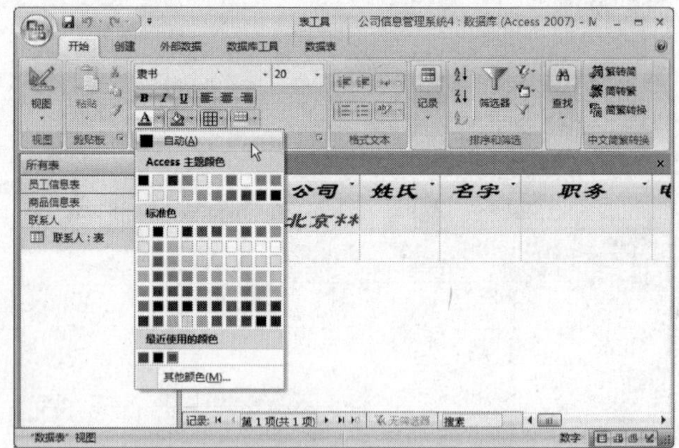

4 也可以单击 其他颜色(M)... 按钮，打开【颜色】对话框，在该对话框中可以对字体的颜色进行更精确的设置。

4.1.5　背景颜色

本小节原始文件和最终效果所在位置如下。	
原始文件	原始文件\第4章\公司信息管理系统5. accdb
最终效果	最终效果\第4章\公司信息管理系统5. accdb

在数据表中除了可以对其中的文字颜色进行设置之外，还可以对背景颜色进行设置。

设置背景颜色的具体步骤如下。

1 打开本小节的原始文件，在【导航窗格】中双击【联系人：表】选项，打开【联系人】数据表视图。

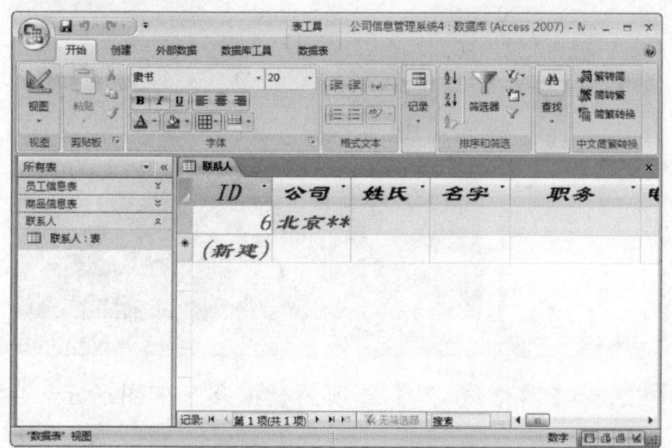

2 单击【字体】组中的【填充/背景色】按钮，即可将数据表中的背景颜色设置为当前颜色，这里为"灰色"。

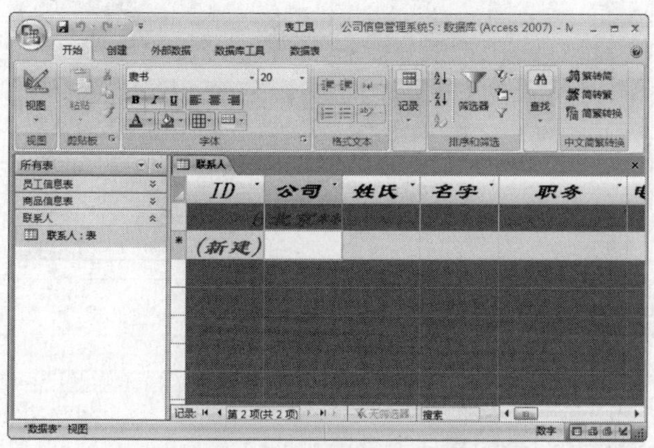

3 如果要将背景颜色设置为其他的颜色，可以单击【填充/背景色】下箭头按钮，然后在弹出的字体颜色下拉列表中选择合适的颜色即可。

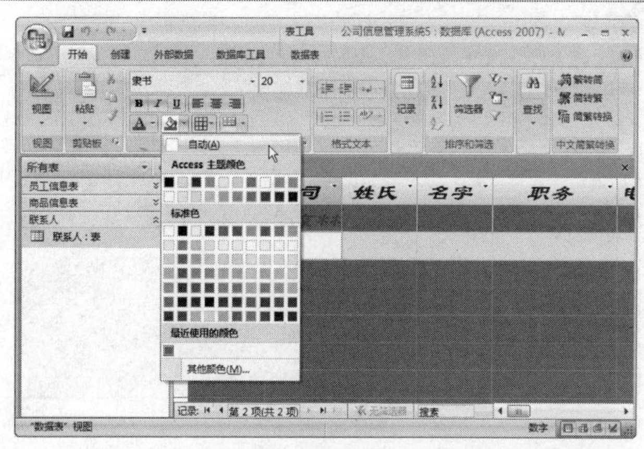

4 用户也可以单击 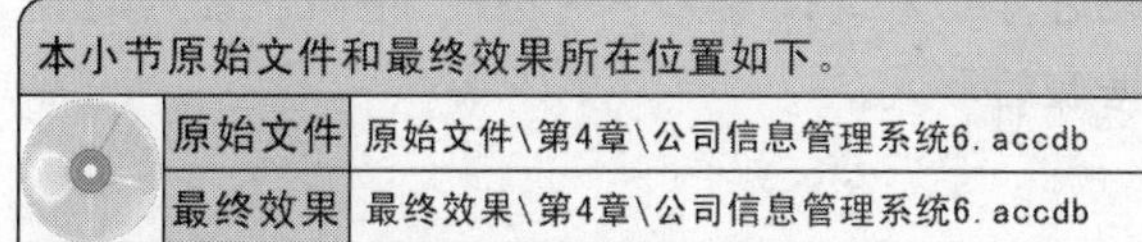 按钮打开【颜色】对话框，在该对话框中可以对背景颜色进行更精确的设置。

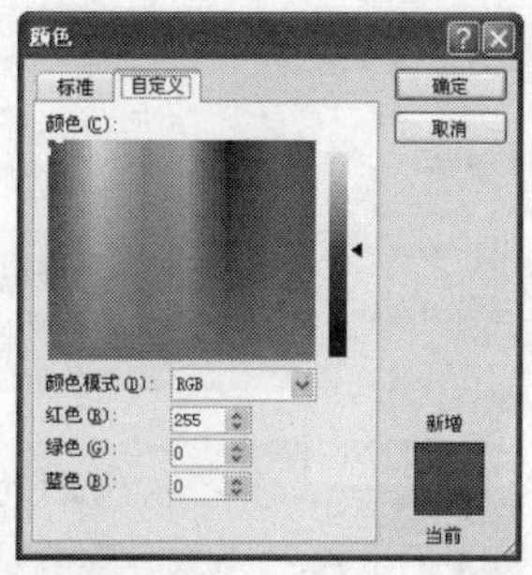

4.1.6　网格线

本小节原始文件和最终效果所在位置如下。	
原始文件	原始文件\第4章\公司信息管理系统6. accdb
最终效果	最终效果\第4章\公司信息管理系统6. accdb

网格线是显示在行（记录）和列（字段）之间的直线。用户可以通过对网格线的设置来区分记录，默认的情况下网格线是交叉的。

设置网格线的具体步骤如下。

1 打开本小节的原始文件，在【导航窗格】中双击【联系人：表】选项，打开【联系人】数据表视图。

2 单击【字体】组中的【网格线】按钮，在弹出的下拉列表中选择一个网格线，这里选择【网格线 横向】选项。

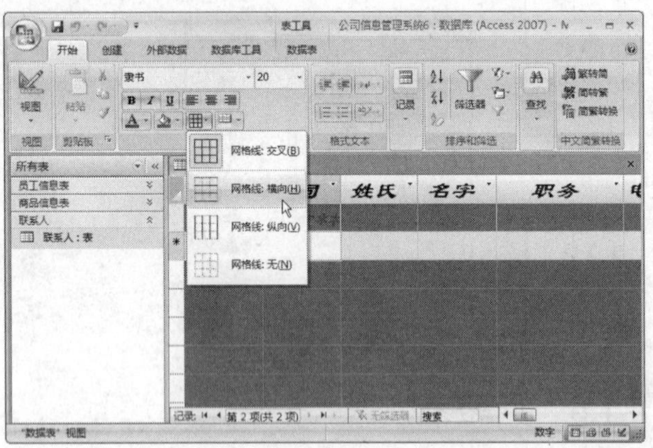

3 此时可以看到设置为"网格线 横向"之后的数据表的形式。

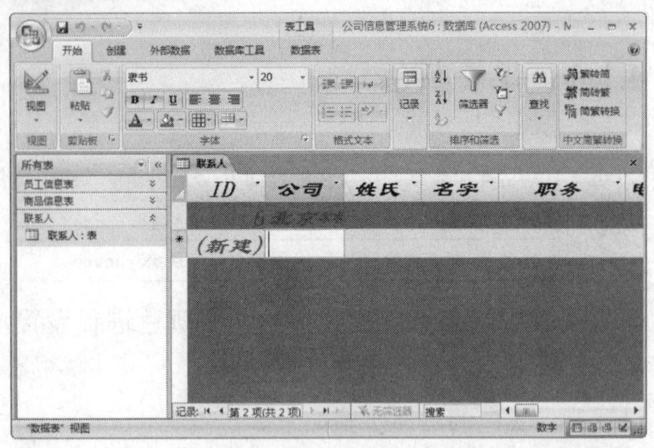

4 选择【网格线 纵向】选项的数据表如下图所示。

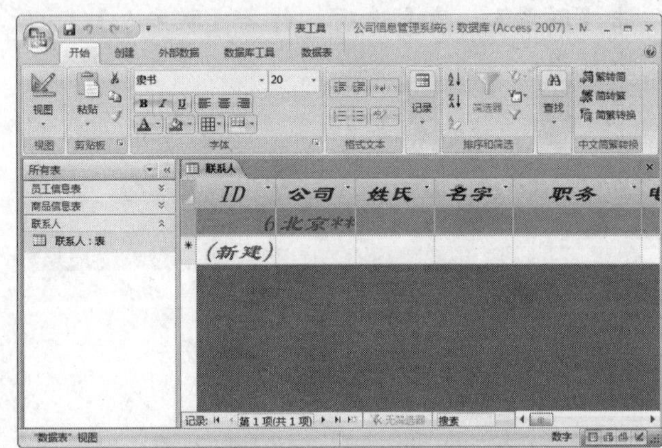

5 选择【网格线 无】选项的数据表如下图所示。

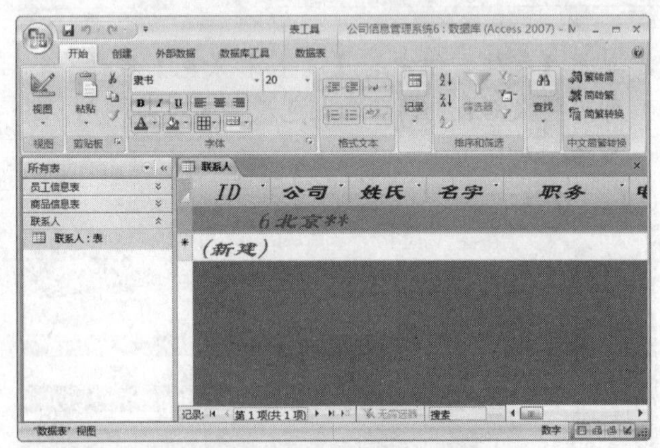

4.2 记录操作

数据是以记录的形式存储在数据表中的，通过对记录的操作才能实现对数据表的操作。对记录的操作包括添加新记录、删除记录、合计、检查拼写和记录的格式设置等。

4.2.1 新建

本小节原始文件和最终效果所在位置如下。	
原始文件	原始文件\第4章\公司信息管理系统7. accdb
最终效果	最终效果\第4章\公司信息管理系统7. accdb

要实现记录操作，首先要将记录添加到数据表中，可以使用【记录】组中的 新建 按钮来添加新记录。

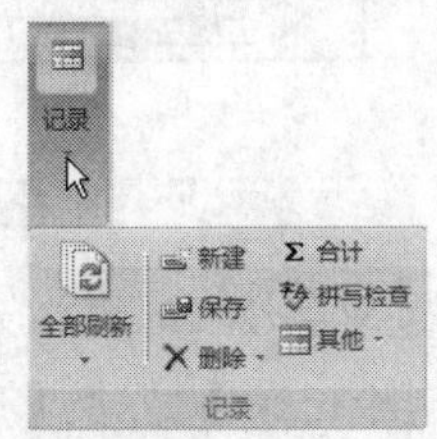

添加新记录的具体步骤如下。

1 打开本小节的原始文件，在【导航窗格】中双击【员工信息表：表】选项，打开【员工信息表】数据表视图。

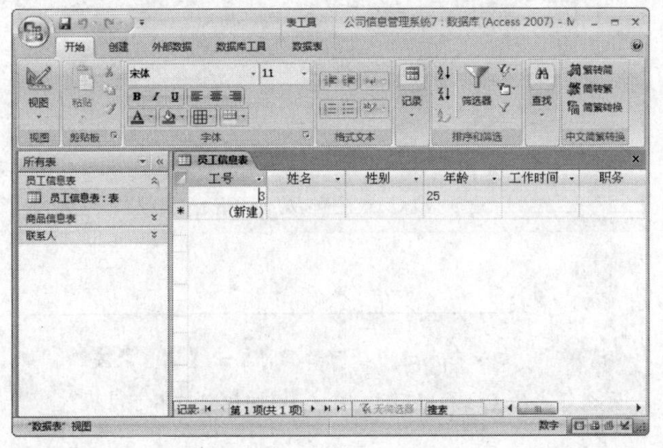

2 单击【记录】按钮，在弹出的下拉【记录】组中单击 新建 按钮。

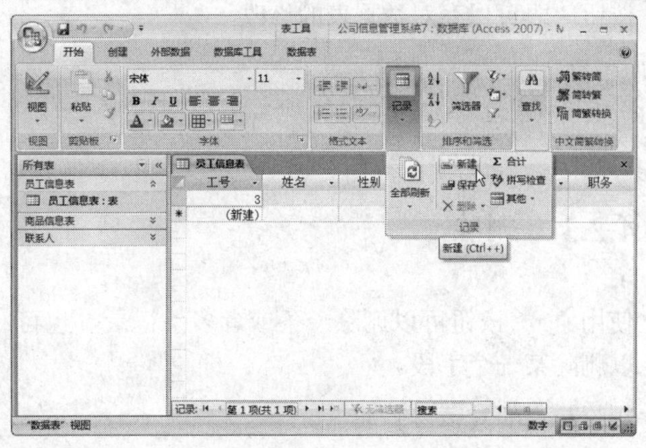

3 可以看到数据表中的【工号】字段为【新建】的记录变为可编辑状态，然后输入相应的数据即可。

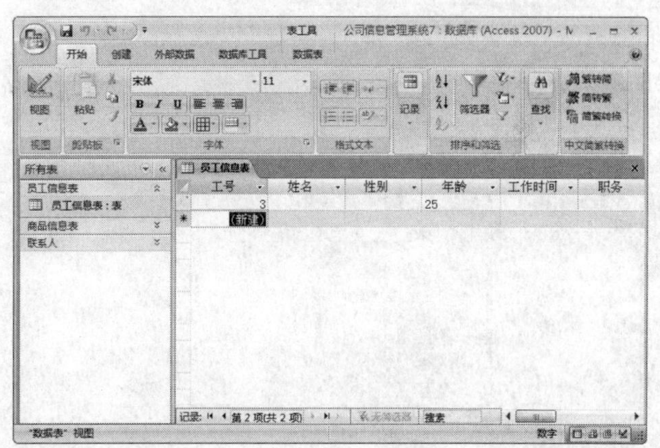

4 添加完毕的效果如下图所示。

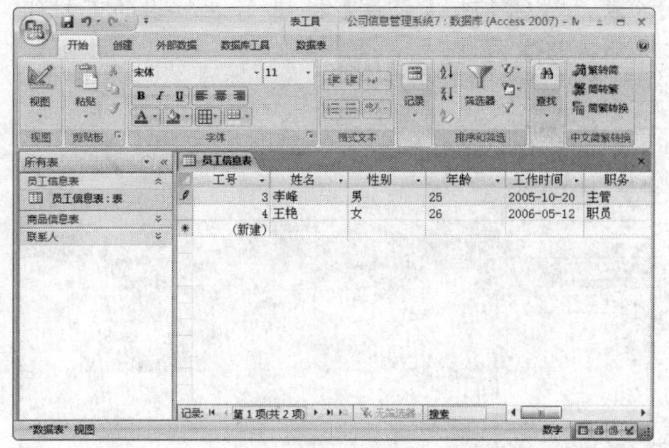

4.2.2 保存

单击【记录】按钮，在弹出的下拉组中单击 保存按钮，即可保存对数据表的修改。

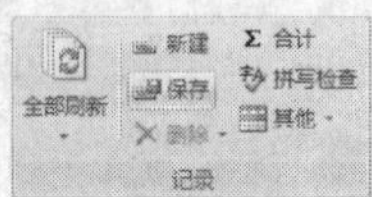

4.2.3 删除

使用 ✕删除 按钮可以删除一条或者多条记录，也可以删除某一个字段。

删除数据的具体步骤如下。

1. 打开【公司信息管理系统 8】数据库，在【导航窗格】中双击【员工信息表: 表】选项，打开【员工信息表】数据表视图。

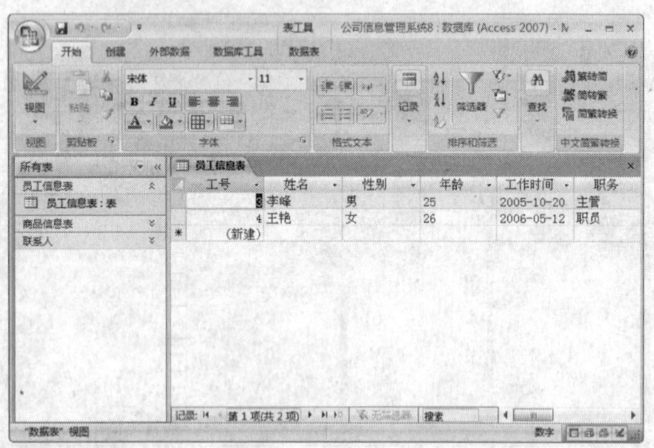

2. 选择某条记录，这里选择【工号】为“3”的记录，然后单击【记录】按钮，在弹出的下拉组中选择 ✕删除 按钮。

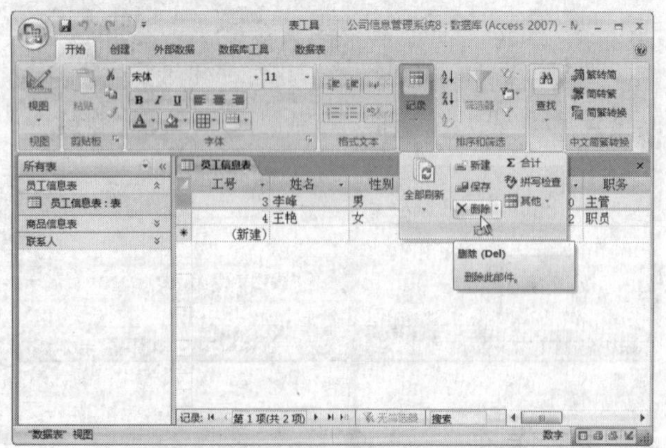

3. 随即弹出【您正准备删除 1 条记录】对话框，单击 是(Y) 按钮即可删除选中的记录，单击 否(N) 按钮可以取消删除意图，这里单击 否(N) 按钮即可。

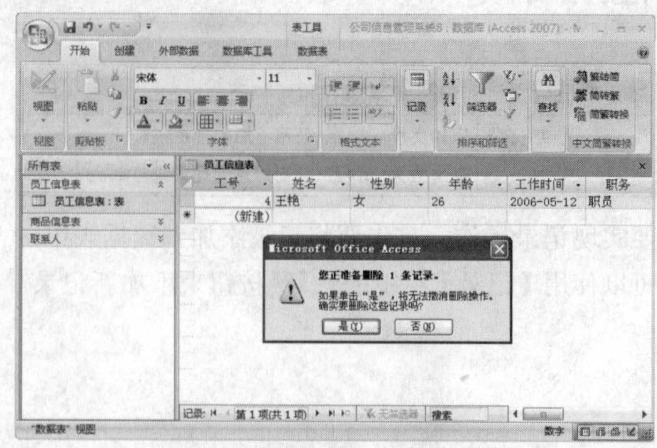

4. 用户也可以通过单击 ✕删除 按钮右侧的下箭头按钮▾来选择【删除记录】或者【删除列】。

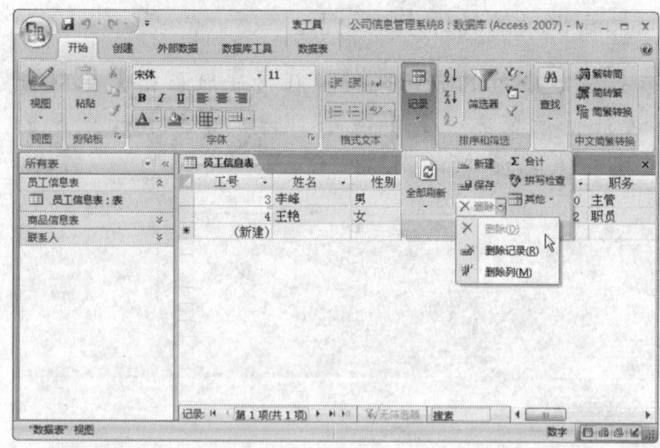

提示

如果在未选中任何数据时单击【记录】按钮，那么弹出的【记录】下拉组中 ✕删除 按钮则为不可用状态。

4.2.4 合计

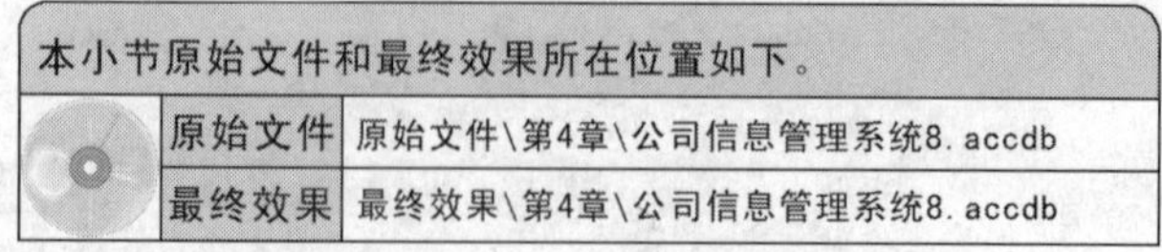

本小节原始文件和最终效果所在位置如下。	
原始文件	原始文件\第4章\公司信息管理系统8. accdb
最终效果	最终效果\第4章\公司信息管理系统8. accdb

使用 Σ 合计 按钮可以对表中的记录进行汇总。

对数据进行合计的具体步骤如下。

1 打开本小节的原始文件，在【导航窗格】中双击【员工信息表：表】选项，打开【员工信息表】数据表视图。

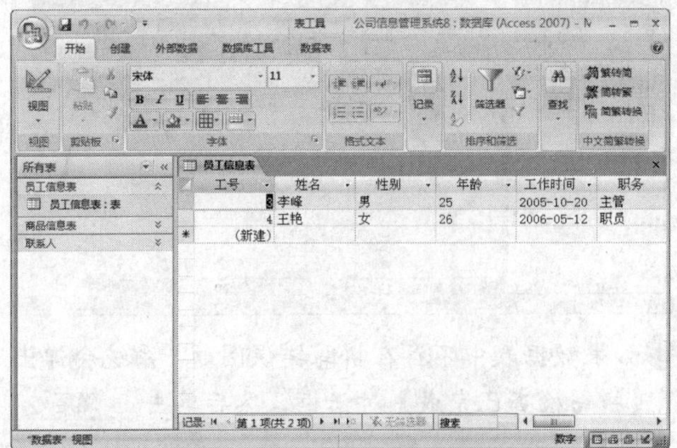

2 单击【记录】按钮，在弹出的下拉组中选择 Σ 合计 按钮。

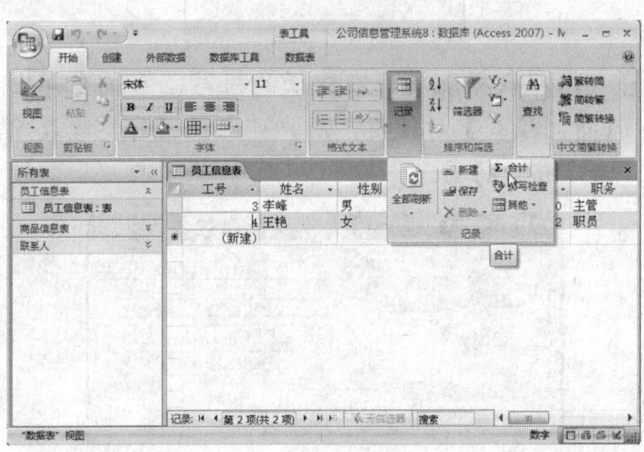

3 可以看到在数据表中的最后添加了一个【汇总】行，用来对数据进行汇总。

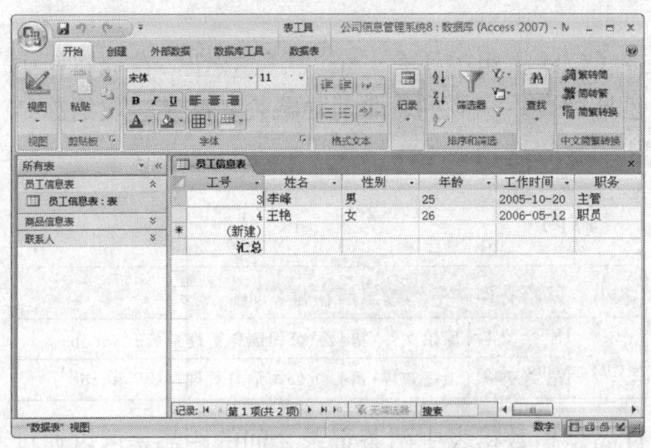

4 单击要汇总的字段，可以看到在文本框中有一个下箭头按钮，单击该按钮，在弹出的下拉列表中选择【计数】选项，即可统计当前字段的记录数。

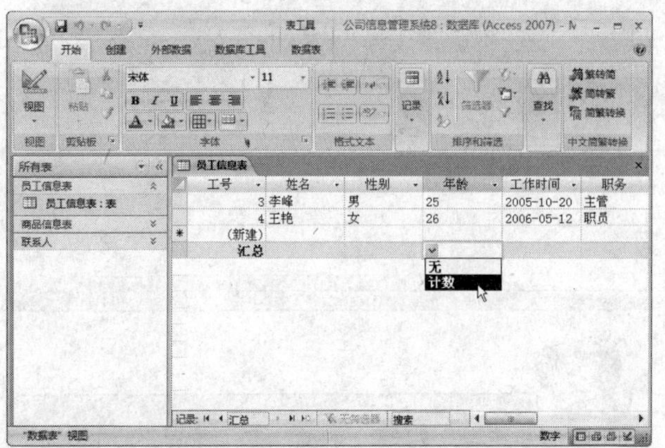

5 可以看到【年龄】字段的汇总结果如下图所示。

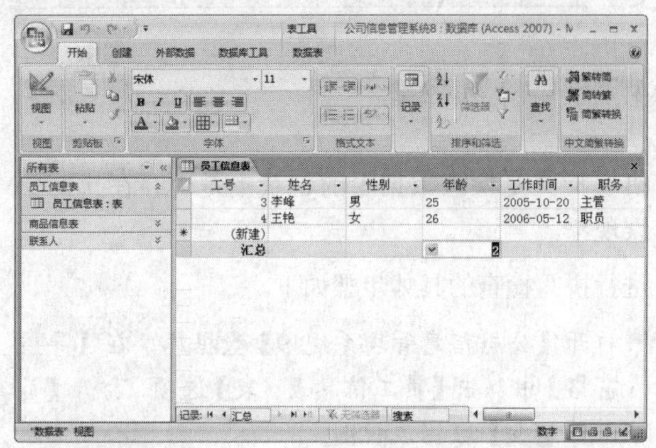

提示

同一个数据表中的汇总数可能不同，因为它汇总的是字段的非空记录数。

例如，在【新建】行的【年龄】字段中输入“26”，然后分别汇总【性别】和【年龄】字段，结果如下图所示。

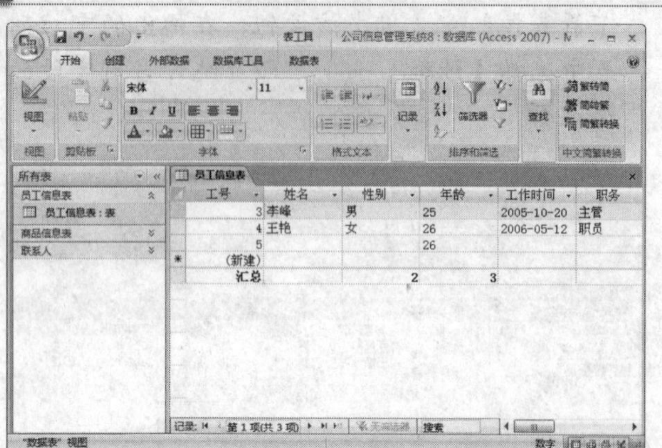

提示

再单击【记录】按钮，然后在弹出的下拉组中选择 Σ 合计 按钮即可取消合计。

4.2.5 拼写检查

拼写检查是检查数据表的记录中是否存在拼写错误现象。

进行拼写检查的具体步骤如下。

1. 打开【公司信息管理系统 9】数据库，在【导航窗格】中双击【员工信息表: 表】选项，打开【员工信息表】数据表视图。

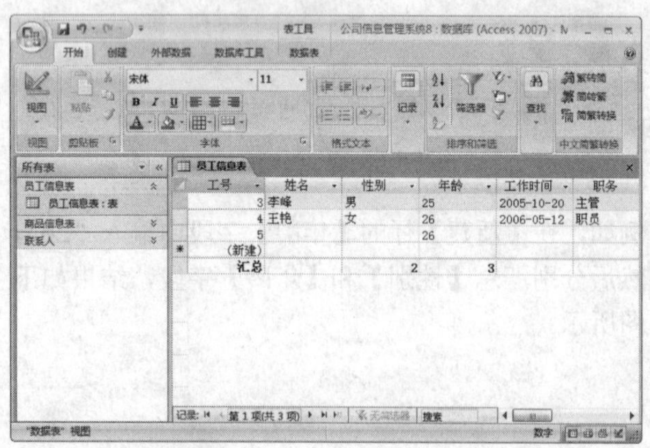

2. 单击【记录】按钮，在弹出的下拉组中选择 拼写检查 按钮。

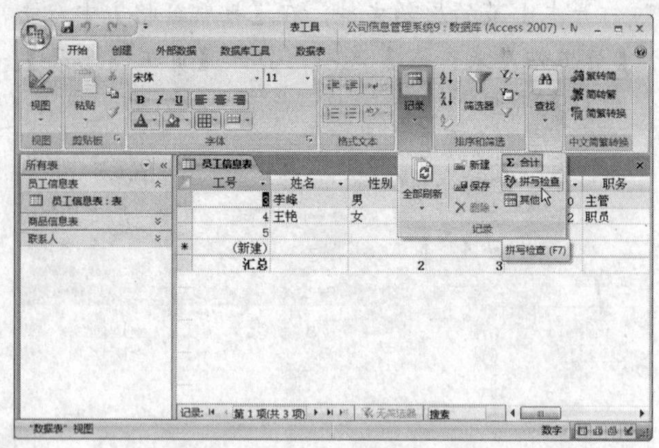

3. 如果数据表中不存在拼写错误问题，系统会弹出【拼写检查已完成】对话框，然后单击 确定 按钮即可。

4. 如果在数据表中存在错误的拼写，系统会弹出【拼写检查】对话框，用户可以根据需要修改或者忽略该拼写。

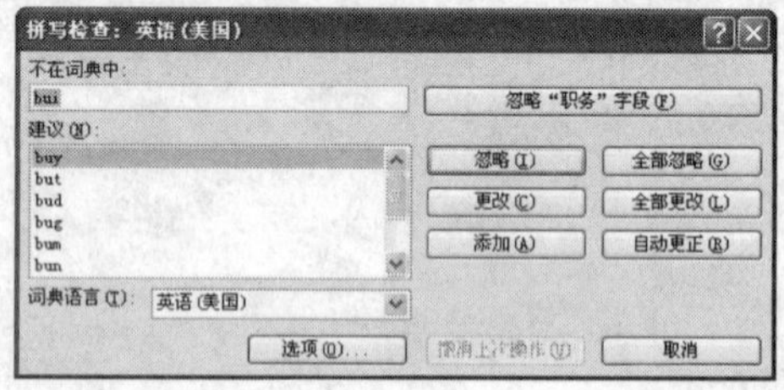

4.2.6 其他属性

在【记录】组中还有一个 其他 按钮，在该按钮中包括行高、隐藏列、取消隐藏列、冻结、取消冻结和列宽等选项。

1. 行高

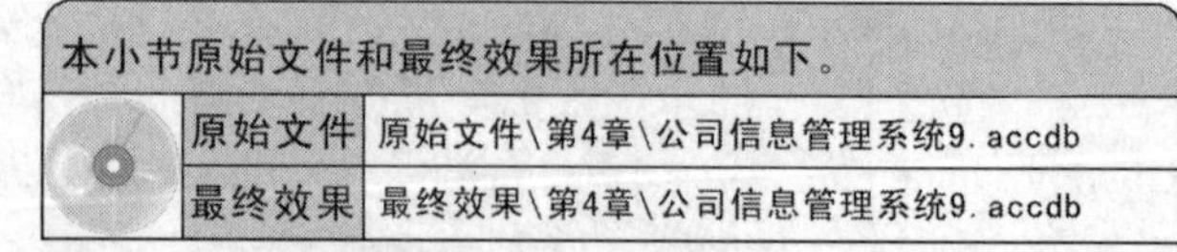

本小节原始文件和最终效果所在位置如下。	
原始文件	原始文件\第4章\公司信息管理系统9. accdb
最终效果	最终效果\第4章\公司信息管理系统9. accdb

行高是指数据表中两条记录之间的距离，可以通过设置行高使数据表更加美观。

1 打开本小节的原始文件，在【导航窗格】中双击【员工信息表：表】选项，打开【员工信息表】数据表视图。

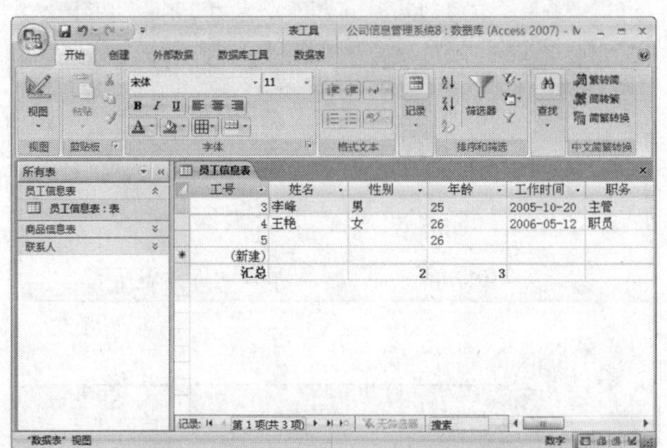

2 单击【记录】按钮，在弹出的下拉组中单击 其他 按钮，然后在弹出的下拉列表中选择【行高】选项。

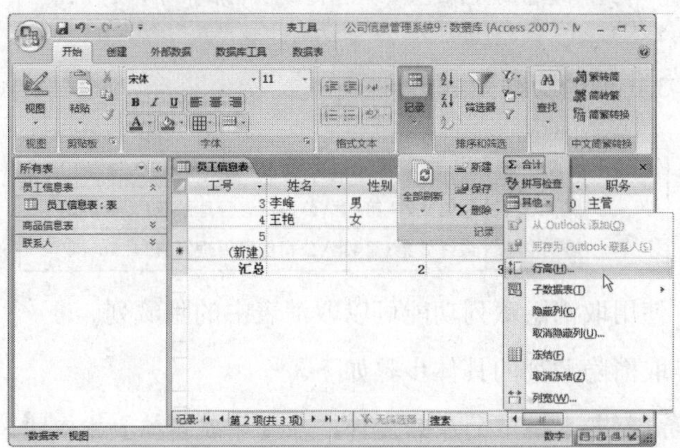

3 随即弹出【行高】对话框，可以看到默认的【行高】为“13.5”，并且【标准高度】复选框为选中状态。

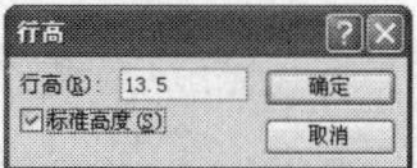

4 在【行高】文本框中输入要修改的行高的具体数值，这里输入“20”，此时可以看到【标准高度】复选框自动地变为不选中状态。

5 单击 确定 按钮即可，数据表的行高的变化如下图所示。

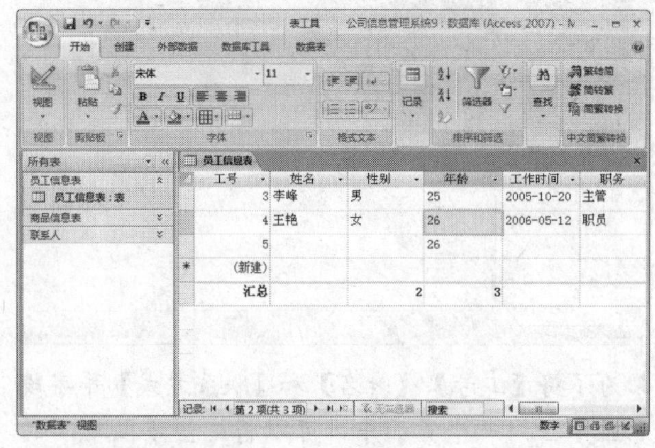

2. 隐藏列

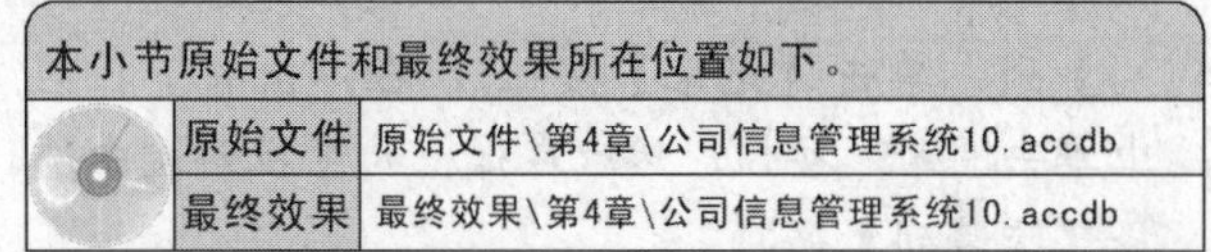

本小节原始文件和最终效果所在位置如下。

原始文件	原始文件\第4章\公司信息管理系统10. accdb
最终效果	最终效果\第4章\公司信息管理系统10. accdb

使用隐藏列功能可以隐藏表中的列，以便用户浏览数据表中的数据。

对数据表进行隐藏列操作的具体步骤如下。

1 打开本小节的原始文件，在【导航窗格】中双击【员工信息表：表】选项，打开【员工信息表】数据表视图。

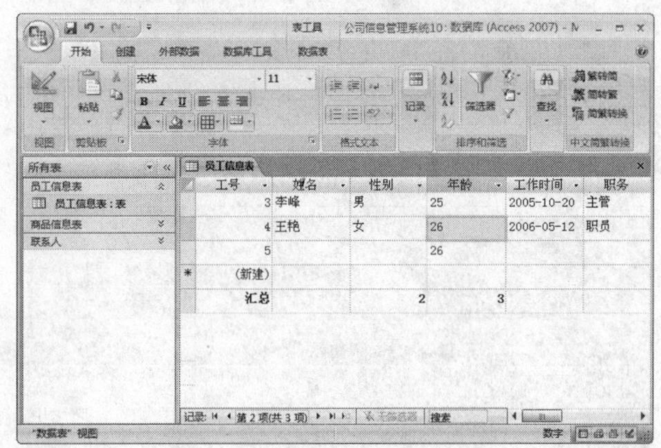

2 数据表无法将所有的字段都显示出来，如果要查看员工的【工号】和【联系方式】字段，需要拖动下面的滚动条。

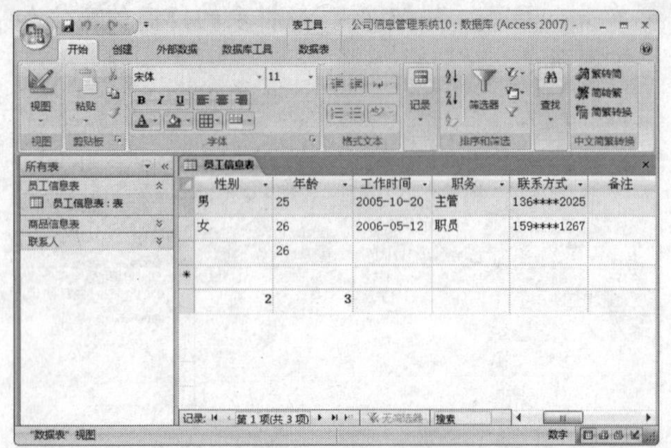

3 为了将【工号】、【姓名】和【联系方式】等字段显示在同一个界面中，可以将这些字段之间的【性别】、【年龄】、【工作时间】和【职务】等字段隐藏起来。选中要隐藏的列，这里先选择【性别】列，单击【记录】按钮，在弹出的下拉组中单击其他按钮，然后在弹出的下拉列表中选择【隐藏列】选项。

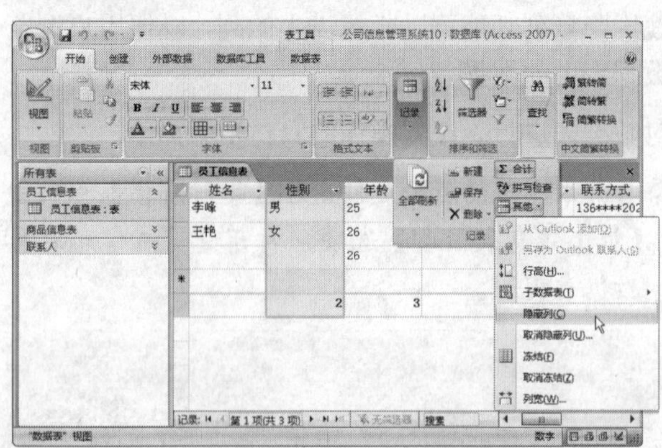

4 此时可以看到【性别】字段已被隐藏起来。

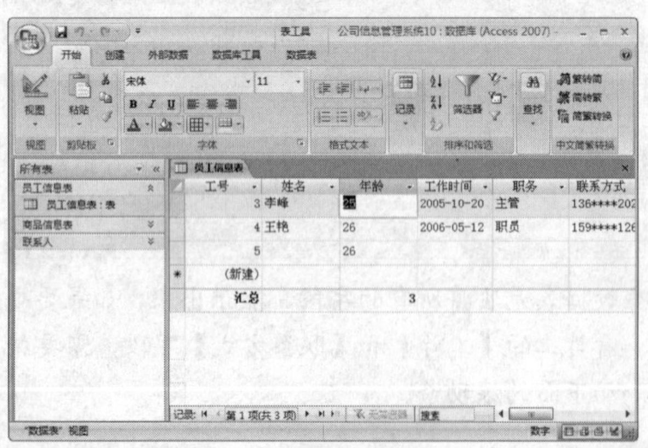

5 使用同样的方法可以隐藏其他的字段。

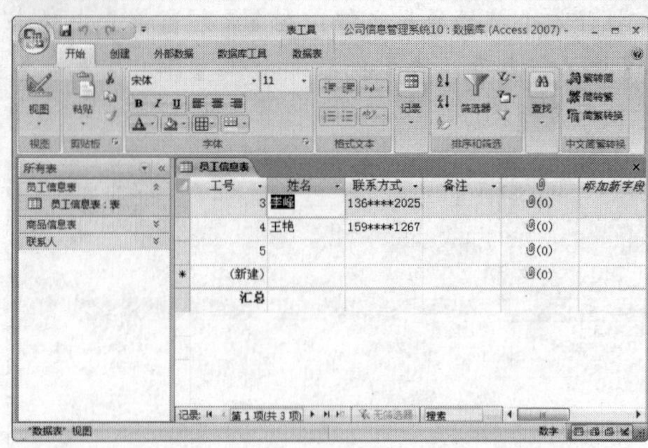

如果要隐藏多个相邻的字段，可以首先单击一侧的一个字段，然后按住【Shift】键单击另一侧的一个字段，选中这些相邻的字段后单击【记录】按钮，在弹出的【记录】组中单击其他按钮，之后在弹出的下拉列表中选择【隐藏列】选项，即可隐藏多个相邻的字段。

3. 取消隐藏列

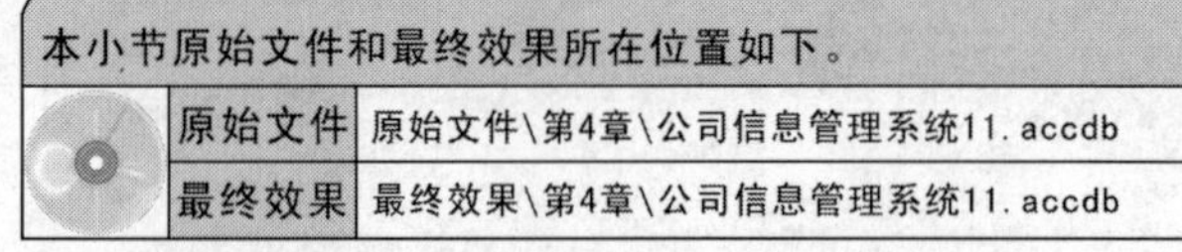

本小节原始文件和最终效果所在位置如下。	
原始文件	原始文件\第4章\公司信息管理系统11.accdb
最终效果	最终效果\第4章\公司信息管理系统11.accdb

使用取消隐藏列功能可以取消表中的隐藏列。

取消隐藏列的具体步骤如下。

1 打开本小节的原始文件，在【导航窗格】中双击【员工信息表：表】选项，打开【员工信息表】数据表视图。

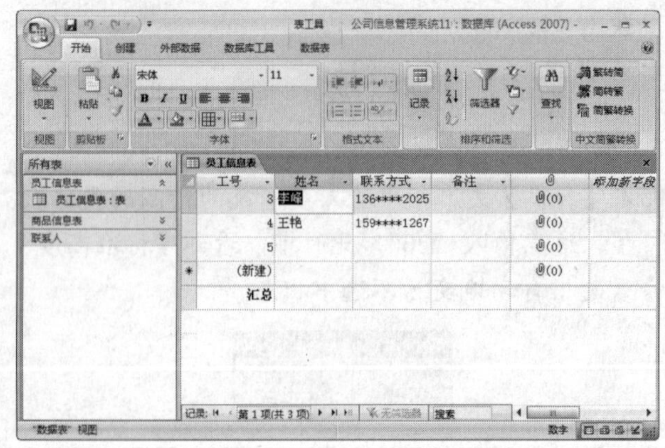

2 单击【记录】按钮，在弹出的下拉组中单击

其他 按钮，然后在弹出的下拉列表中选择【取消隐藏列】选项。

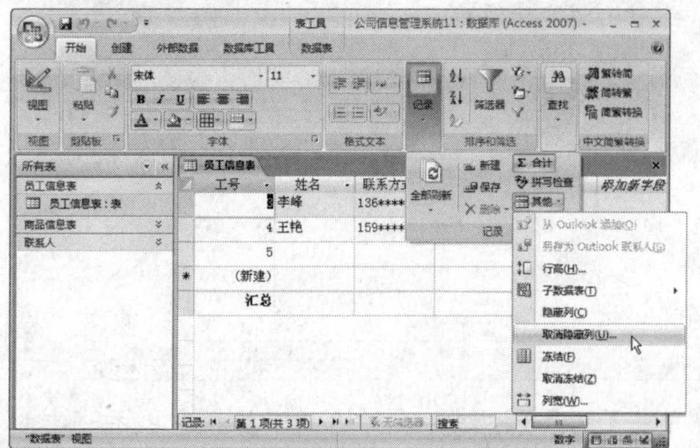

3 随即弹出【取消隐藏列】对话框，可以看到【性别】、【年龄】、【工作时间】和【职务】等复选框未选中，说明这些字段是被隐藏的字段。

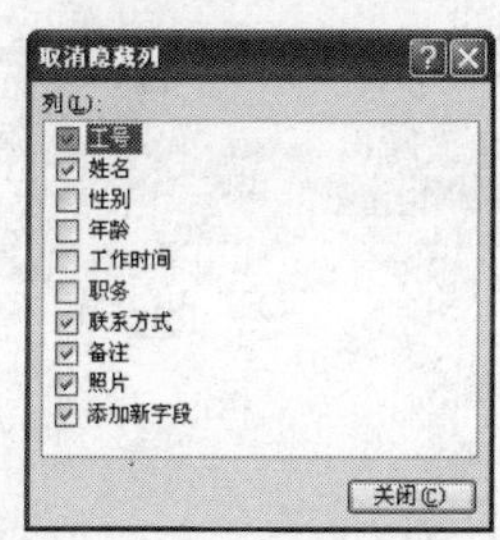

4 选中这些字段左侧的复选框，然后单击 关闭(C) 按钮，可以看到被隐藏的列重新出现在数据表中。

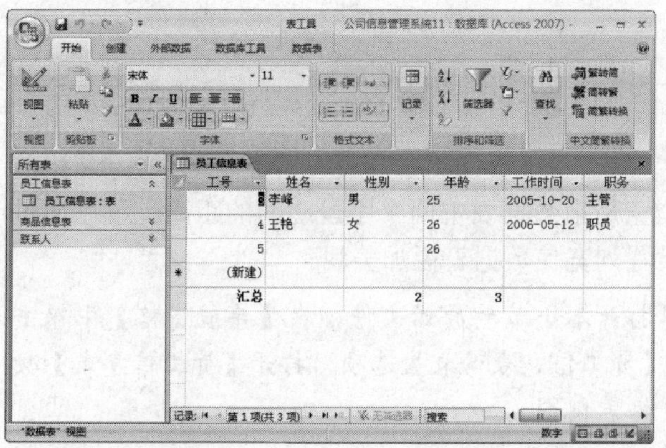

4. 冻结

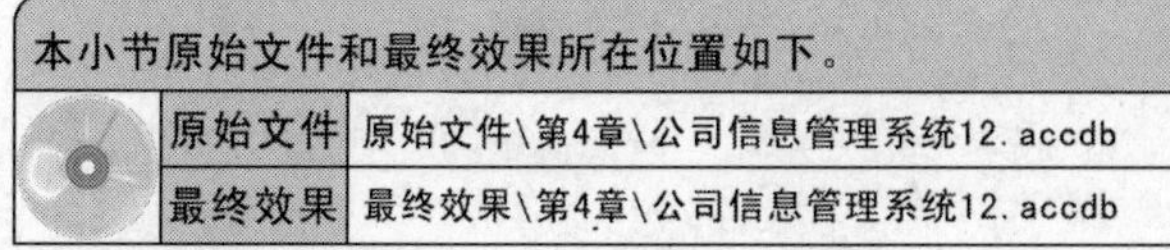

本小节原始文件和最终效果所在位置如下。

	原始文件	原始文件\第4章\公司信息管理系统12.accdb
	最终效果	最终效果\第4章\公司信息管理系统12.accdb

冻结是指对数据表中的字段进行冻结操作，使之在固定的位置不变，对冻结的字段不能进行编辑。

实现冻结的具体步骤如下。

1 打开本小节的原始文件，在【导航窗格】中双击【员工信息表：表】选项，打开【员工信息表】数据表视图。

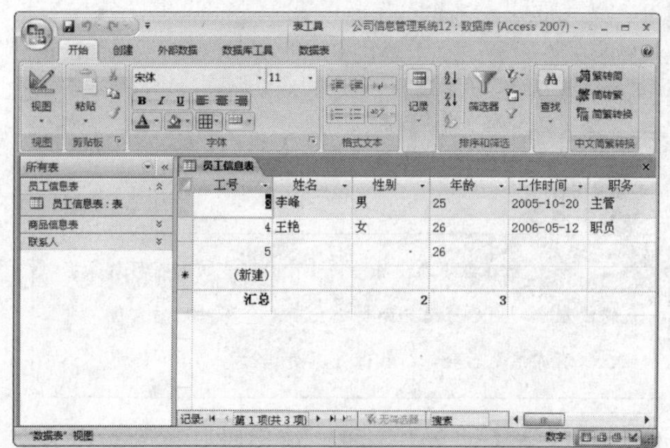

2 选择要冻结的字段，这里选择【工号】字段，单击【记录】按钮，在弹出的下拉组中单击 其他 按钮，然后在弹出的下拉列表中选择【冻结】选项。

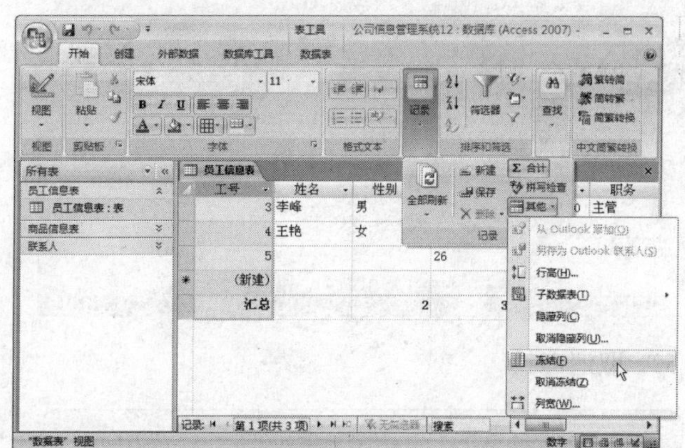

3 此时【工号】字段即被冻结，拖动右下方的滚动条，可以看到【工号】字段一直能够显示在数据表中。

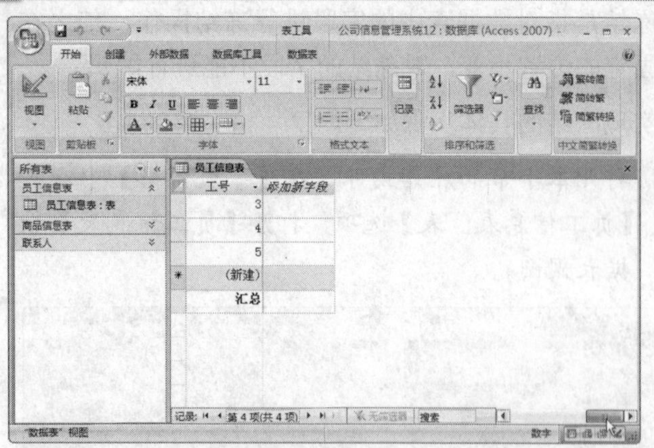

注意：当在数据表中冻结第 1 个列时，该列将移到数据表的最左侧，随后冻结的列将排在前一个冻结列的右侧，并且在取消冻结之后会保持其位置不变。

例如，冻结【姓名】字段，该字段则移到数据表的最左侧。

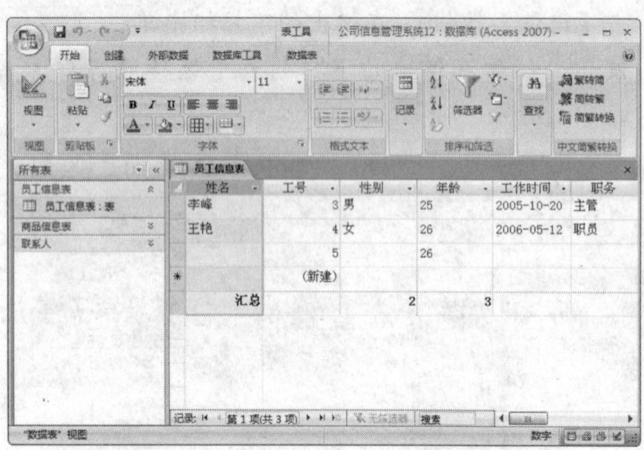

5. 取消冻结

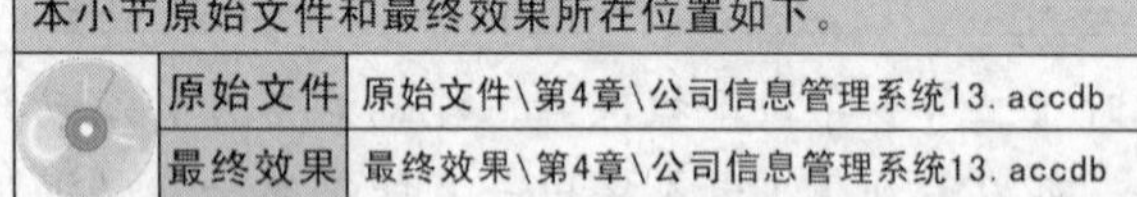

本小节原始文件和最终效果所在位置如下。	
原始文件	原始文件\第4章\公司信息管理系统13. accdb
最终效果	最终效果\第4章\公司信息管理系统13. accdb

取消冻结可以使已经冻结的列变为不被冻结状态，是冻结操作的反操作。

取消冻结的具体步骤如下。

1. 打开本小节的原始文件，在【导航窗格】中双击【员工信息表：表】选项，打开【员工信息表】数据表视图。

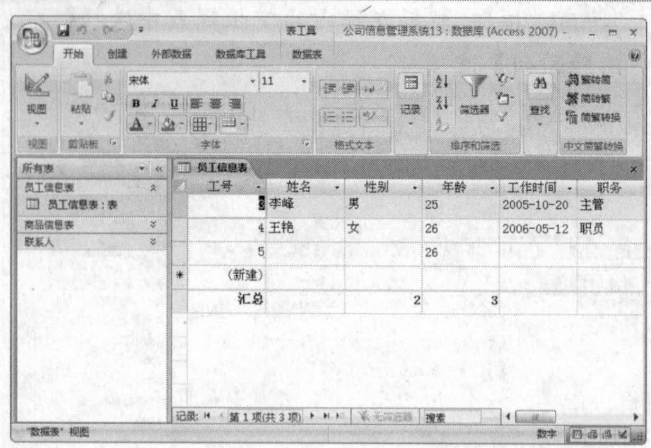

2. 单击【记录】按钮，在弹出的下拉组中单击 其他 按钮，然后在弹出的下拉列表中选择【取消冻结】选项即可。

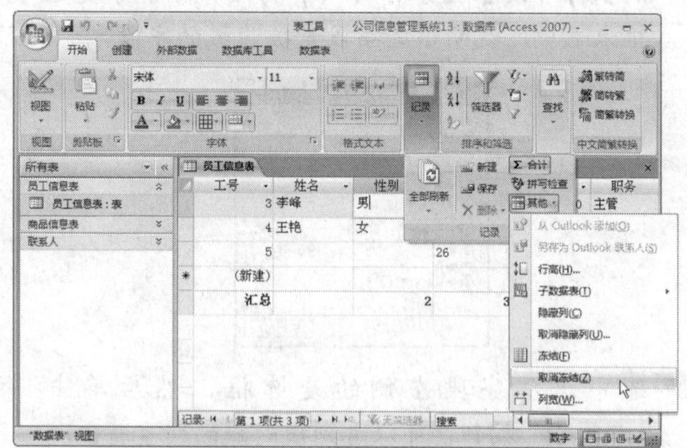

6. 列宽

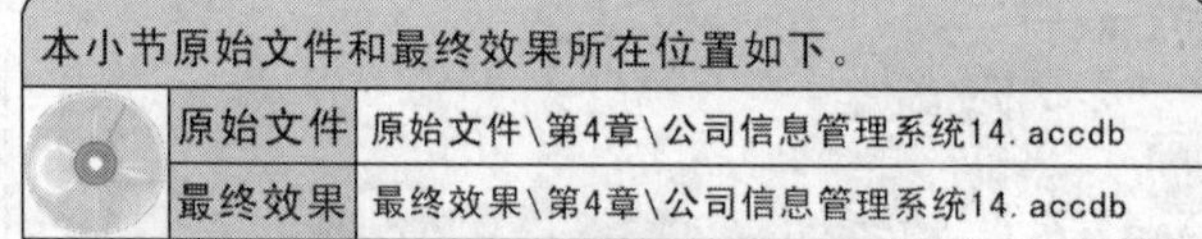

本小节原始文件和最终效果所在位置如下。	
原始文件	原始文件\第4章\公司信息管理系统14. accdb
最终效果	最终效果\第4章\公司信息管理系统14. accdb

列宽是指数据表中两个字段之间的距离，可以通过设置列宽使数据表更加美观。

1. 打开本小节的原始文件，在【导航窗格】中双击【员工信息表：表】选项，打开【员工信息表】数据表视图。

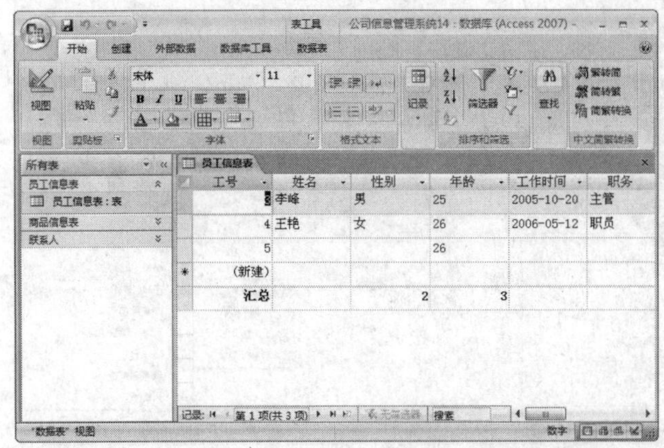

2 选择要设置列宽的字段，这里选择【姓名】字段，单击【记录】按钮，在弹出的下拉组中单击 其他 按钮，然后在弹出的下拉列表中选择【列宽】选项。

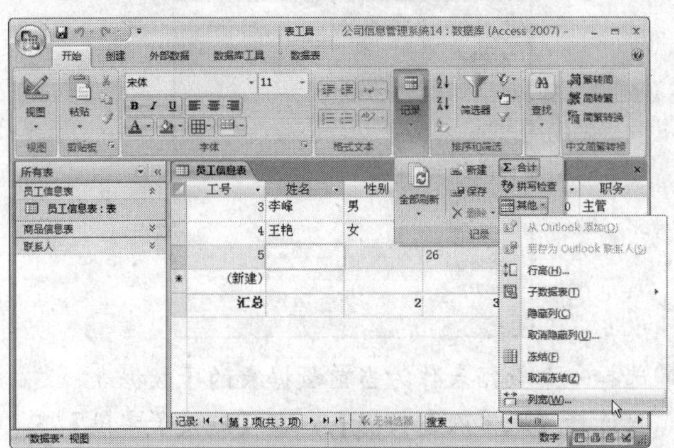

3 随即弹出【列宽】对话框。

4 在【列宽】文本框中设置新的列宽，这里设置为“15”，然后单击 确定 按钮。

5 设置完列宽的【姓名】字段如下图所示。

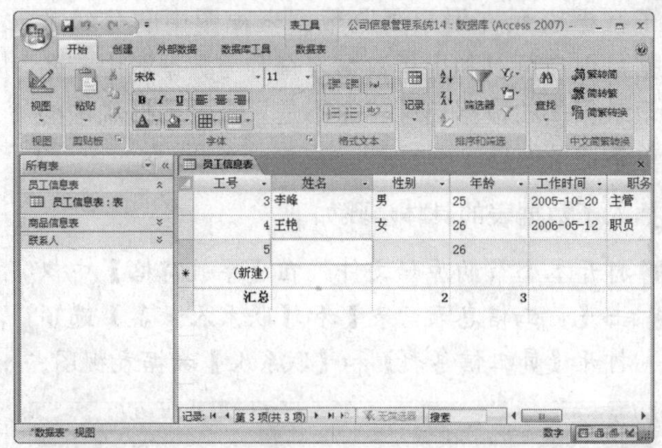

提示

上述 6 个属性也可以通过在数据表中单击鼠标右键，然后在弹出的快捷菜单中设置。

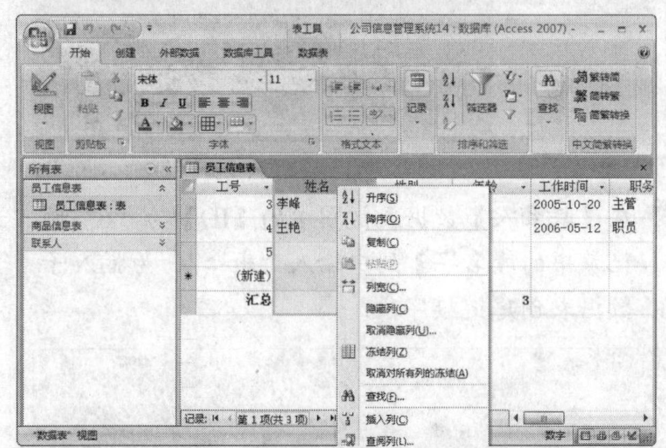

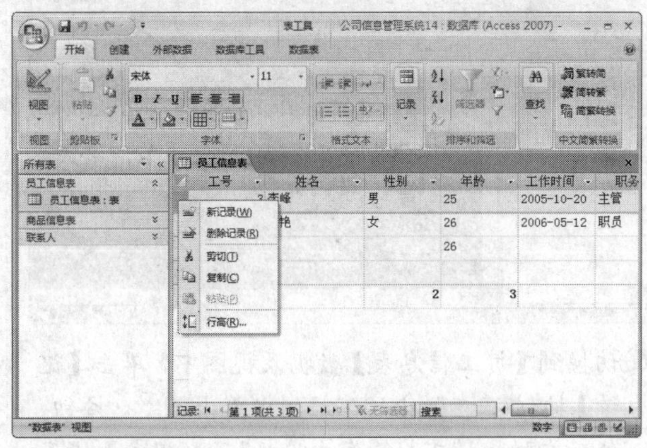

7. 子数据表

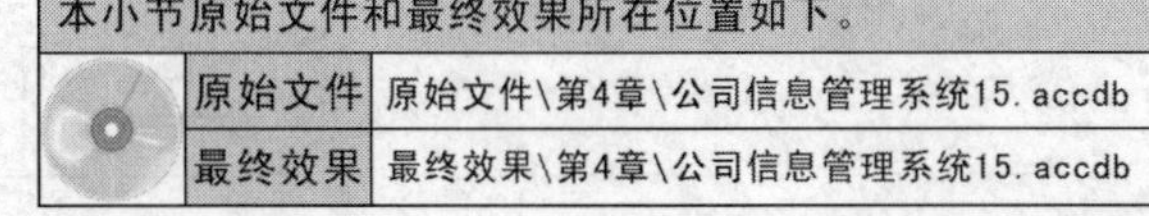

本小节原始文件和最终效果所在位置如下。	
原始文件	原始文件\第4章\公司信息管理系统15. accdb
最终效果	最终效果\第4章\公司信息管理系统15. accdb

子数据表允许用户浏览数据表视图中的分级数据，用户可以利用子数据表查看与数据源中某条记录相关的数据记录，而不是只查看数据源中的单条记录信息。

插入子数据表的具体步骤如下。

1 打开本小节的原始文件，在【导航窗格】中双击【员工信息表：表】和【联系人：表】选项打开【员工信息表】和【联系人】数据表视图。

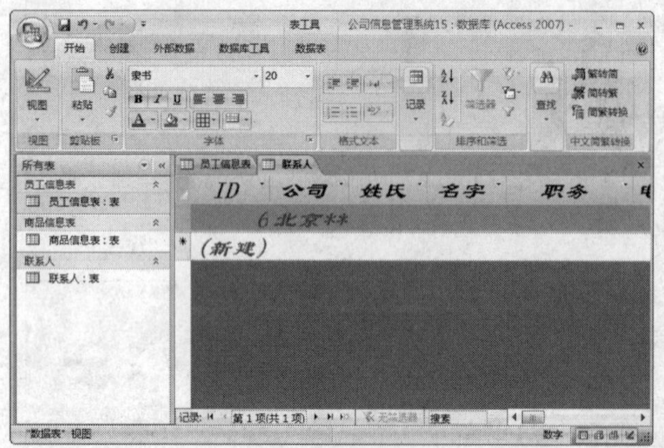

2 在【联系人】数据表视图中的【ID】为“6”的记录中的【名字】列中输入“李峰”，为插入子数据表创建链接字段。

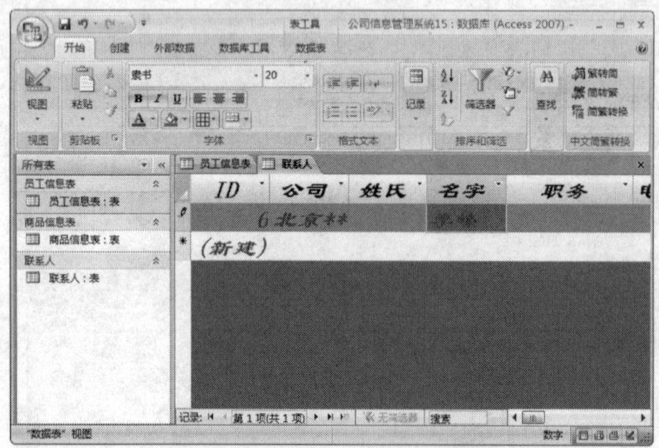

3 切换到【员工信息表】数据表视图中，单击【记录】按钮，在弹出的下拉组中单击其他按钮，然后在弹出的下拉列表中选择【子数据表】▶【子数据表】选项。

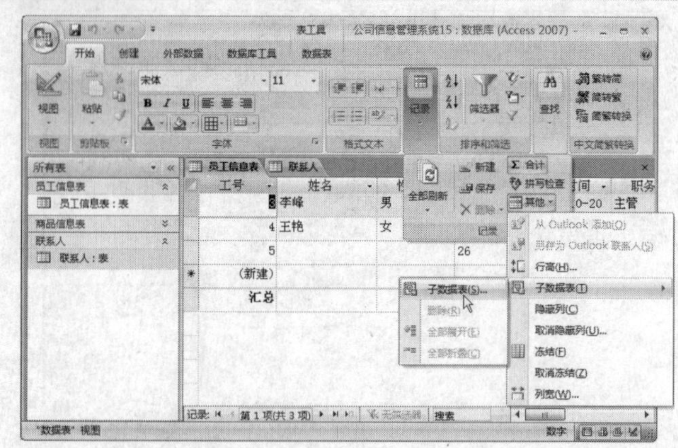

4 随即弹出【插入子数据表】对话框，切换至【表】选项卡，将显示用于插入为子数据表的所有数据表。

5 选择一个数据表作为当前数据表的子数据表，这里选择【联系人】数据表，在【链接子字段】下拉列表中选择【名字】选项，在【链接主字段】下拉列表中选择【姓名】选项，然后单击 确定 按钮。

6 随即弹出【是否现在创建一个关系？】对话框，提示用户检测不到所选字段间的关系，并询问用户是否现在创建一个关系，然后单击 是(Y) 按

钮创建关系即可。

提示

如果用户在插入子数据表之前创建了数据表之间的关系，就不会弹出该对话框。

7 此时可以看到在【员工信息表】的左侧出现了 + 按钮，单击该按钮可以在主数据表中看到与某条记录相关联的子数据表的信息。

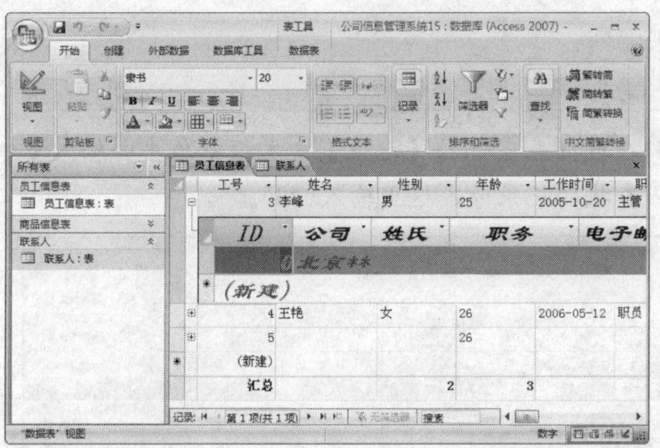

上述步骤已经将子数据表插入到主数据表中，此时单击【记录】按钮，在弹出的下拉组中单击 其他 按钮，然后在弹出的下拉列表中选择【子数据表】选项即可看到其子菜单中的其他菜单项都变成了可用状态。

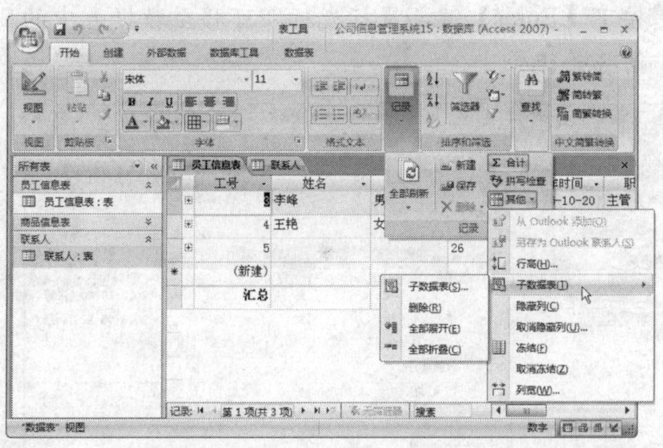

选择【全部展开】菜单项即可在【员工信息表】将子数据表全部展开。

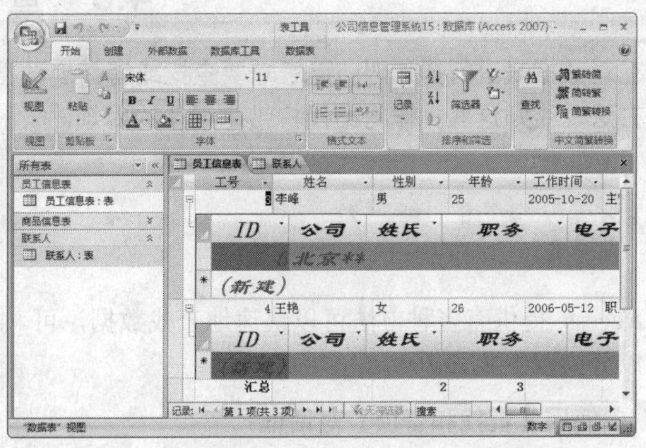

选择【全部折叠】菜单项可以将子数据表的信息都隐藏起来。

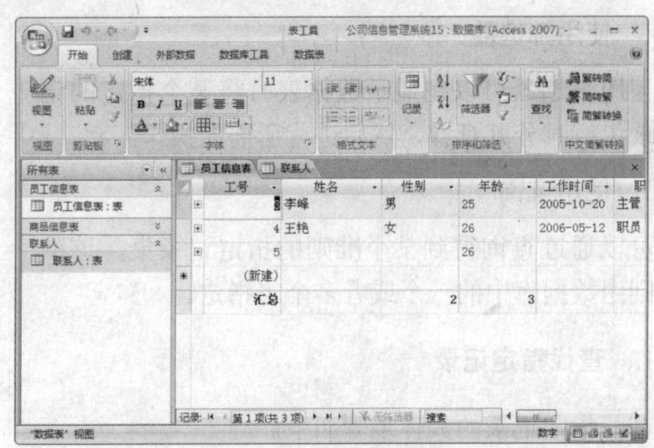

选择【删除】菜单项可以将子数据表从主数据表中删除。

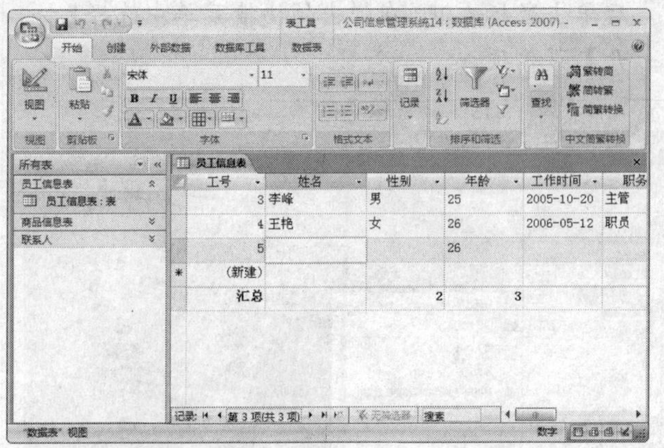

4.3 查找和替换

在对数据表进行操作时，通常需要查找或者替换数据表中的数据，用户需要掌握对数据表进行这些操作的方法，否则这些操作将给用户带来很多的麻烦。

4.3.1 查找

Access 提供有多种方法可以快速地查找数据，可以分为以下几种。

- **使用【查找和替换】对话框**

使用【查找和替换】对话框可以找出指定记录的位置，也可以在字段中找到所需要的具体内容。

- **使用筛选器**

使用筛选器可以在显示数据表时将某个指定的记录集暂时分开查看，然后进行所需的操作。

- **使用查询**

可以通过查询得到某个准则的指定记录集，该准则由数据库中的一个或者多个表指定。

1. 查找指定记录

查找指定记录的具体步骤如下。

1 打开【公司信息管理系统 16】数据库，在【导航窗格】中选择【员工信息表：表】选项，然后单击鼠标右键，在弹出的快捷菜单中选择【打开】菜单项。

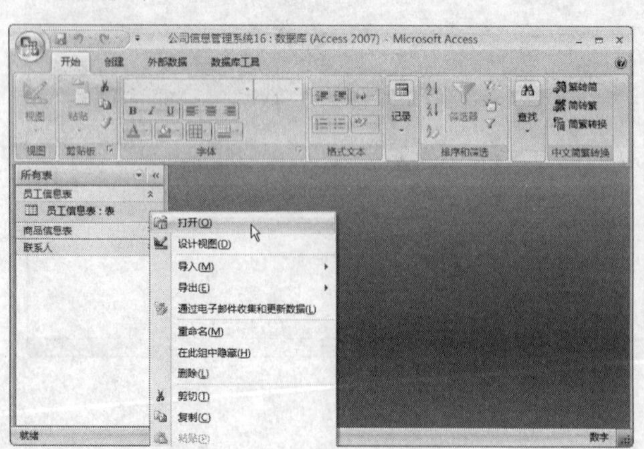

2 随即打开【员工信息表】数据表视图。

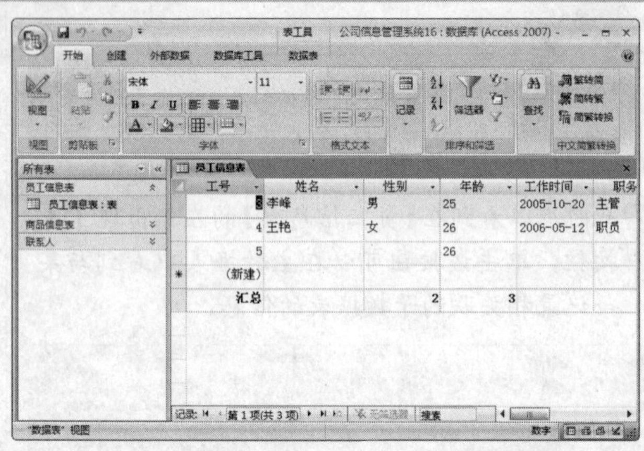

3 在数据表底部的【记录】文本框中单击并输入要查找的记录号，这里输入“3”。

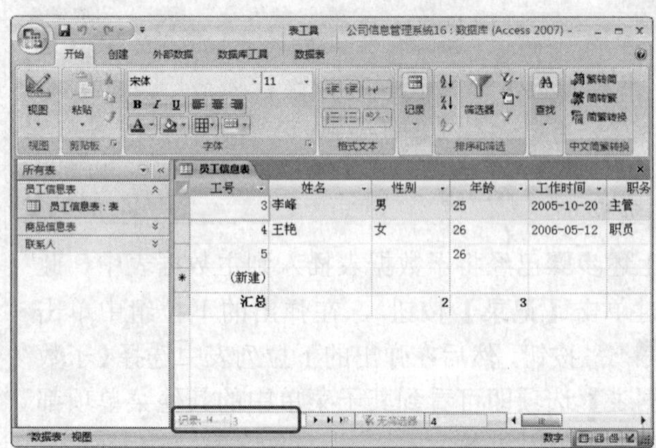

4 按下【Enter】键，鼠标光标即可移至数据表中的第 3 条记录上。

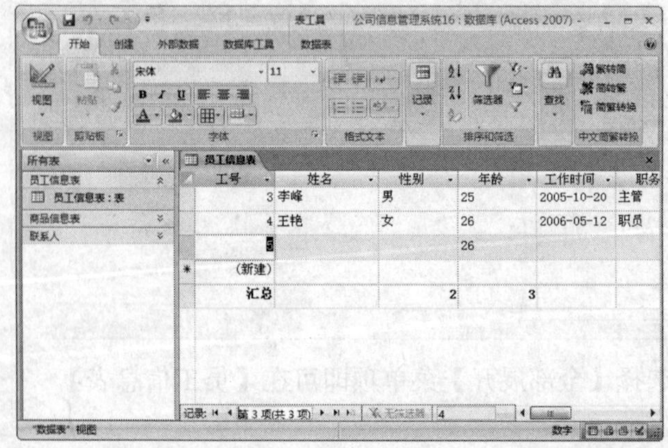

2. 查找指定内容

这种查找方法常用于用户只知道查找的内容而不知道记录号的情况。

查找指定内容的具体步骤如下。

1 打开【公司信息管理系统 16】数据库，在【导航窗格】中选择【员工信息表：表】选项，然后单击鼠标右键，在弹出的快捷菜单中选择【打开】菜单项打开【员工信息表】数据表视图。

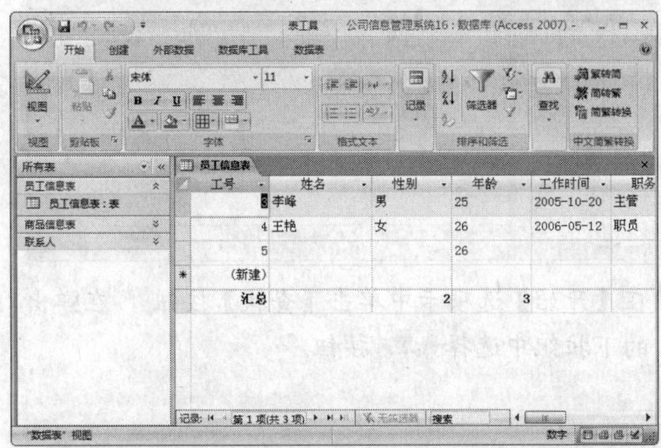

2 在【开始】选项卡中单击【查找】按钮，在弹出的下拉组中单击【查找】按钮。

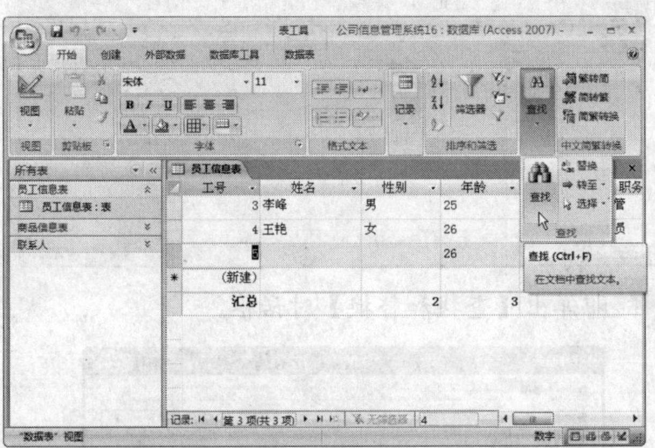

3 随即弹出【查找和替换】对话框。

4 在【查找】选项卡的【查找内容】文本框中输入要查找的内容，这里输入“王艳”，然后单击 查找下一个(F) 按钮。

【查找和替换】对话框中各个下拉列表的功能如下。

【查找范围】下拉列表：在当前鼠标指针所在的字段列中查找；或者在整个数据表范围内进行查找。

【匹配】下拉列表：“整个字段”表示字段内容必须与【查找内容】文本框的文本完全符合；“字段任何部分”表示字段内容可以与【查找内容】文本框的文本的任何位置匹配；“字段开头”表示字段必须是以【查找内容】文本框中的文本开头，但后面的文本可以是任意的。

【搜索】下拉列表：其中包括“全部”、“向上”和“向下”3 种搜索方式。

5 用户可以在数据表中看到“王艳”处于被选中状态，如果用户想继续查找，则需要单击 查找下一个(F) 按钮；如果用户想停止查找，可以单击 取消 按钮。

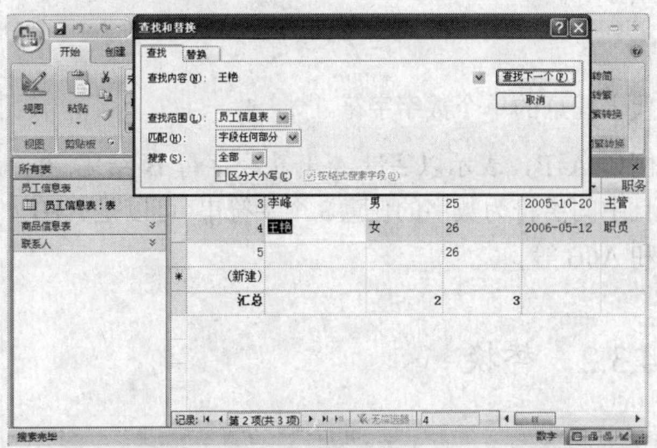

在【查找和替换】对话框中也可以使用通配符进行模糊查找。

● *

代表任意长度（包括 0 在内）的字符串。

例如 A*B，表示以字母 A 开头、字母 B 结尾的任意长度的字符串，可以是 AB、ACB 以及 ACCCCCB 等。

- ?

代表任意一个单个字符。

例如 A?B，表示以字母 A 开头、字母 B 结尾的任意的 3 个字符串，可以是 ADB 和 ACB 等。

- []

代表方括号内的任意一个单个字符。

例如 A[cdef]B，表示以字母 A 开头、字母 B 结尾，包含方括号内的任意的 1 个字符所组成的 3 个字符的字符串，可以是 AcB、AdB、Aeb 和 AfB。

- [!]

代表不在方括号内的任意一个单个字符。

例如 A[!cdef]B，表示以字母 A 开头、字母 B 结尾，除方括号内字符之外的任意的1个字符所组成的3个字符的字符串，可以是 AgB 和 AhB 等。

- [-]

代表指定范围内的任意一个单个字符。

例如 A[c-f]B，表示以字母 A 开头、字母 B 结尾的任意的 3 个字符串，可以是 AcB、AdB、Aeb 和 AfB 等。

- #

代表任意的单个数字字符。

例如 A#B，表示以字母 A 开头、字母 B 结尾，并且中间字符为数字的任意 3 个字符串，可以是 A1B 和 A6B 等。

4.3.2 替换

本小节原始文件和最终效果所在位置如下。

原始文件	原始文件\第4章\公司信息管理系统16. accdb
最终效果	最终效果\第4章\公司信息管理系统16. accdb

在使用数据表时，经常需要对数据表中的某些数据进行替换，在 Access 中通常使用【查找和替换】对话框来实现。

替换记录的具体步骤如下。

1 打开本小节的原始文件，在【导航窗格】中双击【员工信息表：表】选项打开【员工信息表】数据表视图。

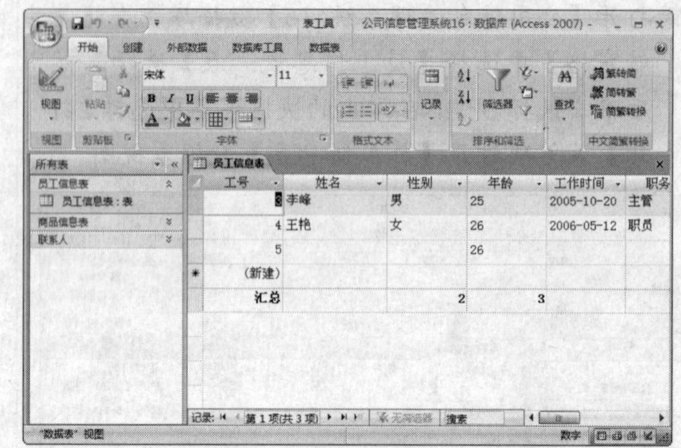

2 在【开始】选项卡中单击【查找】按钮，在弹出的下拉组中选择 替换 按钮。

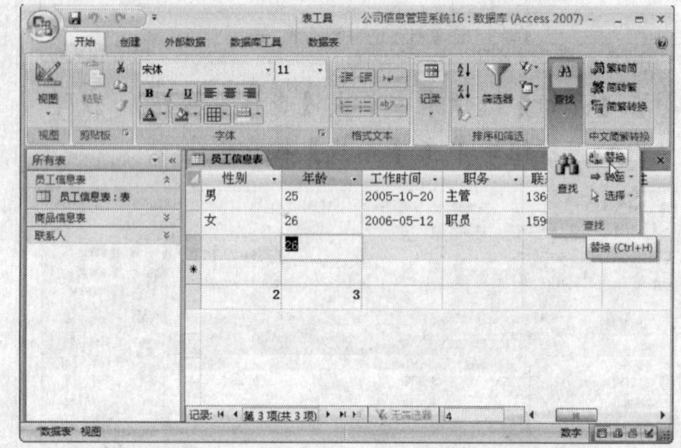

3 随即弹出【查找和替换】对话框。

4 在【替换】选项卡的【查找内容】文本框中输入要替换的内容，这里输入“职员”，然后在【替换为】文本框中输入替换为的内容，这里输入“普通职工”。

5 单击 查找下一个(F) 按钮，可以看到数据表中的“职员”处于被选中状态。

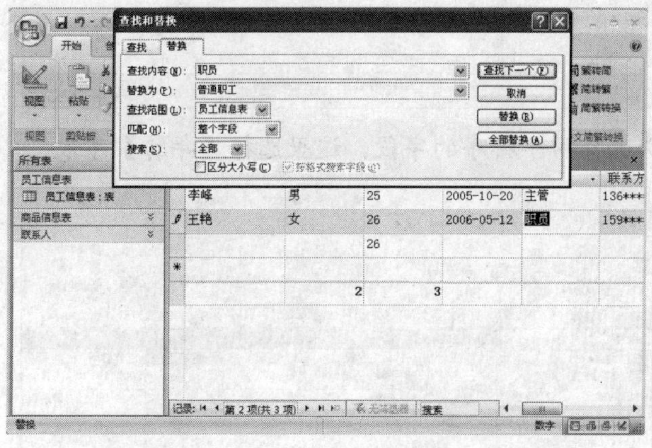

技巧

如果用户需要先查找“职员”的所在位置，然后再决定是否替换，可以单击 查找下一个(F) 按钮。如果用户确定需要替换，可以直接单击 替换(R) 按钮。如果用户能够确定可以将所有的“职员”替换为“普通职工”，则可直接单击 全部替换(A) 按钮。

6 单击 替换(R) 按钮，可以看到“职员”已被替换为“普通职工”。

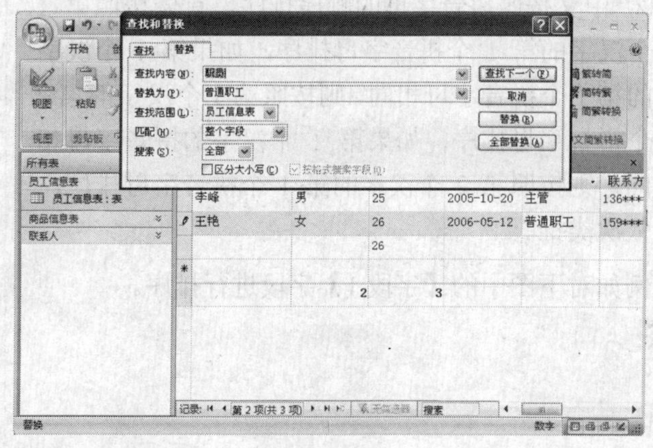

4.4 排序和筛选

对数据排序可以加快查找和替换的速度，可以在数据表、查询、窗体或者子窗体的数据表视图以及窗体或者子窗体的窗体视图中实现排序。

筛选数据可以使符合条件的记录显示出来，对数据筛选还可以实现对数据表的排序。

4.4.1 排序

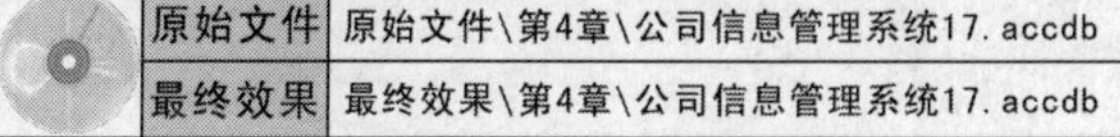

本小节原始文件和最终效果所在位置如下。	
原始文件	原始文件\第4章\公司信息管理系统17. accdb
最终效果	最终效果\第4章\公司信息管理系统17. accdb

在 Access 中对数据进行排序的规则如下。

(1) 英文按照字母的顺序排序，不区分大小写。如果对某个字段排序，其中的数据只是大小写之分，那么排序的结果与不排序时的状态正好相反。

例如对下图中的【字段 1】字段进行排序。

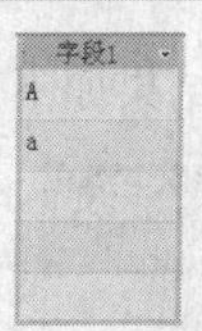

对其进行升序排序的结果如下图所示。

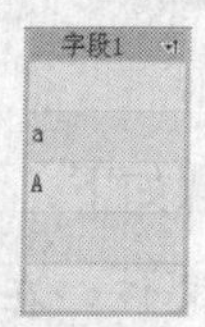

对其进行降序排序的结果如下图所示。

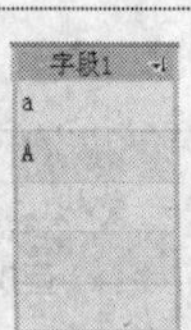

字段1
a
A

注意

从本例中可以看到，不管对【字段 1】进行升序还是降序排序，“a”始终在“A”的上方，这是因为该字段的未排序状态是“A”排在“a”的上方。

⑵ 中文按照拼音字母的顺序排序。首先按照第 1 个汉字的第 1 个拼音字母排序，如果第 1 个汉字的第 1 个拼音字母相同，则按照第 1 个汉字的第 2 个拼音字母排序；如果第 1 个汉字的拼音字母相同，则按照第 2 个汉字的第 1 个拼音字母排序，依次类推。

例如对下图中的【字段 1】字段进行排序。

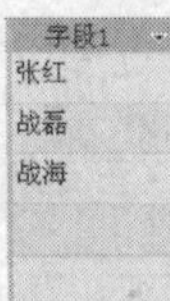

字段1
张红
战磊
战海

对其进行升序排序的结果如下图所示。

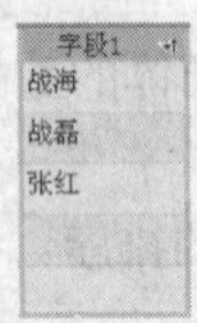

字段1
战海
战磊
张红

对其进行降序排序的结果如下图所示。

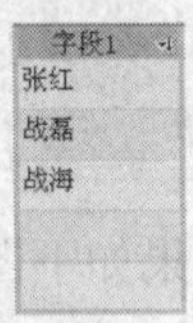

字段1
张红
战磊
战海

⑶ 数字由小到大排序。

对数据排序的具体步骤如下。

1 打开本小节的原始文件，在【导航窗格】中双击【员工信息表：表】选项打开【员工信息表】数据表视图。

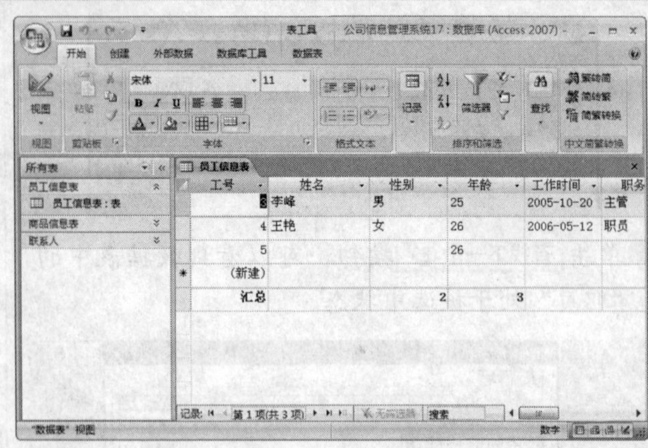

2 选择用于排序的字段，这里选择【年龄】字段。

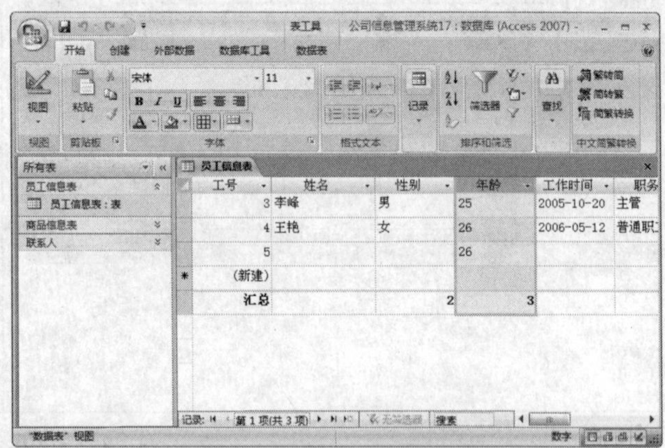

3 在该数据表视图中的【开始】选项卡中的【排序和筛选】组中单击【降序】按钮，对该字段进行降序排序。

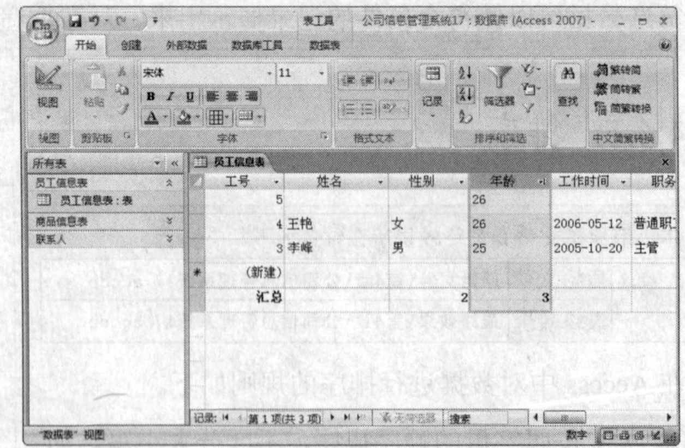

4 也可以在选择的排序字段上单击鼠标右键，然后在弹出的快捷菜单中选择【降序】菜单项，实现字段的降序排序。

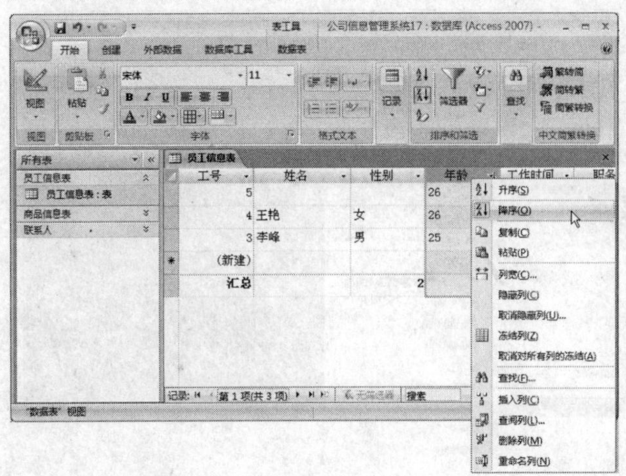

4.4.2 筛选

可以将筛选看成是一个功能有限的查询，它可以为一个或者多个字段指定条件，并将符合条件的记录显示出来。

在 Access 中可以使用 4 种方法对数据进行筛选。

- 基于选定内容筛选
- 按窗体筛选
- 通过输入筛选目标筛选
- 高级筛选/排序

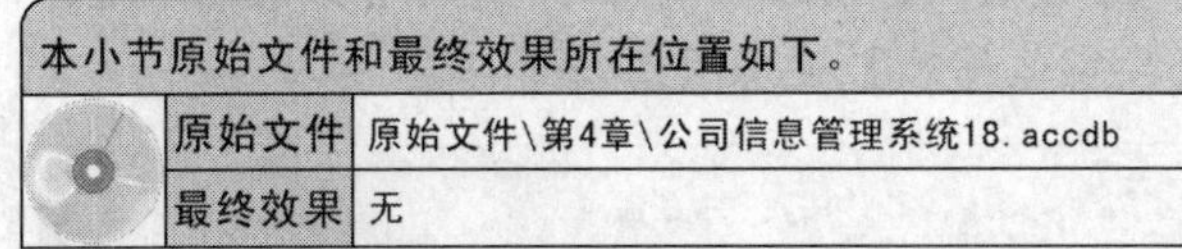

本小节原始文件和最终效果所在位置如下。	
原始文件	原始文件\第4章\公司信息管理系统18. accdb
最终效果	无

1. 基于选定内容筛选

筛选可以更改窗体或者报表在视图中显示的数据，但不会更改窗体或者报表的设计。

基于选定内容筛选的具体步骤如下。

1 打开【公司信息管理系统 18】数据库，在【导航窗格】中双击【员工信息表：表】选项打开【员工信息表】数据表视图。

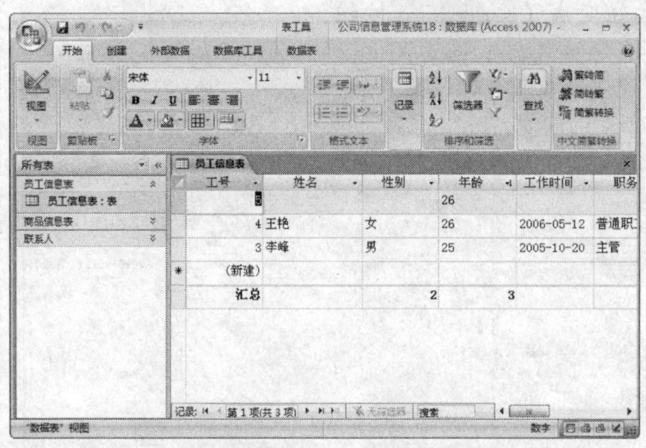

2 在数据表中将鼠标移至第 1 条记录的【年龄】字段上。

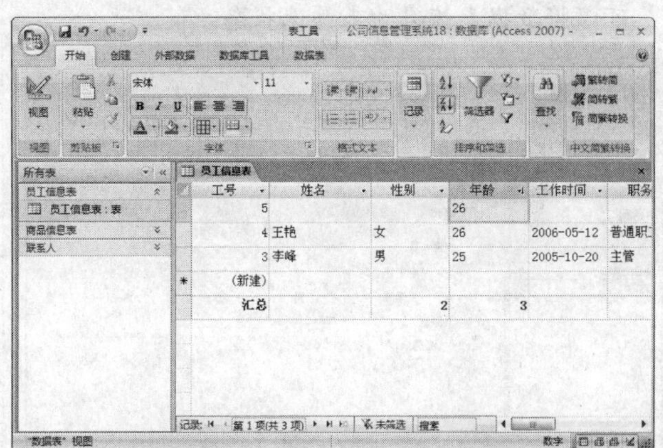

3 单击【排序和筛选】组中的【选择】按钮，可以看到弹出的下拉列表中都是关于“26”的选项，这里选择【等于“26”】选项。

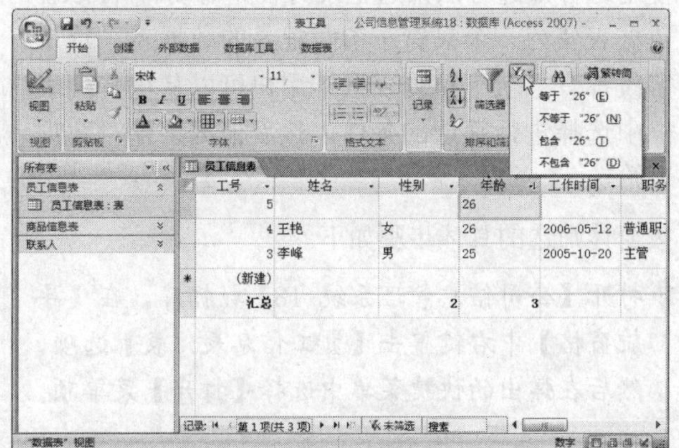

4 此时可以看到所有的【年龄】字段为“26”的记录被筛选出来，并且【应用筛选】按钮被自动地按下变成了【取消筛选】，数据表底部的 未筛选

按钮变成了 已筛选 按钮。

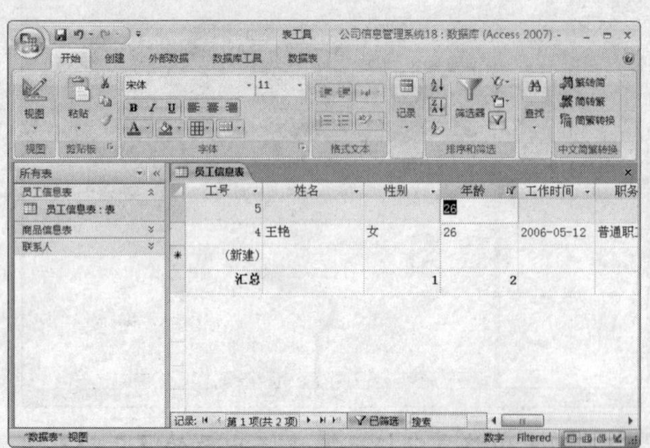

5 单击【取消筛选】按钮或者 已筛选 按钮都可以将数据表恢复为未筛选状态。

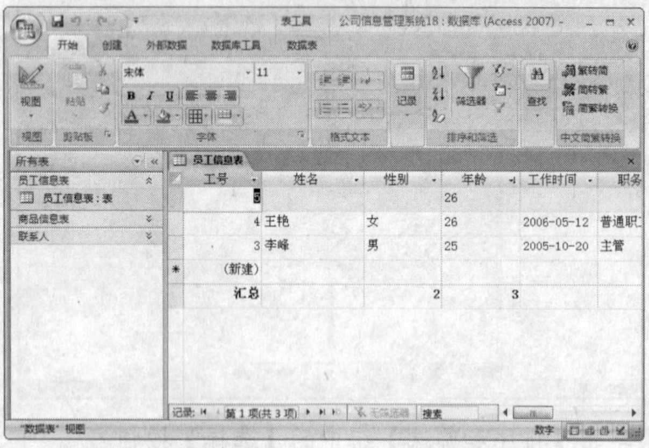

2. 按窗体筛选

使用这种筛选方法筛选记录时首先需要将 Access 数据表变为一个只有一条空记录的数据表，每个字段都有一个下拉列表框，用户可以从这些列表框中选择进行筛选的条件，然后根据条件对数据表筛选。

按窗体筛选的具体步骤如下。

1 打开【公司信息管理系统 18】数据库，在【导航窗格】中右键单击【员工信息表：表】选项，然后在弹出的快捷菜单中选择【打开】菜单项。

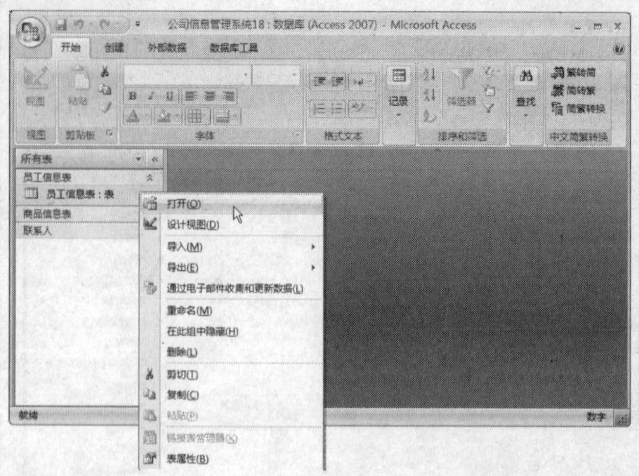

2 随即打开【员工信息表】的数据表视图。

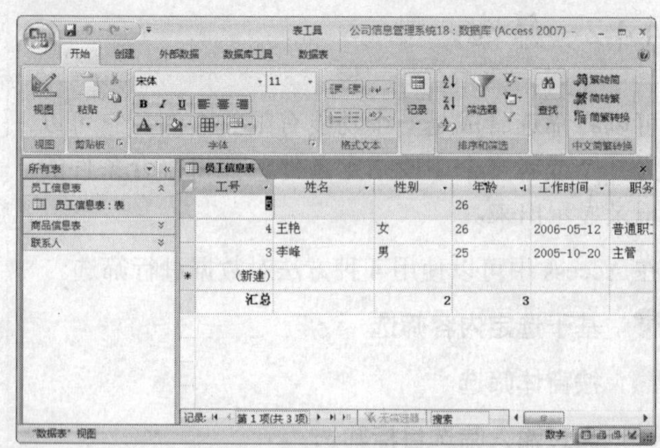

3 在【开始】选项卡的【排序和筛选】组中单击【高级筛选选项】按钮，在弹出的下拉菜单中选择【按窗体筛选】菜单项。

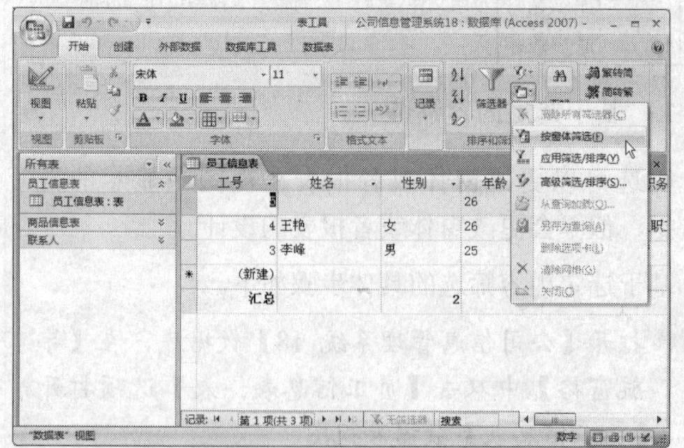

4 随即【员工信息表】将切换为【员工信息表：按窗体筛选】界面。

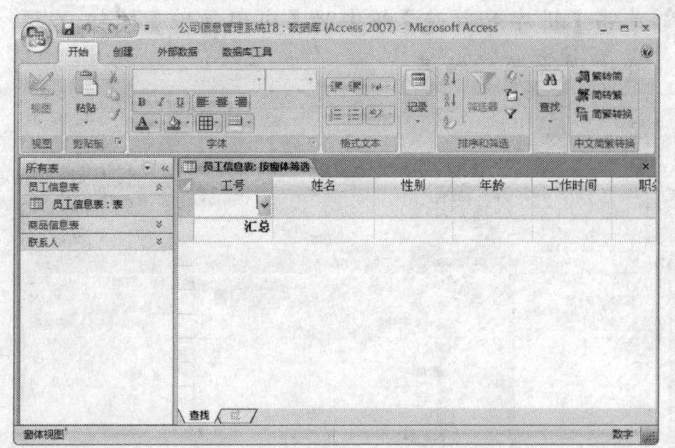

5 单击要进行筛选的字段，这里选择【年龄】字段，然后单击该字段右侧的下箭头按钮，在弹出的下拉列表中选择【26】。

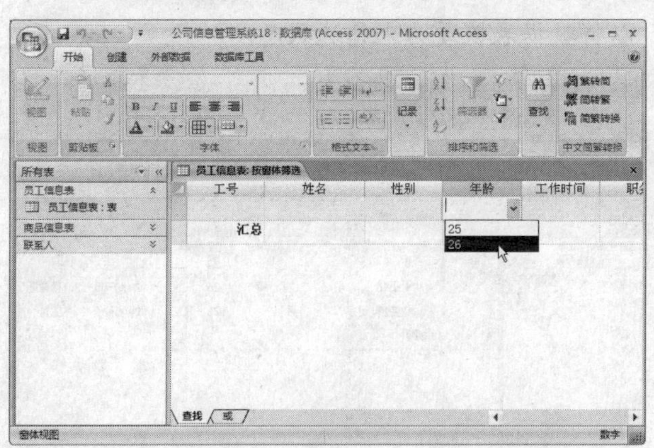

6 用户可以在其他的字段设置更多的筛选条件，然后单击【排序和筛选】组中的【应用筛选】按钮即可出现筛选的结果。

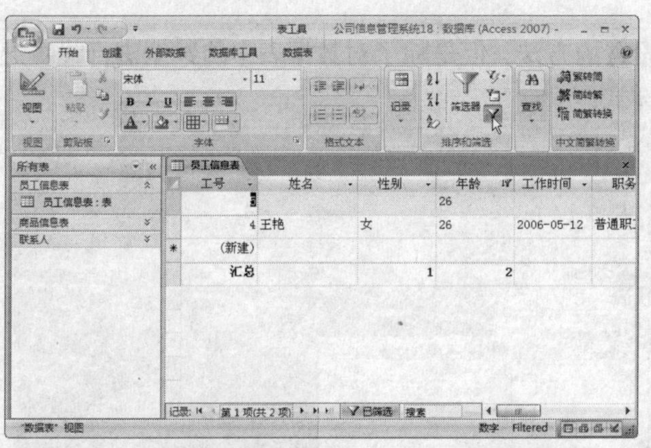

7 单击【取消筛选】按钮或者 已筛选 按钮都可以将数据表恢复为未筛选状态。

3. 高级筛选/排序

应用高级筛选/排序功能可以针对数据库中的多个表或者查询进行筛选。

应用高级筛选/排序功能进行筛选的具体步骤如下。

1 打开【公司信息管理系统 18】数据库，在【导航窗格】中双击【员工信息表：表】选项打开【员工信息表】数据表设计视图。

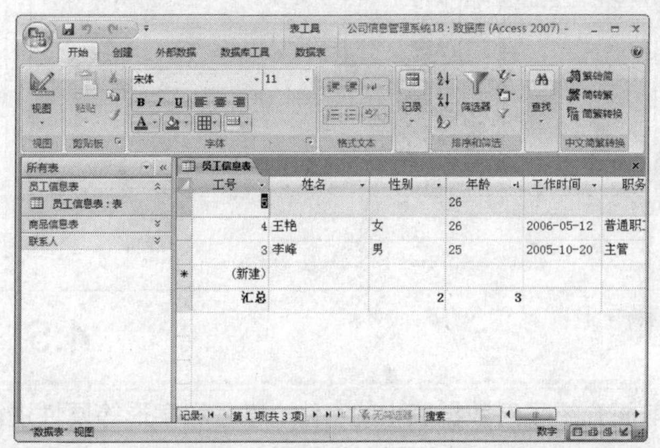

2 在【开始】选项卡中单击【排序和筛选】组中的【高级筛选选项】按钮，在弹出的下拉菜单中选择【高级筛选/排序】菜单项。

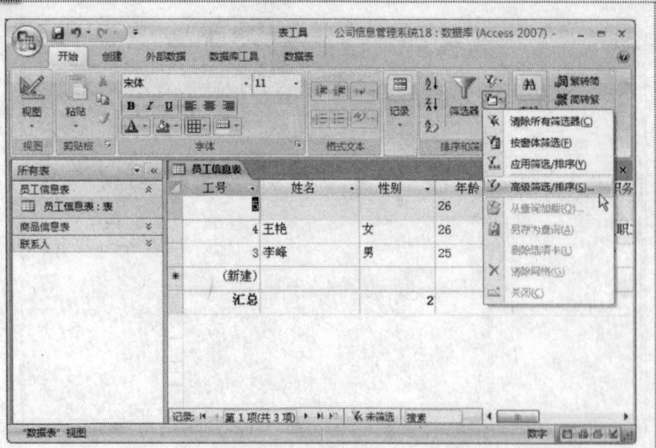

3 随即打开【员工信息表筛选 1】，然后将需要查询的字段添加到下面的窗格中，并在【条件】属性中输入筛选条件。

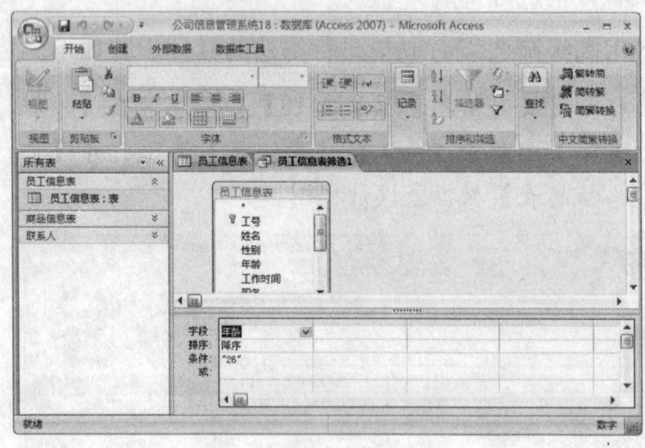

4 单击【排序和筛选】组中的【应用筛选】按钮即可出现筛选的结果。

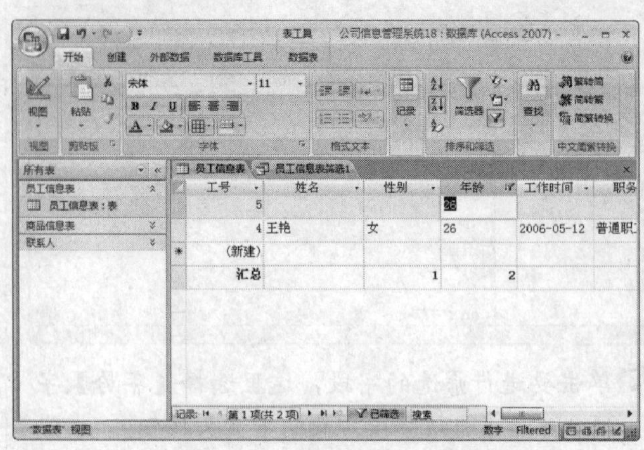

5 单击【取消筛选】按钮或者 已筛选 按钮都可以将数据表恢复为未筛选状态。

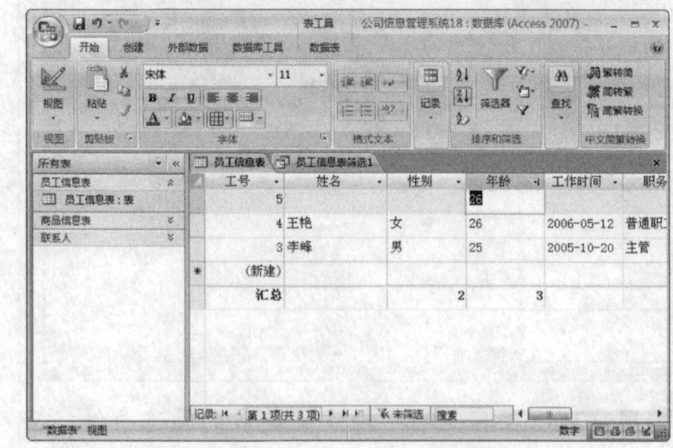

4.5 其他

前面介绍了对数据表中的字体、字号和字形等属性进行设置的方法，但是除了对数据表中的数据进行设置之外，在 Access 中还可以设置单元格效果、边框和线条样式。

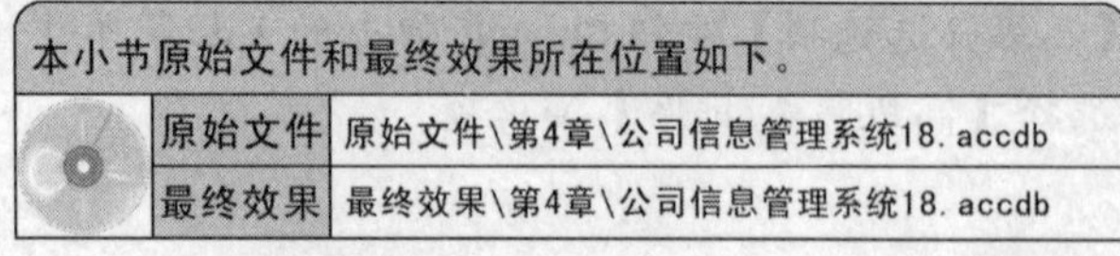

本小节原始文件和最终效果所在位置如下。

原始文件	原始文件\第4章\公司信息管理系统18.accdb
最终效果	最终效果\第4章\公司信息管理系统18.accdb

设置其他效果的具体步骤如下。

1 打开本小节的原始文件，在【导航窗格】中右键单击【员工信息表：表】选项，然后在弹出的快捷菜单中选择【打开】菜单项。

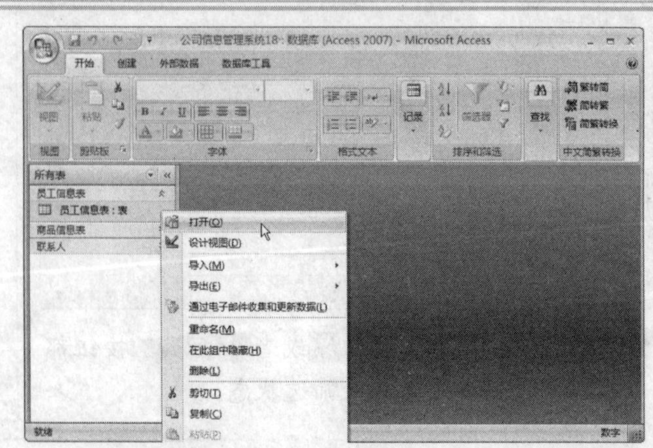

2 单击【字体】组右下方的【对话框启动器】按钮。

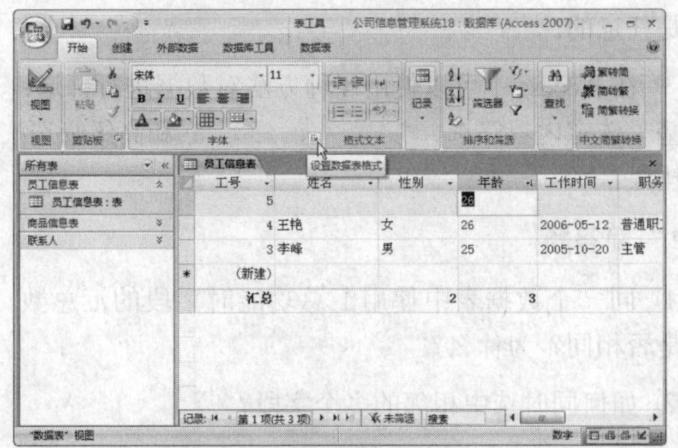

3 随即弹出【设置数据表格式】对话框。

4 在左侧的【单元格效果】组合框中选中一种单元格的效果，这里选中【凸起】单选按钮，可以看到右侧的【网格线显示方式】组合框变成了不可用状态。

5 在【背景色】下拉列表中选择一种背景颜色，这里选择“蓝色”，然后在【网格线颜色】下拉列表中选择一种网格线的颜色，这里选择“红色”，最后单击 确定 按钮。

6 此时的【员工信息表】数据表视图界面如下图所示。

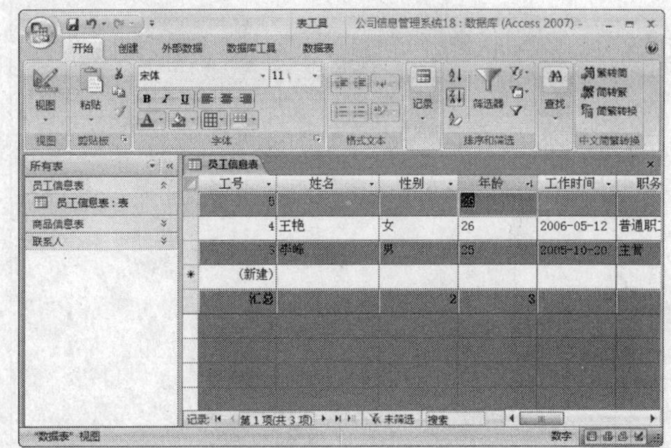

4.6　本章小结

本章介绍了 Access 中的数据操作。

首先介绍了字体、字形、字号、字体颜色以及背景颜色等数据表的基本设置。其次介绍对记录的基本操作，包括新建、保存、删除、合计以及基本属性设置，数据表的行高、列宽、隐藏列和取消隐藏列、冻结和取消冻结以及子数据表的插入和删除等。接着介绍了查找、替换和排序筛选的方法。最后介绍了单元格效果、边框和线条的样式的设置等。

4.7 过关练习题

1. 填空题

(1) 当在数据表中使用冻结功能时，冻结的第 1 个列将移到数据表的_______，随后冻结的列将排在前一个冻结的列的_______，并且在取消冻结之后将_______。

(2) 在【查找和替换】对话框中的【匹配】下拉列表中选择_______表示字段内容必须与【查找内容】文本框的文本完全符合；选择_______表示字段内容可以与【查找内容】文本框的文本的任何位置匹配；选择_______表示字段必须是以【查找内容】文本框中的文本开头，但后面的文本可以是任意的。

(3) 在 Access 中可以使用 4 种方法对数据进行筛选：基于选定内容筛选、_______、_______和高级筛选/排序。

2. 简答题

(1) 同一个数据表中使用汇总功能时字段的汇总数是否相同？为什么？

(2) 如何同时选中相邻的多个字段？

(3) 简述在 Access 中对数据进行排序的规则。

第 5 章　查询

使用数据表时，用户经常只需要浏览某些满足条件的记录，或者需要使用某些字段的信息，这时就可以使用查询功能，将需要的信息检索出来浏览，以此来减少时间，提高工作的效率。

使用查询功能可以从单个数据表中检索数据，也可以从多个数据表中检索数据。

- 单表查询
- 多表查询
- 查询向导
- 查询设计

5.1 单表查询

单表查询是指对一个表进行的查询，可以只显示一个表中的对用户有用的数据，这种查询一般用在数据表中的字段很多并且要查询的字段相隔很远的情况。

5.1.1 初识查询

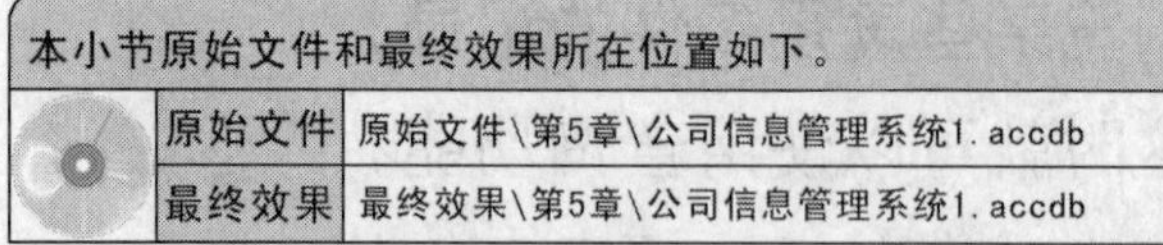

本小节原始文件和最终效果所在位置如下。	
原始文件	原始文件\第5章\公司信息管理系统1. accdb
最终效果	最终效果\第5章\公司信息管理系统1. accdb

用户可以通过查询窗口设置查询，也可以在设计完之后通过查询窗口查看查询结果。

打开查询窗口的具体步骤如下。

1 打开本小节的原始文件，然后切换到【创建】选项卡。

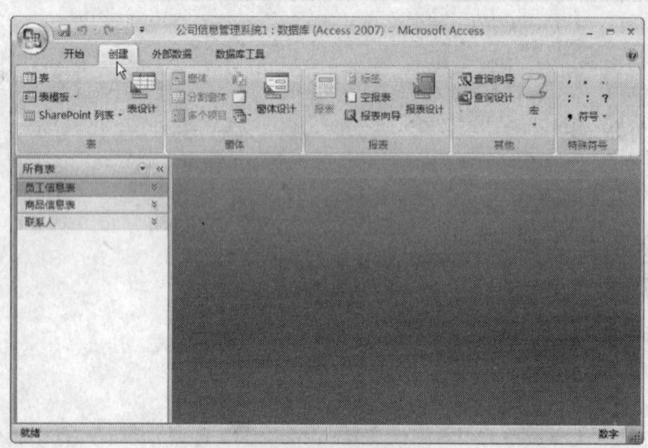

2 单击【其他】组中的 查询设计 按钮。

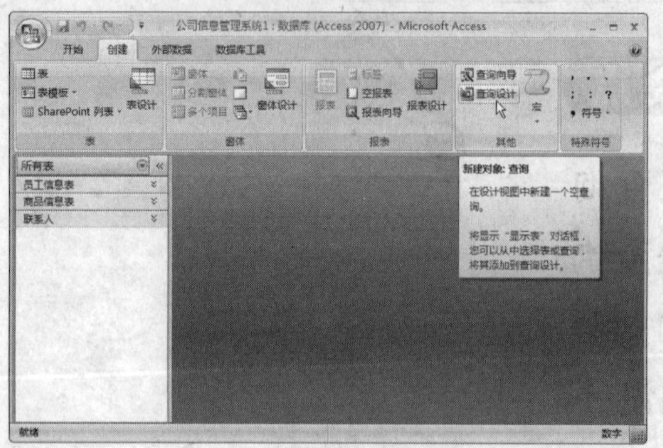

3 随即打开【查询 1】窗口和【显示表】对话框。

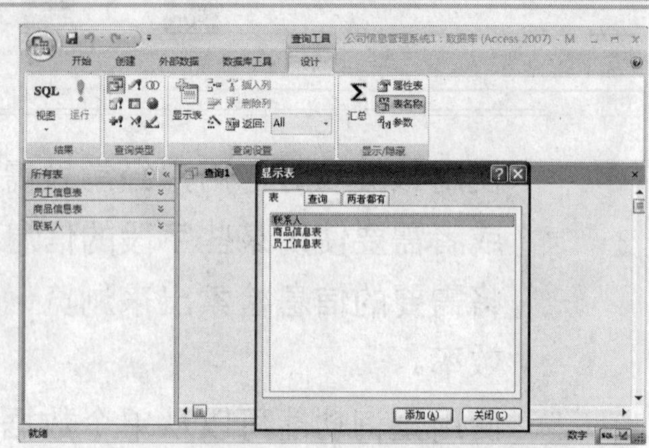

4 在【显示表】对话框中选择要创建查询的数据表，这里选择【员工信息表】选项，然后单击 添加(A) 按钮，添加完毕单击 关闭(C) 按钮。

5 此时可以看到【查询 1】窗口分成了上下两部分，上面的窗格称为【表/查询显示】窗格，用来显示查询所用到的数据来源，包括表或者查询等，下面的窗格称为【示例查询设计】窗格。

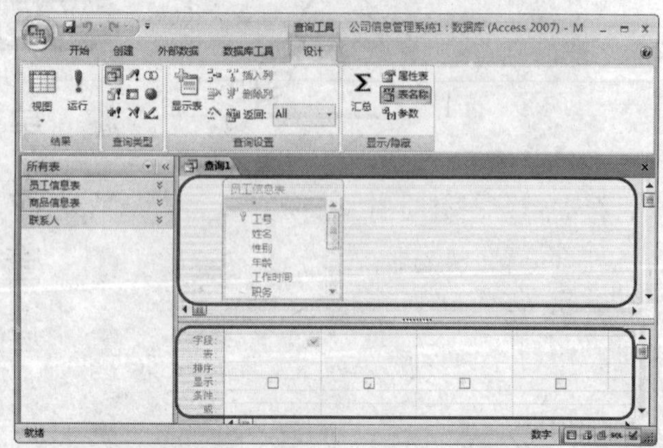

6 在【表/查询显示】窗格中单击【员工信息表】中的【工号】字段，然后按住鼠标左键不放将其拖动到【示例查询设计】窗格中。

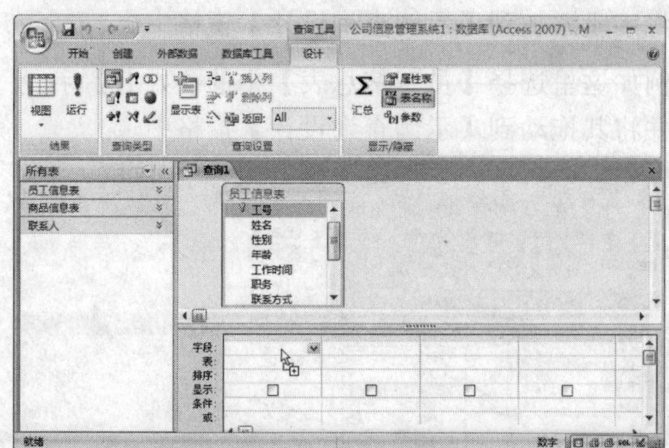

7 释放鼠标左键，【工号】字段便添加到了【示例查询设计】窗格中。

8 右键单击【查询 1】选项卡，在弹出的快捷菜单中选择【数据表视图】菜单项将设计视图转换为数据表视图。

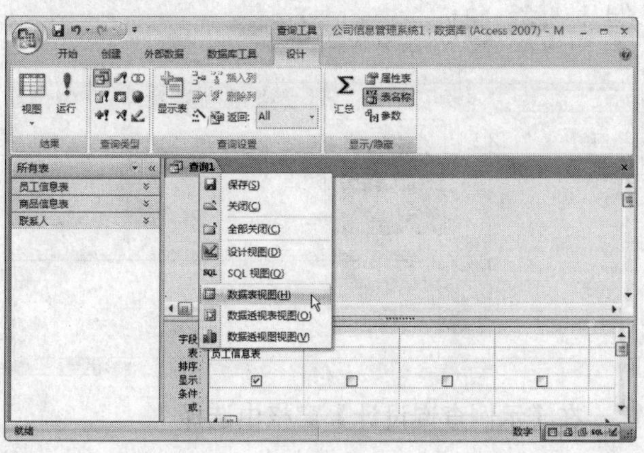

9 此时可以在【查询 1】数据表视图中查看包含【工号】字段的查询结果。

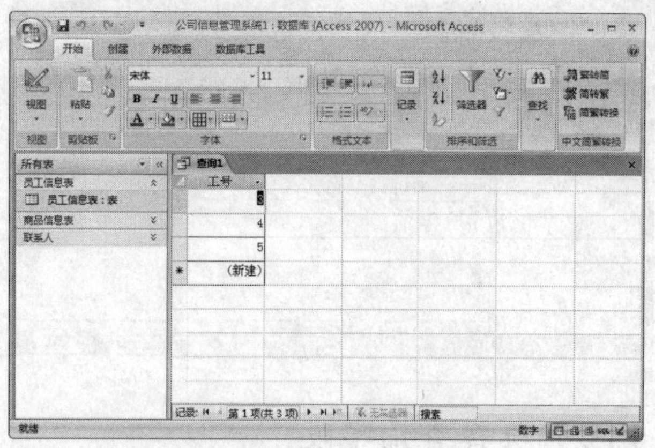

10 单击【保存】按钮保存该查询。

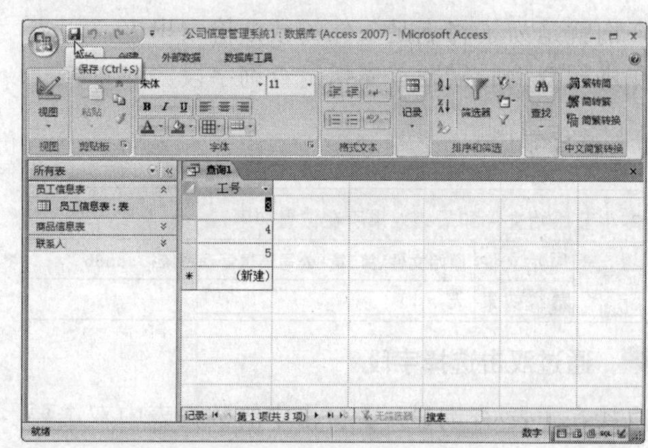

11 随即弹出【另存为】对话框。

12 在【查询名称】文本框中输入要保存的查询的名称，这里输入“工号查询”，然后单击 确定 按钮即可。

13 此时可以看到【导航窗格】中的【员工信息表】的下方添加了【工号查询】选项。

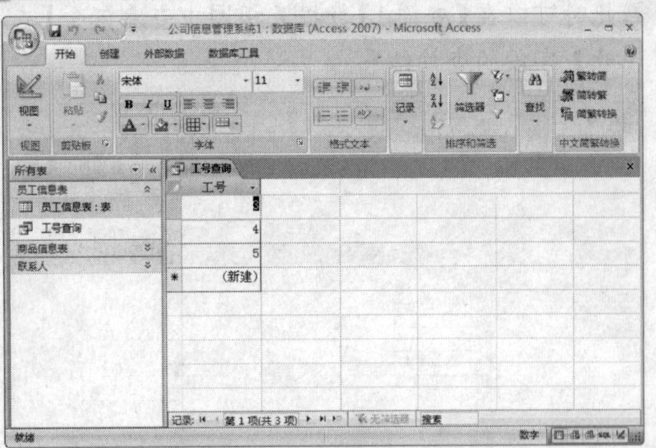

5.1.2 选择查询字段

查询就是为了将满足条件的数据检索出来，用户在进行查询时需要首先指定查询字段。

1. 选择字段

本小节原始文件和最终效果所在位置如下。	
原始文件	原始文件\第5章\公司信息管理系统1.accdb
最终效果	无

通过双击选择字段

直接在【表/查询显示】窗格中的数据表中双击要选择的字段。

例如这里双击【员工信息表】中的【工作时间】字段。

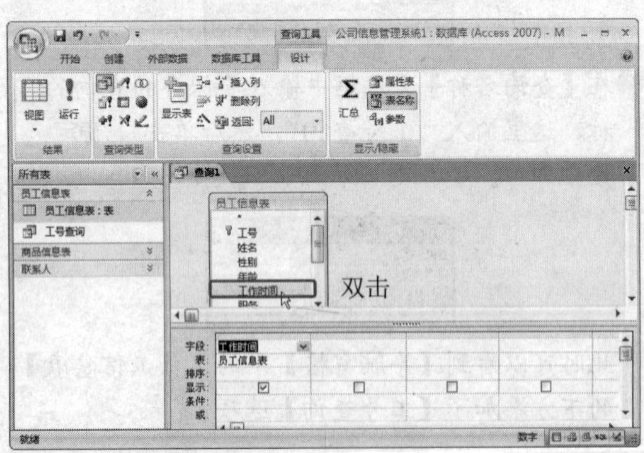

通过拖动选择字段

首先在【表/查询显示】窗格中的【员工信息表】中选择要查询的字段，按住鼠标左键不放将其拖动到【示例查询设计】窗格中，当鼠标指针在【示例查询设计】窗格中变为形状时释放左键即可将字段添加到【示例查询设计】窗格中。

例如这里选择【员工信息表】中的【姓名】字段并将其拖动到【示例查询设计】窗格中。

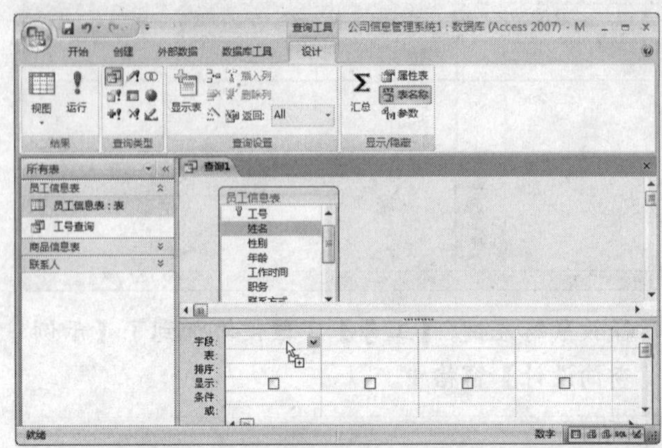

提示

在【显示表】对话框中可以按住【Shift】键同时选择多个相邻的数据表，也可以按住【Ctrl】键同时选择多个不相邻的数据表，然后单击 添加(A) 按钮即可添加多个数据表。

如果要将表中的所有字段全部添加到【示例查询设计】窗格中，可以双击数据表的标题栏选中表中的全部字段，然后单击任一字段并按住鼠标左键不放拖至【示例查询设计】窗格中即可。

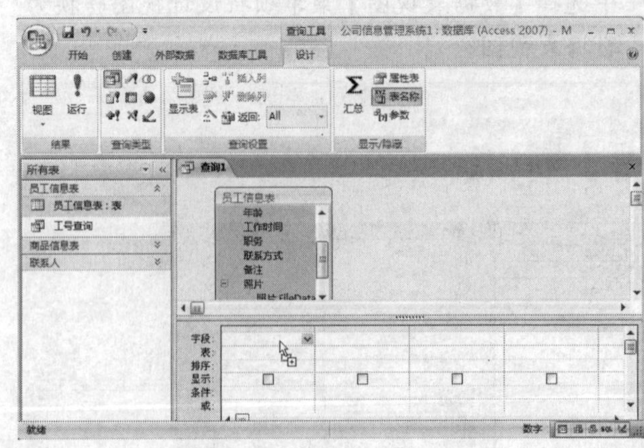

在【示例查询设计】窗格中选择

在【示例查询设计】窗格中的【字段】下拉列表中选择字段，例如选择【性别】字段。

2. 设置字段属性

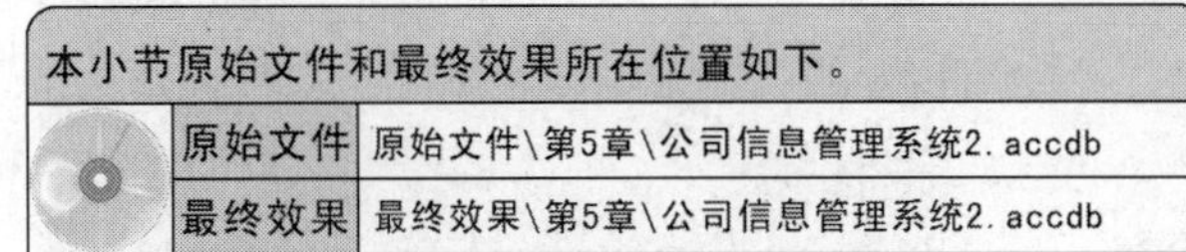

本小节原始文件和最终效果所在位置如下。

	原始文件	原始文件\第5章\公司信息管理系统2.accdb
	最终效果	最终效果\第5章\公司信息管理系统2.accdb

用户可以对选择的字段进行属性设置，具体的操作步骤如下。

1 打开本小节的原始文件，在【导航窗格】中右键单击【工号查询】选项，然后在弹出的快捷菜单中选择【打开】菜单项。

2 随即打开【工号查询】数据表视图。

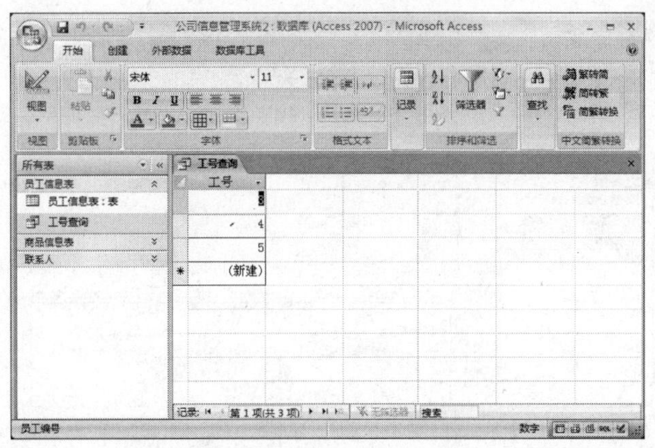

3 右键单击【工号查询】选项卡，在弹出的快捷菜单中选择【设计视图】菜单项。

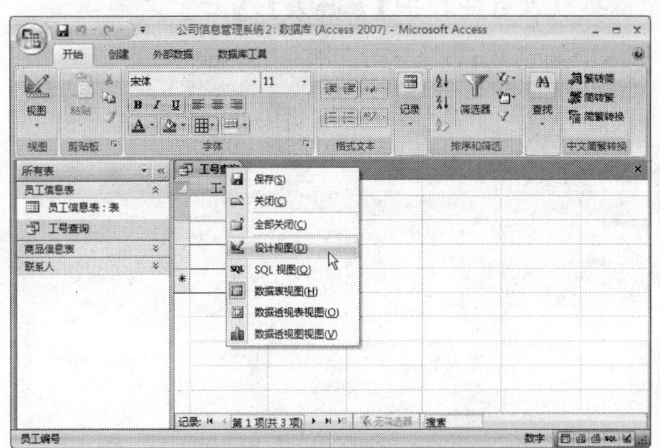

4 随即将【工号查询】的数据表视图转换为设计视图。

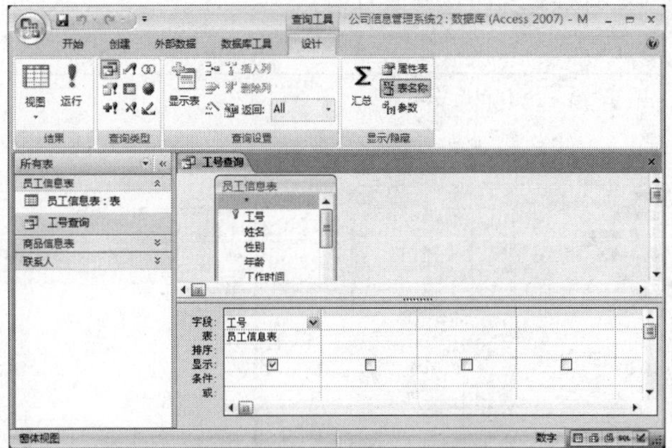

5 在【示例查询设计】窗格中右键单击【工号】字段，在弹出的快捷菜单中选择【属性】菜单项。

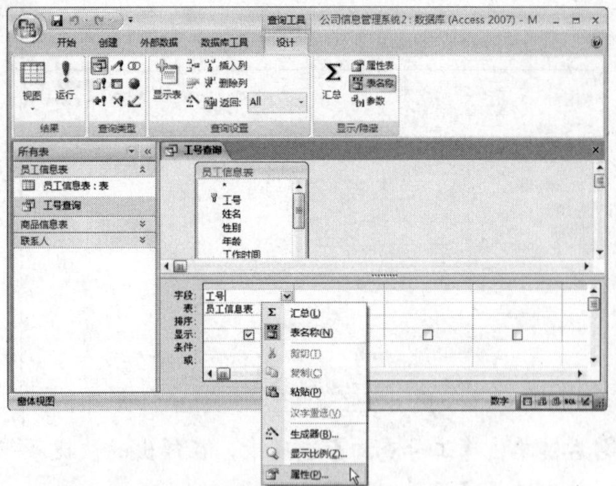

6 随即将在右侧打开【属性表】窗口。

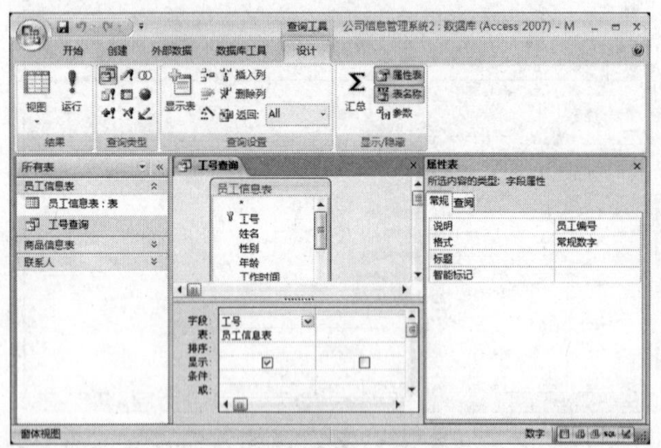

7 用户可以对【工号】字段进行下图所示的设置，设置完毕关闭该窗口即可。

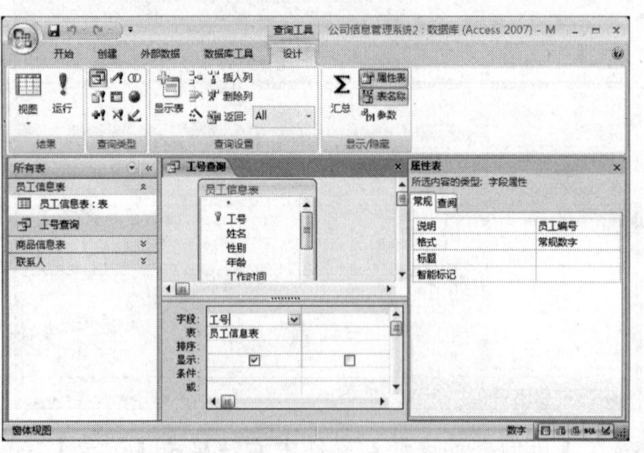

5.1.3 查询准则

查询准则主要用来筛选符合某种特殊条件的记录，是一种限制查询范围的方法。

1. 使用 OR 连接

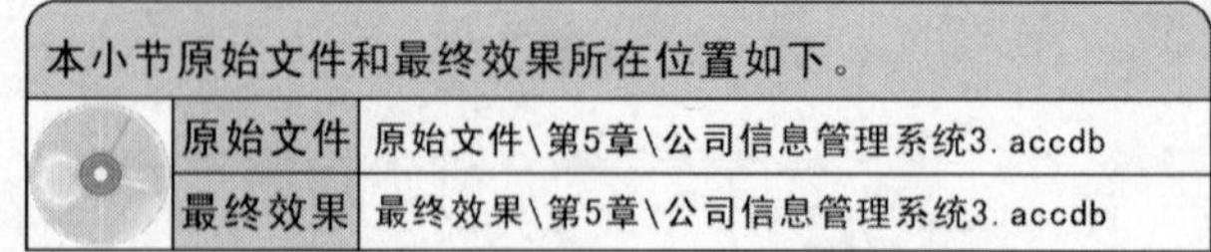

本小节原始文件和最终效果所在位置如下。	
原始文件	原始文件\第5章\公司信息管理系统3.accdb
最终效果	最终效果\第5章\公司信息管理系统3.accdb

使用 OR 连接进行查询的具体步骤如下。

1 打开本小节的原始文件，切换至【创建】选项卡。

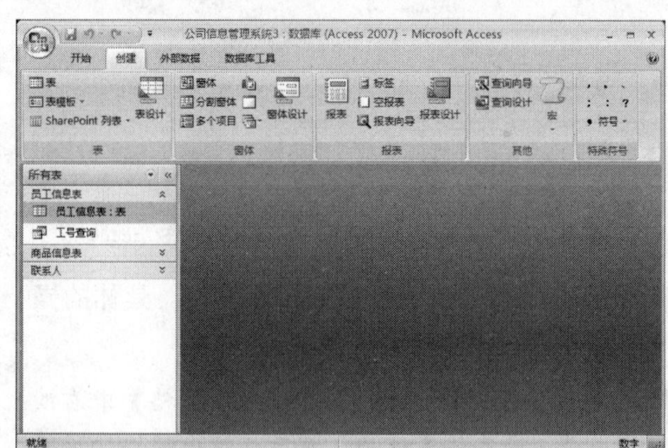

2 单击【其他】组中的 查询设计 按钮，在弹出的【显示表】对话框中将【员工信息表】添加到【查询1】窗口。

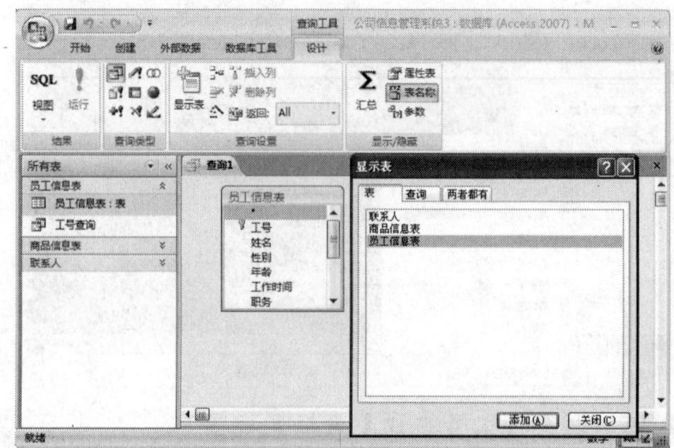

3 将【工号】字段添加到【示例查询设计】窗格中。

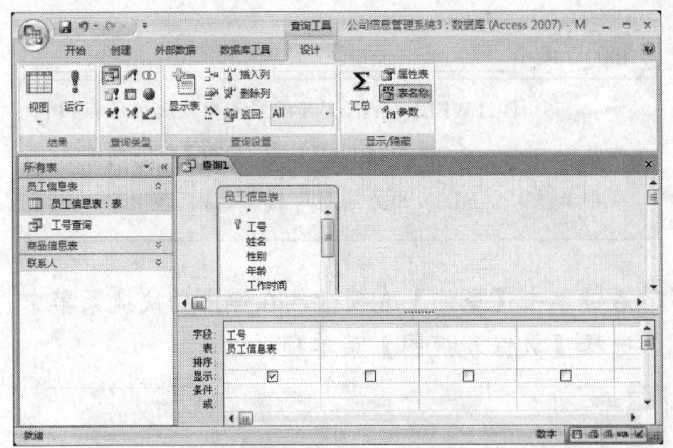

④ 此时可以在该窗口中设置查询的条件，例如这里查询工号为“3”和“4”的员工记录，需要在【示例查询设计】窗格中的【条件】属性中输入“3 or 4”。

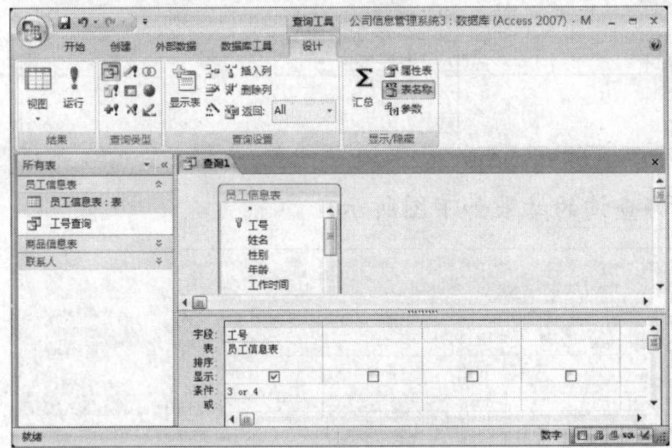

提示

在【示例查询设计】窗格中用户可以看到在【条件】属性的下方有一个【或】属性行，表示可以在该行中输入其他的查询准则，并且两条查询准则之间是“或”关系。

⑤ 单击【保存】按钮，在弹出的【另存为】对话框的【查询名称】文本框中输入“查询”，然后单击 确定 按钮。

⑥ 右键单击【查询】选项卡，在弹出的快捷菜单中选择【数据表视图】菜单项。

⑦ 查询的结果如下图所示。

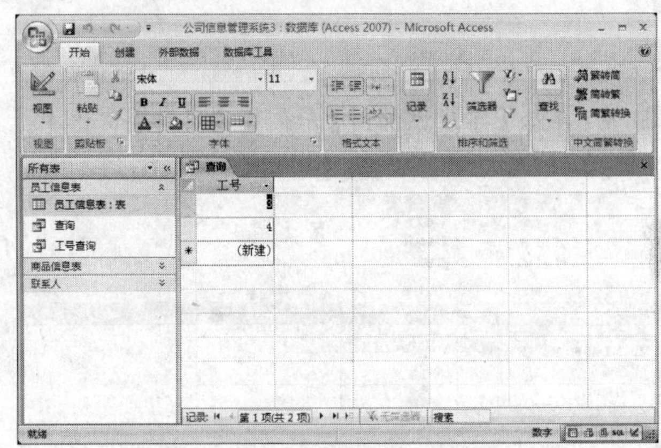

2. 使用 Between…and 连接

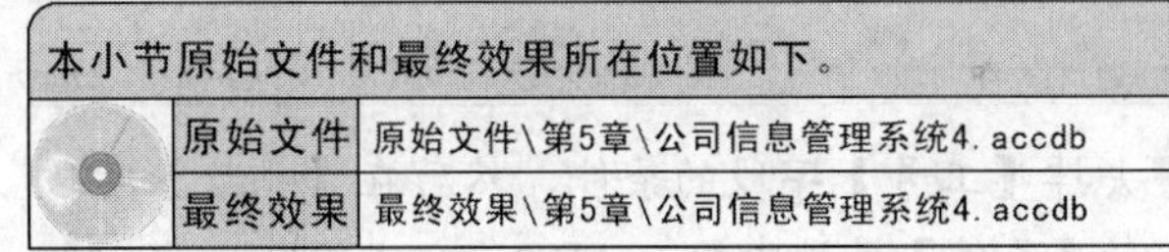

本小节原始文件和最终效果所在位置如下。

原始文件	原始文件\第5章\公司信息管理系统4. accdb
最终效果	最终效果\第5章\公司信息管理系统4. accdb

使用 Between…and 连接进行查询的具体步骤如下。

① 打开本小节的原始文件，双击打开【查询】窗口。

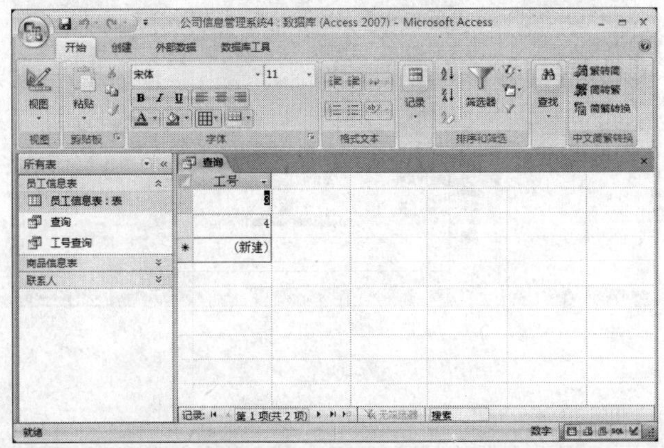

2 右键单击【查询】选项卡，在弹出的快捷菜单中选择【设计视图】菜单项将数据表视图转换为设计视图。

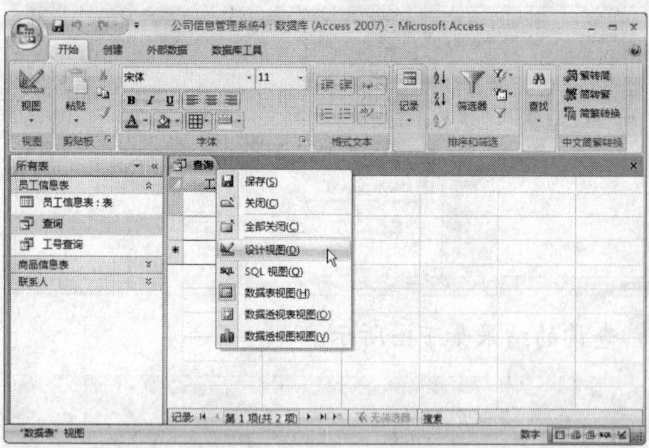

3 将【年龄】字段添加到【示例查询设计】窗格中。

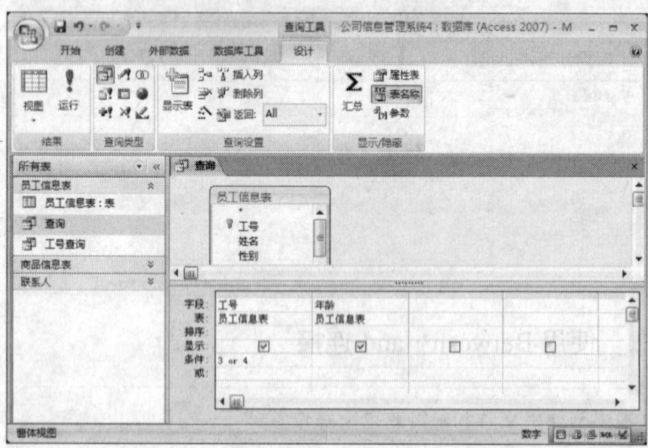

4 去掉【工号】字段的条件，然后在【年龄】字段的【条件】属性中输入“Between "20" and "25"”。

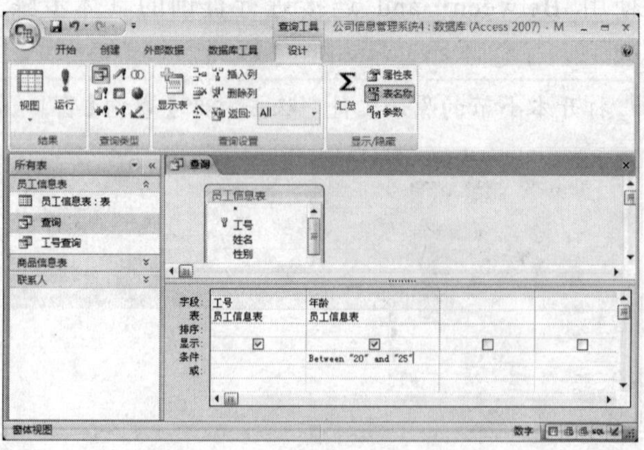

提示

BETWEEN...AND 可以用来查找属性值在指定范围内的元组，其中 BETWEEN 后面是范围的下限（即低值），AND 后面是范围的上限（即高值）。

5 右键单击【查询】选项卡，在弹出的快捷菜单中选择【数据表视图】菜单项。

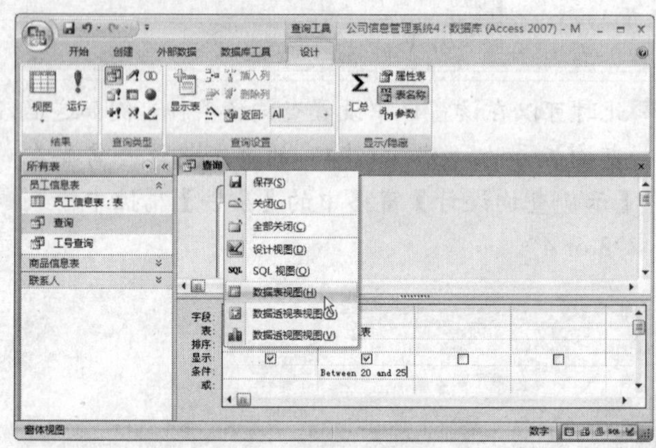

6 查询的结果如下图所示。

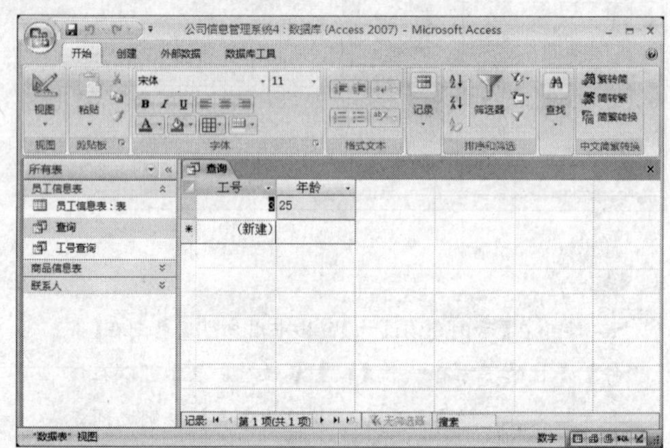

3. 使用 In 连接

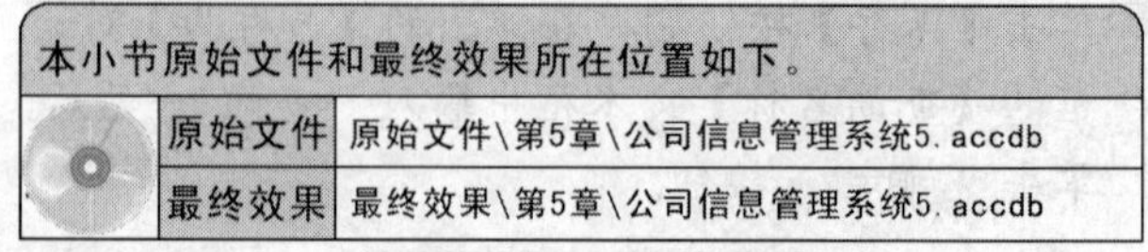

本小节原始文件和最终效果所在位置如下。

原始文件	原始文件\第5章\公司信息管理系统5. accdb
最终效果	最终效果\第5章\公司信息管理系统5. accdb

使用 In 连接进行查询的具体步骤如下。

1 打开本小节的原始文件，在【导航窗格】中右键单击【查询】选项，然后在弹出的快捷菜单中选择【打开】菜单项。

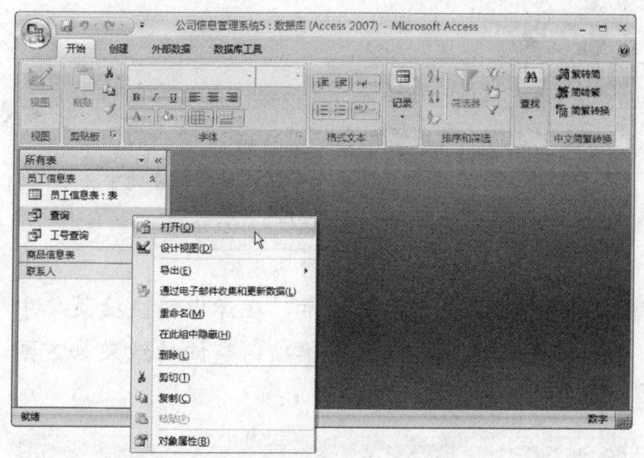

2 随即打开【查询】窗口。

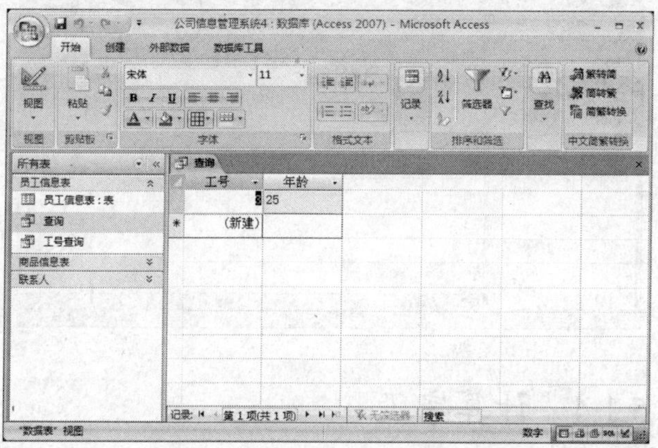

3 右键单击【查询】选项卡，在弹出的快捷菜单中选择【设计视图】菜单项将数据表视图转换为设计视图。

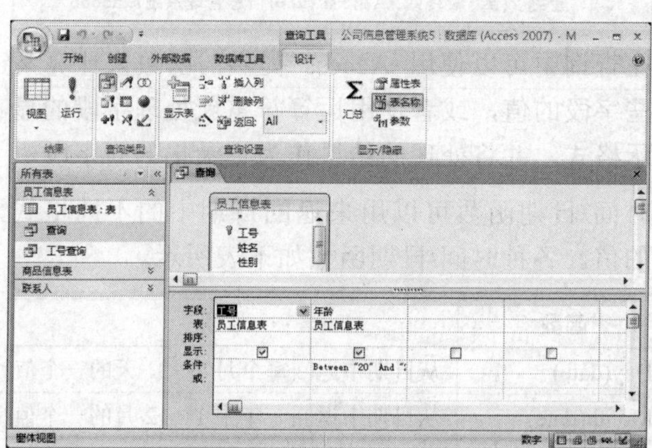

4 去掉【年龄】字段的条件，然后在【年龄】字段的【条件】属性中输入"In("20","21","22","23","24","25")"。

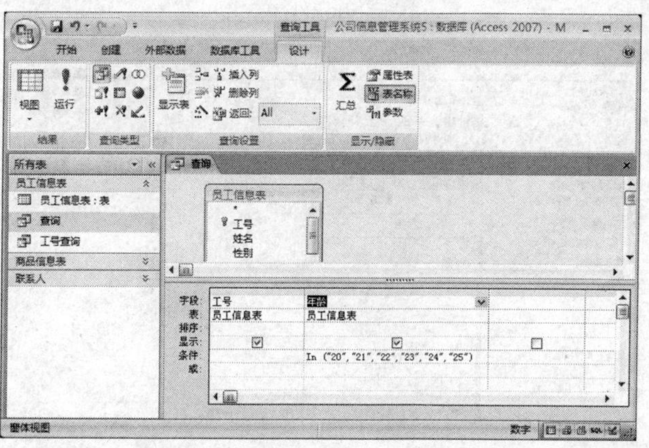

提示

IN 可以确定集合的范围，可以用来查找属性值属于指定集合的元组。

5 右键单击【查询】选项卡，在弹出的快捷菜单中选择【数据表视图】菜单项，查询的结果如下图所示。

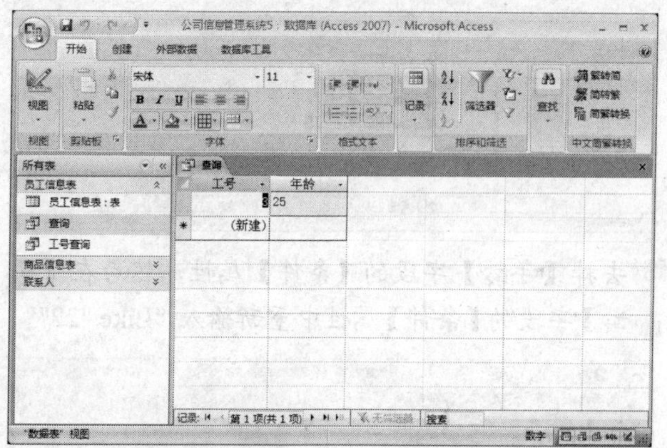

4. 使用 Like 模糊查询

本小节原始文件和最终效果所在位置如下。

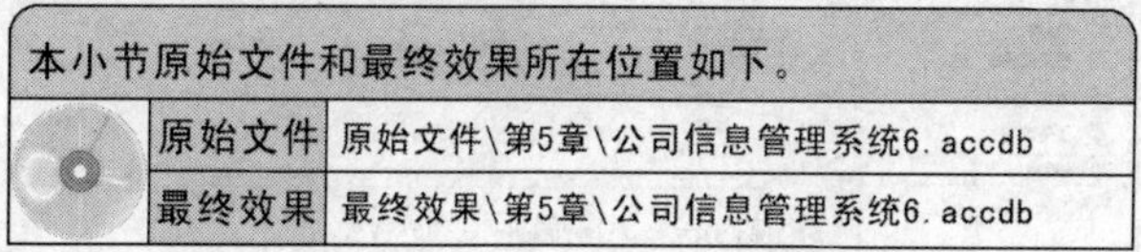

原始文件	原始文件\第5章\公司信息管理系统6. accdb
最终效果	最终效果\第5章\公司信息管理系统6. accdb

使用 Like 进行模糊查询的具体步骤如下。

1 打开本小节的原始文件，在【导航窗格】中双击【查询】选项打开【查询】窗口。

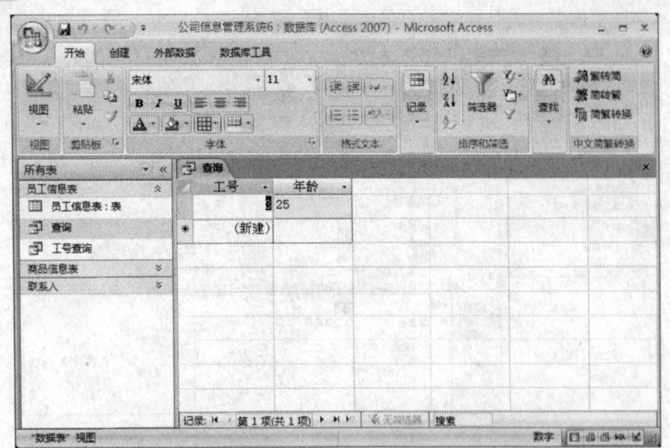

2 右键单击【查询】选项卡，在弹出的快捷菜单中选择【设计视图】菜单项将数据表视图转换为设计视图。

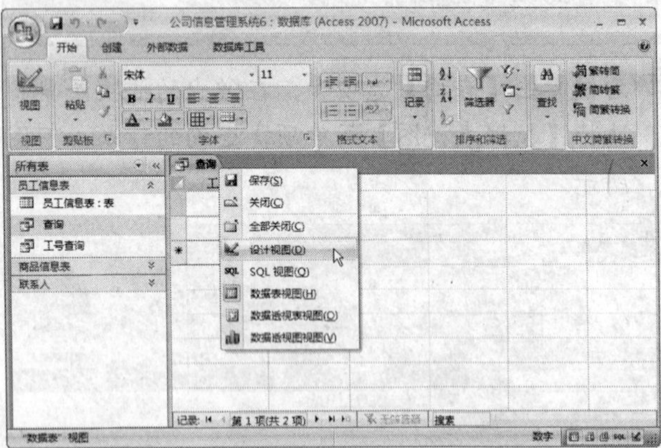

3 去掉【年龄】字段的【条件】属性，然后在【年龄】字段的【条件】属性中重新输入 "Like "2?""。

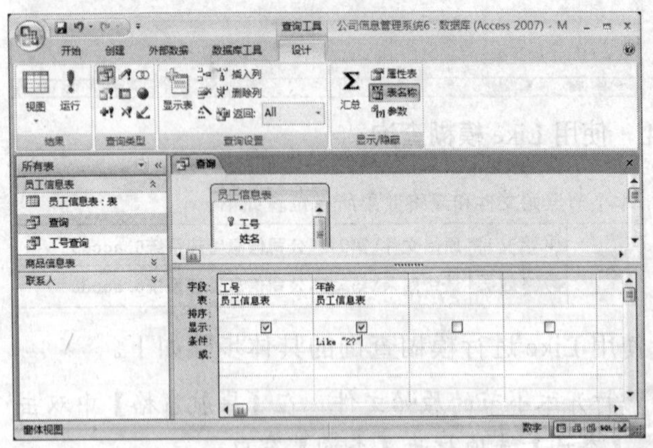

提示

模糊查询适合对查询条件不是很清楚的情况，并且可以使用通配符。"*" 代表 0 在内的任意多个字符，"？" 代表任意一个字符。在模糊查询中必须使用 "Like" 关键字，而不能使用 "="。

4 右键单击【查询】选项卡，在弹出的快捷菜单中选择【数据表视图】菜单项，查询的结果如下图所示。

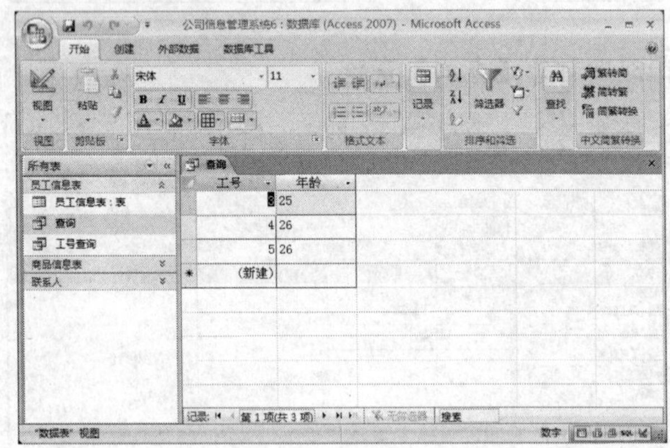

5.1.4 计算字段

本小节原始文件和最终效果所在位置如下。

原始文件	原始文件\第5章\公司信息管理系统7. accdb
最终效果	最终效果\第5章\公司信息管理系统7. accdb

在查询中可以使用 Access 提供的函数来计算某些字段的值，或者使用运算符重新处理字段的显示格式，并将处理的结果作为记录集的新字段。

时间/日期函数可以用来返回日期中的不同格式的值。各种时间/日期函数如下表所示。

函数	说明
Day(date)	从日期中返回每个月 1～31 天的一个值
Month(date)	从日期中返回一年中 1～12 月的一个值
Year(date)	从日期中返回年份值（在 100～9999 之间）
Weekday(date)	从日期中返回一个星期中的某一个值（1～7）

续表

函数	说明
Hour(date)	从 0～23 中返回一个小时值
Datepart(internal, date)	internal 为 q 时返回 4 个季度中的一个值，为 ww 时返回一年中的一周（1～53）
Date	返回当前系统时间

Access 还提供有下表所示的运算符名称及使用说明。

运算符	说明
+	将两个数字表达式相加
−	第 1 个数字表达式减去第 2 个数字表达式
*	将两个数字表达式相乘
/	用第 2 个数字表达式除以第 1 个数字表达式
^	第 1 个表达式取第 2 个数字表达式次方
\	将数字表达式四舍五入为整数，用第 2 个数字表达式除以第 1 个数字表达式，并且将结果转换为整数
MOD	将数字表达式四舍五入为整数，然后取用第 2 个数字表达式除以第 1 个数字表达式的余值
&	将第 1 个字符串与第 2 个字符串连接起来

下面以连接字符串为例介绍字段的处理方式，具体的操作步骤如下。

1. 打开本小节的原始文件，在【导航窗格】中双击【查询】选项打开【查询】数据表视图。

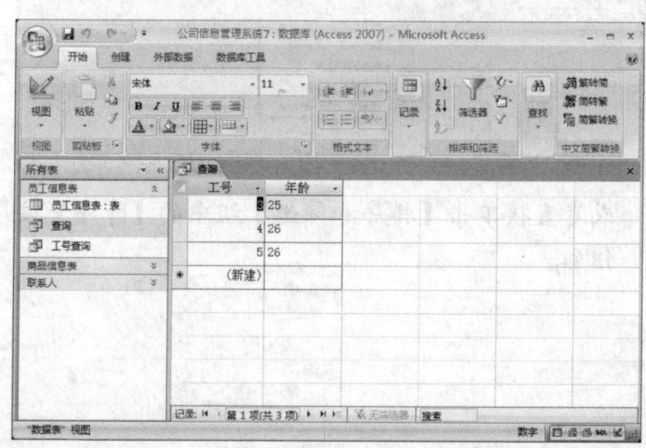

2. 右键单击【查询】选项卡，在弹出的快捷菜单中选择【设计视图】菜单项将数据表视图转换为设计视图。

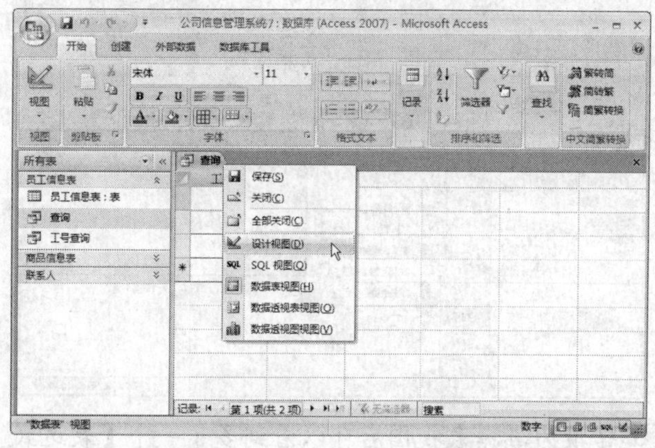

3. 在【查询】窗口的设计视图中将鼠标光标置于一个空白字段上。

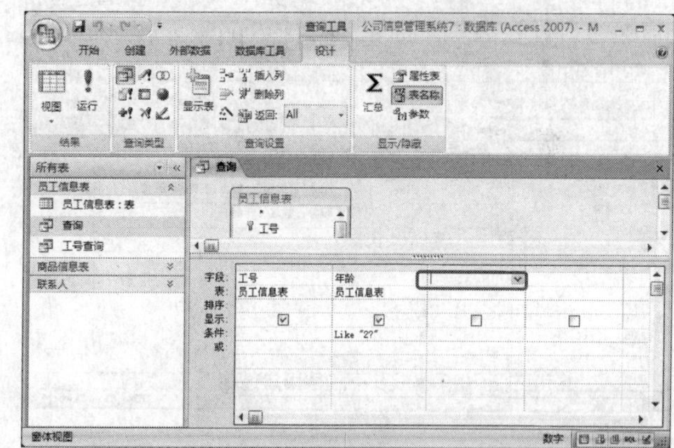

4. 按住【Shift】+【F2】组合键打开【缩放】对话框，在该对话框中输入“"职务:" & [职务] & "," & "姓名:" & [姓名] & "," & "年龄:" & [年龄]”，单击【保存】按钮保存对“查询”的修改，然后单击 确定 按钮。

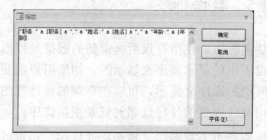

5. 在【查询】的设计视图中的【查询】选项卡上单击鼠标右键，在弹出的快捷菜单中选择【数据表视图】菜单项。

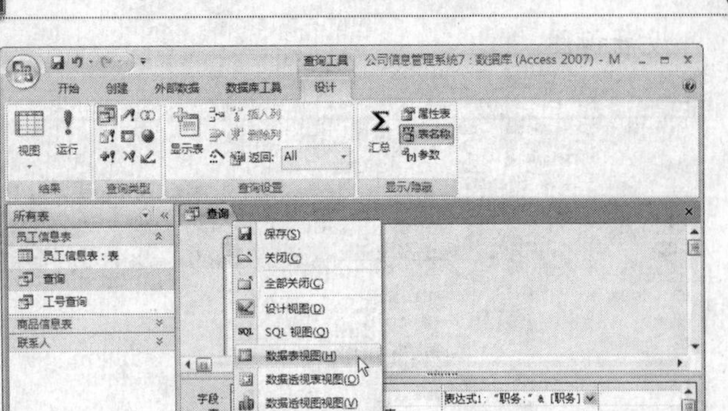

6 转换为数据表视图后可以看到多了一个【表达式1】字段。

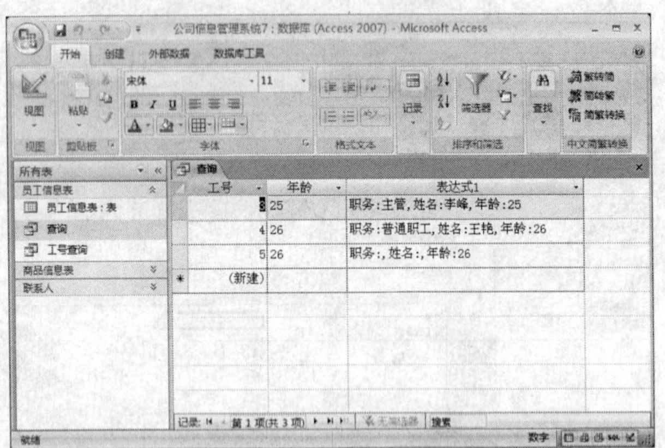

提示
【表达式 1】字段名称是在添加该字段时系统默认的，用户也可以自行定义。

5.1.5 数据排序

默认情况下，使用查询所检索到的数据是根据原数据表中的显示顺序来显示的。如果用户需要按照其他的顺序来显示，可以在查询的设计视图中使用系统提供的排序选项对记录重新排序。

可以在数据表视图中实现数据的排序，也可以在设计视图中实现数据的排序，用户可以根据当前的状态选择数据排序的方式。

1. 在数据表视图中排序

本小节原始文件和最终效果所在位置如下。

原始文件	原始文件\第5章\公司信息管理系统8.accdb
最终效果	最终效果\第5章\公司信息管理系统8.accdb

在数据表视图中排序的具体步骤如下。

1 打开本小节的原始文件，在【导航窗格】中双击【查询】选项打开【查询】数据表视图。

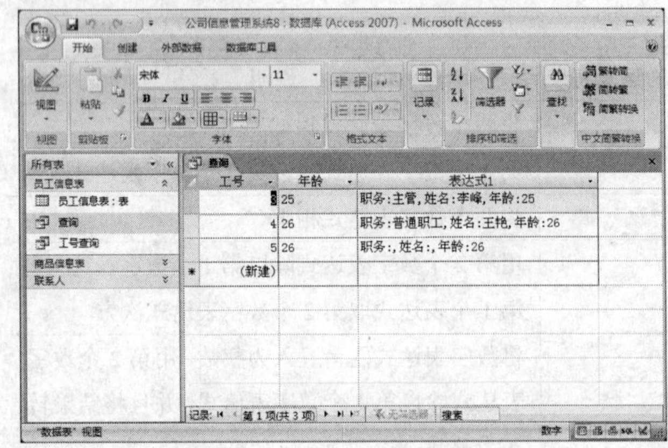

2 右键单击要排序的字段，这里选择【工号】字段，然后在弹出的快捷菜单中选择【降序】菜单项。

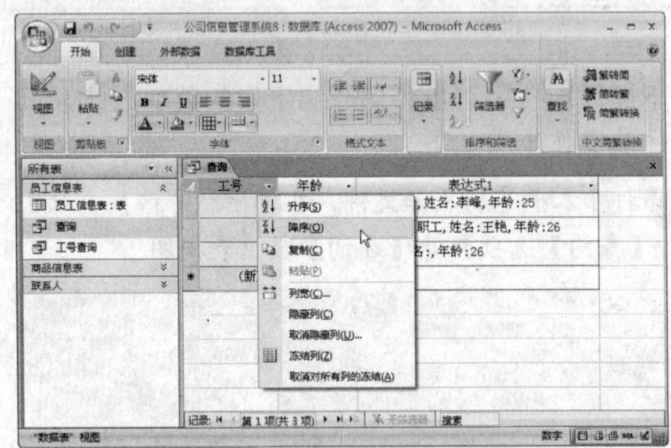

或者直接单击【排序和筛选】组中的【降序】按钮。

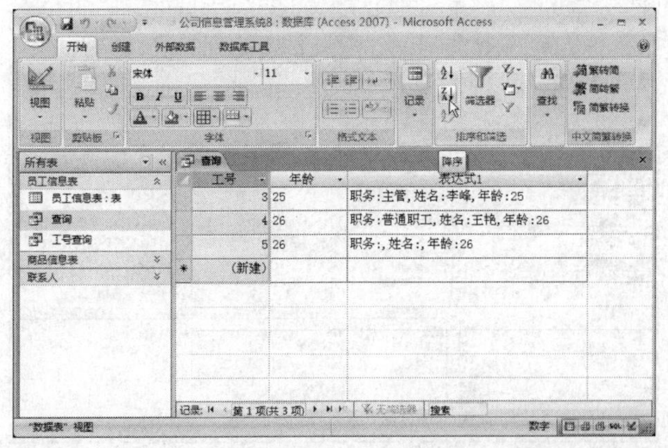

3 对【工号】字段进行降序排序的结果如下图所示。

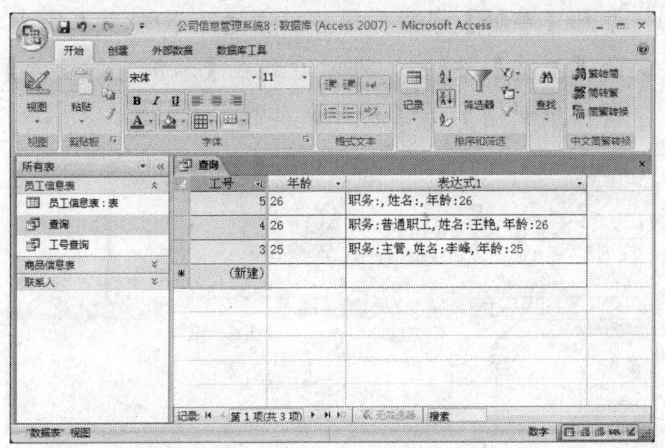

2. 在设计视图中排序

本小节原始文件和最终效果所在位置如下。	
原始文件	原始文件\第5章\公司信息管理系统9.accdb
最终效果	最终效果\第5章\公司信息管理系统9.accdb

在设计视图中排序的具体步骤如下。

1 打开本小节的原始文件，在【导航窗格】中双击【查询】选项打开【查询】数据表视图。

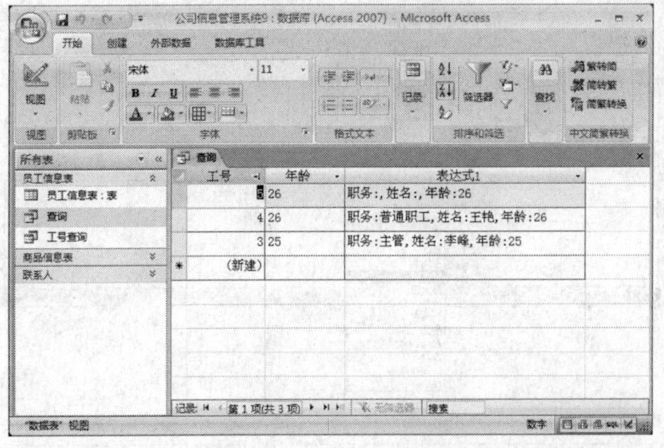

2 右键单击【查询】选项卡，在弹出的快捷菜单中选择【设计视图】菜单项。

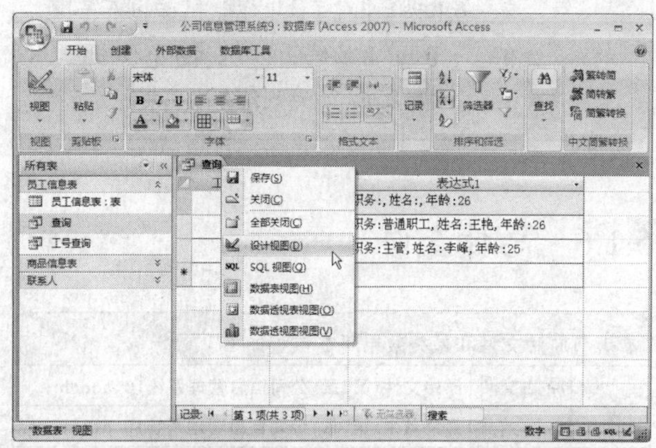

3 单击要进行排序的字段的【排序】属性右侧的下箭头按钮，在弹出的下拉列表中选择排序的方式，这里选择【升序】选项。

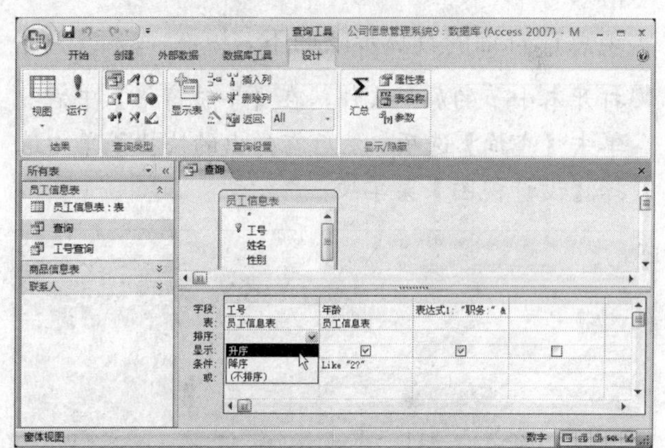

4 右键单击【查询】选项卡，在弹出的快捷菜单中选择【数据表视图】菜单项查看排序的结果。

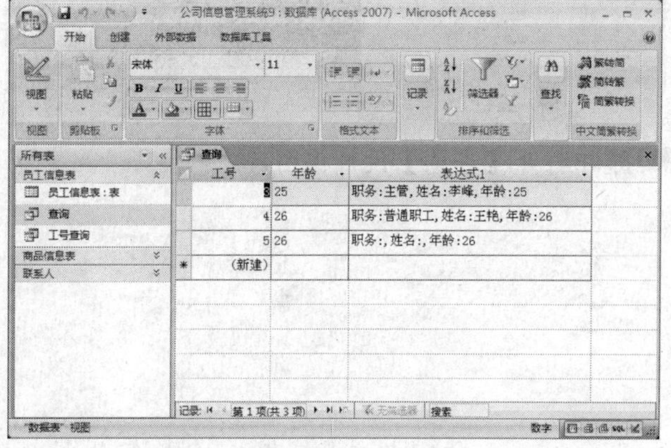

提示

在数据表视图中对字段进行排序，在排序字段的右侧会有一个【升序】按钮或者【降序】按钮，而在设计视图中对字段进行排序则没有这些按钮。

5.1.6 总计查询

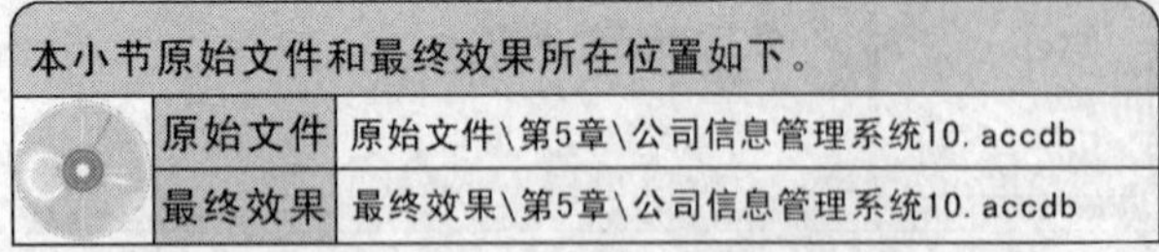

本小节原始文件和最终效果所在位置如下。	
原始文件	原始文件\第5章\公司信息管理系统10.accdb
最终效果	最终效果\第5章\公司信息管理系统10.accdb

如果用户要对表中的记录进行总计，可以通过总计查询来实现，例如进行求最大值、最小值或者求平均值等操作。

实现总计查询的具体步骤如下。

1 打开本小节的原始文件，在【导航窗格】中右键单击【查询】选项，然后在弹出的快捷菜单中选择【设计视图】菜单项。

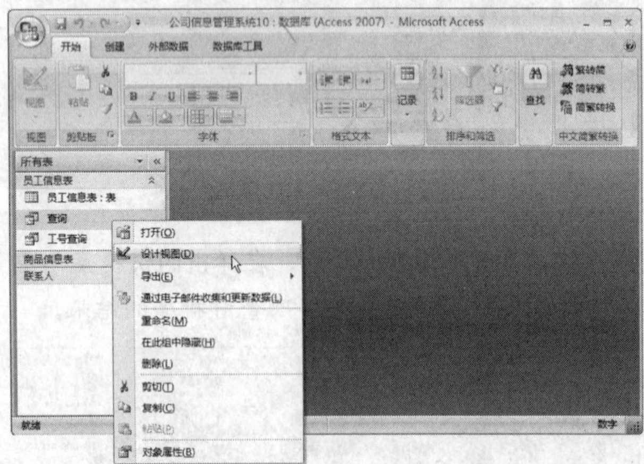

2 随即打开【查询】设计视图。

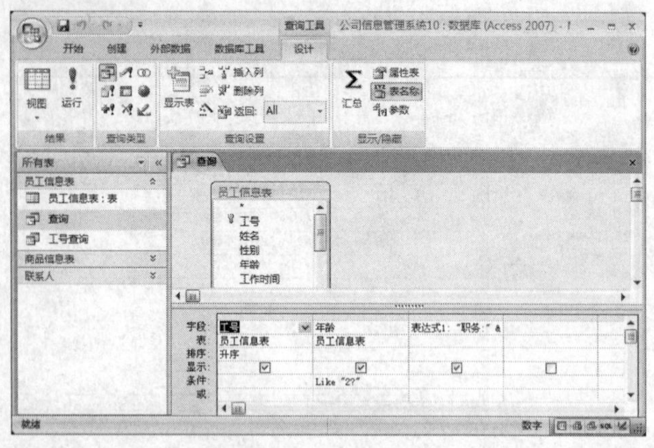

3 清除【示例查询设计】窗格中的所有字段，重新添加【年龄】字段，然后单击【显示/隐藏】组中的【汇总】按钮，可以看到在【示例查询设计】窗格中新增加了【总计】属性。

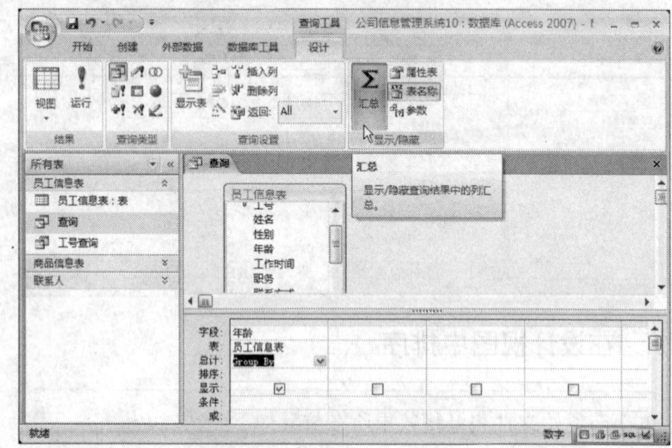

4 单击【总计】属性右侧的下箭头按钮，在弹出的下拉列表中选择【最小值】选项。

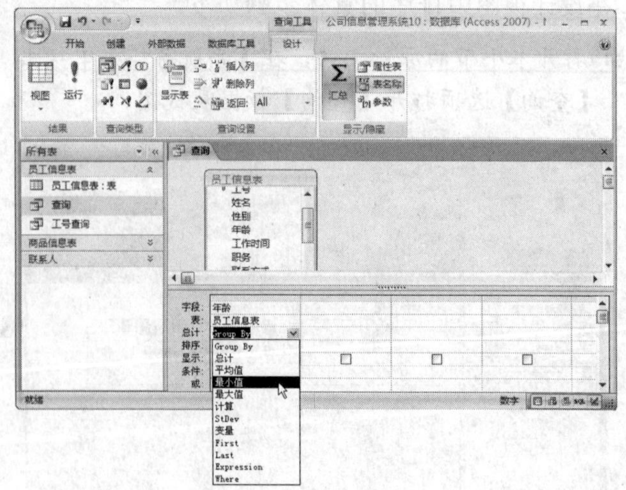

5 右键单击【查询】选项卡，在弹出的快捷菜单中选择【数据表视图】选项将设计视图转换为数据表视图即可，查看总计查询结果。

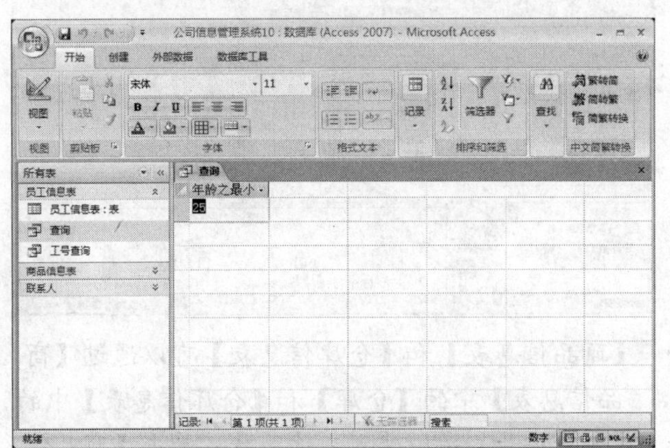

【总计】属性中除了【最小值】内置函数之外，还包括 Group By、总计、平均值、最大值、计算、StDev、变量、First、Last、Expression 和 Where 等内置函数。

部分内置函数的作用如下。

总计

计算每组的和。

平均值

计算每组的平均值，忽略空值。

最小值

返回本组中找到的最小值，忽略空值。

最大值

返回本组中找到的最大值，忽略空值。

计算

返回指定值不为空的行的数量，可以在“字段”行中用特殊的表达式 Count(*)对所有的值进行计数，忽略空值。

StDev

计算本组中所有值的统计标准偏差。如果小于两行，Microsoft Access 将返回一个空值。

变量

计算本组中所有值的统计方差。如果小于两行，Microsoft Access 将返回一个空值。

First

返回本组中所遇到的第 1 行的字段的值，它可能不是最小值。

Last

返回本组中所遇到的最后一行的字段的值，它可能不是最小值。

5.2 多表查询

实际查询中经常会涉及到对多个表的查询，将多个数据表中的有用数据集中到一个查询中，便于用户浏览，能够提高工作的效率。

5.2.1 连接查询

如果在一个查询中同时涉及到两个或者更多的数据表则称该查询为连接查询。连接查询是数据中最重要的查询，包括等值连接、非等值连接、自然连接、内连接和外连接查询等。

要实现连接查询，需要两个或者两个以上的数据表之间存在联系，为此需要在【公司信息管理系统 11】中创建一个【仓库信息表】。

字段名称	字段类型	字段大小	备注
仓库编号	文本	6	主键
仓库名称	文本	10	
仓库负责人	文本	10	
备注	文本	50	

1. 等值连接

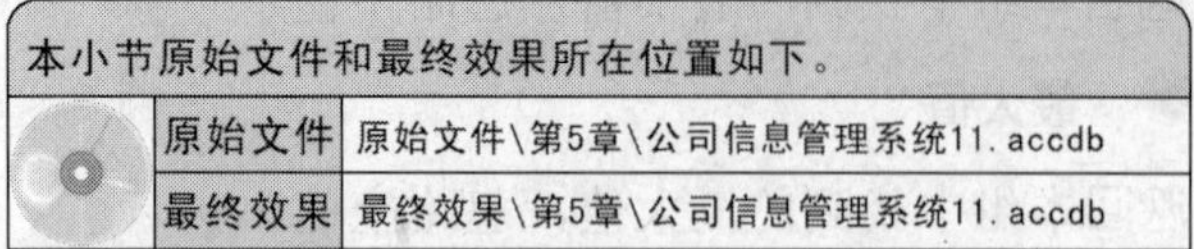

本小节原始文件和最终效果所在位置如下。	
原始文件	原始文件\第5章\公司信息管理系统11. accdb
最终效果	最终效果\第5章\公司信息管理系统11. accdb

实现等值连接查询的具体步骤如下。

1 打开本小节的原始文件，切换至【创建】选项卡，然后单击【其他】组中的查询设计按钮。

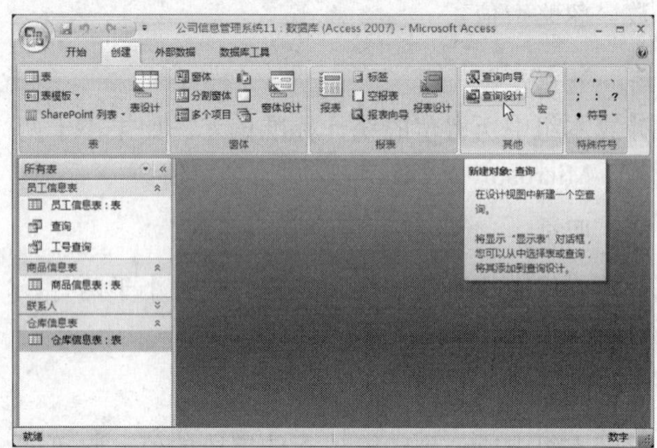

2 在弹出的【显示表】对话框中按住【Ctrl】键同时选中【仓库信息表】和【商品信息表】选项，然后单击 添加(A) 按钮。

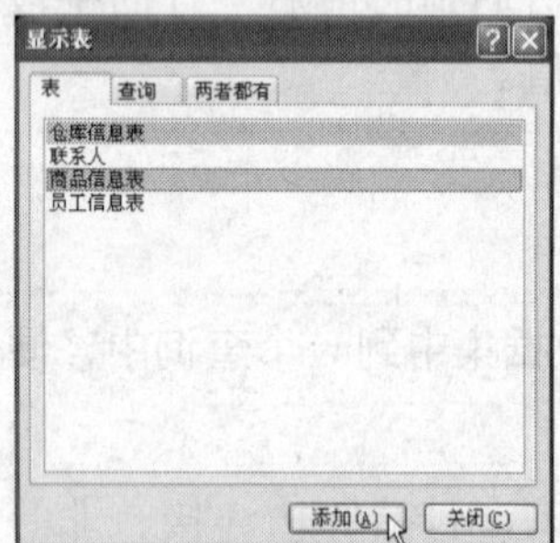

3 单击 关闭(C) 按钮，可以看到【仓库信息表】和【商品信息表】数据表添加到了【查询1】窗口中。

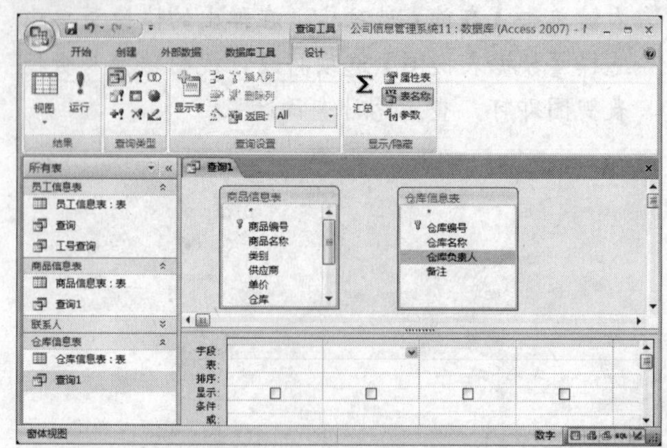

4【商品信息表】和【仓库信息表】可以通过【商品信息表】中的【仓库】和【仓库信息表】中的【仓库编号】字段建立查询关系，单击【商品信息表】中的【仓库】字段，然后按住鼠标并拖动至【仓库信息表】中的【仓库编号】字段上。

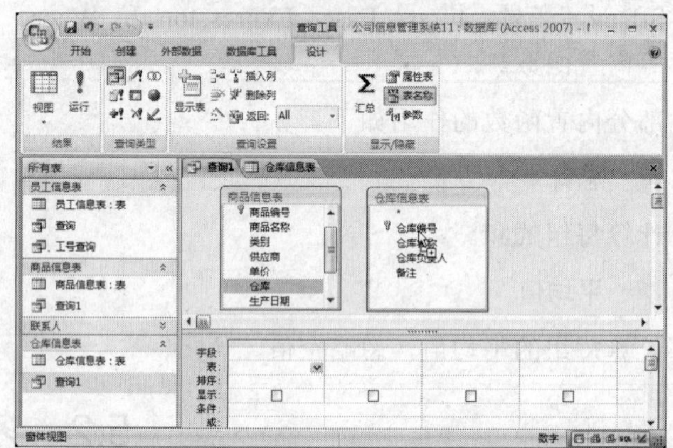

5 创建了关系的【仓库信息表】和【商品信息表】如下图所示。

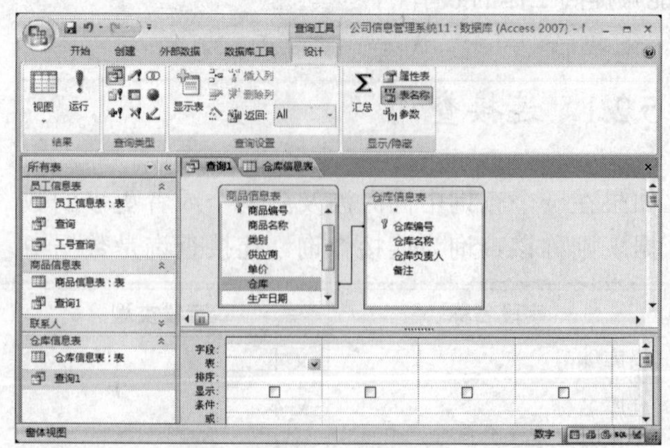

6 将【商品编号】和【仓库负责人】字段添加到【示

例查询设计】窗格中，并在【商品编号】字段的【条件】属性中输入“="001"”，然后右键单击【查询 1】选项卡，在弹出的快捷菜单中选择【数据表视图】菜单项。

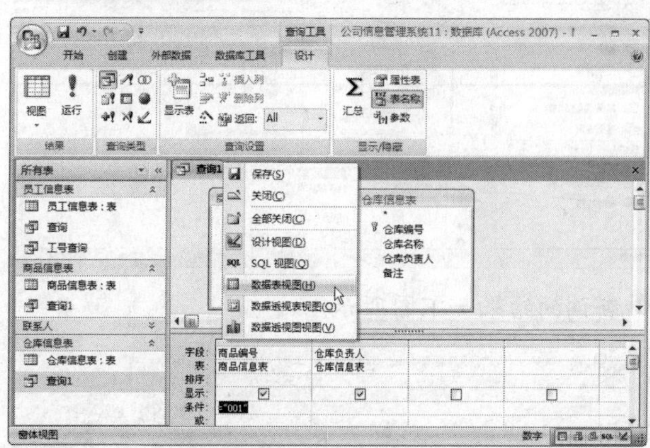

⑦ 在【查询 1】的数据表视图中可以看到商品编号为“001”的商品对应的仓库负责人。

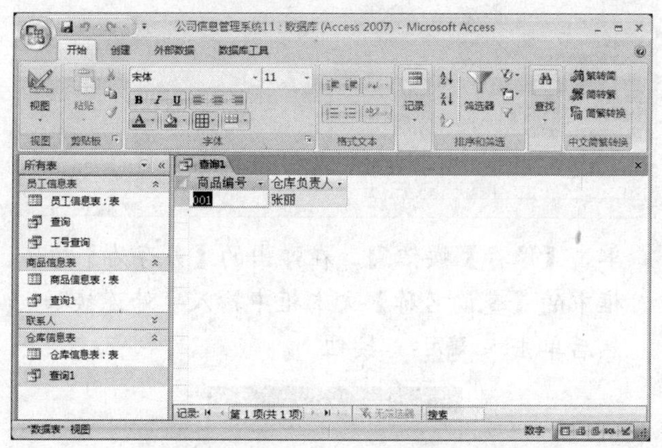

⑧ 单击【保存】按钮，在弹出的【另存为】对话框中的【查询名称】文本框中输入“等值连接”，然后单击 确定 按钮。

为数据表创建关系相当于在两个数据表之间添加了一条等值查询语句，例如上面的【商品信息表】中的【仓库】和【仓库信息表】中的【仓库名称】字段建立的连接相当于添加了一条“商品信息表.仓库=仓库信息表.仓库编号”语句。

如果不为这两个数据表创建关系，将会出现一些不符合实际情况的查询结果。如下图所示，在未建立关系的情况下商品编号为“001”的商品出现了两个仓库负责人，而实际上应该只有一个。

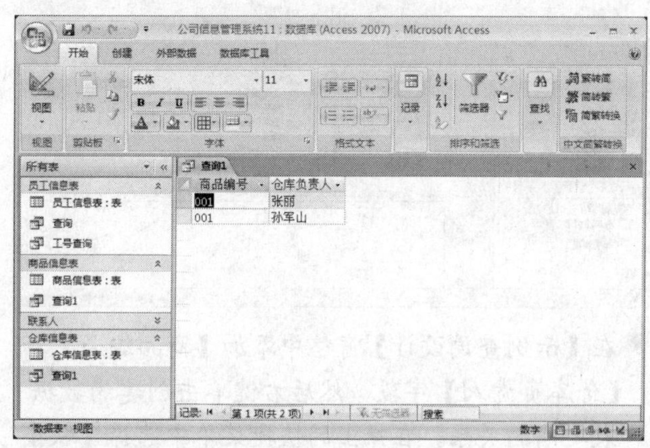

2. 外连接

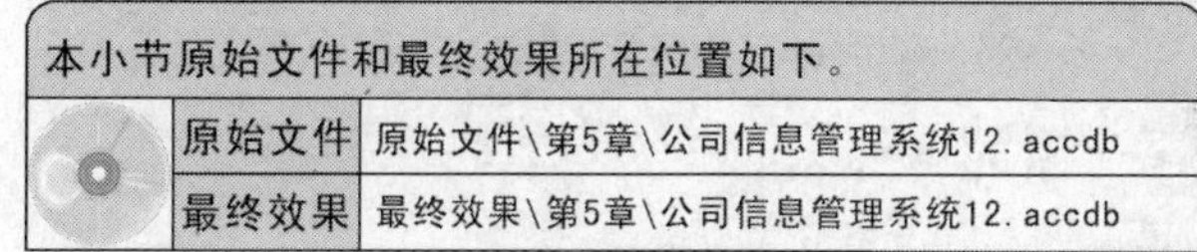

本小节原始文件和最终效果所在位置如下。	
原始文件	原始文件\第5章\公司信息管理系统12. accdb
最终效果	最终效果\第5章\公司信息管理系统12. accdb

在等值连接查询的数据窗口中只能显示出多个表之间有关系的字段记录。如果要显示其他的记录，就要使用“外连接”。

实现外连接查询的具体步骤如下。

① 打开本小节的原始文件，切换至【创建】选项卡，然后单击【其他】组中的 查询设计 按钮。

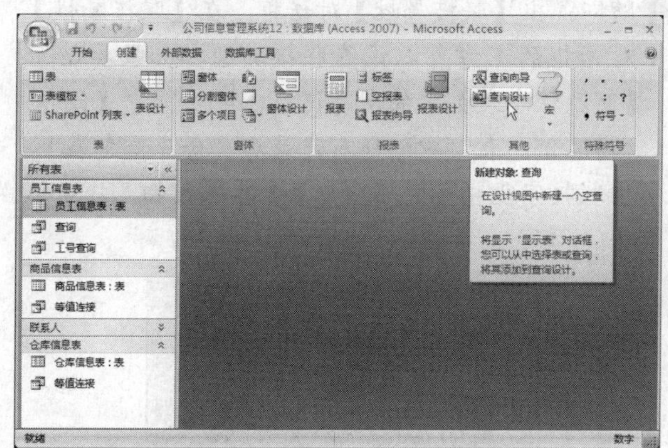

② 将【商品信息表】和【仓库信息表】添加到【查询 1】窗口中，并为数据表创建关系。

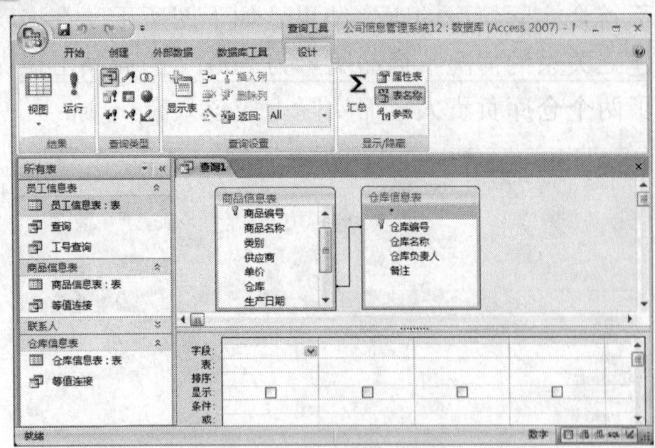

3 在【示例查询设计】窗格中添加【商品编号】和【仓库负责人】字段，然后右键单击创建的数据表之间的关系，在弹出的快捷菜单中选择【联接属性】菜单项。

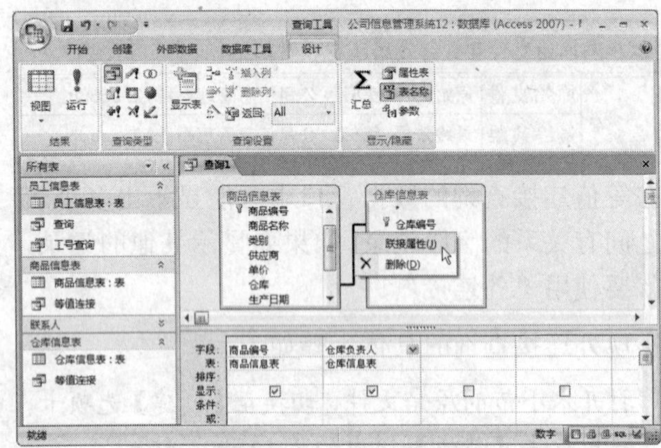

4 随即弹出【联接属性】对话框，在【联接属性】对话框的下方可以设置联接类型，如果要显示【商品信息表】中的所有记录，可以选中【包括"商品信息表"中的所有记录和"仓库信息表"中联接字段相等的那些记录】单选按钮，然后单击 确定 按钮。

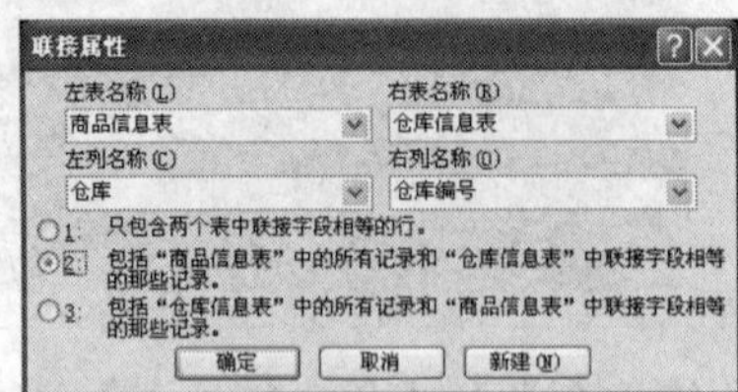

5 右键单击【查询1】选项卡，在弹出的快捷菜单中选择【数据表视图】菜单项。

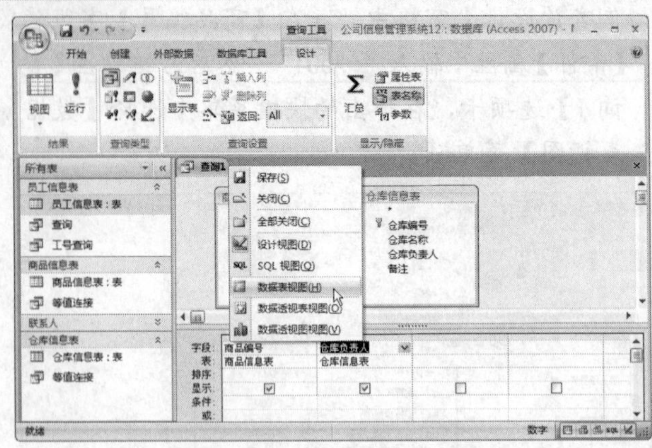

6 查询的结果如下图所示。

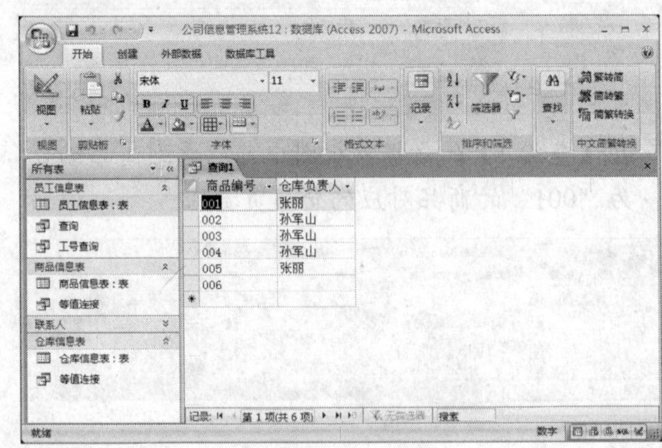

7 单击【保存】按钮，在弹出的【另存为】对话框中的【查询名称】文本框中输入"外连接"，然后单击 确定 按钮。

上例中将所有的商品编号都显示了出来，包括没有仓库负责人的商品编号为"006"的商品。如果在【联接属性】对话框中选中【只包含两个表中联接字段相等的行】单选按钮，在查询结果中就看不到商品编号为"006"的查询结果。

5.2.2 嵌套查询

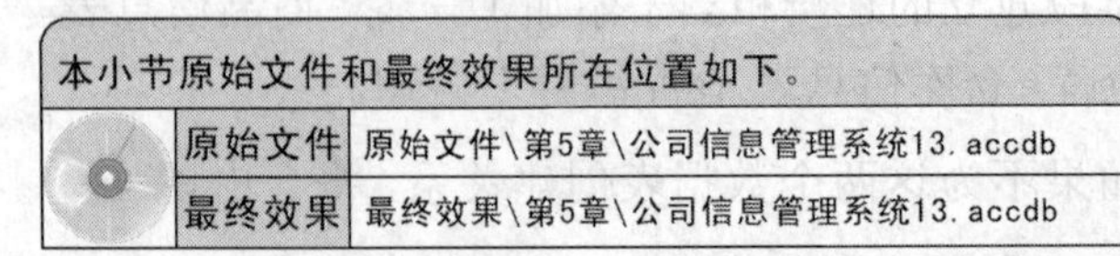

本小节原始文件和最终效果所在位置如下。

原始文件	原始文件\第5章\公司信息管理系统13. accdb
最终效果	最终效果\第5章\公司信息管理系统13. accdb

在查询设计中可以将一个查询作为另一个查询的数据源来达到使用多个表创建查询的效果，这就是嵌套查询。

实现嵌套查询的具体步骤如下。

1 打开本小节的原始文件，切换至【创建】选项卡，然后单击【其他】组中的查询设计按钮。

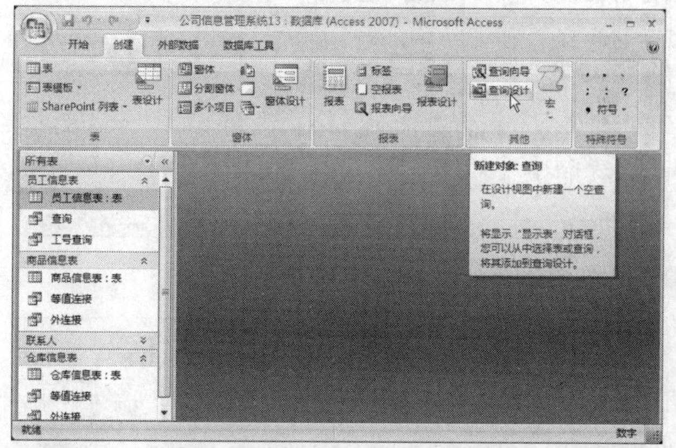

2 在弹出的【显示表】对话框中的【表】选项卡中选择【仓库信息表】选项，然后单击添加(A)按钮将【仓库信息表】添加到【查询1】窗口中。

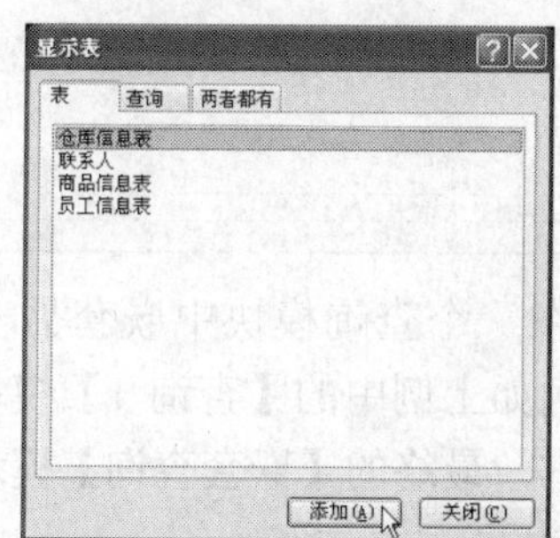

3 在【示例查询设计】窗格中添加【仓库编号】和【仓库名称】字段，然后撤选【仓库名称】字段的【显示】属性复选框，并在该字段的【条件】属性中输入“="A"”。

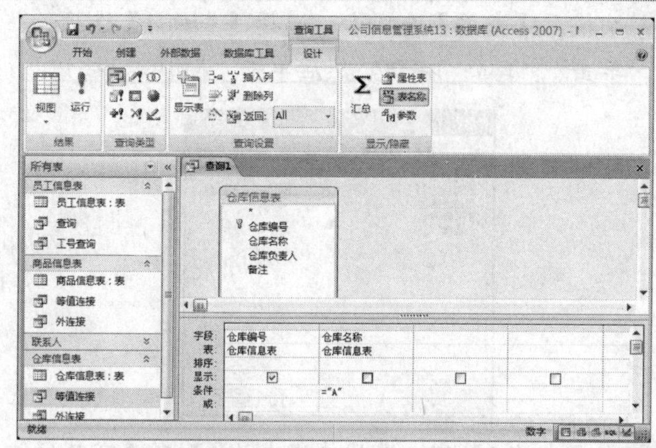

4 单击【保存】按钮，在弹出的【另存为】对话框中的【查询名称】文本框中输入“查询1”，然后单击确定按钮。

5 在【公司信息管理系统13】数据库窗口中再切换至【创建】选项卡，然后单击【其他】组中的查询设计按钮。

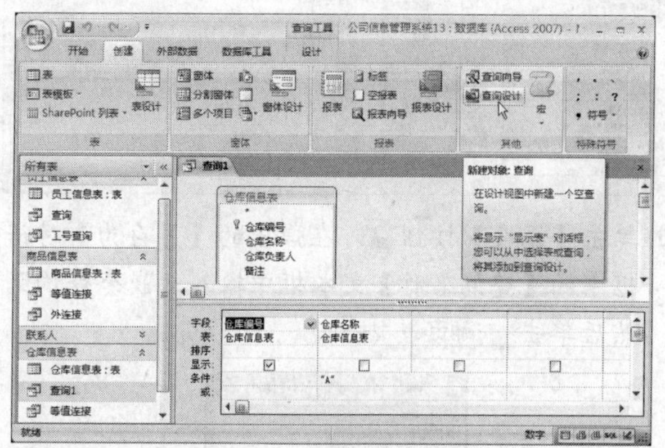

6 在弹出的【显示表】对话框中的【表】选项卡中选择【商品信息表】选项，然后单击添加(A)按钮。

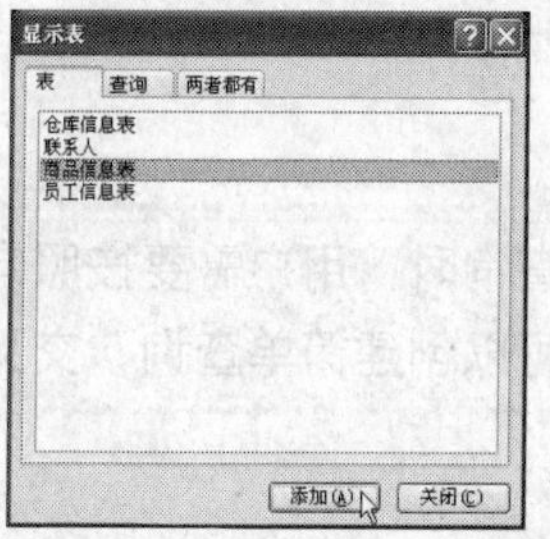

7 切换至【查询】选项卡，选择【查询 1】选项，单击 添加(A) 按钮，然后单击 关闭(C) 按钮。

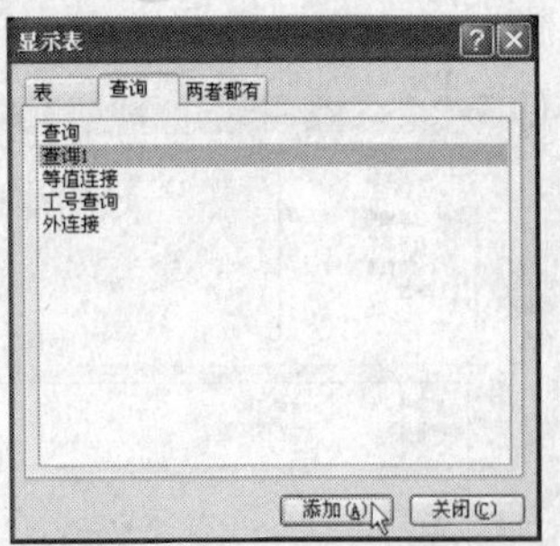

8 在【查询 2】窗口中创建【查询 1】和【商品信息表】之间的关系，并将所有的字段都添加到下面的【示例查询设计】窗格中，然后撤选【仓库编号】字段的【显示】属性的复选框。

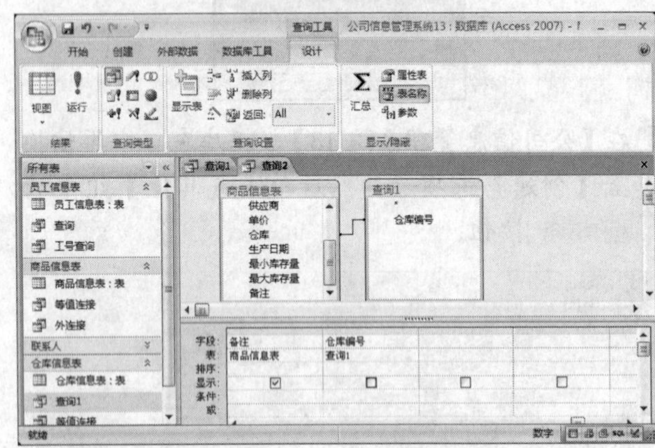

9 单击【保存】按钮，在弹出的【另存为】对话框中的【查询名称】文本框中输入"嵌套查询"，然后单击 确定 按钮。

10 右键单击【嵌套查询】选项卡，在弹出的快捷菜单中选择【数据表视图】菜单项。

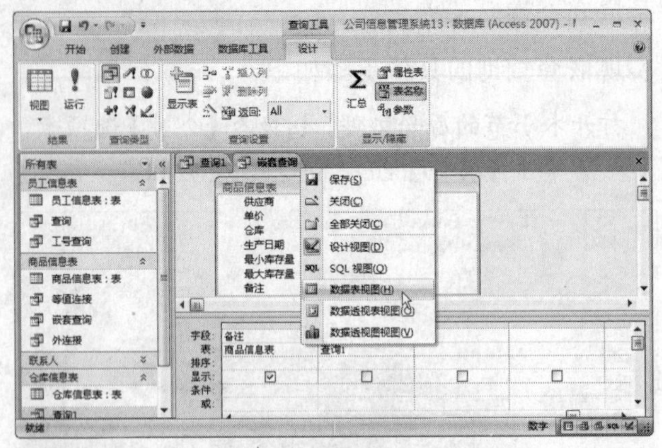

11 嵌套查询的结果如下图所示。

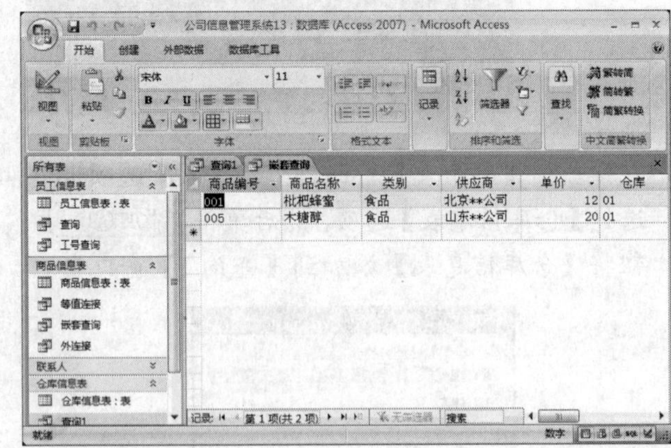

嵌套查询是在一个查询模块中嵌套另一个查询模块的查询，例如上例中的【查询 1】模块称为子查询或者内查询，最终的【嵌套查询】模块称为父查询或者外查询。

进行嵌套查询时首先进行子查询，所以在创建嵌套查询时也需要先创建子查询。

5.3 查询向导

使用向导建立查询时，用户需要按照向导的指示完成操作。
通过查询向导可以创建简单查询、交叉表查询、查找重复项查询和查找不匹配项查询。

5.3.1 使用向导创建查询

1. 创建简单查询

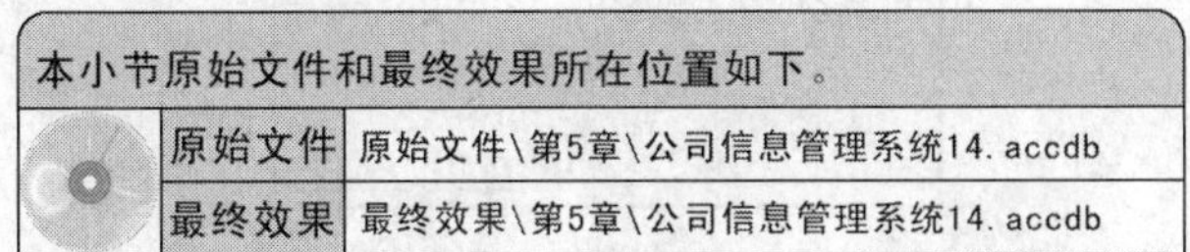

本小节原始文件和最终效果所在位置如下。	
原始文件	原始文件\第5章\公司信息管理系统14. accdb
最终效果	最终效果\第5章\公司信息管理系统14. accdb

使用查询向导创建简单查询的具体步骤如下。

1 打开本小节的原始文件，切换至【创建】选项卡中，然后单击【其他】组中的 查询向导 按钮。

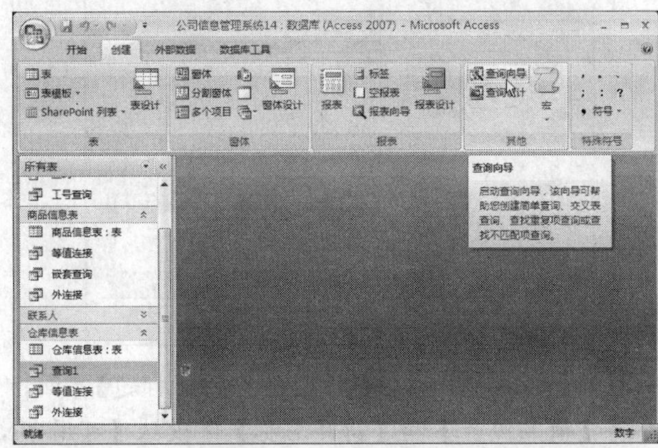

2 随即弹出【新建查询】对话框，选择右侧窗格中的查询向导选项，可以在左侧看到该查询向导的预览结果，这里选择【简单查询向导】选项，然后单击 确定 按钮。

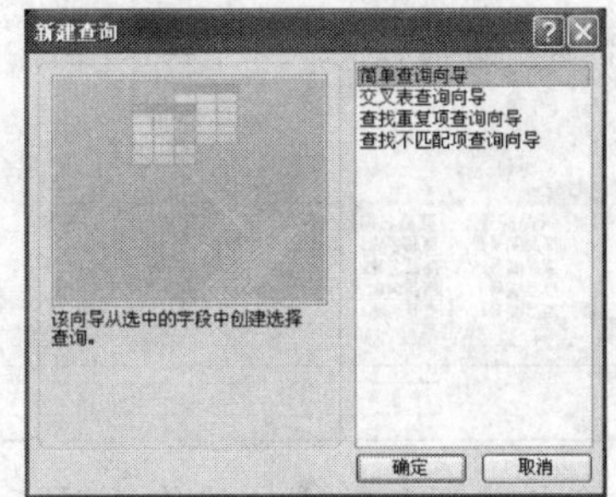

3 随即打开【请确定查询中使用哪些字段】界面。

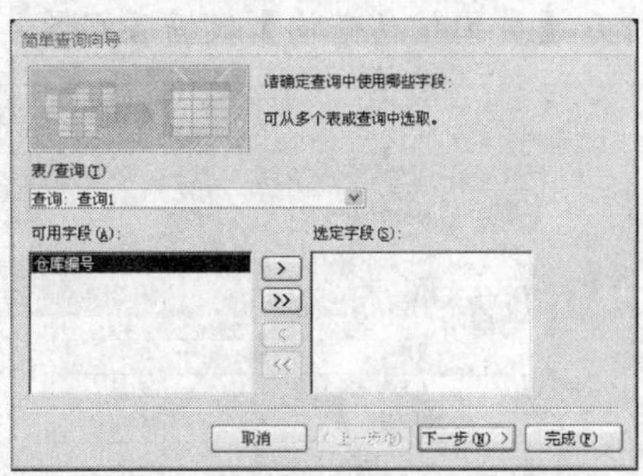

4 在【表/查询】下拉列表中选择要查询的数据表或者查询，这里选择【表：员工信息表】选项。

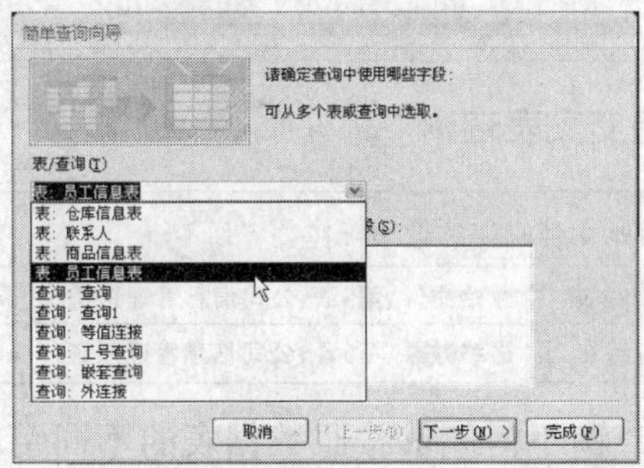

5 可以看到【可用字段】列表框中列出了所有的【员工信息表】中的字段，然后单击 > 按钮。

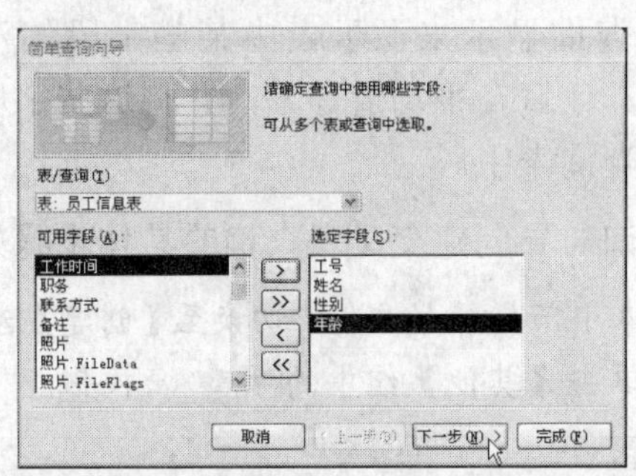

6 随即打开【请为查询指定标题】界面，在【请为查询指定标题】文本框中输入该查询的名称，这里输入“员工信息查询”，然后单击 完成(F) 按钮。

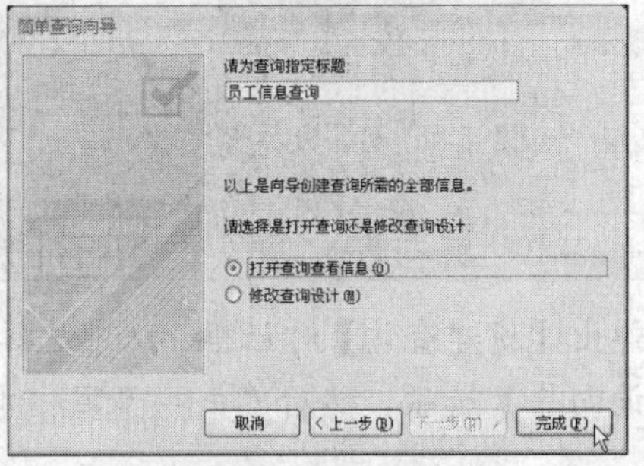

7 随即打开【员工信息查询】数据表视图。

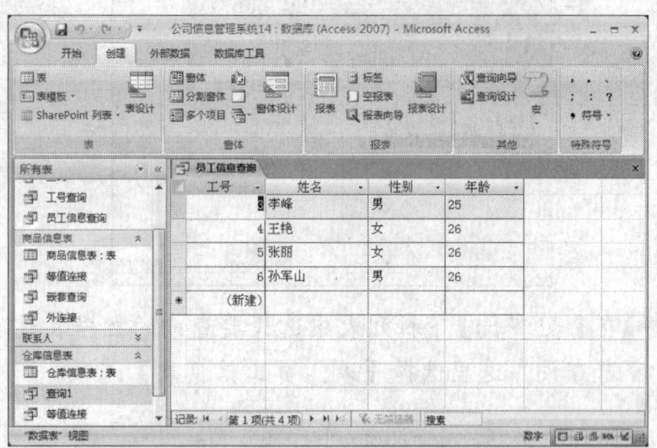

2. 创建交叉表查询

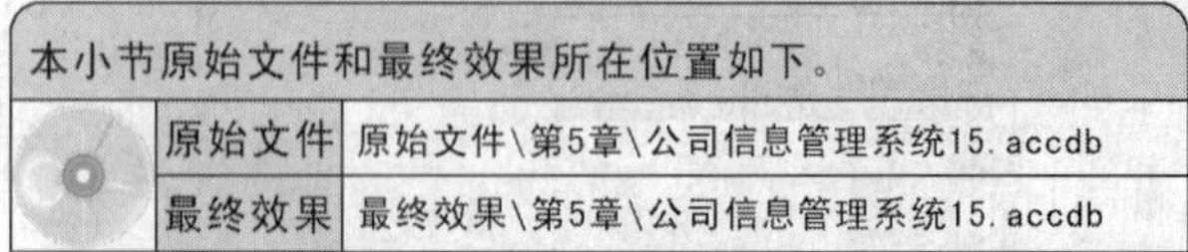

本小节原始文件和最终效果所在位置如下。	
原始文件	原始文件\第5章\公司信息管理系统15.accdb
最终效果	最终效果\第5章\公司信息管理系统15.accdb

交叉表查询不但能够按照数据表的不同字段实现查询，而且能对数据表的某一个字段按照不同的内容进行分组查询。

交叉表查询显示来源于表中某些字段的汇总值（合计、计算及平均值等），并将这些字段分别放置在查询表中。

使用查询向导创建交叉表查询的具体步骤如下。

1 打开本小节的原始文件，切换至【创建】选项卡，然后单击【其他】组中的查询向导按钮。

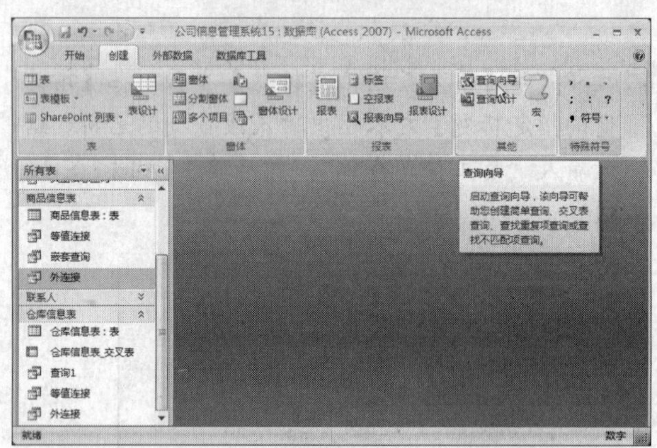

2 随即弹出【新建查询】对话框，从中选择【交叉表查询向导】选项，然后单击 确定 按钮。

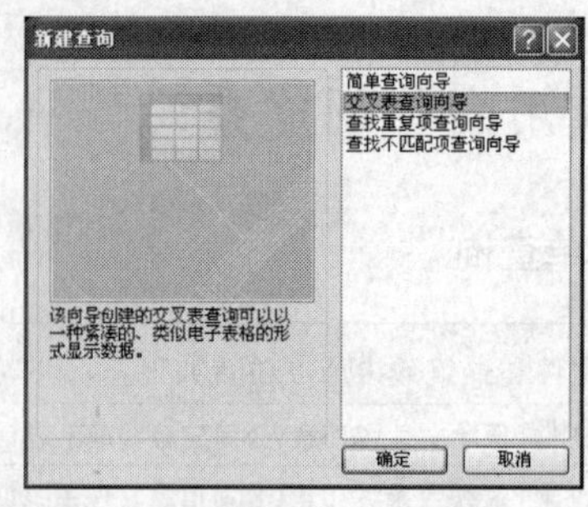

3 打开【请指定哪个表或查询中含有交叉表查询结果所需的字段】界面，选择【表：商品信息表】选项，然后单击下一步(N) >按钮。

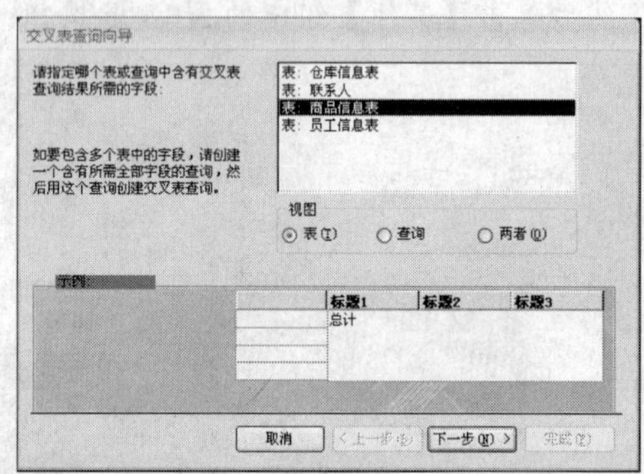

4 打开【请确定用哪些字段的值作为行标题】界面，将【商品编号】和【商品名称】字段从【可用字段】列表框中添加到【选定字段】列表框中，然后单击下一步(N) >按钮。

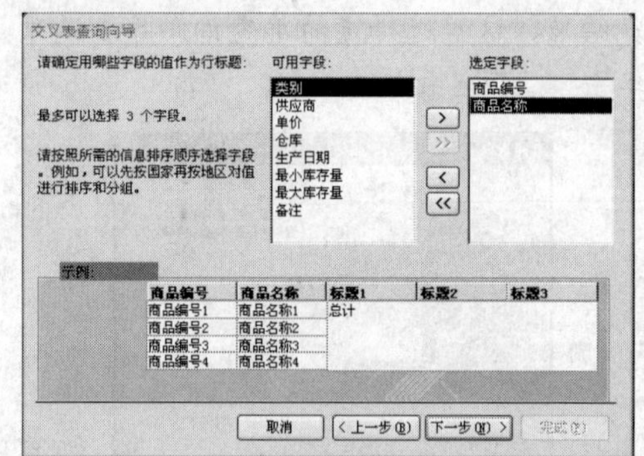

5 打开【请确定用哪个字段的值作为列标题】界面，选择【最小库存量】选项，然后单击下一步(N) >按钮。

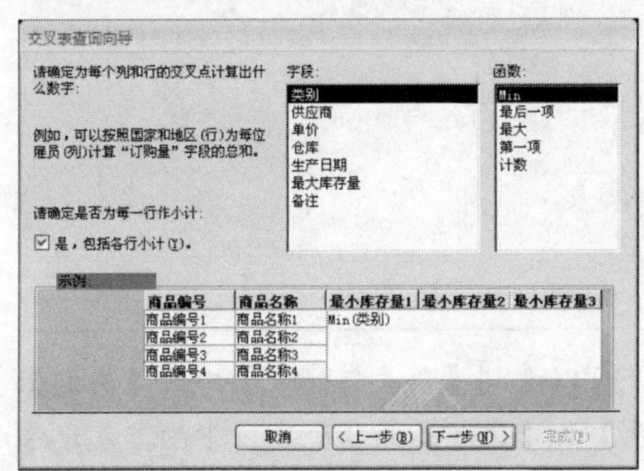

6 打开【请确定为每个列和行的交叉点计算出什么数字】界面，在【字段】列表框中选择【类别】选项，在【函数】列表框中选择【Min】选项，然后单击 下一步(N) > 按钮。

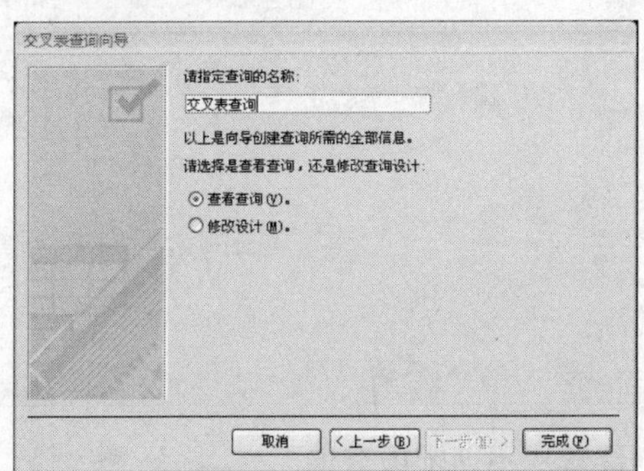

7 打开【请指定查询的名称】界面，在文本框中输入该查询的名称，这里输入"交叉表查询"，然后单击 完成(F) 按钮。

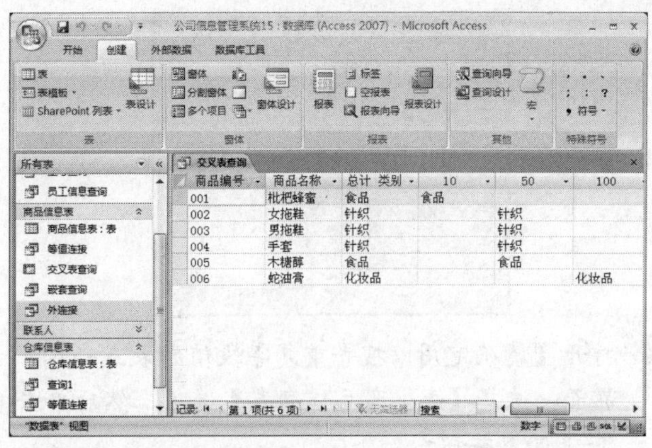

8 可以看到对【商品信息表】中的【商品编号】、【商品名称】、【最小库存量】和【类别】等字段进行的交叉表查询结果如下图所示。

3. 创建查找重复项查询

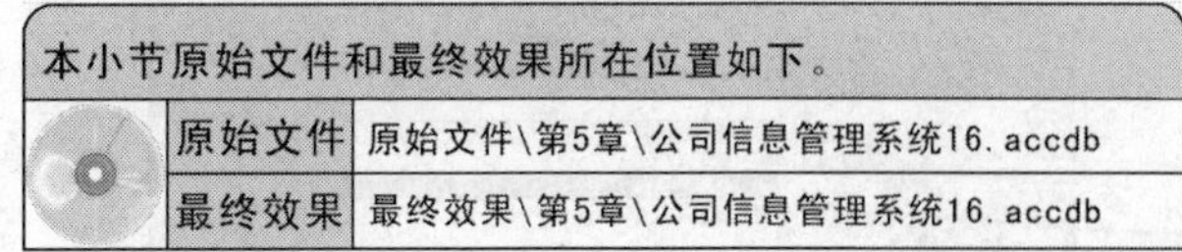

本小节原始文件和最终效果所在位置如下。

原始文件	原始文件\第5章\公司信息管理系统16.accdb
最终效果	最终效果\第5章\公司信息管理系统16.accdb

根据查找重复项的结果可以确定表中是否存在重复记录，也可以确定记录在表中是否共享了相同的值。

使用查询向导创建查找重复项查询的具体步骤如下。

1 打开本小节的原始文件，切换至【创建】选项卡，然后单击【其他】组中的 查询向导 按钮。

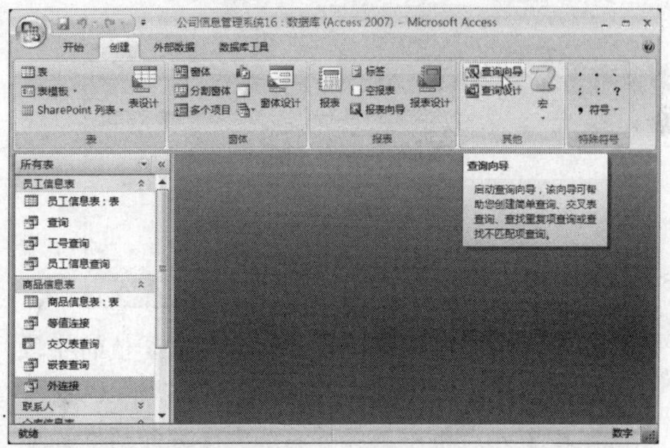

2 随即弹出【新建查询】对话框，从中选择【查找重复项查询向导】选项，然后单击 确定 按钮。

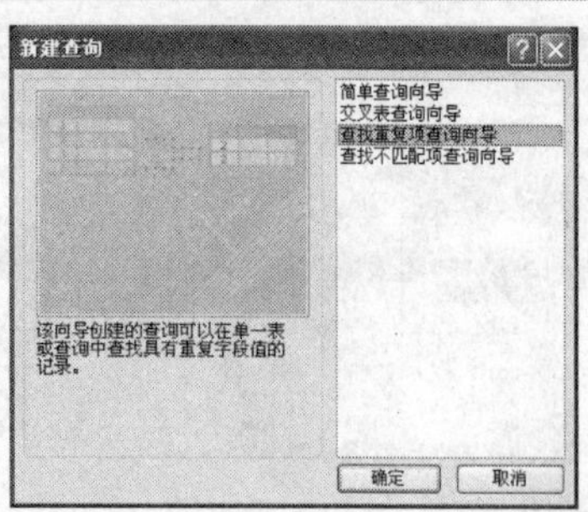

3 打开【请确定用以搜寻重复字段值的表或查询】界面，选择【表：商品信息表】选项，然后单击 下一步(N) > 按钮。

4 打开【请确定可能包含重复信息的字段】界面，在【可用字段】列表框中选择字段添加到【重复值字段】列表框中，然后单击 下一步(N) > 按钮。

5 打开【请确定查询是否显示除带有重复值的字段之外的其他字段】界面，如果需要显示可以从【可用字段】列表框中选择并添加到【另外的查询字段】列表框中，不需要则可直接单击 下一步(N) > 按钮。

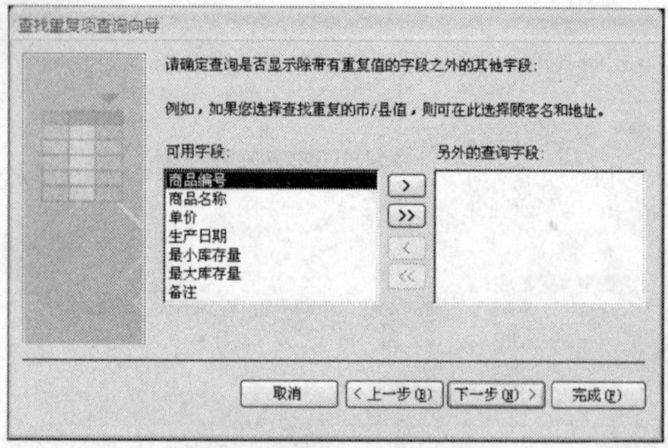

6 打开【请指定查询的名称】界面，在文本框中输入该查询的名称，这里输入“查找重复项查询”，然后单击 完成(F) 按钮。

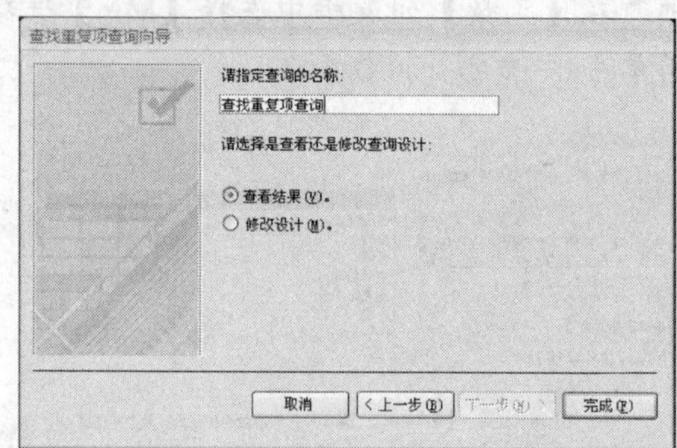

7 随即可以看到【商品信息表】中的【类别】、【供应商】和【仓库】等3个字段中的重复记录以及重复的记录条数。

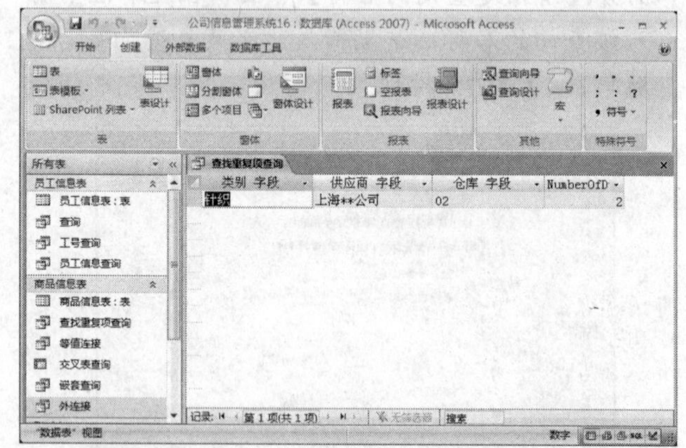

4. 创建查找不匹配项查询

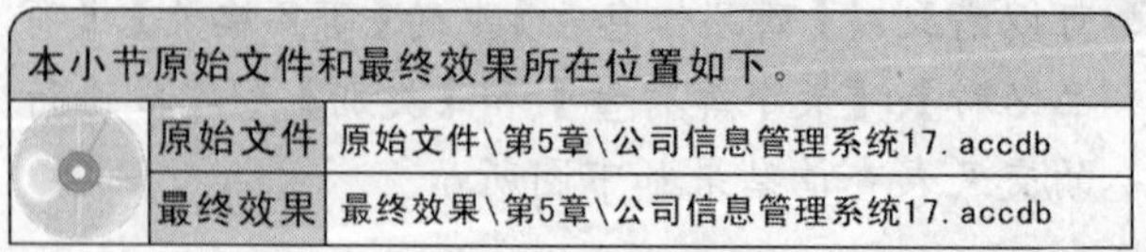

本小节原始文件和最终效果所在位置如下。

原始文件	原始文件\第5章\公司信息管理系统17.accdb
最终效果	最终效果\第5章\公司信息管理系统17.accdb

根据不匹配项查询的结果能够确定表中是否存在

与另一个表没有对应记录的行，因为如果存在这样的记录，则表明已经破坏了参照完整性，Access 数据库中不允许这样的记录存在。

使用查询向导创建查找不匹配项查询的具体步骤如下。

1 打开本小节的原始文件，切换至【创建】选项卡，然后单击【其他】组中的查询向导按钮。

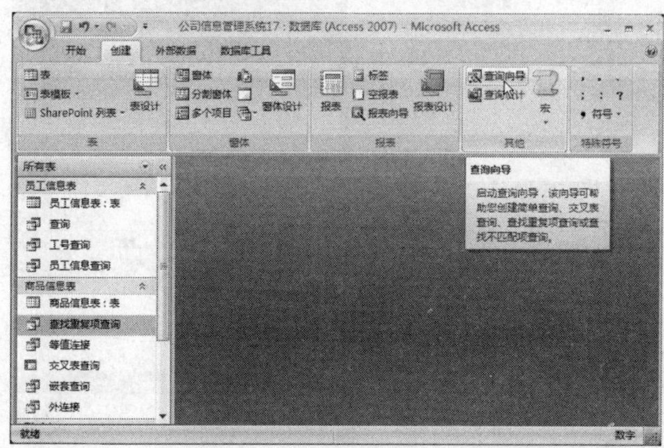

2 随即弹出【新建查询】对话框，从中选择【查找不匹配项查询向导】选项，然后单击 确定 按钮。

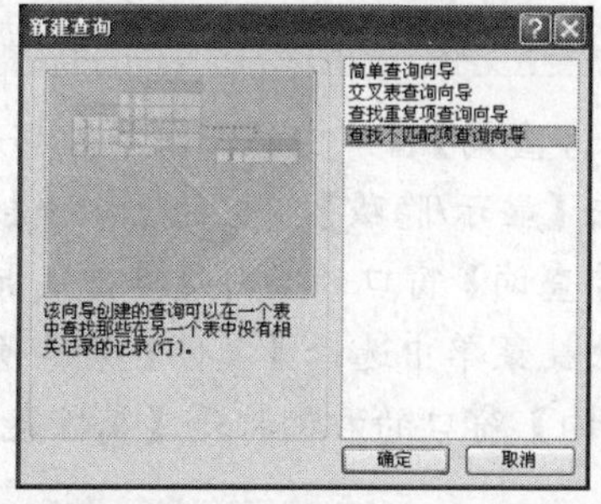

3 打开【请确定在查询结果中含有哪张表或查询中的记录】界面，选择【表：商品信息表】选项，然后单击下一步(N) >按钮。

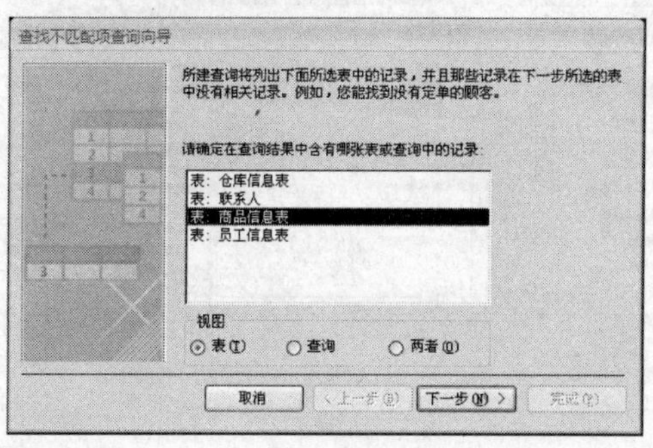

4 打开【请确定哪张表或查询包含相关记录】界面，选择【表：仓库信息表】选项，然后单击下一步(N) >按钮。

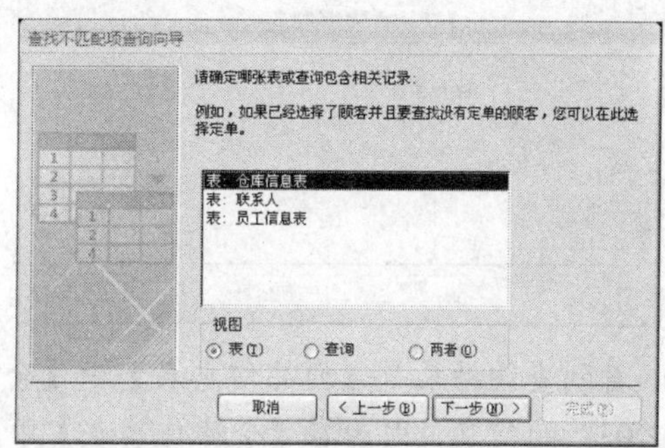

5 打开【请确定在两张表中都有的信息】界面，在【"商品信息表"中的字段】列表框中选择【仓库】选项，在【"仓库信息表"中的字段】列表框中选择【仓库编号】选项，然后单击 <=> 按钮，在【匹配字段】标签中显示出数据表的匹配结果，然后单击下一步(N) >按钮。

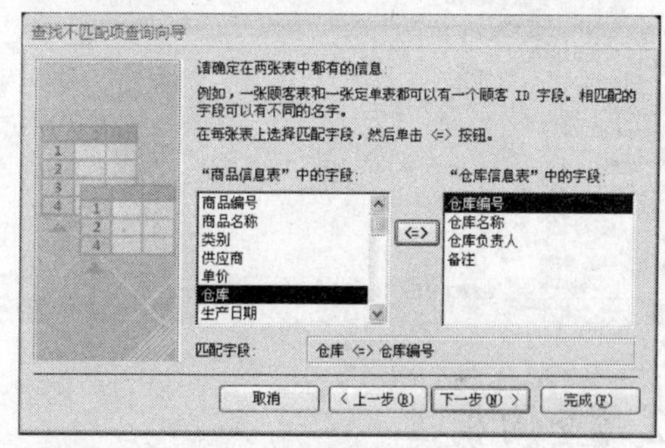

6 打开【请选择查询结果中所需的字段】界面，在【可用字段】列表框中选择【仓库】选项并添加到【选定字段】列表框中，然后单击下一步(N) >按钮。

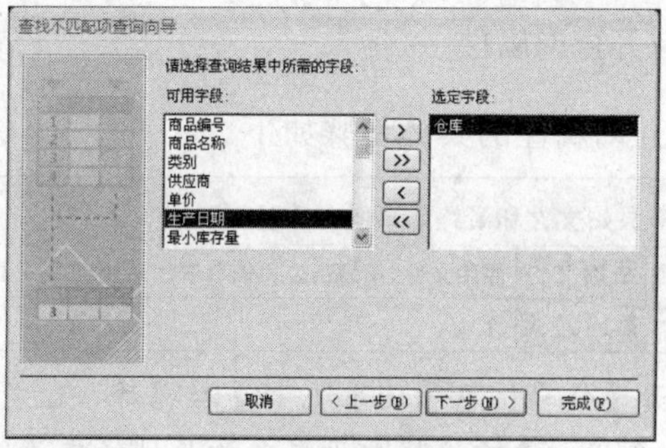

7 打开【请指定查询名称】界面，在文本框中输入查询的名称，这里输入"查找不匹配项查询"，

然后单击 完成(F) 按钮。

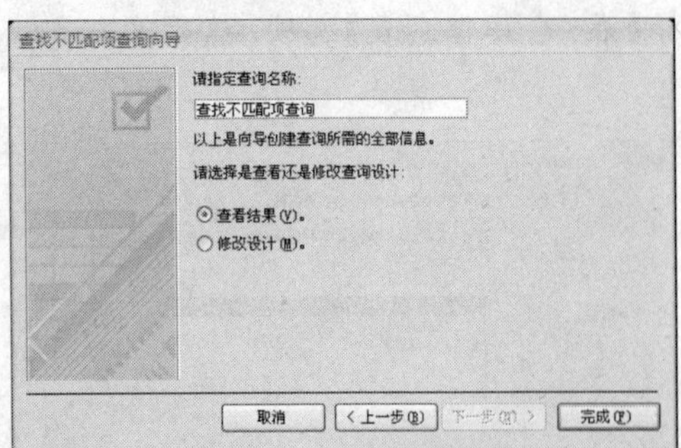

8 可以看到查询结果是【商品信息表】中【仓库】为“03”的信息，因为在【仓库信息表】中只有仓库编号为“01”和“02”的仓库编号，所以该条记录被查询出来。

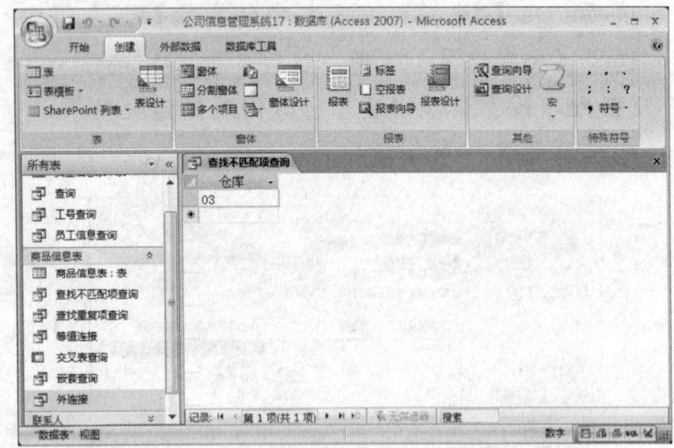

5.3.2 查询属性

Access 2007 可以对已经建立的查询对象重新设置属性，也可以通过对属性的修改来控制查询对象的运行权限和记录读写权限等。

1. 打开查询属性

打开查询属性的具体步骤如下。

本小节原始文件和最终效果所在位置如下。	
原始文件	原始文件\第5章\公司信息管理系统18. accdb
最终效果	无

1 打开【公司信息管理系统 18】数据库，在左侧的【导航窗格】中选择要设置查询属性的查询选项，这里选择【工号查询】选项，然后单击鼠标右键，在弹出的快捷菜单中选择【设计视图】菜单项。

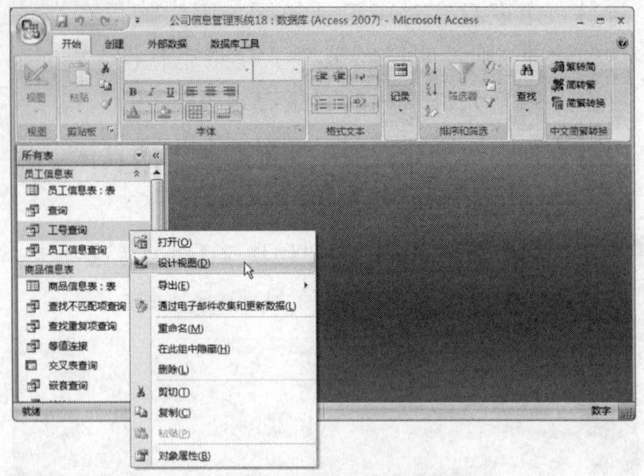

2 随即打开【工号查询】设计视图。

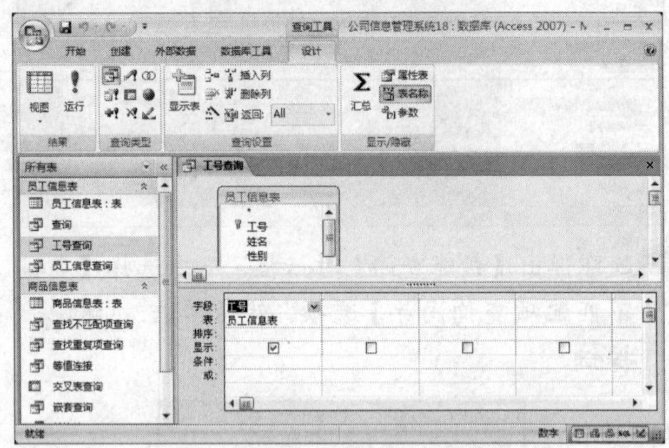

3 保证【工号查询】窗口中的任何字段都未被选中，然后单击【显示/隐藏】组中的 属性表 按钮，或者在【工号查询】窗口的空白处单击鼠标右键，在弹出的快捷菜单中选择【属性】菜单项，即可在【工号查询】窗口的右侧打开【属性表】窗口。

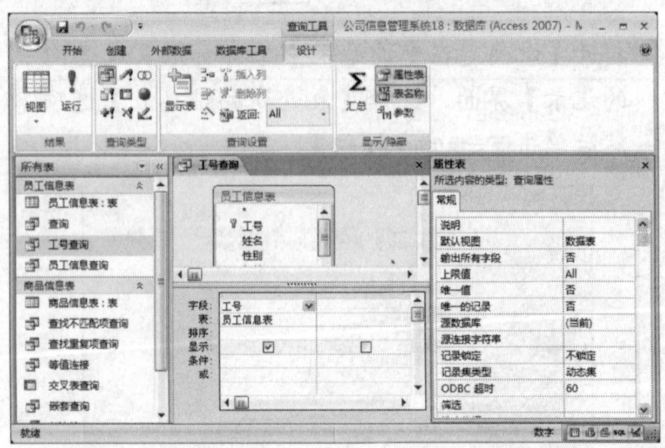

2. 设置查询属性

在【属性表】窗口中有各种各样的属性信息，下面介绍几个常用的查询属性。

【输出所有字段】属性

在该属性行的下拉列表中可以选择【是】或者【否】选项，当查询要用于一个窗体并且希望所有的字段都适用于窗体时可以选择【是】选项，一般情况下应该选择【否】选项。

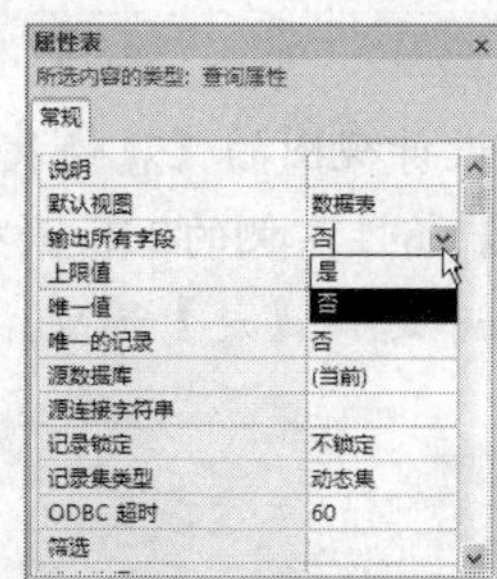

【上限值】属性

如果查询对象中所需要查询的记录数很多，运行时会需要很长的时间。用户可以设置【上限值】属性的值，规定系统搜索到第 N 条记录或者前 N%条记录即返回并显示信息，如下图所示。

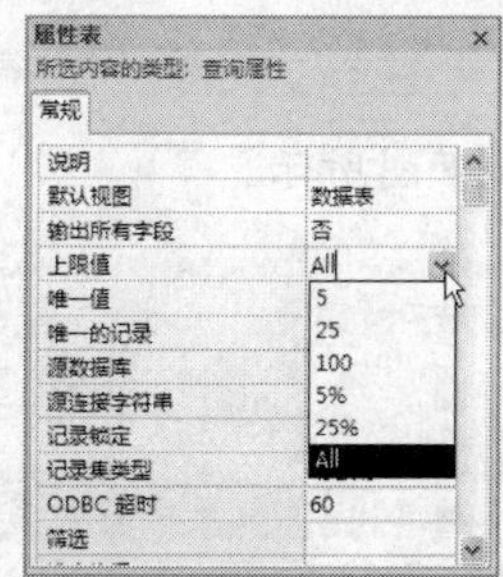

【唯一值】和【唯一的记录】属性

查询属性中的【唯一值】和【唯一的记录】属性关系到查询记录的显示方式。

【唯一值】和【唯一的记录】属性的使用方法和具体的设置步骤如下。

1. 打开【公司信息管理系统 18】数据库，切换至【创建】选项卡，然后单击【其他】组中的【查询向导】按钮。

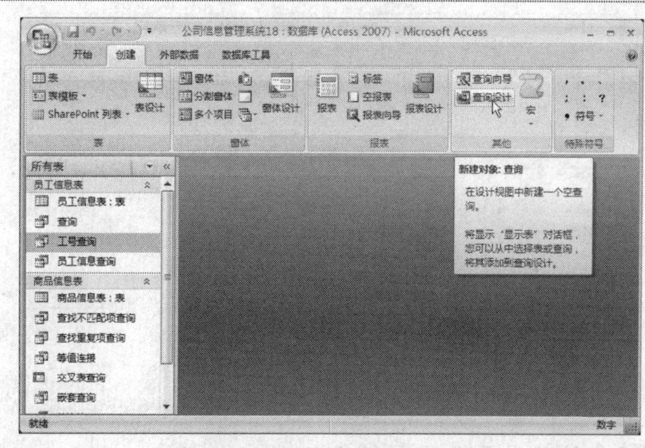

2. 在打开的【显示表】对话框中选择【商品信息表】选项，单击 添加(A) 按钮，然后单击 关闭(C) 按钮。

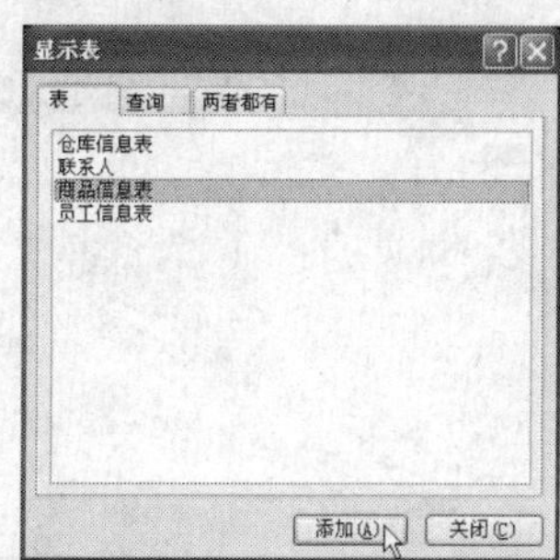

3. 将【类别】字段添加到【示例查询设计】窗格中。

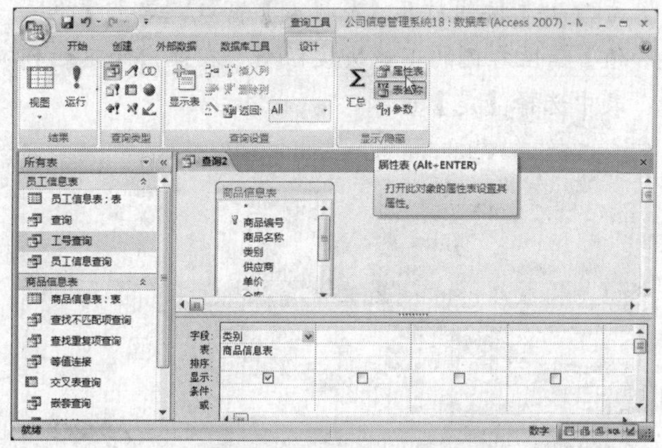

4. 右键单击【查询 2】选项卡，在弹出的快捷菜单中选择【数据表视图】菜单项。

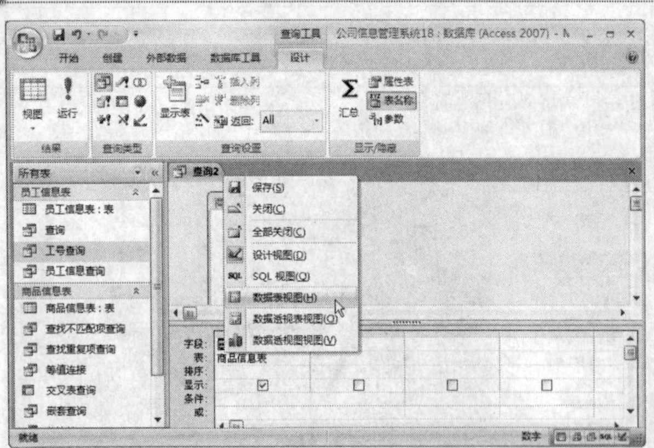

5 查询的结果如下图所示。

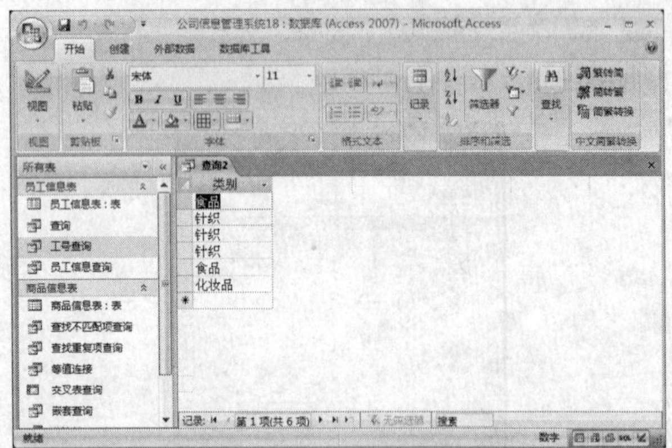

6 在【查询 2】设计视图中的【显示/隐藏】组中单击【属性表】按钮打开【属性表】窗口，单击【唯一值】属性右侧的下箭头按钮，在弹出的下拉列表中选择【是】选项。

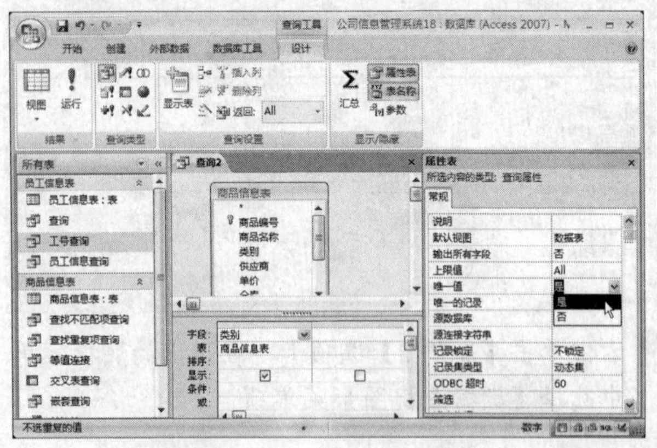

7 查询的结果如下图所示。

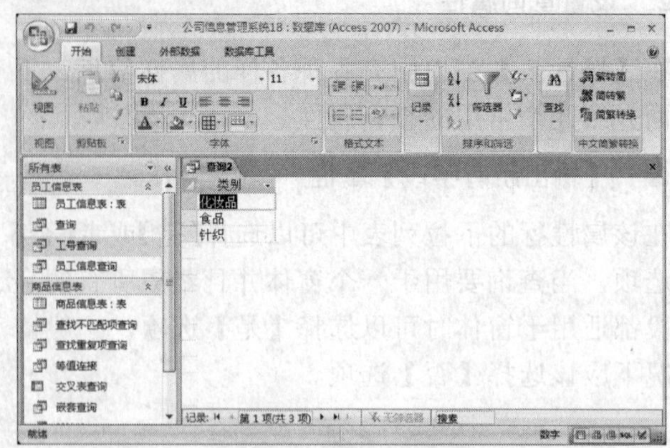

8 在【查询 2】设计视图的【属性表】窗口，单击【唯一的记录】属性右侧的下箭头按钮，在弹出的下拉列表中选择【是】选项。

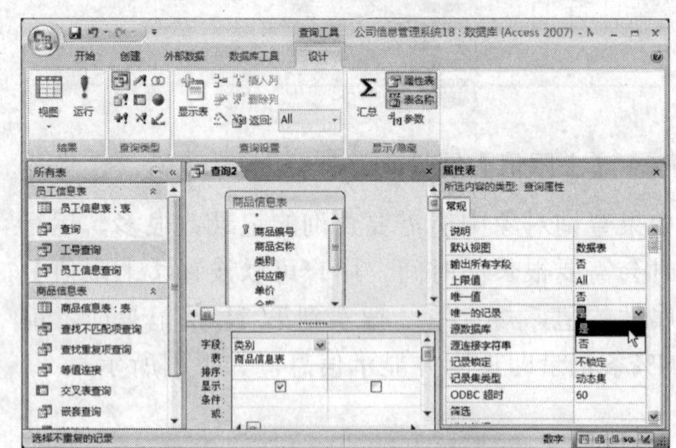

9 查询的结果如下图所示。

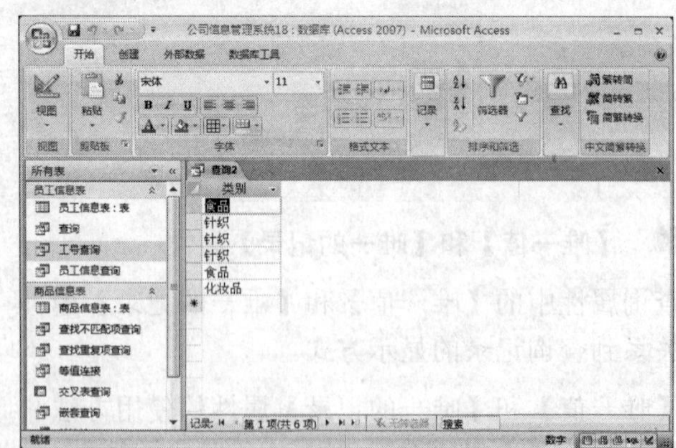

5.4 查询设计

Access 2007 为查询设计提供了【查询设置】组，利用该组中的选项可以实现显示表、插入和删除行、插入和删除列、添加生成器以及设置返回值等。

在单表查询和多表查询中用到的例子都是通过查询设计来创建的，这种方法比使用查询向导方便快捷一些。下面将详细介绍使用查询设计创建查询的方法。

打开【公司信息管理系统 18】数据库并切换至【创建】选项卡，单击 查询设计 按钮，在【显示表】对话框中选择要创建查询的数据表之后单击 添加(A) 按钮，可以看到系统自动地切换至【查询工具 设计】上下文选项卡中。

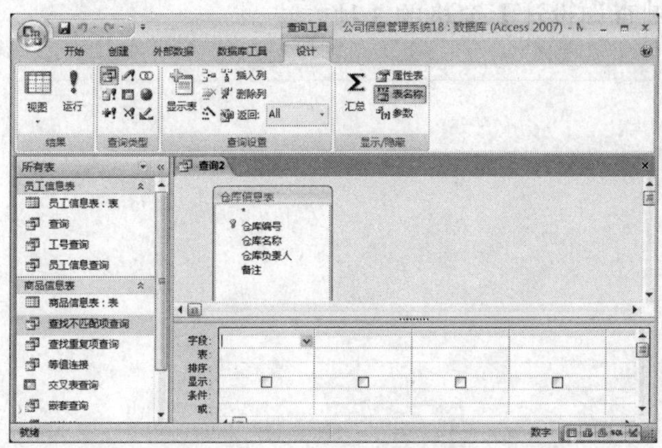

可以看到如下图所示的【查询设置】组。

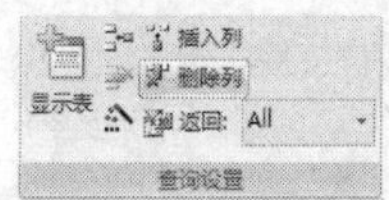

如果关闭了【显示表】对话框后发现还有数据表没有添加，或者添加了一个不该添加的数据表，可以先将不该添加的数据表删除，然后重新添加新的数据表即可。

右键单击要删除的数据表的标题栏，在弹出的快捷菜单中选择【删除】菜单项即可删除该数据表。

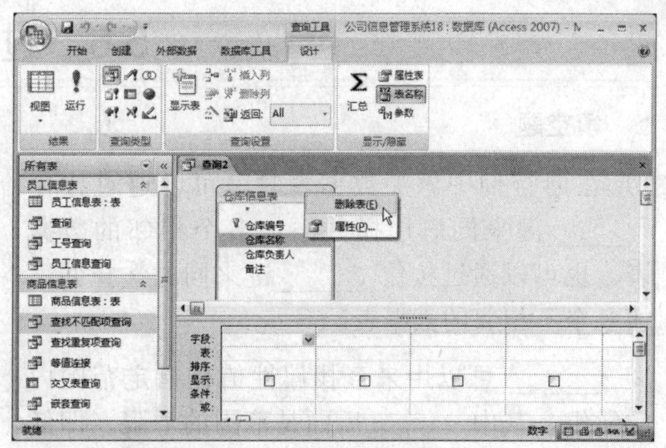

单击【查询设置】组中的【显示表】按钮即可重新打开【显示表】对话框。

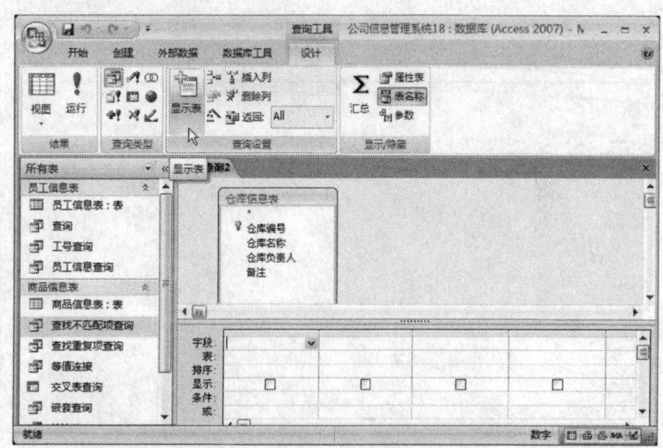

当为数据表或者查询创建查询时，很多情况下都不需要查看表或者查询中的所有字段，这就需要为数据表选择字段。

从数据表中添加字段的 3 种方法在前面已经介绍，这里不再赘述。

5.5 本章小结

本章介绍了查询的基础知识。

首先介绍了单表查询，介绍了创建查询的简单步骤，使用 OR、Between…And、In 和 Like 进行单表查询的方法，对查询结果排序和进行总计查询等。

其次介绍了多表查询，主要介绍了等值连接查询、外连接查询和嵌套查询等。

接着介绍了使用查询向导创建简单查询、交叉表查询、查找重复项查询和查找不匹配项查询的具体方法和步骤，以及进行查询属性设置的方法。

最后对使用查询设计创建查询的方法做了一定的补充。

5.6 过关练习题

1. 填空题

⑴ 在向查询中添加数据表时，可以通过按住_______键来同时选择并添加多个相邻的数据表，也可以通过按住_______键来同时选择并添加多个不相邻的数据表。

⑵ _______可以用来查找属性值在指定范围内的元组，其中_______后面是范围的下限（即低值），_______后面是范围的上限（即高值）。

⑶ 在模糊查询中必须使用_______关键字，而不能使用_______。

2. 简答题

⑴ 模糊查询的适用条件是什么？通配符都有哪些？具体的含义是什么？

⑵ 简述从【表/查询显示】窗格中添加字段到【示例查询设计】窗格的 3 种方法。

第 6 章　操作查询

Access 2007 中的操作查询类型包括选择查询、更新查询、生成表查询、交叉表查询、追加查询、删除查询、联合查询和传递查询等。

学习要点

- 更新查询
- 生成表查询
- 追加查询
- 删除查询

6.1　选择查询

选择查询是一种非常简单的查询，一般用来选择某条或者某些条满足条件的记录，并将满足条件的记录显示出来。

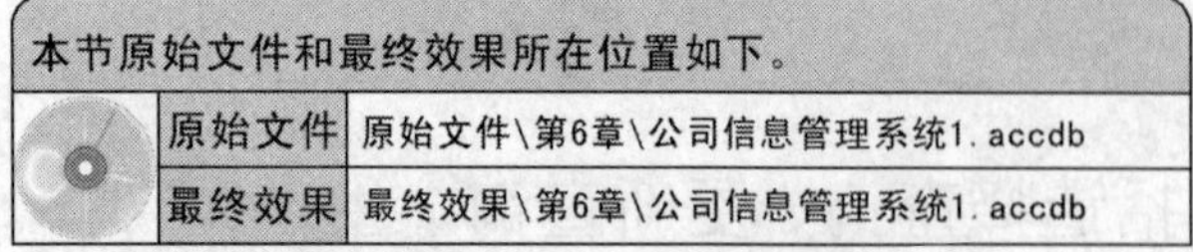

本节原始文件和最终效果所在位置如下。	
原始文件	原始文件\第6章\公司信息管理系统1. accdb
最终效果	最终效果\第6章\公司信息管理系统1. accdb

使用选择查询进行查询的具体步骤如下。

1 打开本节的原始文件，在【导航窗格】中双击【商品信息表：表】选项，打开【商品信息表】数据表视图，从中可以看到所有的商品信息。

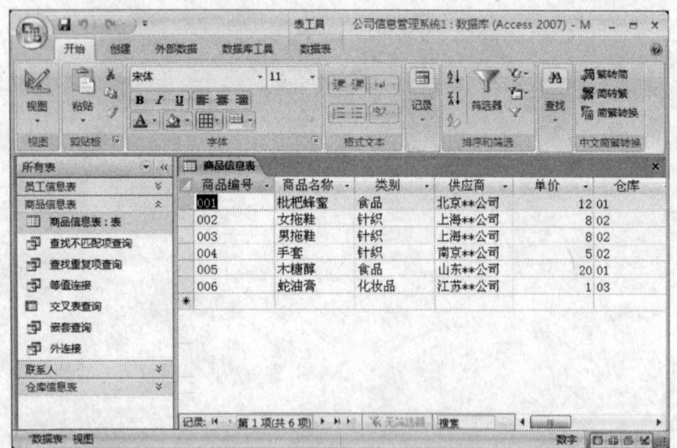

2 切换至【创建】选项卡，单击【其他】组中的 查询设计 按钮创建查询。

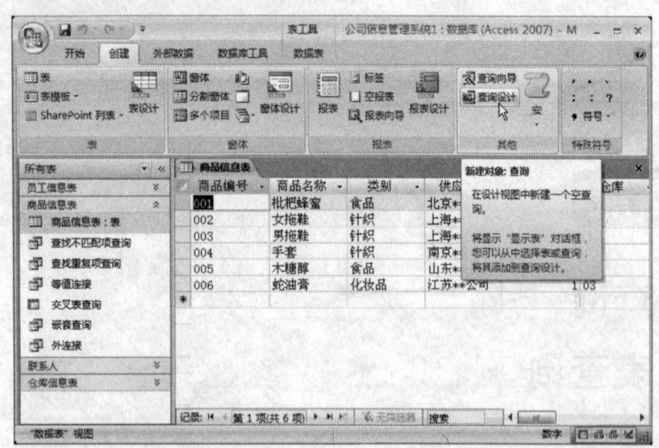

3 在打开的【显示表】对话框中选择【商品信息表】选项，单击 添加(A) 按钮，然后单击 关闭(C) 按钮。

4 将表中的所有字段都添加到【示例查询设计】窗格中，并在【单价】字段对应的【条件】属性中输入“>5”。

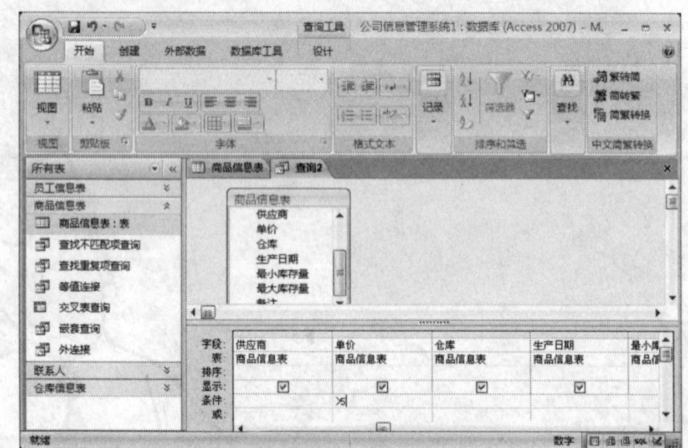

5 单击【保存】按钮，在弹出的【另存为】对话框中的【查询名称】文本框中输入“选择查询”，然后单击 确定 按钮。

6 在【选择查询】选项卡上单击鼠标右键，然后在弹出的快捷菜单中选择【数据表视图】菜单项。

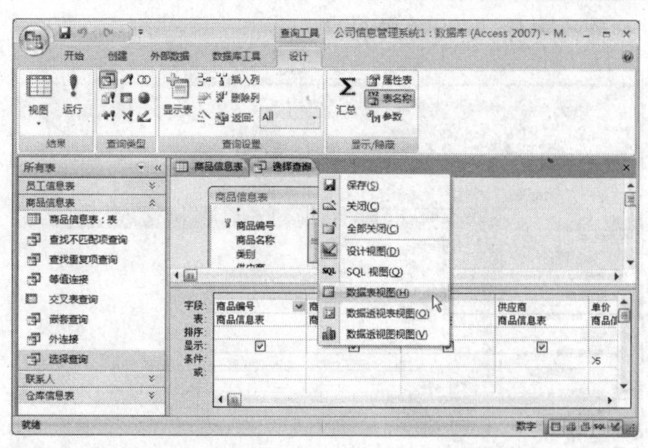

7 打开【选择查询】的数据表视图，可以看到只显示了【单价】大于 5 的所有商品信息。

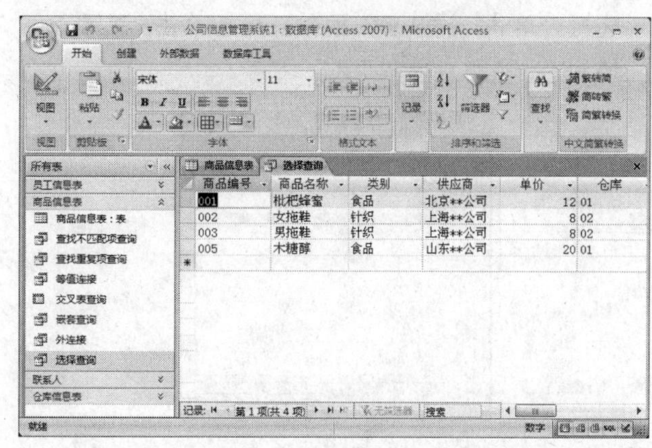

6.2 更新查询

更新查询是一种非常重要的查询，它可以对一个或者多个数据表中的一组记录进行全局更改来满足用户批量更新数据的要求。

本节原始文件和最终效果所在位置如下。	
原始文件	原始文件\第6章\公司信息管理系统2. accdb
最终效果	最终效果\第6章\公司信息管理系统2. accdb

创建更新查询的具体步骤如下。

1 打开本节的原始文件，在【导航窗格】中的【员工信息表：表】选项上单击鼠标右键，然后在弹出的快捷菜单中选择【打开】菜单项。

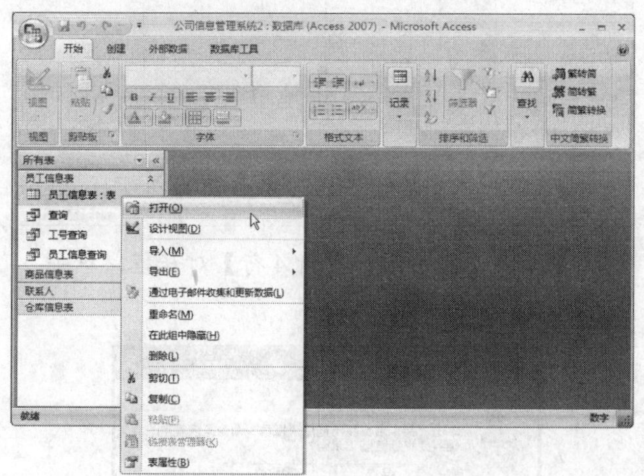

2 随即打开【员工信息表】数据表视图。

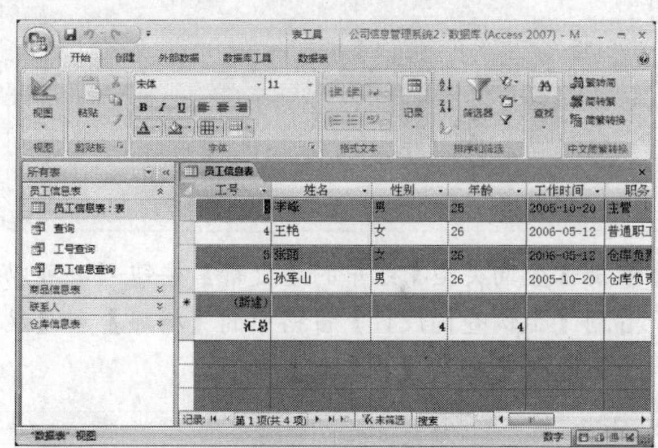

3 切换至【创建】选项卡，单击【其他】组中的 查询设计 按钮创建查询。

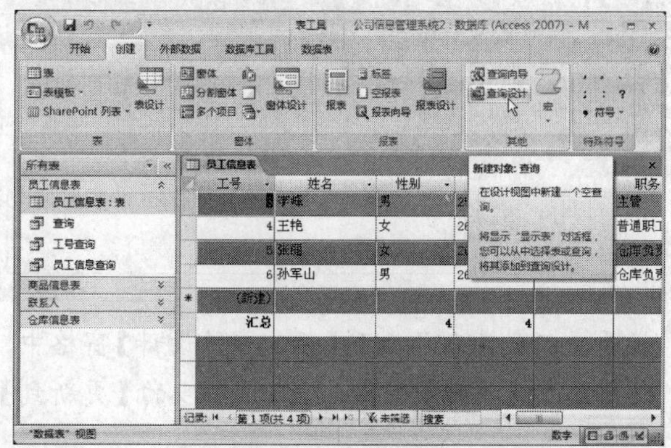

4 在打开的【显示表】对话框中选择【员工信息表】选项，单击 添加(A) 按钮，然后单击 关闭(C) 按钮。

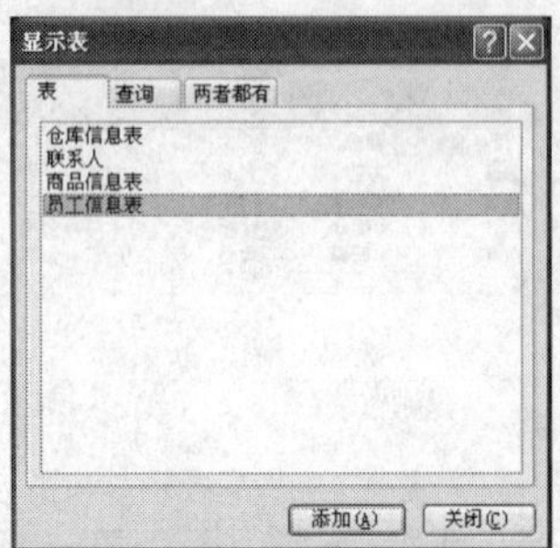

5 可以看到【员工信息表】已经被添加到【查询 2】的查询中了。

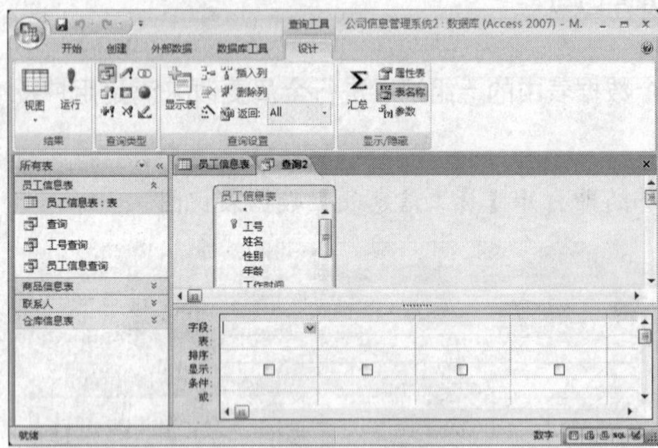

6 单击【查询类型】组中的【更新】按钮，可以看到【示例查询设计】窗格中的【排序】和【显示】属性替换为【更新到】属性。

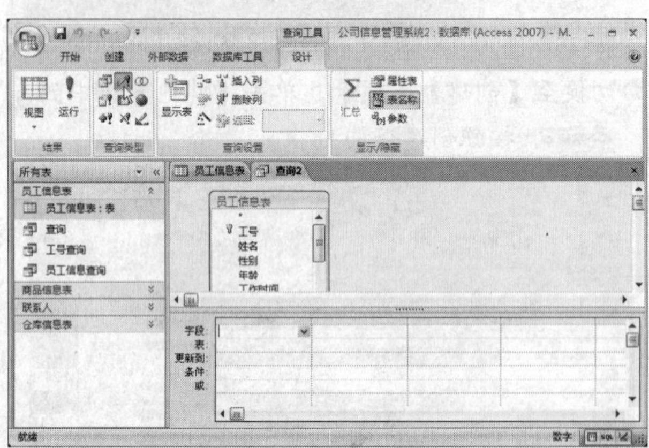

7 将要更新的字段添加到【示例查询设计】窗格中，这里添加【年龄】字段，并在该字段的【更新到】属性中输入“[年龄]+1”。

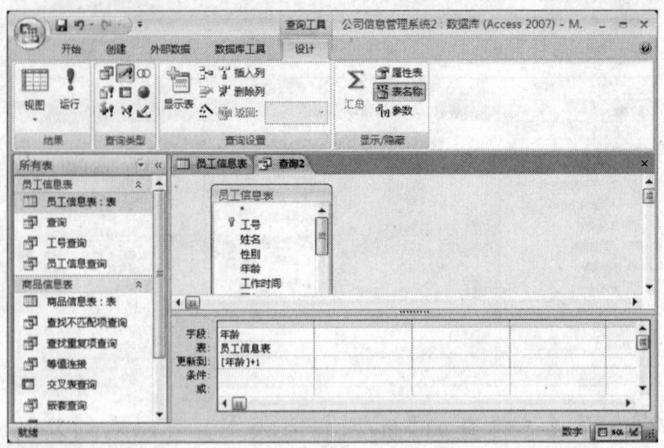

8 单击【保存】按钮，在弹出的【另存为】对话中的【查询名称】文本框中输入要保存的查询名称，这里输入“更新查询”，然后单击 确定 按钮。

9 单击【结果】组中的【运行】按钮。

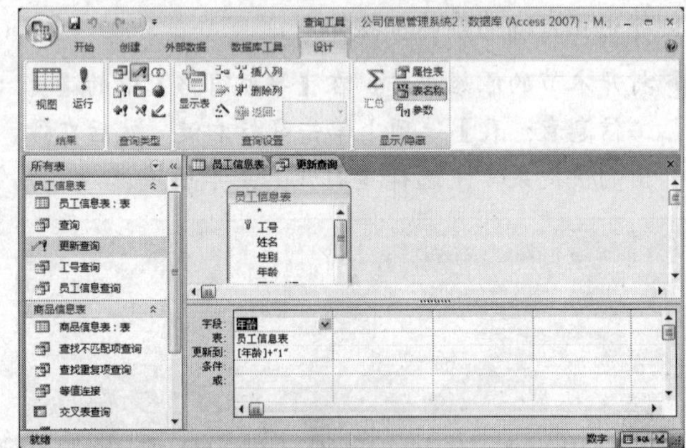

10 随即弹出【您正准备更新 4 行】对话框，单击 是(Y) 按钮。

11 在【更新查询】选项卡上单击鼠标右键，然后在弹出的快捷菜单中选择【数据表视图】菜单项。

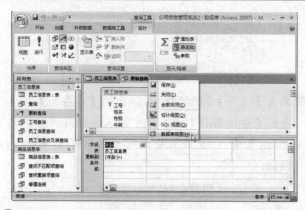

⑫ 随即可以看到更新查询的查询结果。

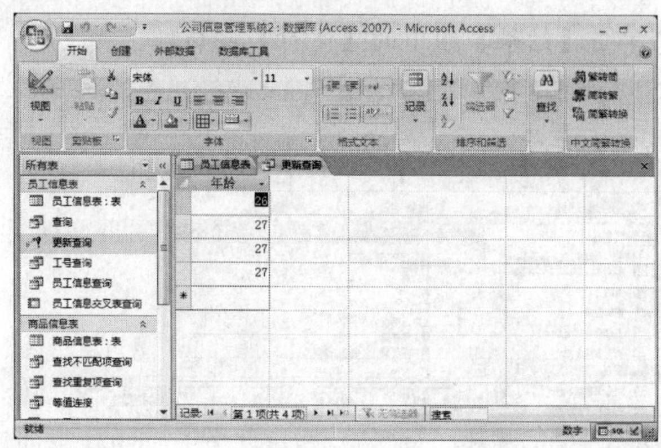

⑬ 切换至【员工信息表】选项卡，可以看到【年龄】字段在原来的基础上增加了 1。

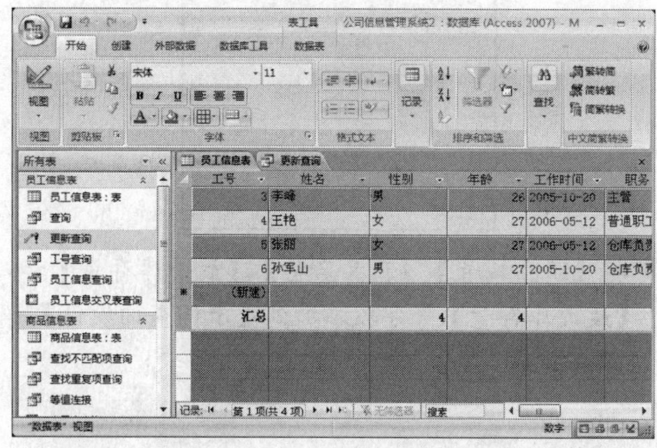

提示

用户在查询设计视图的表格中添加各种查询条件时，应该使用英文状态下的运算符和标点符号，例如“!”而不是“！”，又如“[]”而不是“【】”等，这样才能避免不必要的错误发生。

6.3 生成表查询

生成表查询可以将一个或者多个数据表中的部分或者全部的数据在查询的过程中组成一个新的数据表。

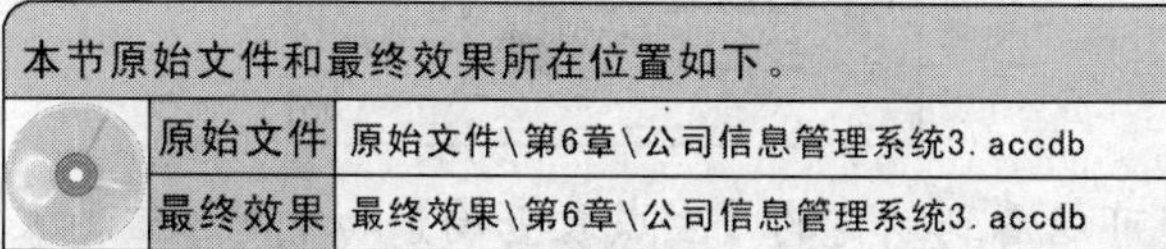

本节原始文件和最终效果所在位置如下。

原始文件	原始文件\第6章\公司信息管理系统3. accdb
最终效果	最终效果\第6章\公司信息管理系统3. accdb

创建生成表查询的具体步骤如下。

① 打开本节的原始文件，切换至【创建】选项卡，单击【其他】组中的[查询设计]按钮创建查询。

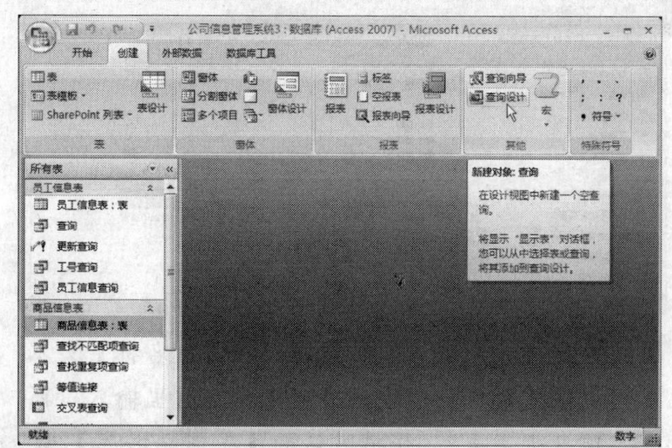

② 在打开的【显示表】对话框中选择【商品信息表】选项，单击[添加(A)]按钮，然后单击[关闭(C)]按钮。

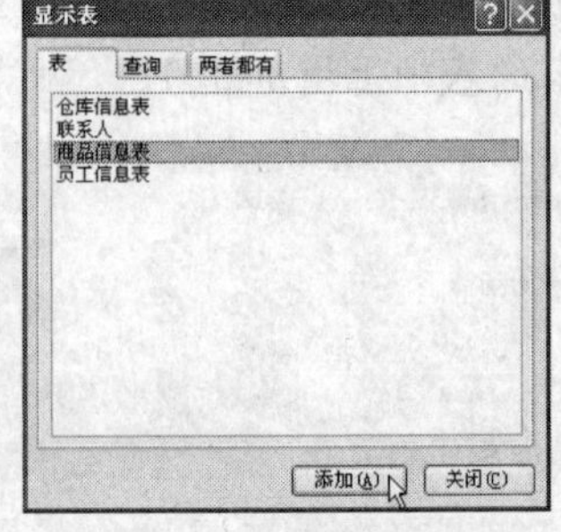

3 将【商品编号】、【商品名称】、【最小库存量】和【最大库存量】等字段添加到【示例查询设计】窗格中。

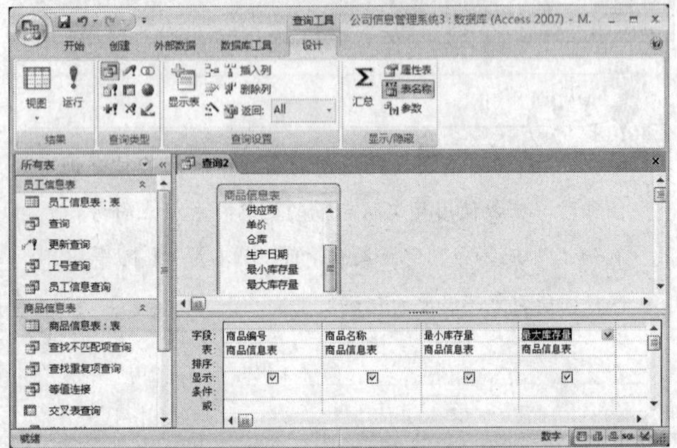

4 单击【查询类型】组中的【生成表】按钮。

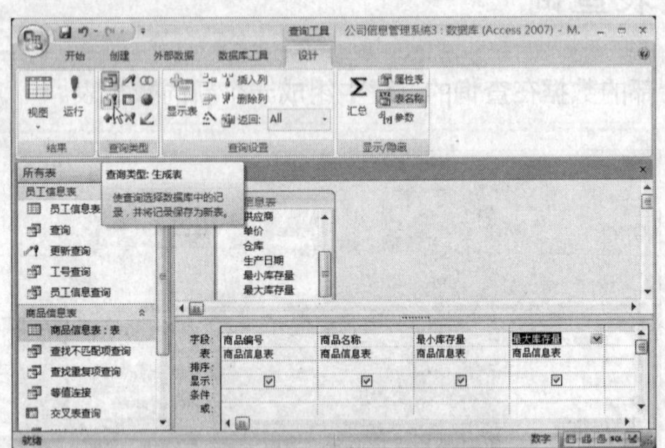

5 随即弹出【生成表】对话框，在【表名称】文本框中输入要保存的生成表的名称，这里输入“商品信息生成表”，保持默认的【当前数据库】单选按钮为选中状态，然后单击 确定 按钮。

6 单击【保存】按钮，在弹出的【另存为】对话中的【查询名称】文本框中输入要保存的查询名称，这里输入“生成表查询”，然后单击 确定 按钮。

7 单击【结果】组中的【运行】按钮。

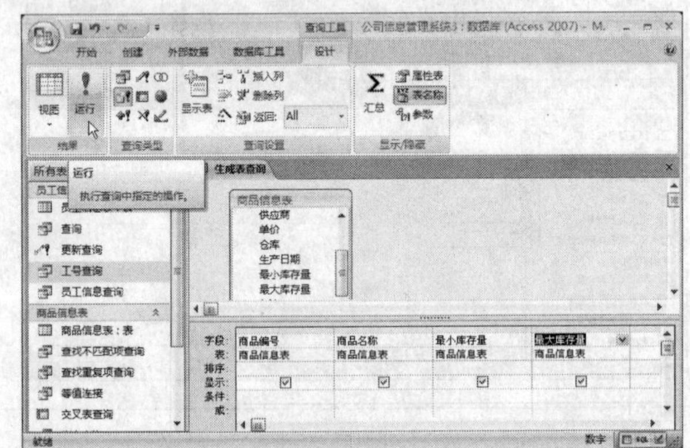

8 随即弹出【您正准备向新表粘贴 6 行】对话框，然后单击 是(Y) 按钮。

9 可以看到创建的【生成表查询】和【商品信息生成表】。

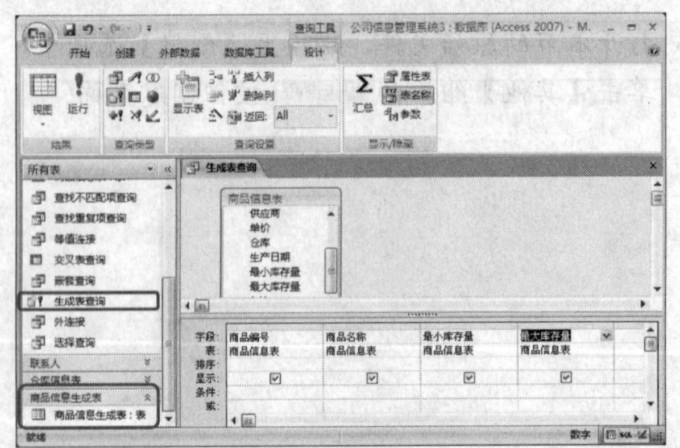

⑩ 在【生成表查询】选项卡上单击鼠标右键，然后在弹出的快捷菜单中选择【数据表视图】菜单项，可以看到生成表查询的查询结果。

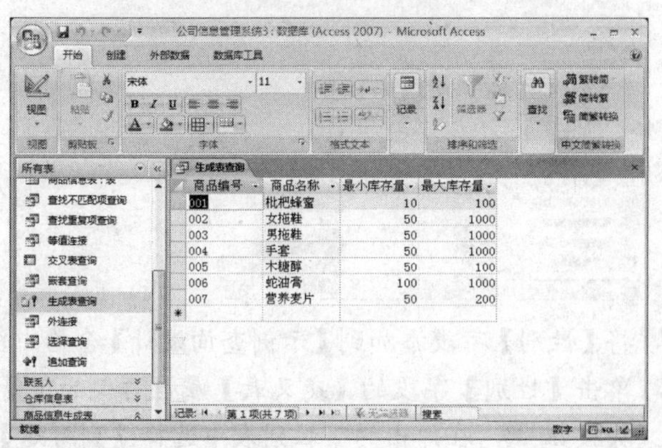

⑪ 双击【商品信息生成表：表】选项打开【商品信息生成表】，可以看到通过【生成表查询】创建的【商品信息生成表】。

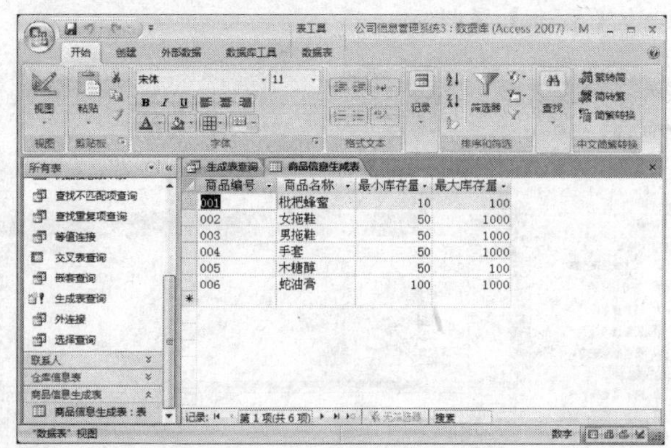

6.4 交叉表查询

交叉表查询不但能够按照数据表的不同字段实现查询，而且能对数据表的某一个字段按照不同的内容进行分组查询。

在前面已经介绍过如何使用查询向导来创建交叉表查询，下面介绍使用【查询类型】组中的【交叉表】按钮来设置交叉表查询的方法。

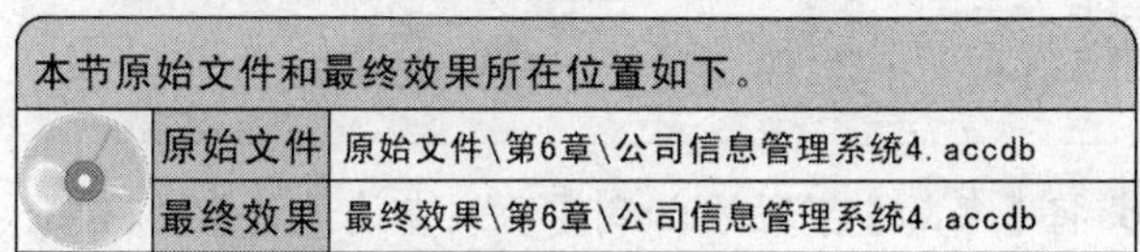

本节原始文件和最终效果所在位置如下。

原始文件	原始文件\第6章\公司信息管理系统4.accdb
最终效果	最终效果\第6章\公司信息管理系统4.accdb

创建交叉表查询的具体步骤如下。

① 打开本节的原始文件，切换至【创建】选项卡，单击【其他】组中的 查询设计 按钮创建查询。

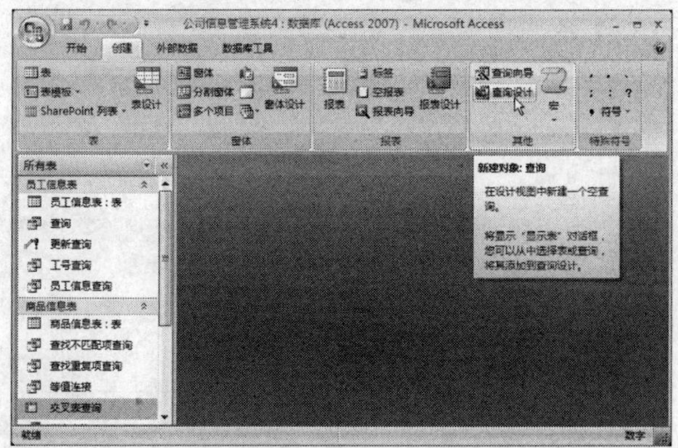

② 在打开的【显示表】对话框中选择【员工信息表】选项，单击 添加(A) 按钮，然后单击 关闭(C) 按钮。 133

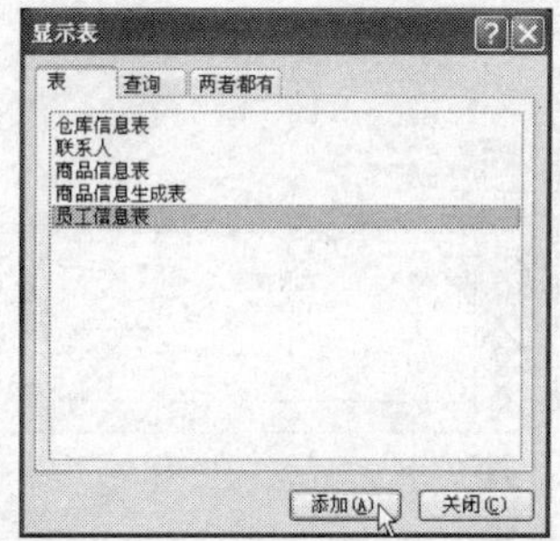

③ 单击【查询类型】组中的【交叉表】按钮。

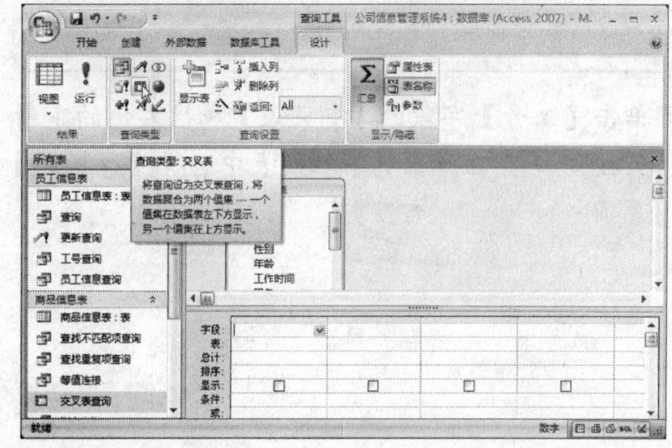

4 此时可以看到在【示例查询设计】窗格中的【表】属性的下方添加了【总计】属性和【交叉表】属性，并去掉了【排序】属性和【条件】属性之间的【显示】属性。

5 将【工号】和【姓名】字段添加到【示例查询设计】窗格中。

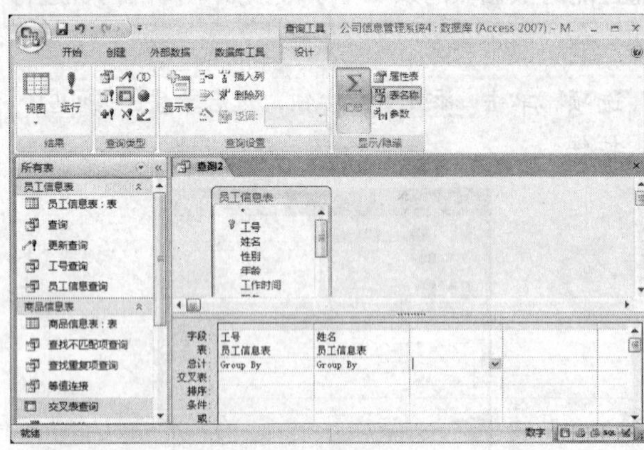

提示

要创建交叉表查询，必须指定一个或多个“行标题”选项、一个“列标题”选项和一个“值”选项。

6 单击【工号】字段的【交叉表】属性右侧的下箭头按钮，在弹出的下拉列表中选择【行标题】选项。

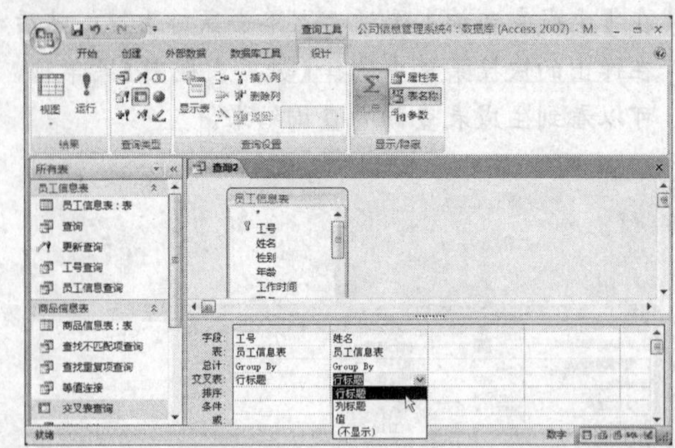

7 将【性别】字段添加到【示例查询设计】窗格中，单击【性别】字段的【交叉表】属性右侧的下箭头按钮，在弹出的下拉列表中选择【列标题】选项。

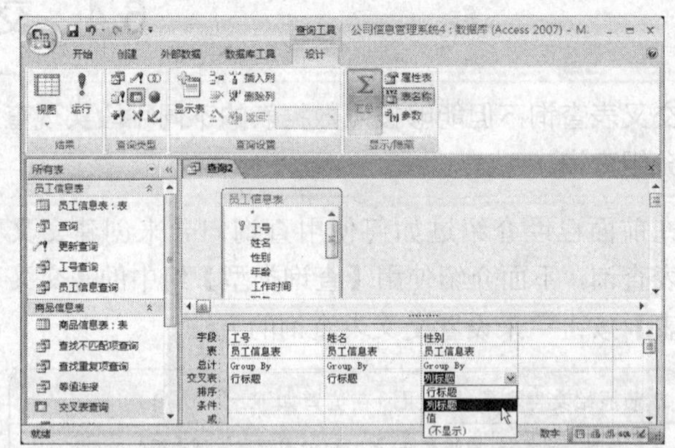

8 将【年龄】字段添加到【示例查询设计】窗格中，单击【年龄】字段的【总计】属性右侧的下箭头按钮，在弹出的下拉列表中选择【最小值】选项，然后单击【年龄】字段的【交叉表】属性右侧的下箭头按钮，在弹出的下拉列表中选择【值】选项。

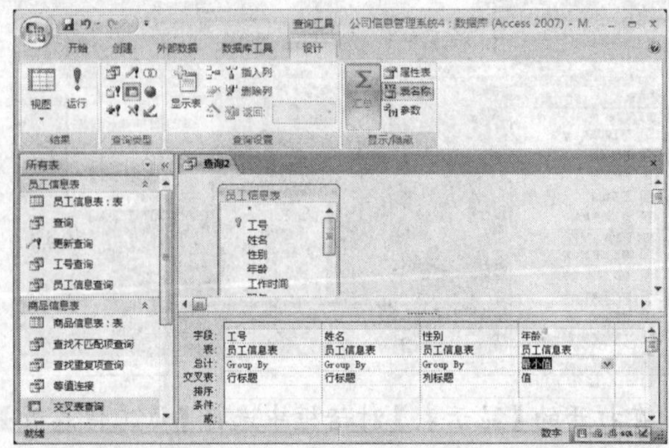

9 单击【保存】按钮，在弹出的【另存为】对话中的【查询名称】文本框中输入要保存的查询名称，这里输入“员工信息交叉表查询”，然后单击 确定 按钮。

10 在【员工信息交叉表查询】选项卡上单击鼠标右键，然后在弹出的快捷菜单中选择【数据表视图】菜单项查看【员工信息交叉表查询】的查询结果。

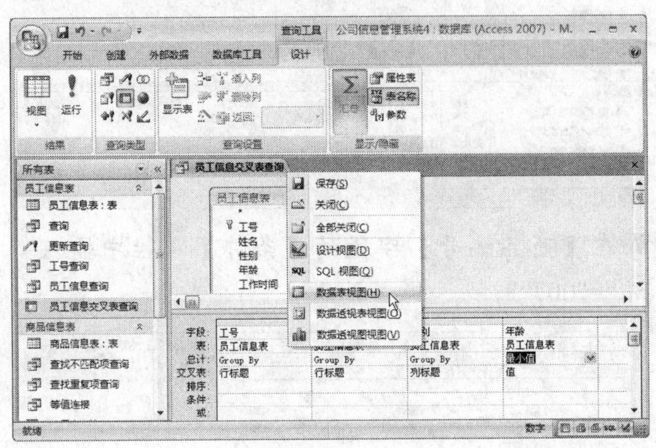

11【员工信息交叉表查询】的查询结果如下图所示。

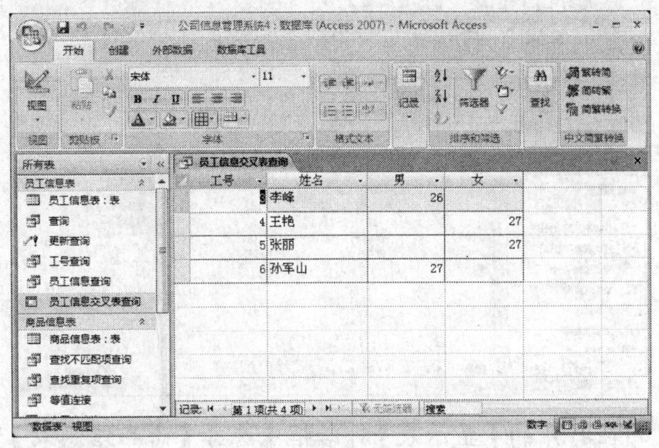

6.5 追加查询

追加查询是 Access 提供的一种插入数据的方法，它可以从一个或者多个表中将一组记录追加到另一个或者多个数据表的尾部。

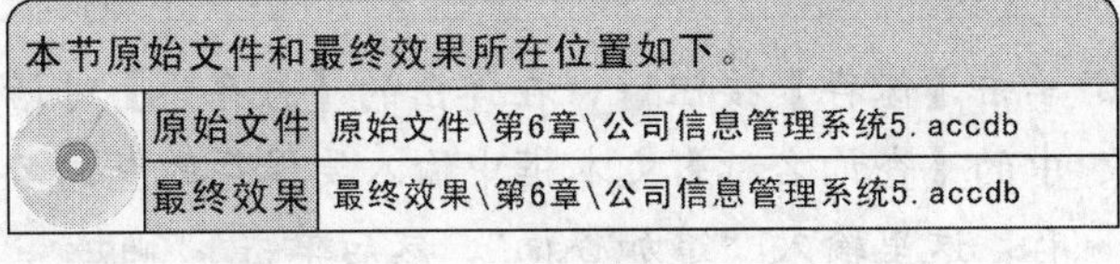

本节原始文件和最终效果所在位置如下。

原始文件	原始文件\第6章\公司信息管理系统5.accdb
最终效果	最终效果\第6章\公司信息管理系统5.accdb

创建追加查询的具体步骤如下。

1 打开本节的原始文件，双击【商品信息表：表】选项打开【商品信息表】数据表视图并在该数据表中添加【商品编号】为“007”的商品信息。

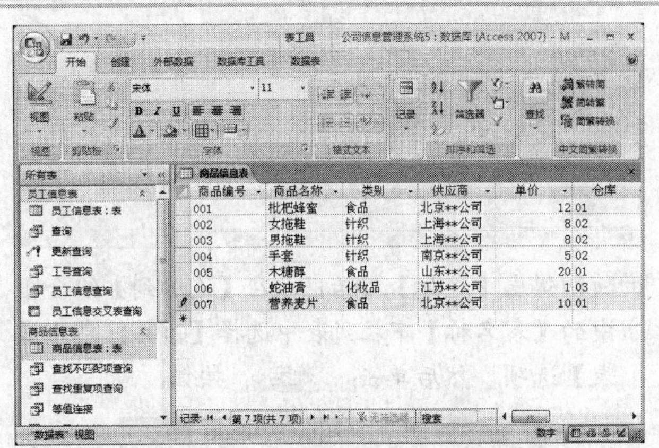

2 切换至【创建】选项卡，单击【其他】组中的 查询设计 按钮创建查询。

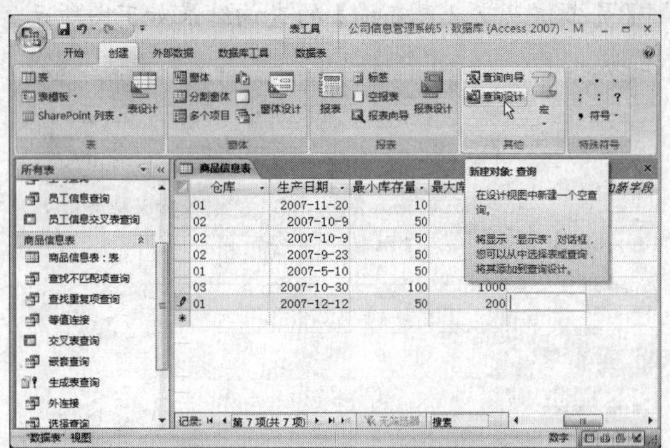

3 在打开的【显示表】对话框中选择【商品信息表】选项，单击 添加(A) 按钮，然后单击 关闭(C) 按钮。

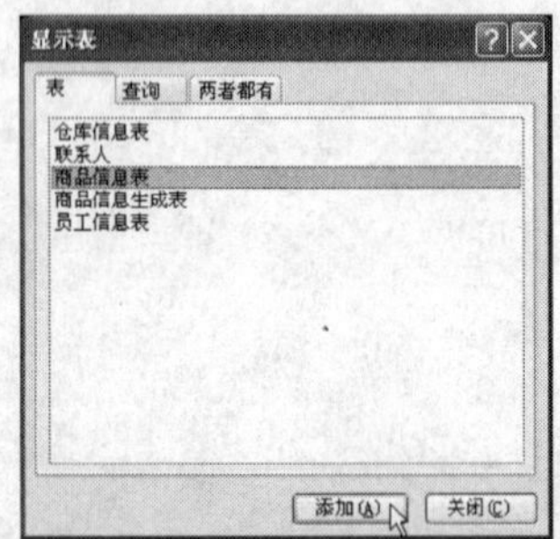

4 单击【查询类型】组中的【追加】按钮。

5 随即弹出【追加】对话框，在【追加到】组合框中的【表名称】下拉列表中选择【商品信息生成表】选项，然后单击 确定 按钮。

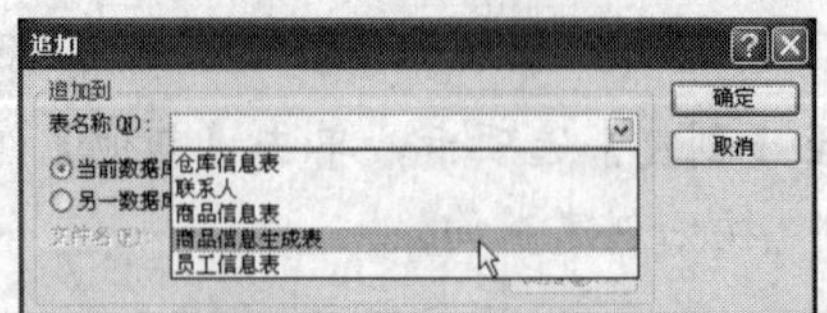

6 将【商品信息表】中的所有字段都添加到【示例查询设计】窗格中，可以看到在【商品编号】、【商品名称】、【最小库存量】和【最大库存量】等字段的【追加到】属性对应有相应的字段名称，表明这 4 个字段是需要追加的字段。

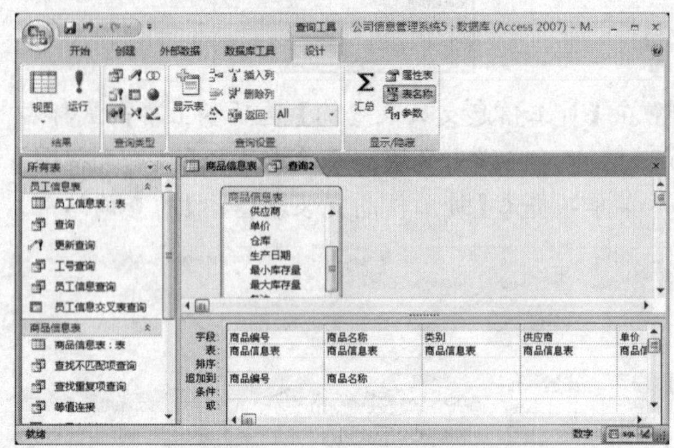

7 在【商品编号】字段的【条件】属性中输入“="007"”。

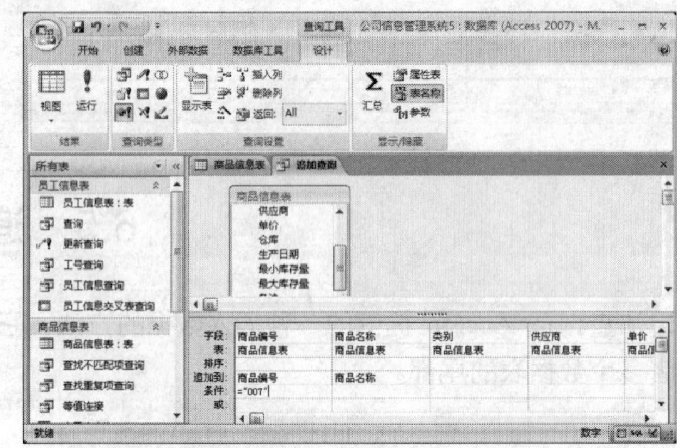

8 单击【保存】按钮，在弹出的【另存为】对话中的【查询名称】文本框中输入要保存的查询名称，这里输入“追加查询”，然后单击 确定 按钮。

9 单击【结果】组中的【运行】按钮。

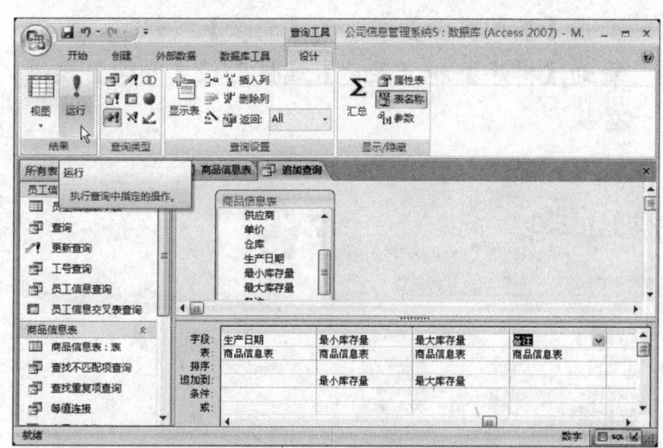

⑩随即弹出【您正准备追加 1 行】对话框，然后单击 是(Y) 按钮。

⑪在【追加查询】选项卡上单击鼠标右键，然后在弹出的快捷菜单中选择【数据表视图】菜单项将【追加查询】切换至数据表视图中。

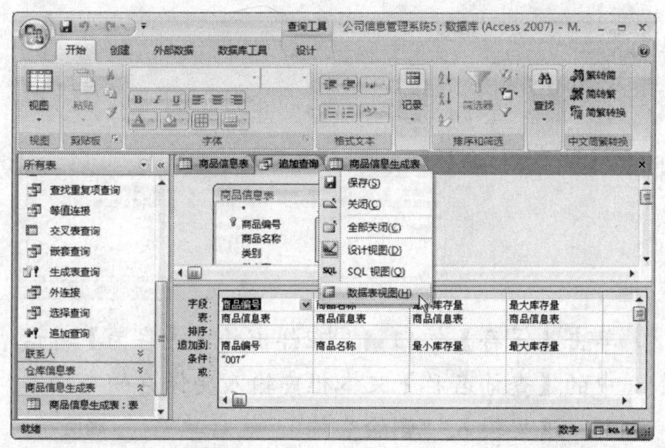

⑫随即可以看到要追加查询的查询结果。

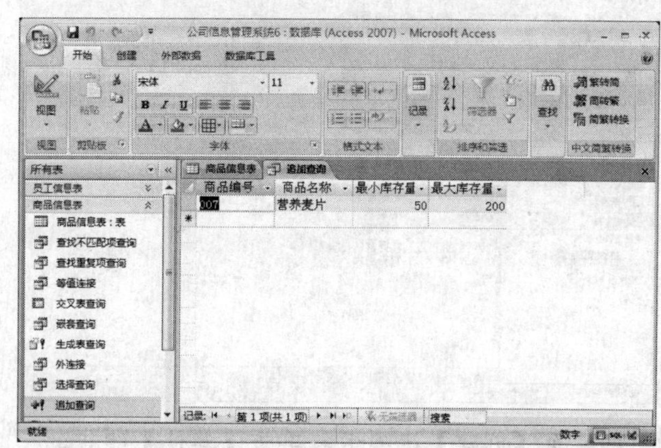

⑬打开【商品信息生成表】，可以看到将【商品编号】字段为"007"的信息追加到了【商品信息生成表】中。

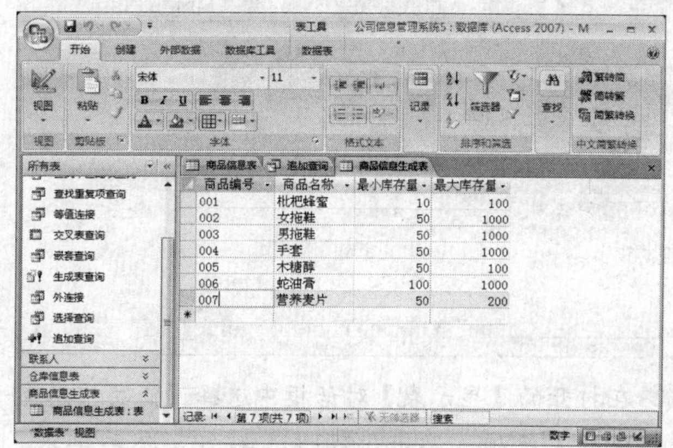

6.6 删除查询

删除查询可以从一个或者多个数据表中按照一定的条件删除一条或者多条记录。

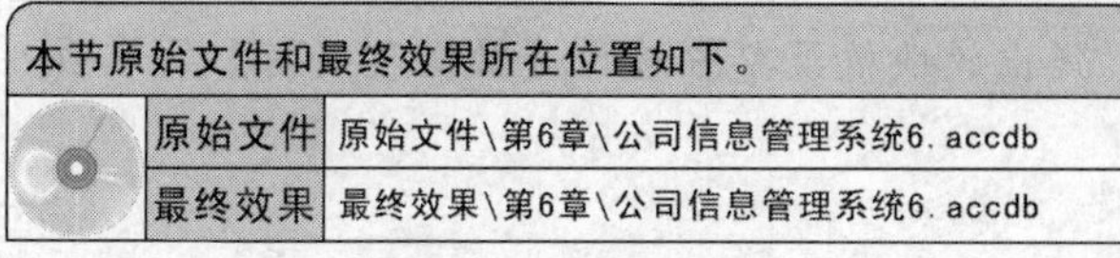

本节原始文件和最终效果所在位置如下。

原始文件	原始文件\第6章\公司信息管理系统6. accdb
最终效果	最终效果\第6章\公司信息管理系统6. accdb

创建删除查询的具体步骤如下。

①打开本节的原始文件，在【导航窗格】中双击【商品信息生成表：表】选项打开【商品信息生成表】数据表视图。

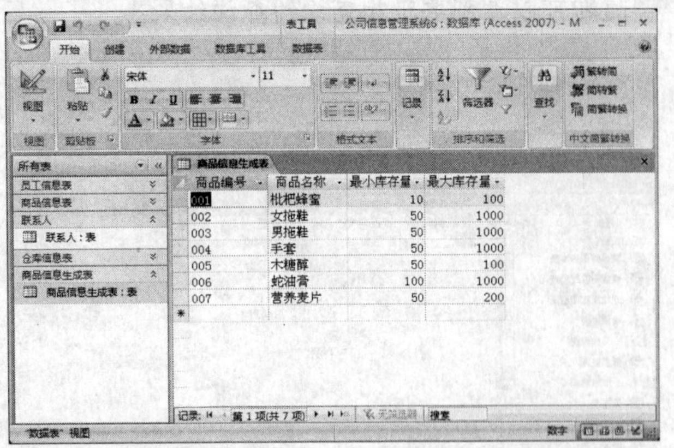

2 切换至【创建】选项卡，单击【其他】组中的 查询设计 按钮创建查询。

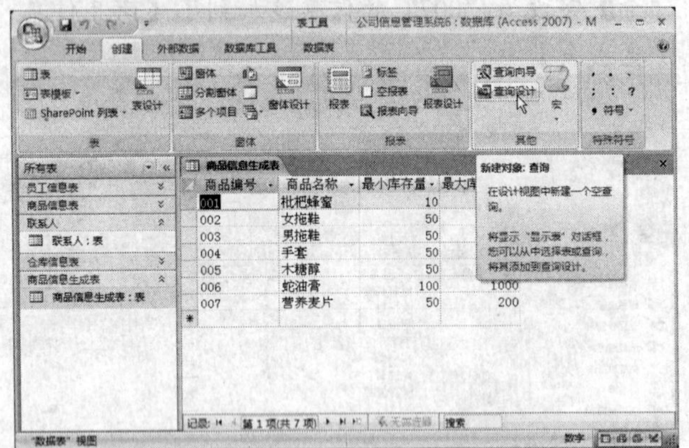

3 在打开的【显示表】对话框中选择【商品信息生成表】选项，单击 添加(A) 按钮，然后单击 关闭(C) 按钮。

显示表

表	查询	两者都有

仓库信息表
联系人
商品信息表
商品信息生成表
员工信息表

添加(A) 关闭(C)

提示

删除（DELETE）查询中不能包含附件或者照片等多值字段。

4 单击【查询类型】组中的【删除】按钮，可以看到【排序】和【显示】属性已经【删除】属性替换。

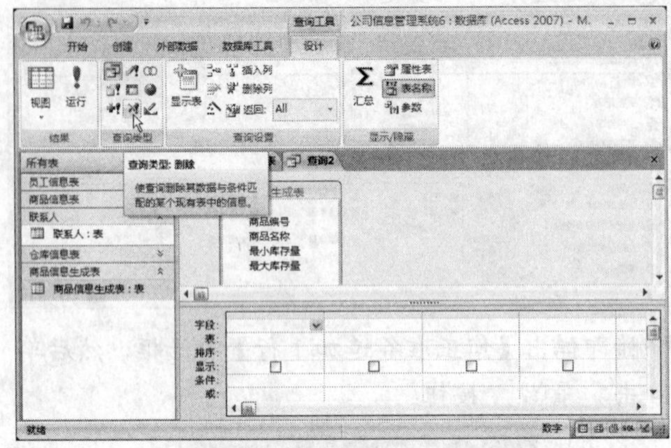

5 将所有的字段都添加到【示例查询设计】窗格中，并在【商品编号】字段的【条件】属性中输入“="007"”。

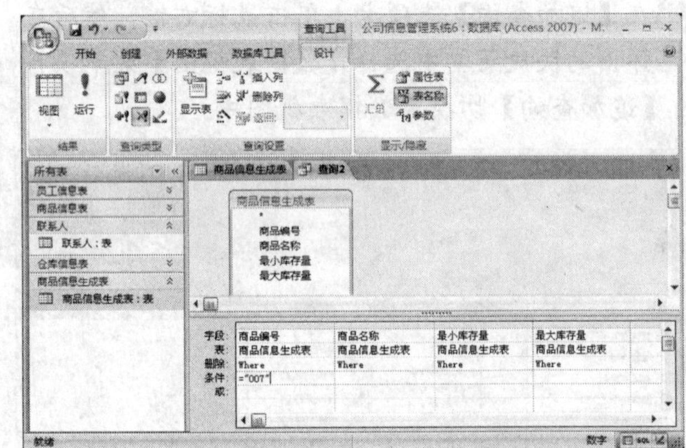

6 单击【保存】按钮，在弹出的【另存为】对话中的【查询名称】文本框中输入要保存的查询名称，这里输入“删除查询”，然后单击 确定 按钮。

7 在【删除查询】选项卡上单击鼠标右键，然后在弹出的快捷菜单中选择【数据表视图】菜单项。

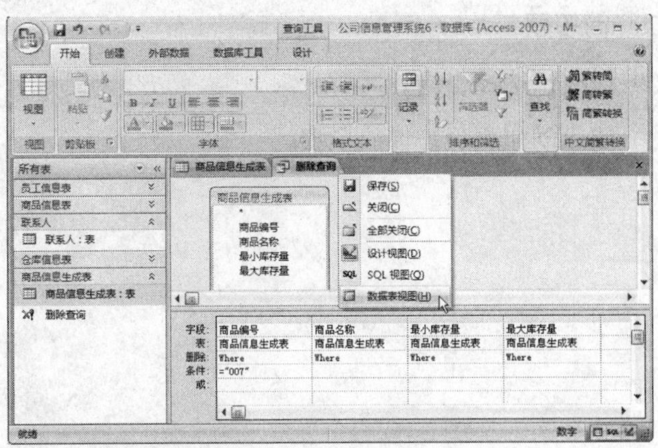

8 随即可以看到【删除查询】的查询结果。

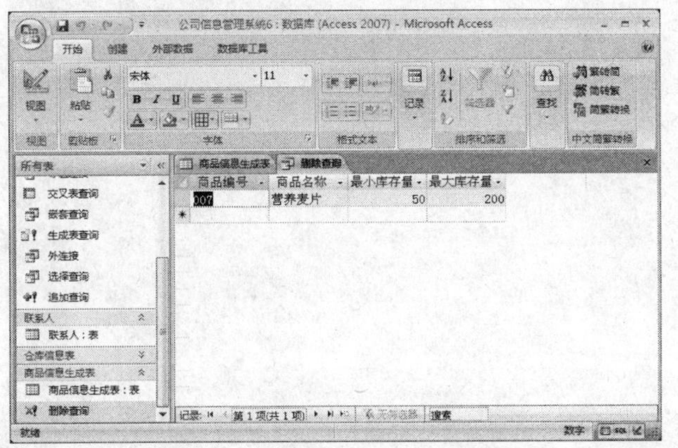

9 单击【结果】组中的【运行】按钮!。

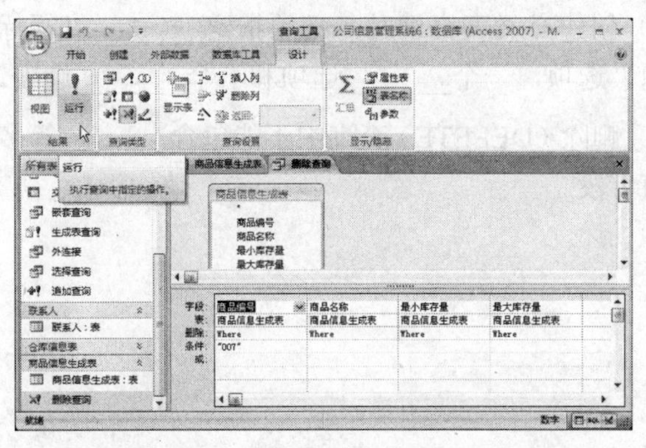

10 随即弹出【您正准备从指定表删除 1 行】对话框，然后单击 是(Y) 按钮。

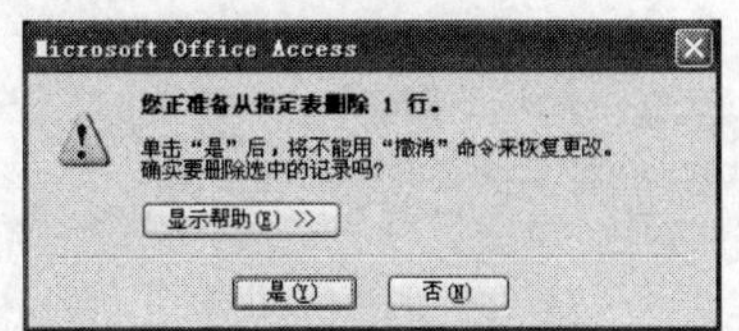

11 切换至【商品信息生成表】数据表视图中，可以看到商品编号为“007”的信息已被删除。

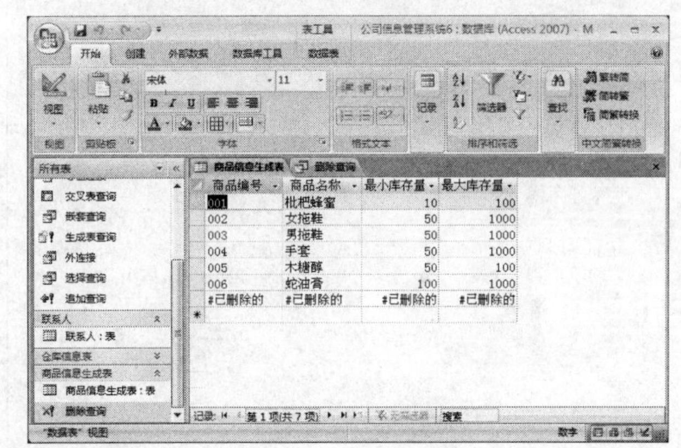

6.7　本章小结

本章介绍了操作查询。

首先介绍了操作查询中最基础的选择查询，然后介绍了更新查询、生成表查询、交叉表查询、追加查询以及删除查询等，并介绍了这些查询的创建方法。

6.8　过关练习题

1. 填空题

(1) Access 2007 中的操作查询类型主要包括选择查询、______、生成表查询、______、______和删除查询。

(2) 创建交叉表查询时，必须指定_______“行标题”选项，一个_______选项和一个_______选项。

(3) 删除（DELETE）查询中不能包含_______等多值字段。

2. 简答题

(1) 什么是选择查询？

(2) 简述创建删除查询的步骤。

第 7 章 SQL 语言

Transact-SQL 是 Microsoft 对标准结构化查询语言 SQL 的实现，可以简称为 Transact-SQL 或者 SQL。

SQL 是实现查询数据库问题的一种标准化方式，几乎所有的数据库操作都可以通过 SQL 语句来实现。

- SELECT 查询
- 计算查询
- 连接查询
- 操作查询

7.1 SELECT 查询

查询是数据库中的核心操作，SQL 语言提供了 SELECT 语句来进行数据库的查询，该语句具有丰富的功能以及灵活的使用方式。

SELECT 语句在任何一种 SQL 语言中使用的频率都是最高的，它是 SQL 语言的核心，能够让数据库服务器根据客户的要求搜索需要的信息资料，并按照规定的格式整理返回。

7.1.1 SELECT 语句格式

SQL 语言提供的进行数据库查询的 SELECT 语句使用以下格式来定义。

```
SELECT [ALL|DISTINCT]<目标列表达式>[别名],[<目标列表达式>][别名]…
FROM<表名或者视图名>[,<表名或者视图名>]…
[WHERE<条件表达式>]
[GROUP BY<列名 1>[HAVING<条件表达式>]]
[ORDER BY<列名 2>[ASC|DESC]]
```


- SELECT

查询并返回所指定的列值。

- FROM

是 SELECT 语句的子句，从指定的基本表或者视图中找出满足条件的元组。

- WHERE

指定查询所要满足的表达式。

- GROUP BY

将结果按照<列名 1>的值进行分组，该属性列中值相等的元组为一个组，通常会作用于集函数。

- HAVING

指定经过分组后满足条件的组才输出。

- ORDER BY

指定结果表按照<列名 2>的值的升序或者降序排列。

整个 SELECT 语句的含义为：首先根据 WHERE 子句的条件表达式从 FROM 子句指定的基本表或者视图中找出满足条件的元组，再按照 SELECT 子句中的目标列表达式选出元组中的属性值，然后形成结果表。如果存在 GROUP 子句，就需要将结果集按照<列名 1>的值进行分组；如果存在 ORDER 子句，就需要将结果集按照<列名 2>的值重新排序。

7.1.2 SELECT 语法规范

相关的 SQL 语言的语法规范如下表所示。

SQL 语法规范	说明
大写	表示关键字和保留字
斜体	用户提供的参数
|（竖线）	分隔括号或者大括号的语法项目。只能选一个
<标签>	语法元素，尖括号里面的是描述元素而不是实际的语法元素。尖括号可以省略
[]（方括号）	可选语法项目。不必键入方括号
{}（大括号）	必选语法项。不要键入大括号
[…n]	表示前面的项可重复 n 次。每一项由空格分隔

可以通过在查询的 SQL 视图中输入相关的 SELECT 语句来实现查询。打开某个查询的 SQL 视图的具体步骤如下。

本小节原始文件和最终效果所在位置如下。	
原始文件	原始文件\第7章\公司信息管理系统.accdb
最终效果	无

1 打开【公司信息管理系统】数据库，在【导航窗格】中的【等值连接】查询上单击鼠标右键，然后在弹出的快捷菜单中选择【设计视图】菜单项。

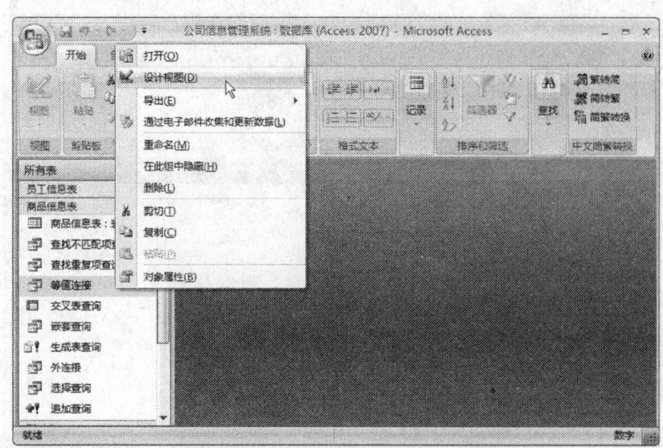

2 随即打开【等值连接】的设计视图。

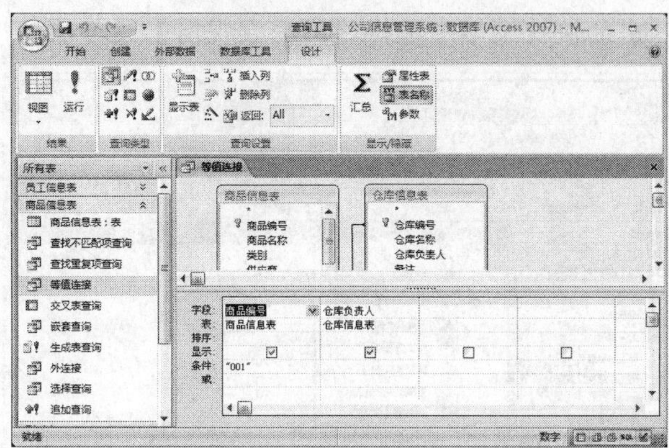

3 在【等值连接】选项卡上单击鼠标右键，然后在弹出的快捷菜单中选择【SQL 视图】菜单项。

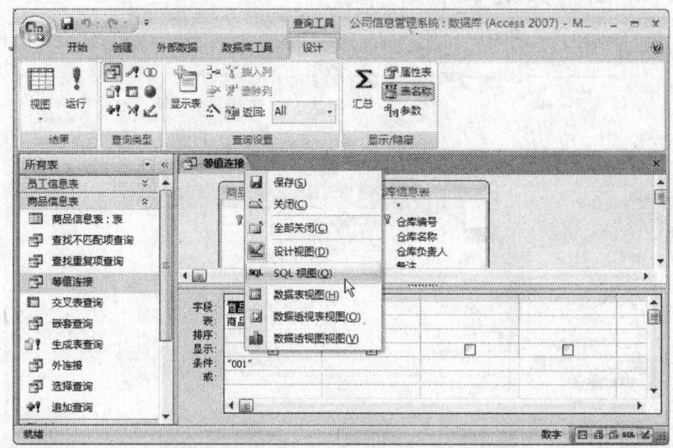

4 随即打开【等值连接】的 SQL 视图，从中用户可以输入或者修改 SELECT 语句。

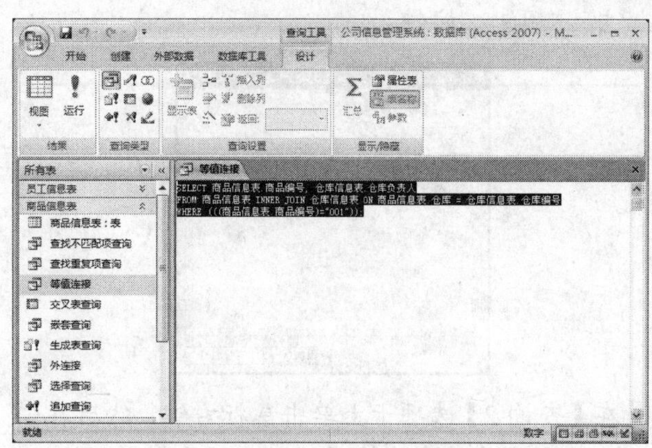

7.1.3 目标列表达式

目标列表达式可以是被查询表中的列的名称、表达式或者字符串。

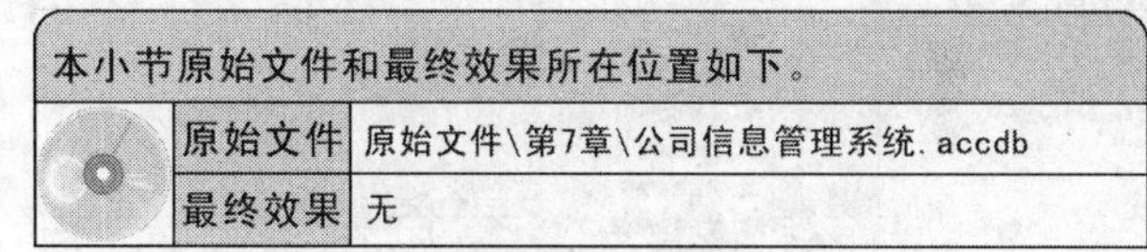

本小节原始文件和最终效果所在位置如下。	
原始文件	原始文件\第7章\公司信息管理系统. accdb
最终效果	无

1. 列名作为目标列表达式

如果是列的名称，则将查询对应的表中的记录值。将列名用于设定目标列表达式来创建查询的具体步骤如下。

1 打开【公司信息管理系统】数据库，切换至【创建】选项卡，然后单击【其他】组中的 查询设计 按钮创建查询。

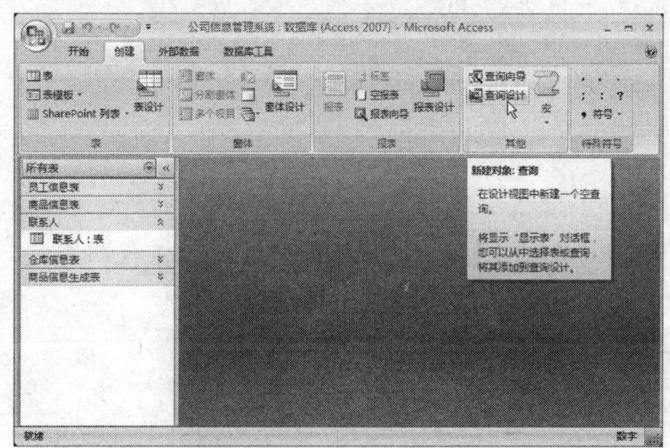

2 随即打开【显示表】对话框，从中选择【员工信息表】选项，单击 添加(A) 按钮，然后单

击 关闭(C) 按钮。

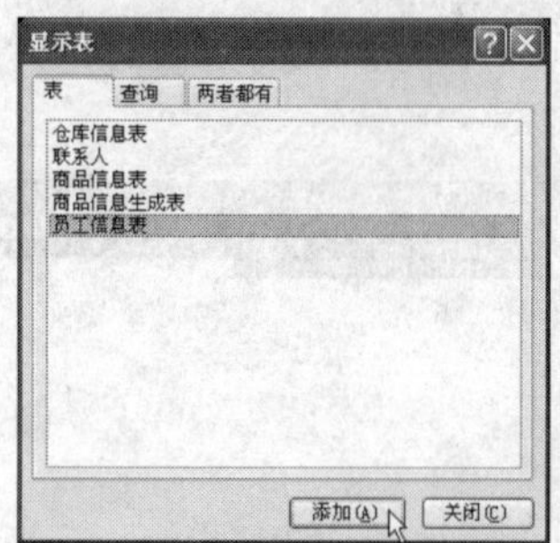

3 在【查询 2】选项卡上单击鼠标右键，然后在弹出的快捷菜单中选择【SQL 视图】菜单项。

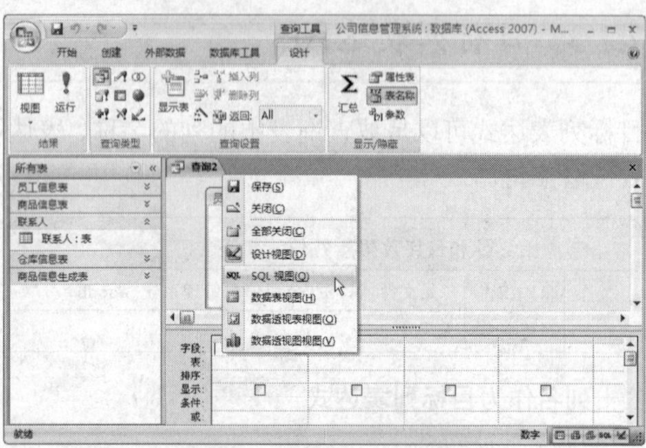

4 随即打开【查询 2】的 SQL 视图。

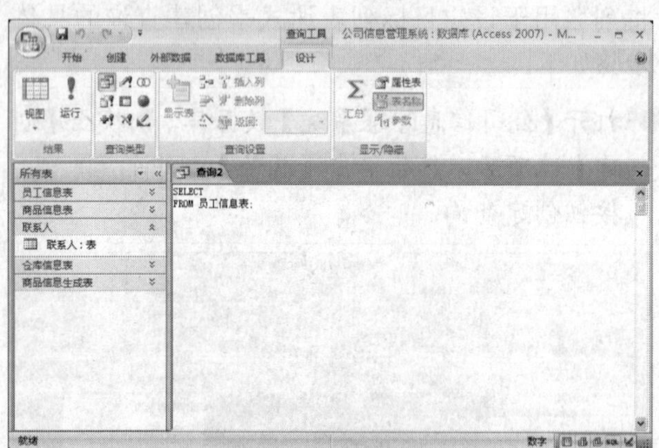

5 在【查询 2】的 SQL 视图中输入以下代码查询员工的姓名以及对应的年龄。

```
SELECT 姓名,年龄
FROM 员工信息表
```

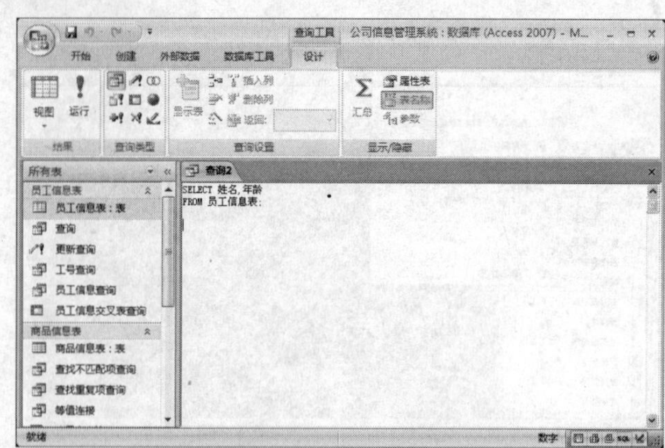

6 在【查询 2】选项卡上单击鼠标右键，然后在弹出的快捷菜单中选择【数据表视图】菜单项。

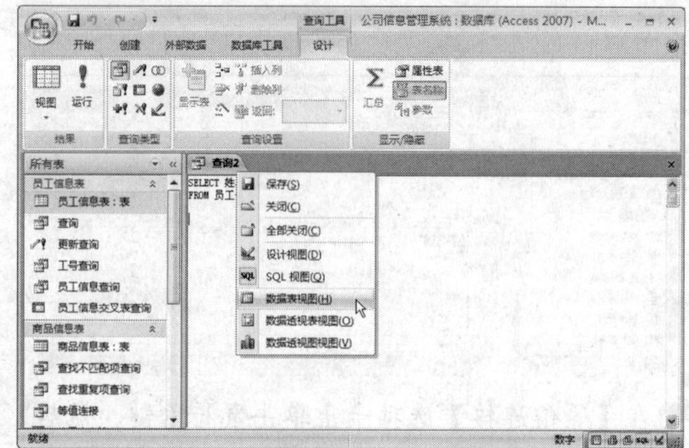

7 查询的结果如下图所示。

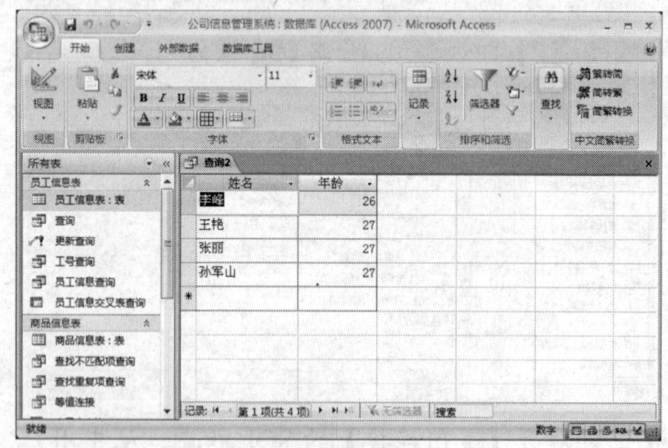

2. 表达式作为目标列表达式

如果是表达式，则将返回表达式的结果。

在 Access 中使用表达式的方式主要有以下两种。

(1) 直接使用集合函数

将集合函数用于设定目标列表达式创建查询的具体步骤如下。

1 打开【公司信息管理系统】数据库，切换至【创建】选项卡，然后单击【其他】组中的 查询设计 按钮创建查询。

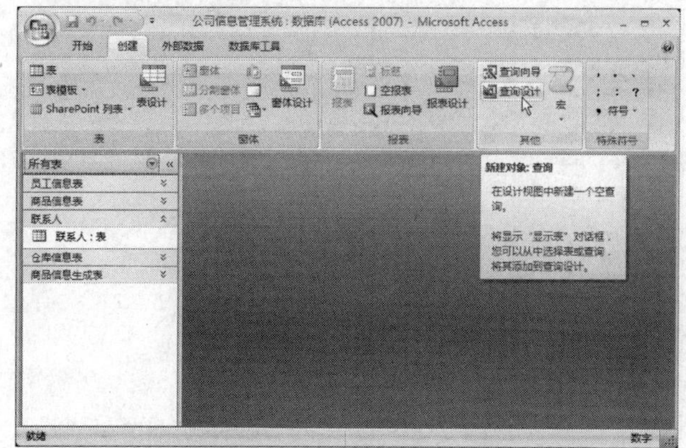

2 随即打开【显示表】对话框，从中选择【商品信息表】选项，单击 添加(A) 按钮，然后单击 关闭(C) 按钮。

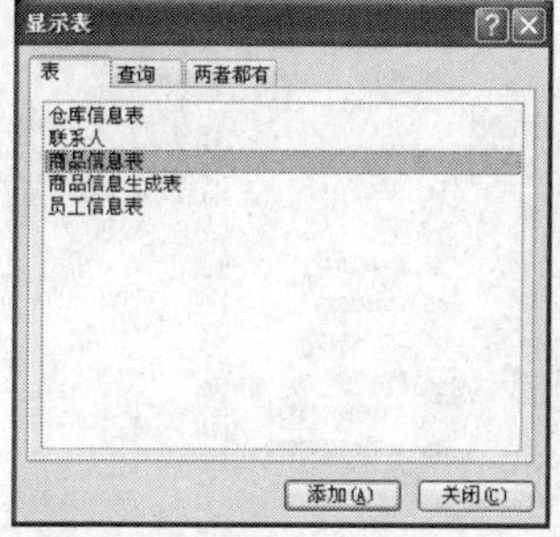

3 在【查询 2】选项卡上单击鼠标右键，然后在弹出的快捷菜单中选择【SQL 视图】菜单项。

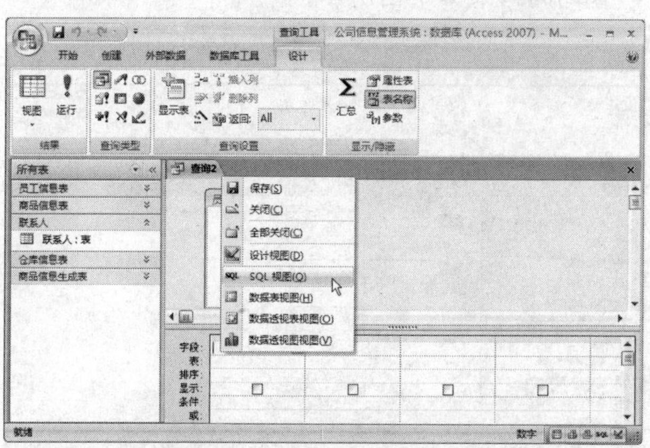

4 随即打开【查询 2】的 SQL 视图，并在该视图中输入以下代码。

```
SELECT Max(单价)
FROM 商品信息表;
```

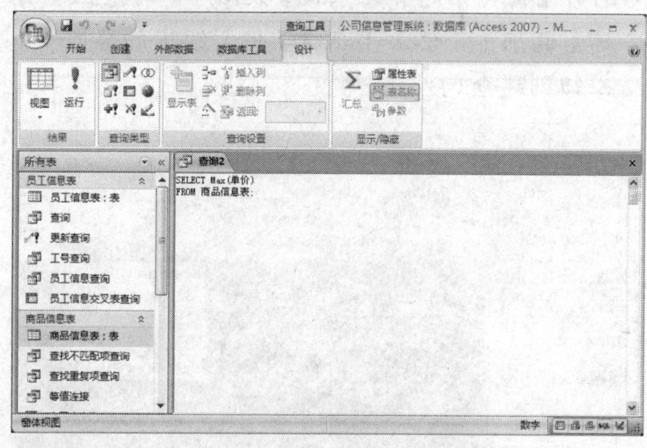

5 在【查询 2】选项卡上单击鼠标右键，然后在弹出的快捷菜单中选择【数据表视图】菜单项。

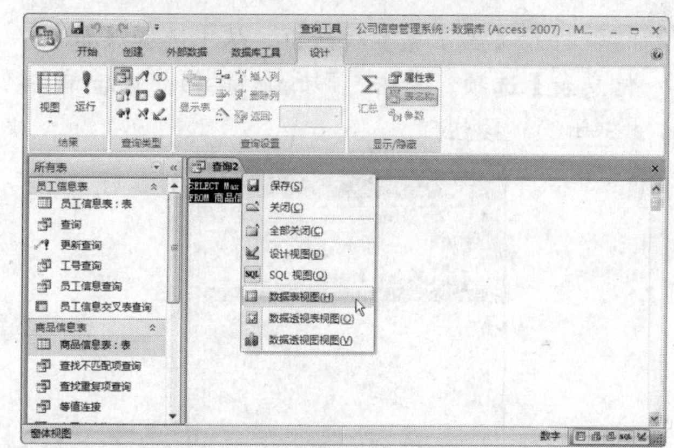

6 查询的结果如下图所示。

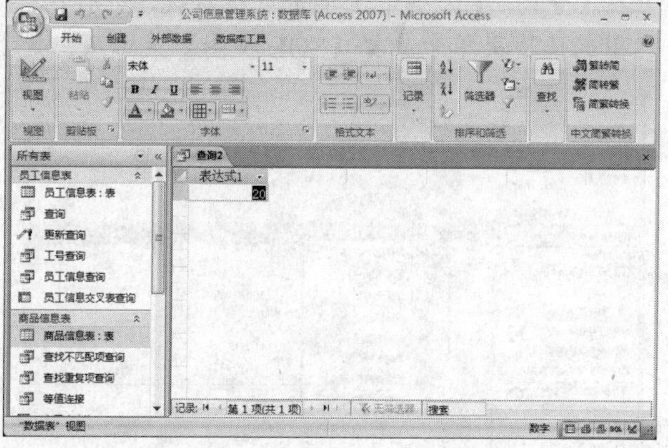

(2) 使用计算表达式

将计算表达式用于设定目标列表达式创建查询的具体步骤如下。

1 打开【公司信息管理系统】数据库，切换至【创建】选项卡，然后单击【其他】组中的【查询设计】按钮创建查询。

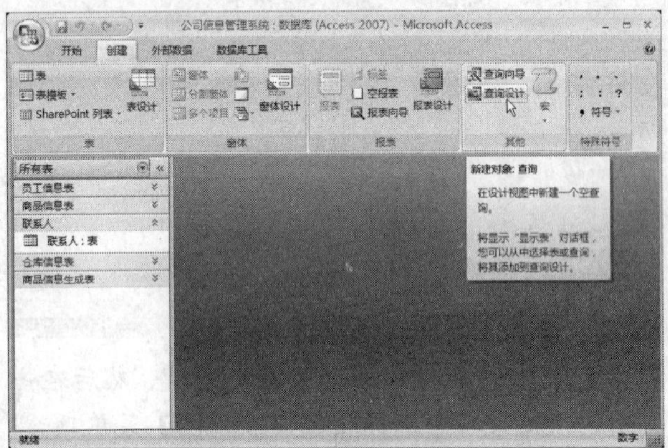

2 随即打开【显示表】对话框，从中选择【员工信息表】选项，单击 添加(A) 按钮，然后单击 关闭(C) 按钮。

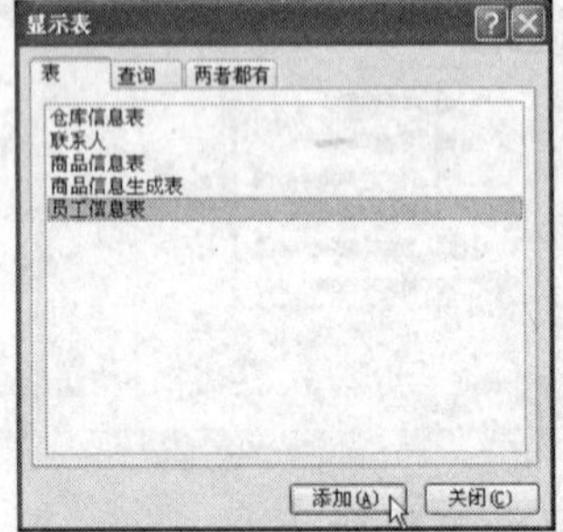

3 在【查询 2】选项卡上单击鼠标右键，然后在弹出的快捷菜单中选择【SQL 视图】菜单项。

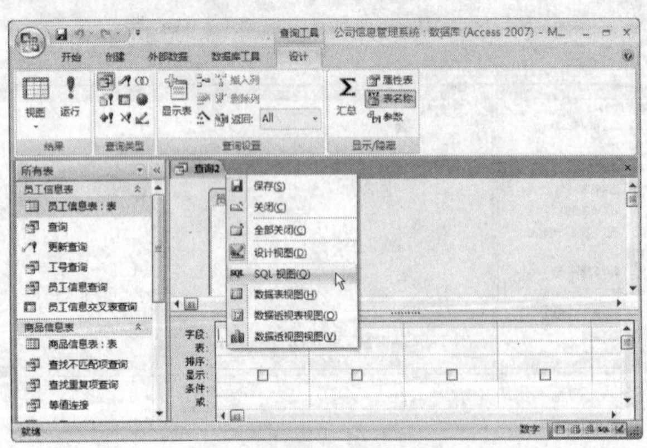

4 随即打开【查询 2】的 SQL 视图，并在该视图中输入以下代码来查询员工的姓名和工龄。

```
SELECT 员工信息表.姓名,
Year(Date())-Year(工作时间) AS 工龄
FROM 员工信息表;
```

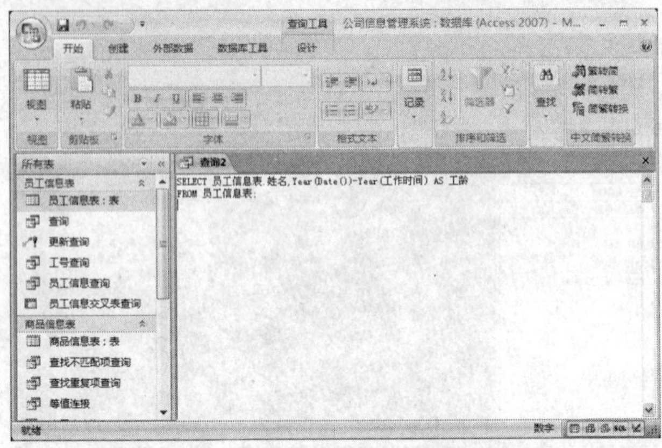

5 在【查询 2】选项卡上单击鼠标右键，然后在弹出的快捷菜单中选择【数据表视图】菜单项。

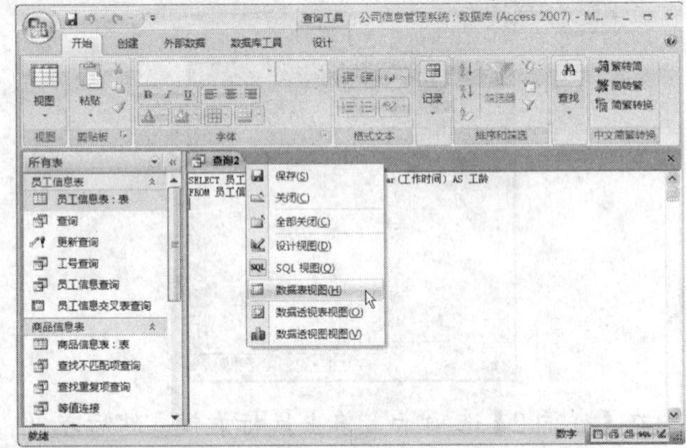

6 查询的结果如下图所示。

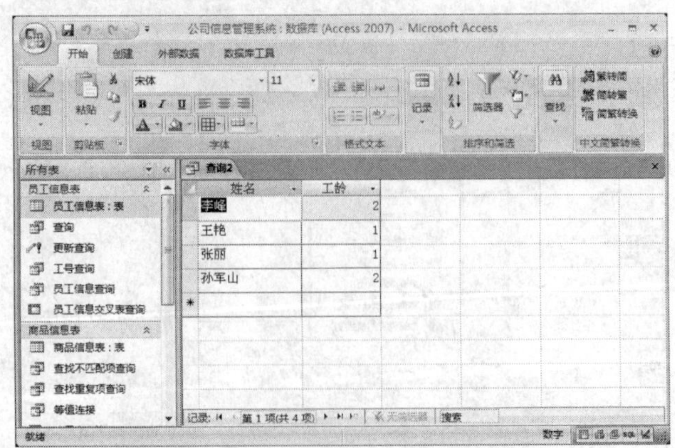

3. 字符串作为目标列表达式

如果是字符串，结果将显示固定的字符串。

将字符串用于设定目标列表达式创建查询的具体步骤如下。

1 打开【公司信息管理系统】数据库，切换至【创建】选项卡，然后单击【其他】组中的【查询设计】按钮创建查询。

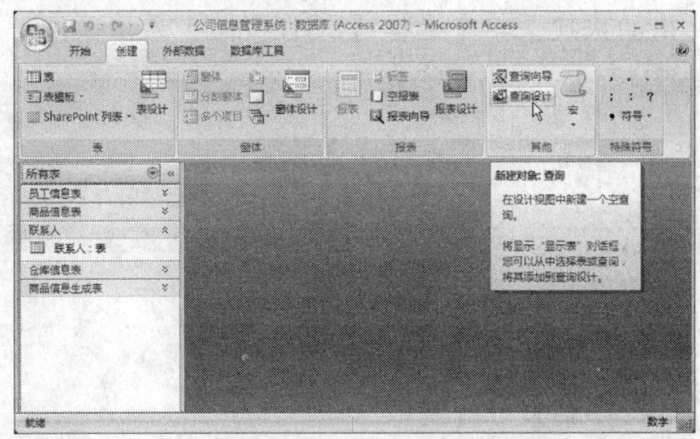

2 随即打开【显示表】对话框，从中选择【员工信息表】选项，单击【添加(A)】按钮，然后单击【关闭(C)】按钮。

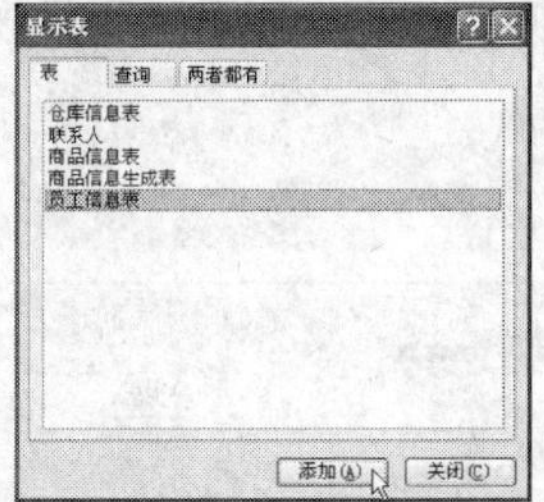

3 在【查询 2】选项卡上单击鼠标右键，然后在弹出的快捷菜单中选择【SQL 视图】菜单项。

4 随即打开【查询 2】的 SQL 视图，并在该视图中输入以下代码。

```
SELECT 姓名,性别,年龄,"未婚" AS 备注
FROM 员工信息表;
```

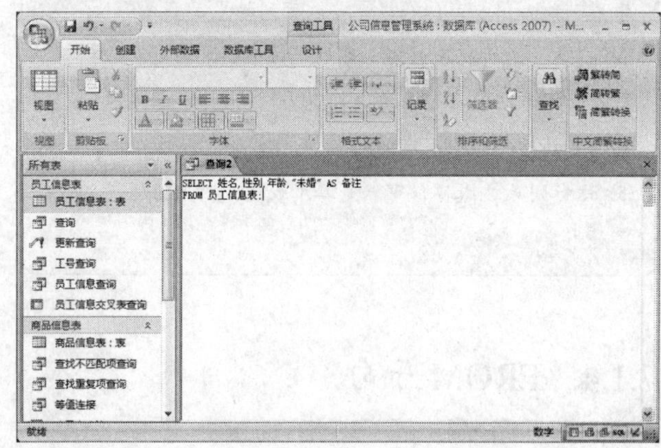

5 在【查询 2】选项卡上单击鼠标右键，然后在弹出的快捷菜单中选择【数据表视图】菜单项。

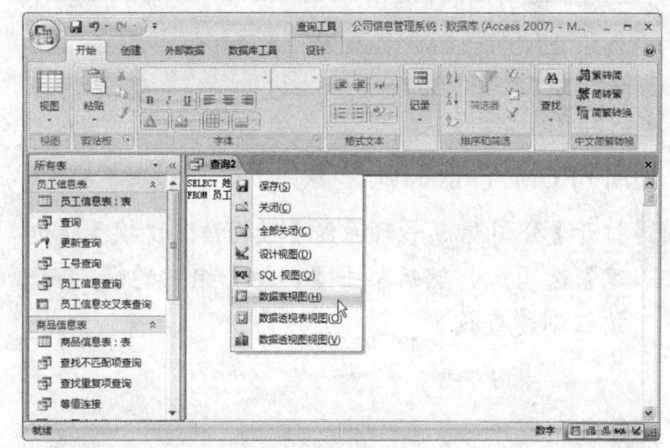

6 查询的结果如下图所示。

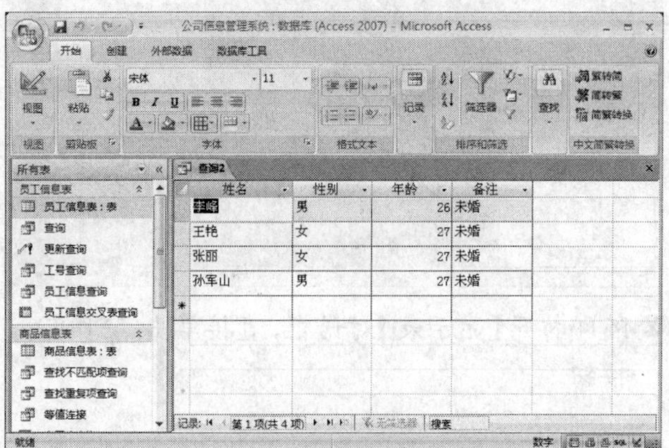

目标列表达式的几种使用情况如下。

(1) 目标列表达式中的各个列的先后顺序可以与表中的顺序不一致，用户可以根据需要改变列的显示顺序。

(2) 将表中的所有属性列全部显示出来的方法有两种：一种是简单地将目标列表达式指定为*，一种是在 SELECT 关键字的后面列出所有的列名。

(3) 目标列表达式不仅可以是算术表达式，而且还可以是字符串常量或者函数等。

7.1.4 FROM 子句

FROM 子句用来指定待查询的表的名称或者查询的名称。

本小节原始文件和最终效果所在位置如下。

	原始文件	原始文件\第7章\公司信息管理系统.accdb
	最终效果	无

使用 FROM 子句的具体步骤如下。

1 打开【公司信息管理系统】数据库，切换至【创建】选项卡，然后单击【其他】组中的 查询设计 按钮创建查询。

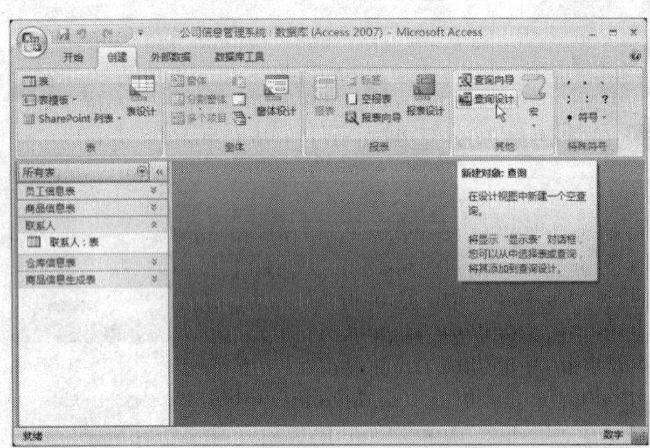

2 随即打开【显示表】对话框，直接单击 关闭(C) 按钮。

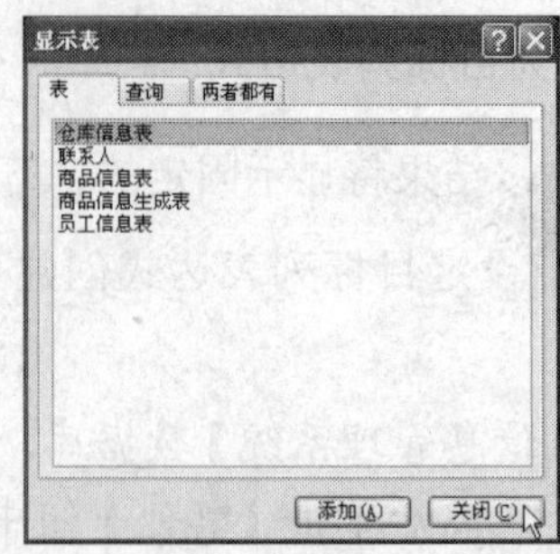

3 在【查询 2】选项卡上单击鼠标右键，然后在弹出的快捷菜单中选择【SQL 视图】菜单项。

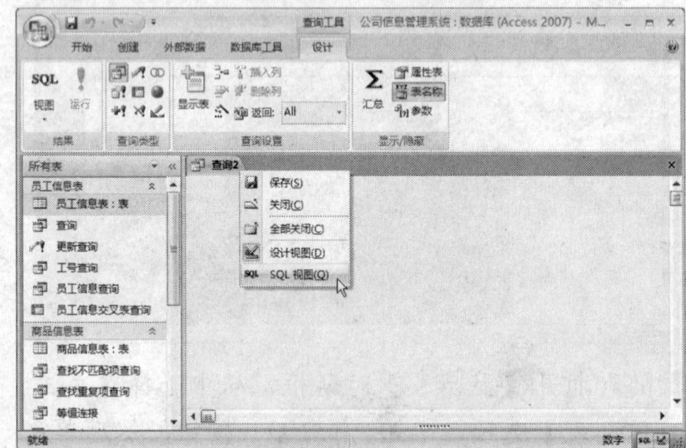

4 打开【查询 2】的 SQL 视图，并在该视图中输入以下代码。

```
SELECT 商品名称
FROM 商品信息表;
```

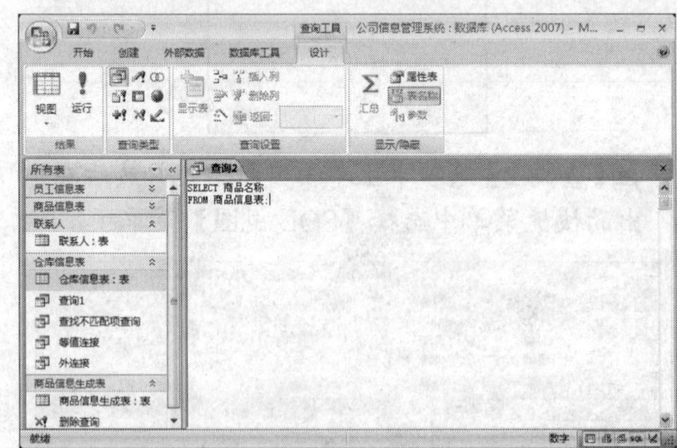

5 在【查询 2】选项卡上单击鼠标右键，然后在弹出的快捷菜单中选择【设计视图】菜单项。

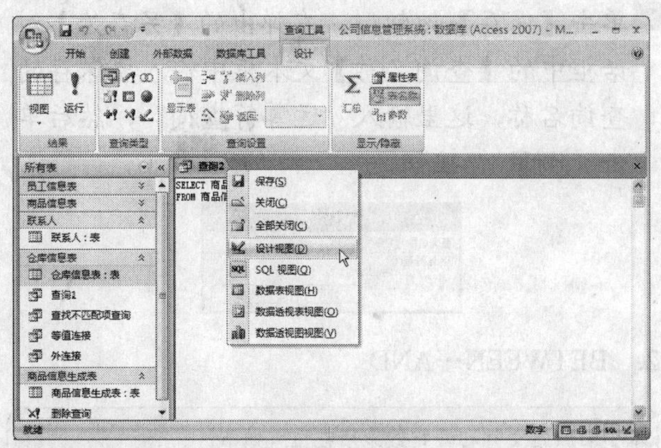

6 可以看到【商品信息表】添加到了【查询 2】中。

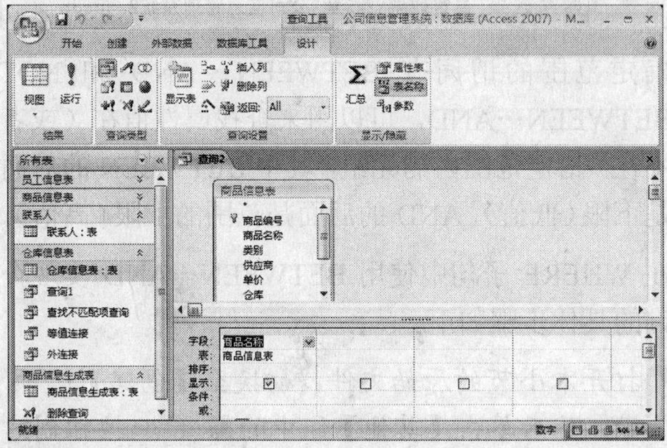

提示

通过上面的例子可以看出，SQL 视图中的“FROM”子句后面的表名是与在设计视图中添加的数据表相对应的。

7.1.5 WHERE 子句

通过 WHERE 子句可以查询满足指定条件的元组。WHERE 子句常用的查询条件有以下几种。

1. 比较运算符

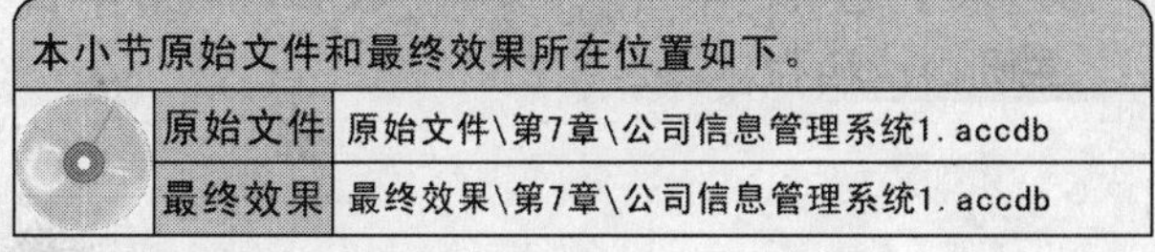

本小节原始文件和最终效果所在位置如下。		
	原始文件	原始文件\第7章\公司信息管理系统1.accdb
	最终效果	最终效果\第7章\公司信息管理系统1.accdb

比较运算符一般包括=（等于）、>（大于）、<（小于）、>=（大于等于）、<=（小于等于）、!=或者<>（不等于）。逻辑运算符 NOT 可以与比较运算符一起用，对条件求非。

在 WHERE 子句中使用比较运算符实现查询的具体步骤如下。

1 打开本小节的原始文件，切换至【创建】选项卡，然后单击【其他】组中的 查询设计 按钮创建查询。

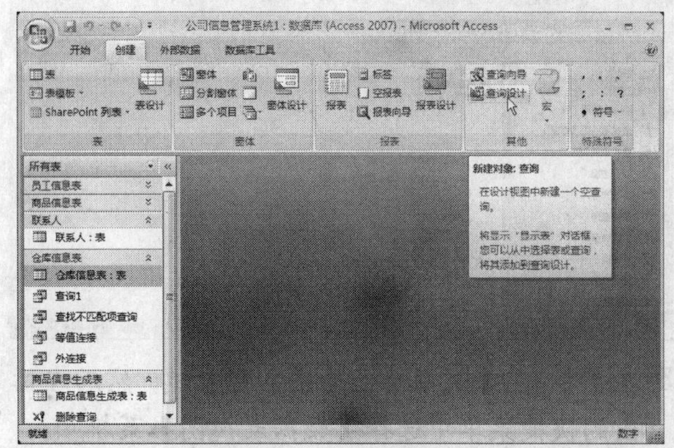

2 随即打开【显示表】对话框，从中选择【商品信息表】选项，单击 添加(A) 按钮，然后单击 关闭(C) 按钮。

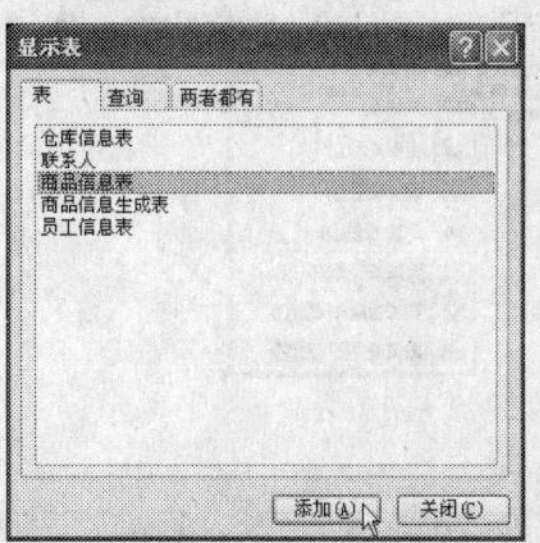

3 在【查询 2】选项卡上单击鼠标右键，然后在弹出的快捷菜单中选择【SQL 视图】菜单项。

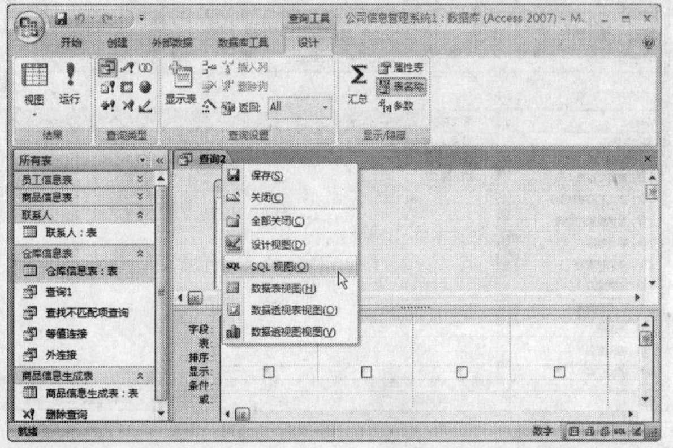

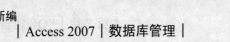

4 随即打开【查询 2】的 SQL 视图，并在该视图中输入以下代码。

```
SELECT 商品名称
FROM 商品信息表
WHERE 单价>10;
```

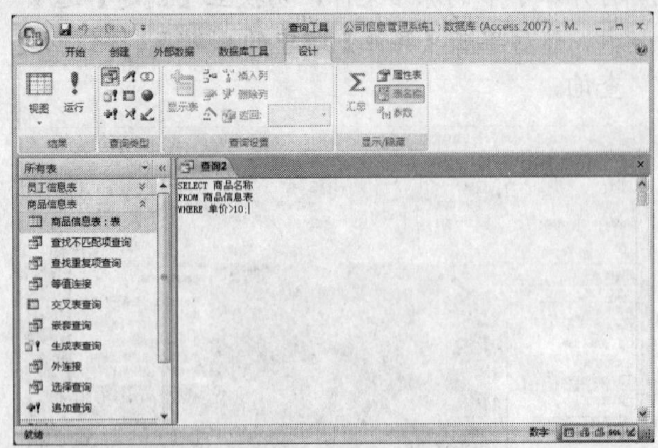

5 在【查询 2】选项卡上单击鼠标右键，然后在弹出的快捷菜单中选择【数据表视图】菜单项。

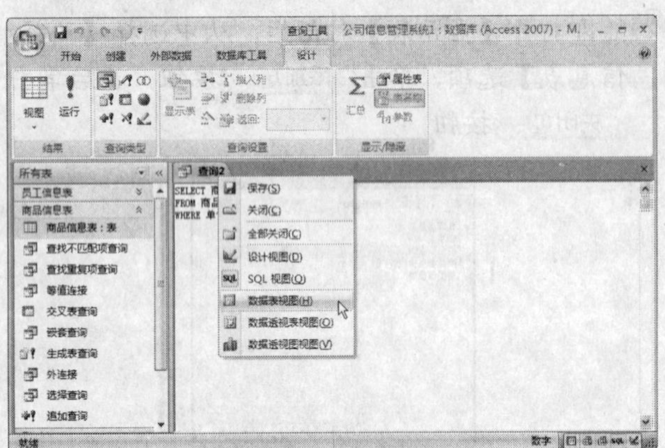

6 随即看到查询结果为单价大于 10 的商品名称。

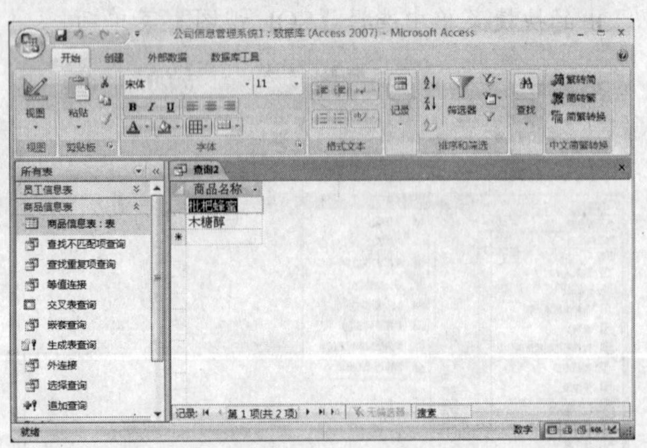

7 单击【保存】按钮，在弹出的【另存为】对话框中的【查询名称】文本框中输入要保存的查询名称，这里输入“运算符查询”，然后单击 确定 按钮。

2. BETWEEN…AND

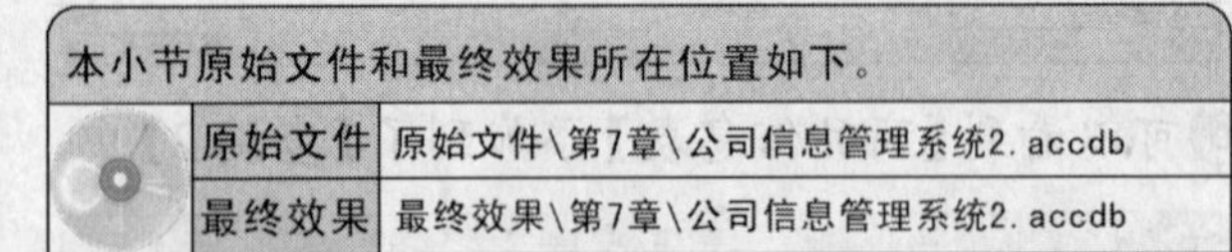

本小节原始文件和最终效果所在位置如下。

	原始文件	原始文件\第7章\公司信息管理系统2. accdb
	最终效果	最终效果\第7章\公司信息管理系统2. accdb

确定范围的谓词有 BETWEEN…AND 和 NOT BETWEEN…AND，可以用来查找属性值在（或者不在）指定范围内的元组，其中 BETWEEN 的后面是下限（低值），AND 的后面是范围的上限（高值）。

在 WHERE 子句中使用 BETWEEN…AND 实现查询的具体步骤如下。

1 打开本小节的原始文件，切换至【创建】选项卡，然后单击【其他】组中的 查询设计 按钮创建查询。

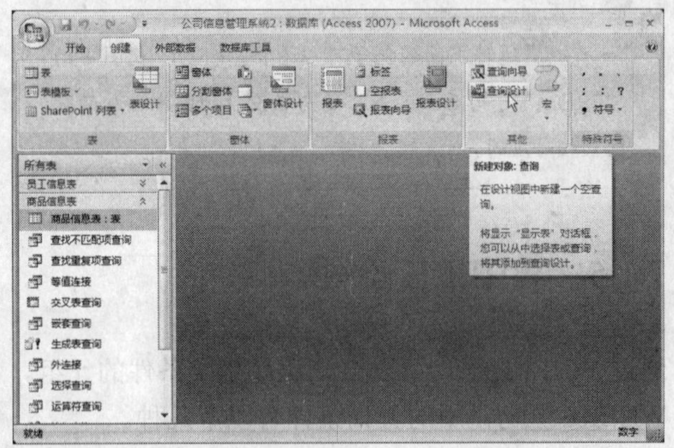

2 随即打开【显示表】对话框，从中选择【商品信息表】选项，单击 添加(A) 按钮，然后单击 关闭(C) 按钮。

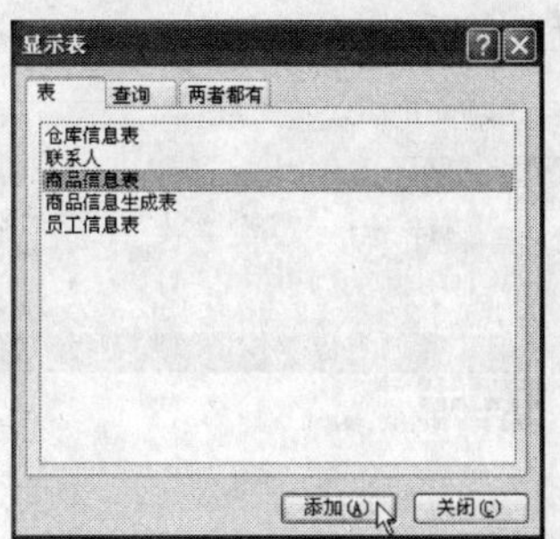

3 在【查询 2】选项卡上单击鼠标右键，然后在弹出的快捷菜单中选择【SQL 视图】菜单项。

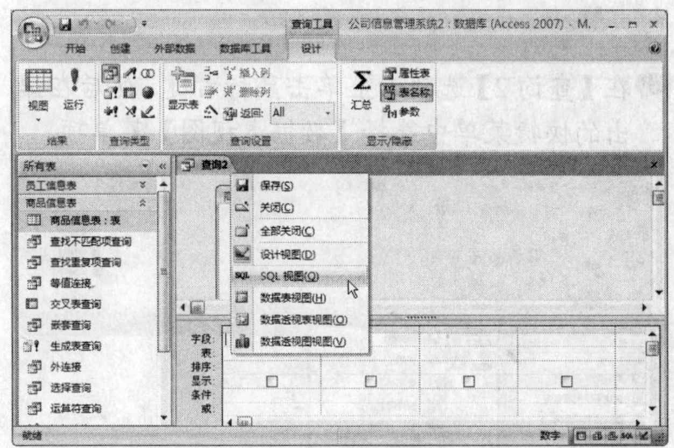

4 随即打开【查询 2】的 SQL 视图，并在该视图中输入以下代码。

```
SELECT 商品名称,单价
FROM 商品信息表
WHERE 单价 Between 5 And 15;
```

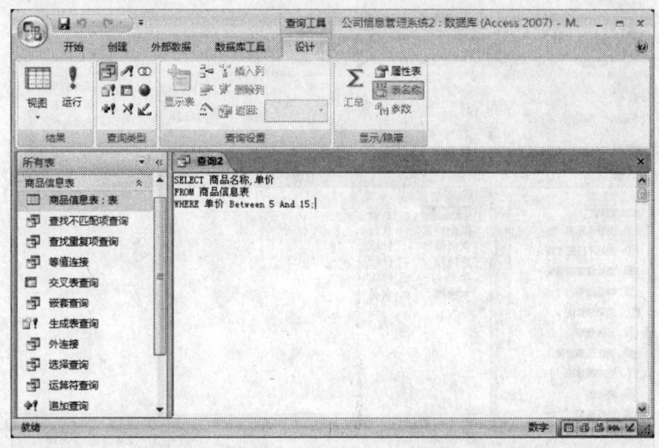

5 在【查询 2】选项卡上单击鼠标右键，然后在弹出的快捷菜单中选择【数据表视图】菜单项。

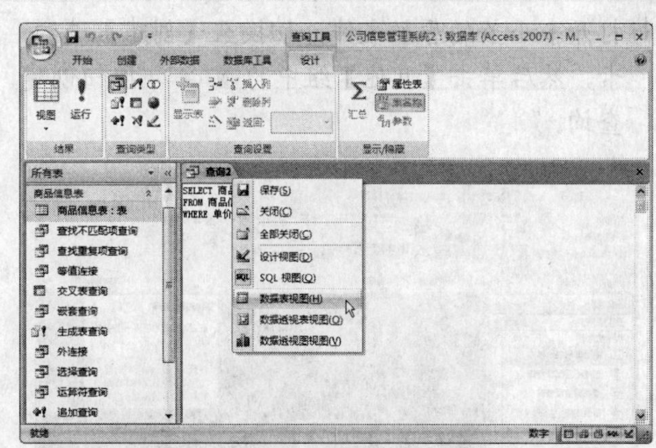

6 随即可以看到查询结果为单价介于 5 和 15 之间的商品名称和单价。

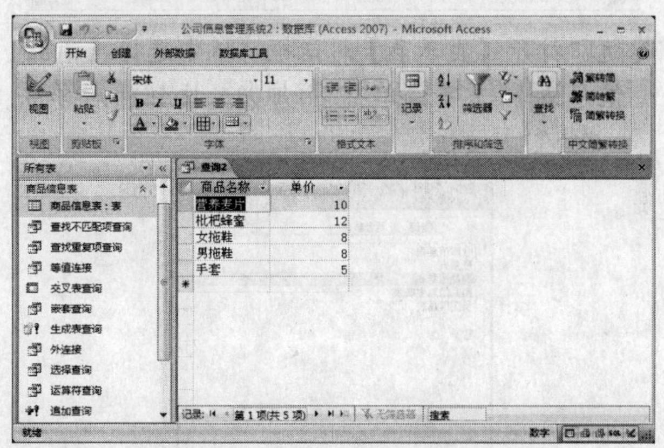

7 单击【保存】按钮，在弹出的【另存为】对话中的【查询名称】文本框中输入要保存的查询名称，这里输入“确定范围查询”，然后单击 确定 按钮。

3. 谓词 IN

本小节原始文件和最终效果所在位置如下。

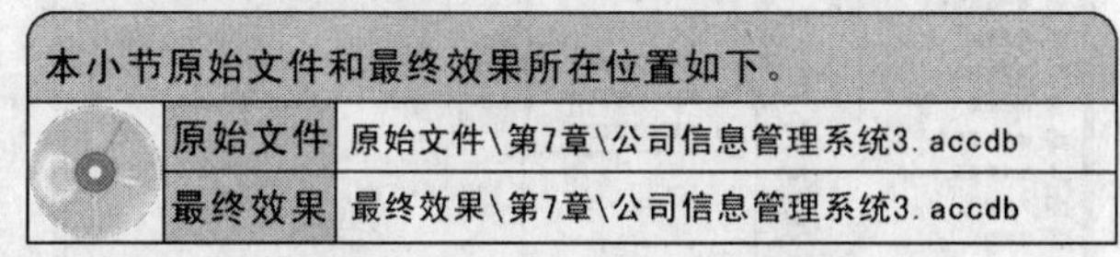

原始文件	原始文件\第7章\公司信息管理系统3. accdb
最终效果	最终效果\第7章\公司信息管理系统3. accdb

确定集合的谓词为 IN，可以用来查找属性值属于指定集合的元组。

在 WHERE 子句中使用谓词 IN 实现查询的具体步骤如下。

1 打开本小节的原始文件，切换至【创建】选项卡，然后单击【其他】组中的 查询设计 按钮创建查询。

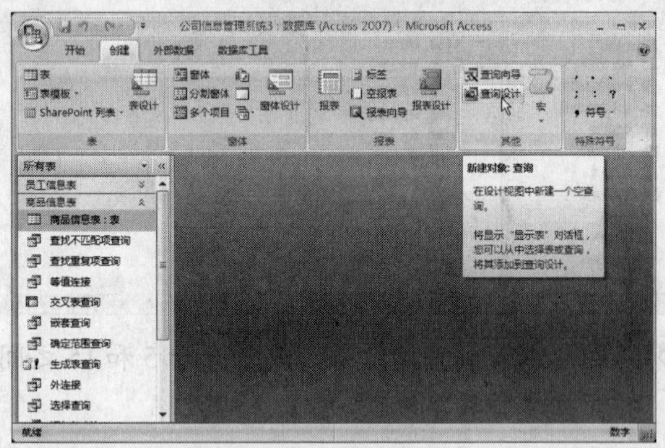

2 随即打开【显示表】对话框，从中选择【商品信息表】选项，单击 添加(A) 按钮然后单击 关闭(C) 按钮。

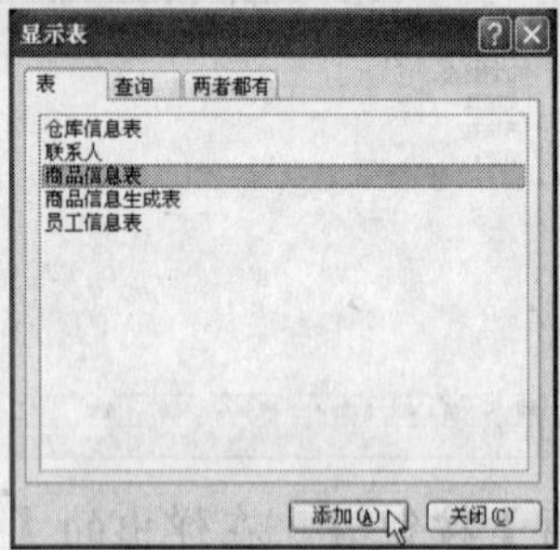

3 在【查询 2】选项卡上单击鼠标右键，然后在弹出的快捷菜单中选择【SQL 视图】菜单项。

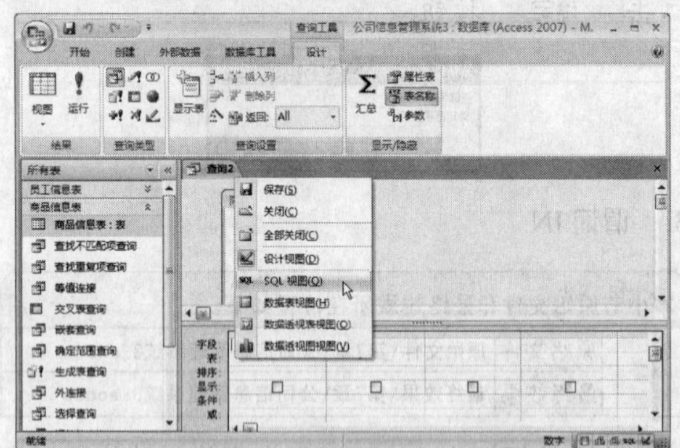

4 随即打开【查询 2】的 SQL 视图，并在该视图中输入以下代码。

```
SELECT 商品名称,类别
FROM 商品信息表
WHERE 类别 IN("针织","食品");
```

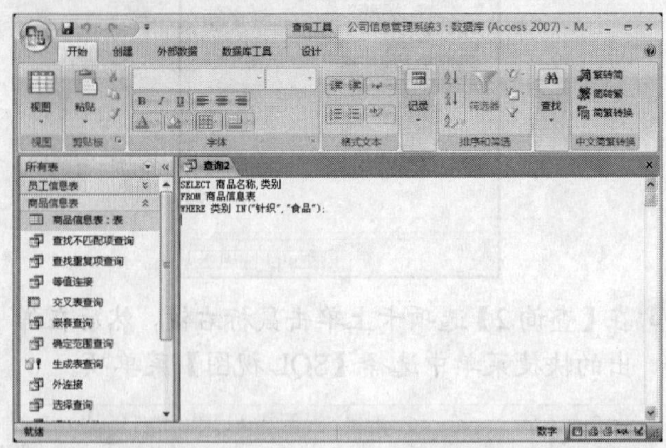

5 在【查询 2】选项卡上单击鼠标右键，然后在弹出的快捷菜单中选择【数据表视图】菜单项。

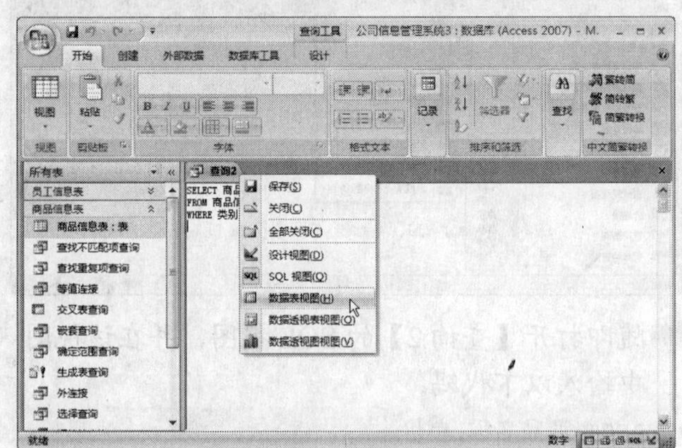

6 随即可以看到类别为食品和针织的商品名称和类别。

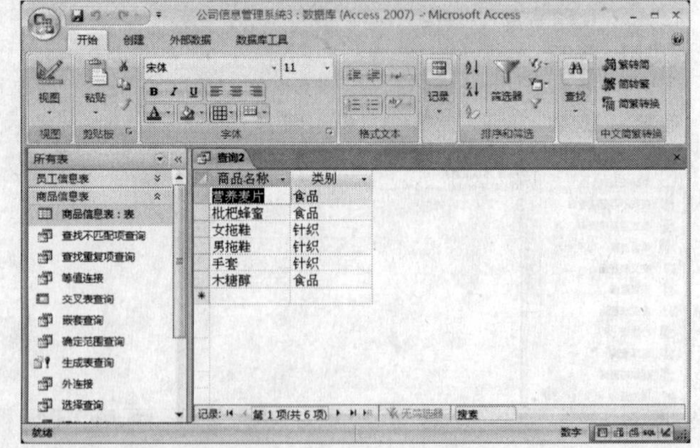

7 单击【保存】按钮，在弹出的【另存为】对话中的【查询名称】文本框中输入要保存的查询名称，这里输入“集合查询”，然后单击 确定 按钮。

4. 谓词 LIKE

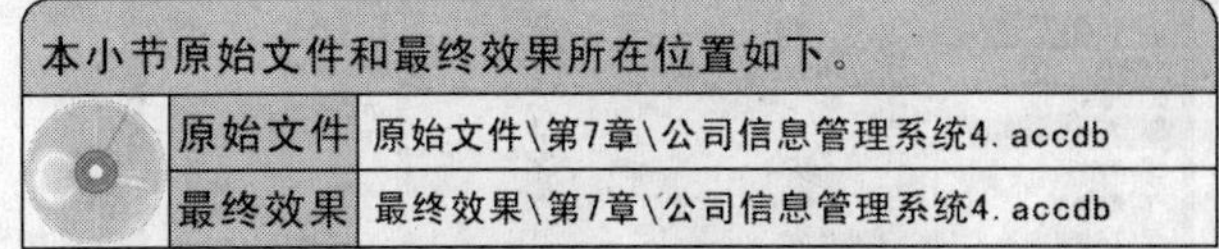

本小节原始文件和最终效果所在位置如下。

原始文件	原始文件\第7章\公司信息管理系统4.accdb
最终效果	最终效果\第7章\公司信息管理系统4.accdb

字符匹配的谓词为 LIKE，可以用来进行字符串的匹配，以下是语法格式。

```
[NOT]LIKE'<匹配串>'[ESCAPE'<换码字符>']
```

<匹配串>是一个完整的字符串，用来查找指定属性列的值与<匹配串>相匹配的元组，可以包含通配符“*”（星号）和“?”（问号）。其中“*”代表任意长度的（可以为 0）的字符串，“?”代表任意单个长度的字符。

在 WHERE 子句中使用谓词 LIKE 实现查询的具体步骤如下。

1. 打开本小节的原始文件，切换至【创建】选项卡，然后单击【其他】组中的 查询设计 按钮创建查询。

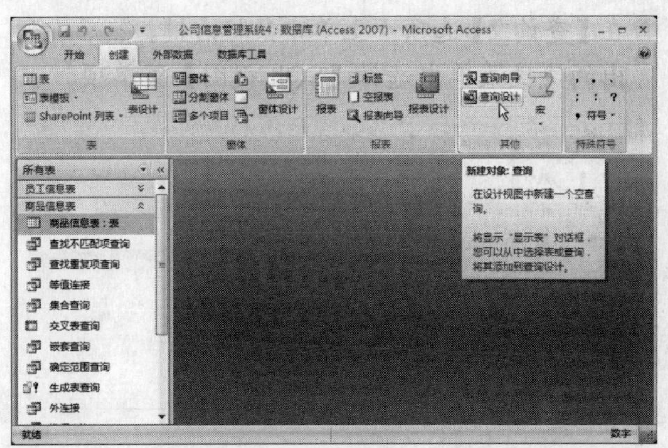

2. 随即打开【显示表】对话框，从中选择【商品信息表】选项，单击 添加(A) 按钮，然后单击 关闭(C) 按钮。

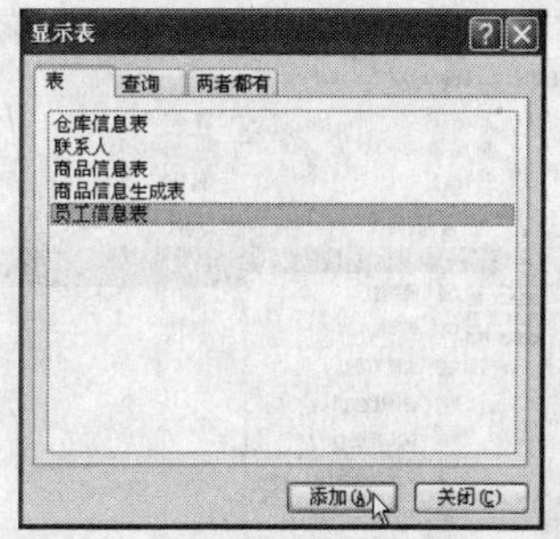

3. 在【查询 2】选项卡上单击鼠标右键，然后在弹出的快捷菜单中选择【SQL 视图】菜单项。

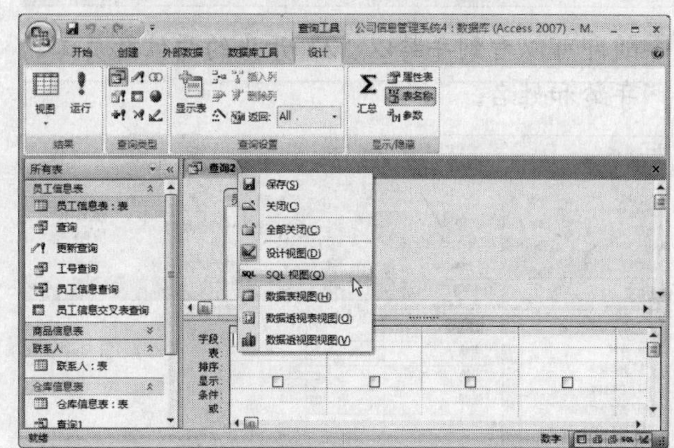

4. 随即打开【查询 2】的 SQL 视图，并在该视图中输入以下代码。

```
SELECT 姓名,年龄
FROM 员工信息表
WHERE 年龄 LIKE "2?";
```

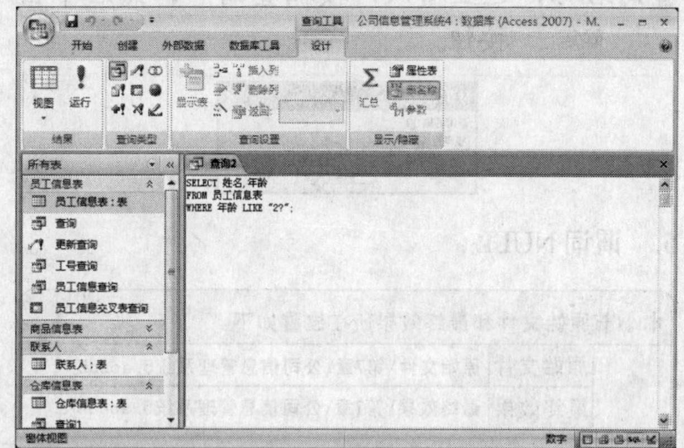

5. 在【查询 2】选项卡上单击鼠标右键，然后在弹出的快捷菜单中选择【数据表视图】菜单项。

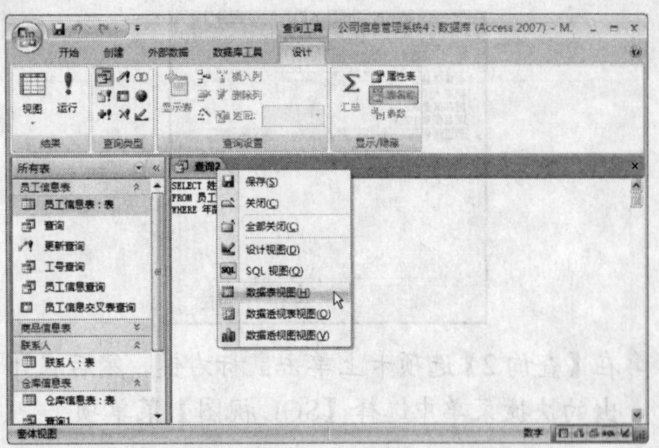

6 随即可以看到年龄以“2”开头的两位数员工的年龄和姓名。

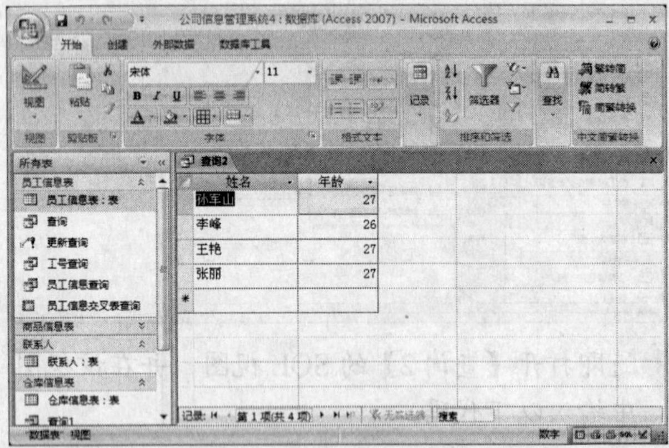

7 单击【保存】按钮，在弹出的【另存为】对话中的【查询名称】文本框中输入要保存的查询名称，这里输入“模糊查询”，然后单击 确定 按钮。

5. 谓词 NULL

本小节原始文件和最终效果所在位置如下。

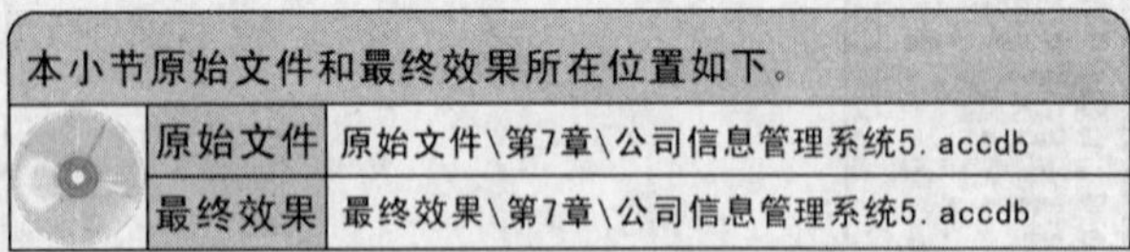

	原始文件	原始文件\第7章\公司信息管理系统5. accdb
	最终效果	最终效果\第7章\公司信息管理系统5. accdb

谓词 NULL 用于涉及空值的查询。

在 WHERE 子句中使用谓词 NULL 实现查询的具体步骤如下。

1 打开本小节的原始文件，切换至【创建】选项卡，然后单击【其他】组中的 查询设计 按钮创建查询。

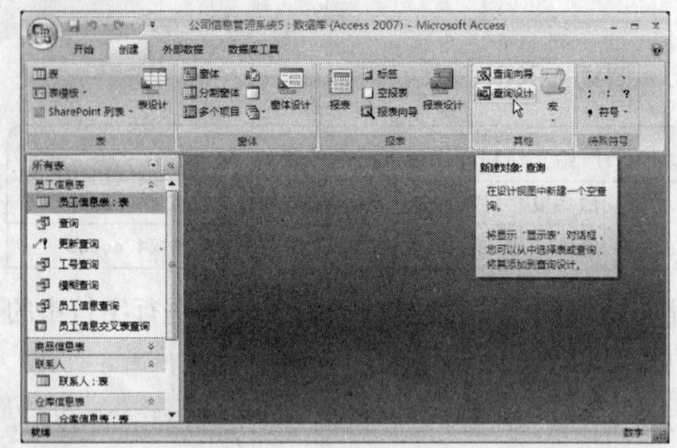

2 随即打开【显示表】对话框，从中选择【联系人】选项，单击 添加(A) 按钮，然后单击 关闭(C) 按钮。

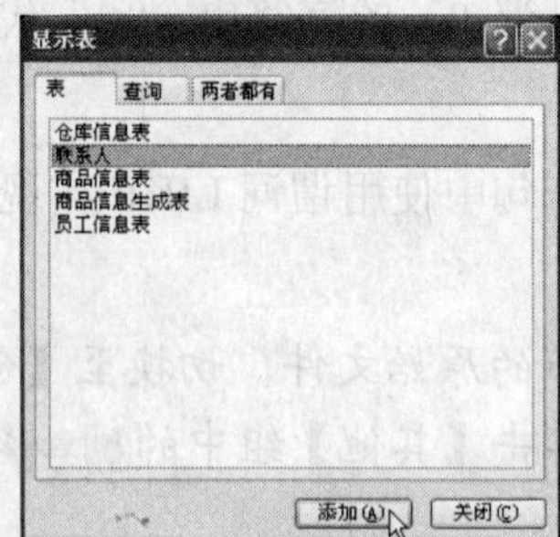

3 在【查询 2】选项卡上单击鼠标右键，然后在弹出的快捷菜单中选择【SQL 视图】菜单项。

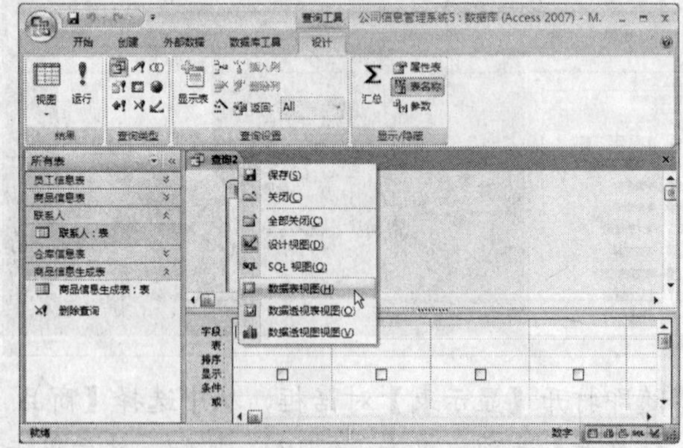

4 随即打开【查询 2】的 SQL 视图，并在该视图中输入以下代码。

```
SELECT 名字
FROM 联系人
WHERE 姓氏 IS NULL;
```

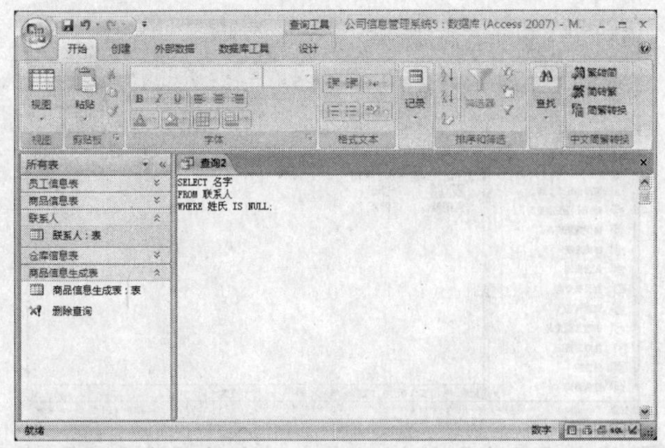

5 在【查询 2】选项卡上单击鼠标右键，然后在弹出的快捷菜单中选择【数据表视图】菜单项。

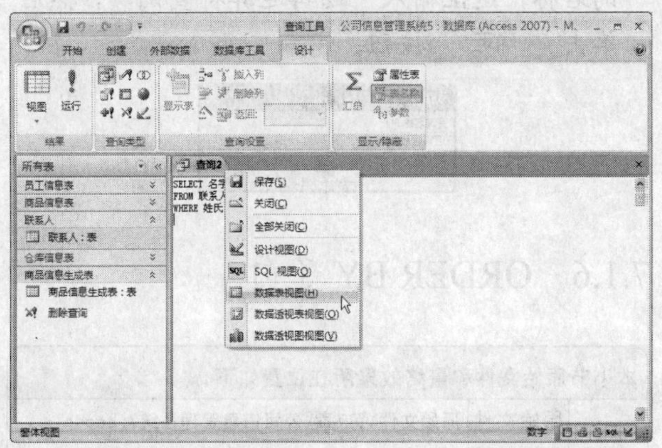

6 随即可以看到【姓氏】字段为空的联系人的名字。

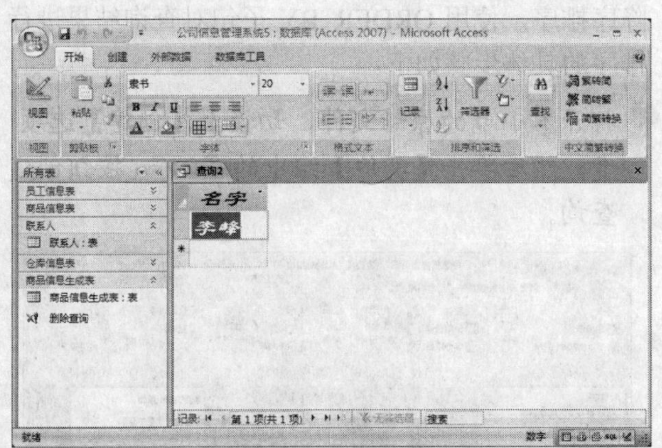

7 单击【保存】按钮，在弹出的【另存为】对话中的【查询名称】文本框中输入要保存的查询名称，这里输入“空值查询”，然后单击 确定 按钮。

6. 逻辑运算符 AND 和 OR

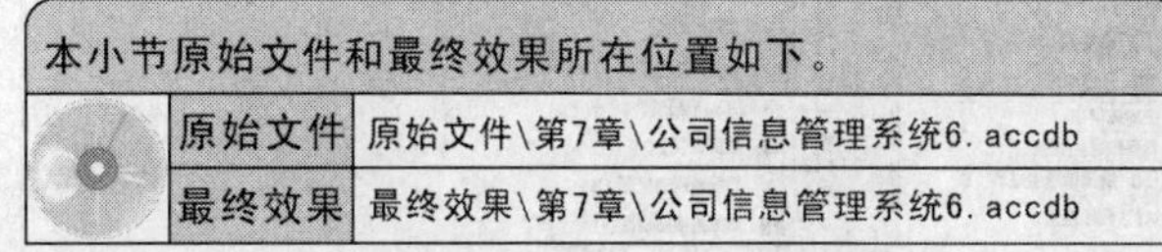

本小节原始文件和最终效果所在位置如下。

原始文件	原始文件\第7章\公司信息管理系统6. accdb
最终效果	最终效果\第7章\公司信息管理系统6. accdb

逻辑运算符 AND 和 OR 用来联结由多个查询条件组成的多重条件查询，其中 AND 的优先级高于 OR 的优先级。

在 WHERE 子句中使用逻辑运算符实现查询的具体步骤如下。

1 打开本小节的原始文件，切换至【创建】选项卡，然后单击【其他】组中的 查询设计 按钮创建查询。

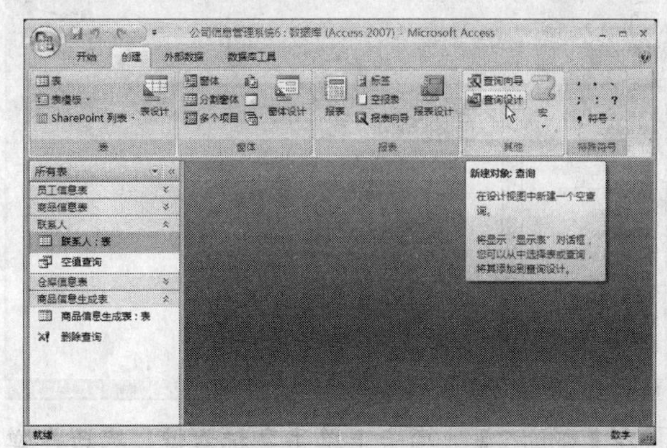

2 随即打开【显示表】对话框，从中选择【商品信息表】选项，单击 添加(A) 按钮，然后单击 关闭(C) 按钮。

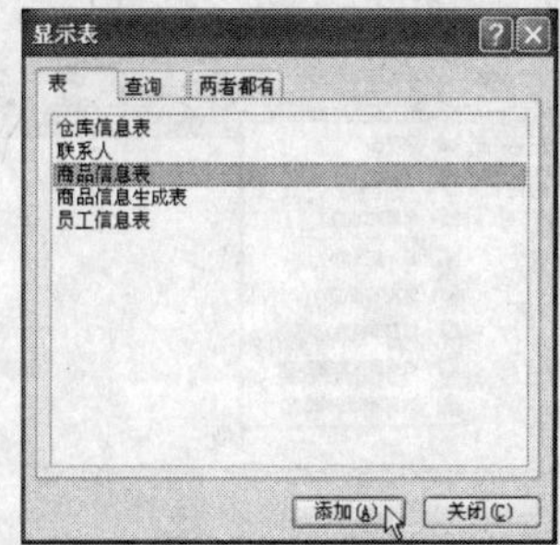

3 在【查询 2】选项卡上单击鼠标右键，然后在弹出的快捷菜单中选择【SQL 视图】菜单项。

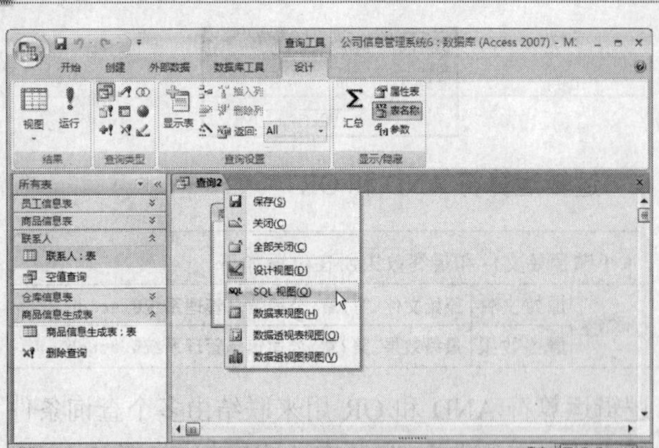

4 随即打开【查询 2】的 SQL 视图，并在该视图中输入以下代码。

```
SELECT 商品名称,类别,单价
FROM 商品信息表
WHERE 类别="针织" AND 单价>5;
```

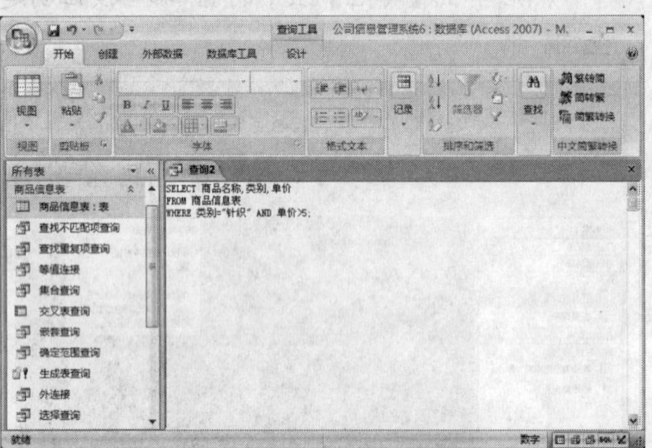

5 在【查询 2】选项卡上单击鼠标右键，然后在弹出的快捷菜单中选择【数据表视图】菜单项。

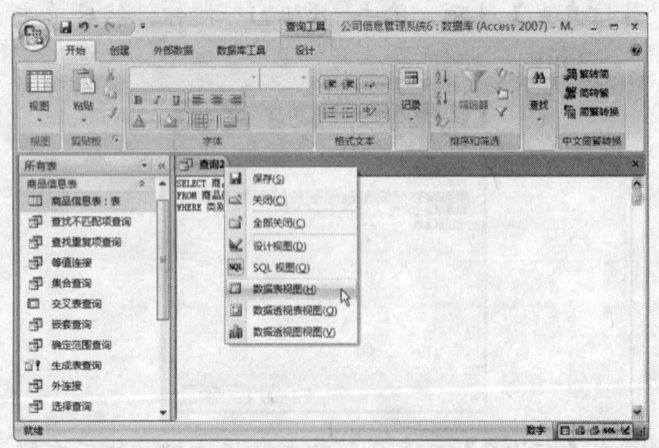

6 随即可以看到类别为“针织”、单价大于“5”的商品名称、类别和单价。

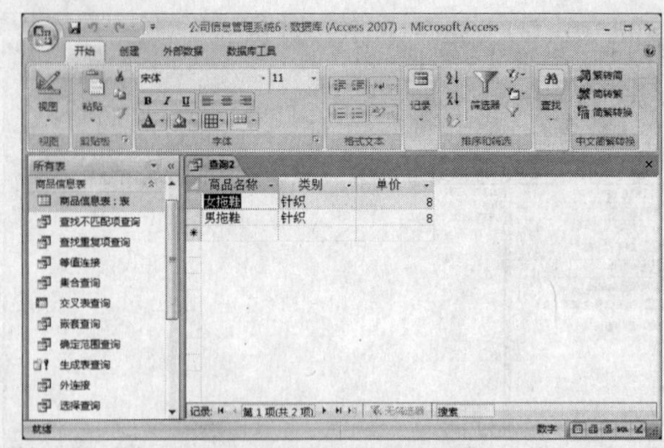

7 单击【保存】按钮，在弹出的【另存为】对话中的【查询名称】文本框中输入要保存的查询名称，这里输入“逻辑运算符查询”，然后单击 确定 按钮。

7.1.6 ORDER BY 子句

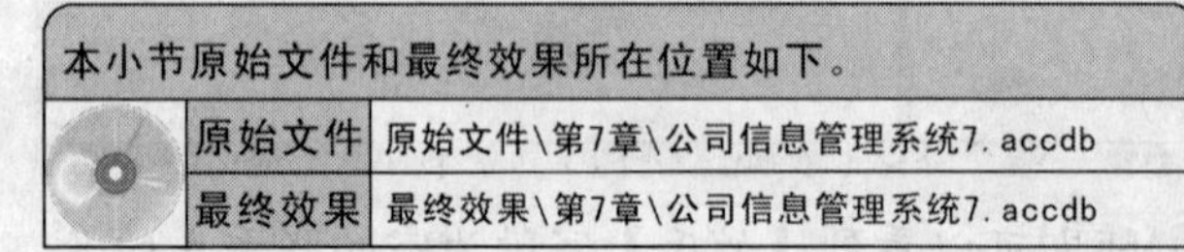

本小节原始文件和最终效果所在位置如下。	
原始文件	原始文件\第7章\公司信息管理系统7.accdb
最终效果	最终效果\第7章\公司信息管理系统7.accdb

ORDER BY 子句用于对选定的字段按照升序或者降序排序，使用 ORDER BY 子句对查询结果进行排序的具体步骤如下。

1 打开本小节的原始文件，切换至【创建】选项卡，然后单击【其他】组中的查询设计按钮创建查询。

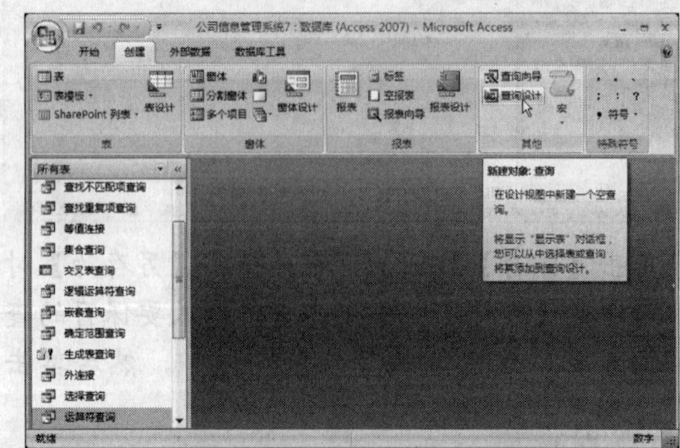

2 随即打开【显示表】对话框，从中选择【商品信息表】选项，单击 添加(A) 按钮，然后单击 关闭(C) 按钮。

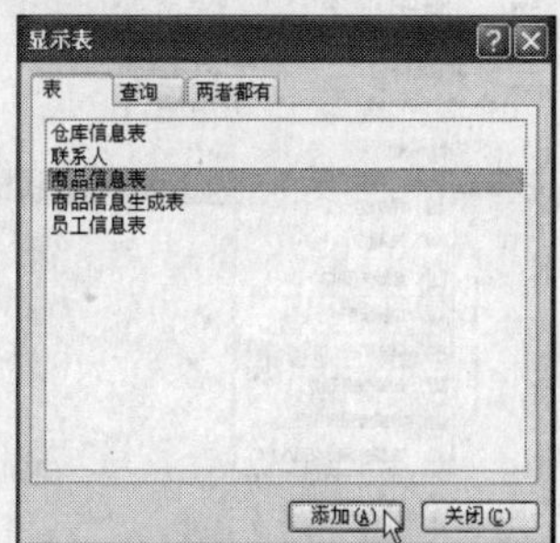

3 在【查询 2】选项卡上单击鼠标右键，然后在弹出的快捷菜单中选择【SQL 视图】菜单项。

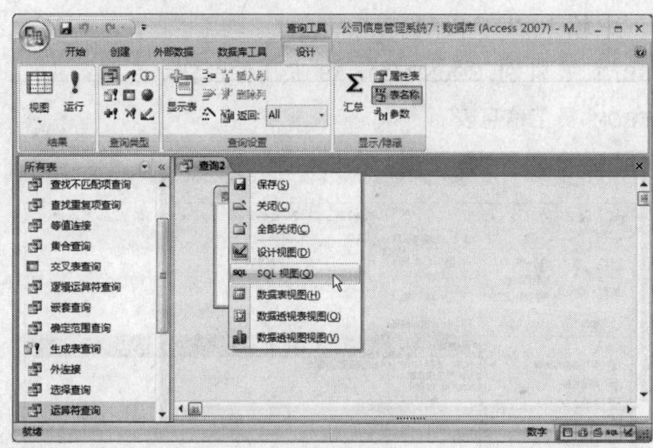

4 随即打开【查询 2】的 SQL 视图，并在该视图中输入以下代码。

```
SELECT *
FROM 商品信息表
ORDER BY 单价;
```

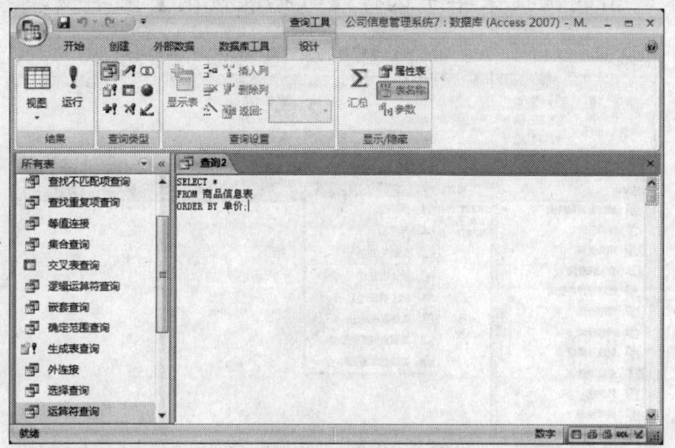

注意：ASC 表示对结果集进行升序排序，DESC 表示对结果集进行降序排序。因为 ASC 是缺省值，所以该例省去了 ASC。在 ORDER BY 子句中也可以按照两个或者更多的属性列排序。

5 在【查询 2】选项卡上单击鼠标右键，然后在弹出的快捷菜单中选择【数据表视图】菜单项。

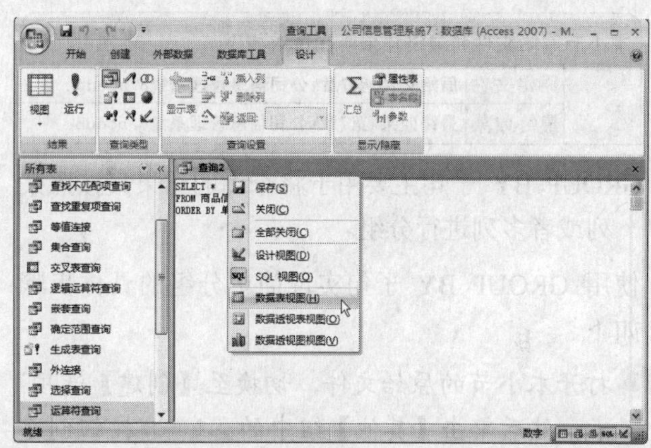

6 随即可以看到商品信息表中的记录按照单价的升序进行排序。

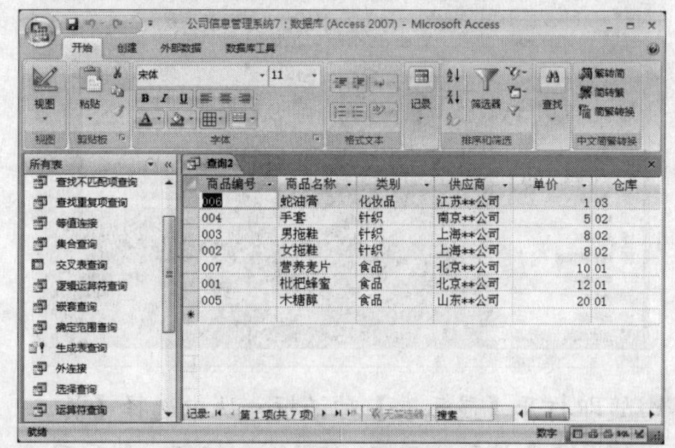

7 单击【保存】按钮，在弹出的【另存为】对话中的【查询名称】文本框中输入要保存的查询名称，这里输入“排序查询”，然后单击 确定 按钮。

> 提示
>
> 按照含有空值的属性列排序时，如果是升序，含有空值的元组将最后显示；如果是降序，含有空值的元组将最先显示。

7.1.7 GROUP BY 子句

本小节原始文件和最终效果所在位置如下。	
原始文件	原始文件\第7章\公司信息管理系统8.accdb
最终效果	最终效果\第7章\公司信息管理系统8.accdb

GROUP BY 子句主要用于将查询的结果集按照某一列或者多列进行分组。

使用 GROUP BY 子句实现简单分组的具体步骤如下。

1 打开本小节的原始文件，切换至【创建】选项卡，然后单击【其他】组中的查询设计按钮创建查询。

2 随即打开【显示表】对话框，从中选择【员工信息表】选项，单击 添加(A) 按钮，然后单击 关闭(C) 按钮。

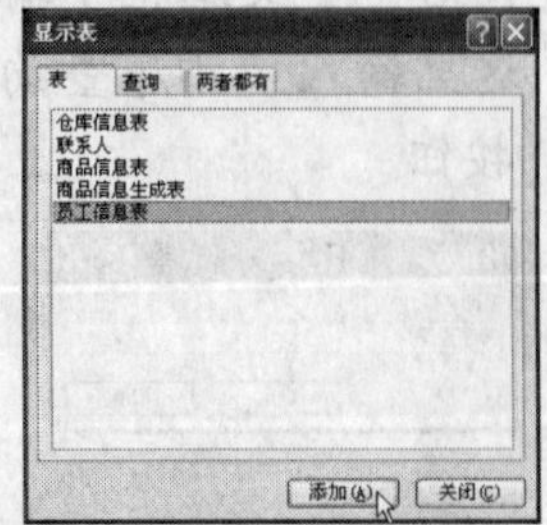

3 在【查询 2】选项卡上单击鼠标右键，然后在弹出的快捷菜单中选择【SQL 视图】菜单项。

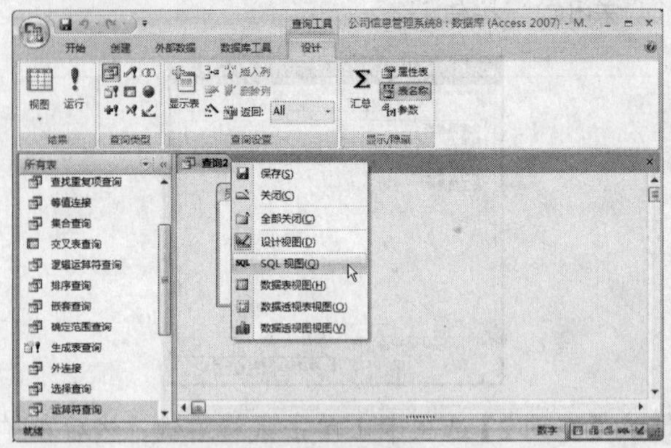

4 随即打开【查询 2】的 SQL 视图，并在该视图中输入以下代码。

```
SELECT 性别,COUNT(*) AS 员工性别总计
FROM 员工信息表
GROUP BY 性别;
```

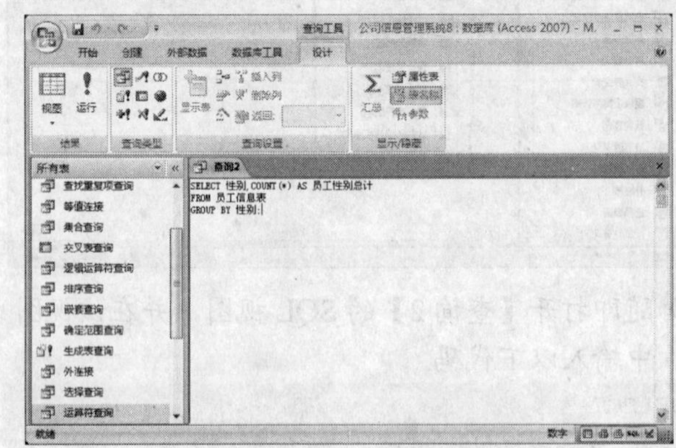

5 在【查询 2】选项卡上单击鼠标右键，然后在弹出的快捷菜单中选择【数据表视图】菜单项。

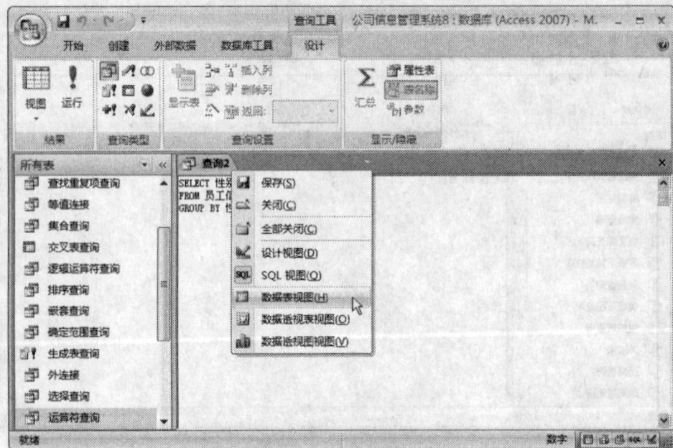

⑥ 随即可以看到按照性别统计的员工的总数。

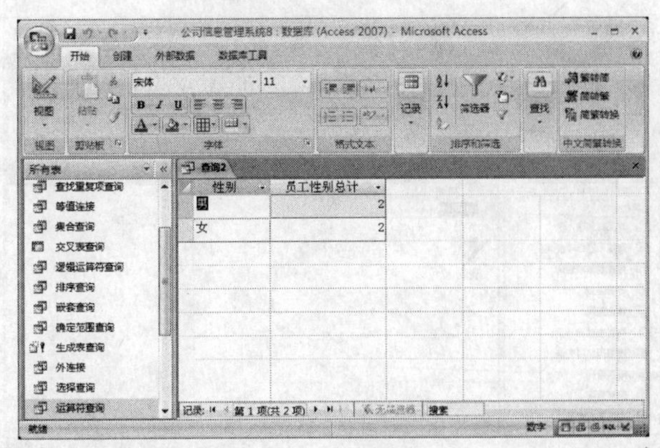

⑦ 单击【保存】按钮，在弹出的【另存为】对话中的【查询名称】文本框中输入要保存的查询名称，这里输入“简单排序”，然后单击 确定 按钮。

如果在分组后还要求按照一定的条件对这些组进行筛选，最终将满足指定条件的组筛选出来，可以使用 HAVING 短语实现。

7.2 计算查询

计算查询是指通过系统提供的特定函数（集合函数）在语句中的直接使用来获得某些只有经过计算才能得到的结果。

常用的集合函数有 SUM（求和）、COUNT（计数）、AVG（平均值）、MAX（最大值）和 MIN（最小值）等。

7.2.1 SUM 函数

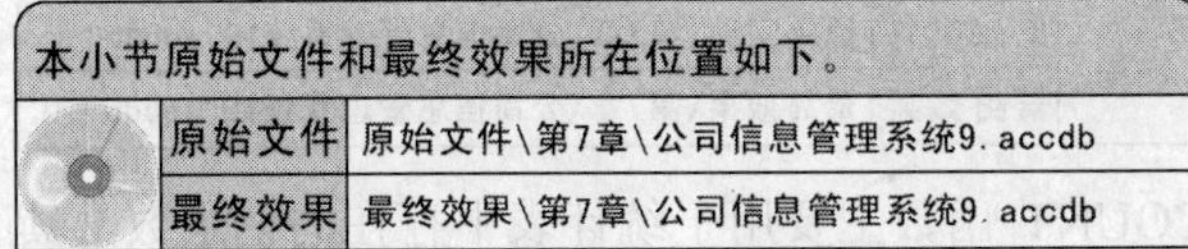

本小节原始文件和最终效果所在位置如下。

原始文件	原始文件\第7章\公司信息管理系统9. accdb
最终效果	最终效果\第7章\公司信息管理系统9. accdb

SUM 函数主要用于求指定字段内各条记录的总和，其语法格式如下。

```
SUM（表达式）
```

使用 SUM 函数进行查询的具体步骤如下。

① 打开本小节的原始文件，切换至【创建】选项卡，然后单击【其他】组中的 查询设计 按钮创建查询。

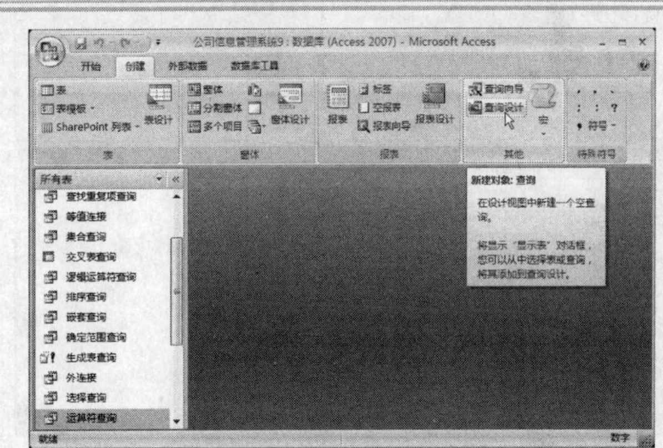

② 随即打开【显示表】对话框，从中选择【商品信息表】选项，单击 添加(A) 按钮，然后单击 关闭(C) 按钮。

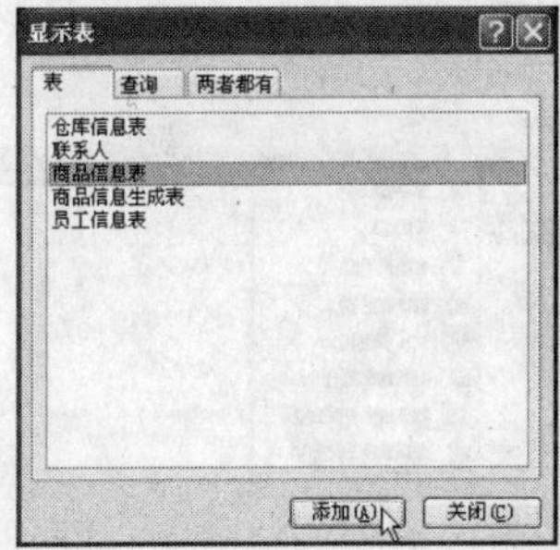

③ 在【查询 2】选项卡上单击鼠标右键，然后在弹出的快捷菜单中选择【SQL 视图】菜单项。

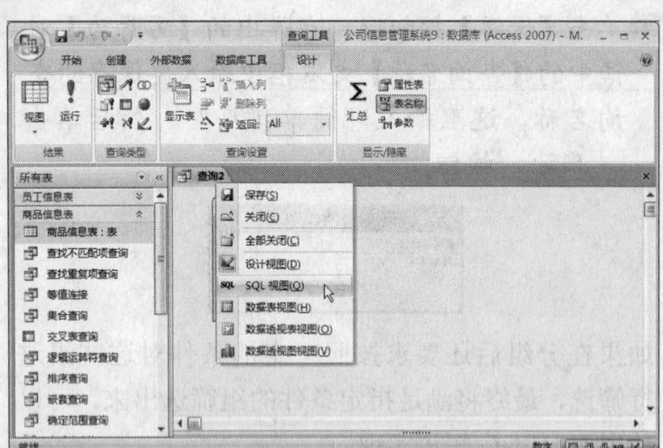

4 随即打开【查询 2】的 SQL 视图，并在该视图中输入以下代码。

```
SELECT 类别,SUM(单价) AS 类别总值
FROM 商品信息表
GROUP BY 类别;
```

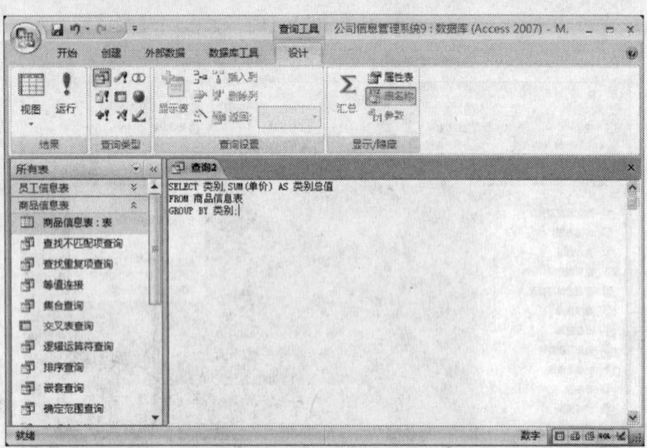

5 在【查询 2】选项卡上单击鼠标右键，然后在弹出的快捷菜单中选择【数据表视图】菜单项。

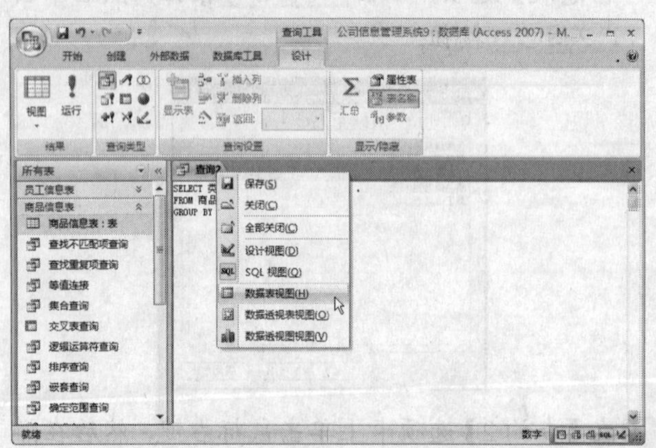

6 随即可以看到各种类别的总值。

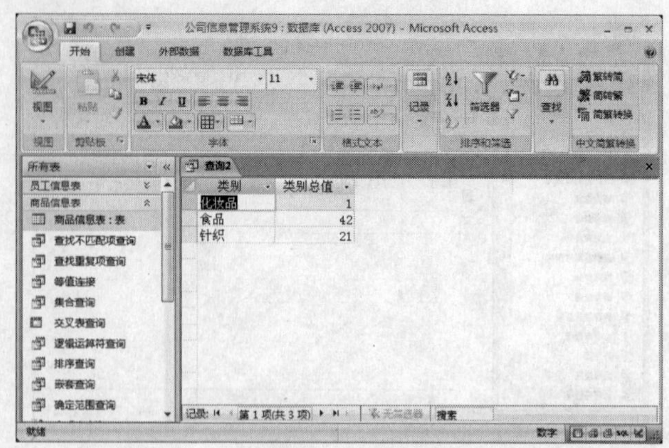

7 单击【保存】按钮，在弹出的【另存为】对话中的【查询名称】文本框中输入要保存的查询名称，这里输入“SUM 函数查询”，然后单击 确定 按钮。

7.2.2 COUNT 函数

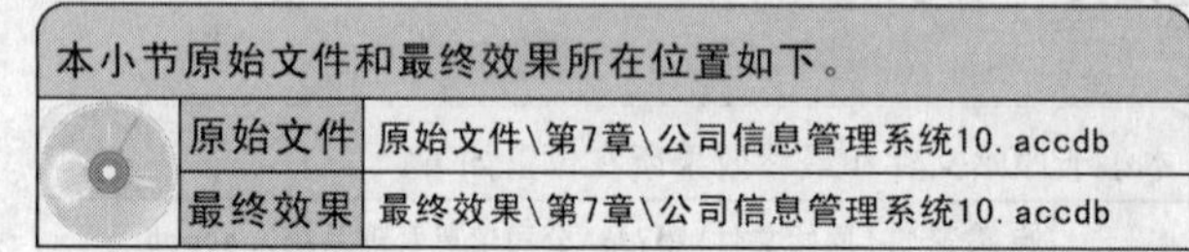

本小节原始文件和最终效果所在位置如下。	
原始文件	原始文件\第7章\公司信息管理系统10. accdb
最终效果	最终效果\第7章\公司信息管理系统10. accdb

COUNT 函数主要用于统计表中存在的记录数，其语法格式如下。

```
COUNT（表达式）
```

使用 COUNT 函数进行查询的具体步骤如下。

1 打开本小节的原始文件，切换至【创建】选项卡，然后单击【其他】组中的 查询设计 按钮创建查询。

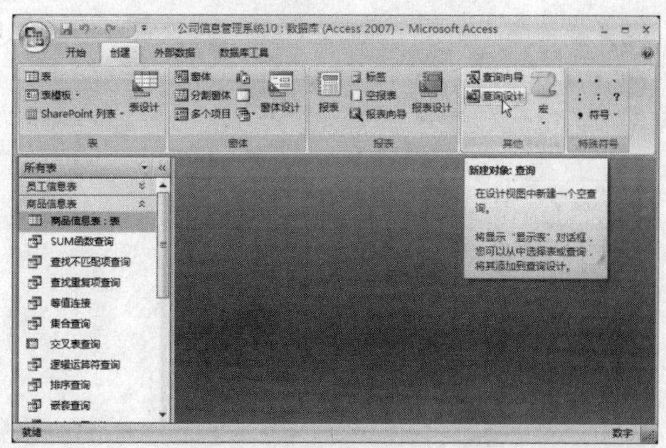

2 随即打开【显示表】对话框，从中选择【员工信息表】选项，单击 添加(A) 按钮，然后单击 关闭(C) 按钮。

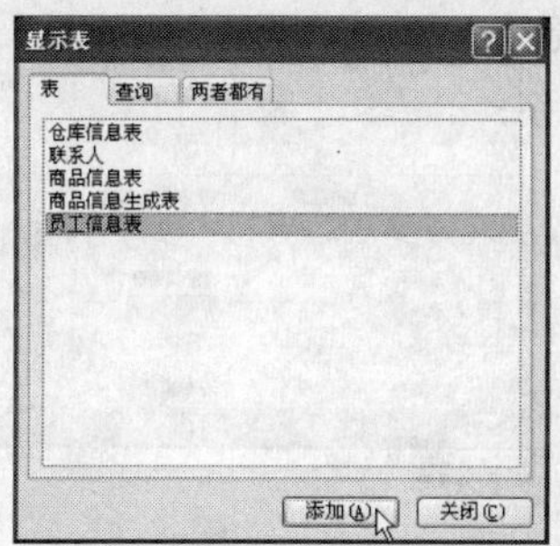

3 在【查询 2】选项卡上单击鼠标右键，然后在弹出的快捷菜单中选择【SQL 视图】菜单项。

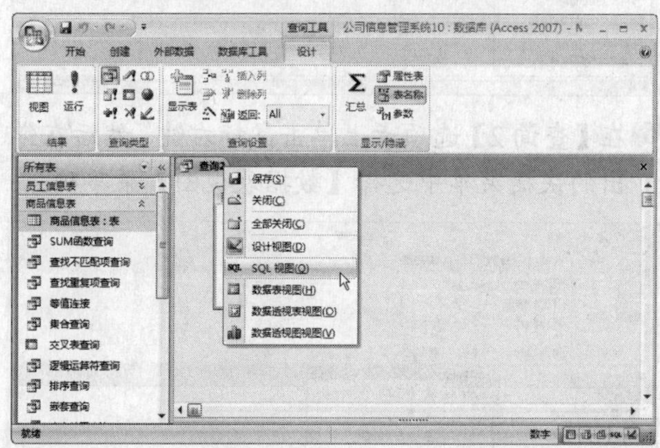

4 随即打开【查询 2】的 SQL 视图，并在该视图中输入以下代码。

```
SELECT 性别,COUNT(性别) AS 男女人数统计
FROM 员工信息表
GROUP BY 性别;
```

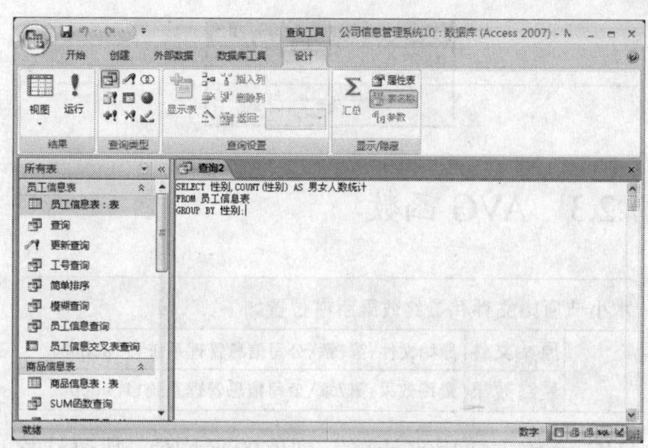

5 在【查询 2】选项卡上单击鼠标右键，然后在弹出的快捷菜单中选择【数据表视图】菜单项。

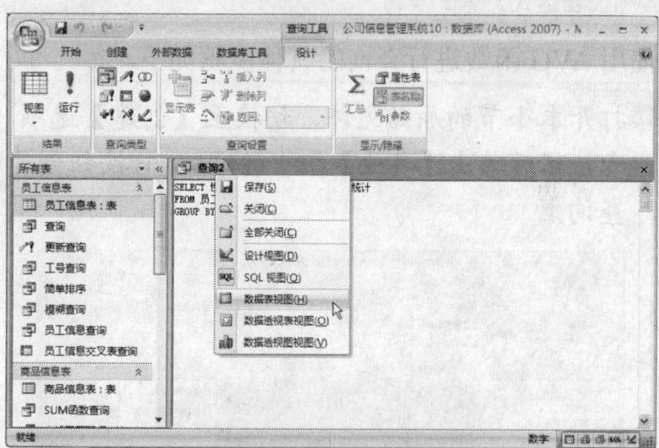

6 随即可以看到按性别的人数统计的结果。

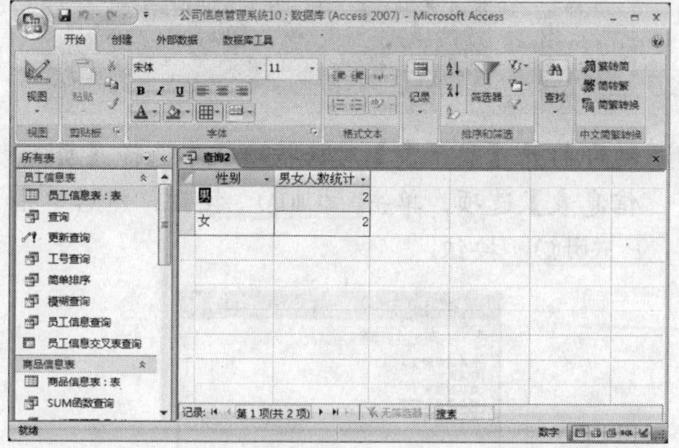

7 单击【保存】按钮，在弹出的【另存为】对话中的【查询名称】文本框中输入要保存的查询名称，这里输入“COUNT 函数查询”，然后单击 确定 按钮。

7.2.3 AVG 函数

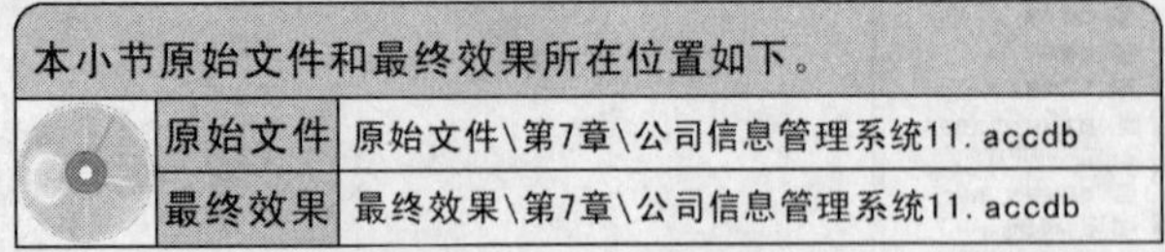

本小节原始文件和最终效果所在位置如下。	
原始文件	原始文件\第7章\公司信息管理系统11.accdb
最终效果	最终效果\第7章\公司信息管理系统11.accdb

AVG 函数主要用来计算一列值的平均值，其语法格式如下。

```
AVG（表达式）
```

使用 AVG 函数进行查询的具体步骤如下。

1 打开本小节的原始文件，切换至【创建】选项卡，然后单击【其他】组中的 查询设计 按钮创建查询。

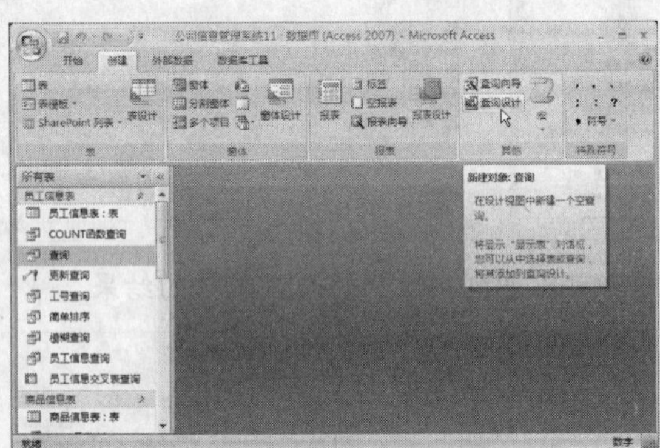

2 随即打开【显示表】对话框，从中选择【员工信息表】选项，单击 添加(A) 按钮，然后单击 关闭(C) 按钮。

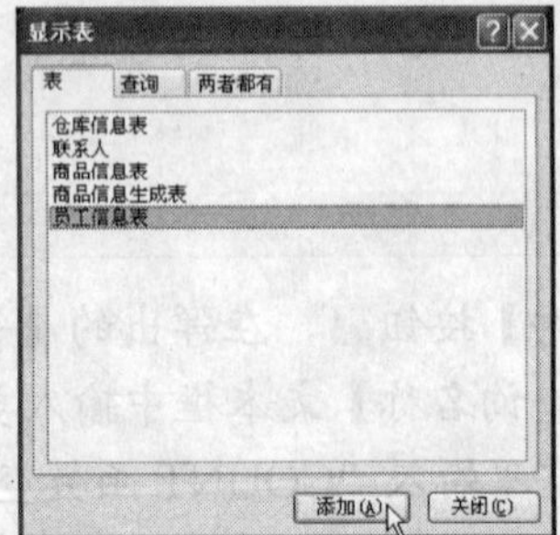

3 在【查询 2】选项卡上单击鼠标右键，然后在弹出的快捷菜单中选择【SQL 视图】菜单项。

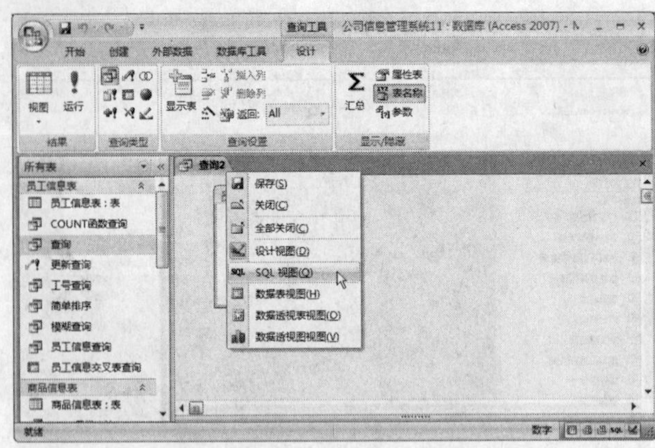

4 随即打开【查询 2】的 SQL 视图，并在该视图中输入以下代码。

```
SELECT 性别,AVG(年龄) AS 平均值
FROM 员工信息表
GROUP BY 性别;
```

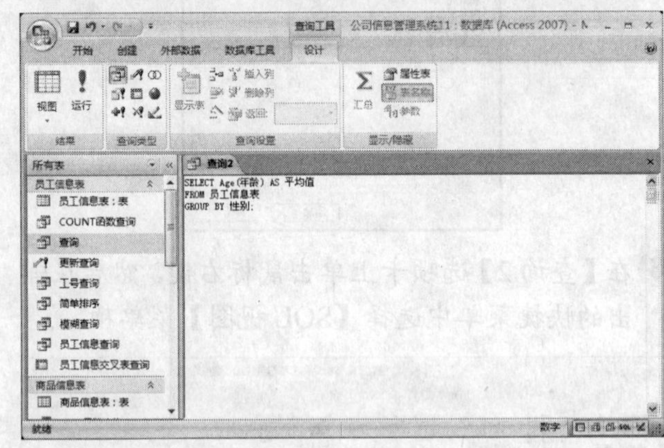

5 在【查询 2】选项卡上单击鼠标右键，然后在弹出的快捷菜单中选择【数据表视图】菜单项。

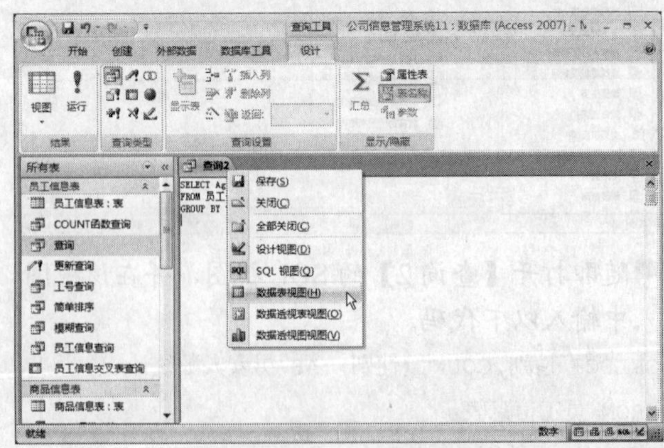

6 随即可以看到不同性别的员工平均年龄。

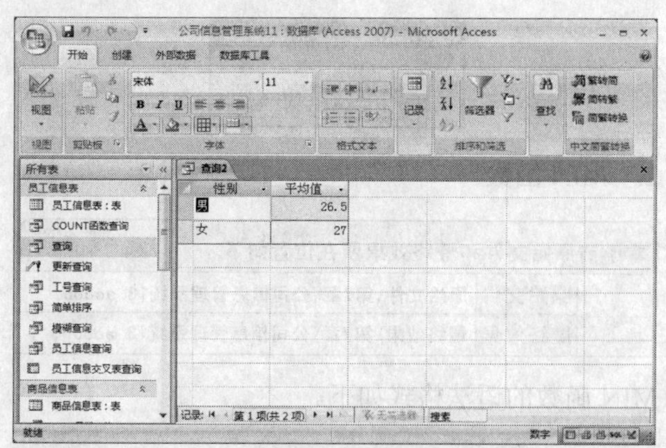

7 单击【保存】按钮，在弹出的【另存为】对话中的【查询名称】文本框中输入要保存的查询名称，这里输入“AVG 函数查询”，然后单击 确定 按钮。

7.2.4 MAX 和 MIN 函数

MAX 和 MIN 函数主要用于统计所有记录中某个字段的最大和最小值。

1. MAX 函数

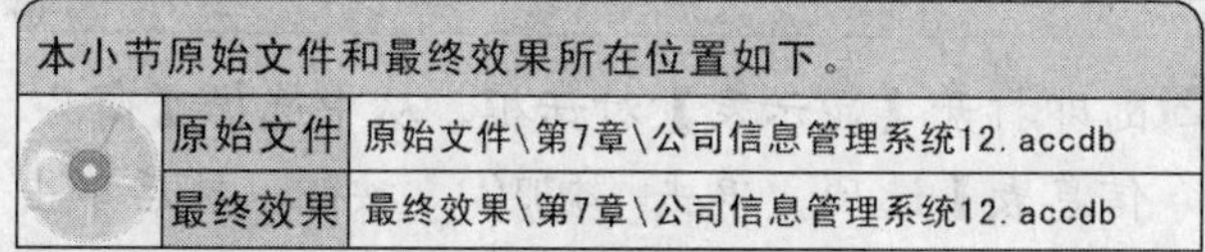

本小节原始文件和最终效果所在位置如下。

原始文件	原始文件\第7章\公司信息管理系统12.accdb
最终效果	最终效果\第7章\公司信息管理系统12.accdb

MAX 函数的语法格式如下。

```
MAX（表达式）
```

使用 MAX 函数进行查询的具体步骤如下。

1 打开本小节的原始文件，切换至【创建】选项卡，然后单击【其他】组中的 查询设计 按钮创建查询。

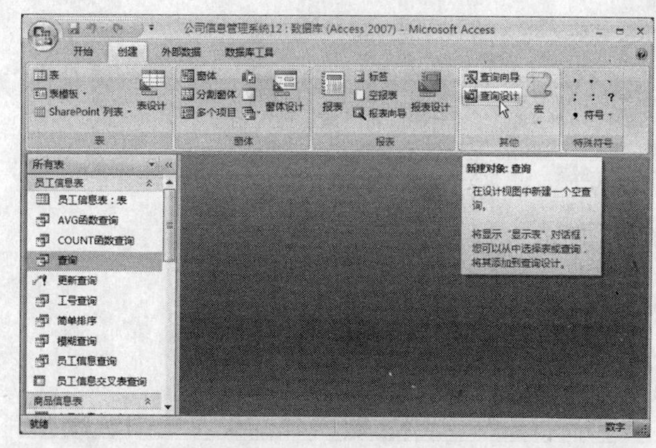

2 随即打开【显示表】对话框，从中选择【员工信息表】选项，单击 添加(A) 按钮，然后单击 关闭(C) 按钮。

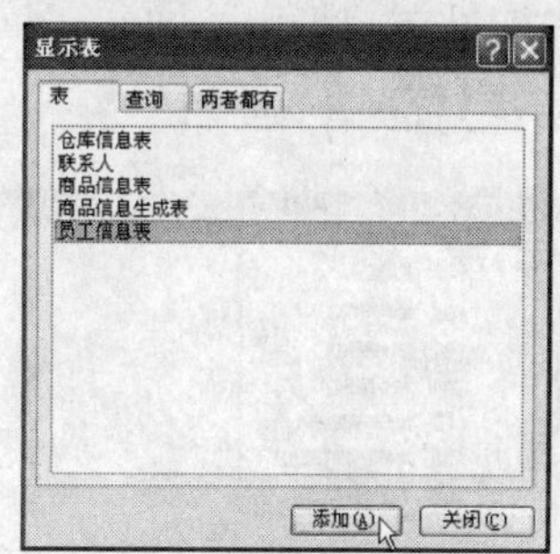

3 在【查询 2】选项卡上单击鼠标右键，然后在弹出的快捷菜单中选择【SQL 视图】菜单项。

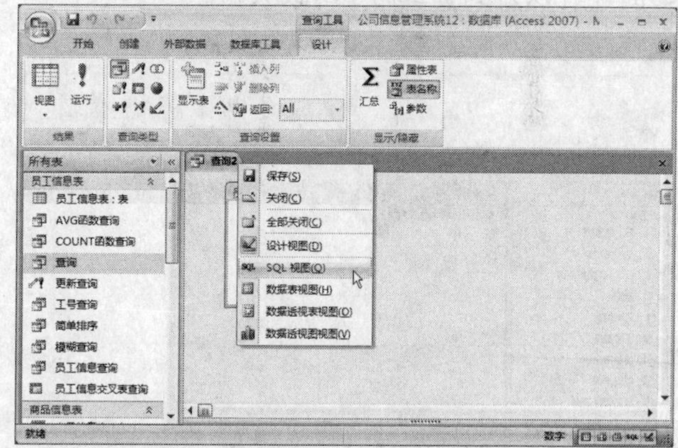

4 随即打开【查询 2】的 SQL 视图，并在该视图中输入以下代码。

```
SELECT MAX(年龄) AS 员工年龄最大值
FROM 员工信息表;
```

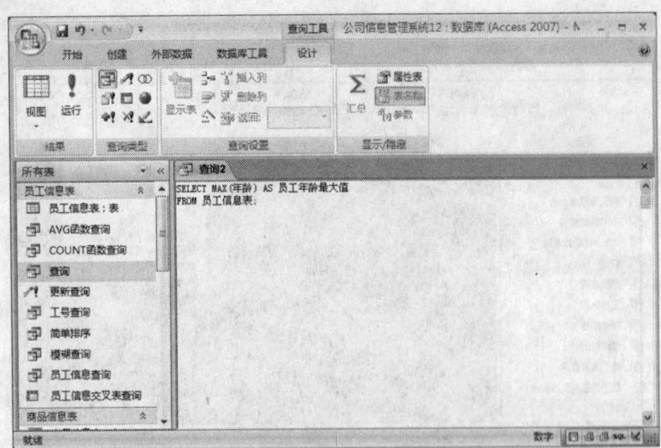

⑤在【查询 2】选项卡上单击鼠标右键，然后在弹出的快捷菜单中选择【数据表视图】菜单项。

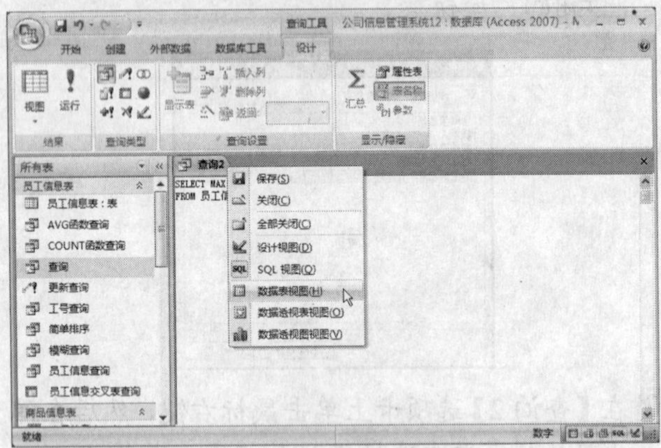

⑥随即可以看到员工的年龄最大值。

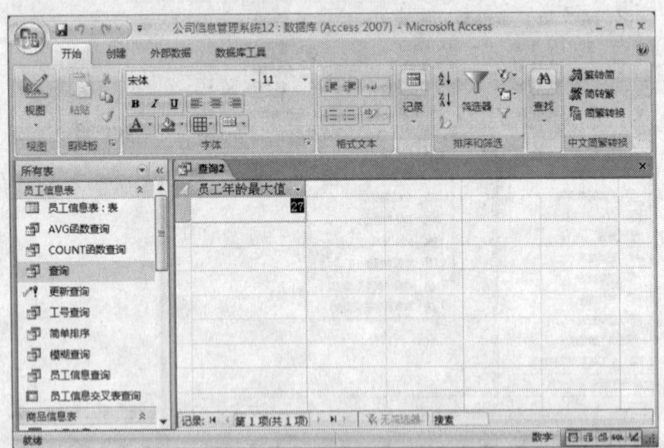

⑦单击【保存】按钮，在弹出的【另存为】对话中的【查询名称】文本框中输入要保存的查询名称，这里输入“MAX 函数查询”，然后单击 确定 按钮。

2. MIN 函数

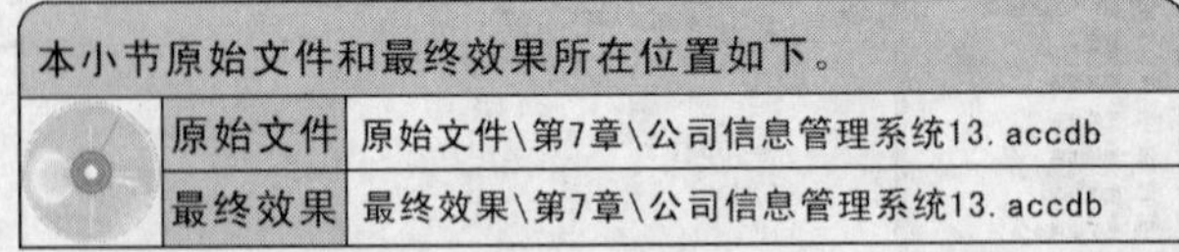

本小节原始文件和最终效果所在位置如下。

原始文件	原始文件\第7章\公司信息管理系统13. accdb
最终效果	最终效果\第7章\公司信息管理系统13. accdb

MIN 函数的语法格式如下。

```
MIN（表达式）
```

使用 MIN 函数进行查询的具体步骤如下。

①打开本小节的原始文件，切换至【创建】选项卡，然后单击【其他】组中的 查询设计 按钮创建查询。

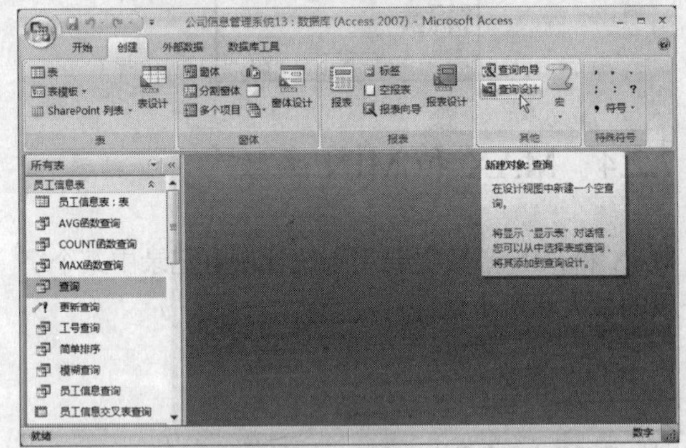

②随即打开【显示表】对话框，从中选择【商品信息表】选项，单击 添加(A) 按钮，然后单击 关闭(C) 按钮。

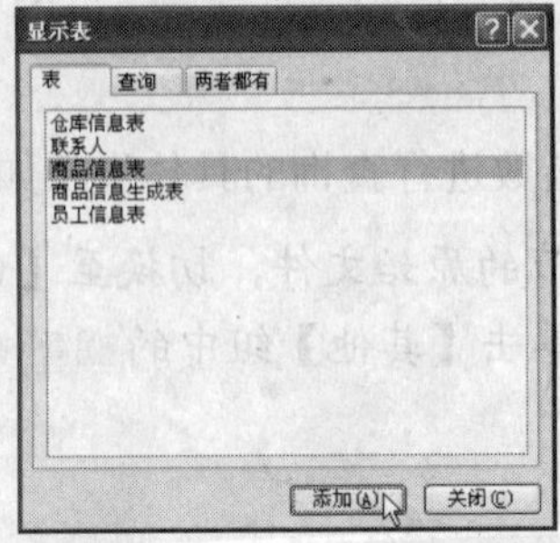

③在【查询 2】选项卡上单击鼠标右键，然后在弹出的快捷菜单中选择【SQL 视图】菜单项。

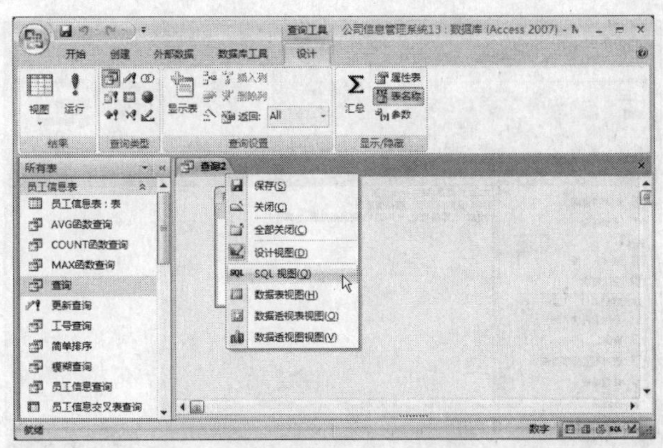

4 随即打开【查询 2】的 SQL 视图，并在该视图中输入以下代码。

```
SELECT 类别,MIN(最小库存量) AS 最小的最小库存量
FROM 商品信息表
GROUP BY 类别;
```

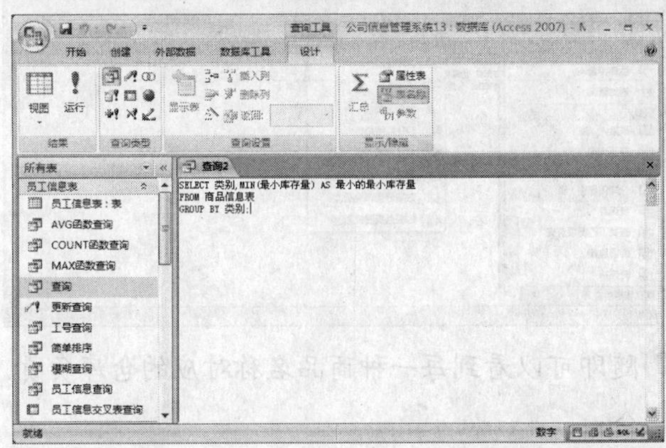

5 在【查询 2】选项卡上单击鼠标右键，然后在弹出的快捷菜单中选择【数据表视图】菜单项。

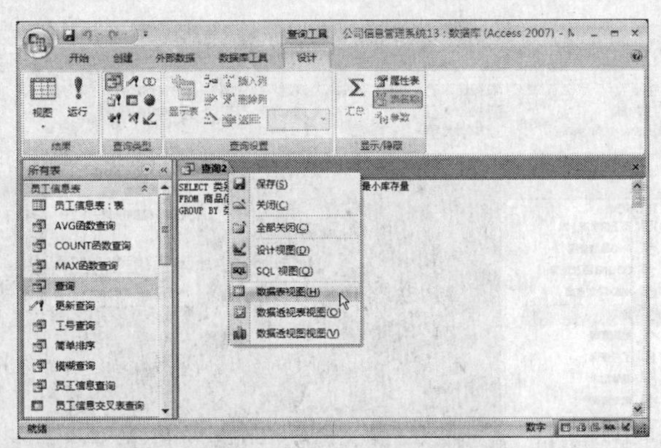

6 随即可以看到每类商品的最小库存量的最小值。

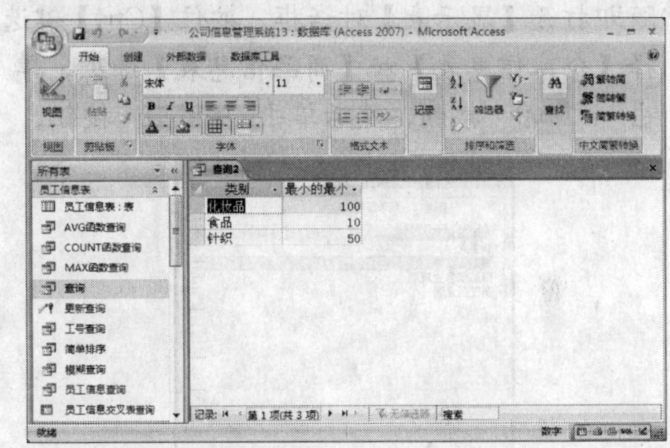

7 单击【保存】按钮，在弹出的【另存为】对话中的【查询名称】文本框中输入要保存的查询名称，这里输入“MIN 函数查询”，然后单击 确定 按钮。

7.3 连接查询

连接查询是指从多个表中同时取出数据并将其放在单个结果集中的查询。可以通过在 FROM 子句中输入多个要查询的数据表，然后在 WHERE 子句中输入连接条件来实现；也可以通过 JOIN 子句实现。

7.3.1 连接查询

本小节原始文件和最终效果所在位置如下。

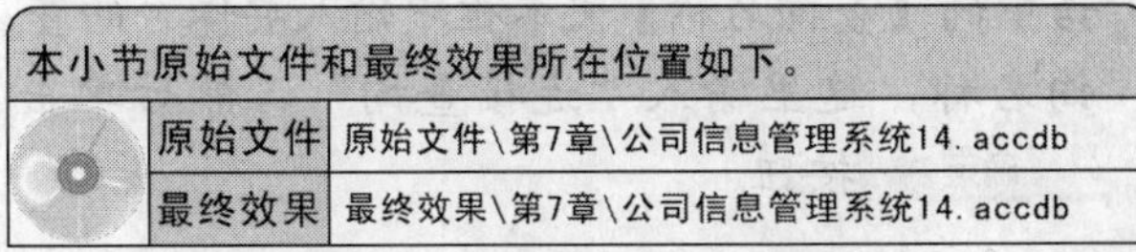

原始文件	原始文件\第7章\公司信息管理系统14.accdb
最终效果	最终效果\第7章\公司信息管理系统14.accdb

使用连接查询的具体步骤如下。

1 打开本小节的原始文件，切换至【创建】选项卡，然后单击【其他】组中的查询设计按钮创建查询。

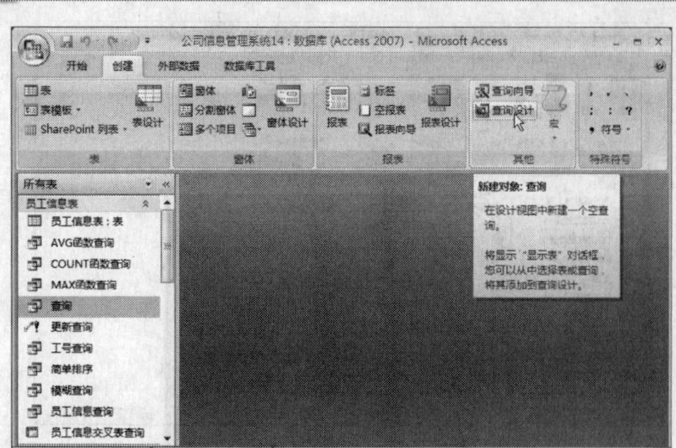

2 随即打开【显示表】对话框，按住【Ctrl】键选择【仓库信息表】和【商品信息表】选项，单击 添加(A) 按钮，然后单击 关闭(C) 按钮。

3 在【查询2】选项卡上单击鼠标右键，然后在弹出的快捷菜单中选择【SQL视图】菜单项。

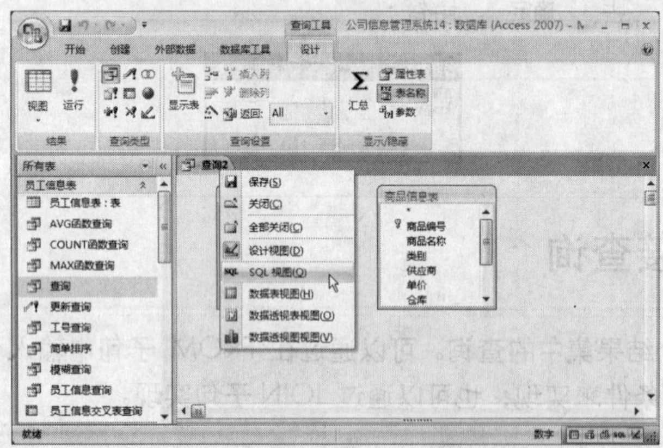

4 随即打开【查询2】的SQL视图，并在该视图中输入以下代码。

```
SELECT 商品名称,仓库负责人
FROM 仓库信息表, 商品信息表
WHERE 仓库信息表.仓库编号=商品信息表.仓库;
```

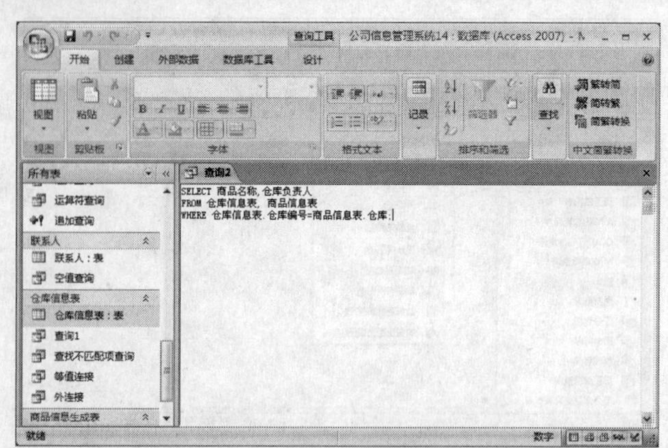

5 在【查询2】选项卡上单击鼠标右键，然后在弹出的快捷菜单中选择【数据表视图】菜单项。

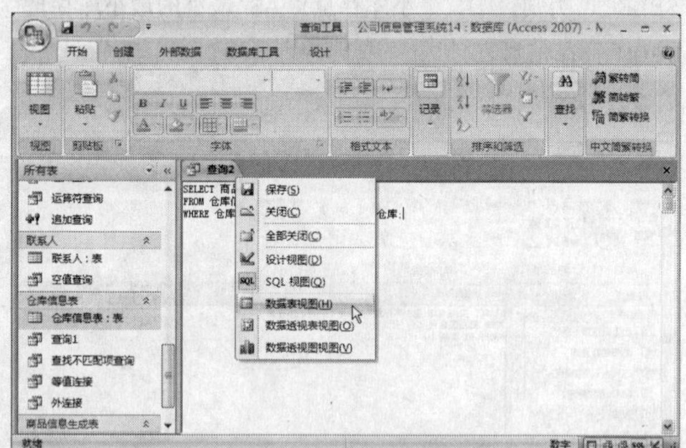

6 随即可以看到每一种商品名称对应的仓库负责人。

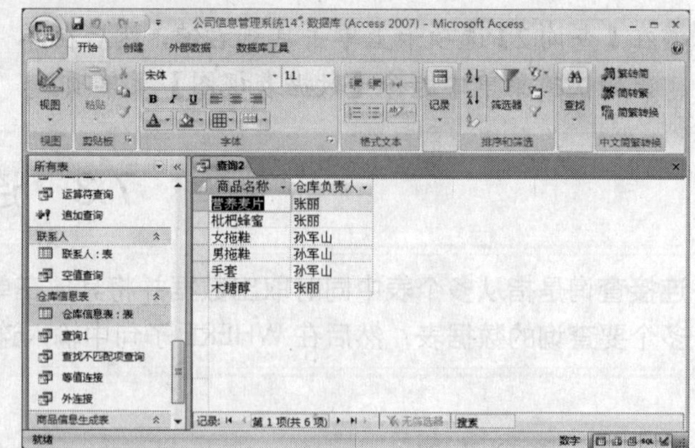

7 单击【保存】按钮，在弹出的【另存为】对话中的【查询名称】文本框中输入要保存的查询名称，这里输入“连接查询”，然后单击 确定 按钮。

7.3.2 JOIN 连接查询

1. INNER JOIN

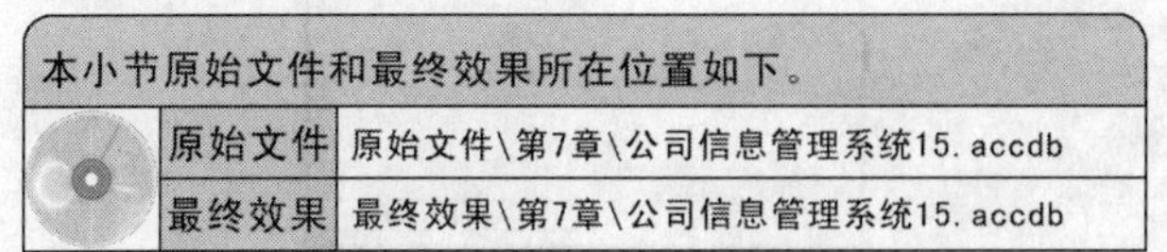

本小节原始文件和最终效果所在位置如下。	
原始文件	原始文件\第7章\公司信息管理系统15. accdb
最终效果	最终效果\第7章\公司信息管理系统15. accdb

INNER JOIN 在 SELECT 语句中用来从多个表中返回单个结果集，是 JOIN 从句中最简单的一种。

使用 INNER JOIN 进行连接查询的具体步骤如下。

1 打开本小节的原始文件，切换至【创建】选项卡，然后单击【其他】组中的 查询设计 按钮创建查询。

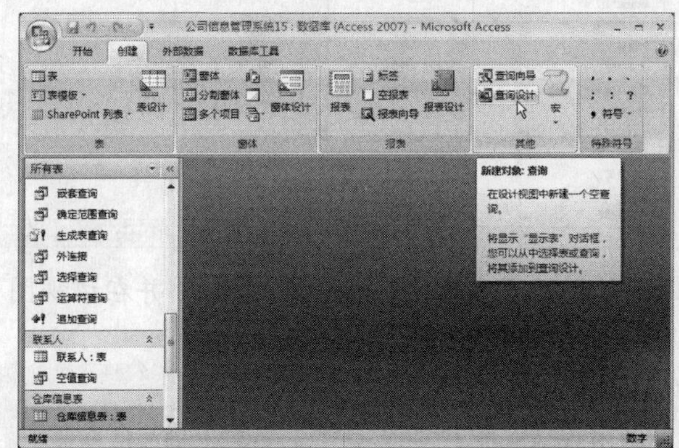

2 随即打开【显示表】对话框，按住【Ctrl】键选择【仓库信息表】和【商品信息表】选项，单击 添加(A) 按钮，然后单击 关闭(C) 按钮。

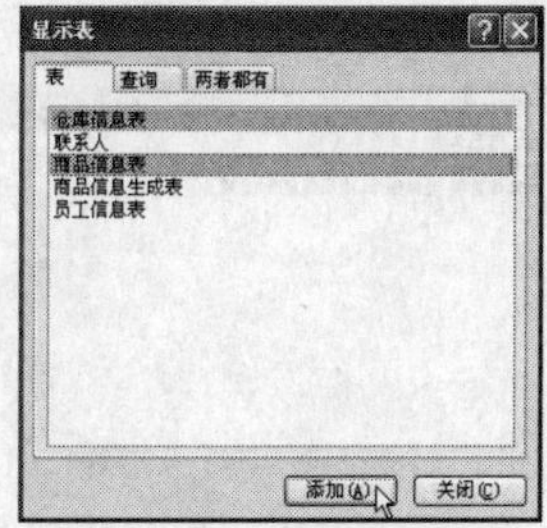

3 在【查询 2】选项卡上单击鼠标右键，在弹出的快捷菜单中选择【SQL 视图】菜单项。

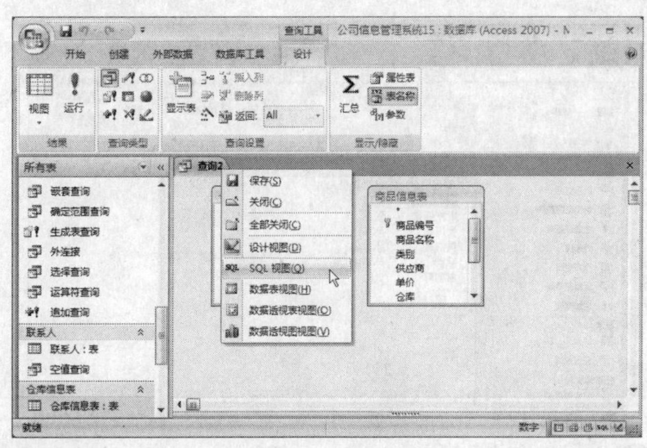

4 随即打开【查询 2】的 SQL 视图，并在该视图中输入以下代码。

```
SELECT 商品名称,仓库负责人
FROM 仓库信息表 INNER JOIN 商品信息表
ON 仓库信息表.仓库编号=商品信息表.仓库;
```

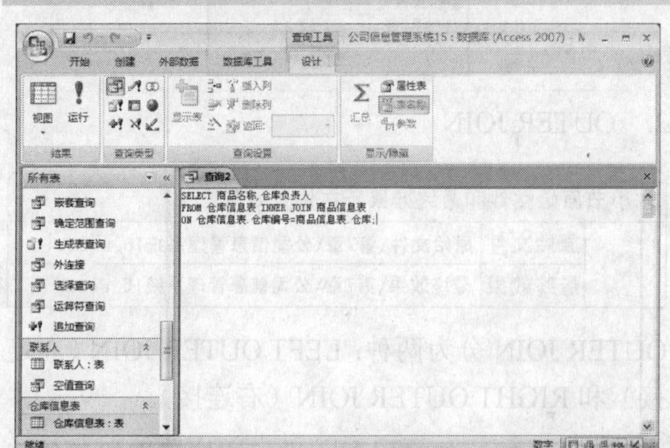

5 在【查询 2】选项卡上单击鼠标右键，然后在弹出的快捷菜单中选择【数据表视图】菜单项。

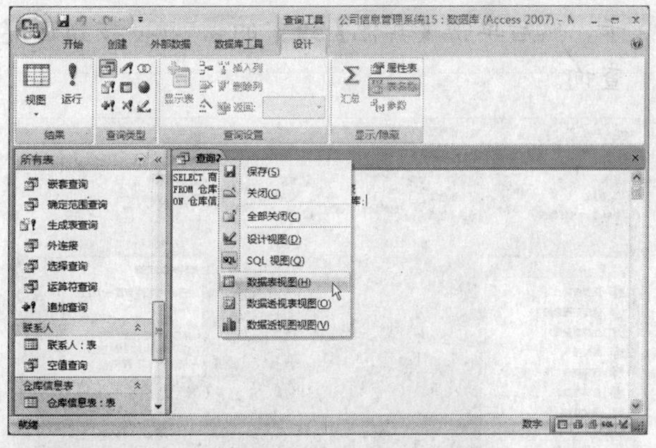

6 随即可以看到每一种商品名称对应的仓库负责人。

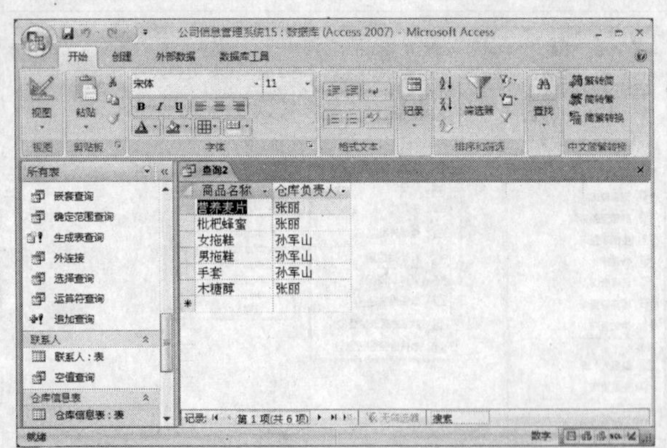

7 单击【保存】按钮，在弹出的【另存为】对话中的【查询名称】文本框中输入要保存的查询名称，这里输入“JOIN连接查询”，然后单击 确定 按钮。

2. OUTER JOIN

本小节原始文件和最终效果所在位置如下。	
原始文件	原始文件\第7章\公司信息管理系统16.accdb
最终效果	最终效果\第7章\公司信息管理系统16.accdb

OUTER JOIN分为两种：LEFT OUTER JOIN（左连接）和RIGHT OUTER JOIN（右连接）。

使用RIGHT OUTER JOIN进行连接查询的具体步骤如下。

1 打开本小节的原始文件，切换至【创建】选项卡，然后单击【其他】组中的查询设计按钮创建查询。

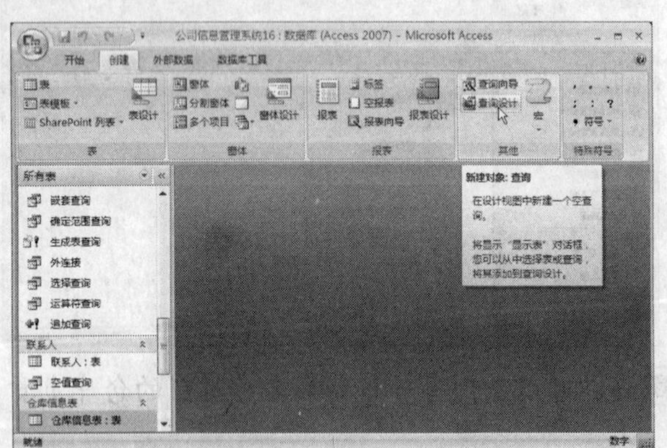

2 随即打开【显示表】对话框，按住【Ctrl】键选择【仓库信息表】和【商品信息表】选项，单击 添加(A) 按钮，然后单击 关闭(C) 按钮。

3 在【查询2】选项卡上单击鼠标右键，然后在弹出的快捷菜单中选择【SQL视图】菜单项。

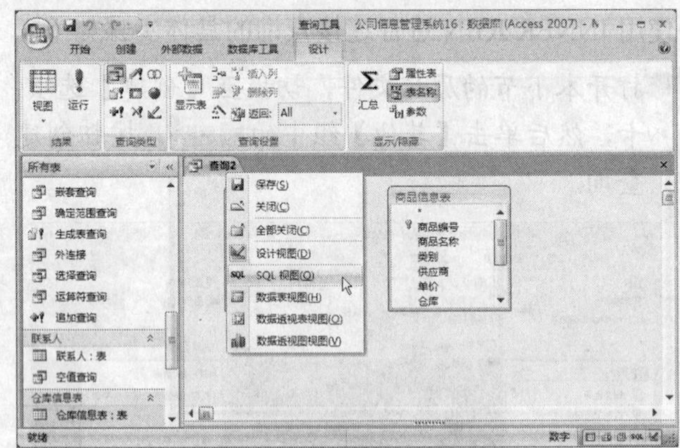

4 随即打开【查询2】的SQL视图，并在该视图中输入以下代码。

```
SELECT 商品名称,仓库负责人
FROM 仓库信息表 RIGHT OUTER JOIN 商品信息表
ON 仓库信息表.仓库编号=商品信息表.仓库;
```

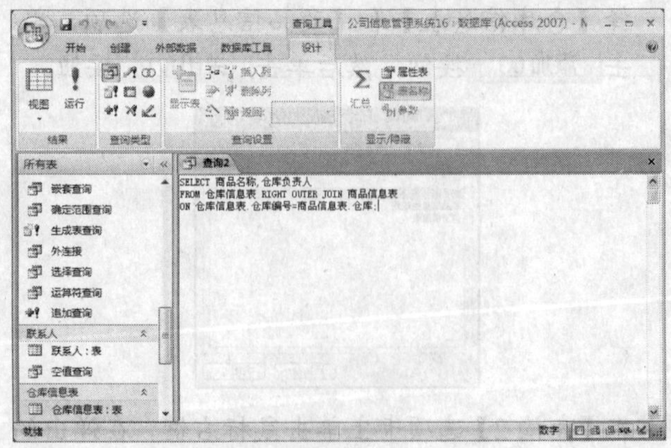

5 在【查询 2】选项卡上单击鼠标右键，然后在弹出的快捷菜单中选择【数据表视图】菜单项。

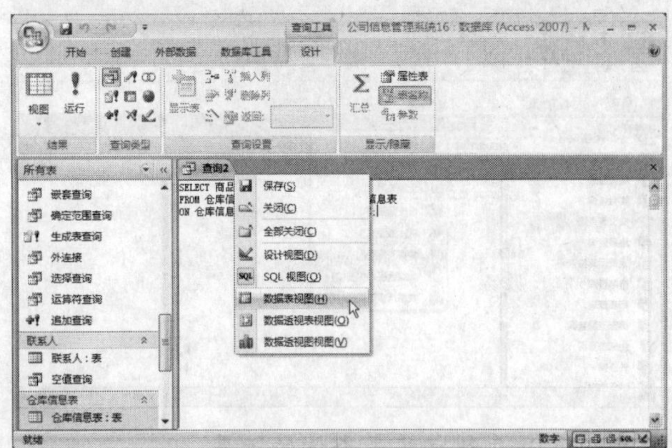

6 随即可以看到有负责人的商品和没有负责人的所有商品以及它们对应的仓库负责人。

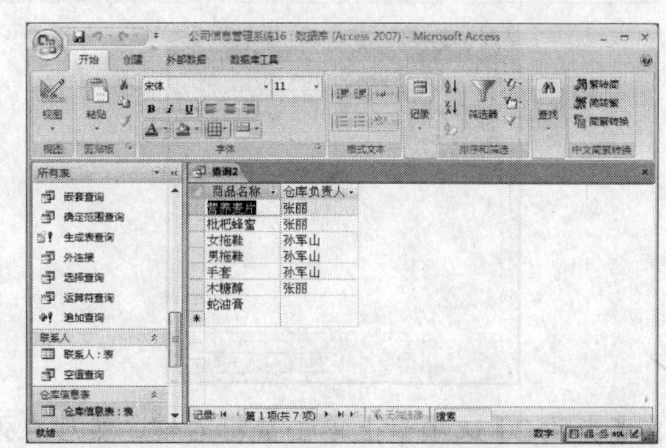

7 单击【保存】按钮，在弹出的【另存为】对话中的【查询名称】文本框中输入要保存的查询名称，这里输入“OUTER 连接查询”，然后单击 确定 按钮。

7.4 其他查询

除了上述查询之外，Access 还提供有交叉表查询和联合查询。

7.4.1 交叉表查询

本小节原始文件和最终效果所在位置如下。		
	原始文件	原始文件\第7章\公司信息管理系统17.accdb
	最终效果	最终效果\第7章\公司信息管理系统17.accdb

前面已经介绍了几种实现交叉表查询的方法，下面介绍使用 SQL 语句实现的方法。

使用 TRANSFORM 语句创建交叉表查询的具体格式如下。

```
TRANSFORM <表达式 1>
SELECT…
PIVOT <表达式 2>
```

其中 TRANSFORM 是可选项，如果选中此项，该项必须是 SQL 字符串中的第 1 条语句。SELECT 语句用来指定作为行标题的字段。PIVOT 的返回值被用作查询结果集中的列标题。

实现交叉表查询的具体步骤如下。

1 打开本小节的原始文件，切换至【创建】选项卡，然后单击【其他】组中的 查询设计 按钮创建查询。

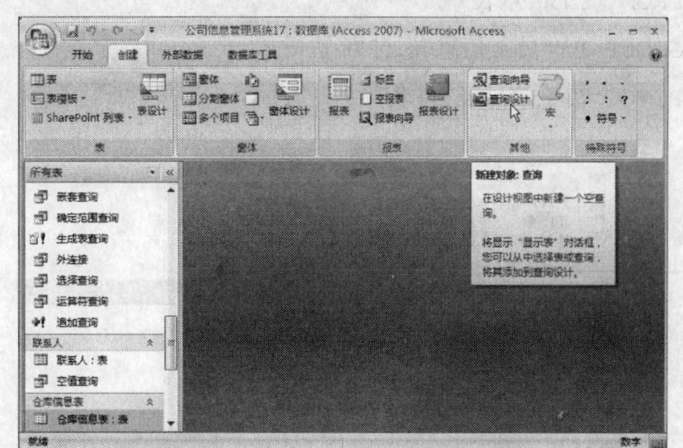

2 随即打开【显示表】对话框，从中选择【员工信息表】选项，单击 添加(A) 按钮，然后单击 关闭(C) 按钮。

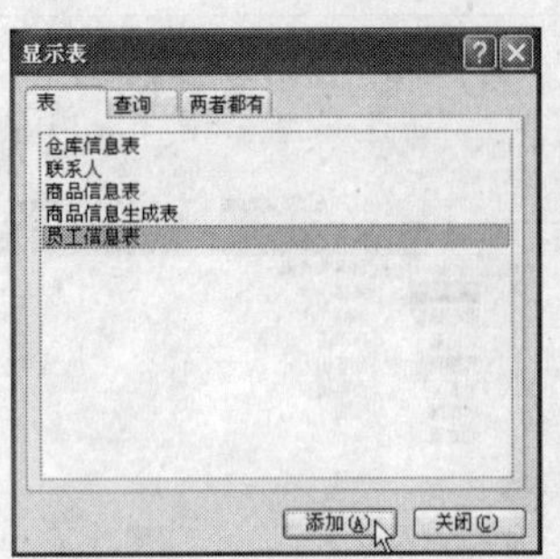

3 在【查询2】选项卡上单击鼠标右键，然后在弹出的快捷菜单中选择【SQL视图】菜单项。

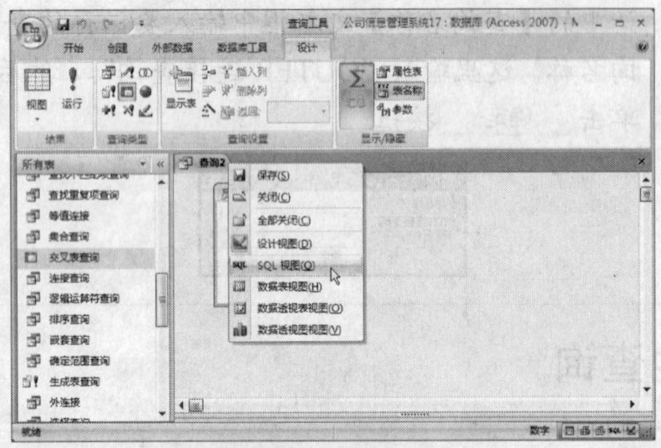

4 随即打开【查询2】的SQL视图，并在该视图中输入以下代码。

```
TRANSFORM Sum(员工信息表.年龄) AS 年龄之总计
SELECT 员工信息表.性别,
       Avg(员工信息表.年龄) AS 平均年龄
FROM 员工信息表
GROUP BY 员工信息表.性别
PIVOT 员工信息表.姓名;
```

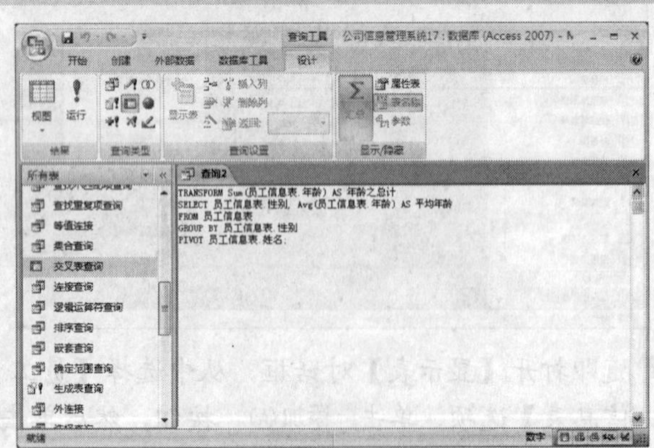

5 在【查询2】选项卡上单击鼠标右键，然后在弹出的快捷菜单中选择【数据表视图】菜单项。

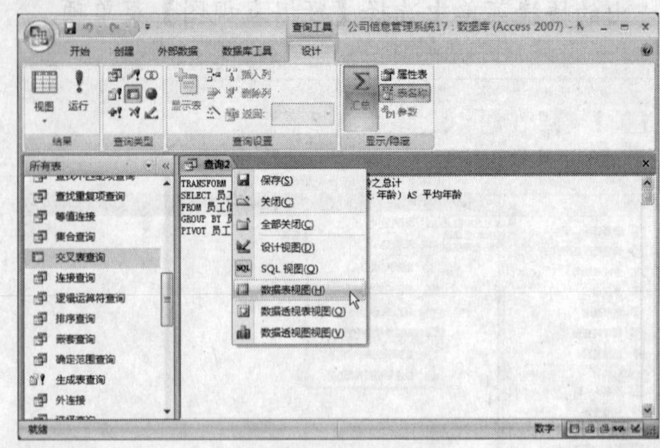

6 随即可以看到交叉表查询的结果。

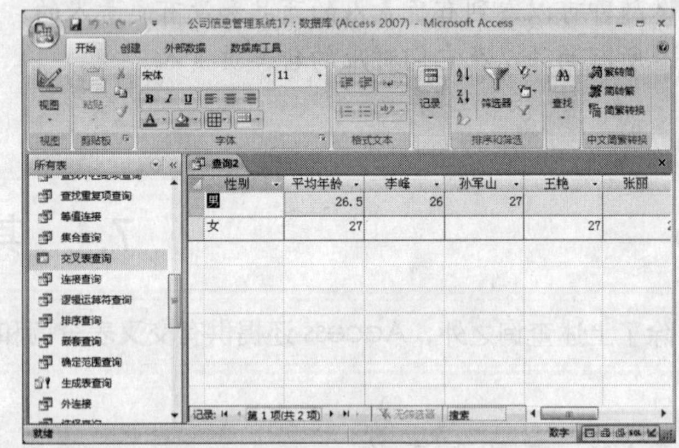

7 单击【保存】按钮，在弹出的【另存为】对话中的【查询名称】文本框中输入要保存的查询名称，这里输入“员工交叉表查询”，然后单击 确定 按钮。

7.4.2 联合查询

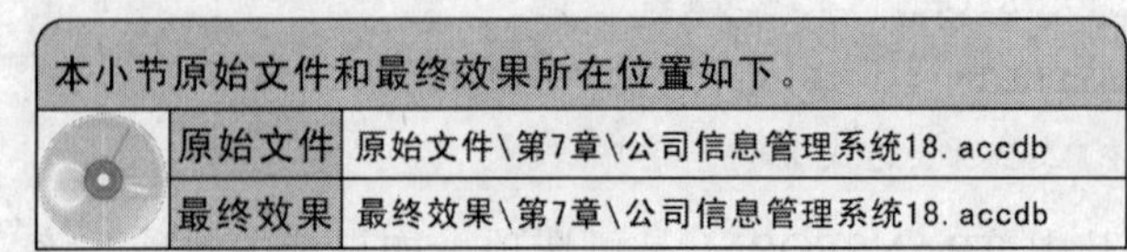

本小节原始文件和最终效果所在位置如下。	
原始文件	原始文件\第7章\公司信息管理系统18.accdb
最终效果	最终效果\第7章\公司信息管理系统18.accdb

应用联合查询可以将 SELECT 语句或者查询的数据连接起来，并自动地去掉表中的重复记录。

使用UNION语句实现联合查询的语法格式如下。

```
SELECT…
FROM 表 1
WHERE 条件 1
UNION SELECT…
FROM 表 2
WHERE 条件 2
```

根据条件 1 从表 1 中返回满足条件的记录，然后根据条件 2 从表 2 中再返回满足条件的记录，最后将这两次返回的满足条件的记录一同显示出来。

使用 UNION 进行查询的具体步骤如下。

1 打开本小节的原始文件，切换至【创建】选项卡，然后单击【其他】组中的查询设计按钮创建查询。

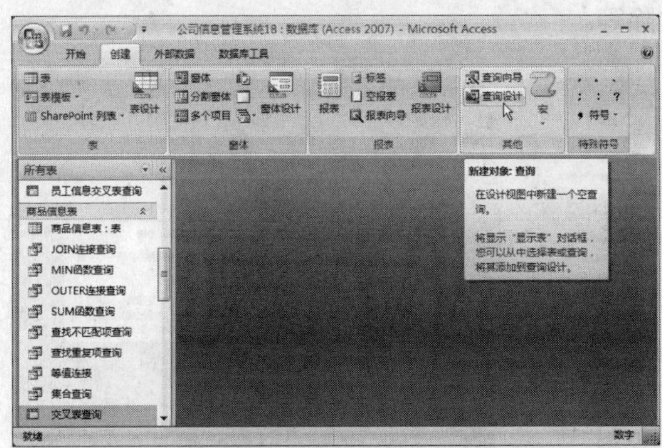

2 随即打开【显示表】对话框，在该对话框中直接单击 关闭(C) 按钮。

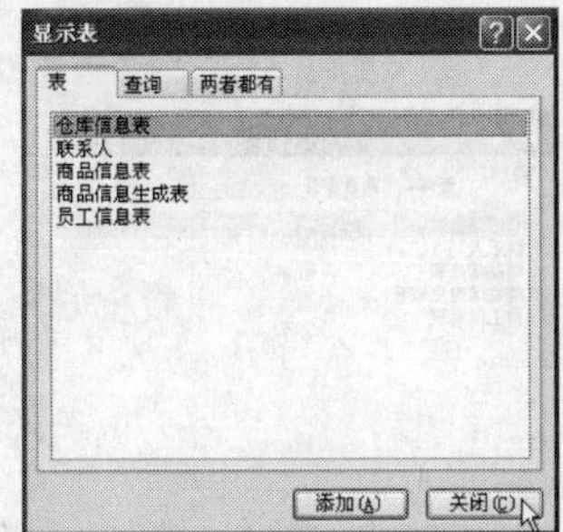

3 在【查询 2】选项卡上单击鼠标右键，然后在弹出的快捷菜单中选择【SQL 视图】菜单项。

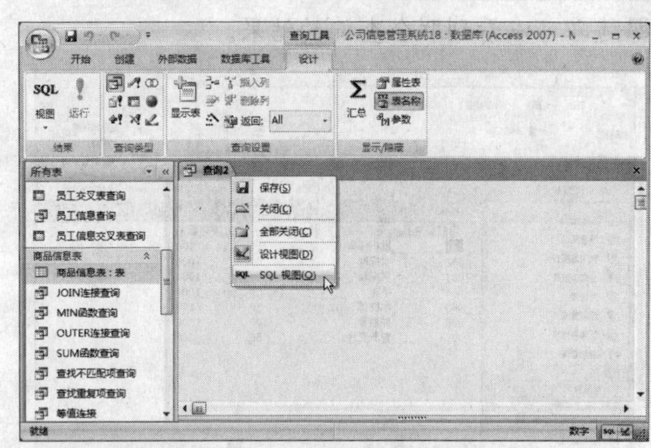

4 随即打开【查询 2】的 SQL 视图，并在该视图中输入以下代码。

```
SELECT 商品编号,商品名称,最小库存量,最大库存量
FROM 商品信息生成表
UNION
SELECT 商品编号,商品名称,最小库存量,最大库存量
FROM 商品信息表;
```

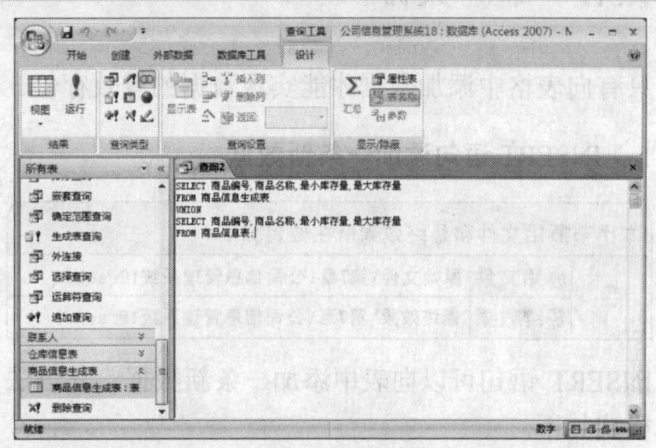

5 在【查询 2】选项卡上单击鼠标右键，然后在弹出的快捷菜单中选择【数据表视图】菜单项。

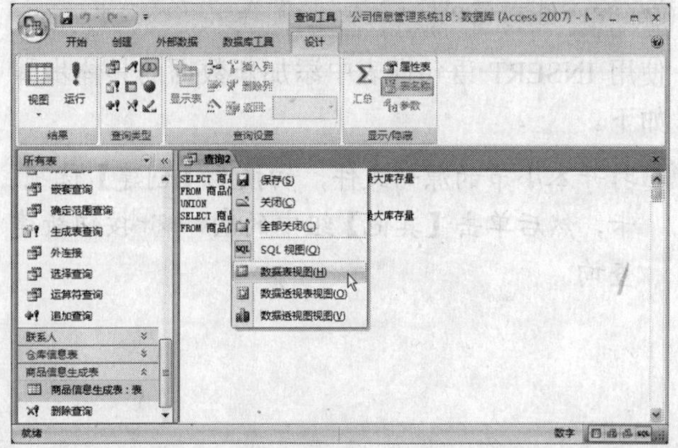

6 随即可以看到联合查询的结果。

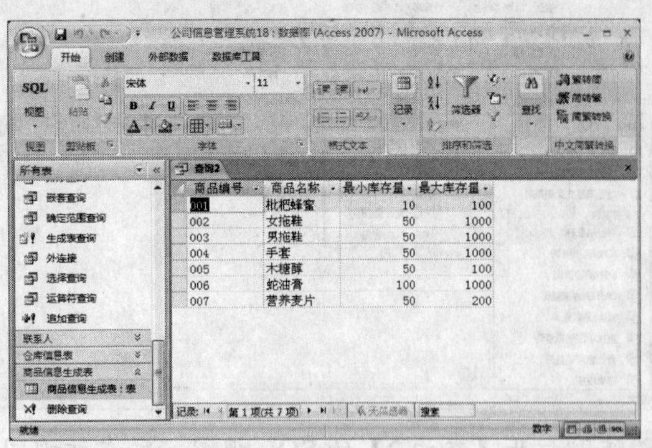

7 单击【保存】按钮，在弹出的【另存为】对话中的【查询名称】文本框中输入要保存的查询名称，这里输入“联合查询”，然后单击 确定 按钮。

7.5 操作查询

SQL 语句的操作功能包括对表中数据的添加、修改和删除等。

7.5.1 添加数据

只有向表格中添加数据才能实现数据的有效存储。

1. INSERT 语句添加一条新数据

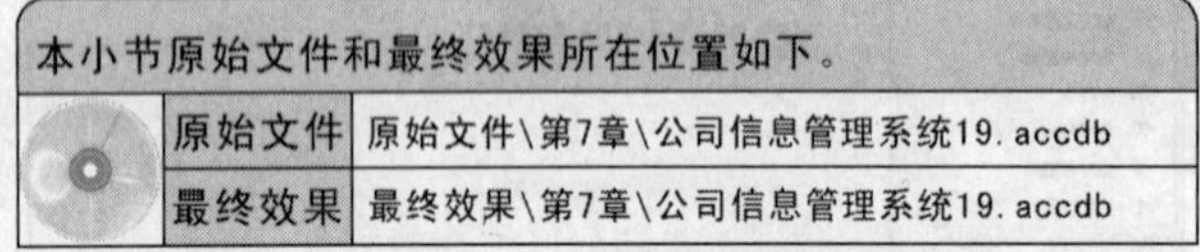

本小节原始文件和最终效果所在位置如下。	
原始文件	原始文件\第7章\公司信息管理系统19. accdb
最终效果	最终效果\第7章\公司信息管理系统19. accdb

INSERT 语句可以向表中添加一条新数据，其语法格式如下。

```
INSERT
INTO <表名> (字段1,字段2,…)
VALUES(值1,值2,…)
```

使用 INSERT 语句向表中添加新数据的具体步骤如下。

1 打开本小节的原始文件，切换至【创建】选项卡，然后单击【其他】组中的 查询设计 按钮新建查询。

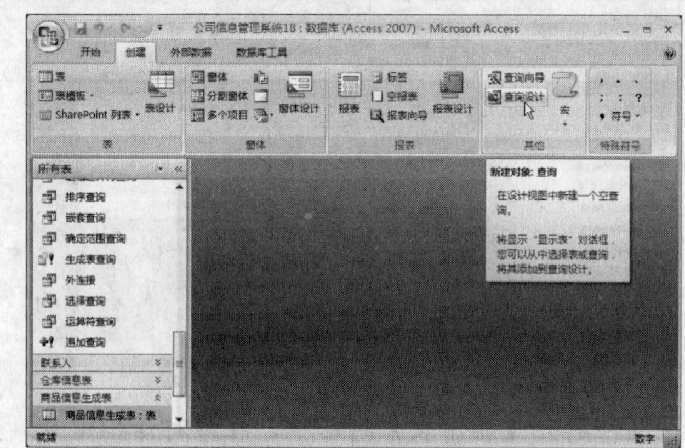

2 随即打开【显示表】对话框，直接单击 关闭(C) 按钮。

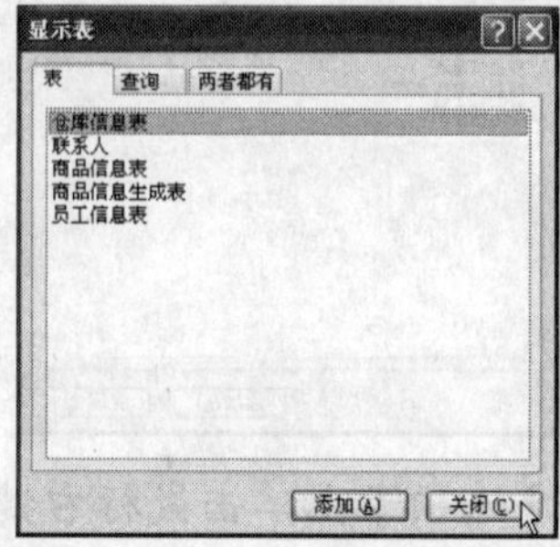

3 在【查询 2】选项卡上单击鼠标右键，然后在弹出的快捷菜单中选择【SQL 视图】菜单项。

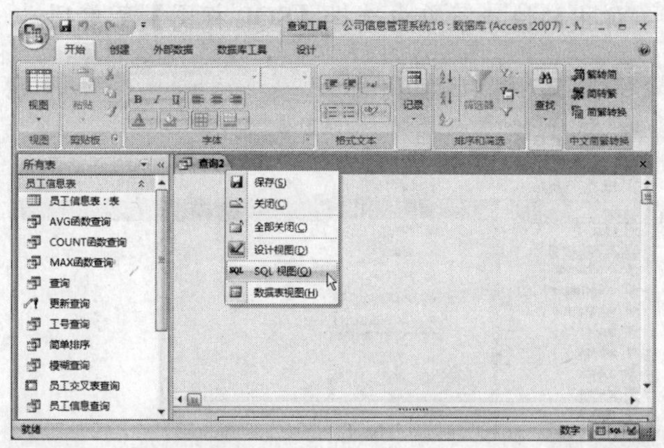

4 随即打开【查询 2】的 SQL 视图，并在该视图中输入以下代码。

```
INSERT INTO 员工信息表 (姓名,性别,年龄,工作时间,职务,联系方式,备注)
VALUES("孙凯","男","26","2006-12-25","技术员","137****9784","");
```

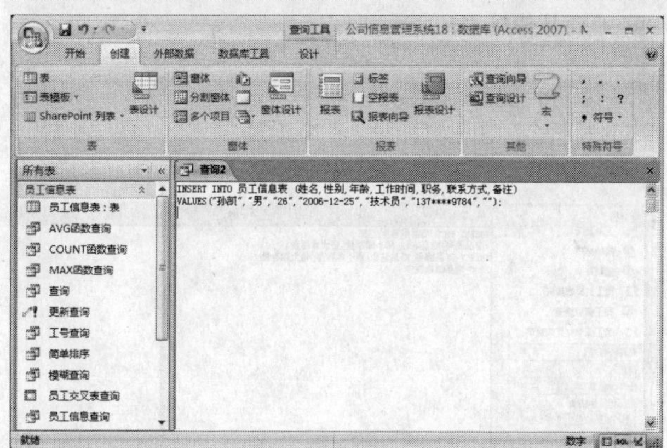

提示

因为【员工信息表】中的【工号】字段为自动编号字段，所以在进行记录添加时不需要为该字段添加数据。

5 切换至【查询工具 设计】上下文命令选项卡，然后单击【运行】按钮。

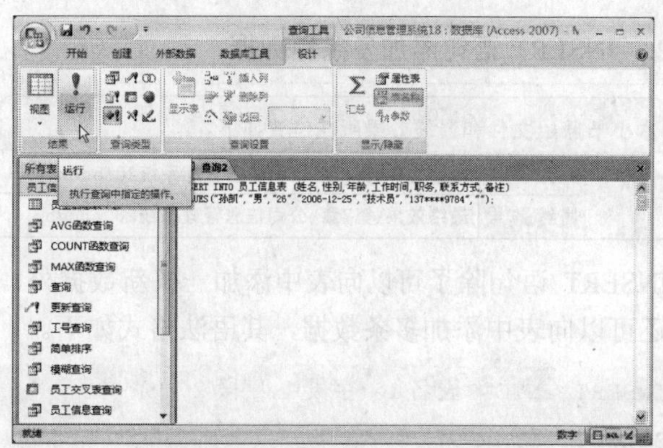

6 随即弹出【您正准备追加 1 行】对话框，然后单击 是(Y) 按钮。

7 随即打开【员工信息表】，可以看到在该表中添加了姓名为“孙凯”的员工信息。

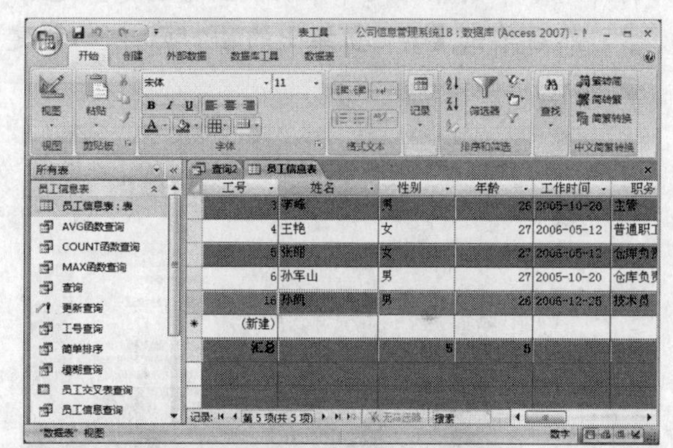

8 单击【保存】按钮，在弹出的【另存为】对话中的【查询名称】文本框中输入要保存的查询名称，这里输入“添加一条记录”，然后单击 确定 按钮。

提示

上述语句中的 VALUES 值必须要与列名的数量相同，并且要一一对应。

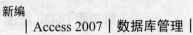

2. INSERT 语句添加多条新数据

本小节原始文件和最终效果所在位置如下。	
原始文件	原始文件\第7章\公司信息管理系统20. accdb
最终效果	最终效果\第7章\公司信息管理系统20. accdb

INSERT 语句除了可以向表中添加一条新数据外，还可以向表中添加多条数据，其语法格式如下。

```
INSERT INTO <表名 1>(字段 1,字段 2,…)
SELECT…
FROM <表名 2>
WHERE <条件>
```

该语法的含义为：向表 1 中添加从 SELECT 语句查询出来的表 2 中的数据。

使用 INSERT 语句向表中添加多条数据的具体步骤如下。

1 打开本小节的原始文件，切换至【创建】选项卡，然后单击【其他】组中的查询设计按钮新建查询。

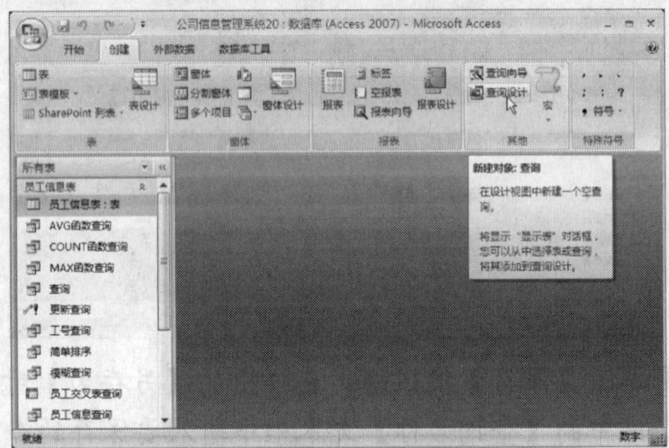

2 随即打开【显示表】对话框，直接单击 关闭(C) 按钮。

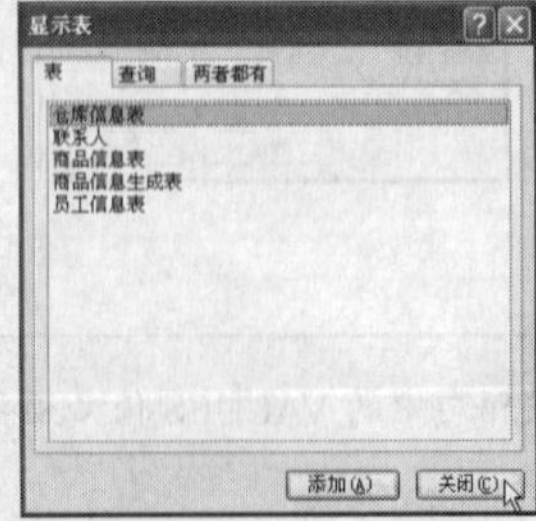

3 在【查询 2】选项卡上单击鼠标右键，然后在弹出的快捷菜单中选择【SQL 视图】菜单项。

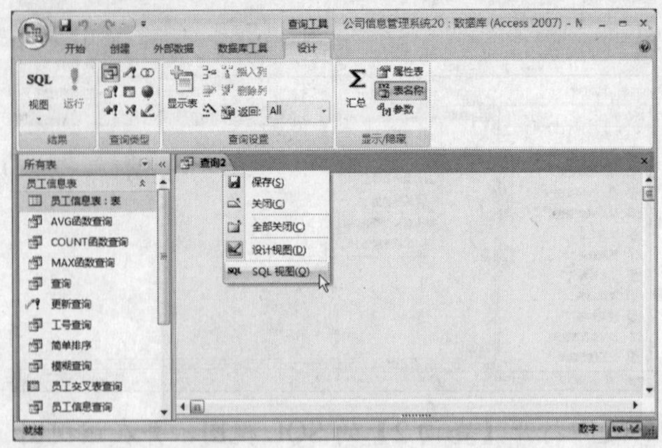

4 随即打开【查询 2】的 SQL 视图，并在该视图中输入以下代码。

```
INSERT INTO 商品信息生成表
(商品编号,商品名称,最小库存量,最大库存量)
SELECT 商品编号,商品名称,最小库存量,最大库存量
FROM 商品信息表;
```

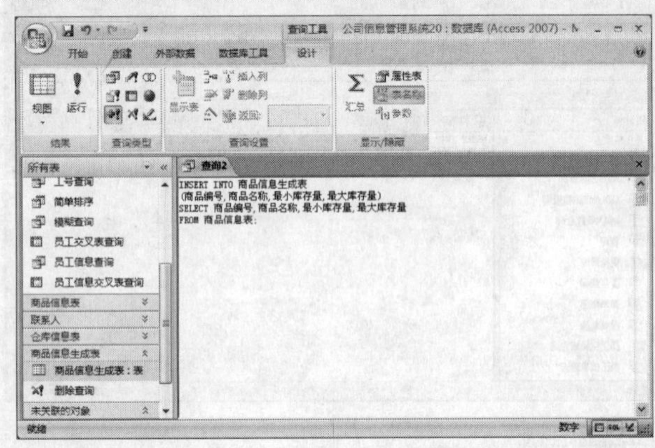

5 切换至【查询工具 设计】上下文命令选项卡，然后单击【运行】按钮。

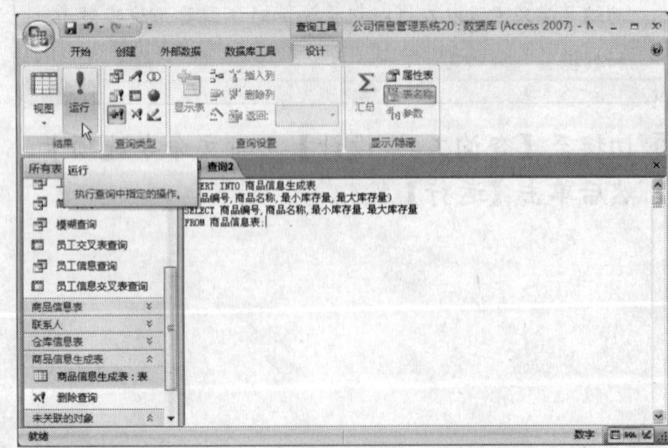

6 随即弹出【您正准备追加 7 行】对话框，然后单击 是(Y) 按钮。

7 随即打开【商品信息生成表】，可以看到在该表中添加了【商品信息表】中的记录。

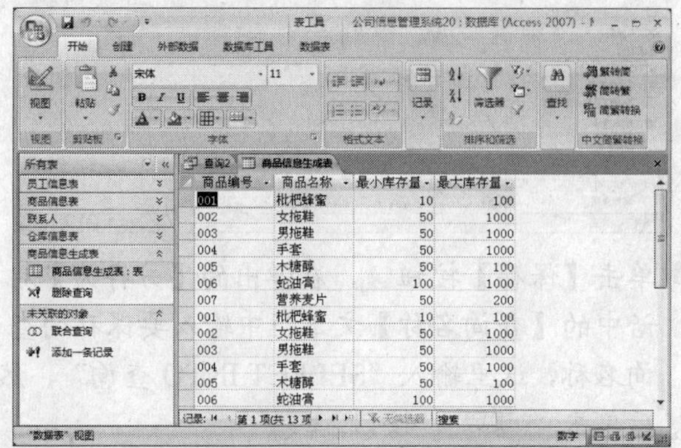

8 单击【保存】按钮，在弹出的【另存为】对话中的【查询名称】文本框中输入要保存的查询名称，这里输入"添加多条记录"，然后单击 确定 按钮。

3. SELECT…INTO 语句

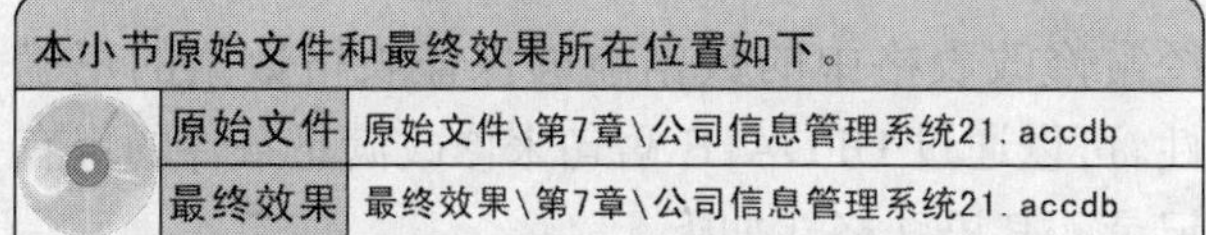

本小节原始文件和最终效果所在位置如下。

	原始文件	原始文件\第7章\公司信息管理系统21.accdb
	最终效果	最终效果\第7章\公司信息管理系统21.accdb

SELECT…INTO 语句可以利用一个查询的结果来创建一个新的数据表，相当于为数据表创建了一个生成表查询，其语法格式如下。

```
SELECT 字段 1,字段 2,…
INTO 新表
FROM 原表
WHERE 条件
```

该语句主要是将表中符合条件的记录添加到新的数据表中，数据并不返回客户端，这是与普通的 SELECT 语句不同的。新的数据表的字段由 SELECT 后面的字段 1、字段 2、…来指定。

使用 SELECT…INTO 语句创建新数据表的具体步骤如下。

1 打开本小节的原始文件，切换至【创建】选项卡，然后单击【其他】组中的 查询设计 按钮新建查询。

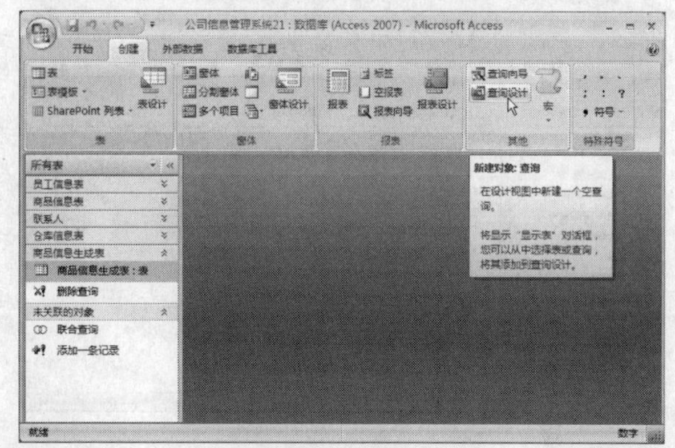

2 随即打开【显示表】对话框，直接单击 关闭(C) 按钮。

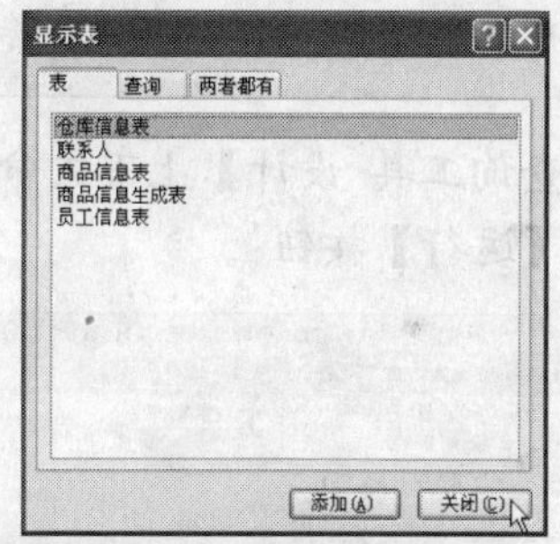

3 在【查询 2】选项卡上单击鼠标右键，然后在弹出的快捷菜单中选择【SQL 视图】菜单项。

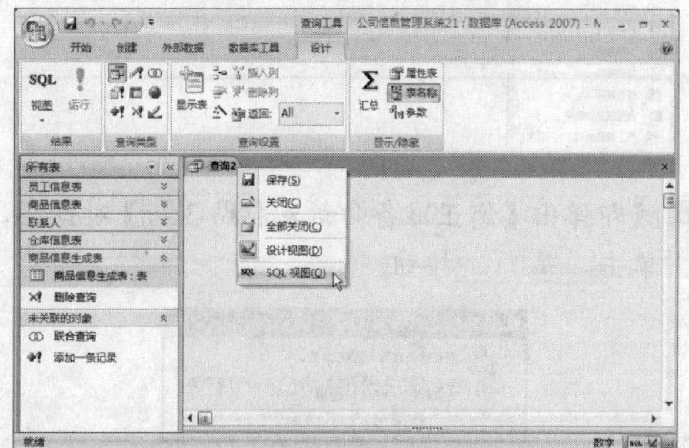

4 随即打开【查询 2】的 SQL 视图，并在该视图中输入以下代码。

```
SELECT 工号,姓名,性别,年龄,工作时间,职务,
        联系方式,备注
INTO 男员工信息表
FROM 员工信息表
WHERE 性别="男";
```

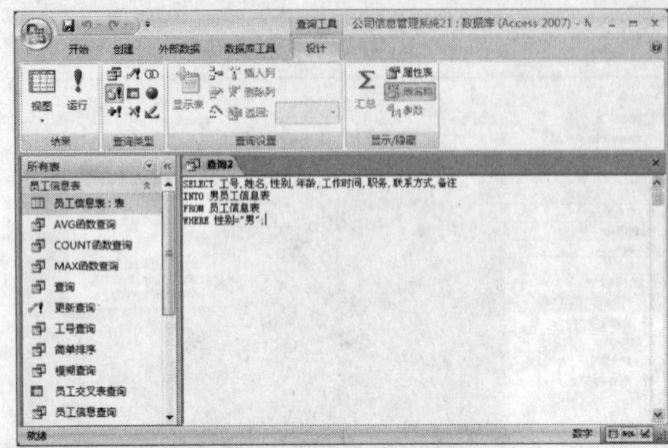

提示

虽然上例中的 SELECT 语句后面接的是【员工信息表】中的所有字段，但这里不能用*来代替。

5 切换至【查询工具 设计】上下文命令选项卡，然后单击【运行】按钮。

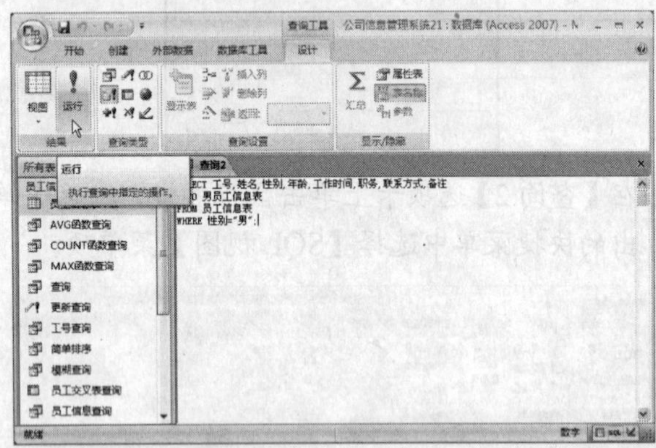

6 随即弹出【您正准备向新表粘贴 3 行】对话框，单击 是(Y) 按钮。

7 可以看到在【导航窗格】中新增了【男员工信息表】选项，双击打开可以看到所有的男员工信息。

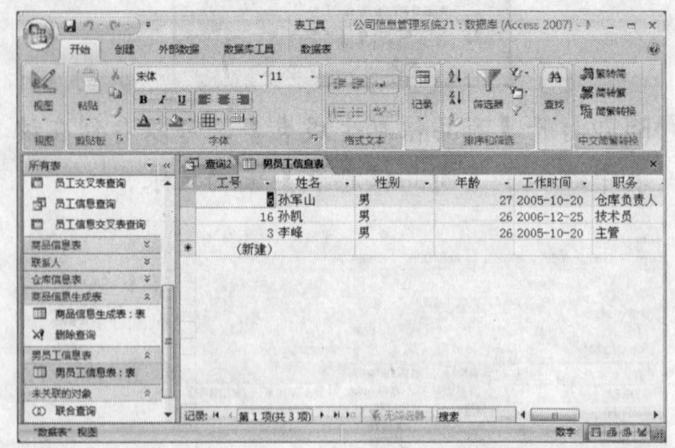

8 单击【保存】按钮，在弹出的【另存为】对话中的【查询名称】文本框中输入要保存的查询名称，这里输入"SELECT INTO 查询"，然后单击 确定 按钮。

7.5.2 修改数据

本小节原始文件和最终效果所在位置如下。

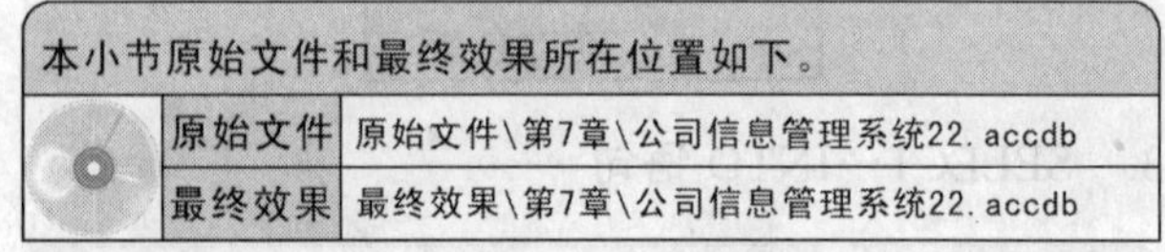

原始文件	原始文件\第7章\公司信息管理系统22.accdb
最终效果	最终效果\第7章\公司信息管理系统22.accdb

经常修改表格中的数据能够保证表格数据的正确性。可以通过 UPDATE 语句来修改满足条件的现有记录，其语法格式如下。

```
UPDATE <表名>
SET <列名>=<表达式>[,<列名>=<表达式>]…
[WHERE <条件>]
```

该语法的功能是修改指定表中满足 WHERE 子句条件的字段。其中 SET 子句给出<表达式>的值用于取代相应的属性列值。如果省略了 WHERE 子句，则表示要修改表中所有的字段记录。

使用 UPDATE 语句修改数据表中记录的具体步骤如下。

1 打开本小节的原始文件，切换至【创建】选项卡，然后单击【其他】组中的 查询设计 按钮新建查询。

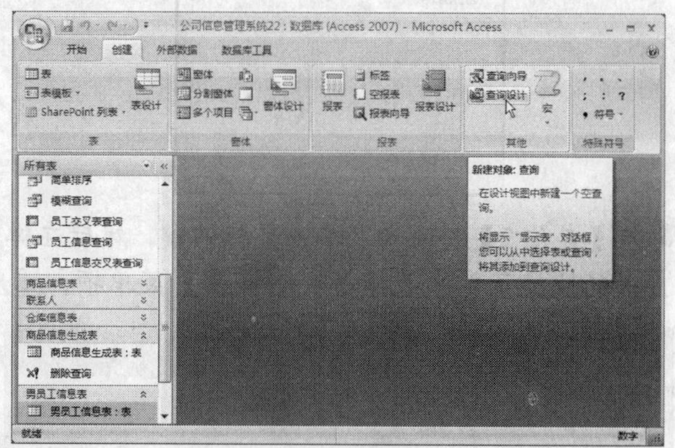

2 随即打开【显示表】对话框，在该对话框中直接单击 关闭(C) 按钮。

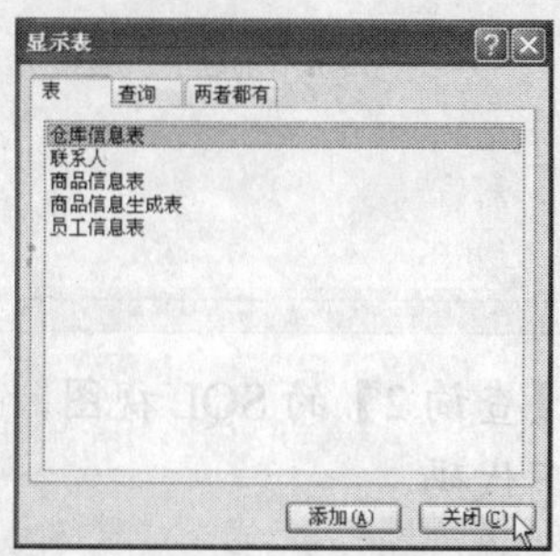

3 在【查询 2】选项卡上单击鼠标右键，然后在弹出的快捷菜单中选择【SQL 视图】菜单项。

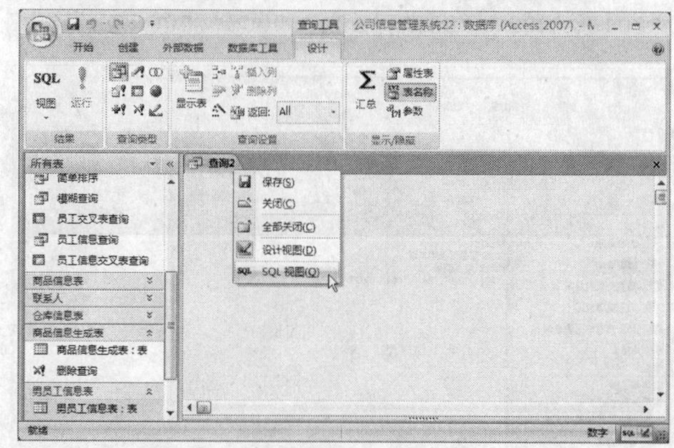

4 随即打开【查询 2】的 SQL 视图，在该视图中输入以下代码。

```
UPDATE 男员工信息表
SET 年龄 = 年龄+1;
```

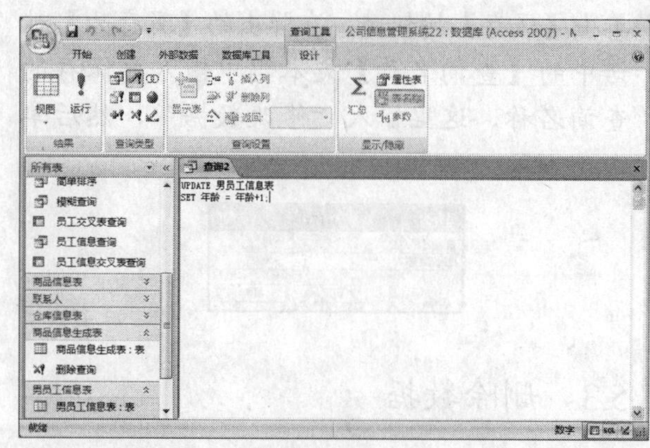

5 切换至【查询工具 设计】上下文命令选项卡，然后单击【运行】按钮。

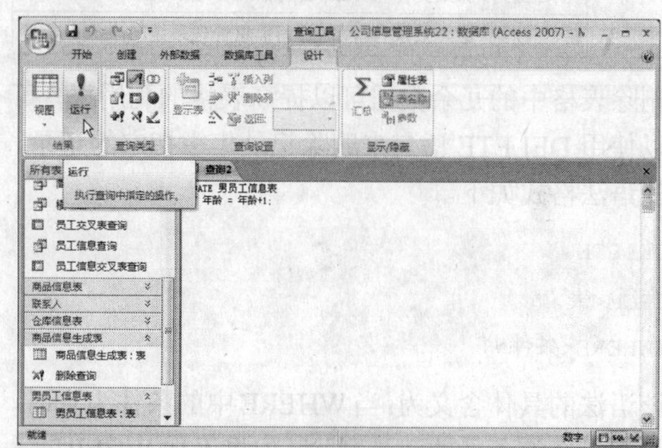

6 随即弹出【您正准备更新 3 行】对话框，单击 是(Y) 按钮。

7 随即打开【男员工信息表】，可以看到"年龄"在原来的基础上增加了 1。

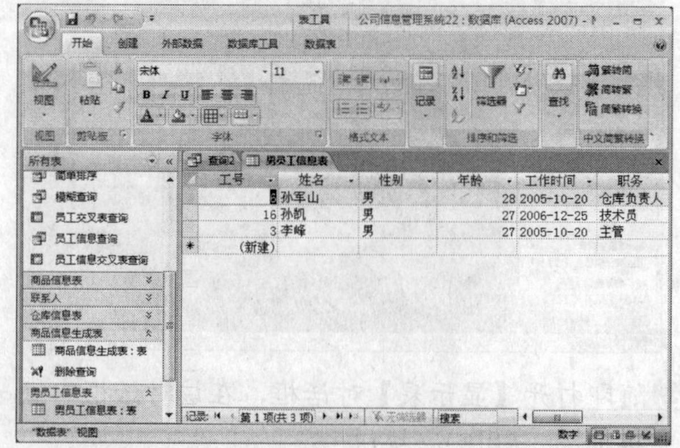

8 单击【保存】按钮，在弹出的【另存为】对话中的【查询名称】文本框中输入要保存的查询名称，这里输入“修改数据”，然后单击 确定 按钮。

7.5.3 删除数据

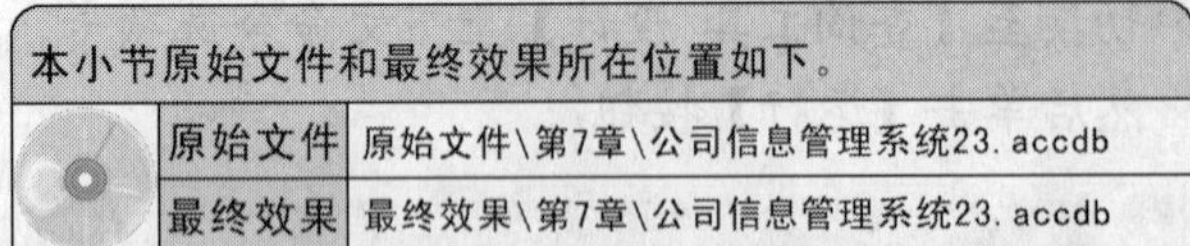

本小节原始文件和最终效果所在位置如下。

原始文件	原始文件\第7章\公司信息管理系统23.accdb
最终效果	最终效果\第7章\公司信息管理系统23.accdb

删除表格中的冗余数据可以提高表格的利用率，可以使用 DELETE 语句来删除记录集中指定的记录，其语法格式如下。

```
DELETE
FROM<表>
[WHERE<条件>]
```

该语法的具体含义为：当 WHERE 中的条件为真时，将把符合该条件的记录删除。如果不加 WHERE 条件语句，则删除表中的所有记录。

使用 DELETE 语句删除数据的具体步骤如下。

1 打开本小节的原始文件，切换至【创建】选项卡，然后单击【其他】组中的 查询设计 按钮新建查询。

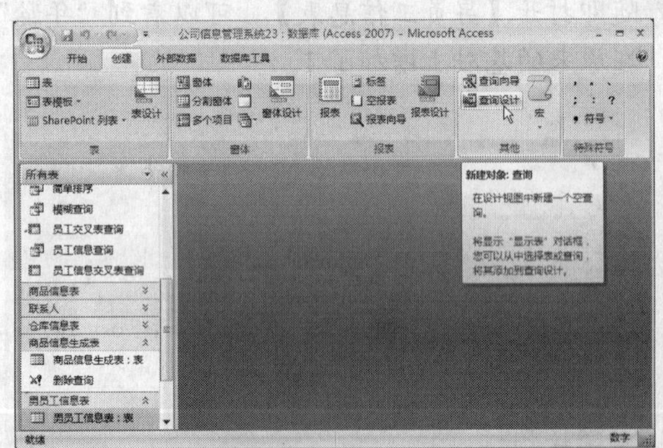

2 随即打开【显示表】对话框，在该对话框中直接单击 关闭(C) 按钮。

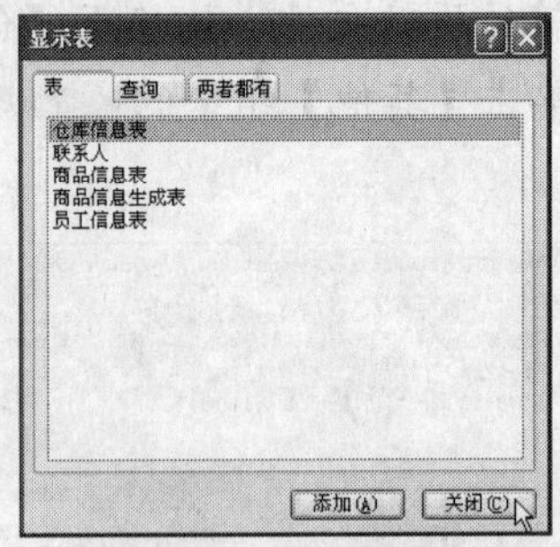

3 在【查询 2】选项卡上单击鼠标右键，然后在弹出的快捷菜单中选择【SQL 视图】菜单项。

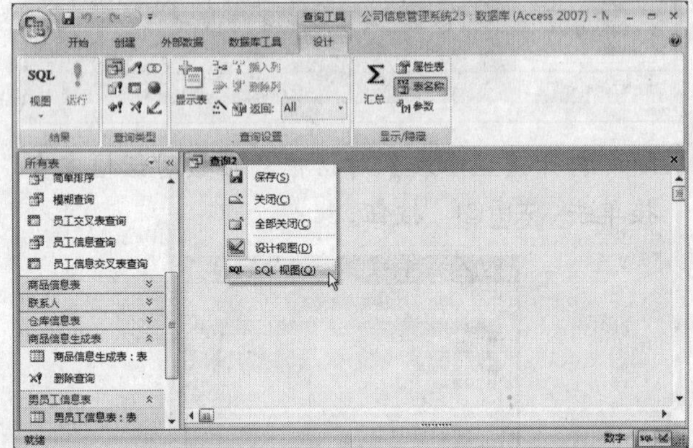

4 随即打开【查询 2】的 SQL 视图，并在该视图中输入以下代码。

```
DELETE
FROM 商品信息生成表
WHERE 商品编号 IN
("001","002","003","004","005","006");
```

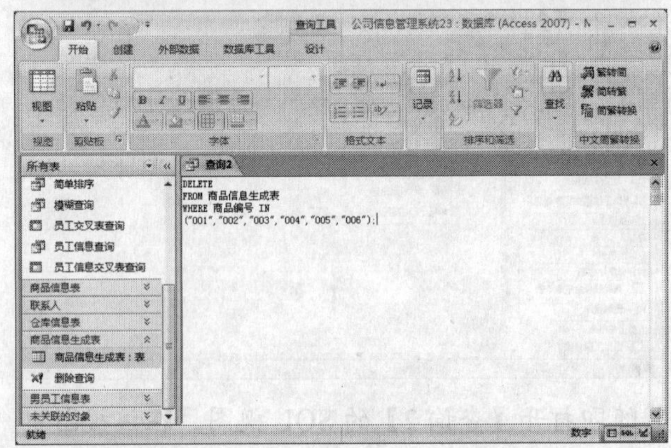

5 切换至【查询工具 设计】上下文命令选项卡，然后单击【运行】按钮。

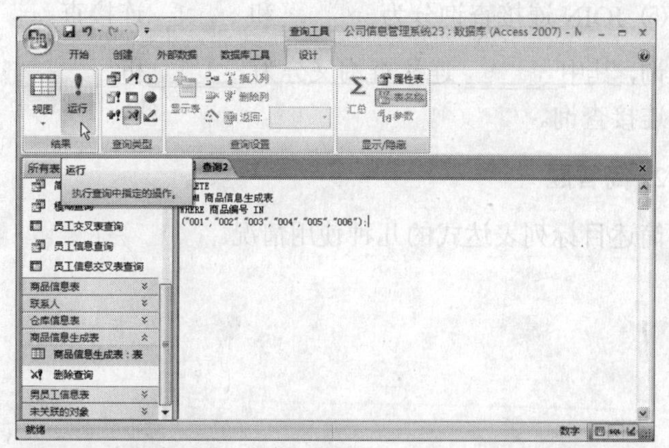

6 随即弹出【您正准备从指定表删除 12 行】对话框，然后单击 是(Y) 按钮。

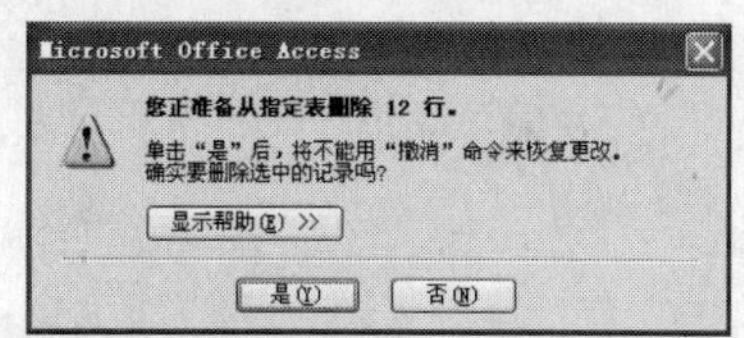

7 随即打开【商品信息生成表】，可以看到已经将指定的记录删除了。

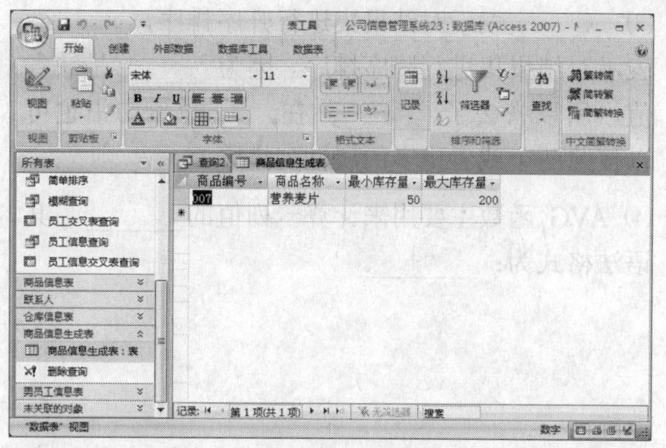

8 单击【保存】按钮，在弹出的【另存为】对话中的【查询名称】文本框中输入要保存的查询名称，这里输入"删除数据"，然后单击 确定 按钮。

7.6 本章小结

本章介绍了如何通过 SQL 语言来实现查询。

首先介绍了 SQL 语言中的 SELECT 查询语句的基本格式，介绍了查询语句中各部分的含义，并以实际例子的形式介绍了各部分的用法，包括 SELECT 语句的目标列表达式、FROM 子句、ORDER BY 子句、GROUP BY 子句以及 WHERE 子句中的谓词查询。

其次介绍了 SUM、COUNT、AVG、MAX 和 MIN 等函数的计算查询。

再次介绍了多表的连接查询，其中包括在 FROM 子句和 WHERE 子句中实现的连接查询，还有使用 JOIN 连接实现的连接查询，JOIN 连接又分为 INNER JOIN 连接和 OUTER JOIN（LEFT OUTER JOIN 和 RIGHT OUTER JOIN）连接。

最后介绍了操作查询，包括添加数据、修改数据和删除数据，其中添加数据又分为添加一条数据、添加多条数据和通过查询语句创建数据表等。

7.7 过关练习题

1. 填空题

(1) 目标列表达式可以是被查询表中的列的名称、________或者________。

(2) 确定范围的谓词有 BETWEEN…AND 和________，可以用来查找属性值在或者不在________内的元组，其中 BETWEEN 的后面是________，AND 的后面是范围的________。

(3) ________表示对结果集进行升序排序，________表示对结果集进行降序排序。因为________是缺省值，所以省去了________。在________子句中也可以按照两个或者更多的属性列排序。

(4) AVG 函数主要用来计算一列值的________，其语法格式为：________。

(5) JOIN 连接查询分为________和________连接查询，其中________连接查询又分为________和________连接查询。

2. 简答题

简述目标列表达式的几种使用情况。

第 8 章　窗体概述

窗体是用户与数据库之间的交互窗口，用户可以通过窗体来查看数据表中的数据，也可以对数据表中的数据进行操作。它可以看做是数据表的延伸，不仅能实现数据表的基本功能，而且能实现更多的友好界面功能。

窗体具有接受数据的插入、控制应用程序的流程以及显示和编辑数据等功能。

学习要点

- 窗体简介
- 创建窗体
- 窗体结构
- 子窗体

8.1 窗体简介

窗体能够实现对数据的查询、修改、添加以及打印等基本的操作。在窗体中可以随意地设计其布局，并且可以在窗体中创建其他的窗体。

控件是构成窗体的基本元素，Access 2007 为用户提供了丰富的控件，通过这些控件用户可以设计出功能全面并且美观的窗体，并且这些控件在 Windows 应用中很常见。

窗体作为用户与数据库之间的操作接口，存在多种表现形式，不同的窗体能够完成不同的功能。窗体中的信息主要包括设计窗体时附加的提示信息和处理表或查询的记录两类。窗体主要有以下几方面的作用。

编辑和显示数据

编辑和显示数据是窗体的基本功能，它提供了对数据进行操作的基本方法。一般情况下窗体都与一个数据表或者查询相关联，因此对窗体中数据的改动也将在其对应的数据表或者查询中体现出来。

例如在新建的【商品信息生成表】窗体中添加一条记录：

(001，枇杷蜂蜜，10，100)

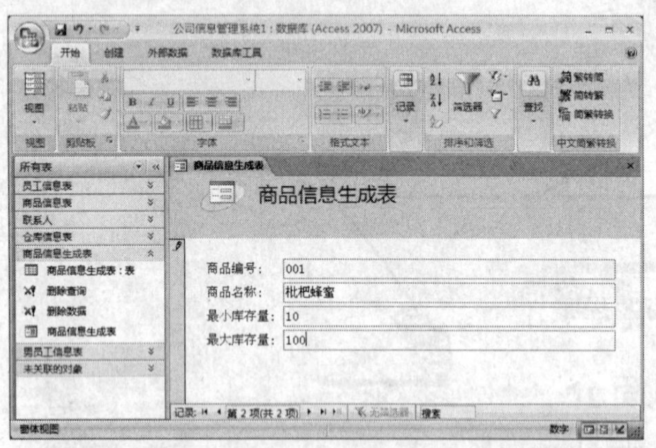

单击【保存】按钮，然后打开【商品信息生成表】数据表，可以看到在【商品信息生成表】窗体中添加的信息已经添加到了【商品信息生成表】数据表中，如下图所示。

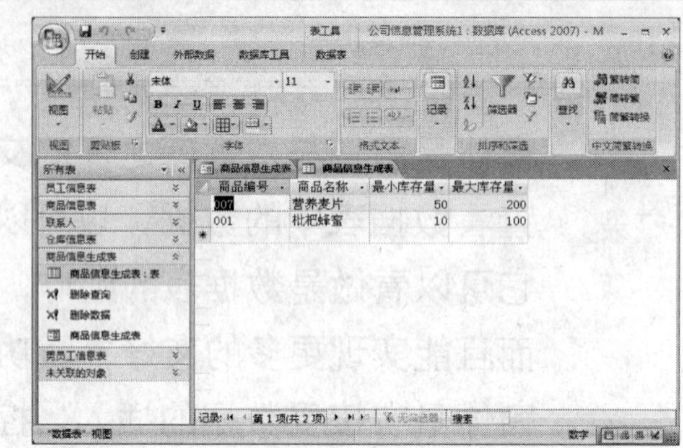

可以通过设置窗体中数据控件的属性来控制数据的操作方式。例如为了防止用户有意或者无意修改一些重要文件，可以将显示这些文件的控件的属性设置为只读，这样用户就无法对该控件中的数据进行修改，而在数据表中是无法实现该功能的。

控制应用程序流程

在窗体中可以放置各种控件，用户可以通过控件进行选择或者向数据库发出各种命令。它还可以与宏配合使用，来引导过程动作的流程。

例如下图中的 第一条 、 上一条 、 下一条 和 最后一条 按钮都是用来控制应用程序流程的。

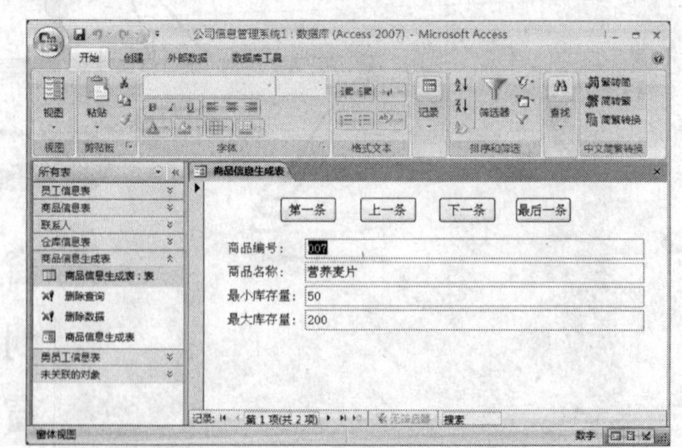

显示信息

窗体能够显示各种提示、警告或者错误信息。

例如在【商品信息生成表】窗体中添加以下记录：(002，女拖鞋，50，无)

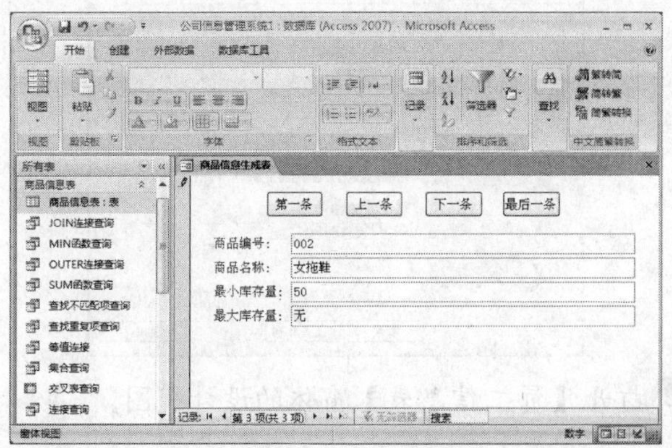

当用户试图在【最大库存量】文本框中移开鼠标光标时将弹出下图所示的警告对话框，提示用户输入的数据无效。

打印数据

除了可以通过报表打印数据外，还可以通过窗体打印数据。

8.2 创建窗体

Access 2007 提供有多种创建窗体的方法，最常用的是使用向导和使用设计视图来创建窗体。

8.2.1 使用向导创建窗体

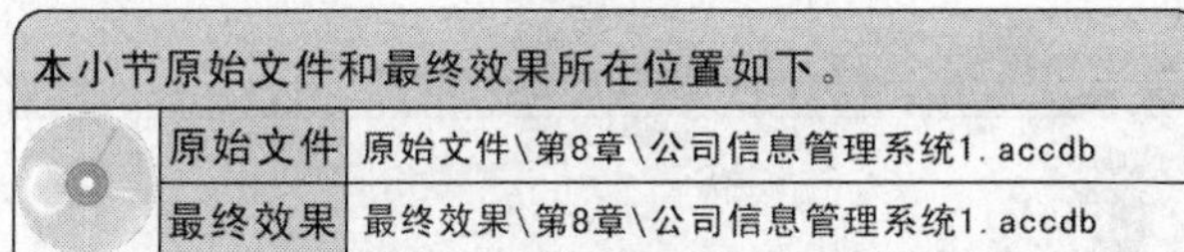

本小节原始文件和最终效果所在位置如下。

	原始文件	原始文件\第8章\公司信息管理系统1. accdb
	最终效果	最终效果\第8章\公司信息管理系统1. accdb

使用向导是一种非常简单的创建窗体的方法，向导中包含各种模板，所以在创建的过程中只要选择合适的模板就可以了。

使用向导创建窗体的具体步骤如下。

1 打开本小节的原始文件，然后切换至【创建】选项卡。

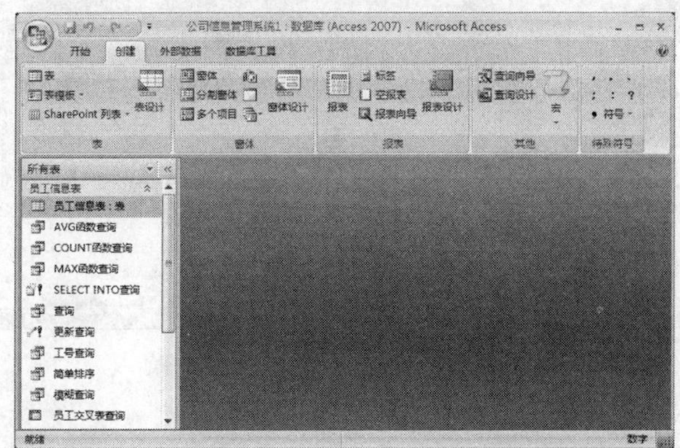

2 单击【窗体】组中的【其他窗体】按钮，在弹出的下拉菜单中选择【窗体向导】菜单项。

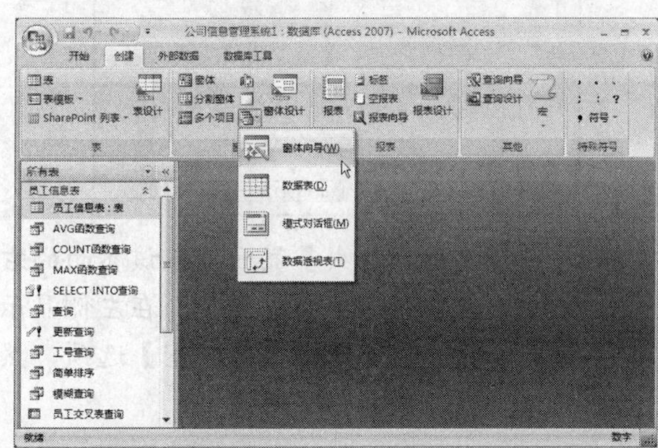

3 随即弹出【请确定窗体上使用哪些字段】界面，在【表/查询】下拉列表中选择【表：员工信息表】选项。

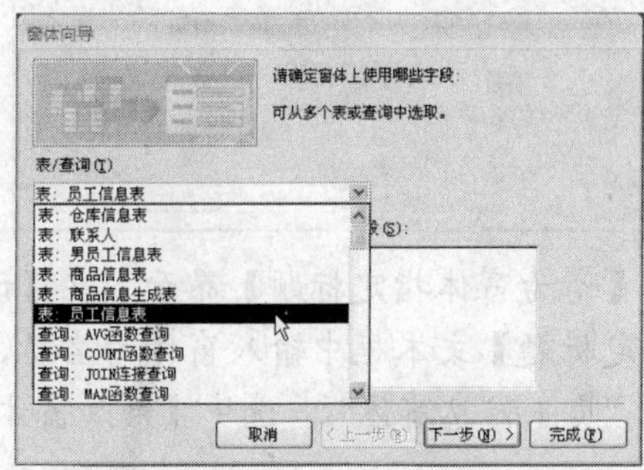

4 在【可用字段】列表框中选择创建窗体的字段，单击【添加】按钮 > 将其添加到【选定字段】列表框中，然后单击 下一步(N) > 按钮。

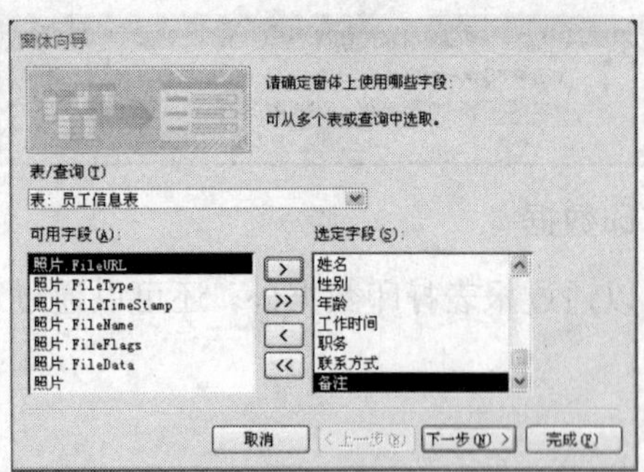

5 随即打开【请确定窗体使用的布局】界面，在该界面的右侧可以选择各种布局，并在左侧显示布局的预览图。这里选中【纵栏表】单选按钮，然后单击 下一步(N) > 按钮。

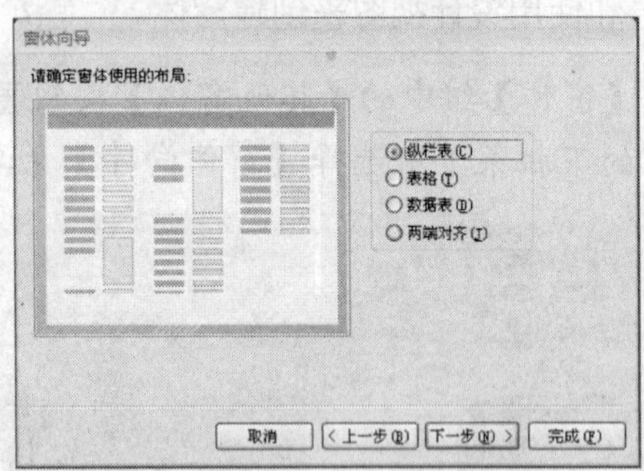

6 打开【请确定所用样式】界面，在该界面的右侧列表框中可以选择窗体样式，并在左侧显示样式的预览图。这里选择【办公室】选项，然后单击 下一步(N) > 按钮。

7 打开【请为窗体指定标题】界面，在【请为窗体指定标题】文本框中输入窗体的名称，这里输入“员工信息窗体”，选中【修改窗体设计】单选按钮，然后单击 完成(F) 按钮完成该窗体的设计。

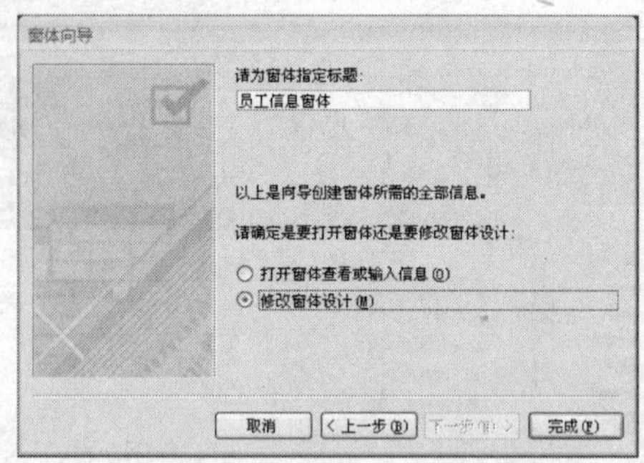

8 打开【员工信息表】窗体的设计视图。

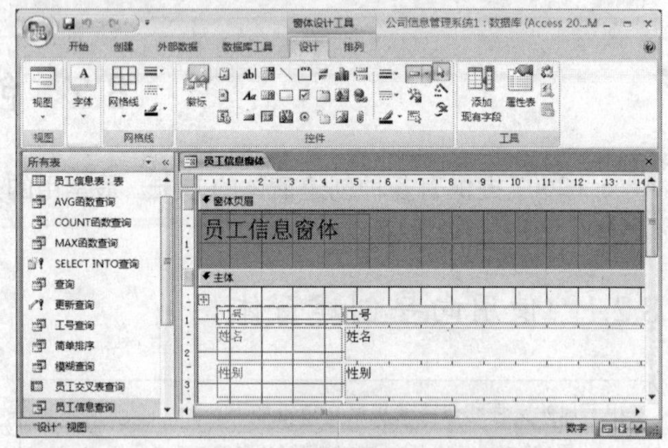

> **提示**
> 如果在步骤7中选中【打开窗体查看或输入信息】单选按钮，则可以打开如下图所示的【窗体视图】界面。

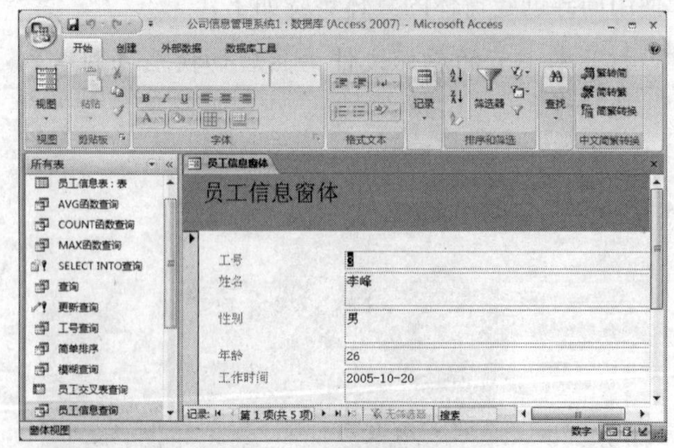

8.2.2 使用设计视图创建窗体

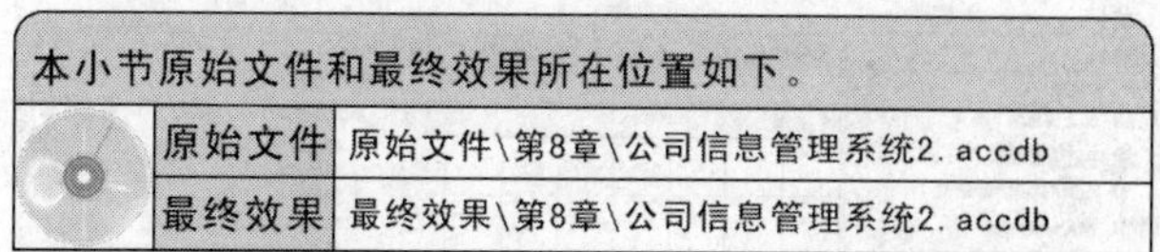

本小节原始文件和最终效果所在位置如下。	
原始文件	原始文件\第8章\公司信息管理系统2. accdb
最终效果	最终效果\第8章\公司信息管理系统2. accdb

使用设计视图可以自行设置窗体的结构布局，例如在窗体中添加按钮、文本框或者组合框等控件。

使用设计视图创建窗体的具体步骤如下。

1 打开本小节的原始文件，然后切换至【创建】选项卡。

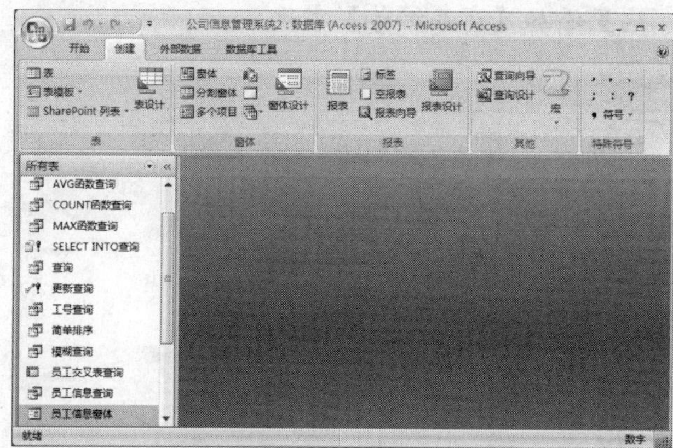

2 单击【窗体】组中的【窗体设计】按钮。

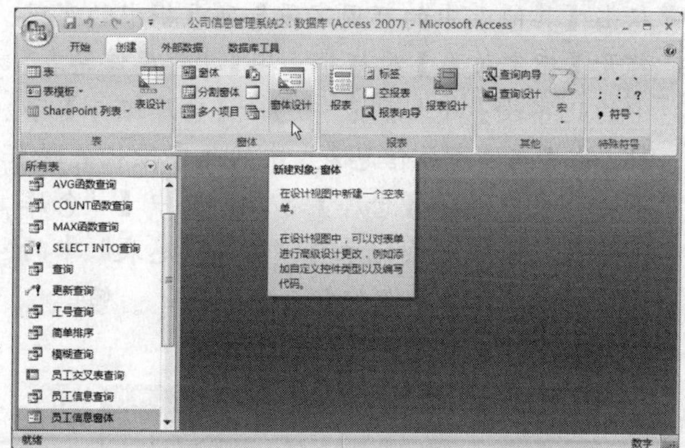

3 随即打开【窗体 1】窗体设计视图界面。

4 在窗体空白处单击鼠标右键，然后在弹出的快捷菜单中选择【属性】菜单项。

提示

在【设计】上下文命令选项卡中单击【工具】组中的【属性表】按钮也可以打开【属性表】窗口。

5 随即打开【属性表】窗口，应保证所选内容的类型为“窗体”。

如果所选内容不是窗体，可以在其下拉列表中选择【窗体】选项将所选内容转换为“窗体”。

6 切换至【数据】选项卡，在【记录源】下拉列表中选择窗体数据来源的表或者查询的名称，这里选择【商品信息表】选项。

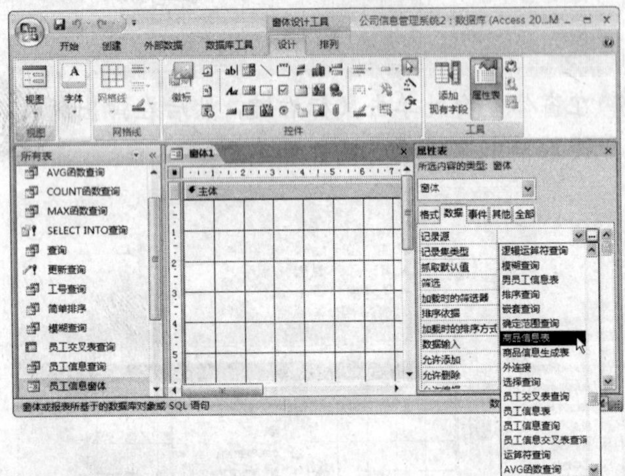

7 单击【工具】组中的【添加现有字段】按钮。

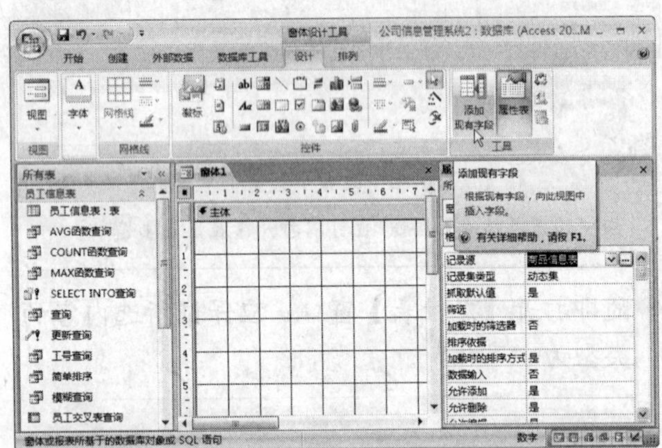

8 随即打开【字段列表】窗口，可以看到【可用于此视图的字段】列表框和【其他表中的可用字段】列表框。

9 双击【可用于此视图的字段】列表框中的字段名称可以将需要的字段添加到【窗体 1】中，这里添加【商品编号】字段。

10 双击【其他表中的可用字段】列表框中的字段打开【指定关系】对话框，在【“仓库信息表”中的此字段】下拉列表中选择【仓库编号】字段，在【与“商品信息表”中的此字段相关联】下拉列表中选择【仓库】字段，选中【“仓库信息表”中的一条记录与“商品信息表”中的多条记录匹配】单选按钮，然后单击 确定 按钮。

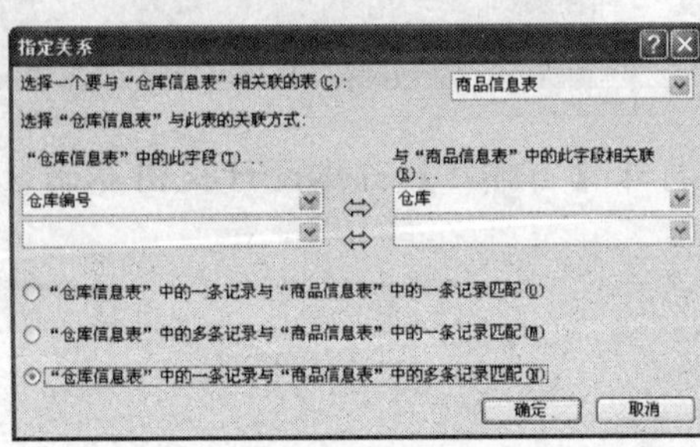

⑪ 可以看到【仓库信息表】中的【仓库编号】字段添加到了该窗体中。

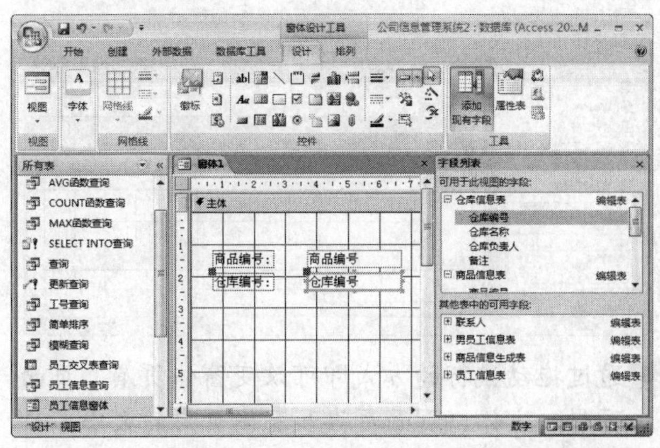

⑫ 使用上述方法在【窗体 1】中添加字段，单击【保存】按钮，在弹出的【另存为】对话框中输入要保存的该窗体的名称，这里输入“商品信息窗体”，然后单击 确定 按钮。

8.3 窗体结构

窗体设计视图中最多包括窗体页眉、页面页眉、主体、页面页脚和窗体页脚等 5 部分。

8.3.1 窗体相关概念

● **节**

窗体由多个部分组成，每个部分都被称为一个“节”。

● **控件**

窗体中包含标签、文本框、复选框、列表框、组合框、选项组和命令按钮等对象，这些对象被称为“控件”。每一个控件在窗体中都起着不同的作用。

● **窗体页眉**

用于显示窗体的标题和使用说明、打开相关窗体或者执行其他任务的命令按钮，显示在窗体视图顶部或者打印页的开头。

● **页面页眉**

用于显示标题、列标题、日期或者页码，显示在窗体的顶部。

● **主体**

用于显示窗体的主要部分，通常包含绑定到记录源中字段的控件或者未绑定的控件。

● **页面页脚**

用于在窗体中每一页的底部显示汇总、日期或者页码，显示在窗体的底部。

● **窗体页脚**

用于显示窗体的使用说明、命令按钮或者接受输入的未绑定控件，显示在窗体视图的底部。

8.3.2 设置窗体结构

设置窗体结构的具体步骤如下。

① 打开【公司信息管理系统】数据库，在【员工信息窗体】菜单项上单击鼠标右键，然后在弹出的快捷菜单中选择【设计视图】菜单项。

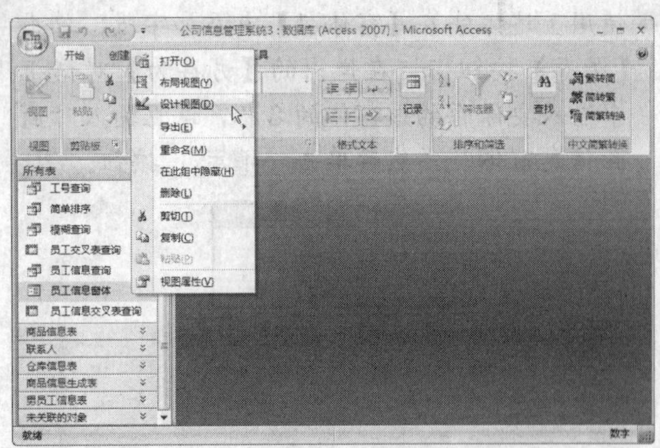

2 随即打开【员工信息窗体】的设计视图。

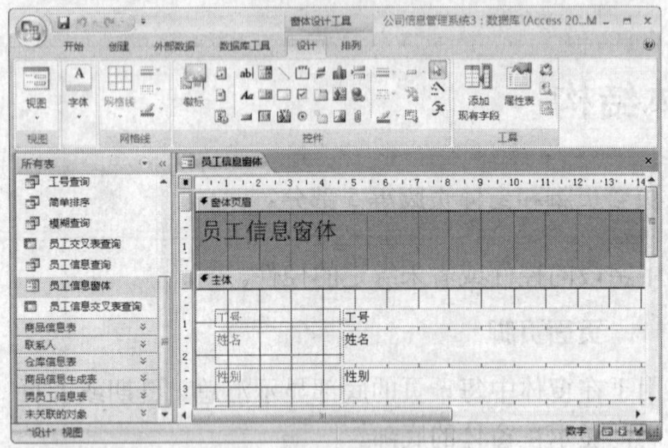

3 在窗体界面中单击鼠标右键，在弹出的快捷菜单中选择【页面页眉/页脚】或者【窗体页眉页脚】菜单项，即可显示或者隐藏【页面页眉/页脚】或者【窗体页眉/页脚】。

4 将窗体中的窗体页眉、页面页眉、主体、页面页脚和窗体页脚等 5 部分全部显示出来，如下图所示。

5 通过拖动鼠标的方式即可改变窗体页眉、页面页眉、主体、页面页脚和窗体页脚的大小，待鼠标光标变为✛形状时即可拖动。

8.3.3 窗体属性

除了窗体本身存在【属性表】对话框之外，每个控件也都存在类似的【属性表】对话框，在这些【属性表】对话框中可以看到【格式】、【数据】、【事件】、【其他】和【全部】等 5 个选项卡，各个选项卡的作用和内容如下。

【格式】选项卡

用来设置对象的显示方式，不同控件存在不同的属性项，包括格式、标题、大小、位置、背景色以及其他属性等。

【数据】选项卡

用来设置对象的记录源、记录集类型和记录是否锁定等属性。

【事件】选项卡

用来设置对象发生时进行的操作，包括成为当前、单击、删除或者获得焦点等。

【其他】选项卡

用来设置对象的一些其他的属性，包括名称、状态栏文字和控件提示文本等。

【全部】选项卡

包括以上 4 个选项卡中的所有属性。

8.3.4 窗体控件

“控件”组是在窗体设计中使用的最频繁的，通过选择控件、设置参数并将其放在窗体的合适位置可以实现窗体的设计。

“控件”组中包括多种不同用途的设计工具，但大多与其他的面向对象设计程序中的相同。下面简单地介绍几种。

【选择】按钮

工具箱的默认选中工具，可选中设计界面内的控件，调整大小或者移动等。

【使用控件向导】按钮

选中该控件，在使用部分其他控件时即可进入控件向导界面，在控件向导中可以设置该控件的数据显示和控件事件等属性。

【标签】按钮

该控件用于显示固定文本信息，不可以编辑但可以直接输入。

【文本框】按钮

文本框可以显示各种数据信息，创建窗体时显示的数据表信息都是通过标签和文本框显示的。通过文本框显示的数据可以直接进行数据的编辑，并保存到数据库中。

【按钮】按钮

可以创建能够激活宏或者 Visual Basic 过程的命令按钮控件。

【选项组】按钮

可以创建一组选项按钮，这组按钮可以是一组单选按钮、一组复选按钮或者一组切换按钮，也可以是以上 3 种按钮的组合。

【切换按钮】按钮

可以创建保持“开/关”、“真/假”或者“是/否”值的切换按钮控件。

【选项按钮】按钮

可以创建保持“开/关”、“真/假”或者“是/否”值的单选按钮控件。

【复选框】按钮

可以创建保持“开/关”、“真/假”或者“是/否”值的复选框控件。

【列表框】按钮

可以创建包含一系列控件潜在值的列表框控件。

【组合框】按钮

可以创建包含一系列控件潜在值和一个可编辑文本框的组合框控件。

【子窗体/子报表】按钮

可以在当前窗体/报表中嵌入另一个窗体/报表。

【图像】按钮

可以在窗体中插入一个存放于本地硬盘中的图片。

【未绑定对象框】按钮

可以添加一个来自其他应用程序的对象，但需要支持对象的嵌入。

【绑定对象框】按钮

可以在窗体中使用来自本数据的 ActiveX 对象。

【插入或删除分页符】按钮

可以在多页窗体间添加分页符，用于分页。

【选项卡控件】按钮

可以创建选项卡，通过选择选项卡来显示不同的信息。

● 【直线】按钮

可以在窗体中绘制一条直线，通常用于装饰窗体界面。

8.3.5 使用窗体控件

1. 使用按钮

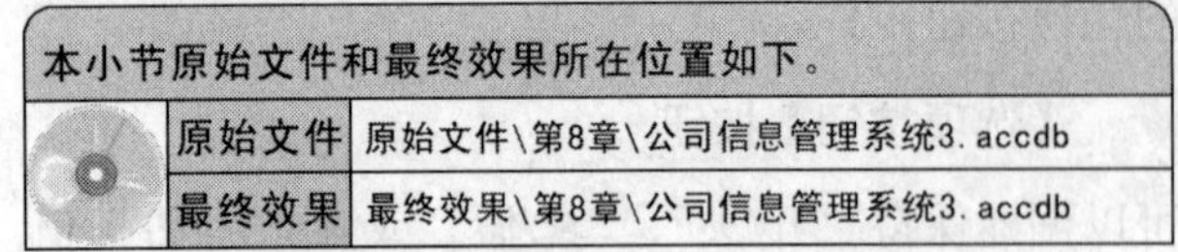

本小节原始文件和最终效果所在位置如下。	
原始文件	原始文件\第8章\公司信息管理系统3.accdb
最终效果	最终效果\第8章\公司信息管理系统3.accdb

向窗体中添加按钮控件的具体步骤如下。

1 打开本小节的原始文件，在【员工信息窗体】菜单项上单击鼠标右键，然后在弹出的快捷菜单中选择【设计视图】菜单项。

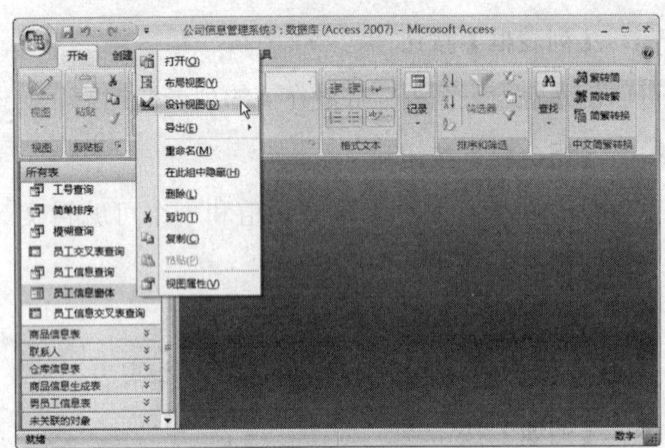

2 使【控件】组中的【使用控件向导】按钮处于被选中状态，然后单击【按钮】按钮。

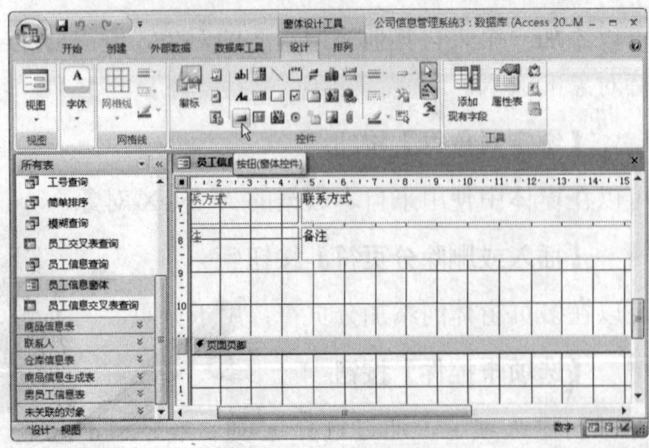

3 在【主体】区域按住鼠标左键不放并拖动一定的区域后释放。

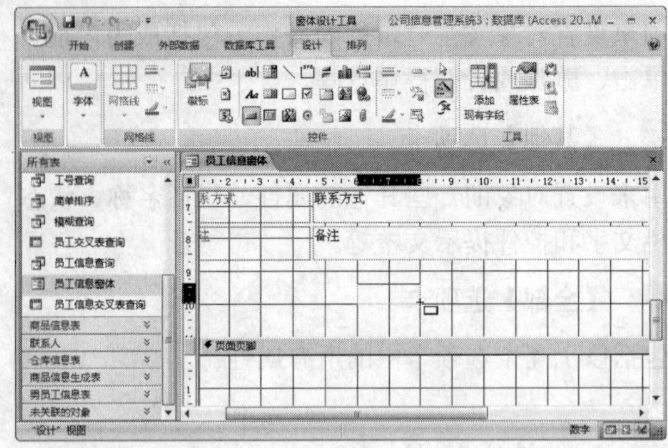

4 随即弹出【请选择按下按钮时执行的操作】界面，在【类别】列表框中选择【记录导航】选项，在【操作】列表框中选择【转至下一项记录】选项，然后单击 下一步(N) > 按钮。

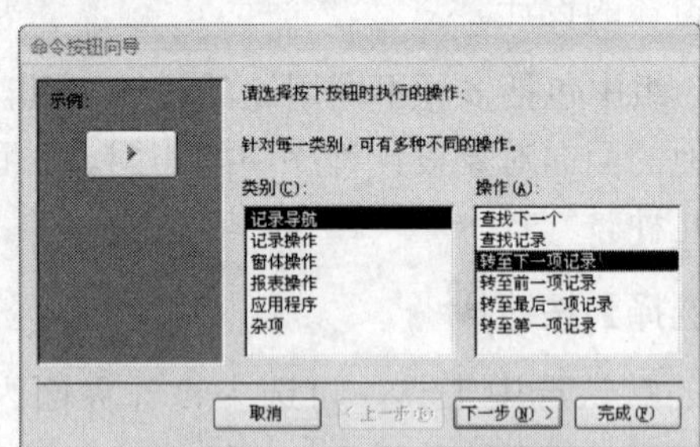

5 随即弹出【请确定在按钮上显示文本还是显示图片】界面，从中选中【文本】单选按钮，并在文本框中输入“下一条”，然后单击 下一步(N) > 按钮。

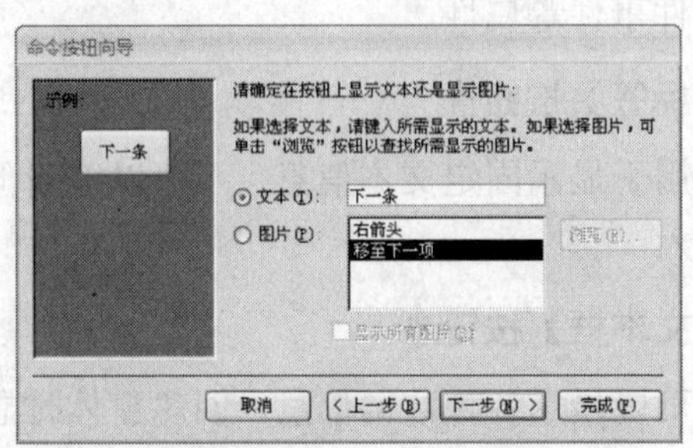

6 随即打开【请指定按钮的名称】界面，在【具有特定意义的名称将便于以后对该按钮的引用】文本框中输入“下一条”，然后单击 完成(F) 按钮。

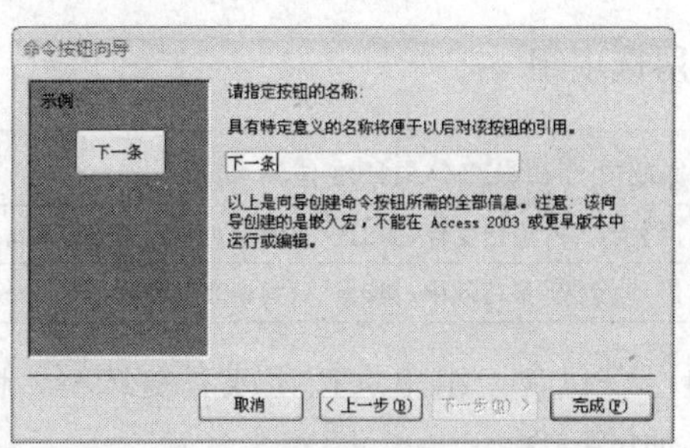

7 将【员工信息窗体】切换至【窗体视图】，可以看到添加的下一条按钮如下图所示，单击该按钮可以看到下一条记录。

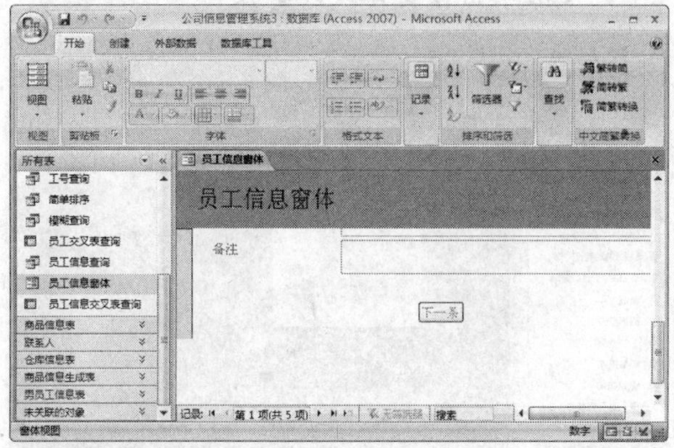

2. 使用组合框

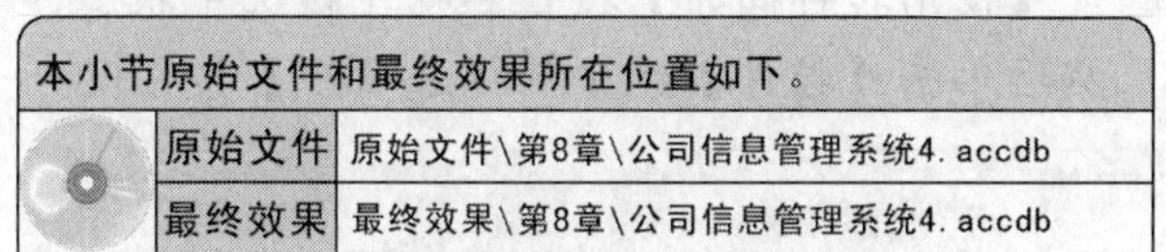

本小节原始文件和最终效果所在位置如下。		
	原始文件	原始文件\第8章\公司信息管理系统4. accdb
	最终效果	最终效果\第8章\公司信息管理系统4. accdb

向窗体中添加组合框控件的具体步骤如下。

1 打开本小节的原始文件，在【员工信息窗体】菜单项上单击鼠标右键，然后在弹出的快捷菜单中选择【设计视图】菜单项。

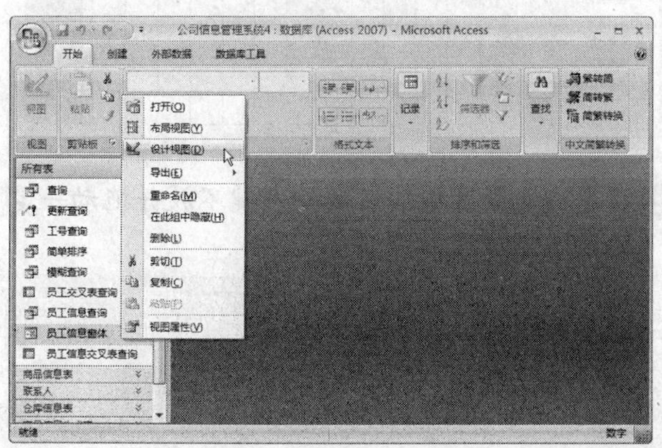

2 将【主体】中的【性别】标签和文本框删除，然后使【控件】组中的【使用控件向导】按钮处于被选中状态，再单击【组合框】按钮。

3 在【主体】区域按住鼠标左键不放并拖动一定的区域后释放。

4 随即弹出【组合框向导】界面，选中【自行键入所需的值】单选按钮，然后单击下一步(N) >按钮。

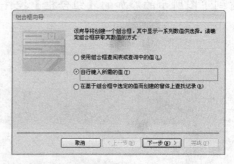

5 随即弹出【请确定在组合框中显示哪些值】界面，在【第 1 列】列表框中输入“男”和“女”，然后单击下一步(N) >按钮。

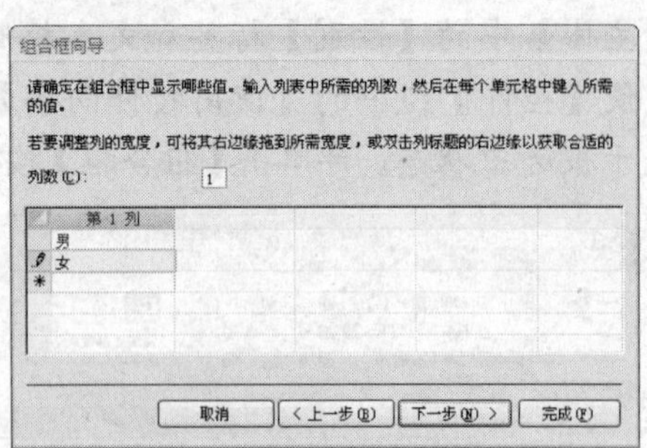

6 在弹出的界面中保持默认的设置，然后单击 下一步(N) > 按钮。

7 随即弹出【请为组合框指定标签】界面，在文本框中输入“性别”，然后单击 完成(F) 按钮。

8 将【员工信息窗体】切换至【窗体视图】，可以看到下图所示的添加的【组合框】控件。

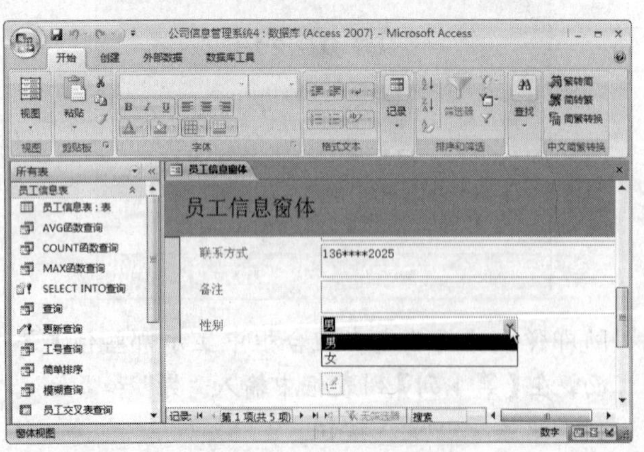

3. 使用选项组

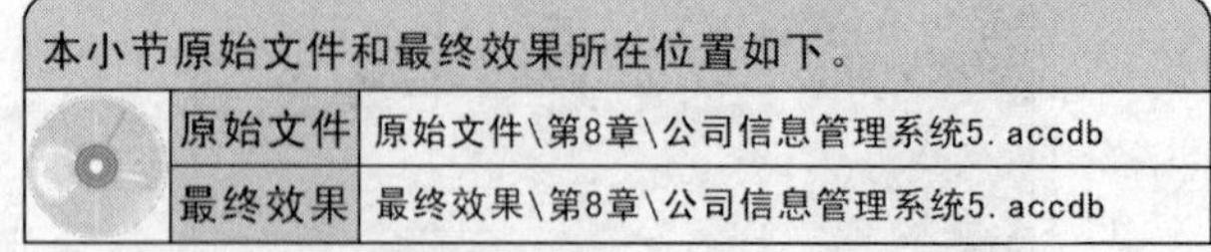

本小节原始文件和最终效果所在位置如下。	
原始文件	原始文件\第8章\公司信息管理系统5. accdb
最终效果	最终效果\第8章\公司信息管理系统5. accdb

选项组可以包含一组单选按钮或者复选框，也可以包含其他的控件。

向窗体中添加选项组控件的具体步骤如下。

1 打开本小节的原始文件，切换至【创建】选项卡，然后单击【窗体设计】按钮。

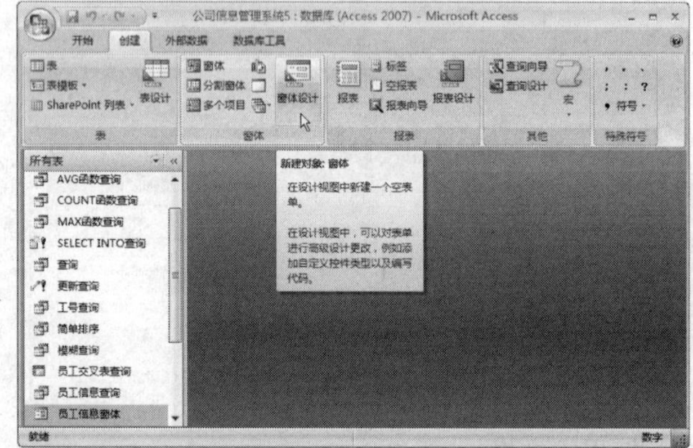

2 使【使用控件向导】按钮处于被选中状态，然后单击【控件】组中的【选项组】按钮。

3 在【主体】区域按住鼠标左键不放并拖动一定的区域后释放。

4 随即弹出【请为每个选项指定标签】界面，在【标签名称】下方的文本框中输入“男”和“女”，然后单击 下一步(N) > 按钮。

5 在弹出的【请确定是否使某选项成为默认选项】界面中选中【是，默认选项是】单选按钮，并在右侧的下拉列表中选择【男】选项，然后单击 下一步(N) > 按钮。

6 在弹出的界面中保持默认的设置，然后单击 下一步(N) > 按钮。

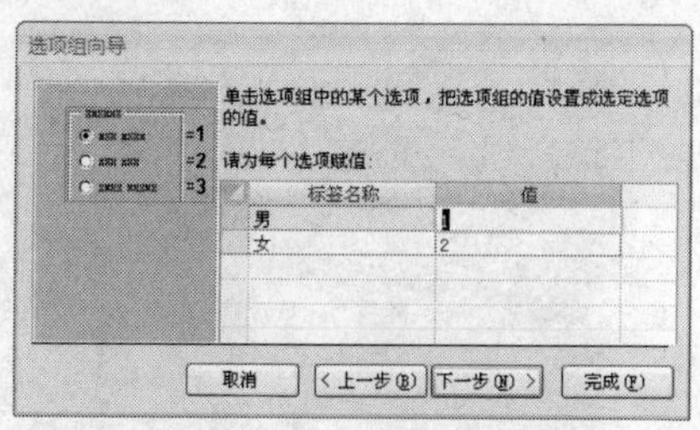

7 弹出【请确定在选项组中使用何种类型的控件】界面，选中【选项按钮】单选按钮，在【请确定所用样式】组合框中选择一种样式，这里选中【蚀刻】单选按钮，然后单击 下一步(N) > 按钮。

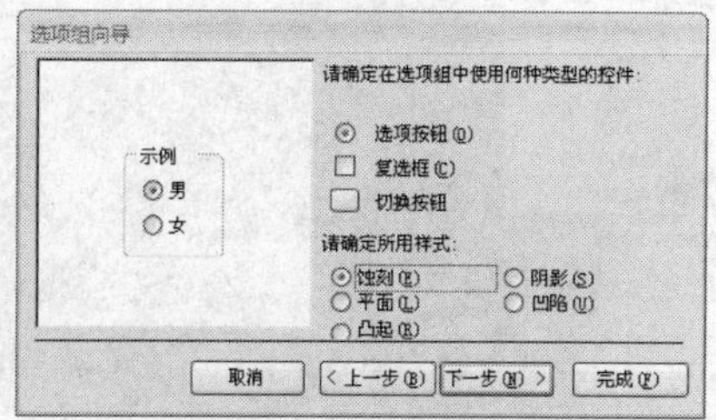

8 随即打开【请为选项组指定标题】界面，在文本框中输入“性别”，然后单击 完成(F) 按钮。

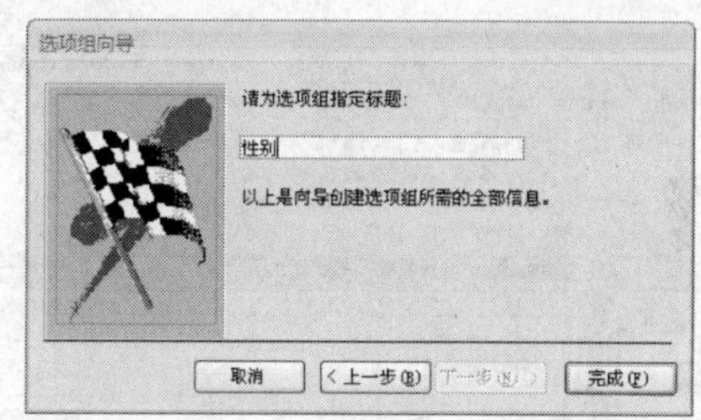

9 将【窗体 1】切换至【窗体视图】，即可看到【性别】选项组。

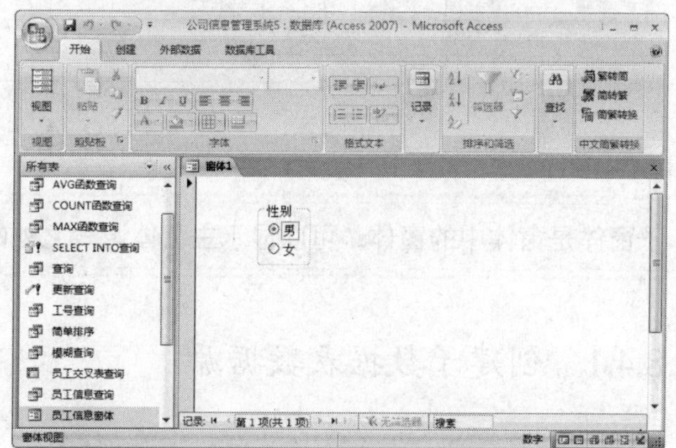

4. 使用 ActiveX 控件

本小节原始文件和最终效果所在位置如下。	
原始文件	原始文件\第8章\公司信息管理系统6. accdb
最终效果	最终效果\第8章\公司信息管理系统6. accdb

向窗体中添加 ActiveX 控件的具体步骤如下。

1 打开本小节的原始文件，在【员工信息窗体】

菜单项上单击鼠标右键，然后在弹出的快捷菜单中选择【设计视图】菜单项。

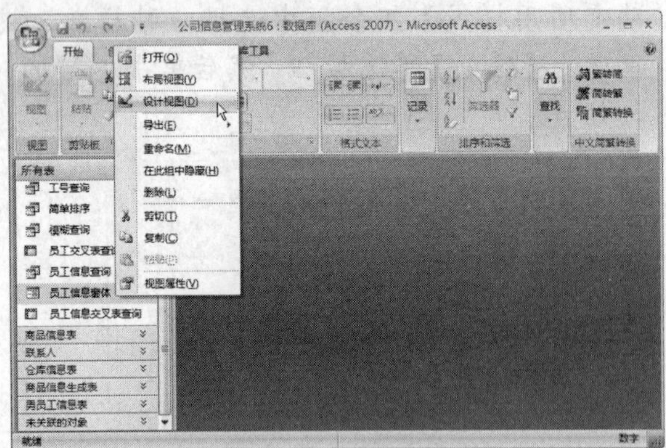

2 单击【控件】组中的【插入 ActiveX 控件】按钮。

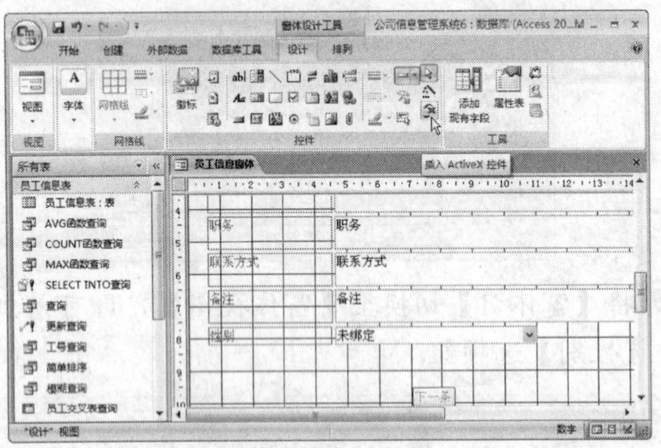

3 随即弹出【插入 ActiveX 控件】对话框，选择【日历控件 12.0】选项，然后单击 确定 按钮。

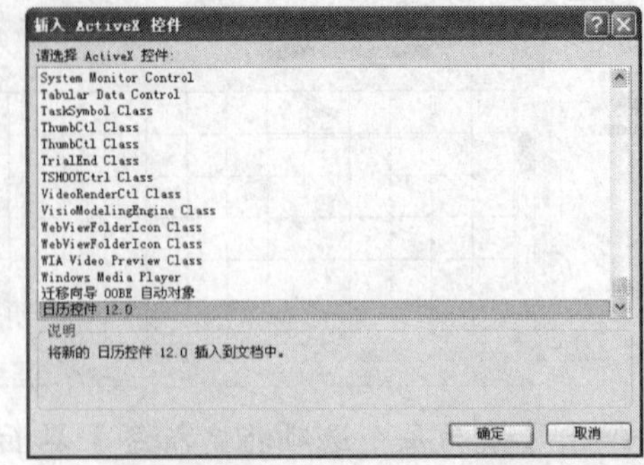

4 将【员工信息窗体】切换至【窗体视图】，随即可以看到添加的 ActiveX 控件，如下图所示。

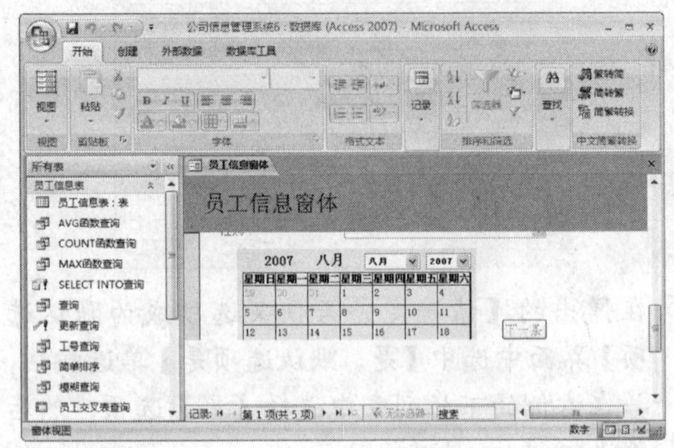

194

8.4 子窗体

子窗体是窗体中的窗体，可以显示主窗体源表之外的其他数据表中的内容。

8.4.1 创建子数据表数据源

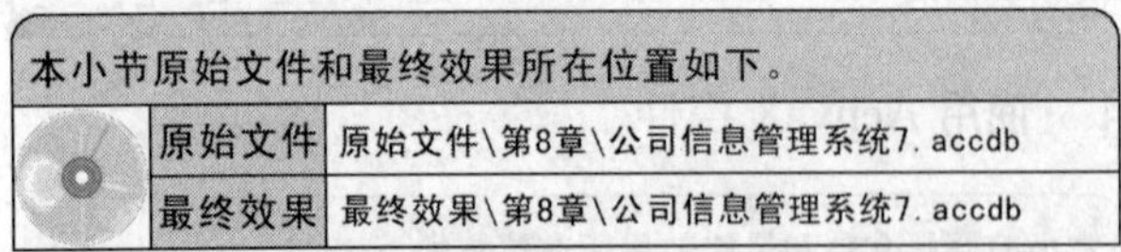

本小节原始文件和最终效果所在位置如下。	
原始文件	原始文件\第8章\公司信息管理系统7. accdb
最终效果	最终效果\第8章\公司信息管理系统7. accdb

在创建子窗体时需要先创建一个数据源，表和查询都可以作为子窗体的数据源。

为子窗体创建数据源的具体步骤如下。

1 打开本小节的原始文件，切换至【创建】选项卡，然后单击【其他】组中的 查询向导 按钮。

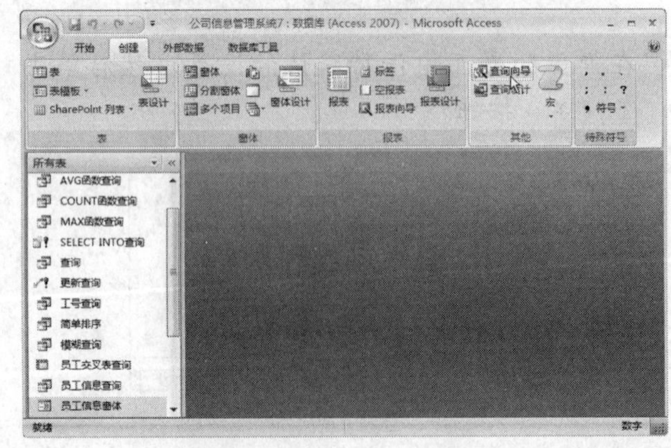

2 随即打开【新建查询】对话框，从中选择【简单查询向导】选项，然后单击 确定 按钮。

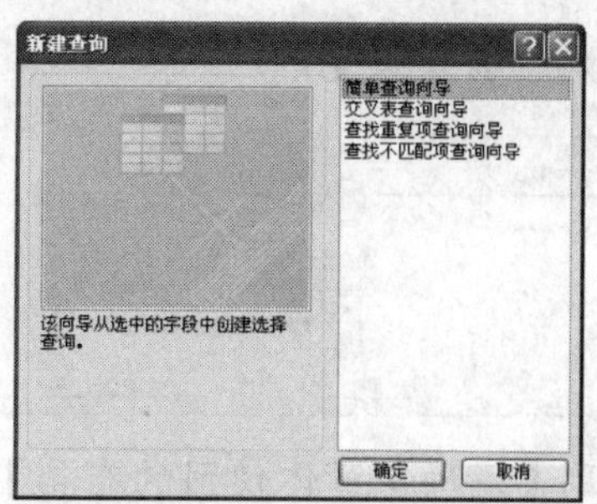

3 随即打开【请确定查询中使用哪些字段】界面，在【表/查询】下拉列表中选择【表：员工信息表】选项。

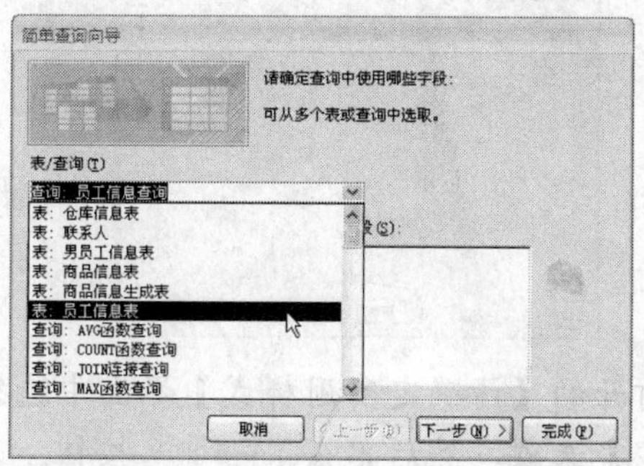

4 将【可用字段】列表框中需要的字段都添加到【选定字段】列表框中，然后单击 下一步(N) > 按钮。

5 在打开的【请确定采用明细查询还是汇总查询】界面中选中【汇总】单选按钮，然后单击 汇总选项(O)... 按钮。

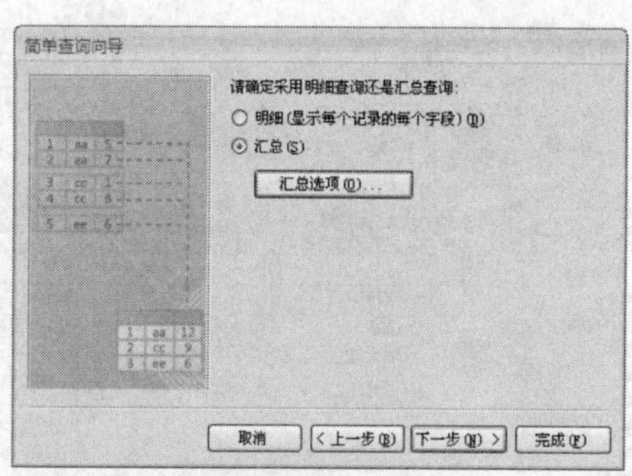

6 随即打开【汇总选项】界面，选中【最小】字段对应的【年龄】复选框，并选中【统计 员工信息表 中的记录数】复选框，然后单击 确定 按钮。

7 返回【请确定采用明细查询还是汇总查询】界面，单击 下一步(N) > 按钮打开【请为查询指定标题】界面，在文本框中输入“员工信息表数据源”，然后单击 完成(F) 按钮。

8 随即打开【员工信息表数据源】数据表视图，至此数据源创建完毕。

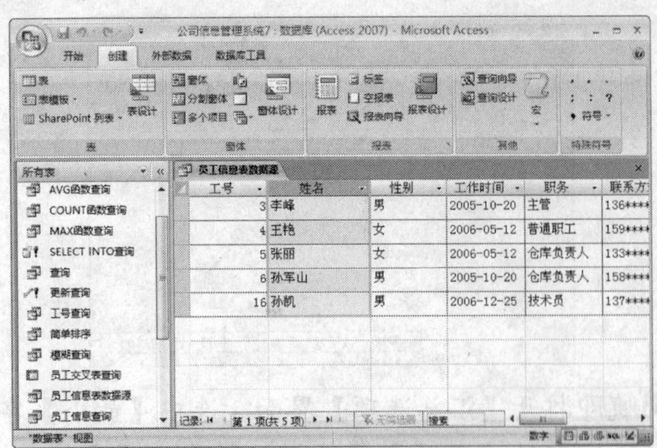

8.4.2 创建子窗体

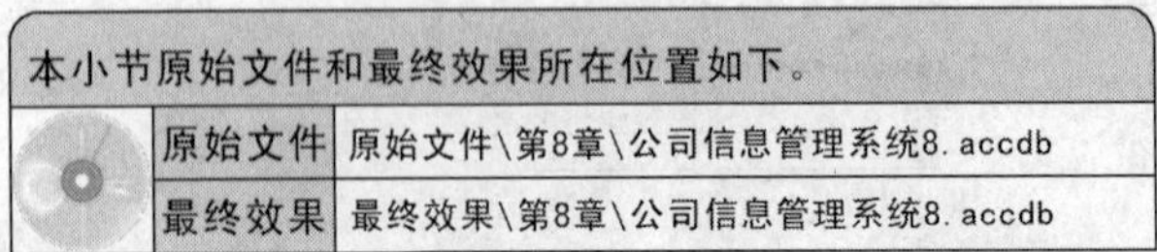

本小节原始文件和最终效果所在位置如下。

	原始文件	原始文件\第8章\公司信息管理系统8.accdb
	最终效果	最终效果\第8章\公司信息管理系统8.accdb

创建子窗体的过程与创建普通窗体的过程基本相同，但因为子窗体中的数据是随着主窗体数据的变动而变动的，所以子窗体与主窗体需要有对应的统一且不重复的数据字段。

使用数据源创建子窗体的具体步骤如下。

1 打开本小节的原始文件，切换至【创建】选项卡，然后单击【窗体】组中的【其他窗体】按钮，在弹出的下拉菜单中选择【窗体向导】菜单项。

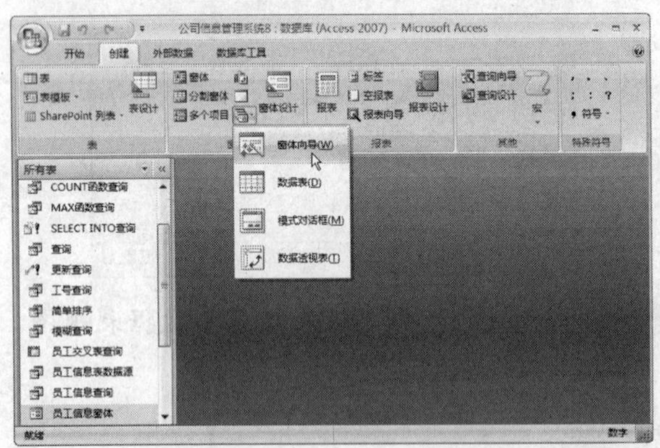

2 随即打开【请确定窗体上使用哪些字段】界面，在【表/查询】下拉列表中选择【查询：员工信息表数据源】选项，在【可用字段】列表框中选择字段并添加到【选定字段】列表框中，然后单击下一步(N) >按钮。

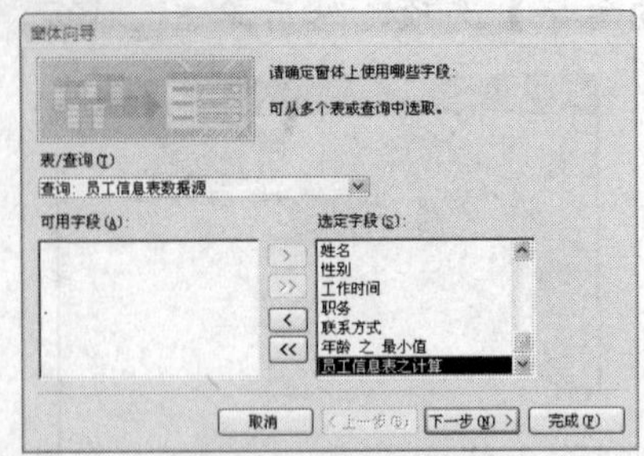

3 随即打开【请确定窗体使用的布局】界面，选中【纵栏表】单选按钮，然后单击下一步(N) >按钮。

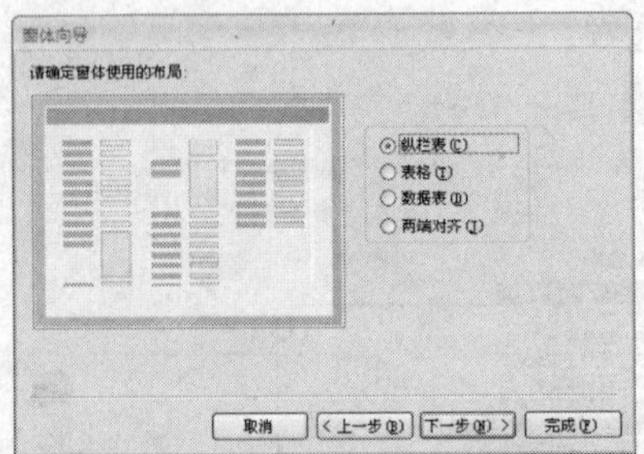

4 在打开的【请确定所用样式】界面中选择【办公室】选项，然后单击下一步(N) >按钮。

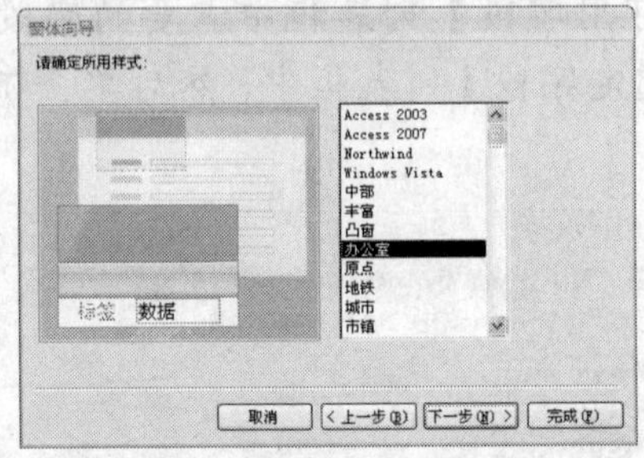

5 随即打开【请为窗体指定标题】界面，在文本框中输入"员工信息子窗体"，然后单击完成(F)按钮。

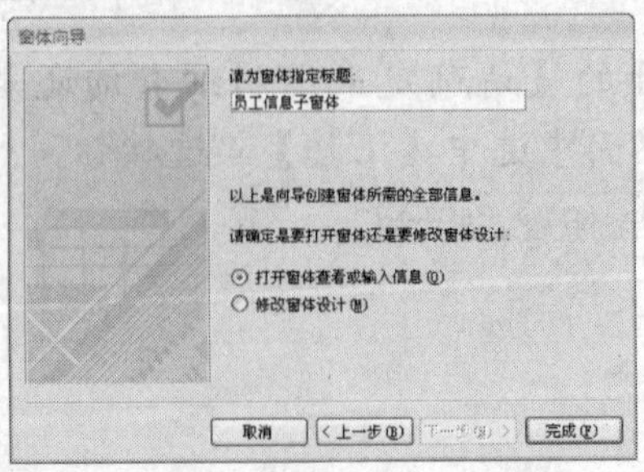

⑥ 随即打开【员工信息子窗体】窗体视图。

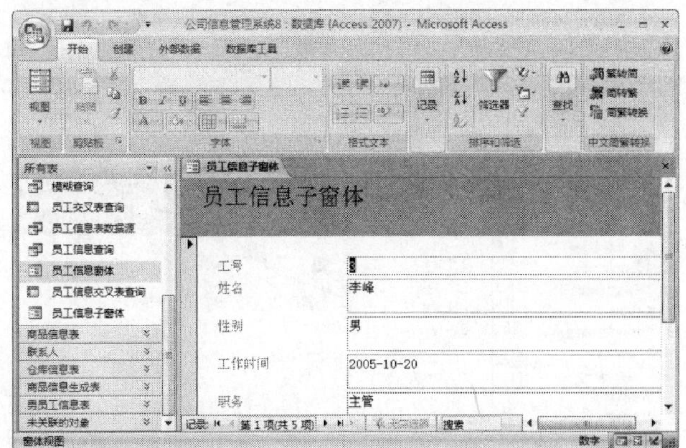

⑦ 将【员工信息子窗体】切换至【设计视图】，然后单击【工具】组中的【属性表】按钮打开【属性表】窗口。

⑧ 将【所选内容的类型】设置为【窗体】，然后切换到【全部】选项卡，将【导航按钮】的属性设置为"否"。

⑨ 此时【导航按钮】已经关闭，然后保存对该窗体的设计即可。

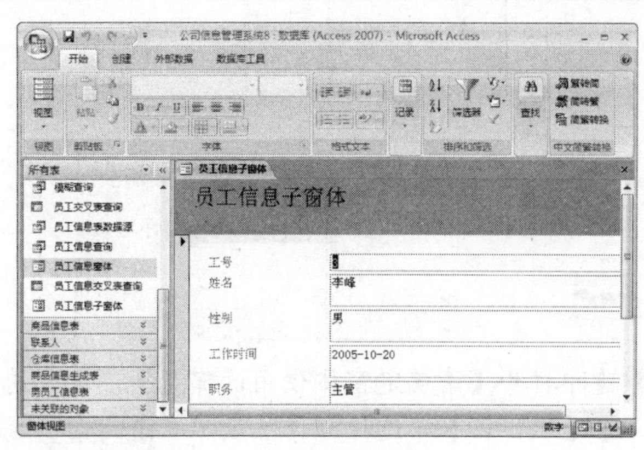

8.4.3 插入子窗体

1. 不使用控件向导插入子窗体

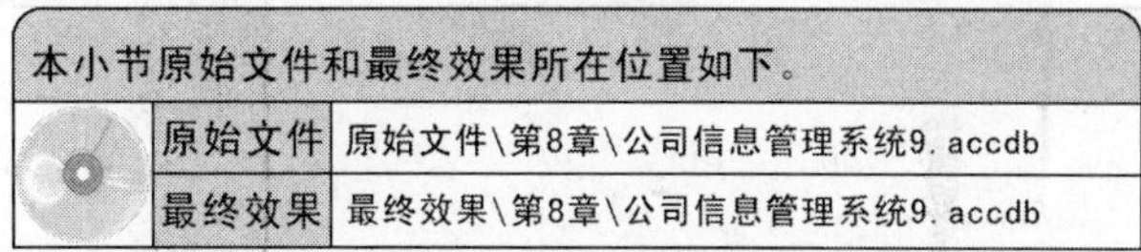

本小节原始文件和最终效果所在位置如下。

原始文件	原始文件\第8章\公司信息管理系统9.accdb
最终效果	最终效果\第8章\公司信息管理系统9.accdb

每一个子窗体都需要依附主窗体才能将其特性发挥出来。不使用控件向导在主窗体中插入子窗体的具体步骤如下。

① 打开本小节的原始文件，切换至【创建】选项卡，然后单击【窗体】组中的【其他窗体】按钮，在弹出的下拉菜单中选择【窗体向导】菜单项。

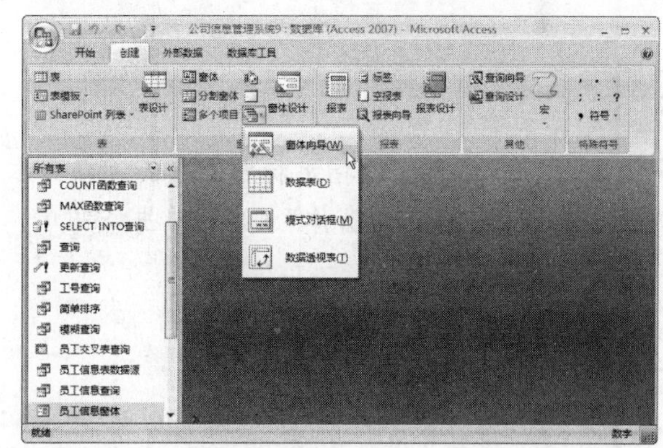

② 随即打开【请确定窗体上使用哪些字段】界面，在【表/查询】下拉列表中选择【表：仓库信息表】选项，在【可用字段】列表框中选择字段并添加到【选定字段】列表框中，然后单击 下一步(N) > 按钮。

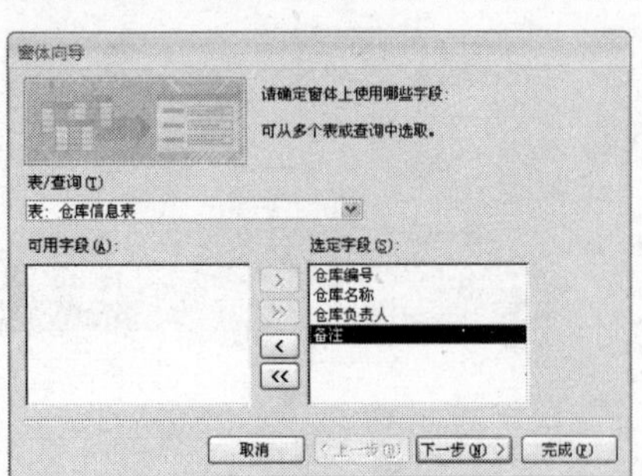

3 随即打开【请确定窗体使用的布局】界面，选中【纵栏表】单选按钮，然后单击 下一步(N) > 按钮。

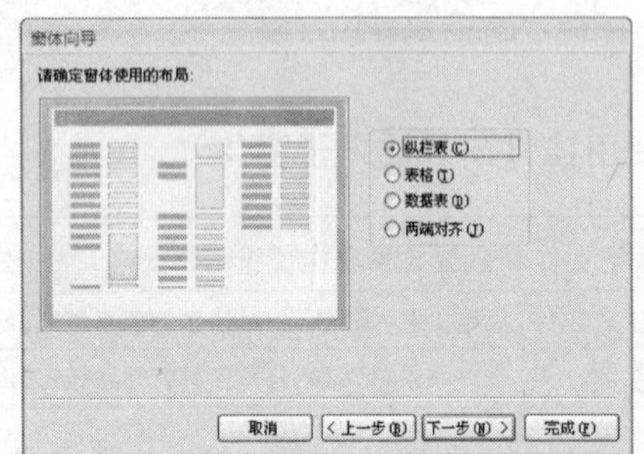

4 在打开的【请确定所用样式】界面中选择【办公室】选项，然后单击 下一步(N) > 按钮。

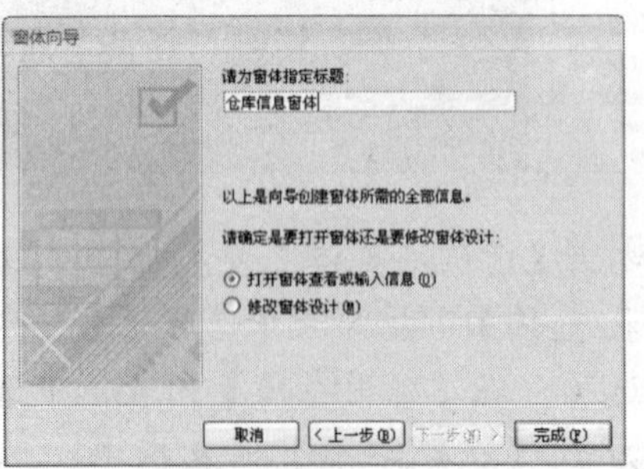

5 随即打开【请为窗体指定标题】界面，在文本框中输入“仓库信息窗体”，然后单击 完成(F) 按钮。

6 随即打开【仓库信息窗体】窗体视图。

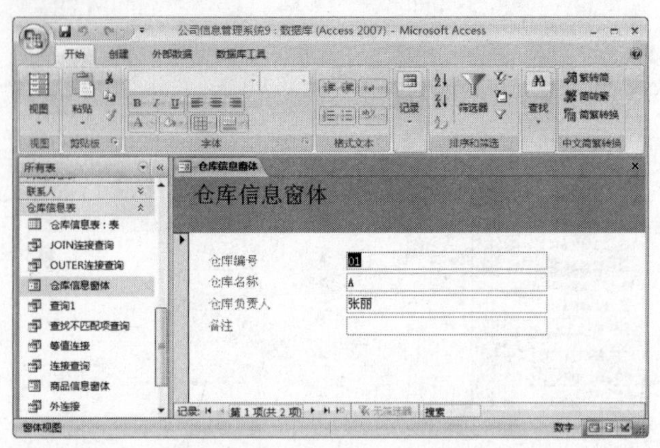

7 将【仓库信息窗体】切换至【设计视图】，使【使用控件向导】按钮处于未被选中状态，然后单击【控件】组中的【子窗体/子报表】按钮。

8 在【仓库信息窗体】的主体部分按住鼠标左键不放并拖动一定的区域后释放。

9 选中添加的【子窗体】控件，然后单击【属性表】按钮打开【属性表】窗口。

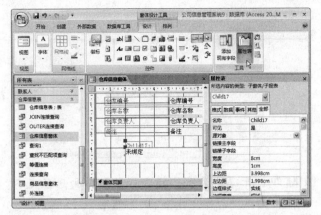

⑩ 切换至【全部】选项卡，然后在【名称】文本框中输入“员工信息子窗体”，在【源对象】下拉列表中选择【员工信息子窗体】选项。

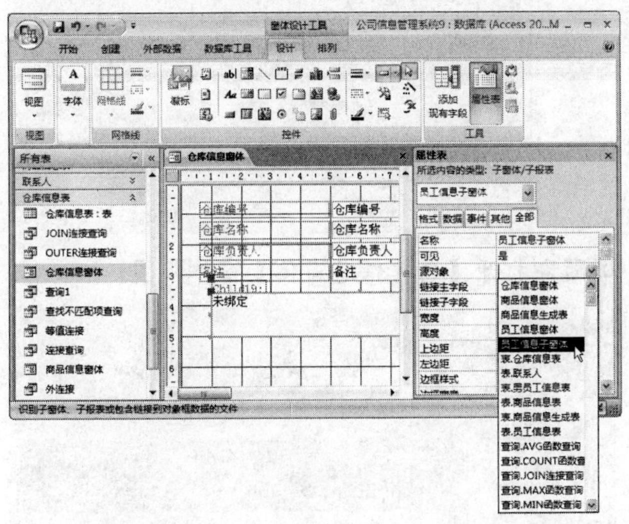

⑪ 单击【链接主字段】右侧的 ... 按钮，弹出【子窗体字段链接器】对话框，在【主字段】下拉列表中选择【仓库负责人】选项，在【子字段】下拉列表中选择【姓名】选项，然后单击 确定 按钮。

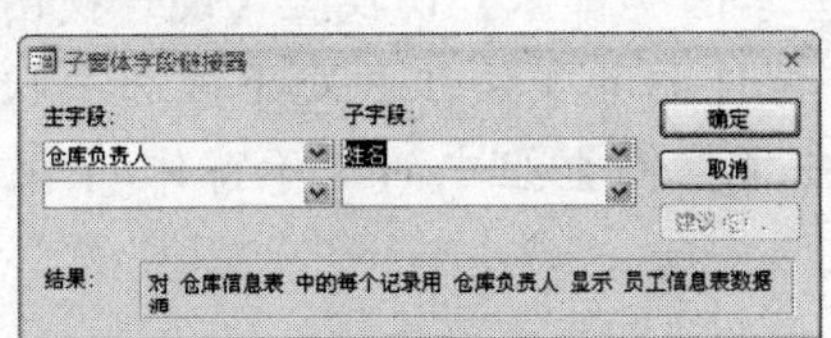

⑫ 此时可以看到【链接主字段】文本框中选择了“仓库负责人”，并在【链接子字段】文本框中自动地添加了“姓名”。

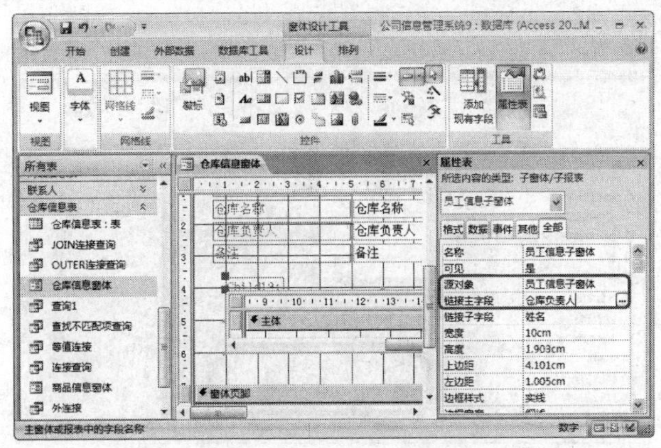

⑬ 将【仓库信息窗体】切换至【窗体视图】，可以看到子窗体中的【姓名】字段的值与主窗体中的【仓库负责人】字段的值相对应。

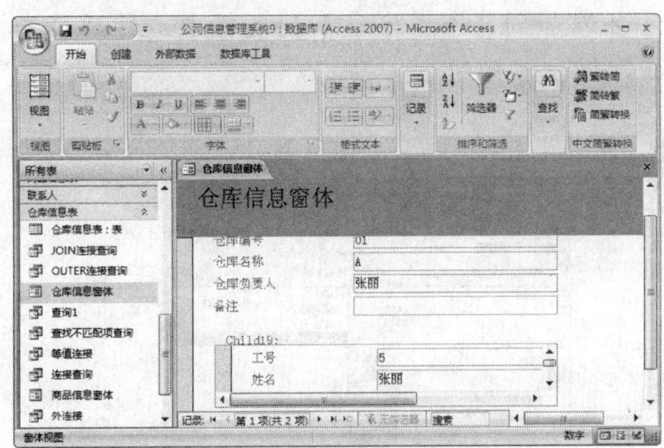

2. 使用控件向导插入子窗体

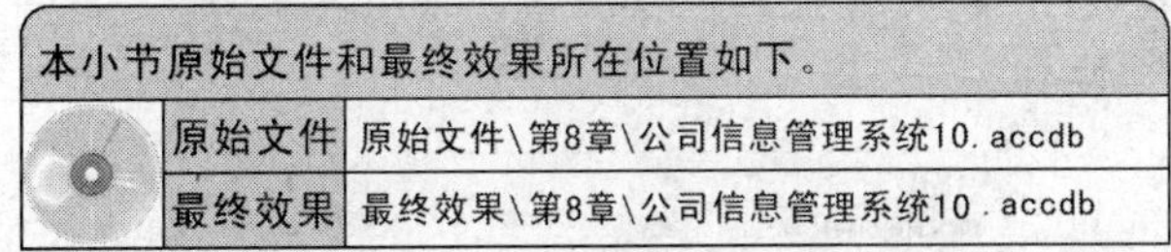

本小节原始文件和最终效果所在位置如下。

原始文件	原始文件\第8章\公司信息管理系统10. accdb
最终效果	最终效果\第8章\公司信息管理系统10 . accdb

使用控件向导在主窗体中插入子窗体的具体步骤如下。

① 打开本小节的原始文件，切换至【创建】选项卡，然后单击【窗体】组中的【其他窗体】按钮，在弹出的下拉菜单中选择【窗体向导】菜单项。

199

2 随即打开【请确定窗体上使用哪些字段】界面，在【表/查询】下拉列表中选择【表：仓库信息表】选项，在【可用字段】列表框中选择字段并添加到【选定字段】列表框中，然后单击下一步(N) >按钮。

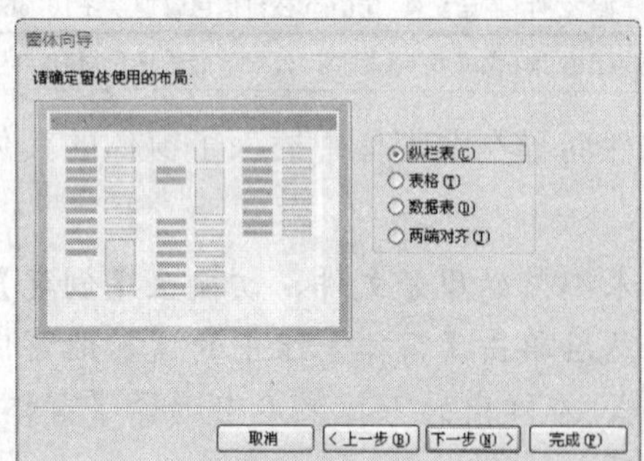

3 随即打开【请确定窗体使用的布局】界面，选中【纵栏表】单选按钮，然后单击下一步(N) >按钮。

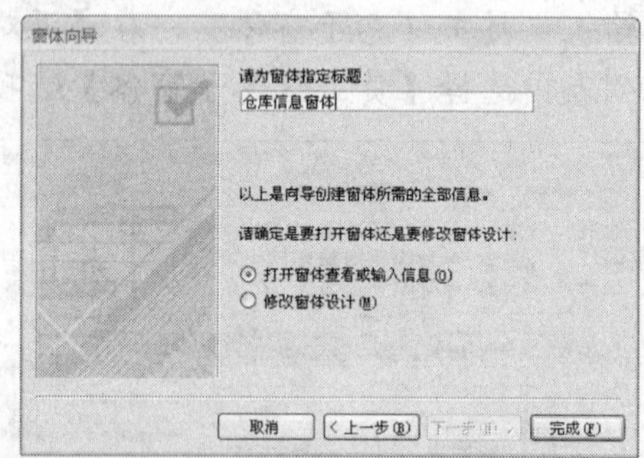

4 在打开的【请确定所用样式】界面中选择【办公室】选项，然后单击下一步(N) >按钮。

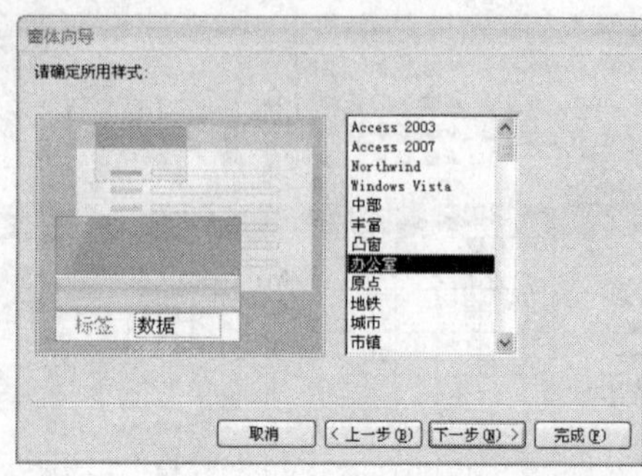

5 随即打开【请为窗体指定标题】界面，在文本框中输入“仓库信息窗体”，然后单击完成(F)按钮。

6 随即打开【仓库信息窗体】窗体视图。

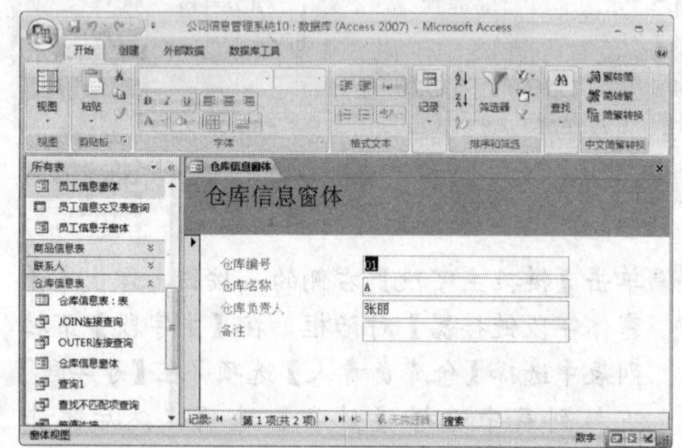

7 将【仓库信息窗体】切换至【设计视图】，使【使用控件向导】按钮处于被选中状态，然后单击【控件】组中的【子窗体/子报表】按钮。

8 在【仓库信息窗体】的主体部分按住鼠标左键不放并拖动一定的区域后释放。

9 随即弹出【请选择将用于子窗体或子报表的数据来源】界面，选中【使用现有的窗体】单选按钮，在下面的列表框中选择【员工信息子窗体】选项，然后单击 下一步(N) > 按钮。

10 在打开的界面中选中【自行定义】单选按钮，在【窗体/报表字段】下拉列表中选择【仓库负责人】选项，在【子窗体/子报表字段】下拉列表中选择【姓名】选项，然后单击 下一步(N) > 按钮。

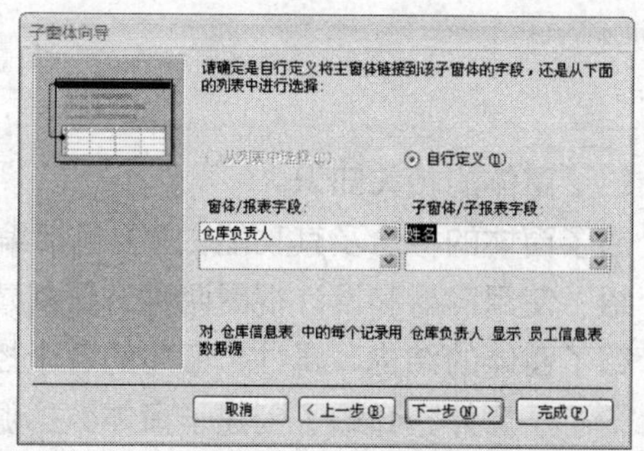

11 在打开的【请指定子窗体或子报表的名称】界面中的文本框中输入“员工信息子窗体”，然后单击 完成(F) 按钮。

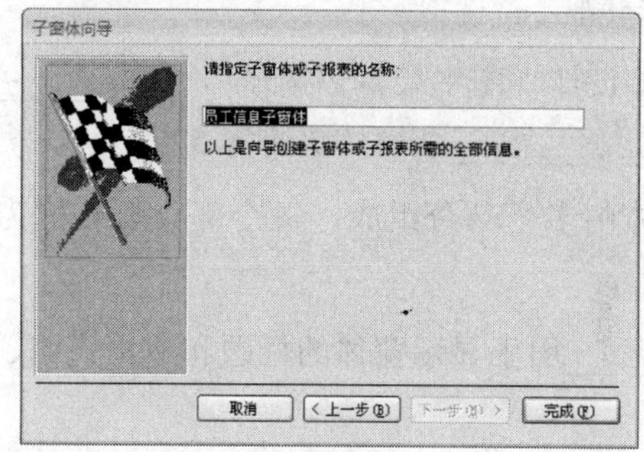

12 调整子窗体在窗体中的大小和位置，然后将【仓库信息窗体】切换至【窗体视图】，可以看到子窗体中的【姓名】字段的值与主窗体中的【仓库负责人】字段的值相对应。

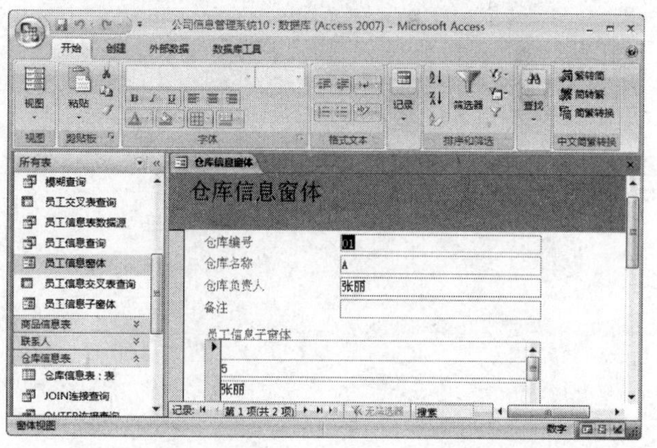

8.5 本章小结

本章介绍了窗体的相关知识。

首先介绍了窗体的概念及其功能，主要包括编辑和显示数据、控制应用程序流程、显示信息和打印数据等。

其次介绍了使用向导和设计视图两种方法创建窗体的具体步骤。

再次介绍了窗体的结构、属性，窗体的各个控件以及各个控件的作用。

最后介绍了子窗体，介绍了创建子窗体数据源、创建子窗体以及在主窗体中插入子窗体的两种方法。

8.6 过关练习题

1. 填空题

(1) 窗体设计视图中最多包括窗体页眉、________、________、________和窗体页脚等5部分。

(2) 窗体由多个部分组成，每个部分都被称为一个________。

(3) ________用于显示窗体的标题和使用说明、打开相关窗体或者执行其他任务的命令按钮，显示在窗体视图顶部或者打印页的开头。________用于显示标题、列标题、日期或者页码，显示在窗体的顶部。

2. 简答题

(1) 窗体主要有哪几方面的作用？

(2) 什么是控件？

第 9 章　窗体设计

窗体界面不但要功能全面，而且还要美观大方，并且要按照用户的需求设计出特殊的效果，这时就需要对窗体进行设计。窗体的各个视图中包含了多种不同的窗体设计工具，通过这些工具可以设计出多种不同的窗体界面。

- 窗体设计工具
- 窗体外观设计
- 属性设计
- 设置 Tab 键次序

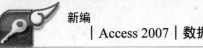

9.1 窗体设计工具

在窗体的设计过程中往往需要为窗体设置一些特殊的效果，例如将某个字段按照降序排序或者将某个控件设置为固定大小等，这就需要用到窗体的设计工具。

9.1.1 窗体视图工具

窗体视图工具主要用于数据的查询和预览等，通常不会在该视图中进行窗体界面和属性的设置。

打开窗体视图，切换至【开始】选项卡，可以看到窗体视图中可用的工具。

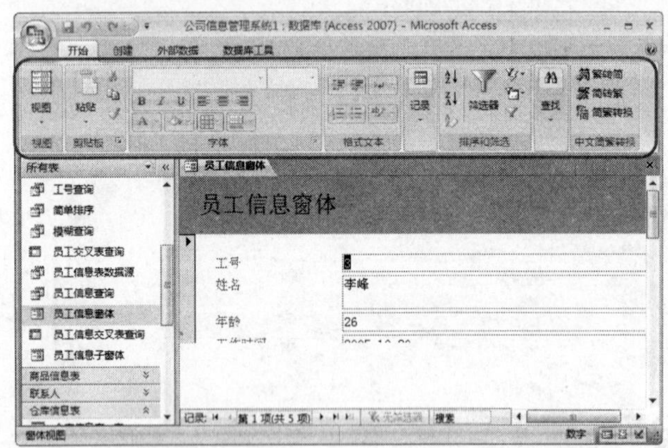

窗体视图中的几个重要工具的功能和用法如下。

【视图】按钮

单击该按钮会弹出各种视图选项：窗体视图、布局视图和设计视图等。选择相应的选项可以在不同视图界面间进行转换。

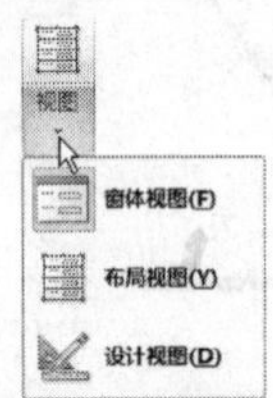

【升序】按钮和【降序】按钮

选中窗体视图中的某个字段，例如选中【员工信息窗体】中的【工号】字段，然后单击【降序】按钮，可以看到该按钮呈高亮状态显示，而记录也将按照【工号】字段的降序顺序在视图中显示。

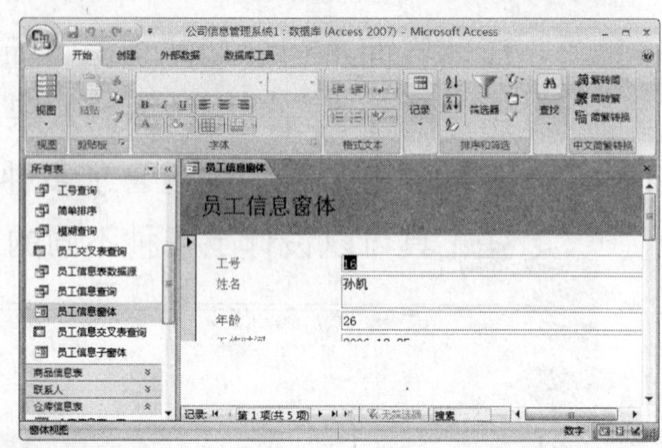

如上图所示，当前记录由原来工号为“3”的记录转变为工号为“16”的记录。

【清除所有排序】按钮

单击该按钮可以清除所有的对窗体的排序。

【选择】按钮

【选择】按钮的使用比较简单，选中某个字段后单击该按钮可以对窗体视图中的数据进行筛选，筛选的结果为包含与事先选中的数据同样的数据。

例如选中【员工信息窗体】中的【工号】字段，单击【选择】按钮可以看到如下图所示的界面。

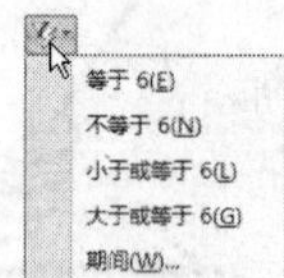

【高级筛选选项】按钮

单击【高级筛选选项】按钮，在弹出的下拉菜单中可以选择【按窗体筛选】、【应用筛选/排序】和【高级筛选/排序】等菜单项。

● 【应用/取消筛选】按钮

当窗体视图中存在某种筛选时（包括筛选被应用和筛选被取消两种情况），该按钮都将变为可用状态，否则为不可用状态。

它相当于一个开关，用来控制筛选的应用或者取消应用，筛选条件为最近设置的筛选条件。

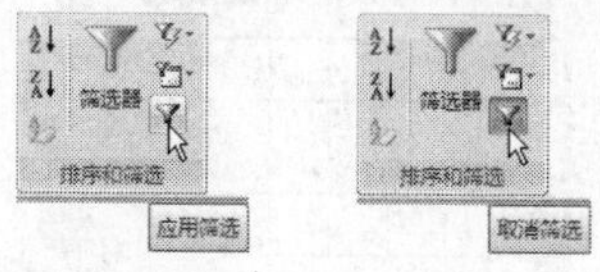

● 【筛选器】按钮

选中某个字段，然后单击【筛选器】按钮，随即将在该字段文本框的下方弹出一个下拉列表，可以从中选择对该窗体进行筛选的选项。

● 【查找】按钮

此按钮的功能与其他办公软件中的查找功能类似，用户也可以使用【Ctrl】+【F】组合键来快速打开。

在窗体中选中需要查询的字段，然后单击【查找】按钮，在弹出的下拉菜单中单击【查找】按钮。

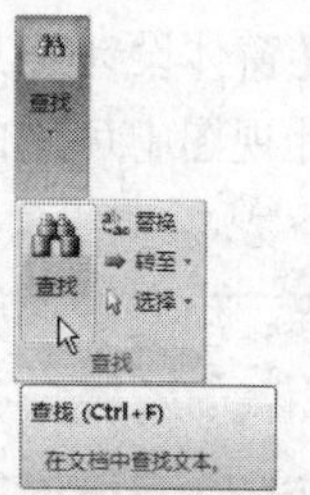

或者按下【Ctrl】+【F】组合键弹出【查找和替换】对话框。

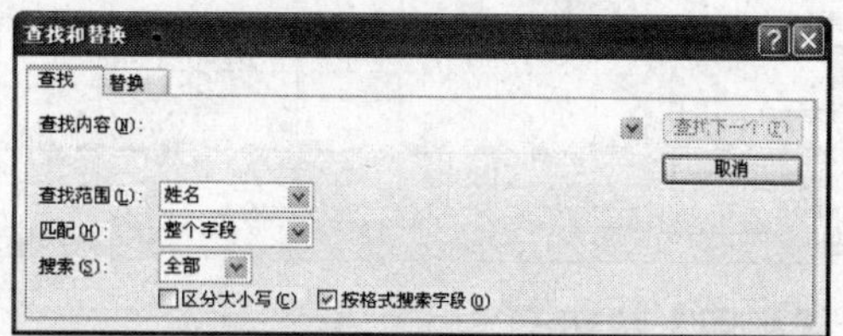

在【查找内容】文本框中输入要查找的内容，例如这里输入“6”，可以看到 查找下一个(F) 按钮变为可用状态。

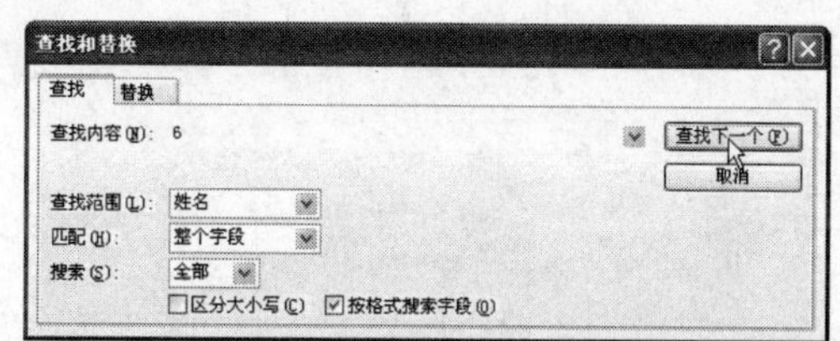

单击 查找下一个(F) 按钮，可以看到窗体中显示除了【工号】字段为“6”的员工信息。

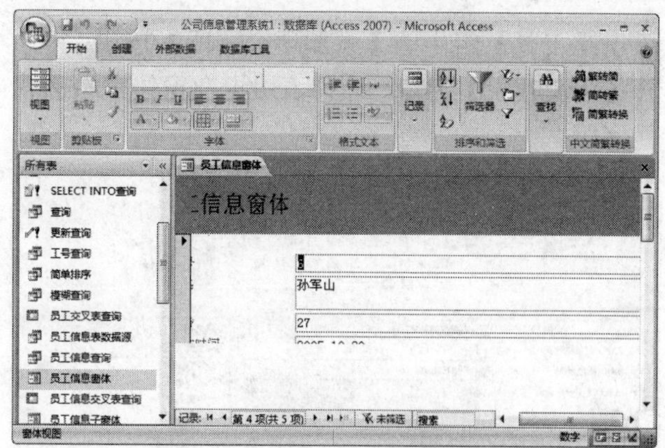

9.1.2 设计视图工具

在设计视图中对窗体进行设计，主要是对其属性进行更进一步的设置。

打开设计视图，在【窗体设计工具 设计】上下文选项卡中可以看到设计视图中可用的工具。

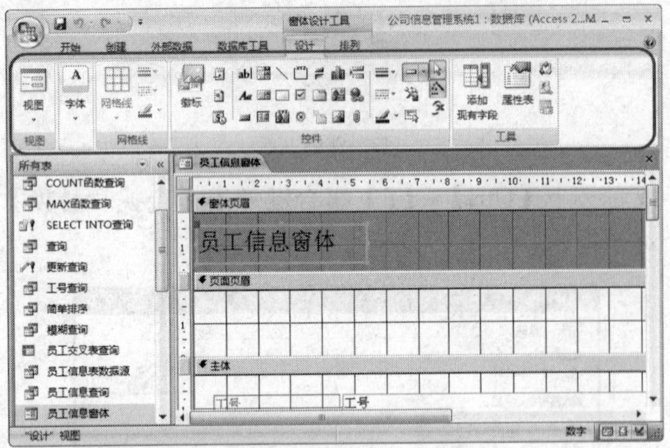

【视图】按钮

该按钮与【窗体视图】中的【视图】按钮的功能相同，单击该按钮会弹出各种视图选项：窗体视图、布局视图和设计视图，选择相应的选项可以进行视图界面之间的转换。

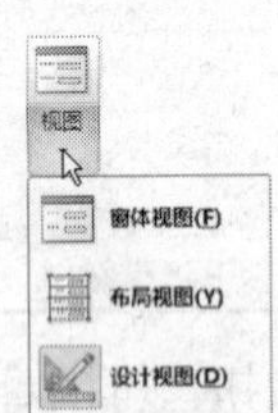

【添加现有字段】按钮

单击【工具】组中的【添加现有字段】按钮将打开【字段列表】窗口，该列表用于在窗体中添加其他字段。

【属性表】按钮

选中窗体中的某个控件，然后单击【工具】组中的【属性表】按钮将打开该控件的【属性表】窗口，用于设置选定控件的属性。

例如下图即为打开的【员工信息窗体】标签的【属性表】窗口。

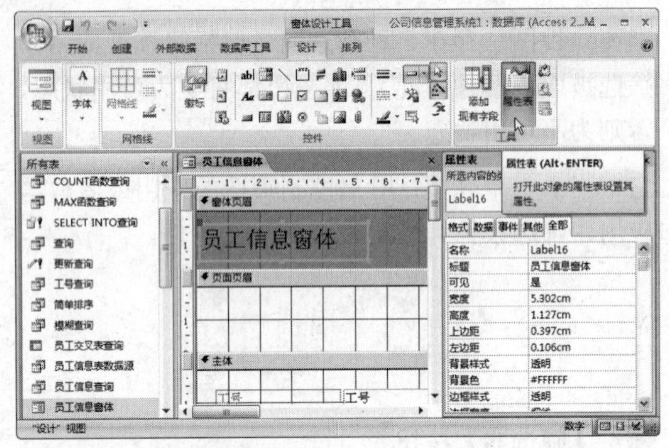

【查看代码】按钮

单击该按钮会弹出一个使用 Visual Basic 来编写代码的窗口，在该窗口中可以编辑窗体中各个控件的事件，例如鼠标单击、鼠标双击、获得焦点、失去焦点以及鼠标移动等。

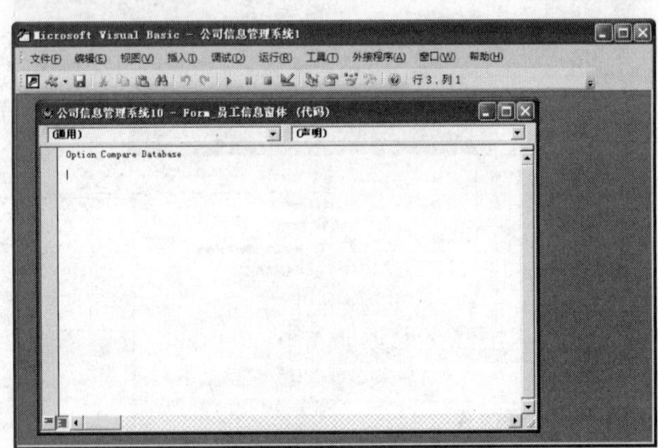

【控件】组中的其他工具在前面已经介绍过，这里不再赘述。

9.2　窗体界面设计

窗体界面设计主要包括对在该窗体内的各个控件的大小和位置的调整，窗体的背景、布局、文字字体和颜色等的设计。

9.2.1　设置控件大小

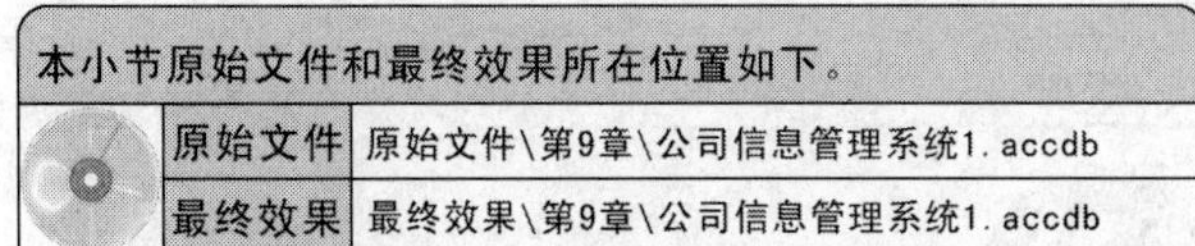

本小节原始文件和最终效果所在位置如下。

原始文件	原始文件\第9章\公司信息管理系统1. accdb
最终效果	最终效果\第9章\公司信息管理系统1. accdb

在设计视图中对窗体的创建都是通过手动实现的。为了使窗体更加美观，通常将各个控件调整为相同的大小，如果通过手工逐个调整不但浪费时间而且很难调整，为此下面介绍一种方便且快捷的方法来设置各个控件的大小。

设置控件大小的具体步骤如下。

1 打开本小节的原始文件，在【员工信息窗体】菜单项上单击鼠标右键，然后在弹出的快捷菜单中选择【设计视图】菜单项。

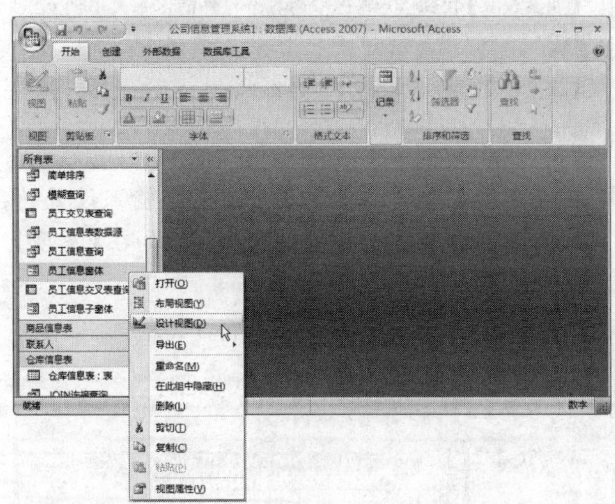

2 随即打开【员工信息窗体】的设计视图，可以看到【主体】区域中的标签和文本框的大小并不合适。

3 单击【控件】组中的【全选】按钮或者按下【Ctrl】+【A】组合键即可选中窗体中的所有控件。

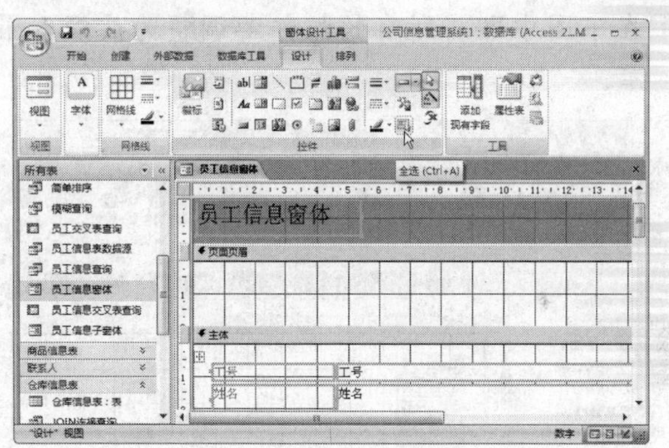

4 切换至【窗体设计工具 排列】上下文选项卡，从中设置控件的大小。

5 单击【调整至合适大小】按钮可以将所有的控件同时调整至合适的大小。

> 提示
>
> 如果单击【调整至合适大小】按钮，那么包含固定内容的标签将变为刚好容纳文字的长度，而数据长度不定的文本框却不会有任何变化。

6 在下图中即将所有的控件都调整为最短和最窄。

7 切换至【窗体设计工具 设计】上下文选项卡，单击【属性表】按钮打开【属性表】窗口。

> 提示
>
> 【大小】组中各个控件的名称和作用如下。
>
> 【调整至合适大小】按钮：将选中的各个控件调整至系统默认的合适的大小。
>
> 【调整至网格大小】按钮：将选中的各个控件调整至与网格相同的大小。
>
> 【调至最长】按钮：将选中的各个控件的垂直大小调至最大。
>
> 【调至最短】按钮：将选中的各个控件的垂直大小调至最小。
>
> 【调至最宽】按钮：将选中的各个控件的水平大小调至最大。
>
> 【调至最窄】按钮：将选中的各个控件的水平大小调至最小。

8 在【宽度】和【高度】属性中直接输入设置的数据即可调整各个控件的大小，例如在【宽度】属性中输入“3cm”。

9 切换至窗体视图界面可以看到调整之后的控件的大小，如果有个别的控件信息不能完全显示则可单独修改。

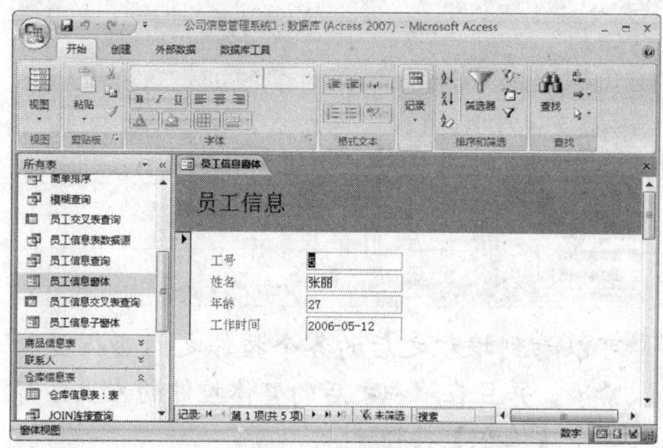

9.2.2 设置窗体布局

本小节原始文件和最终效果所在位置如下。	
原始文件	原始文件\第9章\公司信息管理系统2. accdb
最终效果	最终效果\第9章\公司信息管理系统2. accdb

通过窗体向导创建的窗体各个控件排列有序，虽然看起来比较整齐，但其整体布局和各个控件间的疏密程度并不一定能使用户满意。

设置窗体布局的具体步骤如下。

1 打开本小节的原始文件，在【员工信息窗体】菜单项上单击鼠标右键，然后在弹出的快捷菜单中选择【设计视图】菜单项。

2 在要设置布局的一个或者多个控件的一端按住鼠标左键不放并拖动至另一端，然后释放即可选中以这两个端点为顶点的矩形区域内的所有控件。

提示

如果要选择的调整布局的控件是不连续区域内的，可以通过按下【Shift】（或者【Ctrl】）键来逐个选中，单击选中的控件即可撤选该控件。

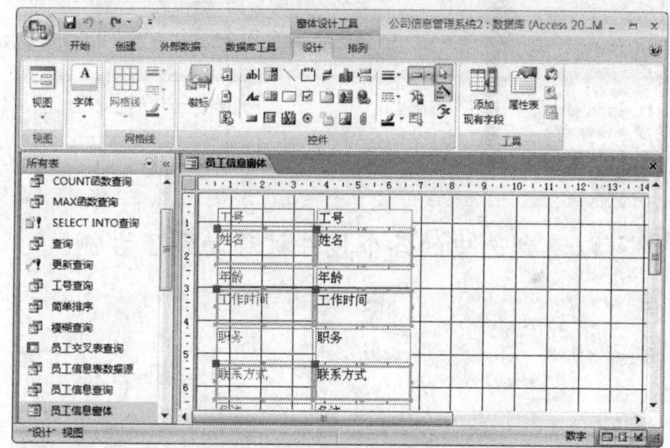

提示

单击某一个控件时，有的时候在控件的左上方会出现一个【堆积】按钮，堆积的控件不能单独移动，只能整体移动。

3 将鼠标指针放置在被选中的控件上，可以看到鼠标指针变为形状。

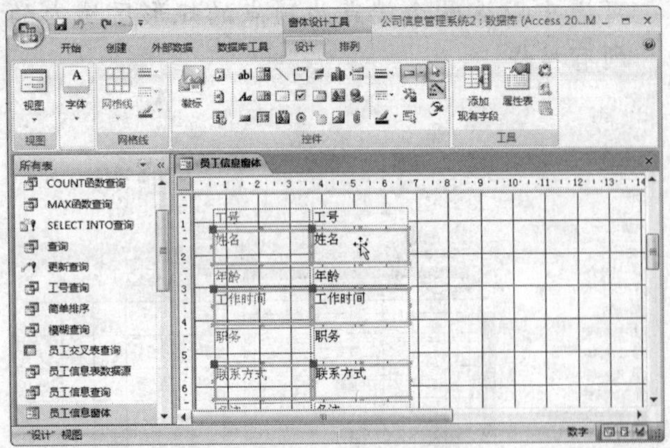

4 按住鼠标左键不放并拖动到合适的位置，然后释放鼠标。

5 可以看到选中的各个控件被移动到了右侧。

6 调整完毕切换至【窗体设计工具 排列】上下文选项卡中，然后单击【控件布局】组中的堆积按钮即可将选中的组件堆积到一起。

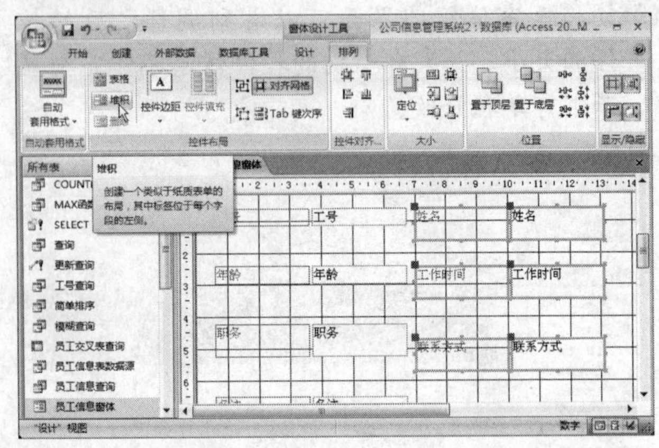

7 可以看到堆积之后的各个控件之间变得更加紧凑，并且在堆积之后的整体控件的左上方有一个【堆积】按钮。

8 单击【控件布局】组中的删除按钮即可将堆积的控件分开。

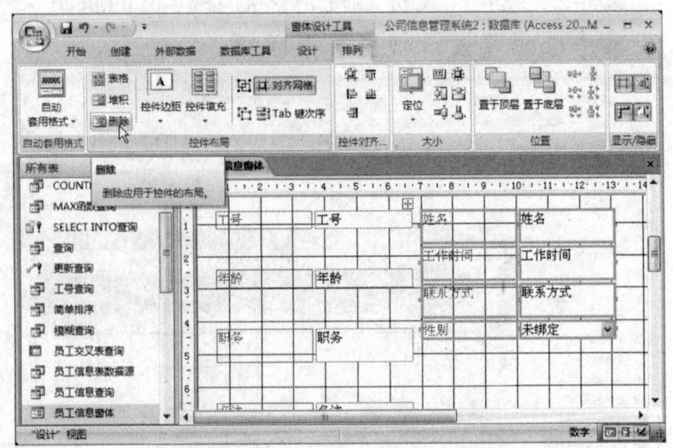

9 删除堆积之后的各个控件的布局如下图所示，可以看到堆积之后再删除堆积的各个控件无法恢复到堆积之前的布局。

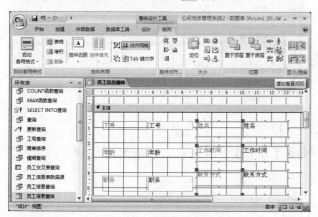

10 用户可以通过多次单击【增加垂直间距】按钮将删除堆积后的各个控件恢复到堆积之前的状态，此外也可以通过选中需要对应的控件并单击【底端对齐】按钮来实现。

提示

【位置】组中各个控件的名称和作用如下。【使水平距离相等】按钮：使选中的各个控件间的水平距离相等。【使垂直距离相等】按钮：使选中的各个控件间的垂直距离相等。【增加水平间距】按钮：增加选中的各个控件间的水平距离。【增加垂直距离】按钮：增加选中的各个控件间的垂直距离。【减少水平间距】按钮：减小选中的各个控件间的水平距离。【减少垂直间距】按钮：减小选中的各个控件间的垂直距离。

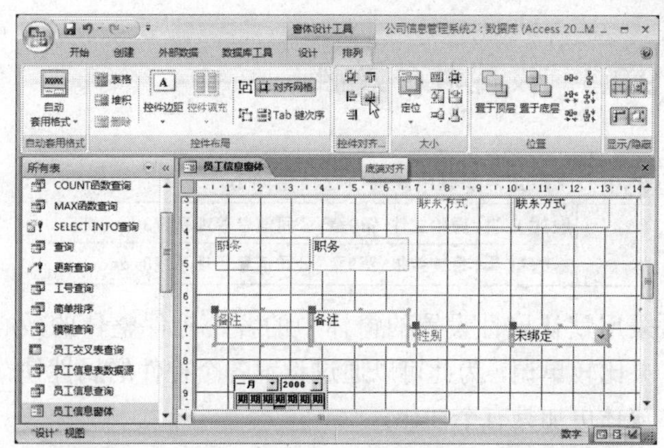

提示

【控件对齐方式】组中各个控件的名称和作用如下。

【顶端对齐】按钮：使选中的所有水平方向的控件与最顶端的控件的顶端对齐，垂直方向的控件与顶端控件的底端紧密相连。

【左对齐】按钮：使选中的所有垂直方向的控件与最左侧的控件的左侧对齐，水平方向的控件与左侧控件的右侧紧密相连。

【右对齐】按钮：使选中的所有垂直方向的控件与最右侧的控件的右侧对齐，水平方向的控件与右侧控件的左侧紧密相连。

【底端对齐】按钮：使选中的所有水平方向的控件与最底端的控件的底端对齐，垂直方向的控件与底端控件的顶端紧密相连。

11 调整完毕的效果如下图所示。

9.2.3 设置控件属性

本小节原始文件和最终效果所在位置如下。	
原始文件	原始文件\第9章\公司信息管理系统3. accdb
最终效果	最终效果\第9章\公司信息管理系统3. accdb

采用默认属性设置的窗体中的各个控件整体的效果比较单调，为此可以通过设置各个控件的属性使窗体更加具有个性化。

设置控件属性的具体步骤如下。

1. 打开本小节的原始文件，在【员工信息窗体】菜单项上单击鼠标右键，然后在弹出的快捷菜单中选择【设计视图】菜单项。

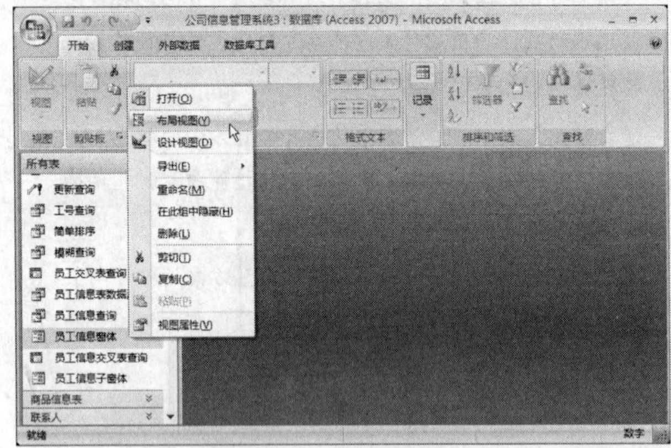

2. 打开【员工信息窗体】设计窗口，然后按下【Shift】键，待鼠标指针变为⬇形状时在标尺内选中两列标签。

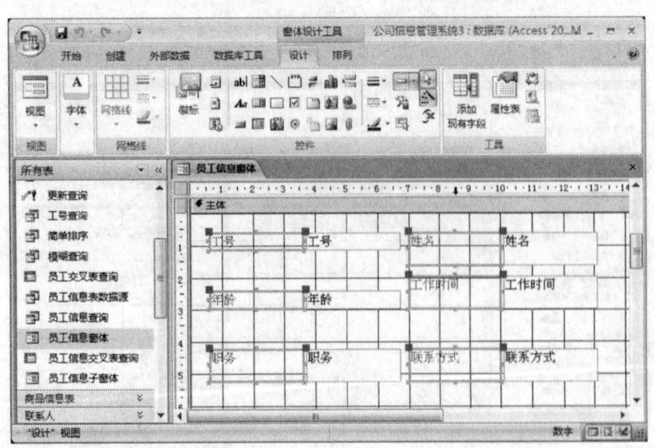

提示：如果窗体中的标尺已隐藏，可以通过单击【显示/隐藏】组中的【标尺】按钮将隐藏的标尺显示出来，再单击又可将其隐藏起来。

3. 切换至【窗体设计工具 设计】上下文选项卡，单击【字体】按钮，在【字体】下拉列表中选择一种合适的字体，这里选择【隶书】选项。

4. 在【字号】下拉列表文本框中输入合适的字号，这里输入“16”。

5. 单击【加粗】按钮 B、【倾斜】按钮 I 和【下划线】按钮 U，可以使选中的标签中的字体变为被加粗、倾斜和带下划线，这里单击【加粗】按钮 B。

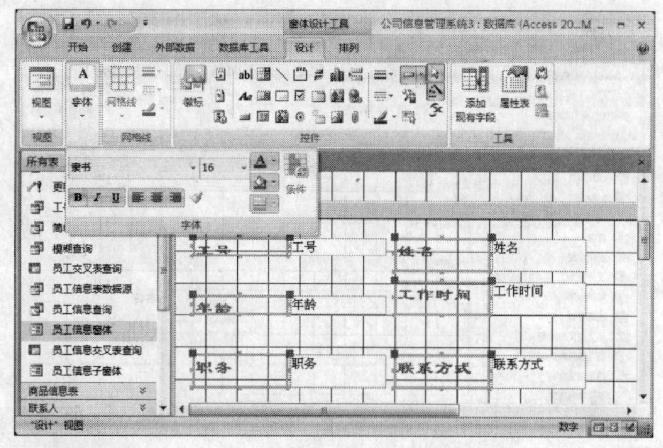

【加粗】按钮 B 、【倾斜】按钮 I 和【下划线】按钮 U 可以同时被选中，即字体可以同时具备加粗、倾斜和带下划线的文字特效。

6 单击【文本左对齐】按钮、【居中】按钮和【文本右对齐】按钮，可以使选中的标签控件中的文字左对齐、居中或者右对齐显示，这里选中【居中】按钮。

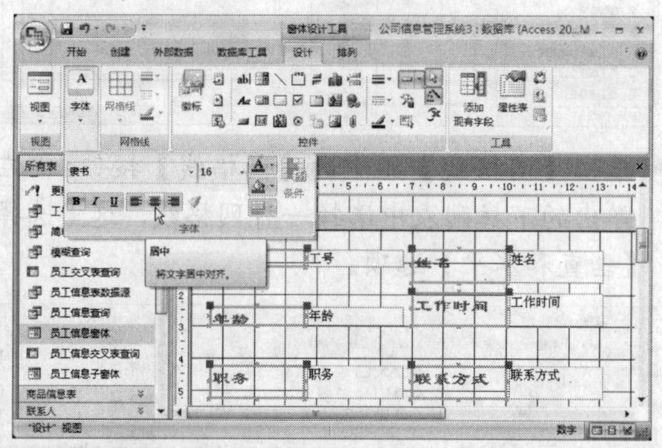

【文本左对齐】按钮、【居中】按钮和【文本右对齐】按钮不可以同时被选中，即字体在每一个时刻里只能具备一种对齐方式。

7 可以看到选中标签中的文字呈居中显示。单击【填充/背景色】按钮右侧的下箭头按钮，在弹出的下拉颜色列表中选中一种合适的颜色，这里选择【绿色 2】选项。

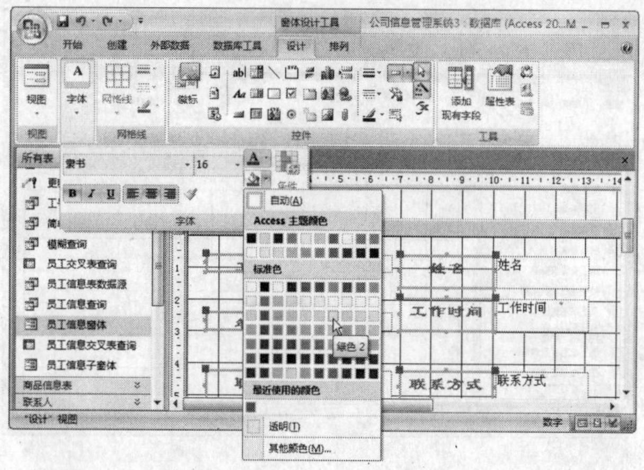

直接单击【填充/背景色】按钮将以该按钮中的当前填充颜色选中标签。如果选择了其他的颜色填充，那么当前颜色将被替换。

8 可以看到选中的标签已被【绿色 2】颜色填充。单击【字体颜色】按钮右侧的下箭头按钮，在弹出的下拉颜色列表中选中一种合适的颜色，这里选择【褐紫红色 3】选项。

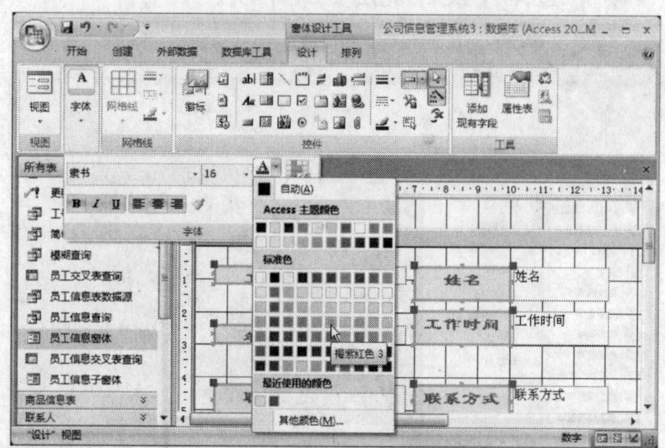

9 将字体颜色设置为【褐紫红色 3】后的效果如下图所示。

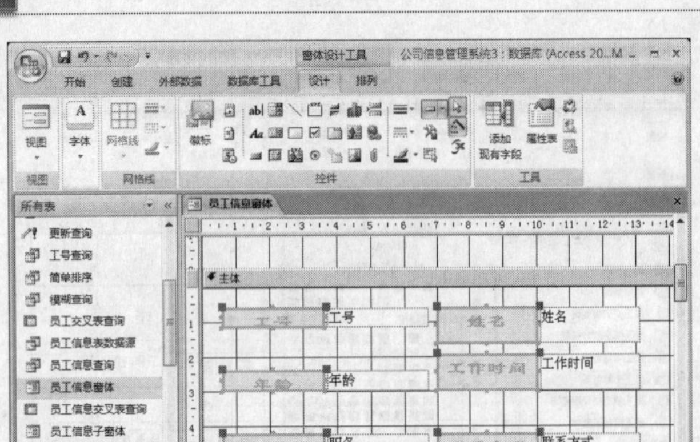

9.2.4 设置网格线

本小节原始文件和最终效果所在位置如下。	
原始文件	原始文件\第9章\公司信息管理系统4. accdb
最终效果	最终效果\第9章\公司信息管理系统4. accdb

设置网格线的具体步骤如下。

1 打开本小节的原始文件，在【员工信息窗体】菜单项上单击鼠标右键，然后在弹出的快捷菜单中选择【设计视图】菜单项。

2 随即打开【员工信息窗体】设计视图，选中【主体】区域中的所有文本框和标签，切换至【窗体设计工具 排列】上下文选项卡，然后单击 堆积 按钮。

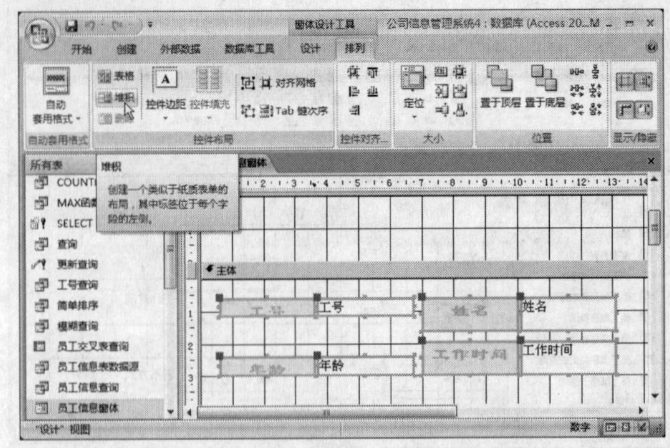

3 切换至【窗体设计工具 设计】上下文选项卡，可以看到【网格线】组中的各个按钮变为可用状态。

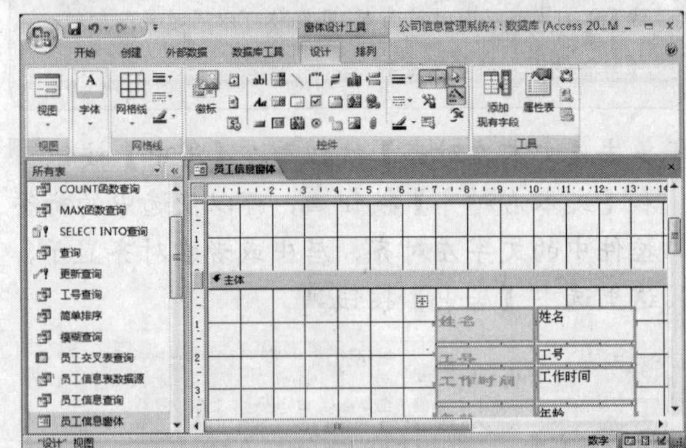

4 单击【网格线】组中的【网格线】按钮，在弹出的下拉列表中选择一种网格线，这里选择【垂直和水平】选项。

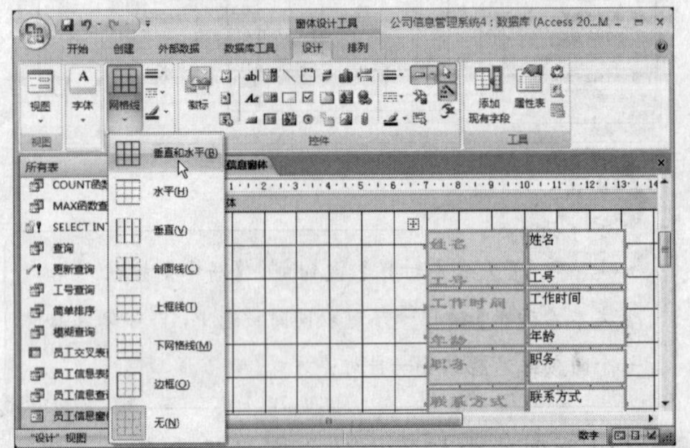

5 可以看到所有的控件被一个网格框了起来，然后单击【宽度】按钮，在弹出的下拉列表中选择一个合适的网格线宽度，这里选择【3 磅】。

6 将网格线设置为【3 磅】的效果如下图所示。然后单击【样式】按钮，在弹出的下拉列表中选择合适的网格样式，这里选择【点划线】。

7 将网格样式设置为【点划线】的效果如下图所示。然后单击【颜色】按钮右侧的下箭头按钮，在弹出的下拉颜色列表中选中一种合适的颜色，这里选择【红色】选项。

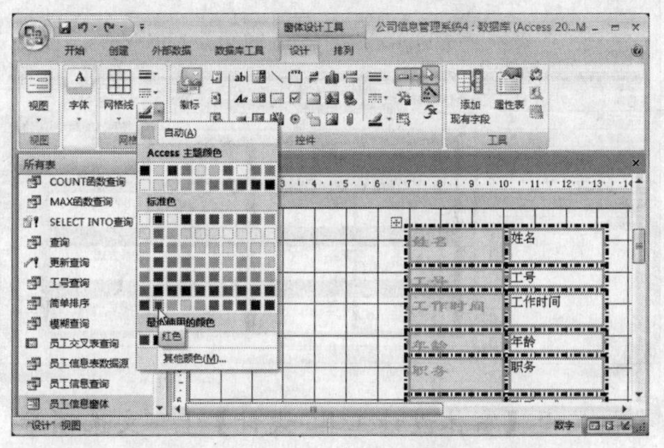

8 将颜色设置为【红色】的效果如下图所示。

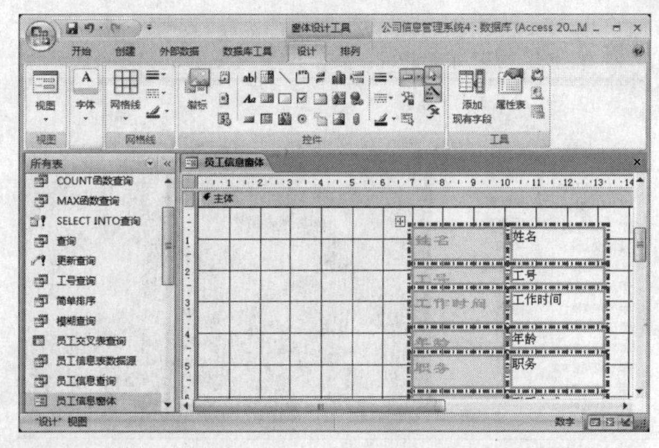

9 将【员工信息窗体】设计视图切换至窗体视图可以看到网格线设计的最终结果。

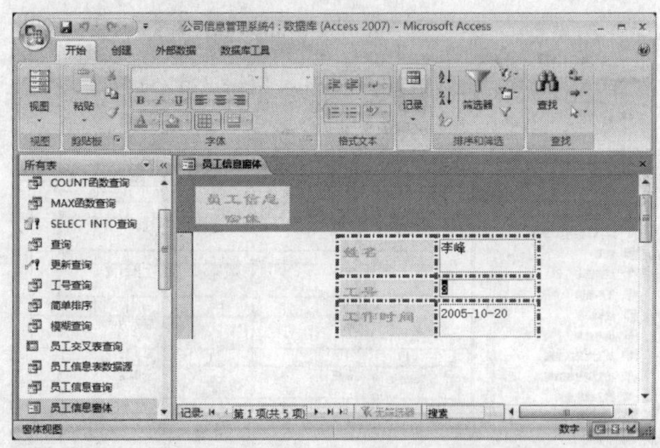

9.2.5 设置窗体外观

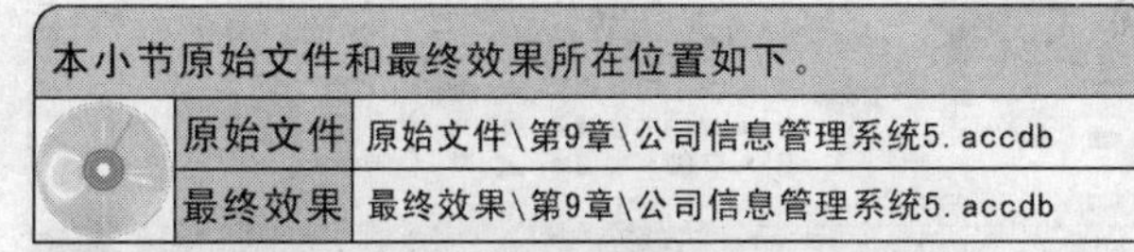

本小节原始文件和最终效果所在位置如下。

原始文件	原始文件\第9章\公司信息管理系统5. accdb
最终效果	最终效果\第9章\公司信息管理系统5. accdb

通过窗体向导创建的窗体的结构大都是固定的，用户需要通过对窗体的外观进行设置以使每个窗体的外观不再单一。

设置窗体外观的具体步骤如下。

1 打开本小节的原始文件，在【员工信息窗体】菜单项上单击鼠标右键，然后在弹出的快捷菜单中选择【设计视图】菜单项。

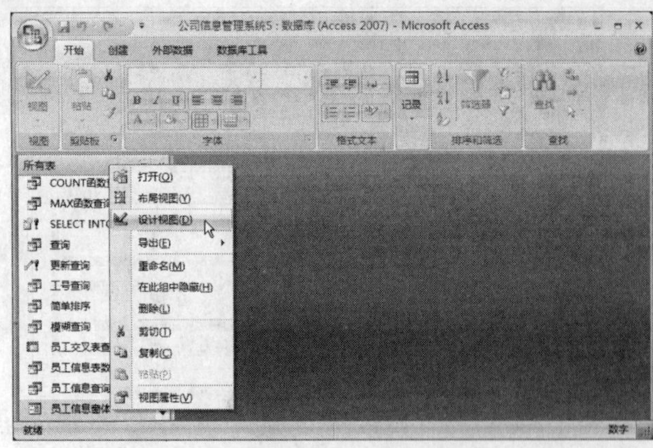

❷ 调整【主体】区域中的所有标签和文本框的大小和位置如下图所示。

❸ 单击【控件】组中的【矩形】按钮，然后将【主体】区域内的所有控件圈起来。

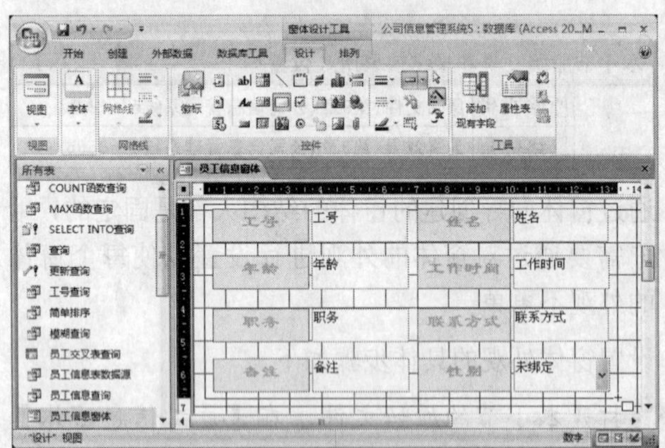

❹ 切换至【开始】选项卡，单击【字体】组中的【填充/背景色】按钮右侧的下箭头按钮，然后在弹出的下拉列表中选择合适的填充颜色，这里选择【浅灰 5】选项。

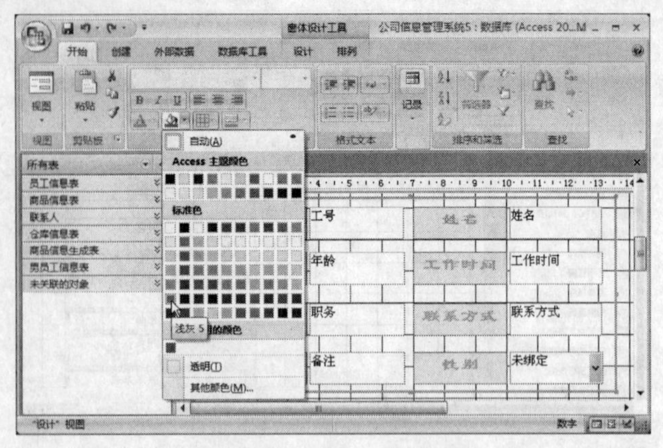

❺ 此时【矩形】控件的填充会覆盖所有的标签和文本框。

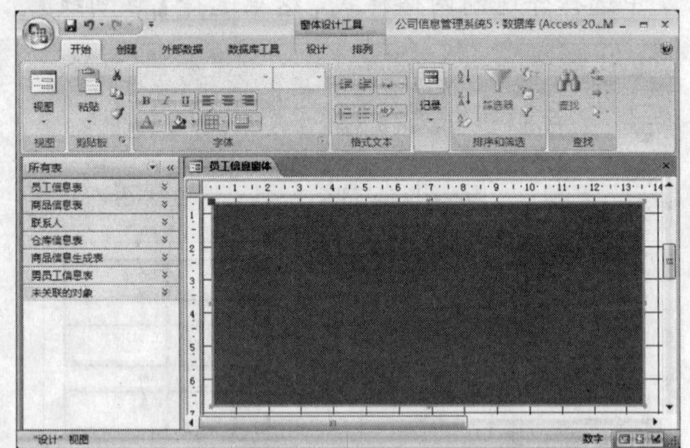

❻ 切换至【窗体设计工具 排列】上下文选项卡，单击【位置】组中的【置于底层】按钮将标签和文本框重新显示出来。

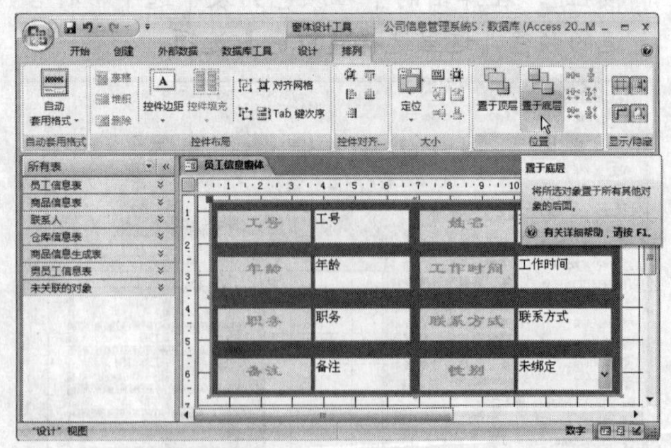

❼ 切换至【窗体设计工具 设计】上下文选项卡，单击【属性表】按钮打开【属性表】窗口。

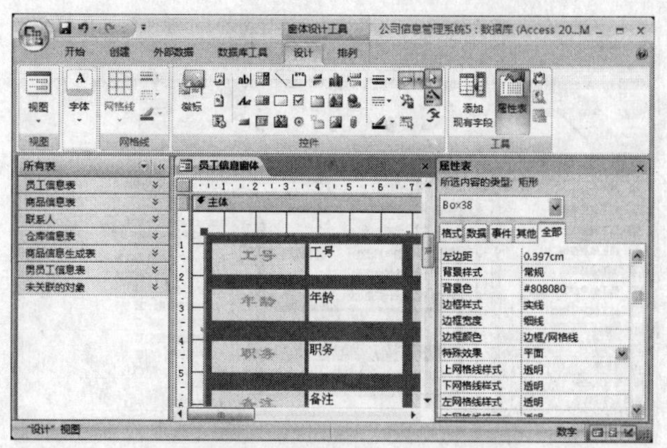

8 切换至【全部】选项卡，在【特殊效果】属性下拉列表中选择【蚀刻】选项，然后将【员工信息窗体】的设计视图切换至窗体视图即可看到【员工信息窗体】的设计结果。

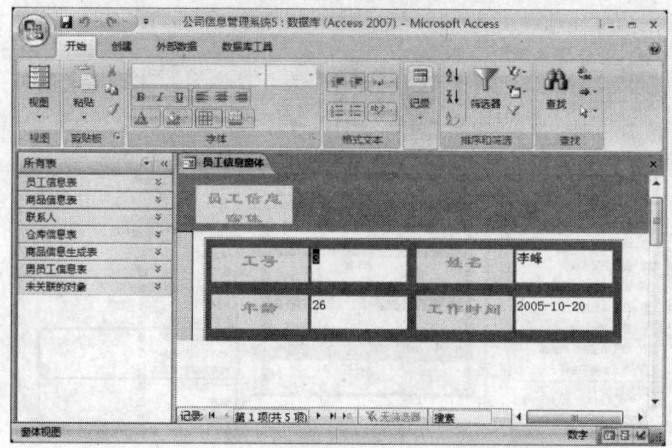

9.2.6 设置窗体属性

1. 设置连续窗体

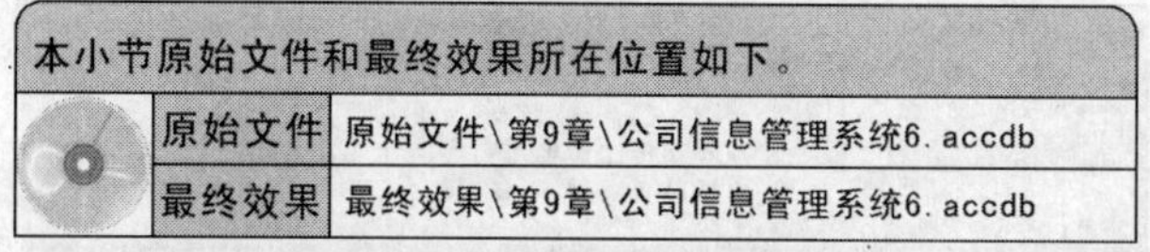

本小节原始文件和最终效果所在位置如下。

原始文件	原始文件\第9章\公司信息管理系统6. accdb
最终效果	最终效果\第9章\公司信息管理系统6. accdb

设置连续窗体的具体步骤如下。

1 打开本小节的原始文件，在【员工信息窗体】菜单项上单击鼠标右键，然后在弹出的快捷菜单中选择【设计视图】菜单项。

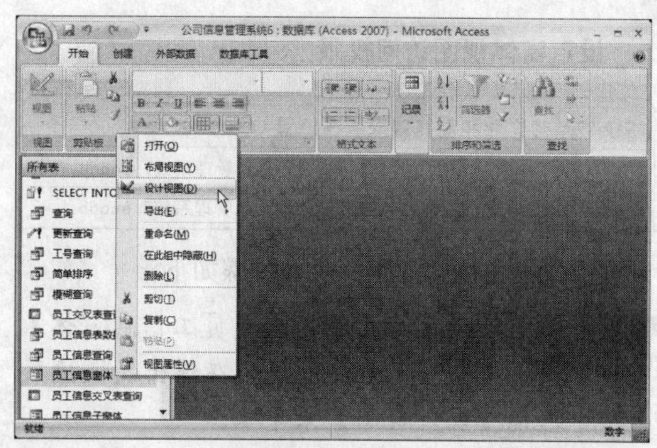

2 随即打开【员工信息窗体】设计视图，切换至【窗体设计工具 设计】上下文选项卡，单击【工具】组中的【属性表】按钮打开【属性表】窗口，切换至【全部】选项卡，然后在【默认视图】属性下拉列表中选择【连续窗体】选项。

3 将【员工信息窗体】的设计视图切换至窗体视图，可以看到该窗体中的记录都显示在了一个窗体中。

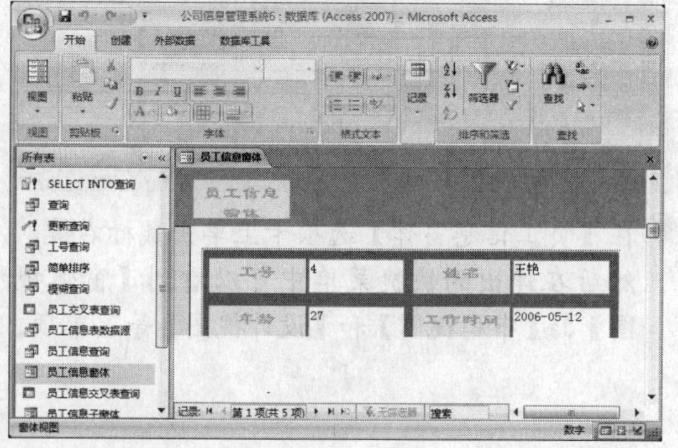

2. 设置窗体视图访问权限

本小节原始文件和最终效果所在位置如下。	
原始文件	原始文件\第9章\公司信息管理系统7. accdb
最终效果	最终效果\第9章\公司信息管理系统7. accdb

设置窗体视图访问权限的具体步骤如下。

1 打开本小节的原始文件，在【员工信息窗体】菜单项上单击鼠标右键，然后在弹出的快捷菜单中选择【设计视图】菜单项。

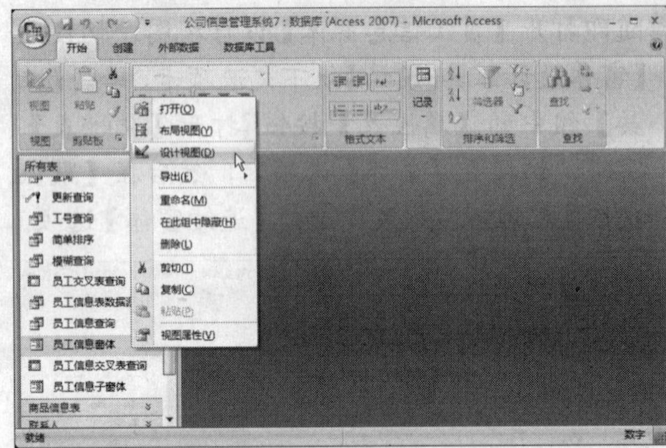

2 切换至【窗体设计工具 设计】上下文选项卡，单击【工具】组中的【属性表】按钮打开【属性表】窗口。

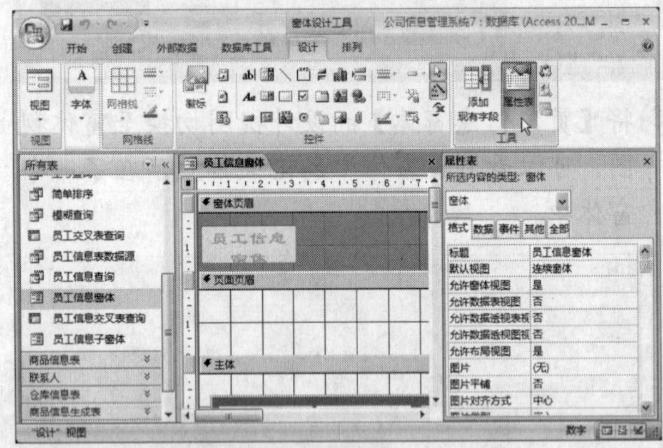

3 在【员工信息窗体】选项卡上单击鼠标右键，然后在弹出的快捷菜单中可以看到【窗体视图】、【布局视图】和【设计视图】等菜单项。

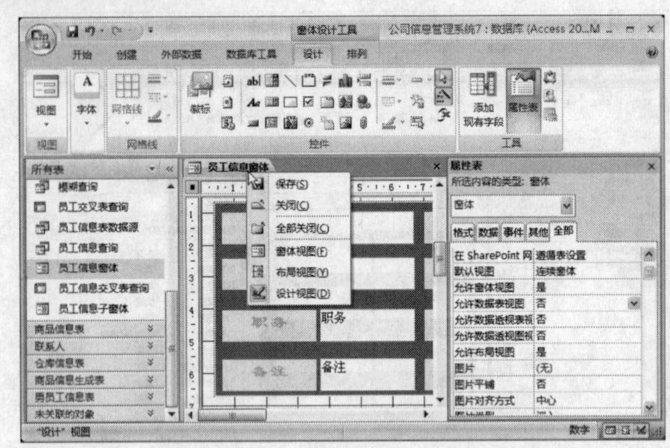

4 在【属性表】对话框中的【全部】选项卡中将【允许数据表视图】、【允许数据透视表视图】和【允许数据透视图视图】等属性均设置为“是”。

5 在【员工信息窗体】选项卡上单击鼠标右键，然后可以看到在弹出的快捷菜单中添加了【数据表视图】、【数据透视表视图】和【数据透视图视图】等菜单项。

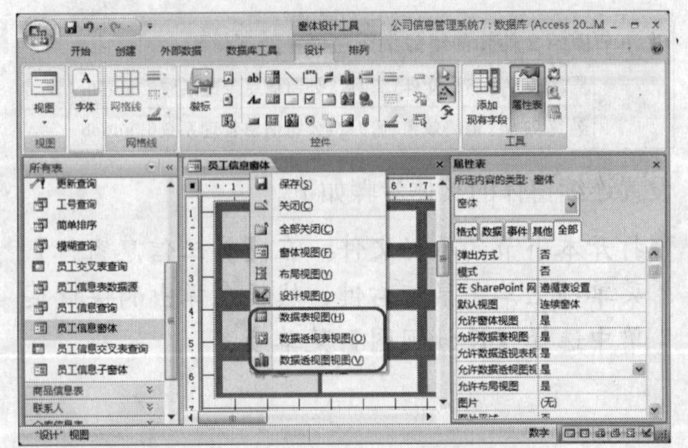

3. 设置窗体中的按钮

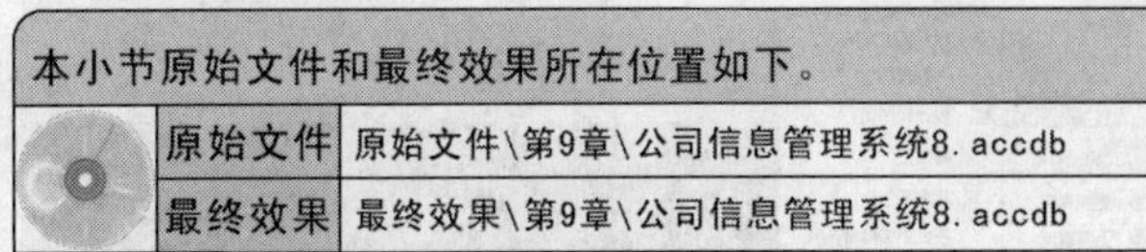

本小节原始文件和最终效果所在位置如下。	
原始文件	原始文件\第9章\公司信息管理系统8. accdb
最终效果	最终效果\第9章\公司信息管理系统8. accdb

通过对窗体中边框的设置能够将窗体设置为固定大小或者无法移动等形式。

设置窗体中的边框的具体步骤如下。

1 打开本小节的原始文件，在【员工信息窗体】菜单项上单击鼠标右键，然后在弹出的快捷菜单中选择【设计视图】菜单项。

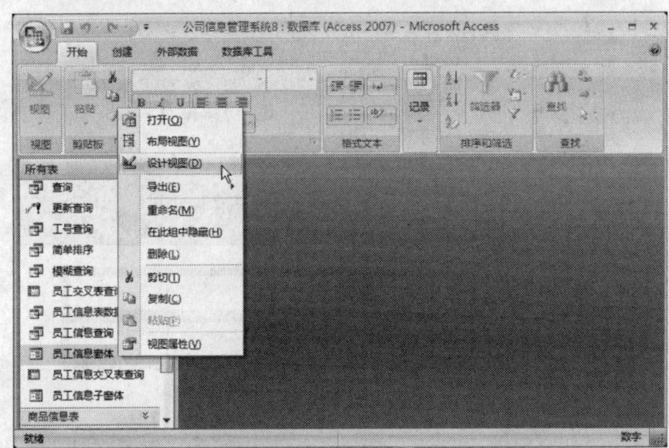

2 切换至【窗体设计工具 设计】上下文选项卡，单击【工具】组中的【属性表】按钮打开【属性表】窗口。

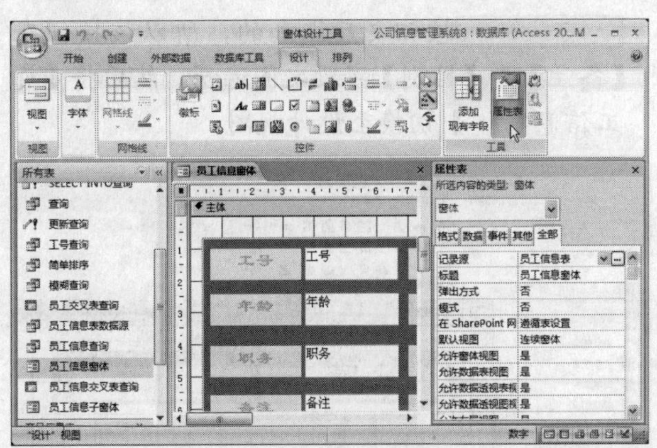

3 在【属性表】窗口中切换至【全部】选项卡，单击【滚动条】右侧的下箭头按钮，然后在弹出的下拉列表中选择一种滚动条形式，这里选择【两者均无】选项。

4 将【员工信息窗体】切换至窗体视图，可以看到该窗体的水平和垂直方向都没有滚动条。

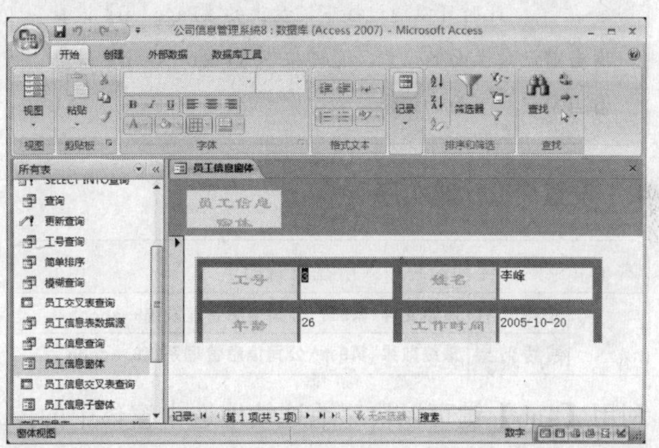

5 将【导航按钮】属性设置为“否”，【分隔线】属性设置为“是”。

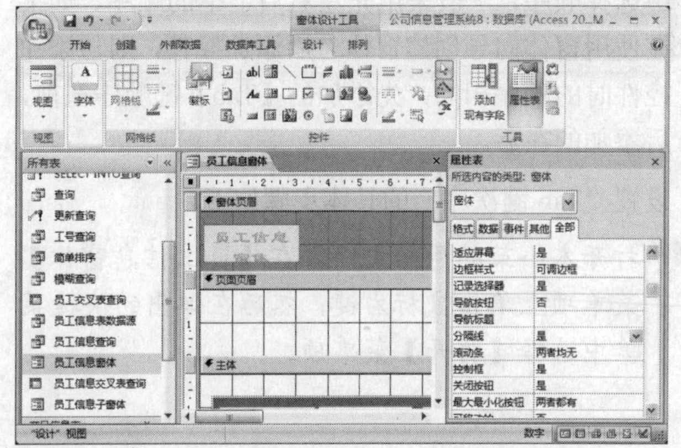

6 可以看到该窗体的导航工具条隐藏起来了，并添加了一条窗体与底部的分隔线。

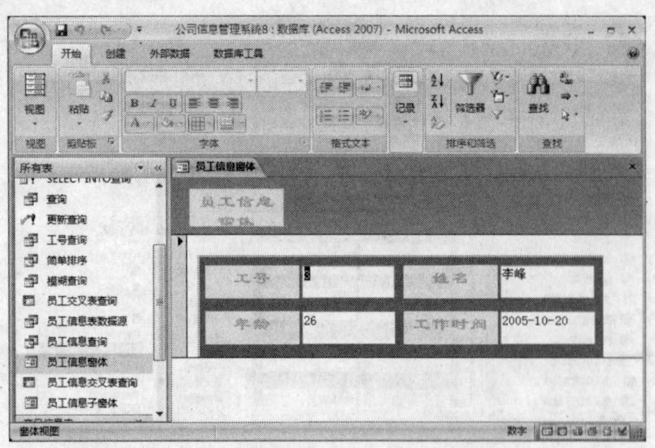

> 提示
>
> 此时可以通过按下键盘上的【Page Up】键查看当前记录上面的记录，通过按下【Page Down】键查看当前记录下面的记录。

4. 设置“Tab 键次序”

本小节原始文件和最终效果所在位置如下。	
原始文件	原始文件\第9章\公司信息管理系统9. accdb
最终效果	最终效果\第9章\公司信息管理系统9. accdb

利用【Tab】键可以快速地连续地选中窗体中的控件，能够实现文本的快速输入和提交。

通过窗体向导创建的窗体将默认设置控件的【Tab】键选择顺序，一般采用先左右后上下的顺序。如果在使用窗体向导创建窗体之后添加控件，则与添加控件时的顺序相同，先添加的【Tab】键顺序在前，后添加的在后。

设置“Tab 键次序”的具体步骤如下。

1 打开本小节的原始文件，在【员工信息窗体】菜单项上单击鼠标右键，然后在弹出的快捷菜单中选择【打开】菜单项。

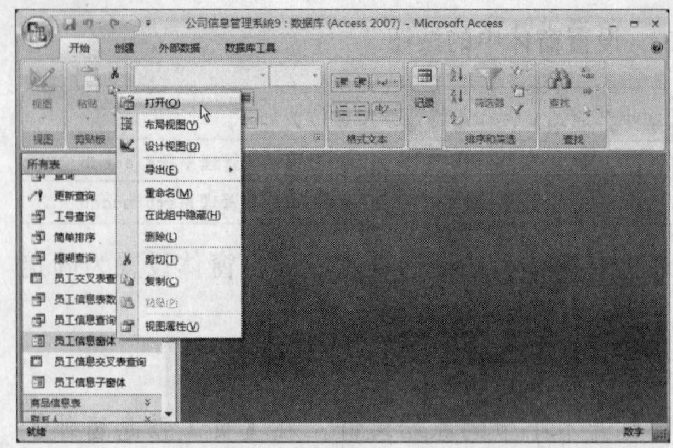

2 随即打开【员工信息窗体】的窗体视图，然后按下【Tab】键检测各个控件的“Tab 键次序”。

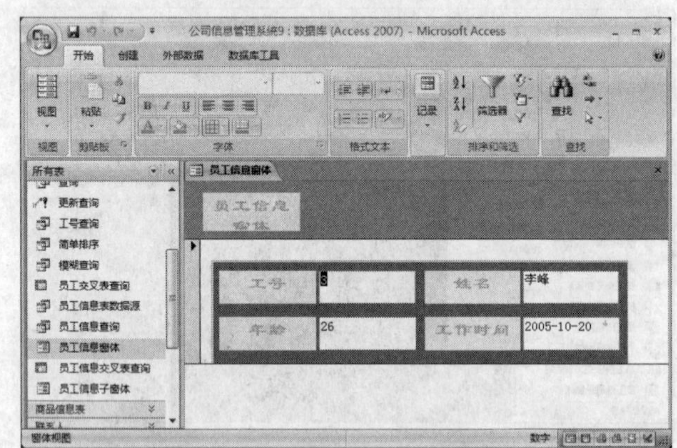

3 通过检测得知，【员工信息窗体】中的各个控件的顺序为从【工号】字段开始按照先左右后上下的顺序依次遍历，因为【性别】字段是在 下一条 按钮之后添加的，所以该按钮在【备注】与【性别】字段之间遍历。然后将【员工信息窗体】切换至设计视图。

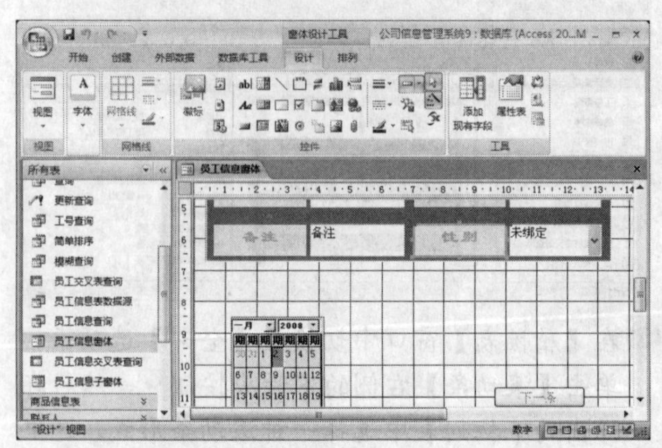

4 在窗体的设计视图中单击鼠标右键，在弹出的快捷菜单中选择【Tab 键次序】菜单项。

5 随即弹出【Tab 键次序】对话框，在【节】列表框中显示了窗体结构，在【自定义次序】列表框中列出了主体中各个控件的 Tab 键次序。

6 在【自定义次序】列表框中选中要调换【Tab】键次序的控件，例如这里调整【下一条】和【Combo29】之间的顺序，待鼠标指针变为➡形状时单击即可选中选项。

7 在选中控件的左侧选中区域按住鼠标左键不放并拖动，直到将其拖至要交换次序的位置并出现一条黑线时释放鼠标。

8 单击 确定 按钮，保存对该【Tab】键次序的设置。

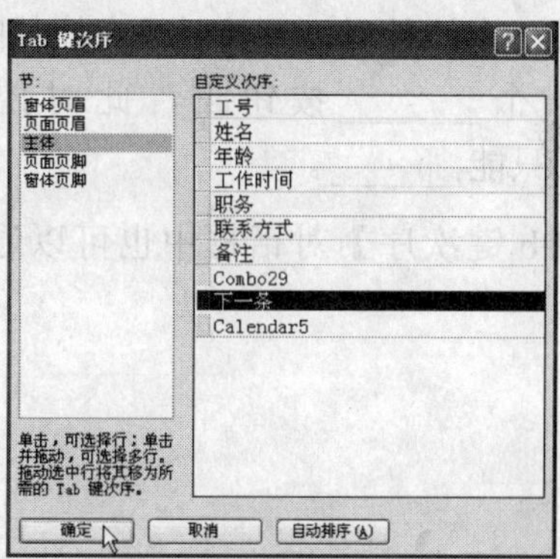

9 此时再检测【员工信息窗体】中各个控件的 Tab 键次序，可以发现将窗体中的所有字段全部遍历完毕才会遍历 下一条 按钮。

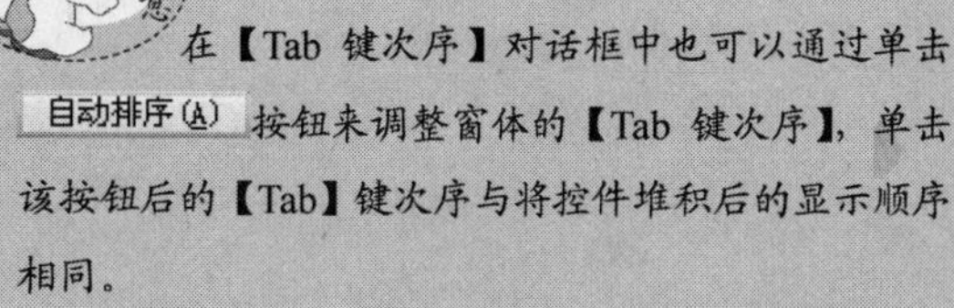

注意：在【Tab 键次序】对话框中也可以通过单击 自动排序(A) 按钮来调整窗体的【Tab 键次序】，单击该按钮后的【Tab】键次序与将控件堆积后的显示顺序相同。

9.3 本章小结

本章介绍了窗体的设计工具和窗体的界面设计。

首先介绍了窗体的设计工具，包括窗体视图中的工具和设计视图中的工具，主要介绍了这些工具的名称、作用和使用方法等。

然后介绍了窗体界面的设计，包括设置控件大小、设置窗体布局、设置控件属性、设置网格线、设置窗体外观和设置窗体属性等。

9.4 过关练习题

1. 填空题

(1) 对 Access 2007 中的查找可以使用_______快捷键来快速打开。

(2) 单击某一个控件时，有的时候在控件的左上方会出现一个_______按钮⊞，此时控件不能_______，只能_______。

(3) 在【Tab 键次序】对话框中也可以通过单击 自动排序(A) 按钮来调整窗体的【Tab 键次序】，单击该按钮后的【Tab】键次序与_______的显示顺序相同。

2. 简答题

(1) 导航工具条隐藏之后如何查看记录？

(2) 简述在【Tab 键次序】对话框中调整控件【Tab】键次序的过程。

第 10 章 报表

报表是 Access 2007 数据库中的重要组件之一，它可以对数据进行多种处理，并且可以将数据打印出来。

不能在报表中直接对数据进行修改，但可以设置数据的形式，它是一种以打印格式显示输入的有效方式。

- 报表概述
- 创建报表
- 在报表内创建图表
- 报表界面设计

10.1 报表概述

报表可以通过数据表或者查询来创建，并能按照一定的模式显示数据，主要用来显示并打印数据表或者查询中的信息。

10.1.1 报表结构

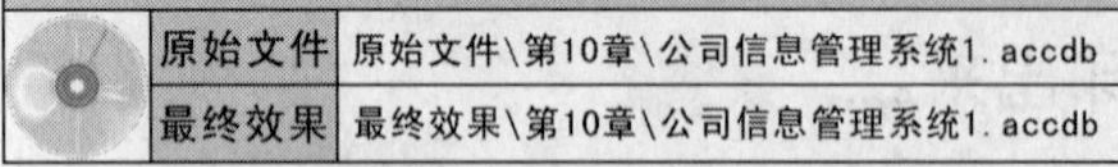

本小节原始文件和最终效果所在位置如下。

	原始文件	原始文件\第10章\公司信息管理系统1. accdb
	最终效果	最终效果\第10章\公司信息管理系统1. accdb

报表与窗体一样都有其特有的结构。只有掌握了报表的结构才能更加熟练地运用报表，才能以更加完美的打印格式显示数据。

一个完整的报表主要包括报表页眉、页面页眉、主体、报表页脚和页面页脚等 5 部分。

报表页眉：主要用于显示报表的标题和使用说明、打开相关报表或者执行其他任务的命令按钮，显示在报表视图中顶部或者打印页的开头。

页面页眉：主要用于显示标题和列标题等信息，显示在窗体的顶部。

主体：主要用于显示报表的主要部分，通常包含绑定到记录源中字段的控件或者未绑定的控件。

页面页脚：主要用于在报表中每页的底部显示汇总、日期或者页码，显示在报表的底部。

报表页脚：主要用于显示报表的使用说明、命令按钮或者接受输入的未绑定控件，显示在报表打印页的尾部。

10.1.2 操作报表

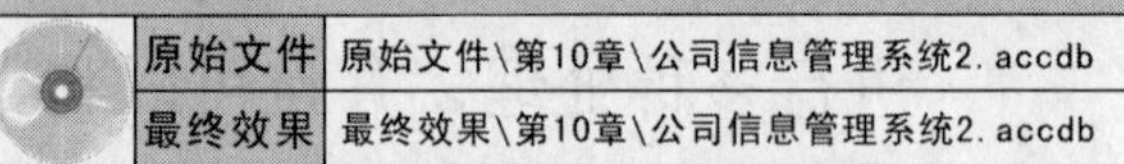

本小节原始文件和最终效果所在位置如下。

	原始文件	原始文件\第10章\公司信息管理系统2. accdb
	最终效果	最终效果\第10章\公司信息管理系统2. accdb

用户可以对报表进行多种操作，例如设置显示比例和浏览其他页面等。具体的操作步骤如下。

1. 打开本小节的原始文件，在【导航窗体】中找到【员工信息报表】选项。

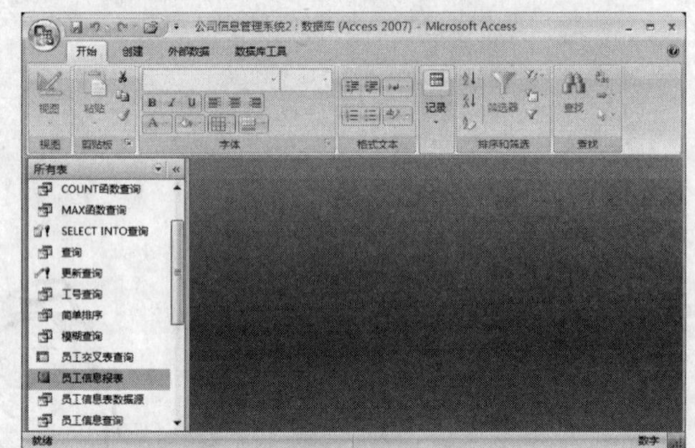

2. 右键单击该报表选项，在弹出的快捷菜单中选择【打开】菜单项，或者直接双击该报表选项。

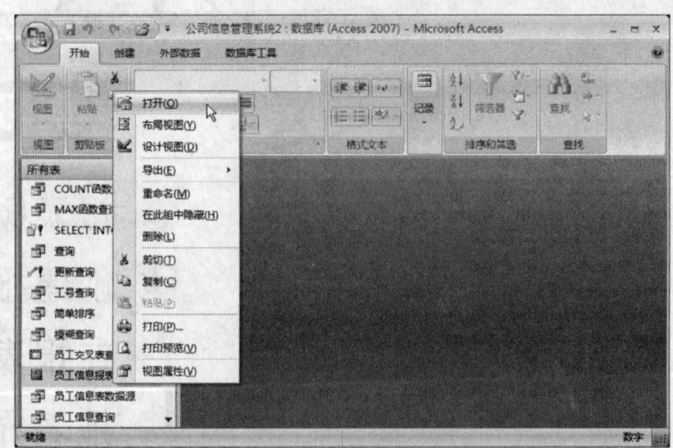

3. 随即打开【员工信息报表】的报表视图。

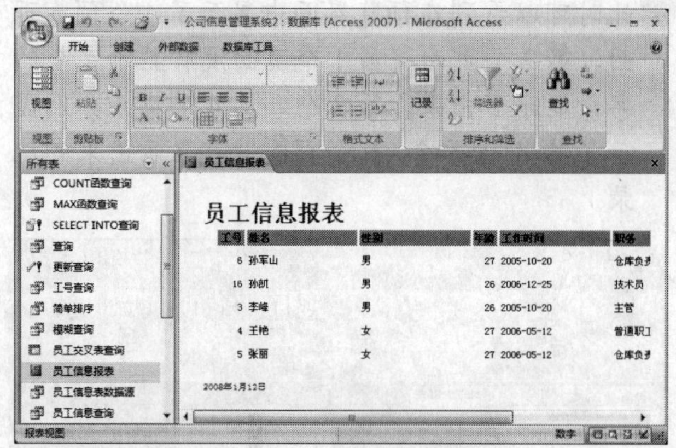

4 右键单击【员工信息报表】选项卡，在弹出的快捷菜单中选择【打印预览】菜单项。

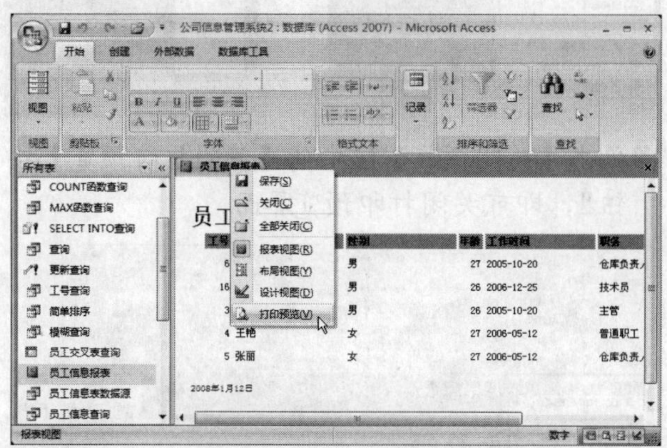

5 打开【打印预览】界面，此时可以看到在【状态栏】中显示了报表预览的显示比例。

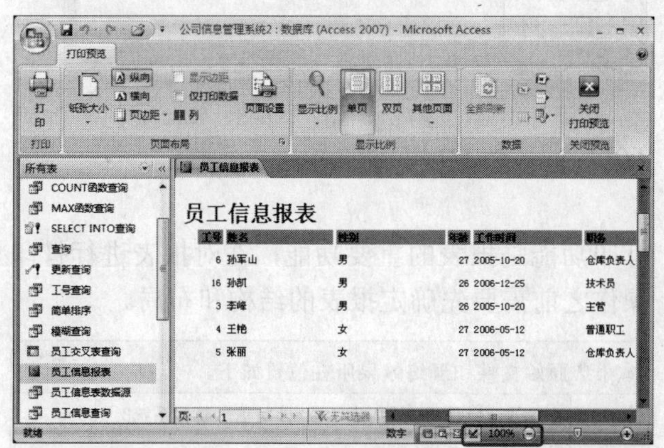

6 单击【显示比例】组中的【显示比例】按钮，在弹出的下拉列表中选择合适的显示比例，例如这里选择【75％】选项。

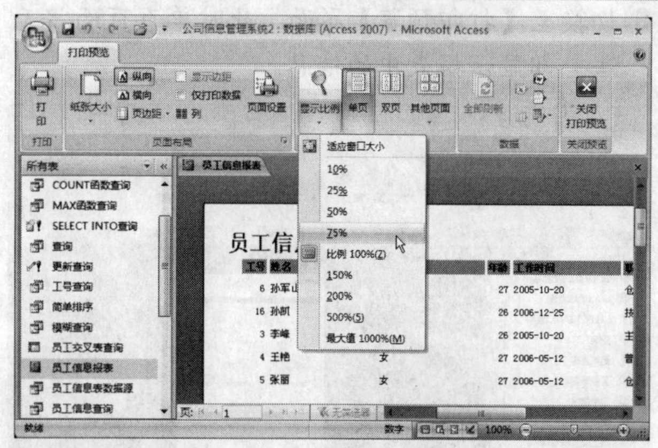

7 此时可以看到按【75％】的比例显示的【员工信息报表】的预览界面，并且【状态栏】中的显示比例更新为了“75％”。

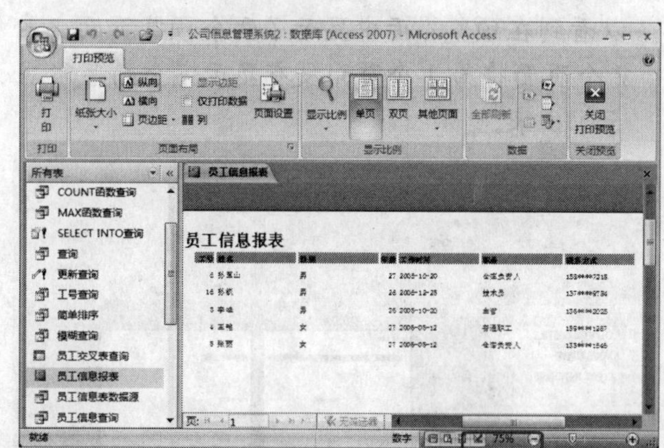

8 右键单击【员工信息报表】选项卡，在弹出的快捷菜单中选择【设计视图】菜单项，打开【员工信息报表】的设计视图，并将其字体设置较大一些，【报表页眉】、【页面页眉】和【主体】之间的距离设置的大一些，如下图所示。

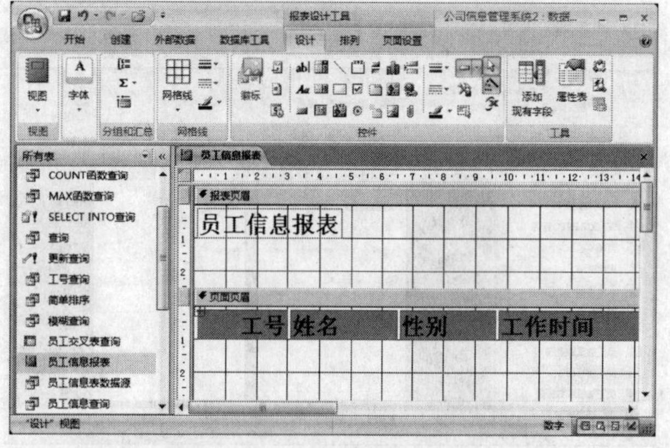

9 切换至【打印预览】界面，此时单页页面将无法全部显示报表中的信息。

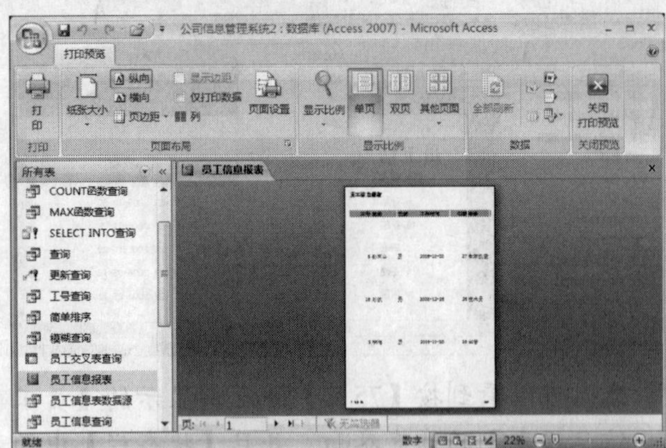

10 单击【显示比例】组中的【双页】按钮，可以看到在预览界面中显示了两个预览页面，第2个页面将第1个页面没有显示完全的字段显示了出来。

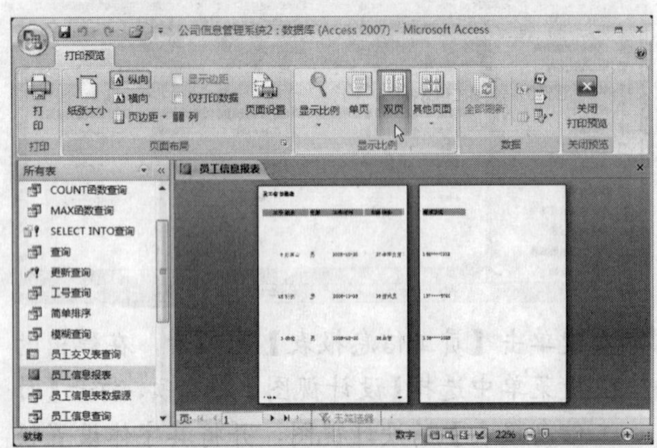

11 单击【显示比例】组中的【其他页面】按钮，在弹出的下拉列表中选择【四页】选项。

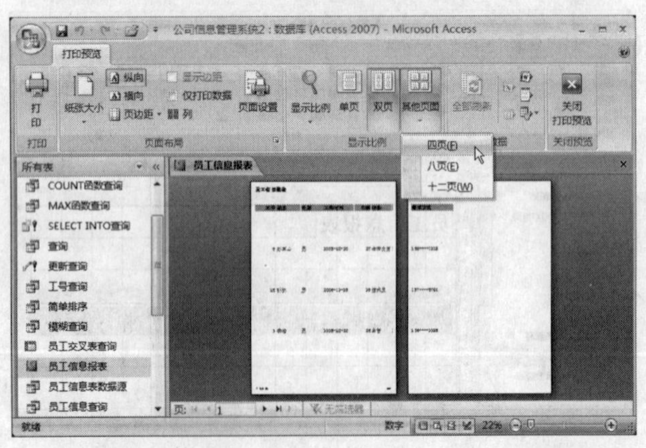

12 此时可以看到在预览界面中显示了4个预览页面，第2个页面将第1个页面没有显示完全的字段显示了出来，第3个和第4个页面分别显示了第1个和第2个页面没有显示出来的记录。

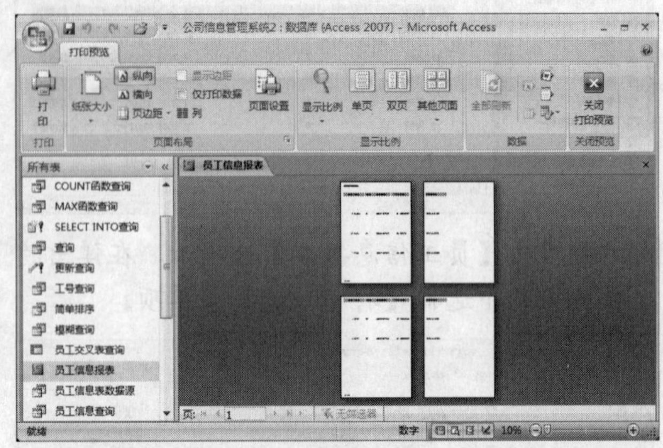

13 单击【关闭预览】组中的【关闭打印预览】按钮，即可关闭打印预览界面。

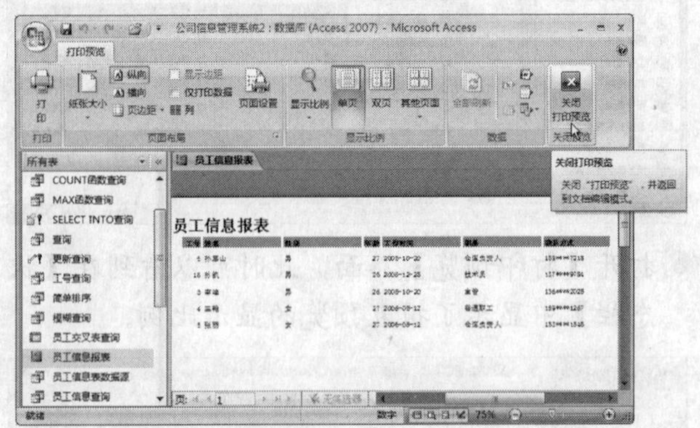

10.1.3 打印报表

打印功能是报表的重要功能，在对报表进行打印操作之前需要先确定报表的结构和布局。

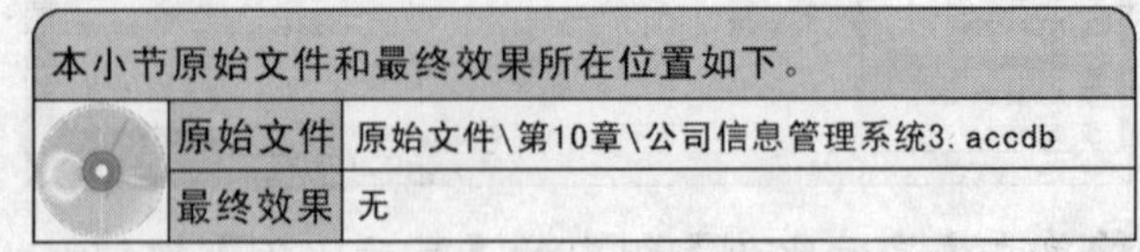

本小节原始文件和最终效果所在位置如下。	
原始文件	原始文件\第10章\公司信息管理系统3. accdb
最终效果	无

设置报表打印结构和布局的具体步骤如下。

1 打开本小节的原始文件，右键单击【员工信息报表】选项，在弹出的快捷菜单中选择【打印预览】菜单项。

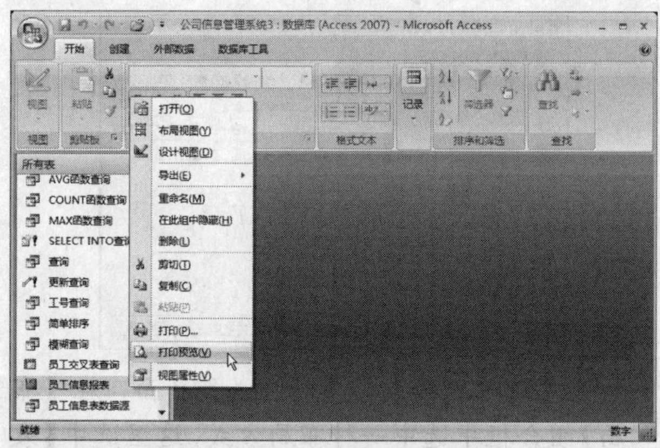

2 确保所有的字段和记录都能显示在预览页面中。

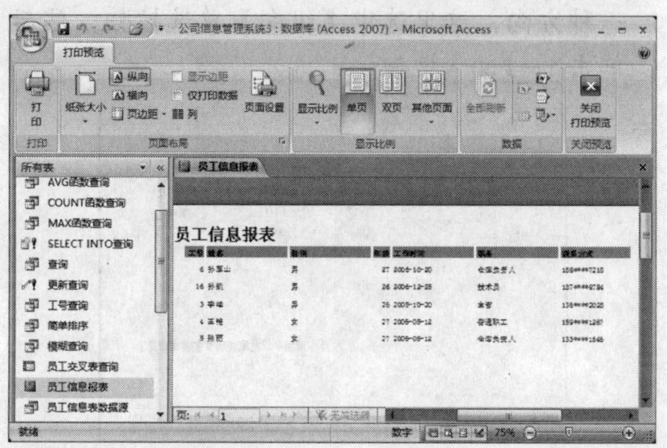

3 单击【页面布局】组中的【页面设置】按钮。

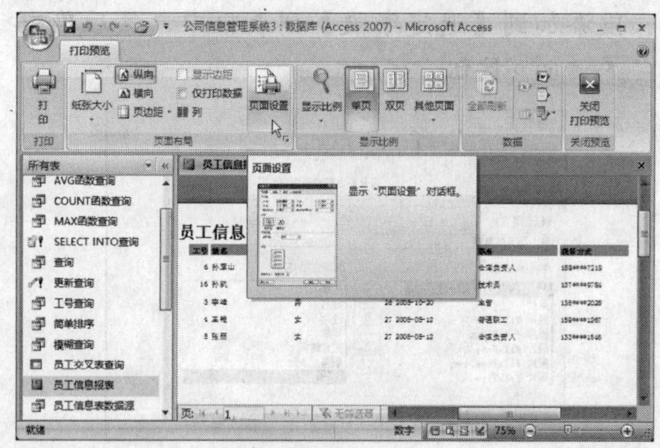

4 打开【页面设置】对话框，从中设置打印页面，然后将报表打印出来即可。

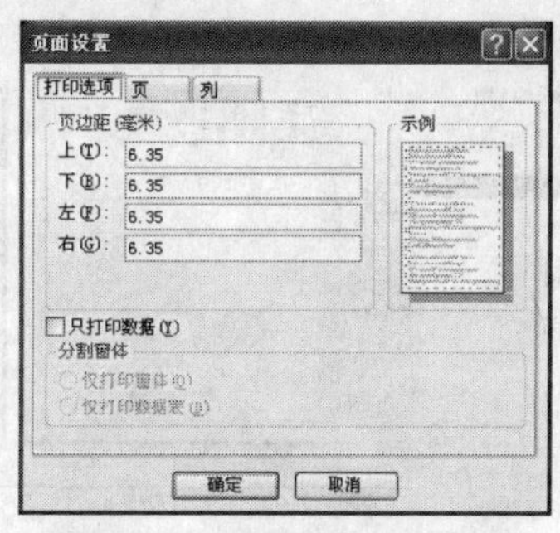

10.2 创建报表

用户可以通过报表向导、设计视图、直接创建和创建空报表等方法来创建报表。创建报表与创建窗体相同，需要选择数据表或者查询作为创建报表的数据源。

10.2.1 使用【报表向导】按钮创建

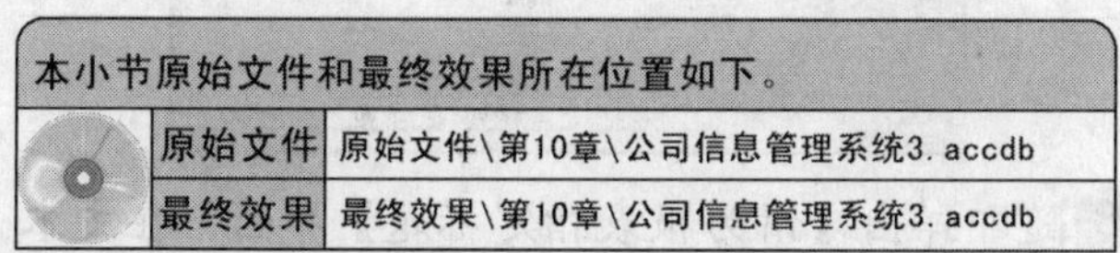

本小节原始文件和最终效果所在位置如下。

原始文件	原始文件\第10章\公司信息管理系统3. accdb
最终效果	最终效果\第10章\公司信息管理系统3. accdb

使用【报表向导】按钮创建报表的具体步骤如下。

1 打开本小节的原始文件，切换至【创建】选项卡，然后单击【报表】组中的报表向导按钮。

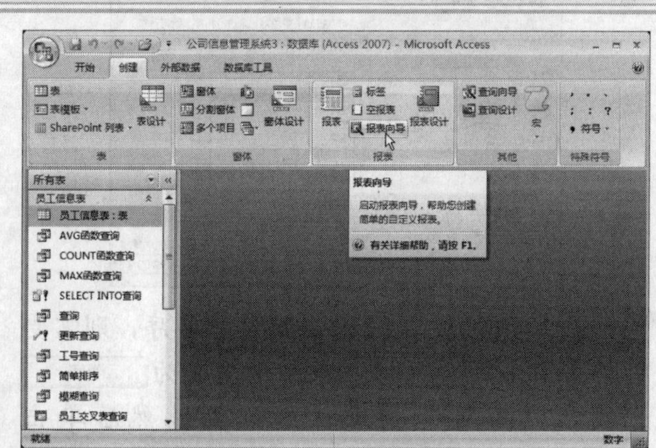

2 打开【请确定报表上使用哪些字段】界面，在【表/查询】下拉列表中选择要创建报表的表或者查询，这里选择【表：员工信息表】选项，

在【可用字段】列表框中将需要创建报表的字段添加到【选定字段】列表框中，然后单击 下一步(N) > 按钮。

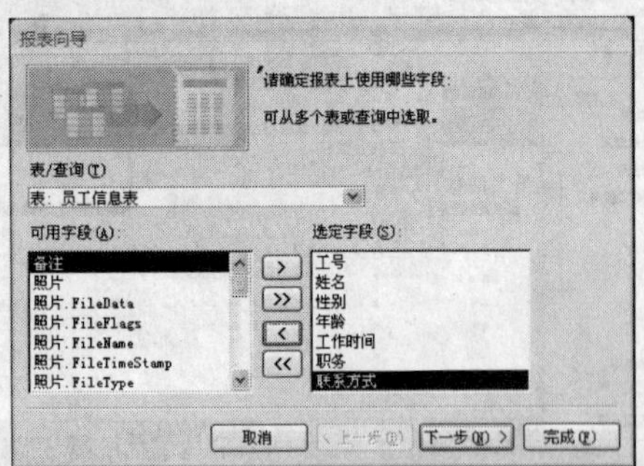

3 打开【是否添加分组级别】界面，在该界面中保持默认的设置，然后单击 下一步(N) > 按钮。

4 在弹出的【请确定记录所用的排序次序】界面中的【1】下拉列表中选择一个排序字段，这里选择【工号】字段。

5 如果需要按【工号】字段的降序排序，则需要单击右侧的 升序 按钮使其变为 降序 按钮，否则保持默认的设置，然后单击 下一步(N) > 按钮。

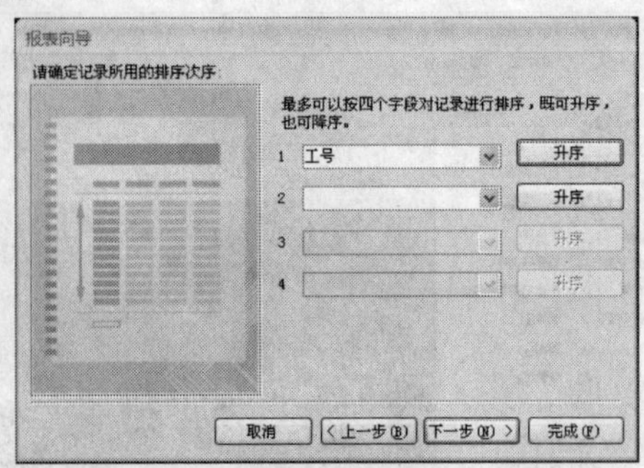

6 打开【请确定报表的布局方式】界面，在【布局】组合框中选中一种布局方式，这里选中【表格】单选按钮，接着在【方向】组合框中选中一种方向，这里选中【纵向】单选按钮，然后单击 下一步(N) > 按钮。

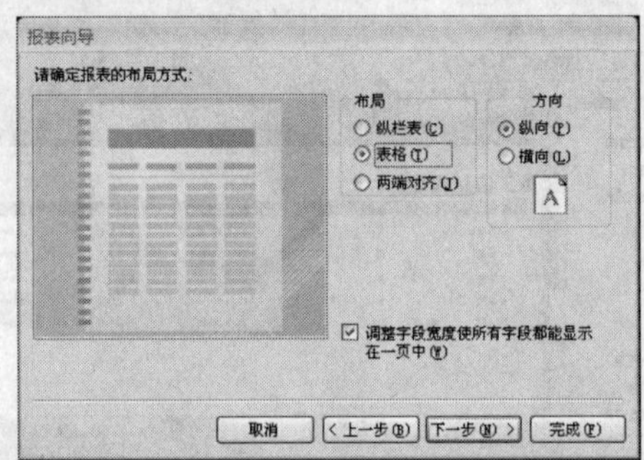

7 在打开的【请确定所用样式】界面的列表框中选择【办公室】选项，然后单击 下一步(N) > 按钮。

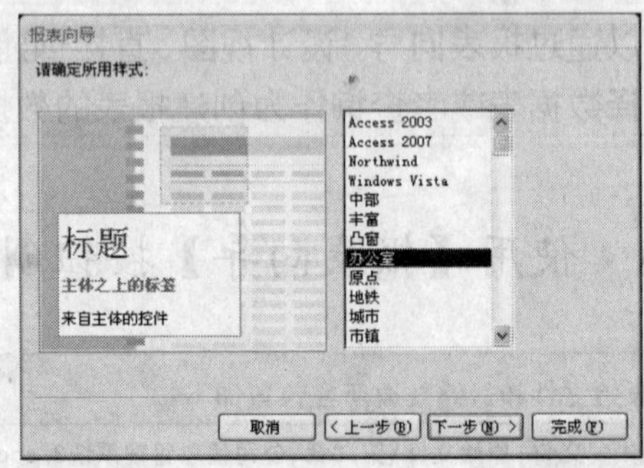

8 随即弹出【请为报表指定标题】界面，在文本框中输入该报表的标题，这里输入“员工信息报表”，在【请确定是要预览报表还是要修改报表设计】组合框中选中【预览报表】单选按钮，然后单击 完成(F) 按钮。

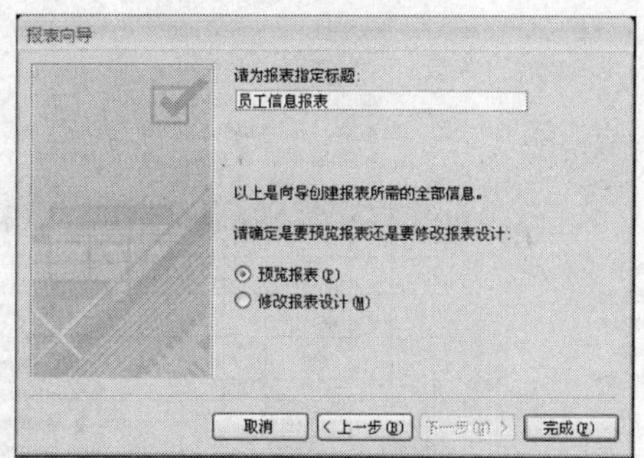

9 随即打开【员工信息报表】的预览界面，在该界面中可以看到所有的记录都按照【工号】字段的升序排序。

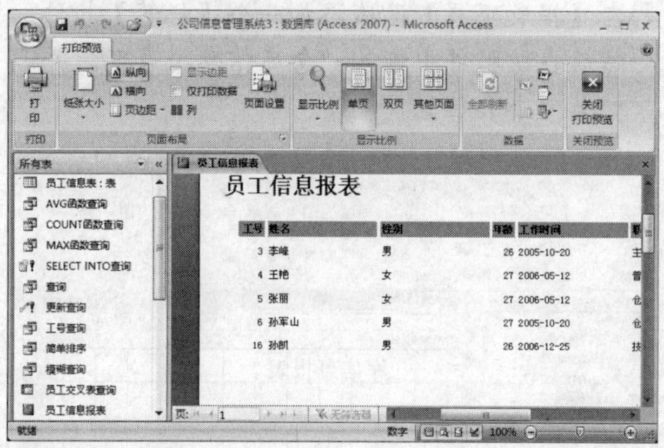

10.2.2 使用【报表设计】按钮创建

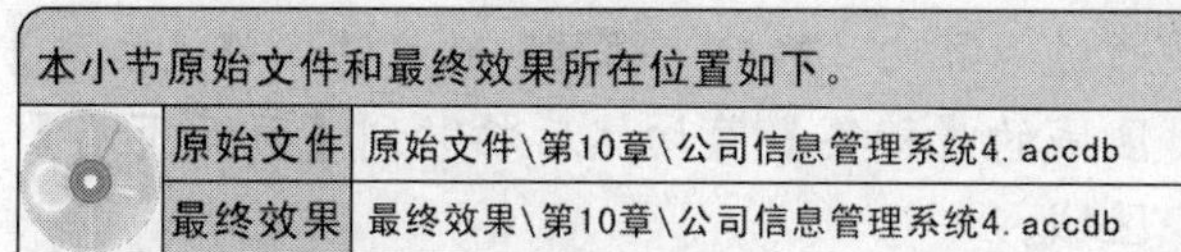

本小节原始文件和最终效果所在位置如下。

原始文件	原始文件\第10章\公司信息管理系统4. accdb
最终效果	最终效果\第10章\公司信息管理系统4. accdb

使用【报表设计】按钮创建报表的具体步骤如下。

1 打开本小节的原始文件，切换至【创建】选项卡，然后单击【报表】组中的【报表设计】按钮。

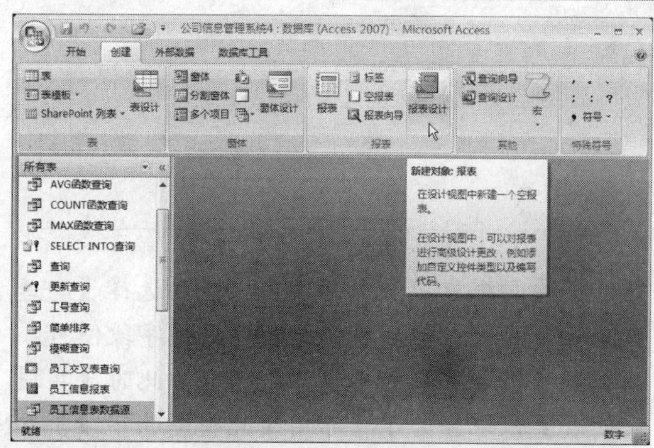

2 随即打开【报表 1】和【字段列表】窗口，并自动地切换至【报表设计工具 设计】上下文选项卡中。

3 在右侧的【字段列表】窗口中选择要创建报表的数据源表，这里选择【仓库信息表】选项，然后单击其左侧的⊞按钮展开该数据表。

如果没有打开【字段列表】窗口，可以单击【工具】组中的【添加现有字段】按钮将【字段列表】窗口打开。

4 选择要向报表中添加的字段，这里选择【仓库编号】字段，然后双击该字段，该字段便可添加到【报表 1】的【主体】部分，此时【字段列表】窗口分为了【可用于此视图的字段】和【其他表中的可用字段】两个窗格。

5 继续添加其他的字段，这里将【仓库信息表】中的【仓库名称】和【仓库负责人】字段也添加到【报表 1】的【主体】部分。

6 添加完毕后关闭【字段列表】窗口，然后在报表区域单击鼠标右键，在弹出的快捷菜单中选择【报表页眉/页脚】菜单项添加【报表页眉】和【报表页脚】。

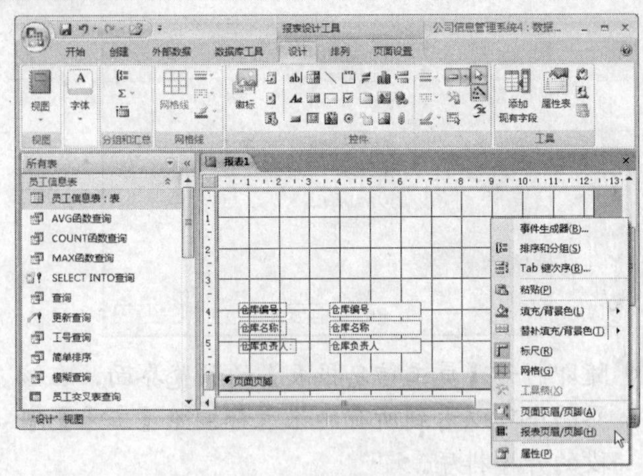

7 在【报表页眉】区域添加一个【标签】控件，然后在该控件中输入“仓库信息报表”，并调整其大小和位置。

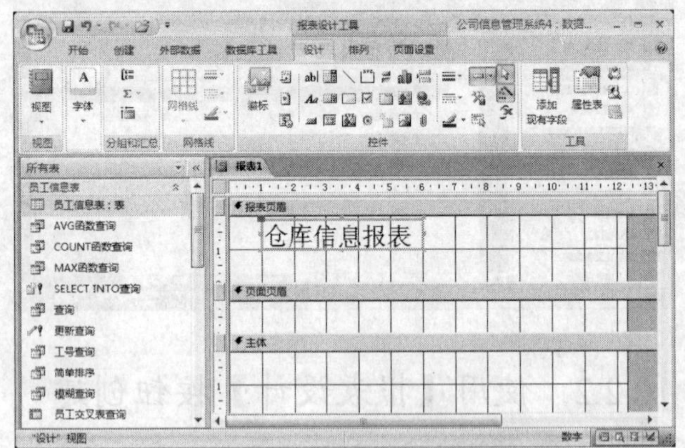

8 通过“剪切”然后“粘贴”的方法，将【主体】区域的【标签】剪切然后粘贴到【页面页眉】区域。

9 在【页面页脚】区域添加一个【文本框】控件，并将【标签】的【标题】属性设置为“制表时间：”，然后选中【文本框】控件，打开【属性表】窗口，在【控件来源】属性中输入“=NOW()”。

10 在【报表页脚】区域添加一个【文本框】控件，并将【标签】的【标题】属性设置为“制表人：”，接着选中【报表 1】左上方的■按钮打开【属性表】窗口，在【事件】选项卡中的【加载】属性中选择【事件过程】，然后单击其右侧的…按钮。

11 在打开的【公司信息管理系统 4—Report_报表 1（代码）】窗口中输入以下代码。

```
Private Sub Report_Load()
Text9.SetFocus
Text9.Text = "张丽"
End Sub
```

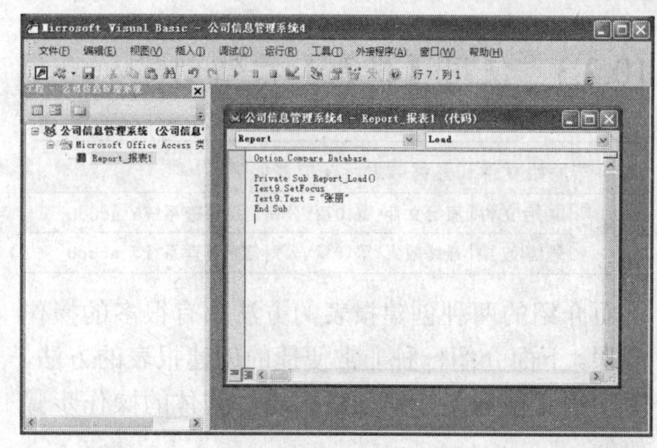

12 右键单击【报表 1】选项卡，在弹出的快捷菜单中选择【报表视图】菜单项。

13 此时的【报表 1】报表视图如下图所示。

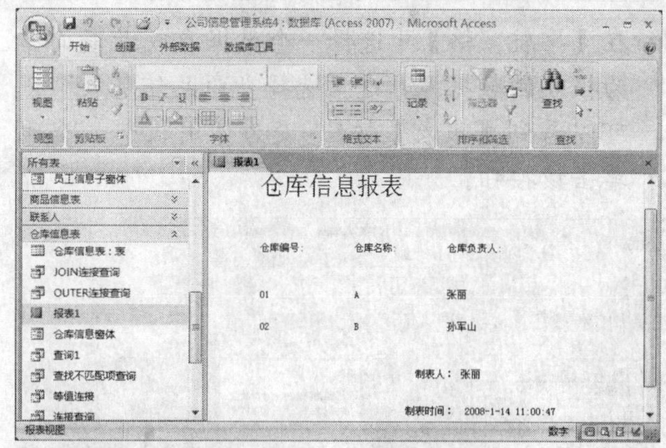

14 单击【保存】按钮，在弹出的【另存为】对话框中输入该报表的名称，这里输入“仓库信息报表”，然后单击 确定 按钮。

10.2.3 使用【报表】按钮创建

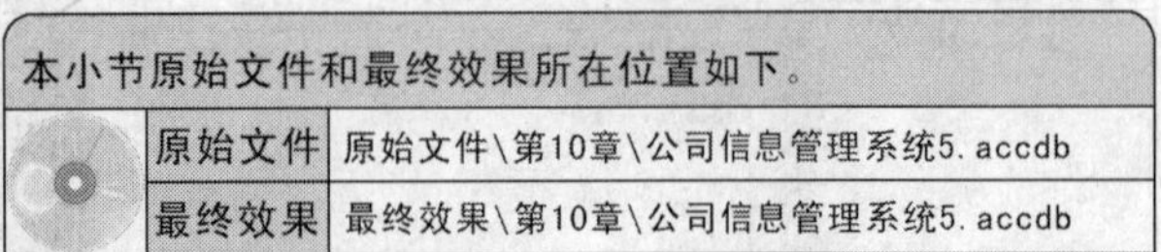

本小节原始文件和最终效果所在位置如下。

原始文件	原始文件\第10章\公司信息管理系统5. accdb
最终效果	最终效果\第10章\公司信息管理系统5. accdb

上面介绍的两种创建报表的方法都有很多的操作步骤。下面介绍一种非常便捷的创建报表的方法，即使用【报表】按钮创建报表，具体的操作步骤如下。

1 打开本小节的原始文件，切换至【创建】选项卡，可以看到【报表】组中的【报表】按钮为不可用状态。

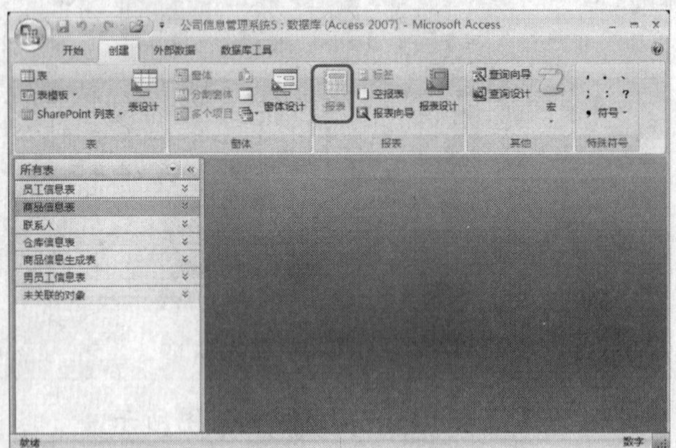

2 在【导航窗格】中选择一个数据表或者查询作为报表的数据源，这里选择“商品信息表”，可以看到【报表】按钮变为可用状态，然后单击该按钮。

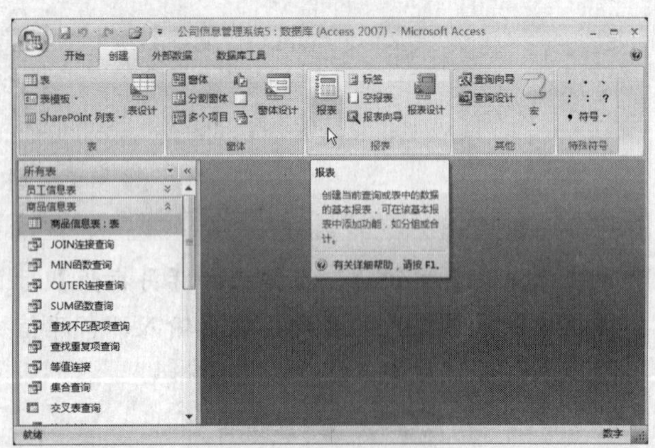

3 随即弹出【商品信息表】报表的布局视图。

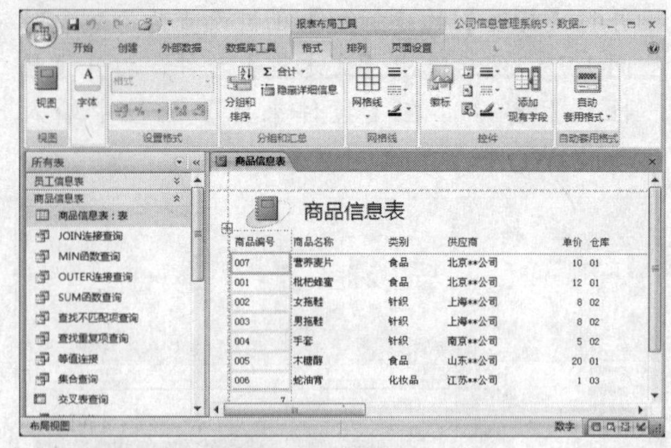

4 单击【保存】按钮，在弹出的【另存为】对话框中输入该报表的名称，这里输入“商品信息报表”，然后单击 确定 按钮。

10.2.4 使用【空报表】按钮创建

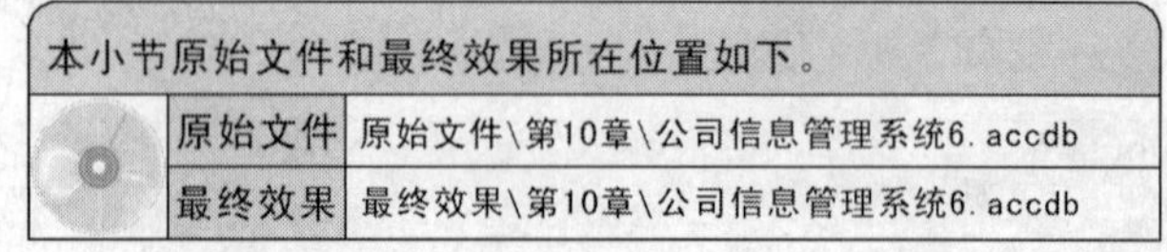

本小节原始文件和最终效果所在位置如下。

原始文件	原始文件\第10章\公司信息管理系统6. accdb
最终效果	最终效果\第10章\公司信息管理系统6. accdb

使用【空报表】按钮创建报表的具体步骤如下。

1 打开本小节的原始文件，切换至【创建】选项卡，然后单击 空报表 按钮。

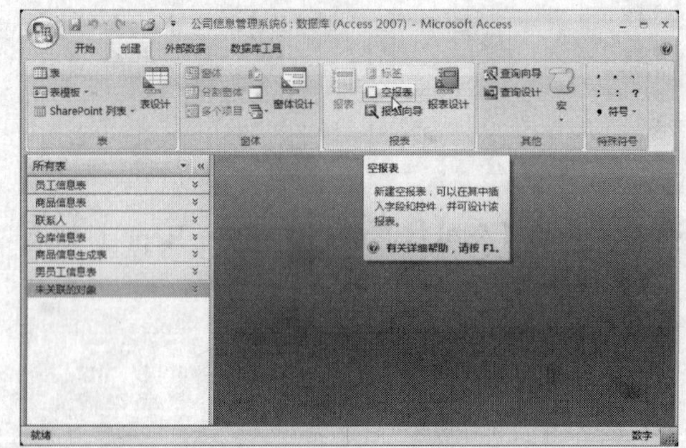

2 随即打开【报表 1】布局视图。

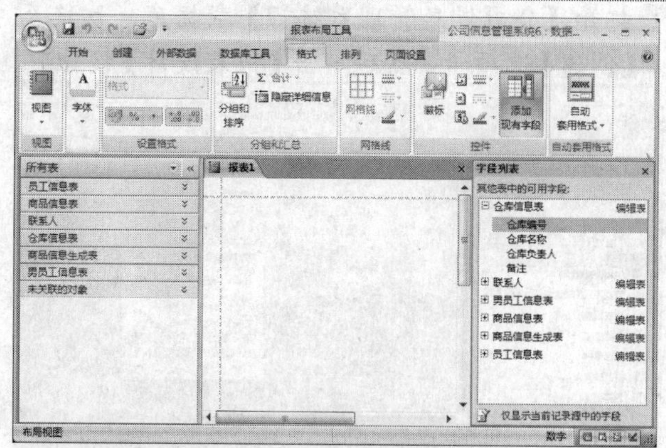

3 在【字段列表】窗口选择要创建报表的数据表并展开，这里选择【男员工信息表】选项。

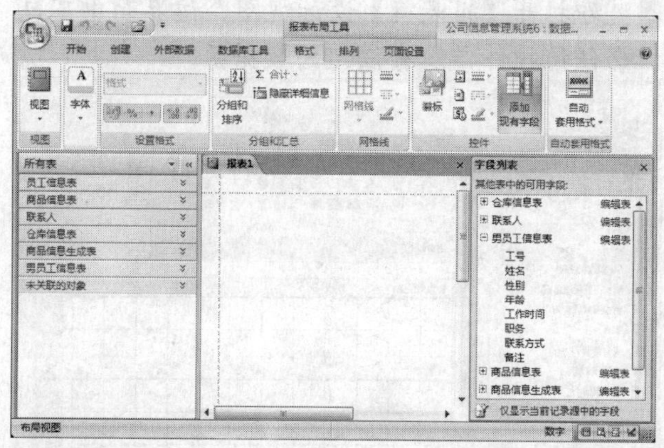

4 双击要创建报表的字段，这里双击【工号】字段，可以看到该字段以及该字段的数据都添加到了【报表 1】中，【字段列表】窗口也自动地分为了【可用于此视图的字段】和【其他表中的可用字段】两个窗格。

5 将所有的要显示的字段都添加到【报表 1】中。

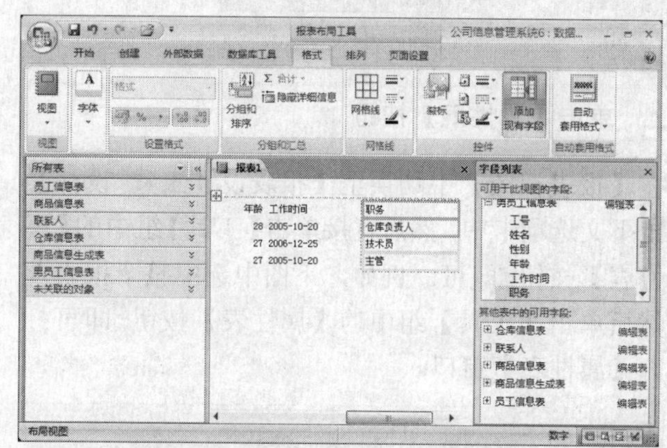

6 单击【保存】按钮，在弹出的【另存为】对话框中输入该报表的名称，这里输入“男员工信息报表”，然后单击 确定 按钮。

10.3 设计报表

设计报表的最终目的是为了将需要的数据信息打印出来，所以对报表界面的设计也成了报表设计中必不可少的操作。

对报表的设计大致可以分为设置报表属性、定义数据源、报表数据排序和应用总计等几个部分。

10.3.1 报表属性

用户可以为报表中的控件设置控件属性，使各个控件能够更加充分地发挥其作用。

设置报表属性需要先打开【属性表】窗口，下面是几种打开的方法。

1. 直接双击

在报表设计视图中，如果要设计某个控件的属性可

以直接双击该控件打开【属性表】窗口。例如，下图中在【商品信息报表】的设计视图中直接双击【商品名称】文本框即可打开【属性表】窗口。

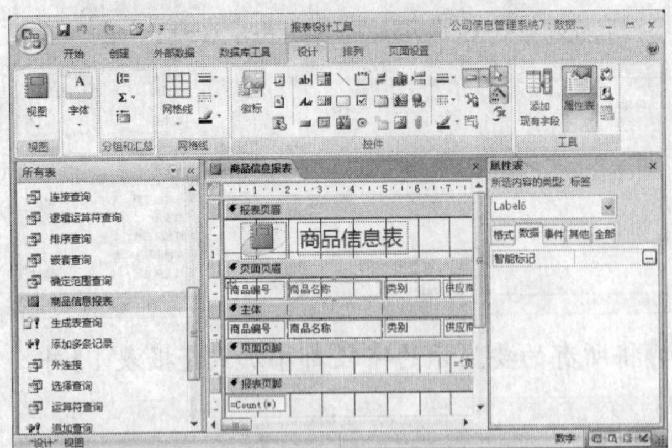

2. 单击【属性表】按钮

在【报表视图】中切换至【报表设计工具 设计】上下文选项卡中，然后直接单击【工具】组中的【属性表】按钮即可。例如，下图中选中整个报表，然后单击【工具】组中的【属性表】按钮即可打开【属性表】窗口。

10.3.2 报表数据源

在对报表进行设计时，有些创建报表的方法需要用户为报表添加数据源。

为报表添加数据源的具体步骤如下。

1 打开【公司信息管理系统 7】数据库，切换至【创建】选项卡，然后单击【报表设计】按钮。

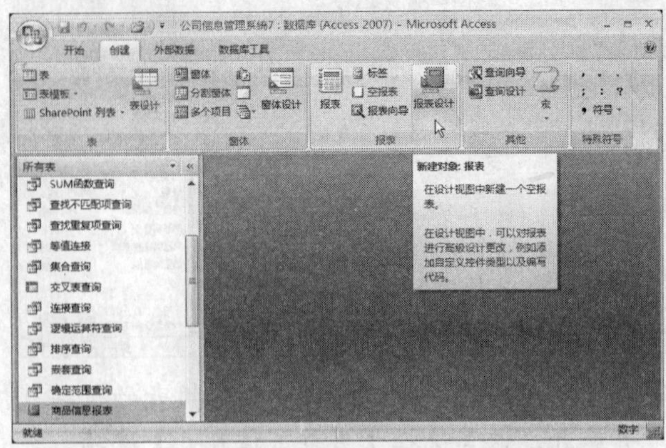

2 随即打开【报表 1】设计视图，该界面中不包含任何控件，没有任何的数据源。

3 双击报表左上角的■按钮选中整个报表，然后单击【属性表】按钮打开【属性表】窗口。

4 切换至【数据】选项卡，然后单击【记录源】属性右侧的下箭头按钮，在弹出的下拉列表

中选择一个合适的数据表或者查询作为报表的数据源即可。

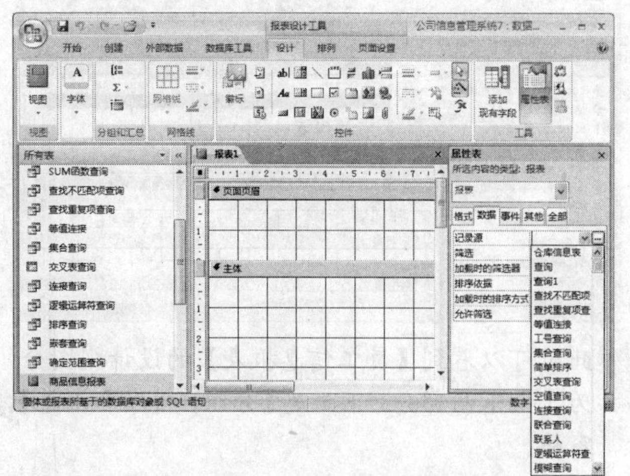

5 如果要添加的数据源为两个或者多个数据表或者查询，则可单击【记录源】属性右侧的 ... 按钮。

6 随即打开【报表 1：查询生成器】窗口和【显示表】对话框，在【显示表】对话框中选择要创建数据源的数据表或者查询，这里选择【仓库信息表】选项，然后按下【Ctrl】键再选择【员工信息表】选项，单击 添加(A) 按钮，添加完毕单击 关闭(C) 按钮。

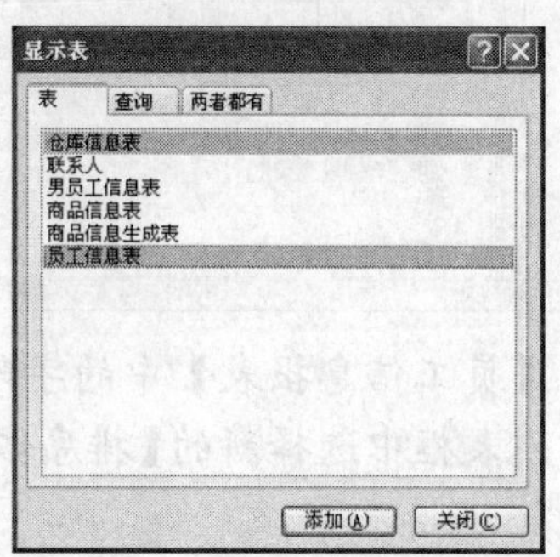

7 在【报表 1：查询生成器】窗口中可以看到添加的【仓库信息表】和【员工信息表】，然后可以为数据表创建连接，并将需要显示的字段添加到下面的窗格中。

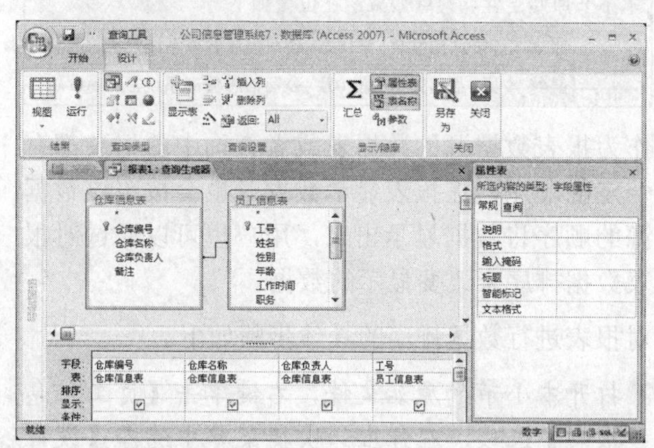

8 单击【报表 1：查询生成器】窗口右侧的【关闭】按钮弹出【是否保存对 SQL 语句的更改并更新属性？】提示对话框，然后单击 是(Y) 按钮。

9 此时单击【工具】组中的【添加现有字段】按钮，在弹出的【字段列表】窗口中可以看到在【可用于此视图的字段】列表框中添加了【仓库信息表】和【员工信息表】作为【报表 1】的数据源。

10.3.3 报表数据排序

本小节原始文件和最终效果所在位置如下。	
原始文件	原始文件\第10章\公司信息管理系统7.accdb
最终效果	最终效果\第10章\公司信息管理系统7.accdb

作为报表数据源的数据表或者查询中的记录都有一定的顺序，在报表显示数据时也会按照该数据源的顺序将数据显示出来，用户也可以通过对报表数据排序来改变显示的数据。

对报表进行数据排序的具体步骤如下。

1 打开本小节的原始文件，右键单击【员工信息报表】选项，在弹出的快捷菜单中选择【设计视图】菜单项。

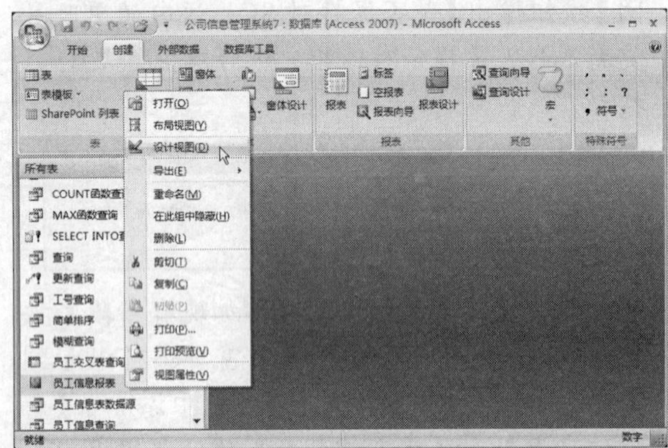

2 随即打开【员工信息报表】设计视图。

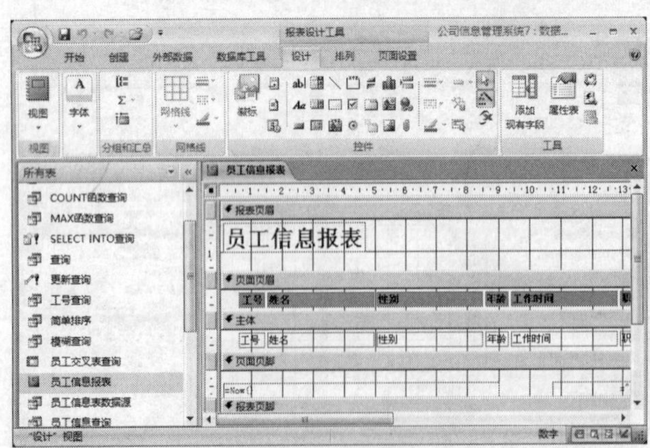

3 单击【分组和汇总】组中的【分组和排序】按钮。

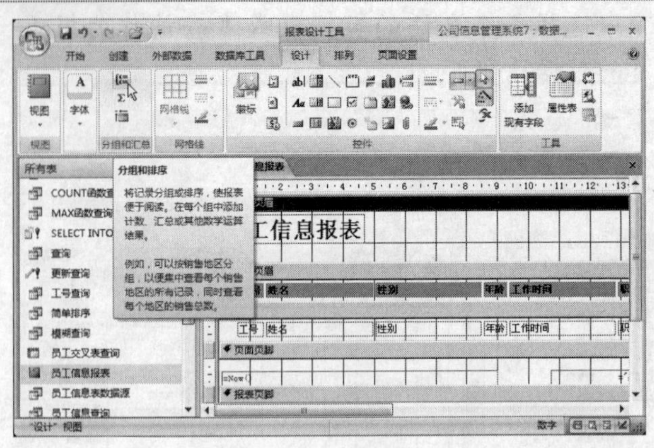

4 此时可以看到【员工信息报表】的设计视图分为了上下两部分，下面是【分组、排序和汇总】窗格。

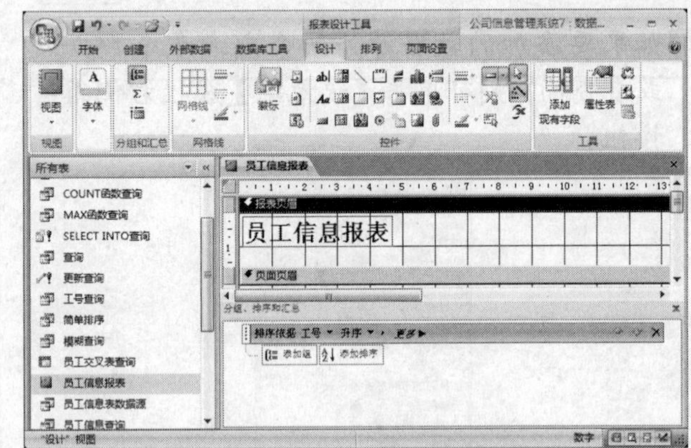

5 单击【分组、排序和汇总】窗格中的 添加排序 按钮。

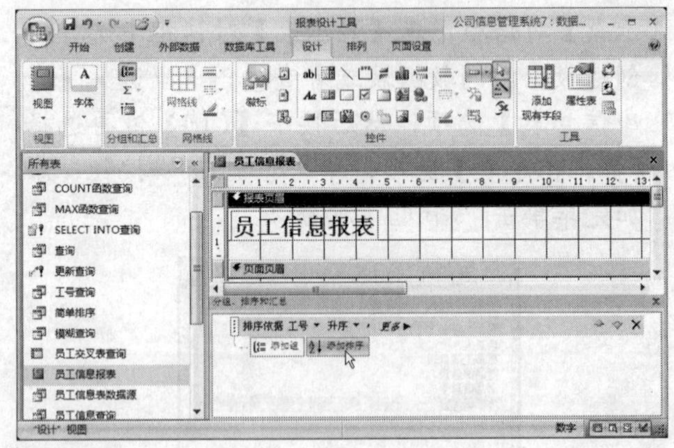

6 随即弹出【员工信息报表】中的字段列表框，可以在该列表框中选择新的【排序依据】字段。

7 用户也可以通过单击【分组、排序和汇总】窗格中的【删除】按钮×先将已经存在的【排序依据】字段删除，然后重新创建。

8 此时再单击 添加排序 按钮为报表添加排序。

9 在弹出的字段列表中选择排序依据字段，这里选择【性别】字段。

10 此时可以看到将【性别】字段作为了第 1 个排序依据字段。

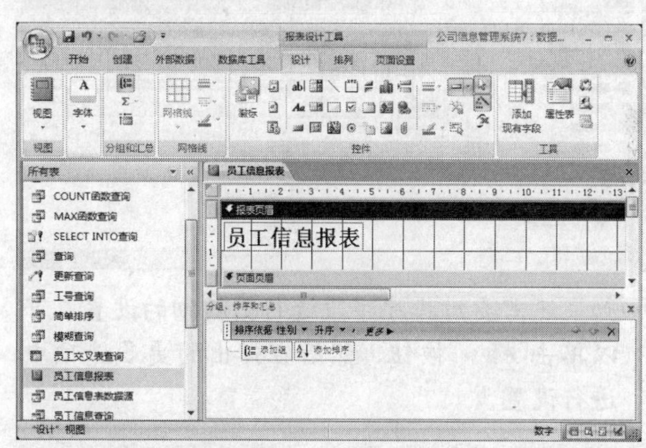

11 单击【升序】右侧的下箭头按钮▼，在弹出的下拉列表中选择排序字段是按升序还是降序排序，这里选择【降序】。

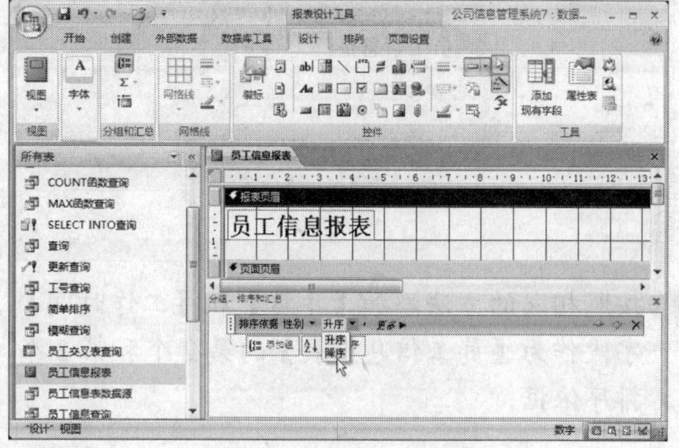

提示

如果要更改已经存在的排序字段，也可以通过单击要更改的排序字段右侧的下箭头按钮▼，然后在弹出的字段列表中重新选择即可。

12 单击【按整个值】右侧的下箭头按钮▼，在弹出的下拉列表中有【按整个值】、【按第一个字符】、【按前两个字符】和【自定义】等单选按钮，这里选中【按整个值】单选按钮。

13 如果还需要对排序字段进行更精细的设置，可以单击 更多▶ 按钮，然后在弹出的更多选项中进行设置。

14 按照相同的方法添加【年龄】和【工作时间】字段作为【员工信息报表】的第 2 个和第 3 个排序依据。

15 设置完毕将【员工信息报表】切换至报表视图即可看到排序的结果。

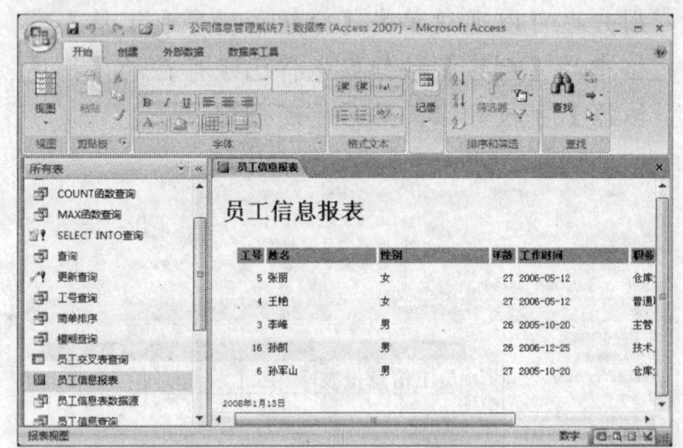

10.3.4 报表界面设计

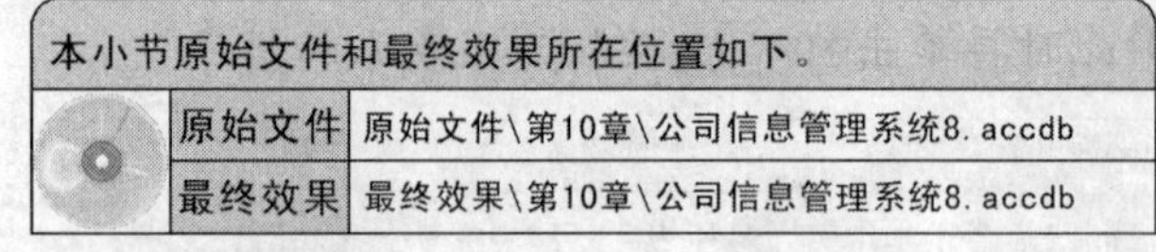

本小节原始文件和最终效果所在位置如下。

原始文件	原始文件\第10章\公司信息管理系统8. accdb
最终效果	最终效果\第10章\公司信息管理系统8. accdb

不管使用什么方法来创建的报表其最终布局不一定会让每一个用户满意，这时就需要对报表重新进行设置。具体的操作步骤如下。

1 打开本小节的原始文件，右键单击【男员工信息报表】选项，在弹出的快捷菜单中选择【设计视图】菜单项。

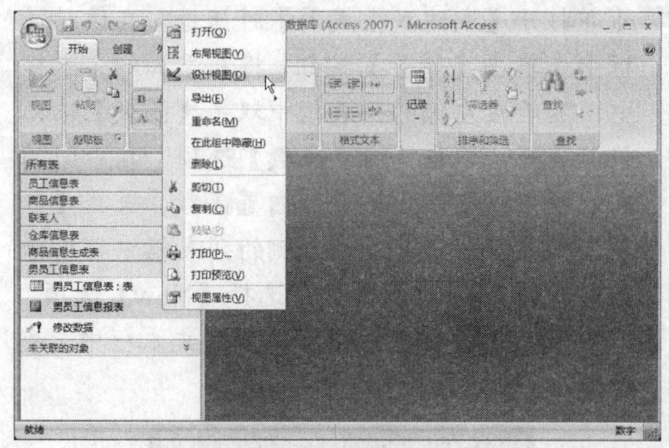

2 随即打开【男员工信息报表】设计视图。

3 切换至【男员工信息报表】打印预览界面，可以看到该报表存在着没有标题、结构不合理以及没有汇总信息等问题。

4 切换至【男员工信息报表】设计视图，在报表区域单击鼠标右键，然后在弹出的快捷菜单中选择【报表页眉/页脚】菜单项为报表添加【报表页眉】和【报表页脚】节。

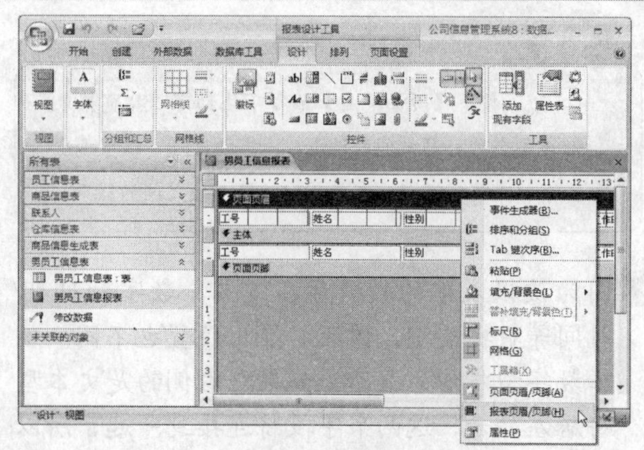

5 在【报表页眉】区域添加一个【标签】控件，并输入“男员工信息报表”作为该报表的标题，然后调整文字字体、大小和位置等属性。

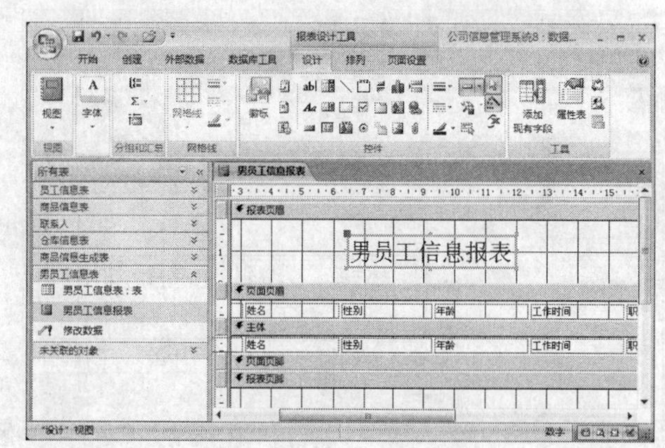

6 在【页面页眉】和【主体】节组成的矩形区域的一端按下鼠标左键并拖动到对角线的另一端选中该区域内的所有控件，然后调整控件中文本的大小。此时因为文本的变大有些字段的值将无法显示，为此需要调整控件的大小和位置。

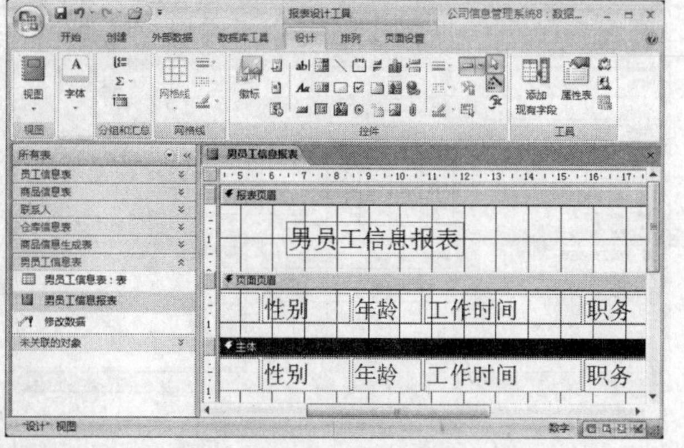

提示

按下【页面页眉】节往下拖动可以拓宽报表标题与各个列标题之间的距离。同样的道理，按下【主体】节往下拖动可以拓宽各个列标题与值之间的距离。

7 因为该报表中的数据存在文本、数字和日期/时间等数据类型，因此其显示位置也不同。例如数字型将居右显示，如果它右侧的是文本型将居左显示，这两个字段将连接到一起，所以需要选中【页面页眉】和【主体】节组成的矩形区域中的控件，并单击【字体】组中的【文本左对齐】按钮。

8 在【报表页眉】区域添加一个【文本框】控件，去掉其左侧的【标签】控件，然后单击【工具】组中的【属性表】按钮打开【属性表】窗口，切换至【数据】选项卡，单击【控件来源】属性右侧的...按钮。

9 随即打开【表达式生成器】对话框，在该对话框中先单击【等号】按钮=将其添加到文本框中，然后在左侧的列表框中双击【函数】选项将其展开，单击【内置函数】选项，在中间的列表框中将显示出所有的内置函数。选择【日期/时间】函数选项，在右侧的列表框中将显示出所有的日期/时间函数，选择【Now】选项，单击粘贴(P)按钮将该函数添加到文本框中，最后单击确定按钮。

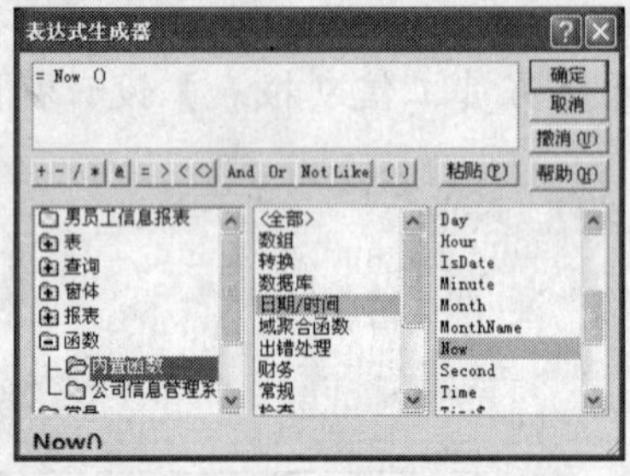

10 此时可以看到已将该函数添加到【控件来源】属性文本框中，该函数用来获取当前时间。

提示

也可以通过在【控件来源】属性文本框中直接输入“=Now()”函数的方法来实现获取当前时间的功能。但是为了保证正确性，建议使用上述方法。

11 报表应具有汇总信息的功能。在【报表页脚】区域添加两个【文本框】控件，将第 1 个标签控件的【标题】属性设置为“男员工总数：”，第 2 个标签控件的【标题】属性设置为“平均年龄：”，然后使用设置显示时间的方法将第 1 个文本框控件的【控件来源】属性设置为“=Count(*)”，第 2 个文本框控件的【控件来源】属性设置为“=Avg([年龄])”。

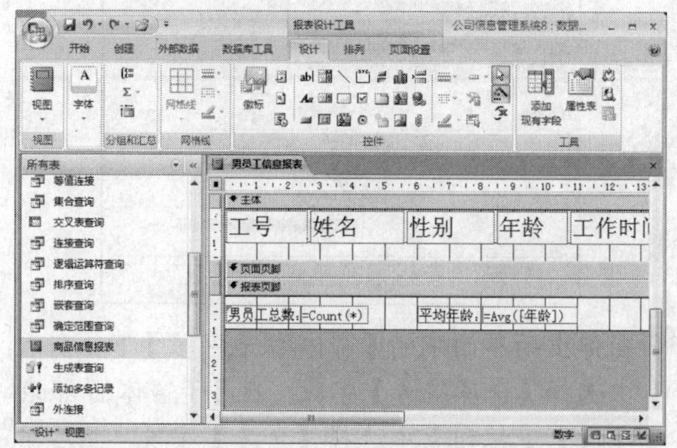

在【表达式生成器】对话框左侧的列表框中选择【函数】➤【内置函数】选项，在中间的列表框中选择【SQL 聚合函数】选项，即可在右侧的列表框中找到 Count 和 Avg 函数。

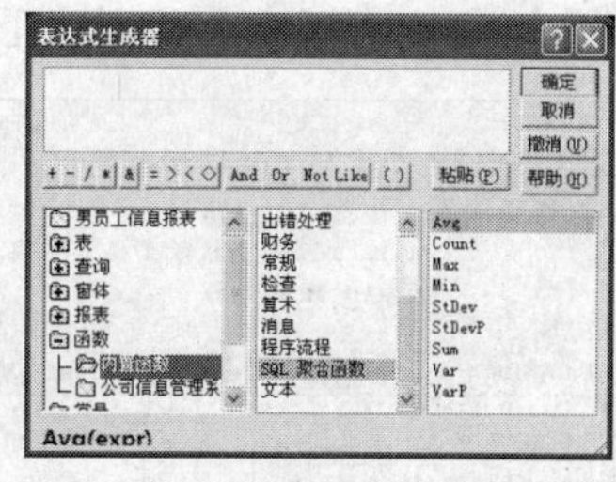

⑫ 设计完毕切换至报表视图，最终结果如下图所示。

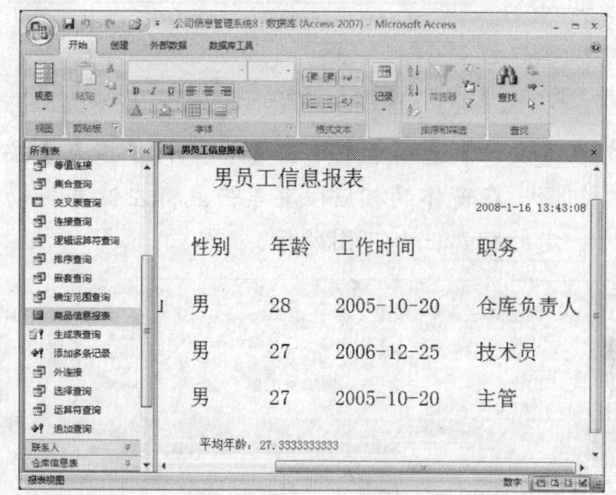

10.4 创建子报表

除了可以创建上述几种报表之外，Access 还提供有创建多列报表、子报表和标签等报表的方法。

本节原始文件和最终效果所在位置如下。	
原始文件	原始文件\第10章\公司信息管理系统9.accdb
最终效果	最终效果\第10章\公司信息管理系统9.accdb

与子窗体相同，子报表是指插在其他报表中的报表。通常情况下主报表（主窗体）与子报表（子窗体）之间存在一对多的联系，主报表（主窗体）用来显示“一”端对应的记录，子报表（子窗体）用来显示“多”端对应的记录。

主报表可以包含子报表或者子窗体，并且最多可以具有两级子报表或者子窗体，但在同一级中却可以无限量地包含子报表或者子窗体。

创建子报表的具体步骤如下。

① 打开本节的原始文件，右键单击【仓库信息报表】选项，在弹出的快捷菜单中选择【设计视图】菜单项。

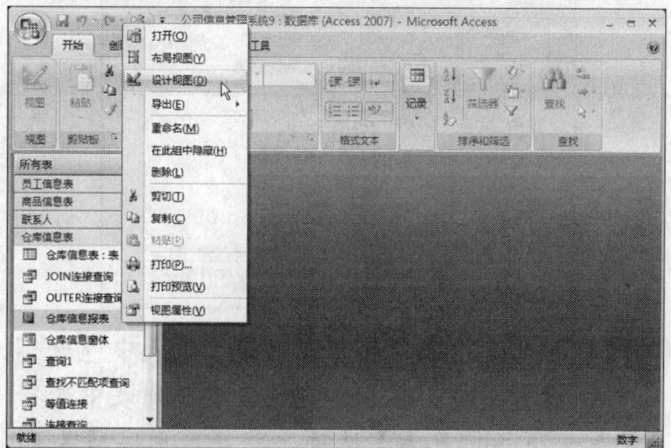

2 随即打开【仓库信息报表】设计视图。

3 在【设计】选项卡中单击【子窗体/子报表】按钮，在窗体的相应位置单击鼠标左键并拖动一定的距离，如下图所示。

4 随即弹出【请选择将用于子窗体或子报表的数据来源】界面，选中【使用现有的表和查询】单选按钮，然后单击 下一步(N) > 按钮。

5 随即打开【请确定在子窗体或子报表中包含哪些字段】界面，在【表/查询】下拉列表中选择【表：商品信息表】选项，将【可用字段】列表框中的所有字段都添加到【选定字段】列表框中，然后单击 下一步(N) > 按钮。

6 在弹出的界面中的【窗体/报表字段】下拉列表中选择【仓库编号】字段，在【子窗体/子报表字段】下拉列表中选择【仓库】字段，然后单击 下一步(N) > 按钮。

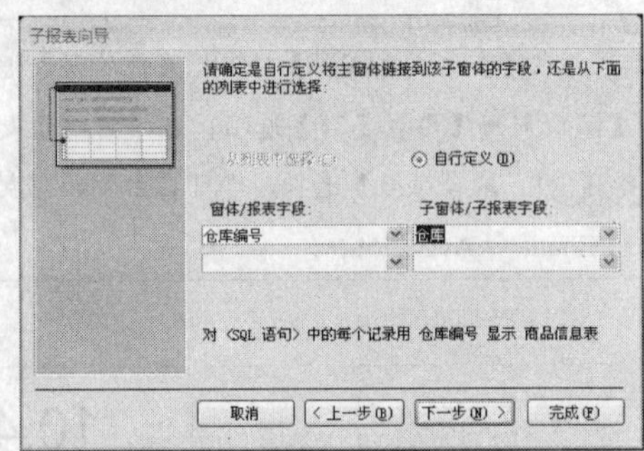

7 在弹出的【请确定子窗体或子报表的名称】文本框中输入要保存的子报表的名称，这里保持默认的名称不变，然后单击 完成(F) 按钮。

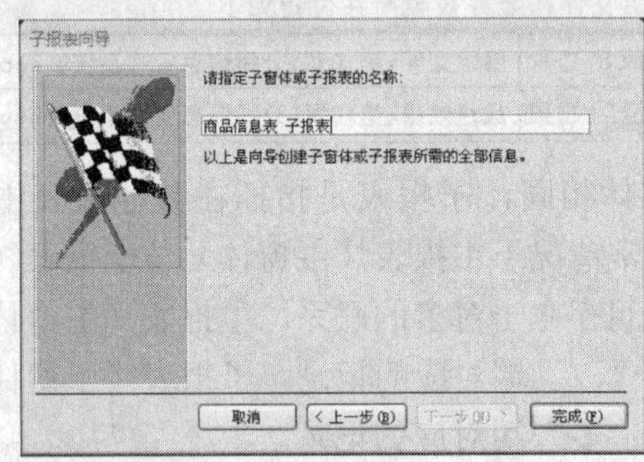

8 调整子报表在报表中的大小和位置以及子报表中各个字段的大小。

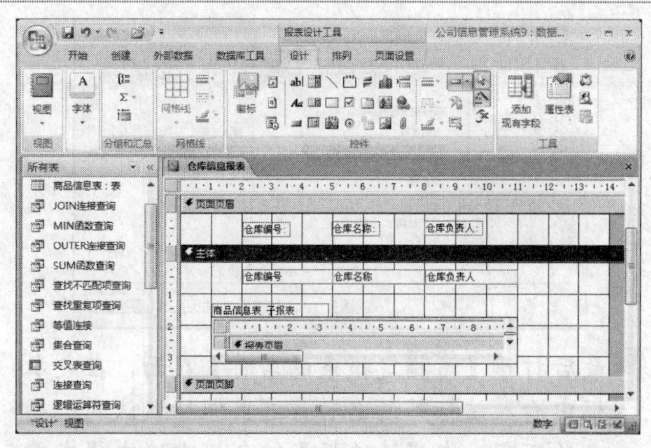

9 将【仓库信息报表】切换至报表视图即可看到报表及其子报表的显示结果。

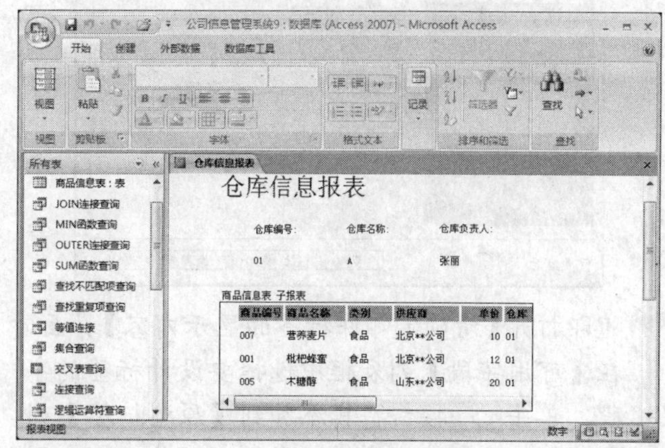

10.5 创建标签

标签在商务应用中非常重要，例如可以制作商品标签和员工物资标签等。

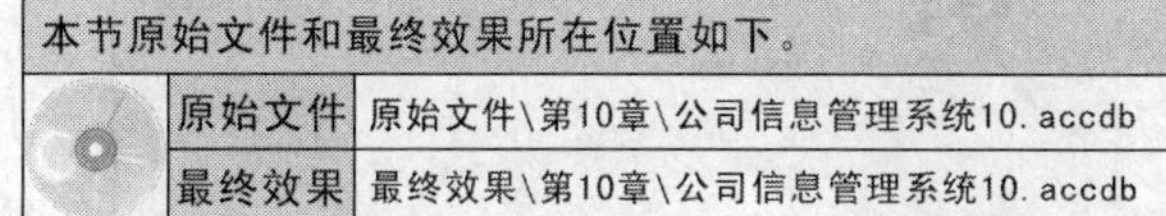

本节原始文件和最终效果所在位置如下。

原始文件	原始文件\第10章\公司信息管理系统10. accdb
最终效果	最终效果\第10章\公司信息管理系统10. accdb

可以将标签看成一种多列报表。在前面介绍的几种创建报表的方法中，报表中的字段都是以行为基本单位来显示的，一条记录占用一行，而标签则是将一条记录分成几行，通常情况下一个字段占用一行。

创建标签的具体步骤如下。

1 打开本节的原始文件，在【导航窗格】中选择【商品信息表：表】选项，然后切换至【创建】选项卡，单击【报表】组中的 标签 按钮。

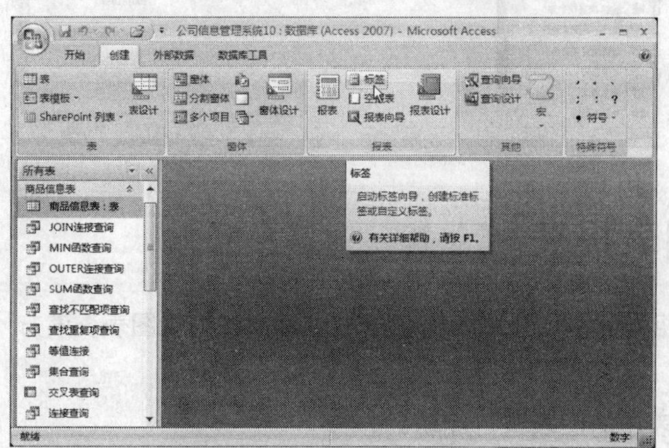

提示

选择【商品信息表：表】选项是为创建标签选择数据源。如果不进行该操作，那么 标签 按钮将呈不可用状态。

2 随即打开【本向导既可创建标准型标签，也可创建自定义标签】界面，在该界面中保持默认的设置，然后单击 下一步(N) > 按钮。

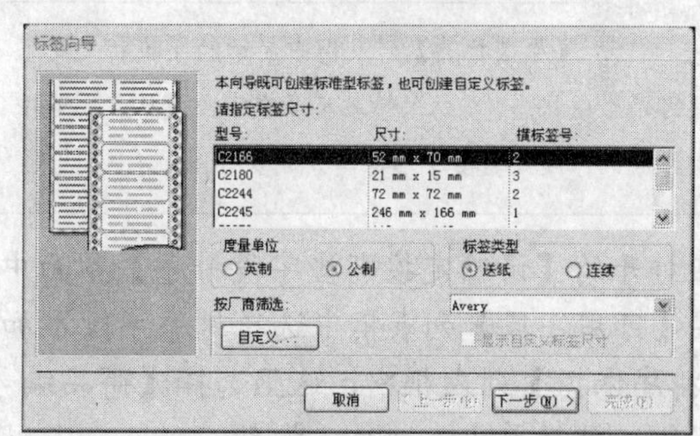

3 随即打开【请选择文本的字体和颜色】界面，在【文本外观】组合框中设置标签文本的字体、字号、字体粗细、文本颜色以及是否倾斜和带下划线等，设置完毕单击 下一步(N) > 按钮。

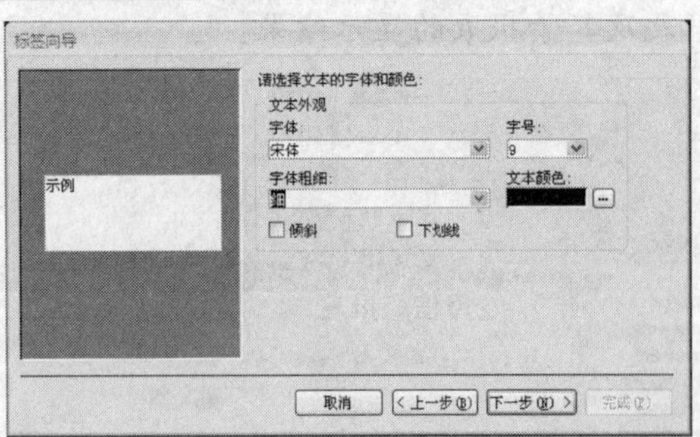

4 随即打开【请确定邮件标签的显示内容】界面，在【可用字段】列表框中选择要设计标签的字段，单击 > 按钮将其添加到【原型标签】列表框中，这里将【商品编号】、【商品名称】和【生产日期】等字段从【可用字段】列表框中添加到【原型标签】列表框中，然后单击 下一步(N) > 按钮。

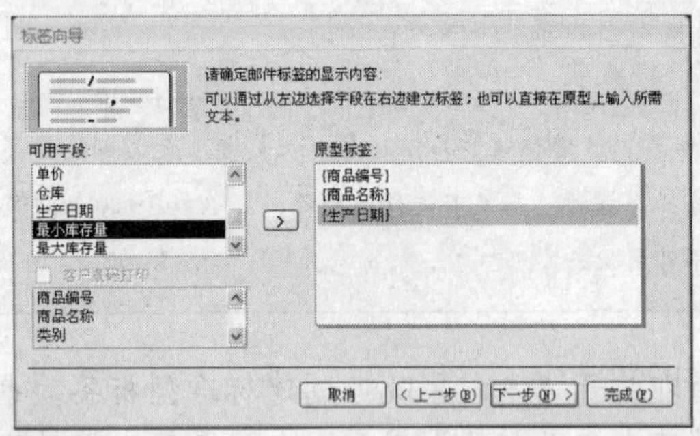

提示

【原型标签】列表框中显示的字段将是标签最终的生成状态，默认的情况下多个字段是从左到右依次排序的，因此需要手动将其分成多行。

5 在打开的【请确定按哪些字段排序】界面中，在【可用字段】列表框中选择排序字段添加到【排序依据】列表框中，这里选择【商品编号】字段，然后单击 下一步(N) > 按钮。

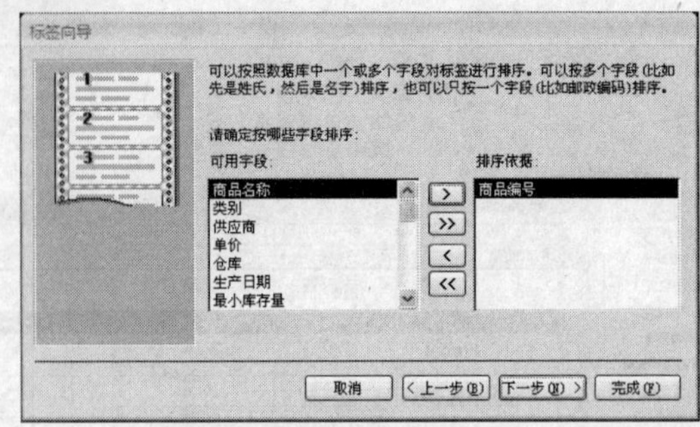

6 最后打开【请指定报表的名称】界面，在文本框中输入该标签的名称，这里保持默认的标签名称不变，在【请选择】组合框中选中【查看标签的打印预览】单选按钮，然后单击 完成(F) 按钮。

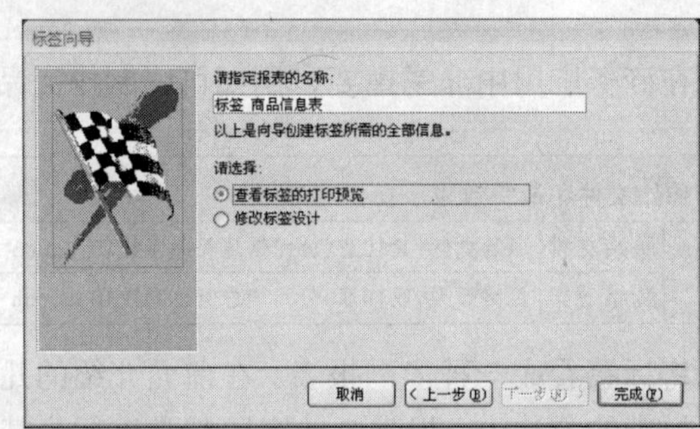

7 最终结果如下图所示。

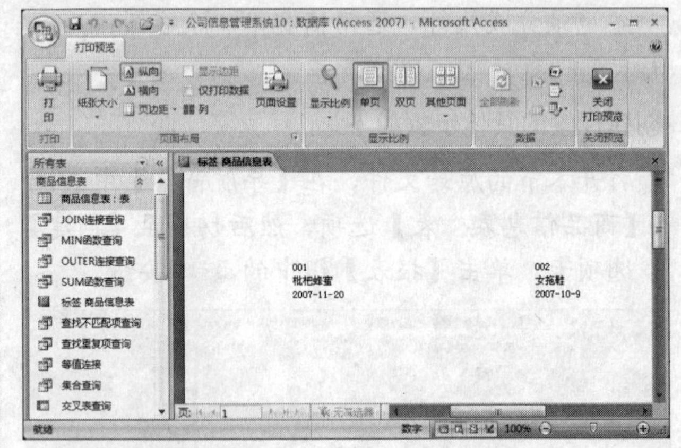

10.6　图表报表

在报表中添加或者编辑控件的方法与在窗体中的方法相同。本节介绍如何在报表中添加和编辑图表，该方法也可以用于窗体中。

用户可以使用 Microsoft Graph 应用程序中的工具对报表中的图表进行编辑。

10.6.1 创建图表报表

本小节原始文件和最终效果所在位置如下。	
原始文件	原始文件\第10章\公司信息管理系统11.accdb
最终效果	最终效果\第10章\公司信息管理系统11.accdb

图表报表的创建过程与一般报表的创建过程有所不同，它是在已创建好的报表框架的基础上添加一个【插入图表】控件。

创建图表报表的具体步骤如下。

1 打开本小节的原始文件，然后再打开一个已经存在的报表或者切换至【创建】选项卡中，单击【报表】组中的【报表设计】按钮重新创建一个报表框架。

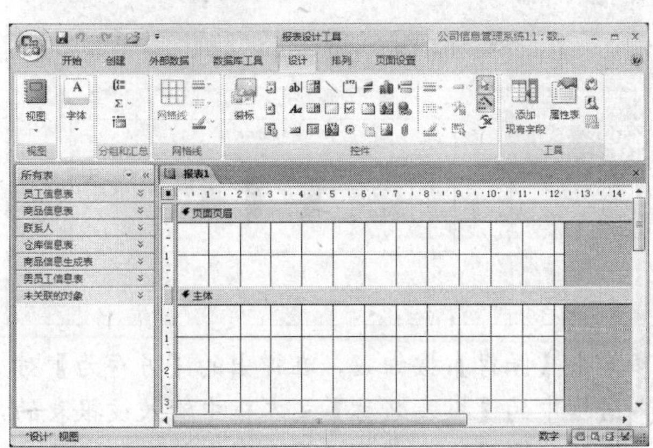

2 在【报表设计工具 设计】上下文选项卡中的【控件】组中单击【插入图表】按钮，然后在【报表 1】的【主体】区域按下鼠标左键并拖动一定的区域。

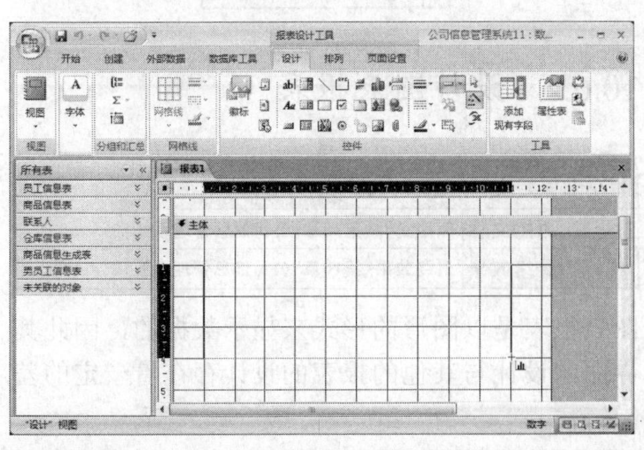

3 释放鼠标左键，随即将弹出【请选择用于创建图表的表或查询】界面，在【视图】组合框中选中【表】、【查询】或者【两者】单选按钮，然后在上面的列表框中选择需要的表或者查询，这里选中【表】单选按钮和【表：员工信息表】选项，然后单击下一步(N) >按钮。

4 随即打开【请选择图表数据所在的字段】界面，在【可用字段】列表框中选择要创建图表报表的字段并将其添加到【用于图表的字段】列表框中，然后单击下一步(N) >按钮。

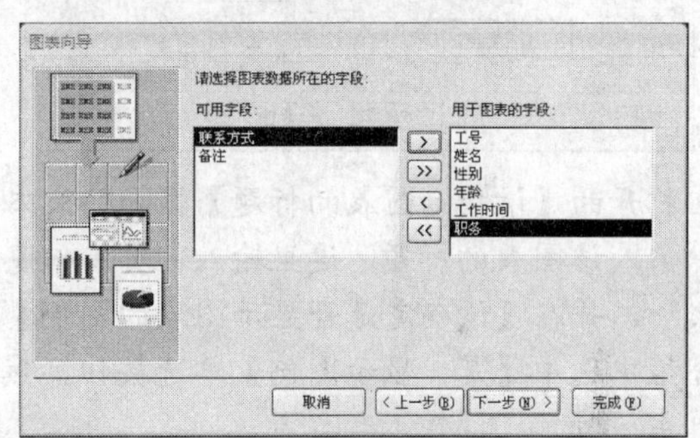

提示

在【可用字段】列表框中最多可以选择 6 个字段添加到【用于图表的字段】列表框中。

5 随即打开【请选择图表的类型】界面，在该界面的左侧选择一种图表的类型，在界面的右下方会显示该图表类型的名称和详细说明，这里选择第 1 个柱形图，然后单击下一步(N) >按钮。

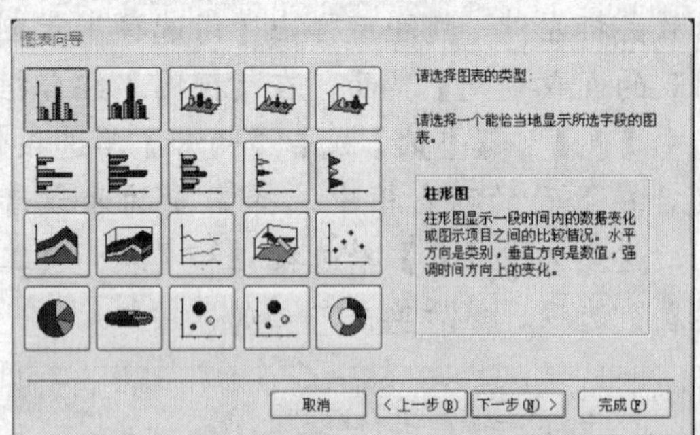

6 随即打开【预览图表】界面，在右侧的列表框中可以选择字段并添加到左侧【预览图表】的相应位置，例如下图中即将【性别】字段添加到了【姓名】字段所处的位置，然后单击 下一步(N) > 按钮。

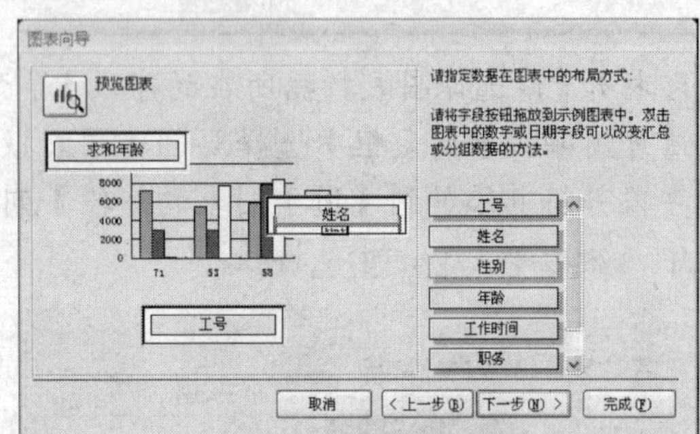

7 在打开的【请指定图表的标题】界面的文本框中输入该图表的标题，这里输入“员工信息图表”，并在【请确定是否显示图表的图例】组合框中选中【是，显示图例】单选按钮，然后单击 完成(F) 按钮。

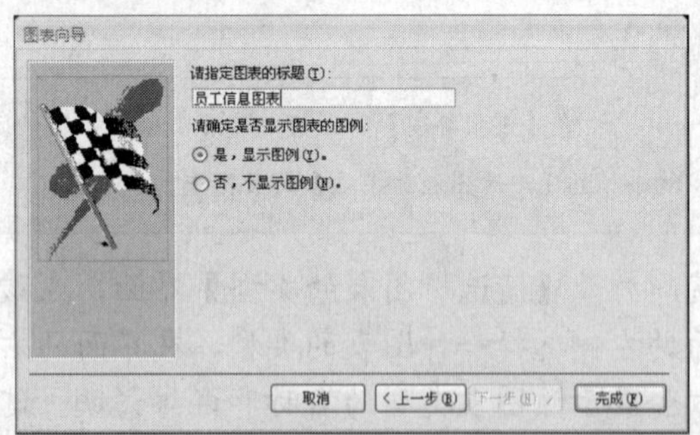

8 至此图表报表创建完毕，在【报表 1】界面可以看到显示的图例。

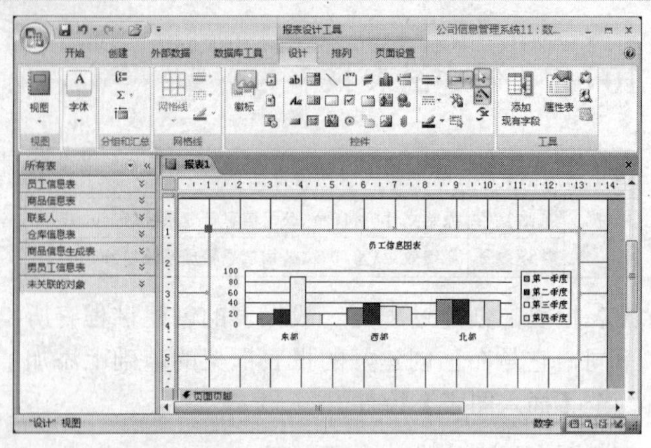

9 将【报表 1】切换至报表视图即可看到创建的图表报表结果。

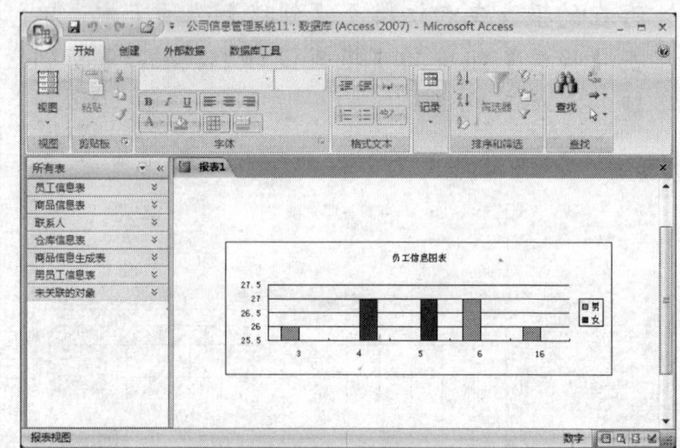

10 单击【保存】按钮，在弹出的【另存为】对话框中的【报表名称】文本框中输入该报表的名称，这里输入“员工信息图表报表”，然后单击 确定 按钮。

10.6.2 设计图表报表

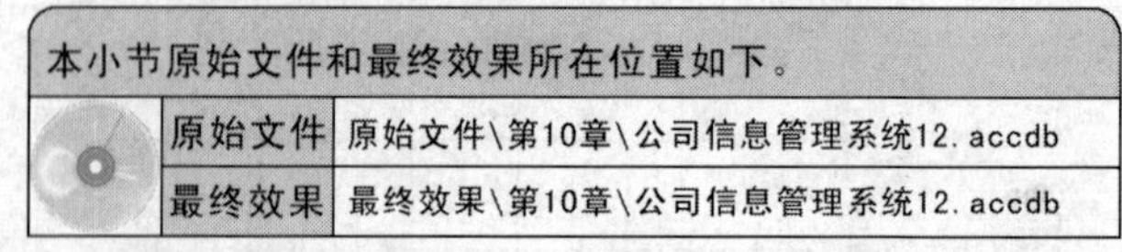

本小节原始文件和最终效果所在位置如下。

原始文件	原始文件\第10章\公司信息管理系统12.accdb
最终效果	最终效果\第10章\公司信息管理系统12.accdb

图表报表是以图形的形式来显示数据的，因此其界面的设计与其他的报表的设计存在着一定的差异。

设计图表报表的具体步骤如下。

1. 打开本小节的原始文件，选择一个图表报表，这里选择【员工信息图表报表】选项，然后右键单击该选项，在弹出的快捷菜单中选择【设计视图】菜单项。

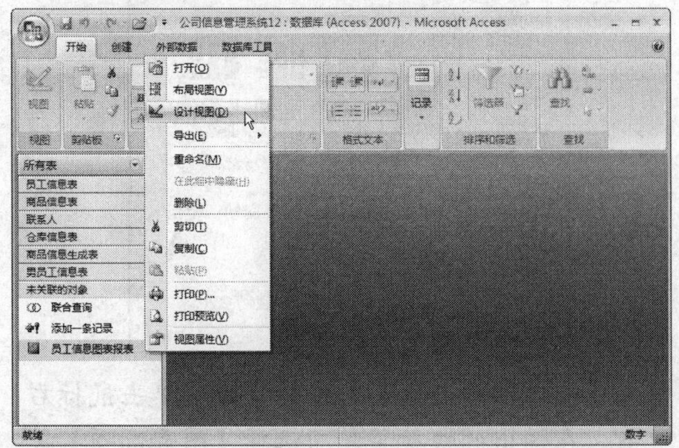

2. 单击打开的【员工信息图表报表】设计视图中的【员工信息图表】控件，当边框变为橙黄色时将鼠标放到边框上，待鼠标指针变为✥形状时可以随意地移动该图表的位置。将鼠标放到边框的中间位置，待鼠标指针变为↕或者↔形状时可以调整该图表的大小。

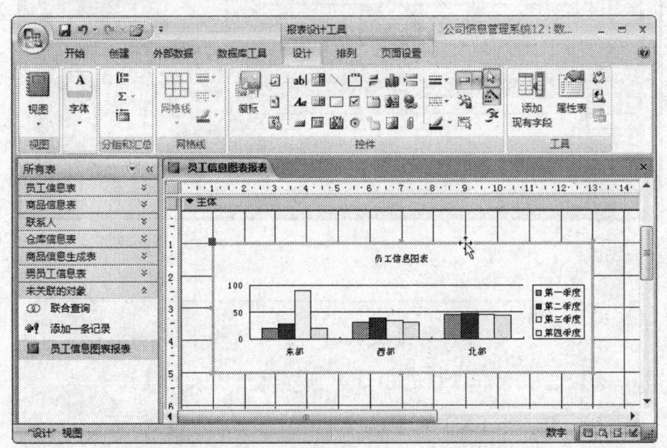

3. 在图表内单击鼠标右键，在弹出的快捷菜单中选择【图表对象】➤【编辑】菜单项，或者直接双击【员工信息图表】控件。

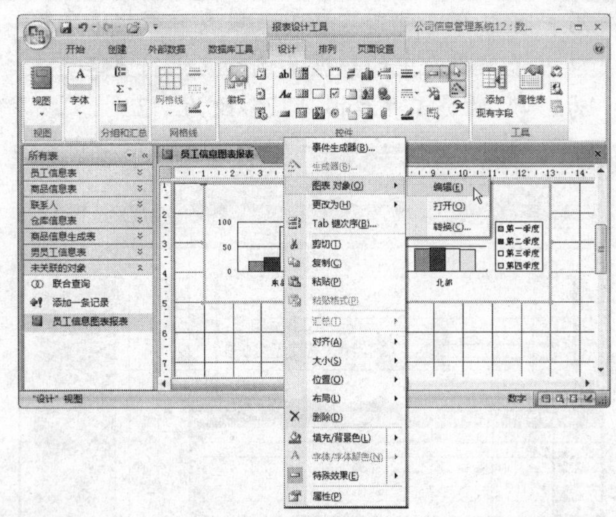

4. 此时【员工信息图表】图表处于可编辑状态，并打开【员工信息图表报表－数据表】窗口。

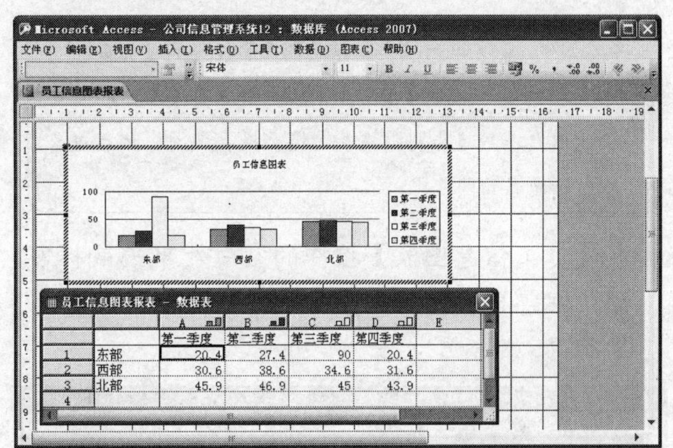

提示

可以通过单击【视图】➤【数据表】菜单项，打开或者关闭【员工信息图表报表－数据表】窗口。

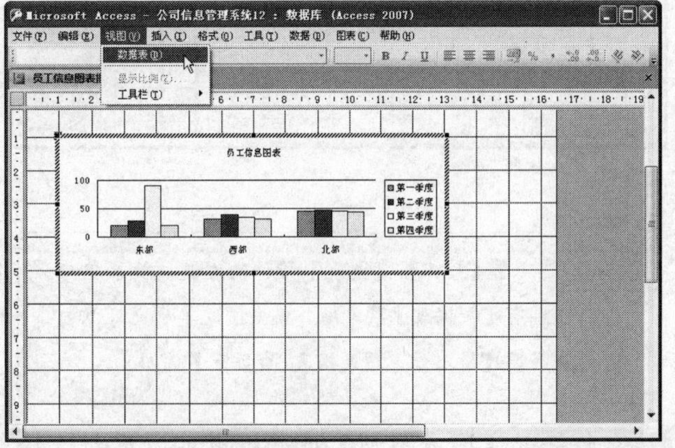

5 用户可以在【员工信息图表报表－数据表】窗口中修改图表中的数据，例如这里将【工号】为“4”的员工年龄由“27”改为“28”。

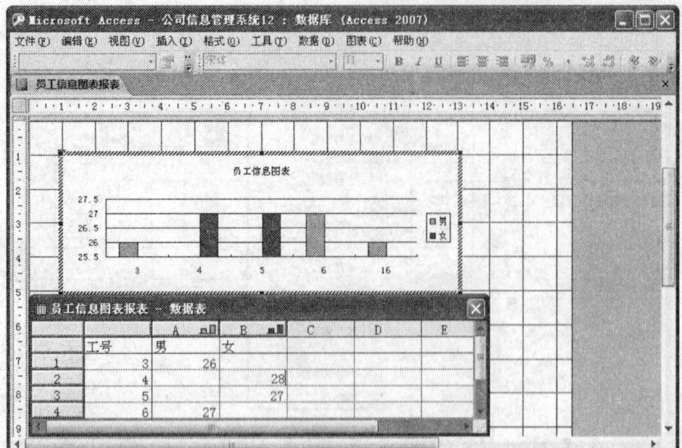

提示

如果此时【员工信息图表】控件和【员工信息图表报表-数据表】窗口中的相关数据都是显示的图例的信息，则可先将该报表切换至报表视图，然后重新打开该界面即可。

6 在【员工信息图表】控件的空白处单击鼠标右键，在弹出的快捷菜单中选择【图表类型】菜单项。

提示

在【员工信息图表】控件的右键快捷菜单中可以看到有【数据表】菜单项，单击该菜单项也可以打开或者关闭【员工信息图表报表-数据表】窗口。

7 在打开的【图表类型】对话框中可以重新选择图表类型。可以在【图表类型】列表框中先选择一种图表类型，在对应的【子图表类型】组合框中选择一种子图表类型，然后单击 确定 按钮即可。

8 在【员工信息图表】控件的空白处单击鼠标右键，在弹出的快捷菜单中选择【图表选项】菜单项。

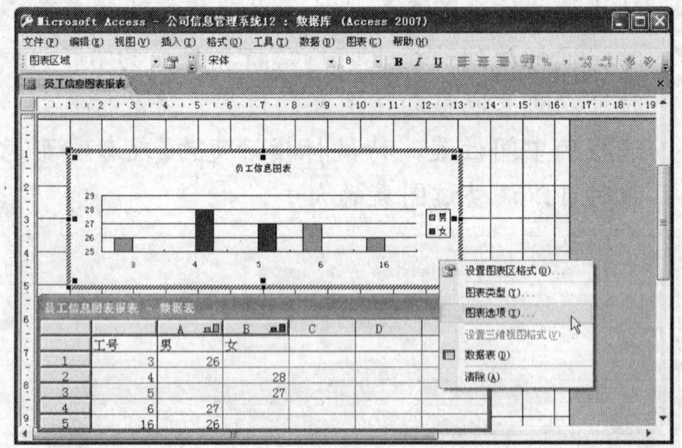

提示

在打开的【图表选项】对话框中切换至【标题】选项卡，在该选项卡中可以设置图表的【图表标题】、【分类（X）轴】和【数值（Y）轴】等选项，在右侧可以预览设置后的效果。

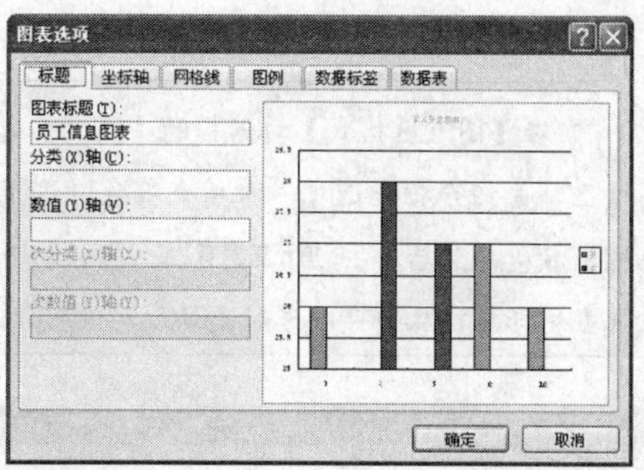

在【图表选项】对话框中切换至【坐标轴】选项卡，在该选项卡中可以设置坐标轴的显示方式，这里选中【自动】单选按钮。

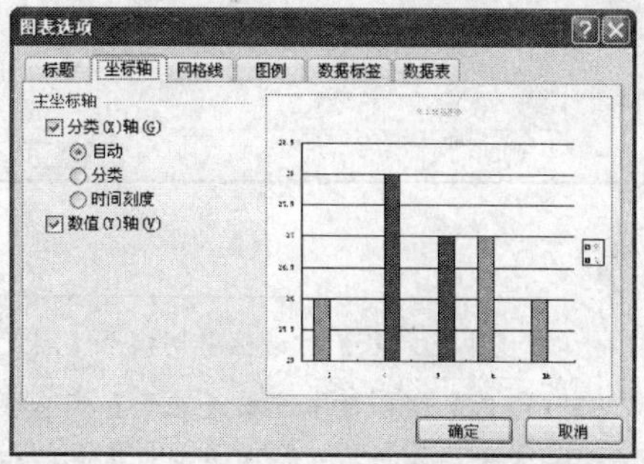

在【图表选项】对话框中切换至【网格线】选项卡，在该选项卡中可以设置图表的网格线属性，设置后用户可以更准确地判断数据的大小。这里将两个【主要网格线】复选框都选中。

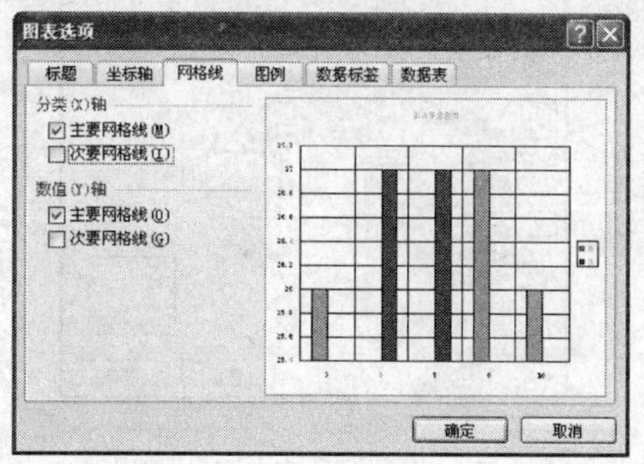

在【图表选项】对话框中切换至【图例】选项卡，在该选项卡中可以设置【图例】(即创建图表时的“系列”框)相对于图表的位置，这里选中【底部】单选按钮。

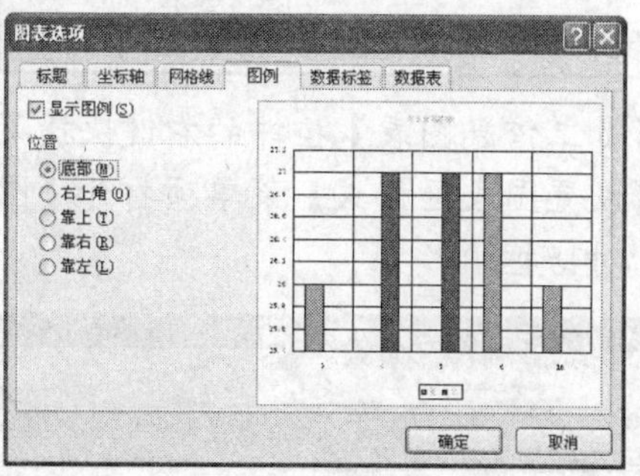

在【图表选项】对话框中切换至【数据标签】选项卡，在该选项卡中可以设置每个柱形的数据显示状况，其中【系列名称】、【类别名称】和【值】分别对应于报表中的“性别”、“工号”和“年龄”字段。这里将这 3 个复选框全部选中。

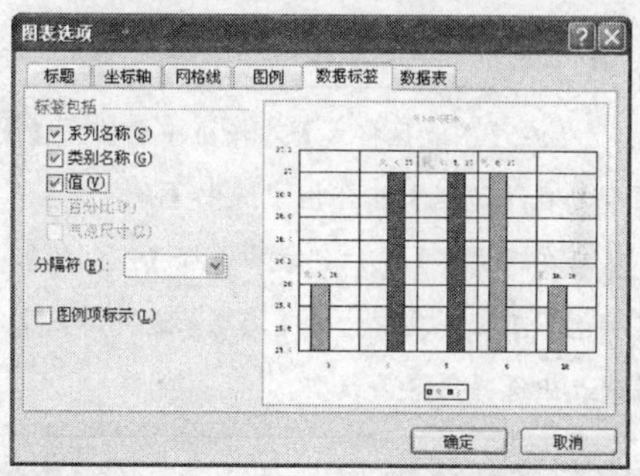

在【图表选项】对话框中切换至【数据表】选项卡，在该选项卡中可以设置图表中是否插入数据表，这里选中【显示数据表】复选框，此时【显示图例项标示】复选框则变为可用状态，用户可以根据需要选中或者撤选该复选框。

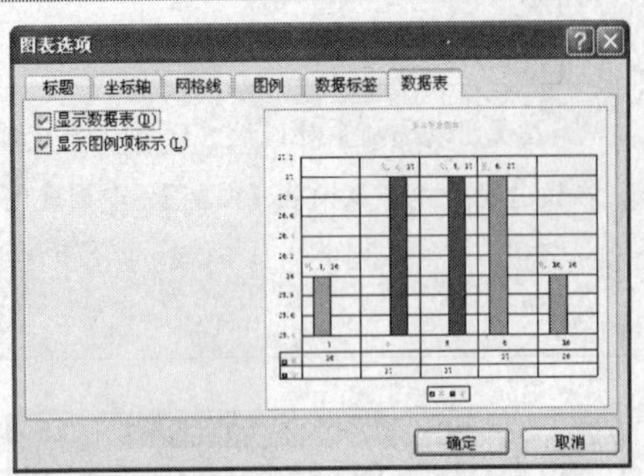

9 在【员工信息图表】控件的右键快捷菜单中选择【设置图表区格式】菜单项打开【图表区格式】对话框。

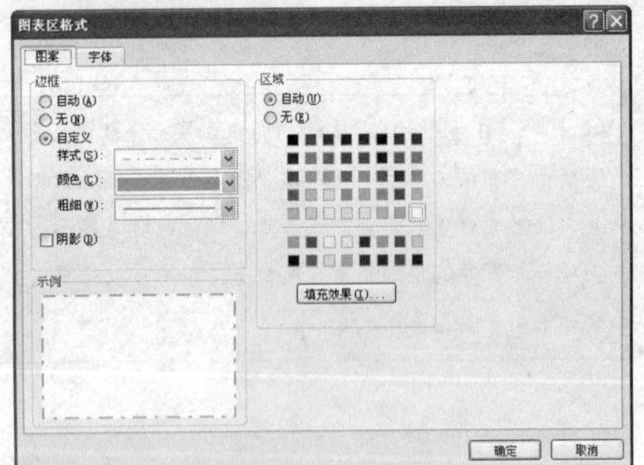

提示　在【图表区格式】对话框中切换至【图案】选项卡，在【边框】组合框中选中【自定义】单选按钮，然后在【样式】下拉列表中选择【点划线】选项，在【颜色】下拉列表中选择【海螺】选项，在【粗细】下拉列表中选择第3条线型。

提示　在【图表区格式】对话框的【图案】选项卡中的【区域】组合框中选中一种填充颜色，这里选择【海螺】颜色，然后单击 填充效果(I)... 按钮打开【填充效果】对话框，从中可以进行更详细的设置。

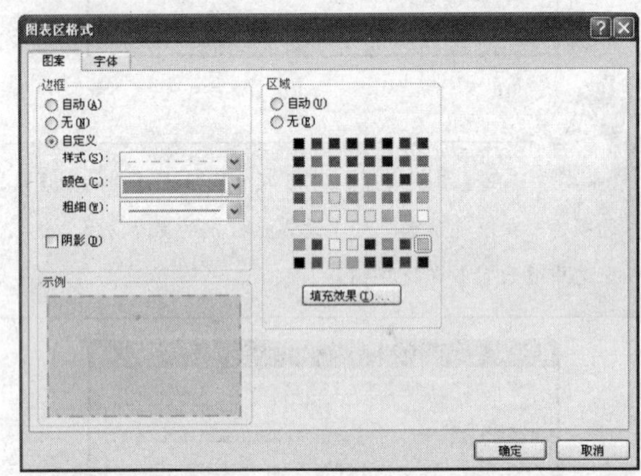

提示　在【填充效果】对话框中切换至【渐变】选项卡，在【颜色】组合框中选中【双色】单选按钮，在【底纹样式】组合框中选中【水平】单选按钮，在【变形】组合框中选择右上角的渐变效果选项，此颜色选项随即会加入到右下角的【示例】框中。

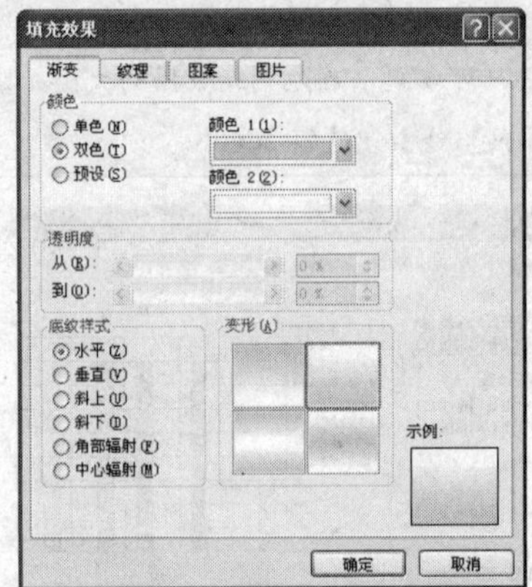

提示　在【图表区格式】对话框中切换至【字体】选项卡，在该选项卡中可以设置图表中显示的文本格式，这里保持原来的设置不变。

⑩ 在网格线上单击鼠标右键，在弹出的快捷菜单中选择【设置网格线格式】菜单项打开【网格线格式】对话框。

提示

在【网格线格式】对话框中切换至【图案】选项卡，在【线条】组合框中选中【自定义】单选按钮，然后在【颜色】下拉列表中选择【橙色】选项。

提示

在【网格线格式】对话框中切换至【刻度】选项卡，在此可以设置网格线标注的最大值、最小值以及主要或者次要刻度单位等。一般使用默认值就可以很好地标注数据，在这里保持默认的设置。

⑪ 右键单击坐标轴，在弹出的快捷菜单中选择【设置坐标轴格式】菜单项打开【坐标轴格式】对话框。

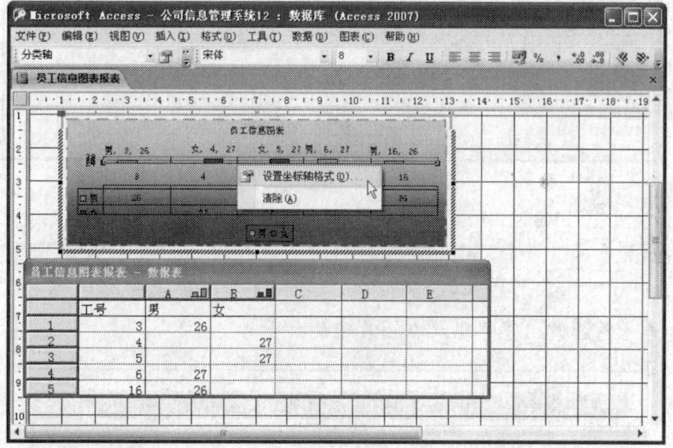

提示

在【坐标轴格式】对话框中可以设置坐标轴的【图案】、【刻度】、【字体】、【数字】和【对齐】等选项卡，其操作界面和步骤与上面的设置类似。

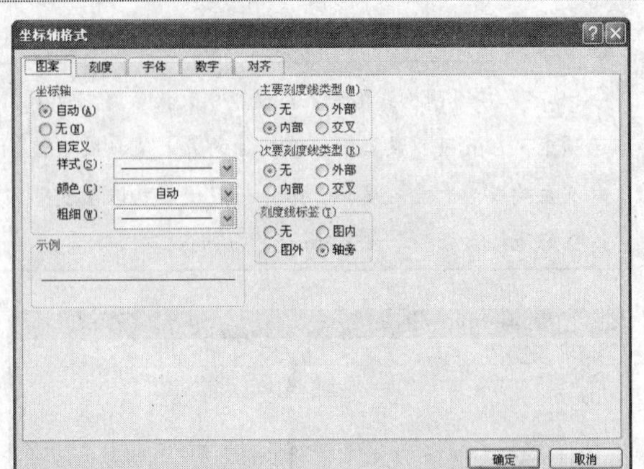

⑫ 右键单击【图例】控件，在弹出的快捷菜单中选择【设置图例格式】菜单项打开【图例格式】对话框。

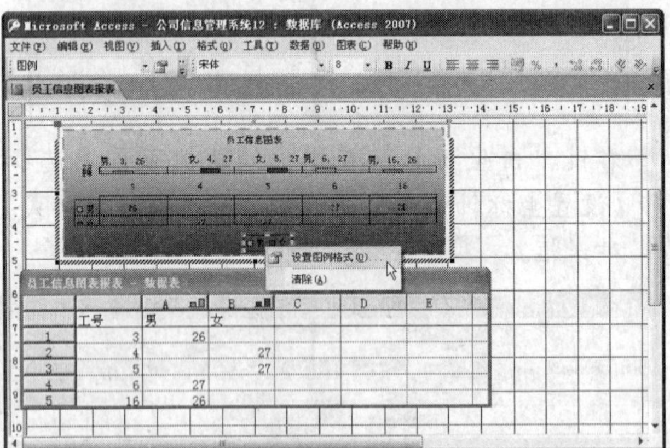

在【图例格式】对话框中可以设置图例区域的图案、字体以及在图表中的位置等。

⑬ 在【员工信息图表】中的柱形上单击鼠标右键，在弹出的快捷菜单中选择【设置数据系列格式】菜单项打开【数据系列格式】对话框。

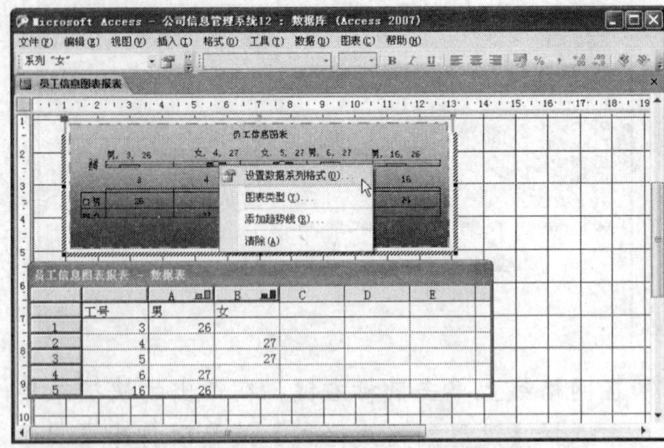

在【数据系列格式】对话框中可以设置柱形的【图案】、【坐标轴】、【误差线 Y】、【数据标签】和【选项】等选项卡。

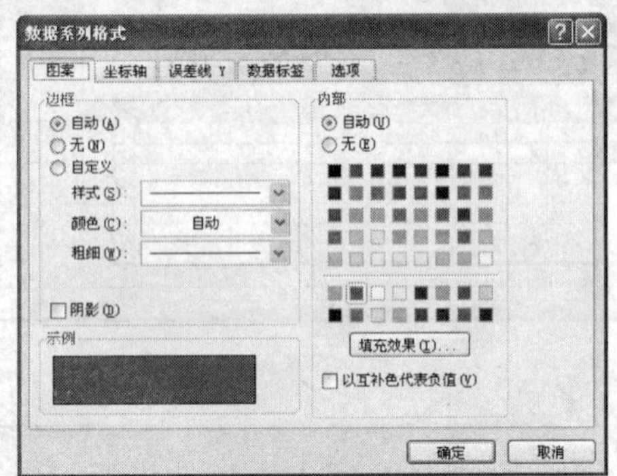

⑭ 在【员工信息图表】中的柱形上单击鼠标右键，在弹出的快捷菜单中选择【图表类型】菜单项打开【图表类型】对话框。

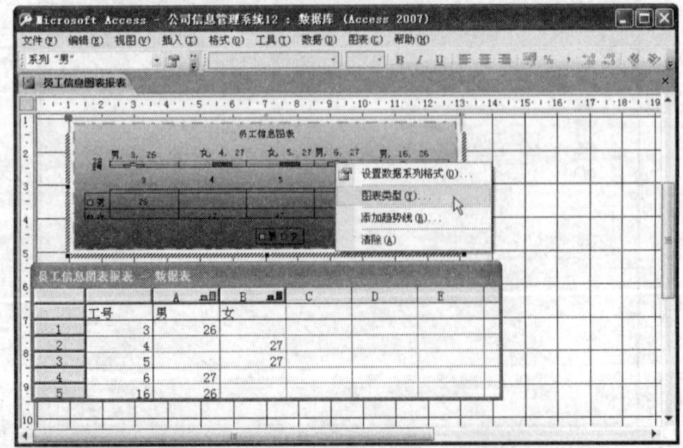

在【图表类型】对话框中切换至【标准类型】选项卡，从中可以设置图表的类型。

在【图表类型】对话框中切换至【自定义类型】选项卡，在该选项卡中也可以为图表选择类型。例如可以选择【带深度的柱形图】选项，在右侧的【示例】框中可以看到该类型的示例。

15 在【员工信息图表】中的柱形上单击鼠标右键，在弹出的快捷菜单中选择【添加趋势线】菜单项打开【添加趋势线】对话框。

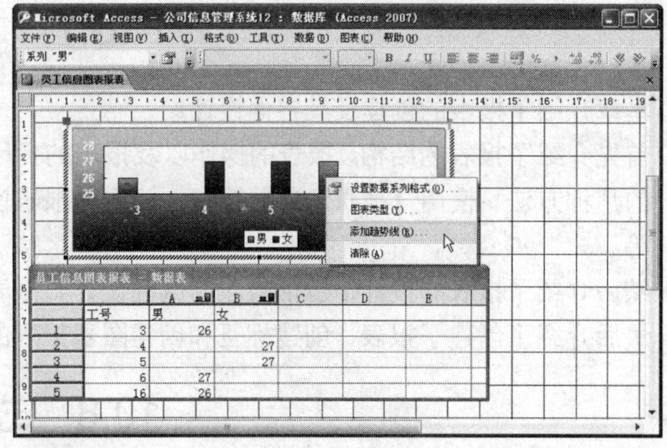

在【添加趋势线】对话框中对于有规律的数据（例如公司每月的营业收入），可以添加趋势线以显示近段时间公司的运营状况和未来的发展趋势等。

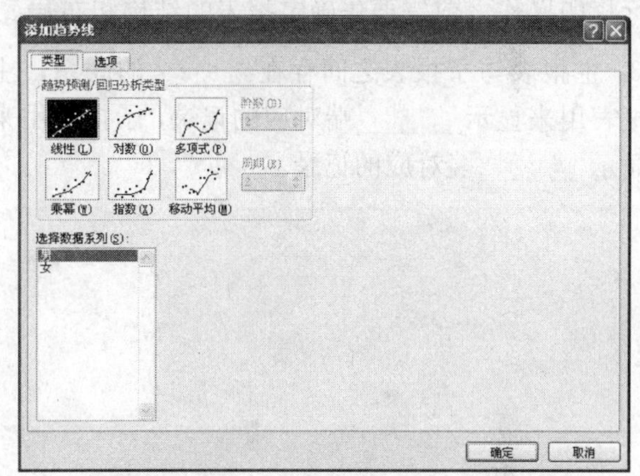

16 在报表中添加一个标签，并输入该报表的标题“员工信息图表”，然后调整标签以及文字的大小和位置即可。

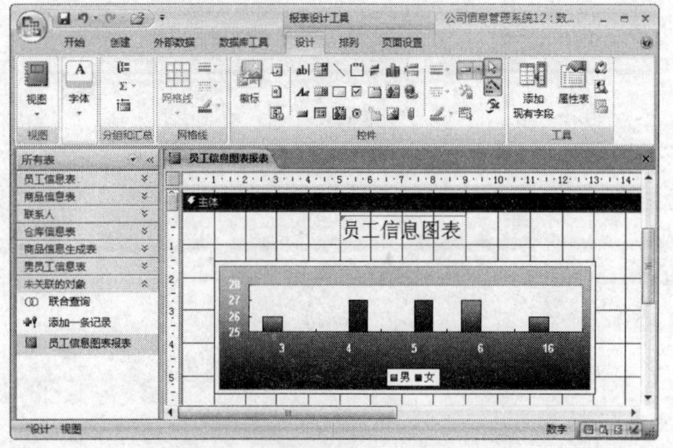

10.7 本章小结

本章介绍了报表的创建及其界面设计。

首先介绍了报表的结构、报表的操作以及报表的打印。对报表有了一个初步的了解之后又介绍了创建报表的几种方法：使用【报表向导】按钮、使用【报表设计】按钮、使用【报表】按钮和使用【空报表】按钮等。

然后介绍了报表的设计，包括报表的属性设计、报表数据源、报表数据排序以及报表界面设计等。

最后介绍了创建子报表、创建标签和创建图表报表的方法。

10.8 过关练习题

1. 填空题

(1) 一个完整的报表主要包括_______、页面页眉、_______、_______和页面页脚等 5 部分。

(2) _______功能是报表的重要功能，在对报表进行打印操作之前需要先确定报表的结构和布局。

(3) 主报表与子报表之间存在_______的联系，主报表用来显示_______端对应的记录，子报表用来显示_______端对应的记录。

(4) 在图表报表创建的过程中，在【可用字段】列表框中最多可以选择_______字段添加到【用于图表的字段】列表框中。

2. 简答题

(1) 如何在文本框中显示当前时间？

(2) 怎样在【表达式生成器】对话框中找到聚合函数。

第 11 章　宏对象

宏是 Access 中的一个特殊并且非常重要的对象，它可以在计算机上运行多条指令。

宏可以将经常使用的操作按照固定的程序自动运行，并且可以以菜单的形式显示在工具栏中，以便于用户使用。

- 宏概述
- 宏的创建
- 条件宏
- 常用宏操作

11.1 宏概述

宏是由 Access 中能够进行特定任务的操作及操作的集合组成，其中的每一个操作都由 Access 本身提供并且能够实现特定的功能。

11.1.1 宏操作

宏操作是由 Access 提供并且能够完成特定功能的程序模块，用户不能修改这些程序模块。

宏操作具有多种功能，可以分为以下几类。

- **处理窗体或者报表中的数据**
- **执行特定任务**
- **导入/导出数据**
- **对象处理**

下图所示的宏包括了 3 个操作：OnError、GoToRecord 和 MsgBox，这是在创建窗体或者报表时添加的一个【转至下一项记录】按钮中嵌入的宏，每次单击该按钮都会进行这 3 个宏操作。

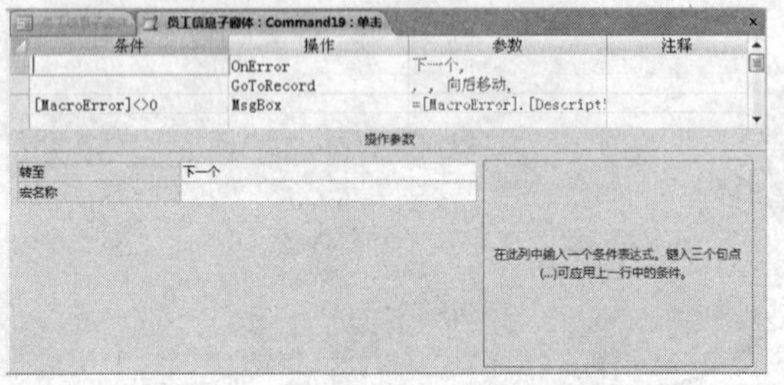

11.1.2 宏和宏组

一个或者多个操作可以组成一个宏，多个宏可以组成一个宏组。

下图所示为一个宏组，它由 3 个宏组成，分别为员工信息、物料信息和关闭窗口。

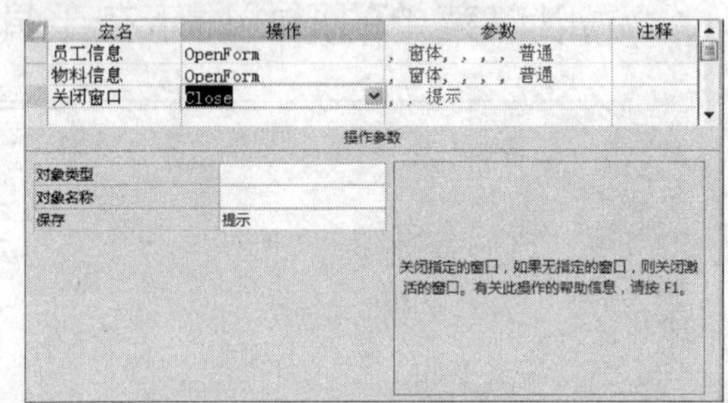

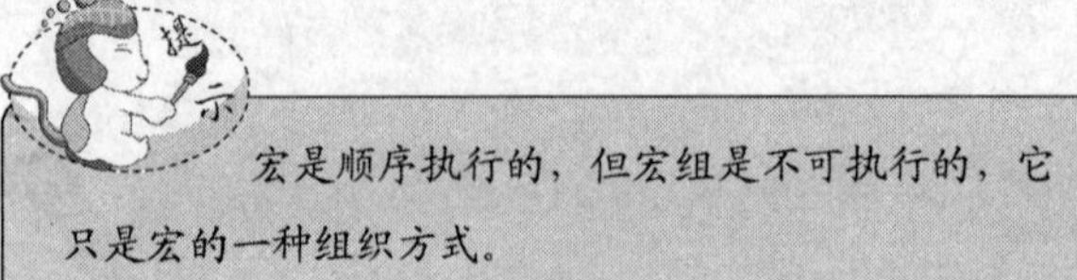

宏是顺序执行的，但宏组是不可执行的，它只是宏的一种组织方式。

11.2 宏的创建与设计

宏的创建与设计都可以通过宏设计视图来实现，其创建和设计的步骤与使用窗体设计视图相似。

11.2.1 宏的创建

本小节原始文件和最终效果所在位置如下。	
原始文件	原始文件\第11章\公司信息管理系统1. accdb
最终效果	最终效果\第11章\公司信息管理系统1. accdb

创建宏的具体步骤如下。

1. 打开本小节的原始文件，切换至【创建】选项卡，然后单击【其他】组中的【宏】按钮，或者单击下箭头按钮，在弹出的下拉列表中选择【宏】选项。

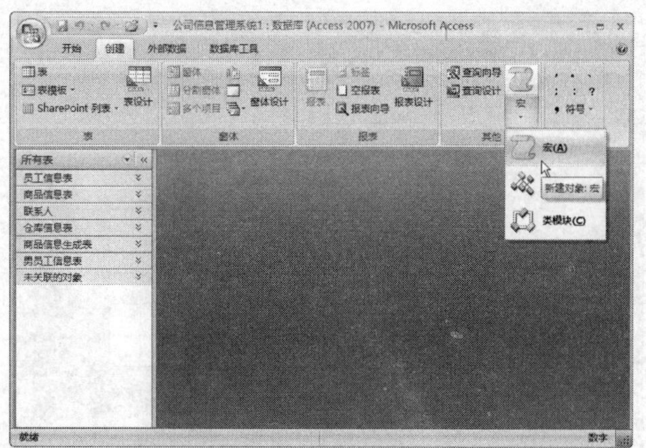

2 随即打开【宏 1】窗口。

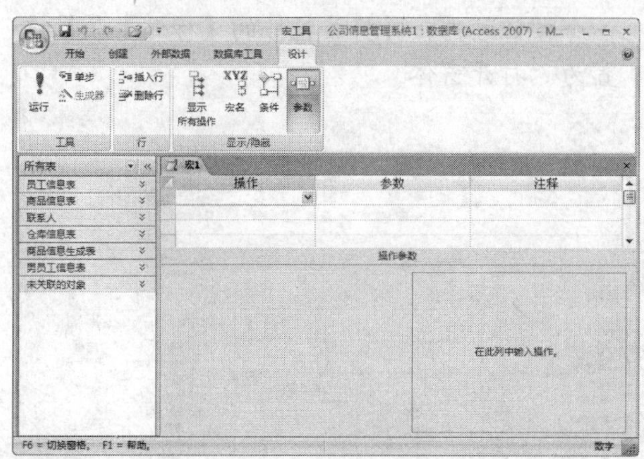

3 单击【显示/隐藏】组中的【宏名】按钮和【条件】按钮，可以显示或者隐藏【宏 1】窗口中的【宏名】和【条件】列。

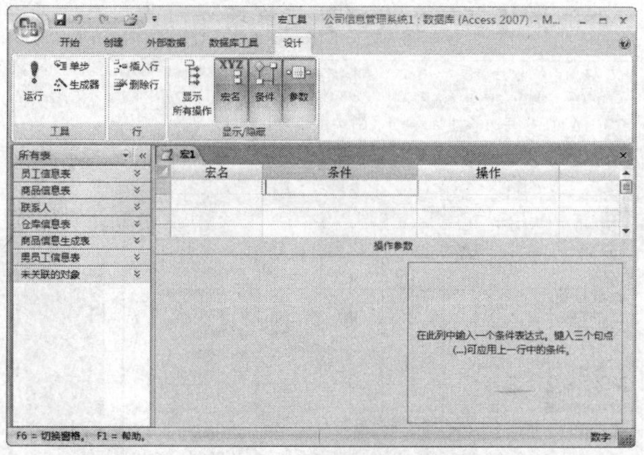

4 在【宏名】列中输入要创建的宏的名称，这里输入“显示员工信息”，然后在【操作】列下拉列表中选择【OpenForm】选项。

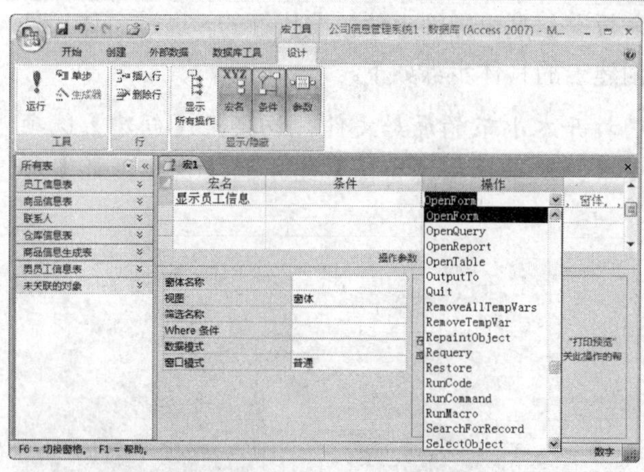

5 在【操作参数】列表框中的【窗体名称】下拉列表中选择【员工信息窗体】选项。

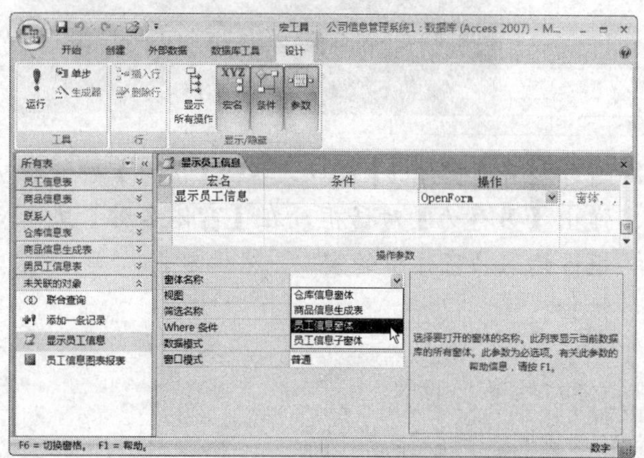

6 单击【保存】按钮弹出【另存为】对话框，在【宏名称】文本框中输入“显示员工信息”，然后单击 确定 按钮。

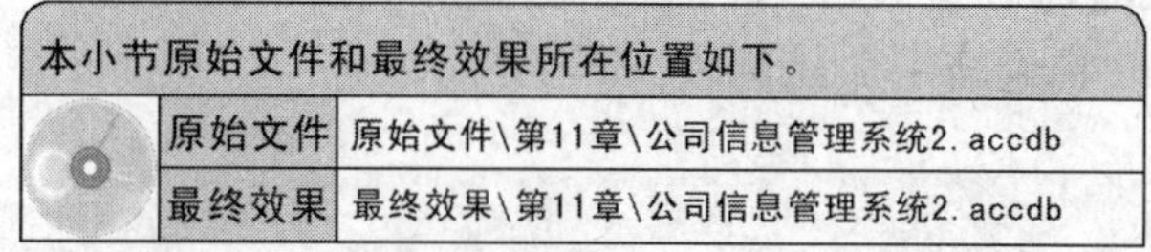

11.2.2 宏的设计

本小节原始文件和最终效果所在位置如下。

原始文件	原始文件\第11章\公司信息管理系统2. accdb
最终效果	最终效果\第11章\公司信息管理系统2. accdb

宏是按照从上到下的顺序执行的，如果在一个宏中调用了另外一个宏，那么被调用的宏将被启动，直至被调用的宏执行完毕再把控制权返回给初始宏。

多数宏都是由控件事件触发执行的。通过窗体控件创建宏的具体步骤如下。

1 打开本小节的原始文件，切换至【创建】选项卡，然后单击【窗体】组中的【窗体设计】按钮。

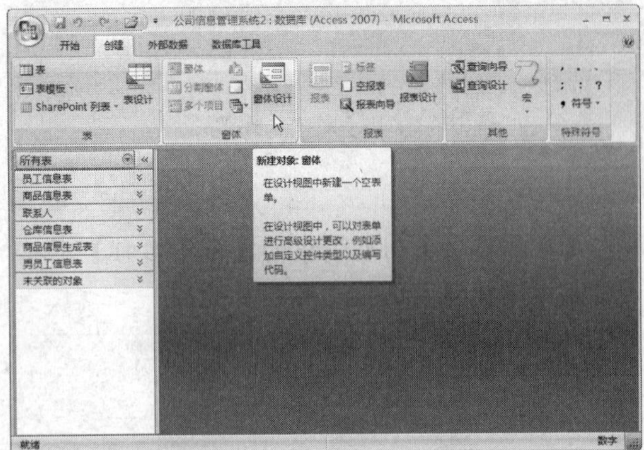

2 随即打开【窗体 1】窗口，单击【保存】按钮弹出【另存为】对话框，在【窗体名称】文本框中输入"窗体中的宏"，然后单击 确定 按钮。

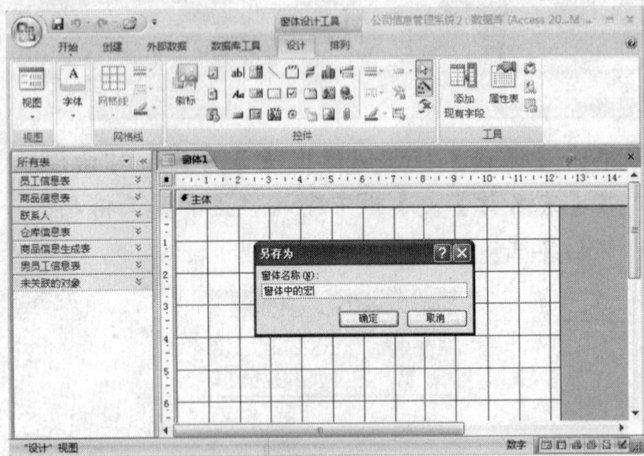

3 在【使用控件向导】按钮撤选的状态下单击【按钮】按钮，然后在窗体中按下鼠标左键并拖动一定的区域。

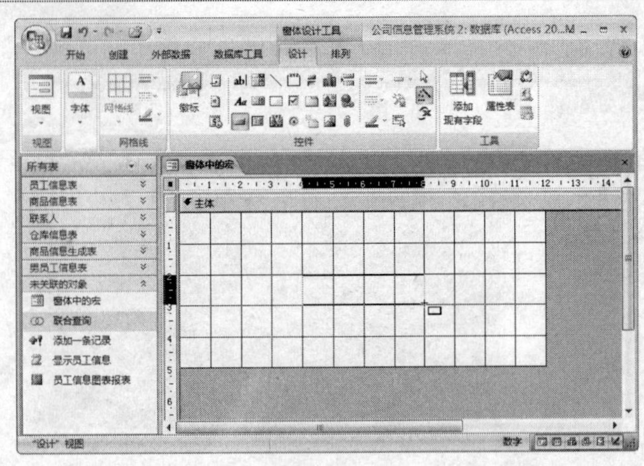

4 释放鼠标左键，在【窗体中的宏】窗体中添加一个按钮控件，并将该控件的【标题】属性设置为"打开窗体"。

5 右键单击 打开窗体 按钮，在弹出的快捷菜单中选择【事件生成器】菜单项。

6 随即弹出【选择生成器】对话框，从中选择【宏生成器】选项，然后单击 确定 按钮。

7 随即打开【窗体中的宏】窗体中的【Command0】控件的宏创建界面。

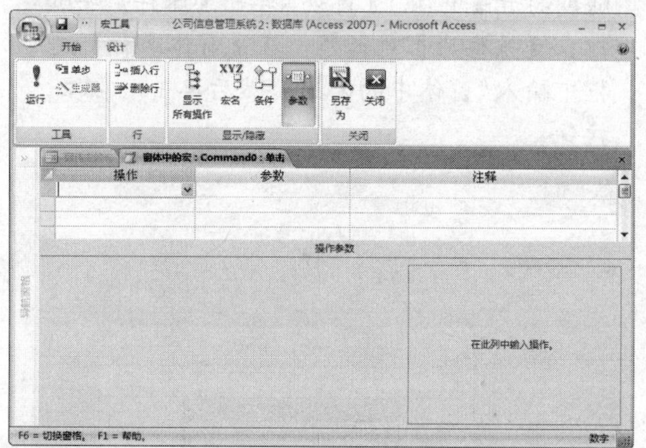

8 在【操作】列中选择【OpenForm】选项。

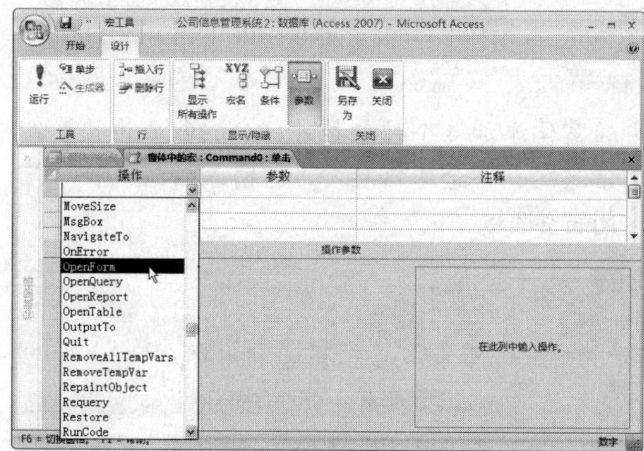

9 此时可以看到【参数】列中的两个参数，然后在【操作参数】组合框中的【窗体名称】下拉列表中选择要打开的窗体的名称，这里选择【仓库信息窗体】选项。

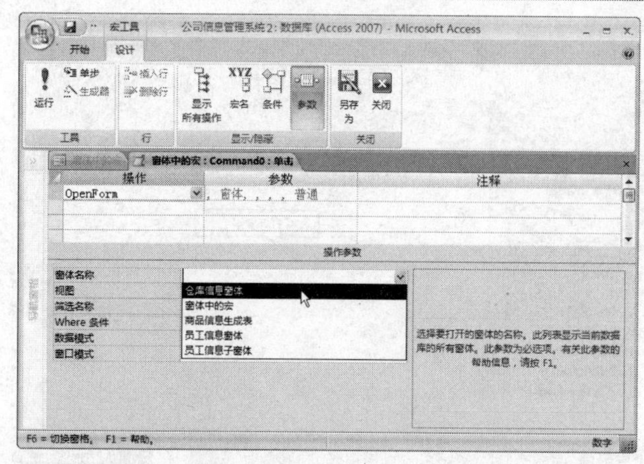

10 用户可以在【注释】列中加入适当的注释，然后保存对该宏的设计。

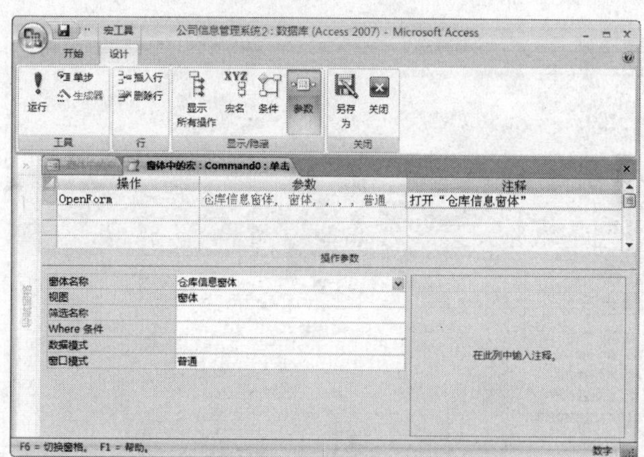

11 在【窗体中的宏】界面中打开【属性表】窗口，可以看到【事件】选项卡中的【单击】事件已被定义为“嵌入的宏”。

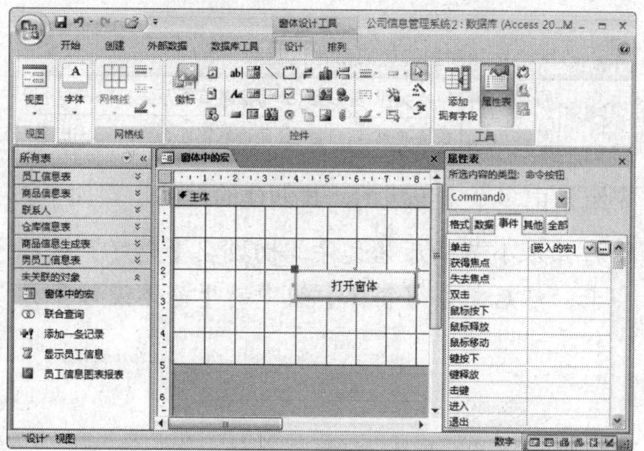

12 将【窗体中的宏】切换至窗体视图。

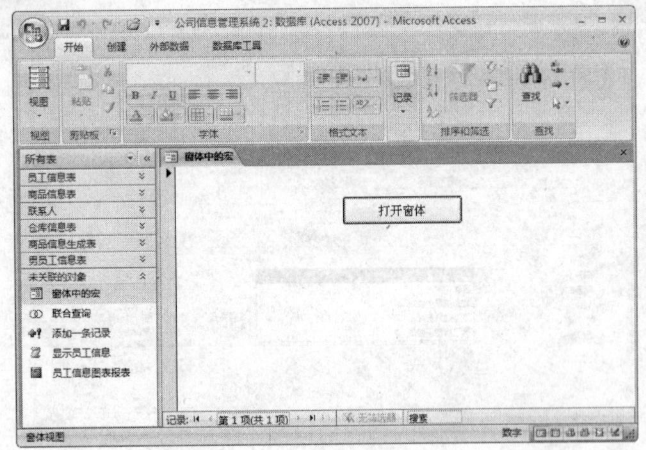

13 单击 打开窗体 按钮，随即将打开【仓库信息窗体】界面。

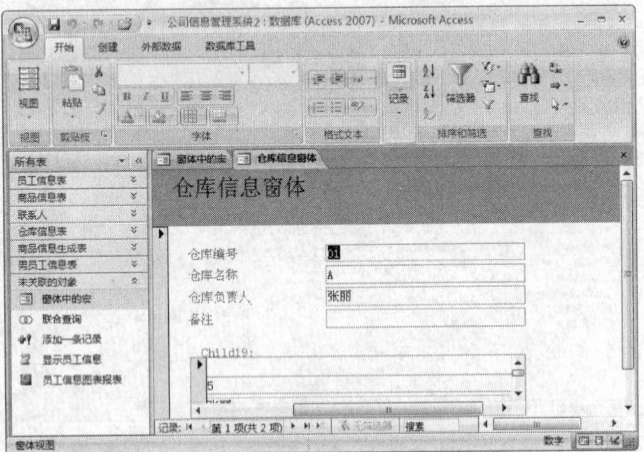

11.2.3 宏组的设计

本小节原始文件和最终效果所在位置如下。		
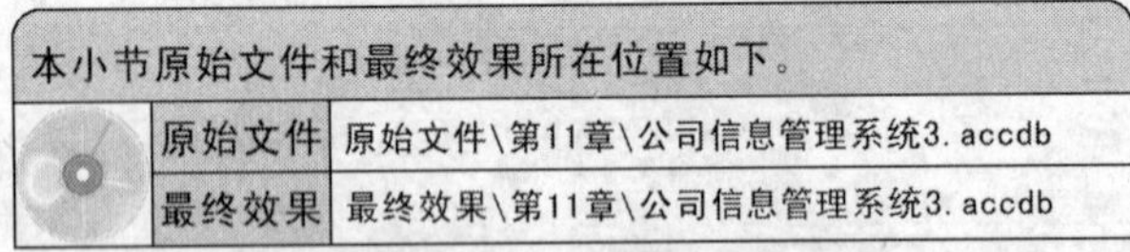	原始文件	原始文件\第11章\公司信息管理系统3. accdb
	最终效果	最终效果\第11章\公司信息管理系统3. accdb

宏组是由多个宏组成的，其创建的具体步骤如下。

1 打开本小节的原始文件，切换至【创建】选项卡，然后单击【窗体】组中的【窗体设计】按钮。

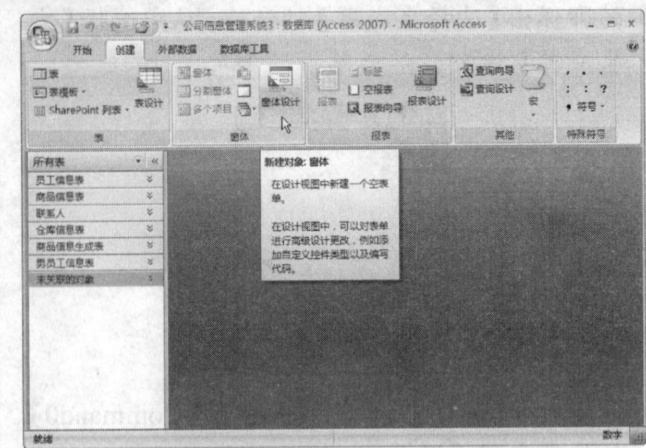

2 随即打开【窗体 1】窗口，单击【保存】按钮弹出【另存为】对话框，在【窗体名称】文本框中输入“窗体中的宏组”，然后单击 确定 按钮。

3 在窗体添加 4 个按钮控件，分别命名为“员工信息”、“仓库信息”、“商品信息”和“关闭窗体”。

4 切换至【创建】选项卡，单击【其他】组中的【宏】按钮，或者单击下箭头按钮，在弹出的下拉列表中选择【宏】选项。

5 随即打开【宏 1】窗口，然后单击【显示/隐藏】组中的【宏名】按钮显示【宏名】列。

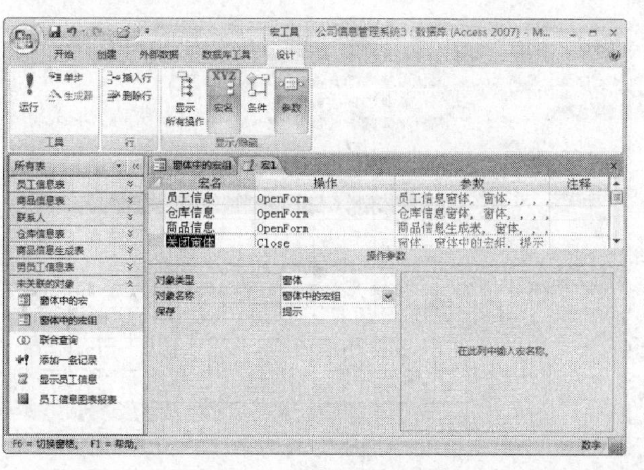

6 按照上面介绍的创建宏的方法创建如下图所示的 4 个宏。

7 单击【保存】按钮弹出【另存为】对话框，在【宏名称】文本框中输入“宏组”，然后单击 确定 按钮。

8 在【窗体中的宏组】界面中切换至【窗体设计工具 设计】上下文选项卡中，然后打开【属性表】窗口。

9 选中窗体中的按钮，这里先选中员工信息按钮，在【属性表】窗口切换至【事件】选项卡，单击【单击】事件右侧的下箭头按钮，然后在弹出的下拉列表中选择【宏组.员工信息】选项。

10 使用同样的方法为其他的按钮选择对应的宏，然后将【窗体中的宏组】窗体切换至窗体视图。

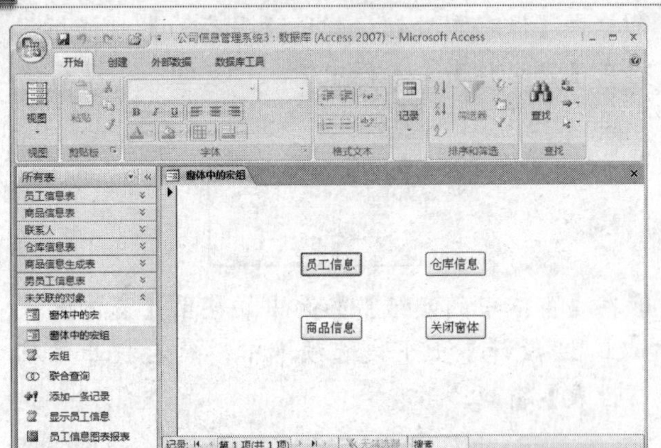

11 单击按钮可以进行相应的操作，例如这里单击 员工信息 按钮则可打开【员工信息窗体】窗口。

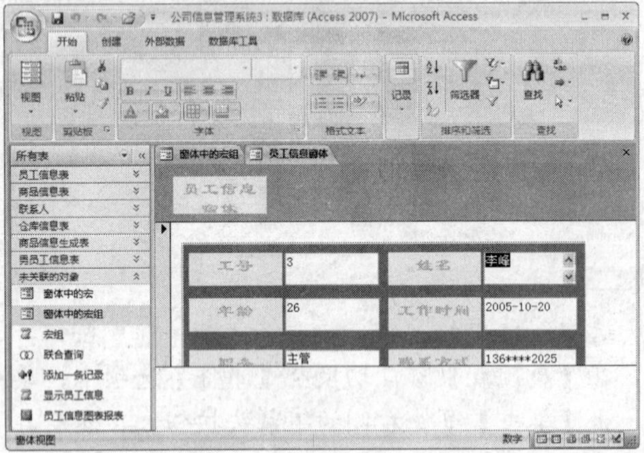

11.2.4 条件宏

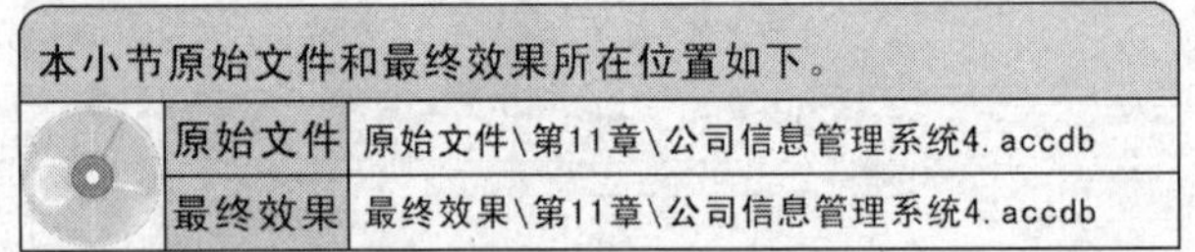

本小节原始文件和最终效果所在位置如下。

原始文件	原始文件\第11章\公司信息管理系统4. accdb
最终效果	最终效果\第11章\公司信息管理系统4. accdb

在 Access 中可以为宏指定条件（逻辑表达式），宏将根据条件的真或者假的结果而进行不同的操作。

1 打开本小节的原始文件，切换至【创建】选项卡，然后单击【窗体】组中的【窗体设计】按钮。

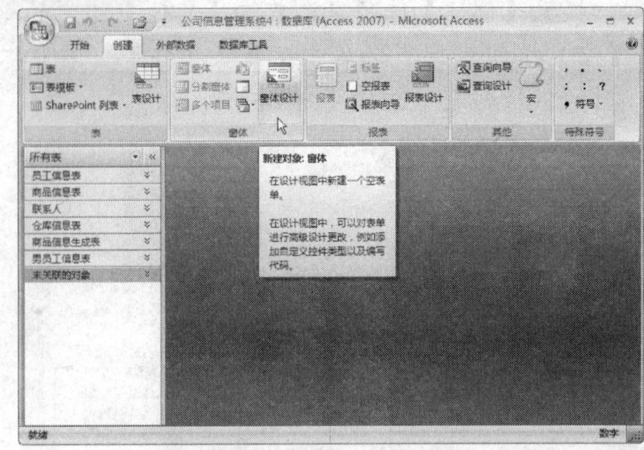

2 随即打开【窗体 1】窗体，单击【保存】按钮弹出【另存为】对话框，在【窗体名称】文本框中输入“条件宏窗体”，然后单击 确定 按钮。

3 在窗体中添加文本框和按钮，并将【标签】的【标题】属性设置为“请输入合适的员工年龄”，将【按钮】的【标题】属性设置为“验证”。

4 右键单击 验证 按钮，在弹出的快捷菜单中选择【事件生成器】菜单项。

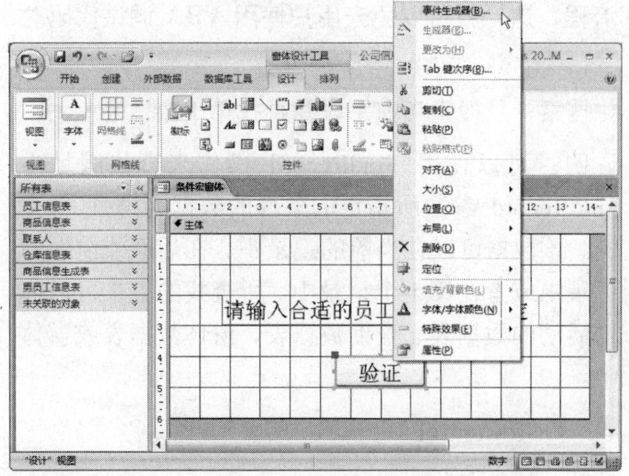

5 随即打开【选择生成器】对话框，从中选择【宏生成器】选项，然后单击 确定 按钮。

6 在打开的【条件宏窗体】宏界面中单击【显示/隐藏】组中的【条件】按钮，显示【条件】列。

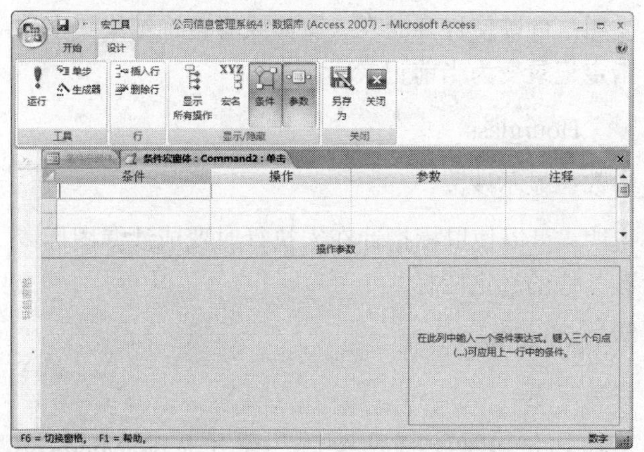

7 创建的宏如下图所示。

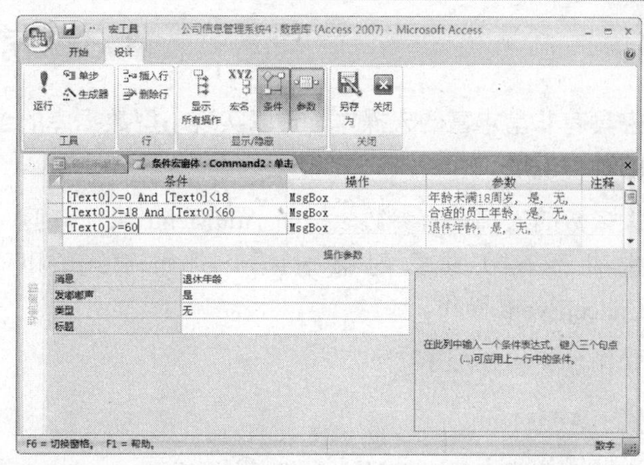

8 在【条件宏窗体】界面中切换至窗体视图，然后在文本框中输入一个大于 0 的数字，这里输入“20”。

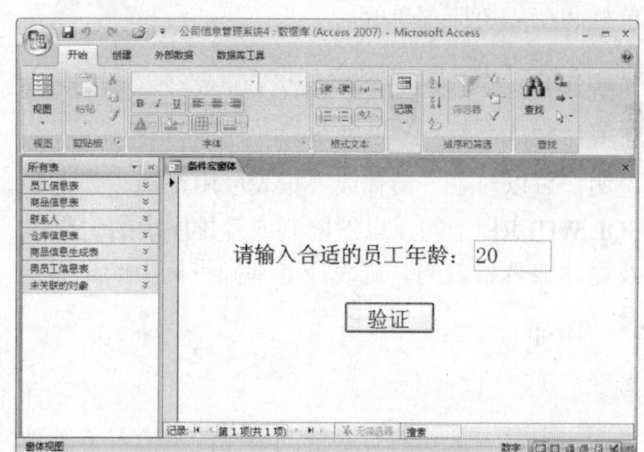

9 单击 验证 按钮会弹出【Microsoft Office Access】对话框，提示用户该年龄是合适的员工年龄。

11.3 常用宏操作

宏具有非常丰富的宏操作，可以实现小型数据库的全部流程，这样就可以免去用户使用 VBA 调试代码时的种种麻烦。

大多数的宏都具有参数，例如 AddMenu 操作。但也有不存在参数的个别宏，例如 Beep 和 CancelEvent 操作。

常用的宏操作如下。

- AddMenu

参数：菜单名称、菜单宏名称和状态栏文字。

说明：可以创建窗体或者报表的自定义菜单栏，窗体、窗体控件或者报表自定义快捷菜单以及全局菜单栏和全局快捷菜单等。

- ApplyFilter

参数：筛选名称、Where 条件和控件名称。

说明：可以对表、窗体或者报表应用筛选、查询和 SQL WHERE 子句，以便限制或者排序表的记录以及窗体或者报表的基础表或者基础查询中的记录。

- Beep

参数：无。

说明：当发生重要的屏幕更改、控件中输入了某种错误类型的数据、宏已经执行到指定位置或已经完成操作时使用 Beep 操作，能够通过计算机的扬声器发出嘟嘟的声音。

- CancelEvent

参数：无。

说明：可以取消一个事件，该事件在取消前用于引发 Microsoft Access 执行后来包含该操作的宏。

- Close

参数：对象类型、对象名称和保存。

说明：可以关闭指定的 Microsoft Access 窗口，若没有指定窗口则关闭当前活动窗口。

- FindRecord

参数：查找内容、匹配、区分大小写、搜索、格式化搜索、只搜索当前字段和查找第 1 个。

说明：可以使用 FindRecord 操作来查找满足由 FindRecord 参数所指定的条件的数据的第 1 个实例。该数据可以在当前的记录中、在后面或前面的记录中或者在第 1 个记录中。所查找的记录可以位于活动的数据表、查询数据表、窗体数据表或窗体中。

- GoToControl

参数：控件名称。

说明：可以把焦点移到打开的窗体、窗体数据表、数据表或者查询数据表中当前记录的指定字段或控件上。

- GoToPage

参数：页码、右和下。

说明：可以在活动窗体中将焦点移动到指定页的第 1 个控件上。

- GoToRecord

参数：对象类型、对象名称、记录和偏移量。

说明：可以使打开的表、窗体或者查询结果集中的指定记录变为当前记录。

- Hourglass

参数：显示沙漏。

说明：可以使鼠标指针在宏执行时变成沙漏图标或者其他的选定图标。

- Maximize

参数：无。

说明：可以放大活动窗口，使其充满 Microsoft Access 窗口。

- Minimize

参数：无。

说明：可以将活动窗口缩小为 Microsoft Access 窗口底部的小标题栏。

- MoveSize

参数：右、下、宽度和高度。

说明：可以移动活动窗口或调整其大小。

- MsgBox

参数：消息、发嘟嘟声、类型和标题。

说明：可以显示包含警告或告知性消息的消息对话框。

- OpenForm

参数：窗体名称、视图、筛选名称、Where 条件、数据模式和窗口模式。

说明：可以打开“窗体”视图中的窗体、窗体设计视图、打印预览或者数据表视图。可以为窗体选择数据项或窗口模式，并限制窗体所显示的记录。

- OpenQuery

参数：查询名称、视图和数据模式。

说明：可以在数据表视图、设计视图或打印预览中打开选择查询或交叉表查询。该操作将运行一个操作查询。可以为查询选择数据的输入方式。

- OpenReport

参数：报表名称、视图、筛选名称和 Where 条件。

说明：可以在“设计”视图或“打印预览”中打开报表，也可以立即打印报表，也可以限制需要在报表中打印的记录数。

- OpenTable

参数：表名、视图和数据模式。

说明：可以在数据表视图、设计视图或打印预览中打开表，也可以选择表的数据输入模式。

- OutputTo

参数：对象类型、对象名称、输出格式、输出文件、自动启动、模板文件和编码。

说明：可以将指定的 Microsoft Access 数据库对象（数据表、窗体、报表、模块、数据访问页）中的数据输出为若干种输出格式。

- Quit

参数：选项。

说明：用于退出 Microsoft Access。另外，Quit 操作还可以从几个有关退出 Access 之前保存数据库对象的选项中指定一个。

- RemoveTempVar

参数：名称。

说明：可以使用 RemoveTempVar 操作删除通过 SetTempVar 操作创建的单个临时变量。

- RepaintObject

参数：对象类型和对象名称。

说明：可以完成指定数据库对象挂起的屏幕更新，这种更新包括对象控件所有的挂起的重新计算。

- Requery

参数：控件名称。

说明：可以通过重新查询控件的数据源来更新活动对象指定控件中的数据。

- RunCode

参数：函数名称。

说明：可以调用 Microsoft Visual Basic 的 Function 过程。

- RunCommand

参数：命令。

说明：可以运行 Microsoft Access 的内置命令。

- RunMacro

参数：宏名、重复次数和重复表达式。

说明：可以从某个宏中运行另一个宏、根据一定的条件运行宏或者将宏附加到自定义菜单命令中。

- SelectObject

参数：对象类型、对象名称和在“数据库”窗口中。

说明：可以选择指定的数据库对象。

● SetMenuItem

参数：菜单索引、命令索引、子命令索引和标志。

说明：可以设置活动窗口的自定义菜单栏或全局菜单栏上的菜单项状态（启用或禁用，选取或不选取）。

● SetTempVar

参数：名称和表达式。

说明：可以使用 SetTempVar 操作创建一个临时变量并将其设置为特定值。然后可以在后续操作中将该变量用做条件或参数，也可以在其他宏、事件过程、窗体或报表中使用该变量。

● StopAllMacros

参数：无。

说明：可以终止当前所有宏的运行。

● StopMacro

参数：无。

说明：可以终止当前正在运行的宏。

11.4 本章小结

本章介绍了宏的一些相关知识。

首先介绍了宏的基础知识，包括宏操作、宏和宏组的概念等。

然后介绍了宏的创建与设计，分别介绍了宏的创建、宏的设计、宏组的设计和条件宏等。

最后列举了一些常用的宏操作。

11.5 过关练习题

1. 填空题

(1) 宏是按照_______的顺序执行的，如果在一个宏中调用了另外一个宏，那么被调用的宏将被启动，直至_______执行完毕再把控制权返回给_______。

(2) 宏是由 Access 中_______组成，其中的每一个操作都由 Access 本身提供并且能够实现特定的功能。

(3) _______可以组成一个宏，_______可以组成一个宏组。

2. 简答题

宏操作分为哪几类？

第 12 章　VBA 和模块

Visual Basic for Application（简称 VBA）是 Microsoft Office 系列软件的内置编程语言。

VBA 与 Visual Basic 编程语言的语法结构相兼容，它可以完成某些特殊且复杂的操作。

学习要点

- VBA 概述
- VBA 基础
- VBA 对象
- 程序调试

12.1 VBA 概述

Access VBA（Access Visual Basic Application）是一种集成在 Office 办公套装软件中的内置语言，它能够使 Microsoft Office 系列应用软件在开发应用程序时变得更加容易。

12.1.1 VBA 优点

VBA 继承了应用程序开发语言 Visual Basic 应用程序，可以认为它是 Visual Basic 的子集。因为 VBA 具有继承性，所以可以像编写 Visual Basic 语言那样来编写 VBA 程序。当某段程序编译通过以后，Office 会将这段程序保存在 Access 中的一个模块里，并通过一种类似激发宏那样的操作来启动这个“模块”，从而实现相应的功能。

VBA 语言用于 Excel 和 Word 等办公软件时可以实现办公程序的自动化，对解决办公问题具有针对性强、实用性强和效率高等优点。

VBA 语言在 Access 中有以下几个优点。

① 语法简单，容易上手，操作简单快捷，对于一般的非程序人员非常适用。

② Access 本身就是一个数据库管理系统（DBMS），有 VBA 和 SQL 语言加以辅助就可以对数据库中的数据进行任意的操作，实现对数据库的复杂管理。同时还提供有丰富的控件，可以为数据库提供多种输出平台。

③ VBA 编辑器中提供有丰富的控件和完善的语言系统，而且具有强大的程序调试和纠错功能，这为用户开发中小型管理系统（MIS）提供了基础条件。

④ VBA 编辑器中包含有大量的对象，通过这些对象可以实现对 Access 数据管理系统进行高效快捷的操作，但用户并不需要了解这些对象具体是如何封装实现的。

⑤ VBA 是集成在 Office 系列软件中的内置语言，可以实现各个办公软件之间的数据共享，为数据库管理系统的数据来源提供有多种数据接口，所以用它来辅助 Access 开发中小型 MIS 十分方便快捷。

12.1.2 VBE 简介

在 Office 中提供的 VBA 开发界面称为 VBE（Visual Basic Editor），可以在 VBE 界面中编写函数、过程以及完成其他功能的代码。

1. VBE 的打开方式

在 Access 2007 中可以通过以下几种方法来打开 VBE 窗口。

(1) 在数据库窗口中切换到【创建】选项卡，在【其他】组中单击【宏】按钮，然后在弹出的下拉列表中选择【模块】选项。

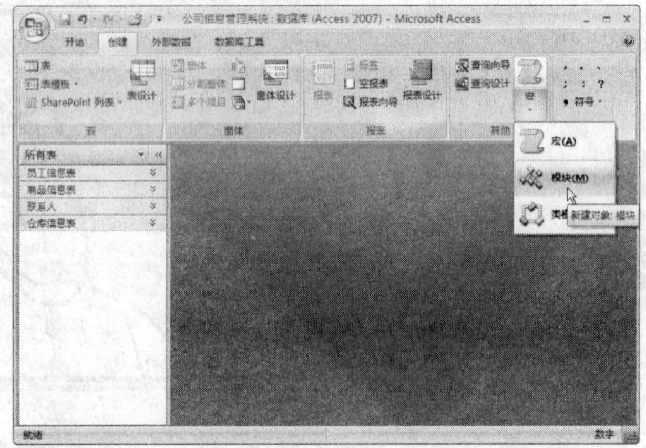

提示

【其他】组中的【宏】按钮位置根据下拉列表中选择的选项而定。如果显示了【宏】按钮，说明在该操作之前执行了选择【宏】选项操作。另外在默认的情况下也会显示【宏】按钮。

(2) 在【导航窗格】中找到已经创建的模块，然后双击即可进入 VBE 窗口。

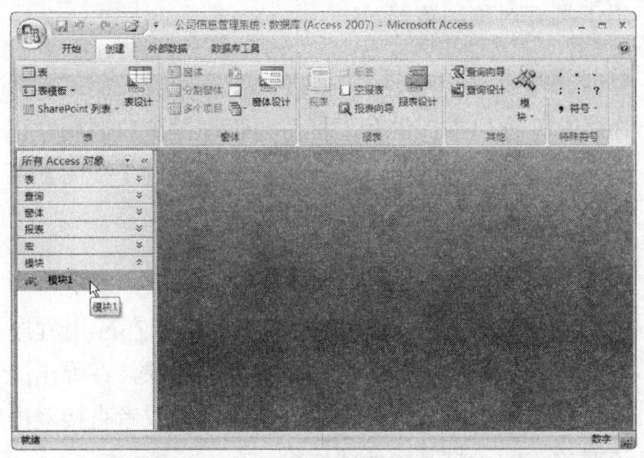

(3) 在窗体中打开控件的【属性表】窗口，切换至【事件】选项卡中，单击任一事件右侧的生成器按钮…，在弹出的【选择生成器】对话框中选择【代码生成器】选项，然后单击 确定 按钮即可进入 VBE 窗口。

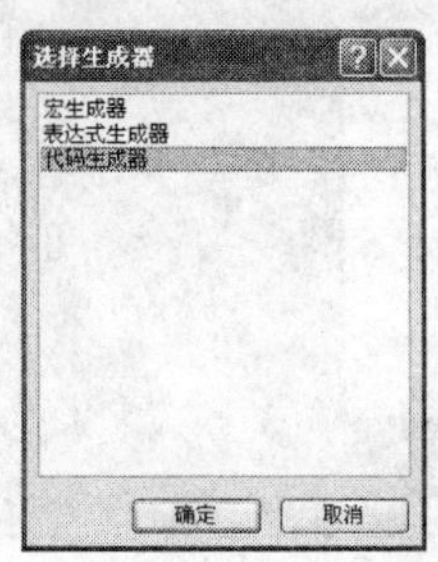

例如打开一个“公用模块”对象的 VBE 窗口，在该 VBE 窗口中可以看到主窗口、工程资源管理器窗口、属性窗口和代码窗口等。

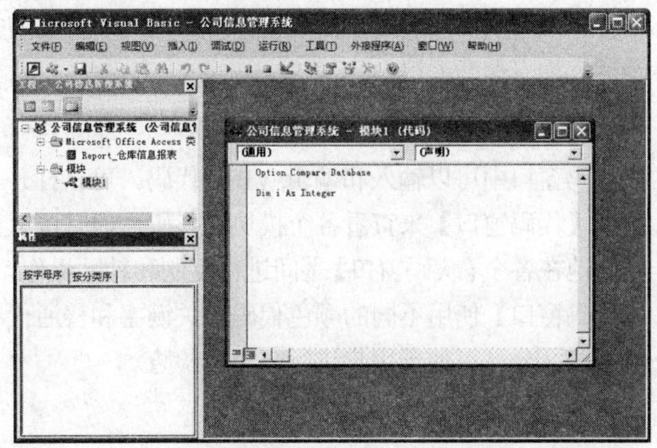

单击【视图】菜单项，在弹出的下拉菜单中显示出了可以打开的其他窗口，包括对象浏览器、立即窗口、本地窗口和监视窗口等，这些窗口给用户对 VBA 应用程序进行开发和设计提供了极大的方便。

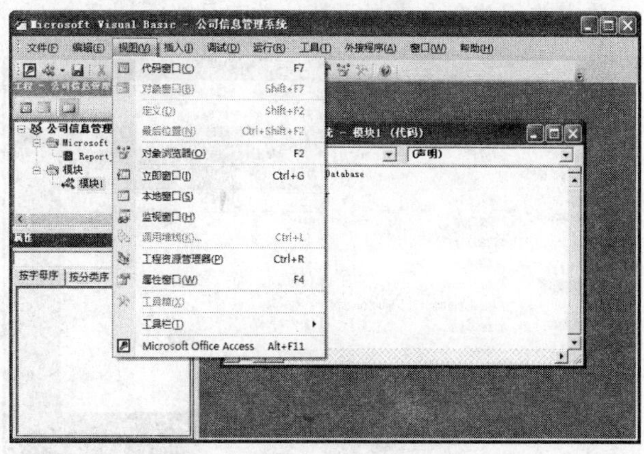

2. VBE 界面

可以将 VBE 界面分为菜单栏、工具栏和窗口等 3 部分。

菜单栏

VBE 窗口中包括文件、编辑、视图、插入、调试、运行、工具、外接程序、窗口和帮助等 10 个菜单，各个菜单的作用如下。

文件：实现文件的保存、导入和导出等基本操作。

编辑：实现基本的编辑命令。

视图：用于控制 VBE 的视图显示方式。

插入：能够实现过程、模块、类或文件的插入。

调试：能够进行程序基本命令的调试，包括监视和设置端点等。

运行：用于运行程序的基本命令，包括运行和中断等命令。

工具：用于管理 VB 的类库等的引用、宏以及 VBE 编辑器的选项。

外接程序：用于管理外接程序。

窗口：能够设置各个窗口的显示方式。

帮助：用于获取 Microsoft Visual Basic 的链接帮助以及网络帮助资源。

工具栏

默认的情况下在 VBE 窗口中将显示标准工具栏，

用户也可以通过单击【视图】菜单中的【工具栏】子菜单中的相关命令来显示其他的工具栏。

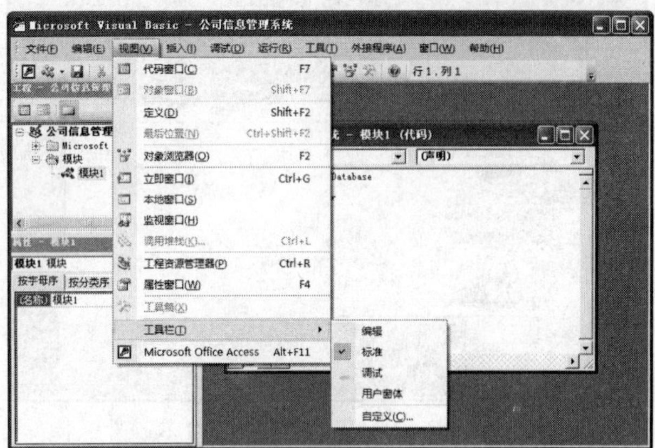

下面介绍标准工具栏中的各个命令按钮的名称及功能。

(1) 【视图 Microsoft office Access】按钮

用于切换 Access 2007 窗口，单击该按钮将显示 Access 2007 界面。

(2) 【插入模块】按钮

单击该按钮右侧的下箭头按钮，在弹出的下拉列表中可以看到【模块】、【类模块】和【过程】等 3 个选项，任选其中的一项即可插入新模块。

(3) 【运行子过程/用户窗体】按钮

用于运行模块中的程序。

(4) 【中断】按钮

可以中断正在运行的程序。

(5) 【重新设置】按钮

用于结束正在运行的程序。

(6) 【设计模式】按钮

用于在设计模式和非设计模式之间切换。

(7) 【工程资源管理器】按钮

用于打开工程资源管理器。

(8) 【属性窗口】按钮

用于打开属性窗口。

(9) 【对象浏览器】按钮

用于打开对象浏览器。

窗口

在 VBE 窗口中提供有工程资源管理器窗口、属性窗口、对象窗口等多个窗口，用户可以通过【视图】菜单控制这些窗口的显示。

(1) 工程资源管理器窗口

工程资源管理器窗口的列表框中列出了在应用程序中所用到的模块文件。右键单击模块对象，在弹出的快捷菜单中选择【查看代码】菜单项，或者直接双击该对象，即可打开模块代码窗口。

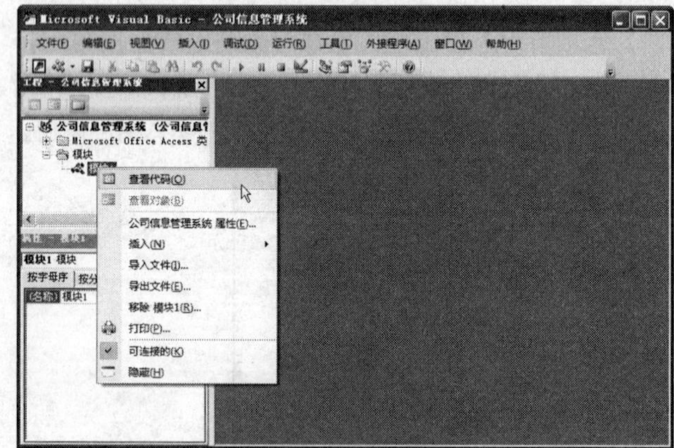

(2) 属性窗口

属性窗口列出了所选对象的各种属性，用户可以在【按字母序】选项卡或者【按分类序】选项卡中查看或编辑对象属性，这比在【设计窗口】中编辑对象的属性更加方便和灵活。

(3) 代码窗口

在代码窗口中可以输入和编辑 VBA 代码。可以打开多个【代码窗口】来查看各个模块的代码，而且可以方便地在各个【代码窗口】之间进行复制和粘贴操作。【代码窗口】使用不同的颜色代码对关键字和普通代码加以区分，以便于用户进行书写和检查。

12.1.3 使用代码窗口

VBE 的【代码窗口】中包含了完整的开发和调试系

统，在顶部有两个下拉列表框，左侧的是对象下拉列表框，右侧的是过程下拉列表框。在对象下拉列表中列出了所有可用的对象名称，选择某一个对象后，在过程下拉列表中将列出该对象所有的事件过程供用户选择。

VBE 继承了 VB 编辑器的多种功能，具有自动显示快速信息、快捷的上下文关联帮助以及快速访问子过程等功能。例如在代码窗口中定义一个整型变量 i，VBA 编辑器就会自动地显示关键字列表供用户参考和选择。

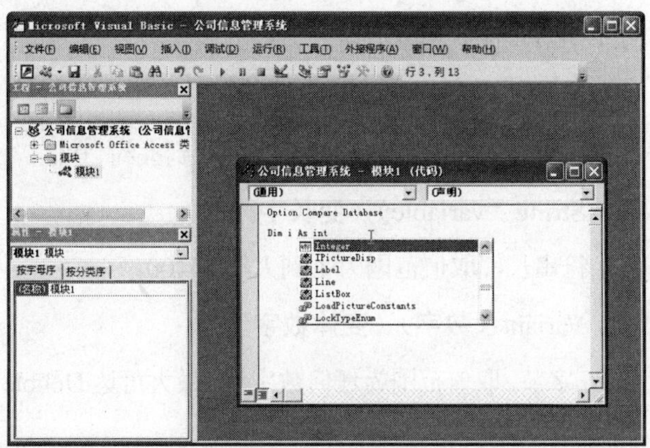

用户可以根据【代码窗口】所提供的便利功能轻松地书写 VBA 应用程序代码，要想正确地编写 VBA 应用程序的代码，首先需要注意程序的书写格式。在 VBE 中书写程序代码需要注意以下问题。

1. 注释语句

注释语句是编写程序代码时必不可少的工具，它对于程序的读取、维护以及代码的共享等都具有非常重要的意义。在 VBA 程序中，注释可以通过使用 Rem 语句或者用“'”号来实现。

使用 Rem 语句

例如下面的例子中列举了使用 Rem 语句进行注释的两种情况。

```
Rem 使 Text9 获取焦点
Text9.SetFocus
Text9.Text = "张丽":Rem 对 Text9 赋值
```

提示

使用 Rem 语句进行注释需要在 Rem 关键字与注释语句之间使用“ ”（空格）隔开。如果在代码的后面使用 Rem 语句注释，则需要使用“:”（冒号）将代码和语句隔开。

正确的注释语句在代码窗口中以绿色显示，这样可以避免写错。

使用“'”号

将同样的语句使用“'”注释如下。

```
'使 Text9 获取焦点
Text9.SetFocus
Text9.Text = "张丽" '对 Text9 赋值
```

使用“'”在代码的后面进行注释时，需要使用“ ”（空格）将代码和注释语句隔开。

2. 连写和换行

语句连写

程序语句一般为一句一行，但也可以将多条语句写在同一行中，只需在这些语句之间使用“:”（冒号）隔开即可。

例如下面的两条语句的写法是正确的。

```
Text9.SetFocus:Text9.Text = "张丽"
```

语句换行

对于过长的代码可以用空格加“_”（下划线）将其截断为多行。

例如下面的两条语句的写法也是正确的。

```
Text9.SetFocus
Text9.Text _
= "张丽"
```

12.2 VBA 基础

关键字、常量、变量和运算符等是 VBA 语言的基础，要想学习和掌握 VBA，首先要学习 VBA 的这些语法基础知识。

12.2.1 数据类型

所有的编程语言都需要进行数据操作，VBA 中支持多种数据类型。下面介绍这些数据类型的存储要求和取值范围。

- Byte（字节型）

取值范围为 0~255，占 1 字节。

- Boolean（布尔型）

可以取 True 或者 False，占 2 字节。

- Integer（整型）

取值范围为－32768～32767，占 2 字节。

- Long（长整型）

取值范围为－2147483648～2147483647，占 4 字节。

- Single（单精度浮点型）

负数取值范围为－3.102823E38～－1.401298E38，正数取值范围为 1.401298E-45~ 3.102823E38，占 4 字节。

- Double（双精度浮点型）

负数取值范围为－1.79769313486232E308 ～ 4.9406564581247E-324，正数的取值范围为 4.9406564581247E-324～1.79769313486232E308，占 8 字节。

- Currency（货币型）

取值范围为－922337203685477.5808 ～ 922337203685477.5807，占 8 字节。

- Decimal（十进制小数型）

无小数点时的取值范围为 +/－79228162514264337593543950335；有小数点又有 28 位数时为+/－7.9228162514264337593543950335；最小非零值：+/－0.0000000000000000000000000001。

- Date（日期型）

取值范围为 100 年 1 月 1 日到 9999 年 12 月 31 日，占 8 字节。

- Object（对象）

占 4 字节，任何对象引用。

- String（fixed）（定长字符串）

占 10 字节+字符串长，取值范围为 0 到大约 20 亿。

- String（variable）（变长字符串）

占字符串长，取值范围为 1 到大约 65400。

- Variant（数字）（变体数字型）

占 16 字节，取值范围为任何数字值，最大可达 Double 的范围。

- Variant（字符）（变体字符型）

占 22 字节+字符串长，取值范围为与变长 String 相同的范围。

Variant 数据类型是所有的没被显示声明为其他类型变量的数据类型。Variant 是一种特殊的数据类型，除了定长 String 数据及用户定义类型外，可以包含任何种类的数据。Variant 也可以包含 Empty、Error、Nothing 及 Null 等特殊值。通常数值 Variant 数据保持为 Variant 中原来的数据类型，可以用 Variant 数据类型来替换任何的数据类型。Empty 值用来标记尚未初始化的 Variant 变量。内含 Empty 的 Variant 在数值的上下文中表示 0，如果是用在字符串的上下文中则表示零长度的字符串。Null 是表示 Variant 变量含有一个无效数据。在 Variant 中，Error 是用来指示在过程中出现错误时的特殊值。

- Type（自定义类型）

占所有元素所需数目，取值范围为每个元素的范围与它本身的数据类型范围相同。

用户自定义类型可包含一个或者多个某种数据类型的数据元素、数组或一个存在的用户自定义类型，Type 语句的语法如下。

```
Type Typename
定义语句
End Type
```

12.2.2 变量、常量、数组和表达式

在 VBA 代码中声明和使用指定的常量或者变量来临时存储数值、计算结果或者操作数据库中的任意对象。

1. 变量的声明

变量是临时保存数值的地方。声明变量有两个作用：指定变量的数据类型和指定变量的适用范围。VBA 应用程序并不要求在过程或者函数中使用的变量要提前进行明确声明。如果使用了一个没有明确声明的变量，系统会默认地将它声明为 Variant 数据类型。

虽然默认的声明很方便，但可能会在程序代码中导致严重的错误，因此在使用前声明变量是一个很好的编程习惯。VBA 可以强制要求用户在过程或者函数中使用变量前必须首先进行声明，方法是在模块通用节中包含一个 Option Explicit 语句。

使用 Dim 语句来声明变量，该语句的功能是：声明变量并为其分配存储空间。

Dim 语句的语法格式如下：

```
Dim varname As type
```

其中各个参数的说明如下。

- **Dim 参数**

必需参数，用于声明变量的语法格式关键字。

- **Varname 参数**

必需参数，用于表示变量的名称，要遵循标识字符的命名约定。

- **As 参数**

用于声明变量的语法格式关键字。

- **Type 参数**

可选参数，用于表示变量的数据类型。

下面是使用 Dim 声明变量的例子。

```
'声明一个整型变量
Dim i As Integer
'声明多个字符型变量
Dim s1,s2 As String
```

声明多个变量时，因为没有为 s1 指定数据类型，所以将其默认为 Variant 类型。声明变量时用户自定义的数据类型与常规的数据类型没有区别，只要在使用之前定义了该数据类型即可。

2. 常量的声明

常量是用于保存固定数据的地方，它的值经过设置后不能够更改或赋予新值。

对于程序中经常出现的常数值，以及难以记忆且无明确意义的数值，使用声明常量的方法可以增加程序的可读性，便于管理和维护。通常可以使用 Const 语句来声明常量并设置其值。

Const 语句的语法格式如下：

```
Const ConstName=expression
```

下面是使用 Const 声明常量的例子。

```
'声明一个变量并赋值
Const PI = 3.1415926
```

3. 变量和常量的作用域

变量和常量的作用域决定了变量在 VBA 代码中的作用范围。变量在第 1 次声明时开始有效，用户可以指定变量在其有效范围内可以反复出现。一个变量有效被称为是可见的，意味着可以为其赋值，并且可以在表达式中使用它，否则变量是不可见的。当变量不可见时使用这个变量，实际上是创建一个同名的新变量，对于常量也是一样。

可以在声明变量和常量的时候对它的作用域作相应的声明。如果希望一个变量能被数据库中的所有过程访问，则需要在声明时加上 Public 关键字。可以用 Private 语句显式地将一个变量的适用范围声明在模块内，但这不是必须的，因为 Dim 和 Static 所声明的变量默认为在模块内私有。其中 Public 和 Private 关键字的声明变量的有效范围如下。

- **Public 关键字**

它声明的变量或常量能被一个工作簿内的所有模块、过程、函数等使用，此时声明的变量被称为全局变量或全局常量。

- **Private 关键字**

它声明的变量只能被用于声明所在的模块内，此时声明的常量或变量被称为私有常量或私有变量。

下面分别使用介绍的这两种方式声明变量，而对于常量的声明情况则完全一样。

```
'声明一个全局变量
Public Dim S1 as String
'声明一个私有变量
Private Dim S2 as String
```

4. 静态变量和非静态变量

使用 Dim 语句声明的变量为非静态变量，在过程结束之前一直保存它的值，但如果在过程之间调用时就会丢失数据。

可以使用 Static 语句声明静态变量，使用 Static 声明的变量在模块内一直保留其值，直到模块被复位或重新启动。即便是在非静态过程中，用 Static 语句来显式声明只在过程中可见的变量，其存活期也与定义了该过程的模块的存活期一样长。

Static 语句的语法与 Dim 相同，只是将 Dim 关键字换为 Static 而已。

下面的语句声明了一个静态变量 M。

```
'声明一个静态变量
Static M As Integer
```

5. 数组

数组用来表示一组具有相同数据类型的值，是单一类型变量，可以存储多个值，而常规变量只存储一个值。定义数组后可以引用整个数组，也可以引用数据的个别元素。

数组的声明方式和其他的变量一样，它可以使用 Dim、Static、Private 或 Public 语句来声明。标量变量（非数组）与数组变量的不同之处在于通常必须指定数组的大小。

下面是声明数组的例子。

```
'声明一个大小为 6 的整型数组
Dim A1(5) As Integer
'声明一个 3×4 的字符型数组
Dim A2(0 To 2, 0 To 3) As String
'声明一个动态字符型数组
Dim A3() As String
```

在使用数据变量的某个值时，只需要引用该数组并且在其后的括号中赋予相应的索引即可。

6. 表达式

表达式用来求取一定运算的结果，由变量、常量、函数、运算符和圆括号等构成。VBA 包含有丰富的运算符，其中包括算术运算符、比较运算符、逻辑运算符和连接运算符等，通过这些运算符可以完成各种运算。

各种运算符及其描述如下表所示。

- **算术运算符**

符号	描述
^	求幂
—	负号
*	乘
/	除
\	整除
Mod	求余
+	加
—	减

比较运算符

符号	描述
=	等于
<>	不等于
<	小于
>	大于
<=	小于等于
>=	大于等于
Is	对象引用比较

逻辑运算符

符号	描述
Not	逻辑非
And	逻辑与
Or	逻辑或
Xor	逻辑异或
Eqv	逻辑等价
Imp	逻辑隐含

连接运算符

符号	描述
+或&	字符串连接

提示

表达式是由各种运算符将变量、常量和函数等连接起来构成的，但是在表达式的书写过程中要注意：运算符不能相邻、乘号不能省略、括号必须成对出现。

对于包含多种运算符的表达式，在计算时会按照预定的顺序计算每一部分，这个顺序被称为运算符优先级。

各种运算符的优先级顺序如下图所示。

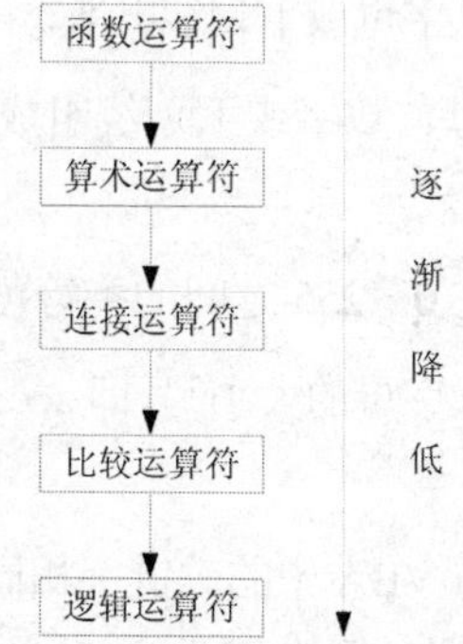

提示

如果在运算表达式中出现了括号，则先进行括号内的运算，在括号内部仍按照运算符的优先级顺序进行计算。

12.2.3 VBA 的关键字和标识符

1. 关键字

在 VBE 的编程窗口中关键字是蓝色显示的。

常用的关键字如下所列。

Array、As、Binary、Byref、Case、Currency、Dim、Double、Date、Do、False、Is、Open、End、Integer、Byval、Long、Else、Empty、Error、For、Friend、Get、Input、Len、Let、Lock、Me、Mid、New、Next、Nothing、Null、On、Option、Optional、ParamArray、Print、Private、Public、Resume、Selection、Seek、Set、Static、Step、String、Then、Time、To、WithEvents、To、Until、Object、Variant、Type、Boolean、True、Loop、Mod、Select、Sub、And、Or、Xor、Imp、Result、With、Property、Run 和 Exit 等。

用户不可以改变这些关键字，在命名变量和常量等处使用字符串时也不可以使用这些关键字。

2. 标识符

标识符的命名需要遵循以下规则。

① 标识符是有一定意义的直观的英文字符串。

② 标识符必须以字母或下划线开头。

③ 标识符由字母、数字或下划线组成而且不可以含有空格。

④ 标识符只有在0～255之间的字符可以使用。

⑤ 标识符不区分字母的大小写，即access和ACCESS是相同的。

⑥ 标识符不能与VBA中的关键字相同，但是可以加一个前缀或者后缀，例如Dim1。

12.2.4 VBA的控制语句

语句是程序的基本组成部分，每个程序都是由很多条基本语句按照一定的逻辑规则排列出来的，而控制语句则是穿插在各个语句中使语句具有逻辑规则性的逻辑纽带。

VBA 中的控制语句按语句代码执行的先后顺序可以分为顺序程序结构、条件判断结构和循环程序结构等，按作用类型可以分为赋值语句、分支语句、循环语句、判断语句和退出语句等。

1. 赋值语句

赋值语句的作用是把一个表达式的值赋给一个变量，在VBA程序编写时用得非常频繁。

赋值语句的语法格式如下：

```
Variable = expression
```

其中各个参数的说明如下。

- **Variable 参数**

Variable参数是必需的，它是将要被赋值的变量。

- **expression 参数**

expression参数是必需的，它是表达式。在赋值的过程中首先需要计算表达式的值，然后把计算的结果赋值给Variable参数。

例如下面的例子就用到了赋值语句。

```
'强制声明变量语句
Option Explicit
Sub Square()
'定义两个整型变量
Dim m As Integer
Dim S As Integer
'为整型变量赋值
m = 4
S = m * m
'MsgBox 函数用于输出对话框信息
MsgBox m & "的平方：" & Chr(10) & Chr(13) & S
End Sub
```

代码界面如下图所示。

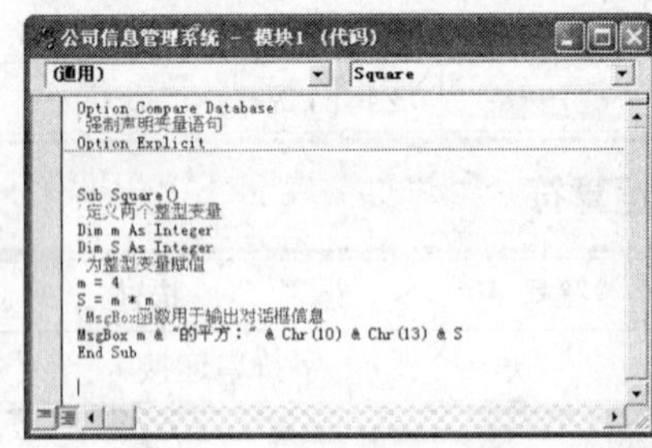

代码中首先定义了两个整型变量m和S，然后把“4”赋给m变量，把“m*m”赋给S变量，再用MsgBox函数把结果在对话框中显示出来。

单击【运行子过程/用户窗体】按钮 即可弹出如下图所示的对话框。

其中MsgBox函数语法的格式如下：

```
MsgBox(prompt[,buttons][,title][,helpfile,context])
```

其中各个参数的说明如下。

- **Prompt 关键字**

必需参数，为字符串表达式，作为显示在对话框中的消息。Prompt的最大长度大约在1024个字符，具体由所用字符的宽度决定。如果Prompt的内容超过一行，则可在每一行之间用回车符（Chr(13)）、

换行符（Chr(10)）或是回车符与换行符的组合（Chr(13)&Chr(10)）将各行隔开。

- **Buttons 关键字**

可选参数。数值表达式是值的总和，指定显示按钮的数目和形式、使用的图标样式、默认按钮是什么以及消息框的强制回应等。如果省略，Buttons 的默认形式则为 0。

- **Title 关键字**

可选参数。是在对话框标题栏中显示的字符串表达式。如果省略 Title，则将应用程序名放在标题栏中。

- **Helpfile 关键字**

可选参数。为字符串表达式，识别用来向对话框提供上下文相关的帮助文件。如果提供了 Helpfile，则必须提供 Context。

- **Context 关键字**

可选参数。为数值表达式，由帮助文件的作者指定给适当的帮助主题的帮助上下文编号。如果提供了 Context，则也必须提供 Helpfile。在上面介绍的几个参数中，最重要的就是 Buttons 参数，因为该参数决定了输出对话框中按钮的形态，用于提示用户或等待用户单击按钮，并返回一个 Integer 告诉用户单击哪一个按钮在程序中进行处理。该参数的可选项及其说明如下表所示。

参数	组值	参数说明
vbOKOnly	0	只显示 OK 按钮
vbOKCancel	1	显示 OK 和 Cancel 按钮
vbAbortRetryIgnore	2	显示 Abort、Retry 及 Ignore 按钮
vbYesNoCancel	3	显示 Yes、No 及 Cancel 按钮
vbYesNo	4	显示 Yes 和 No 按钮
vbRetryCancel	5	显示 Retry 和 Cancel 按钮
vbCritical	16	显示 Critical Message 图标
vbQuestion	32	显示 Warning Query 图标
vbExclamation	48	显示 Warning Message 图标
vbInformation	64	显示 Information Message 图标
vbDefaultButton1	0	第 1 个按钮是默认值

续表

参数	组值	参数说明
vbDefaultButton2	256	第 2 个按钮是默认值
vbDefaultButton3	512	第 3 个按钮是默认值
vbDefaultButton4	768	第 4 个按钮是默认值
vbOKOnly	0	只显示 OK 按钮

2. 循环语句

在 VBA 中，使用系统提供的循环语句用户可以很快地完成一系列重复复杂的操作。

循环语句就是循环反复地执行某个循环段内的代码，一般用于完成计算和搜索任务。其中常用的 VBA 循环语句有：For…Next 语句、For Each…Next 语句和 Do…Loop 语句等。

(1) For…Next 语句

For…Next 语句的作用是在一个指定次数的情况下重复执行一个语句块，循环地使用一个计数变量。每执行一次循环，其值都会增加或减少。

For…Next 语句的语法格式如下。

```
For 计数器 = 初值 To 末值 [步长]
语句
[Exit For]
语句
Next[计数器]
```

其中“计数器”是一个数值变量。若未指定“步长”，系统则默认为 1。如果“步长”是正数或 0，“初值”则应大于等于“末值”，否则“初值”应小于等于“末值”。VBA 在开始时将“计数器”的值设置为“初值”。在执行到相应的 Next 语句时，就会把“步长”加（减）到计数器上。

在该循环中可以在任何位置上放置任意个 Exit For 语句，并且随时可以退出循环。Exit For 经常在条件判断之后使用（例如 If…Then），并将控制权转移到紧接在 Next 之后的语句。可以将一个 For…Next 循环放置在另一个 For…Next 循环中，组成嵌套循环中的计数器要使用不同的变量名。

下面的代码就是使用For…Next循环为M整型数组赋值，然后对赋值的数组数值进行累加，并输出最终结果。

```
Sub S()
Dim M(10) As Integer
Dim S As Integer
Dim i As Integer
For i = 0 To 10
M(i) = i
S = S + i
Next i
MsgBox "0至10的整数和为：" & S
End Sub
```

代码界面如下图所示。

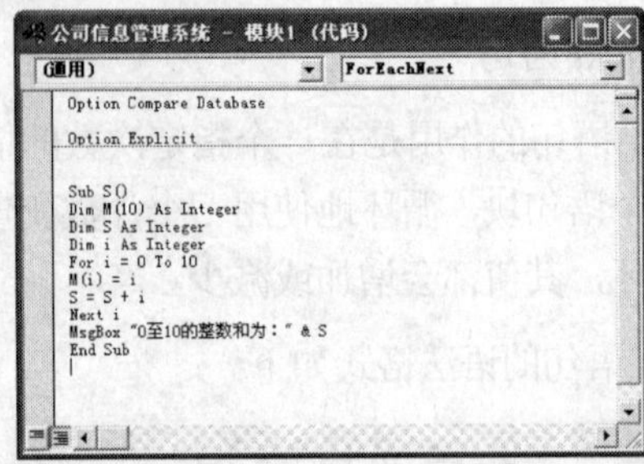

单击【运行子过程/用户窗体】按钮弹出如下图所示的对话框。

(2) For Each…Next语句

For Each…Next语句的作用主要是对一个集合中的每个元素重复执行一系列固定的语句组合。可以使用For…Next 语句去重复一个语句块，而它是作用于集合中的每个对象或是数组中的每个元素。当循环执行一次 Visual Basic 则会自动地设置一个变量。For Each…Next语句的语法格式如下。

```
For Each 元素 In 组或集合
语句
[Exit For]
语句
Next 元素
```

For Each…Next语句中的元素用来遍历集合或者数组中的所有变量。对于集合来说，这个元素可能是一个Variant变量、一个通用对象变量或者任何特殊对象变量；对于数组而言，这个元素只能是一个Variant变量。

如果集合中至少有一个元素，就会进入For Each块执行。一旦进入循环，便先针对组或集合中的第1个元素执行循环中的所有语句。如果在该组中还有其他的元素，则会针对它们执行循环中的语句，当组中的所有元素都执行完了便会退出循环，然后从Next语句之后的语句继续执行。

下面的代码首先定义了一个含有 10 个元素的数组变量A(10)，通过For…Next循环语句为A(10)数组赋值，然后使用For Each…Next循环语句把数组中的每一项输出到【立即窗口】中。

```
Sub ForEachNext()
'定义用于循环的整型变量
Dim i As Integer
'定义一个实体型变量
Dim j As Variant
'定义一个数组变量
Dim A(10)
'使用For…Next语句插入数据
For i = 1 To 10
  '为VarArray[10]数组赋值
  A(i) = "数组中第" & i & "项值为：" & i
  Next i
  '使用For Each…Next循环语句
For Each j In A
  '使用Debug对象把数组中的每项输出到立即窗口中
  Debug.Print j
  Next j
End Sub
```

代码界面如下图所示。

```
公司信息管理系统 - 模块1 (代码)
(通用)                    ForEachNext
Option Compare Database

Option Explicit

Sub ForEachNext()
'定义用于循环的整型变量
Dim i As Integer
'定义一个实体型变量
Dim j As Variant
'定义一个数组变量
Dim A(10)
'使用For…Next语句插入数据
For i = 1 To 10
  '为VarArray[10]数组赋值
  A(i) = "数组中第" & i & "项值为：" & i
  Next i
  '使用For Each…Next循环语句
```

单击【运行子过程/用户窗体】按钮，然后单击【视图】➤【立即窗口】菜单项即可看到打开的【立即窗口】对话框中显示的信息。

代码中的 For Each…Next 子过程使用了 Debug 对象，其作用是在运行的时候把输入的结果发送到【立即窗口】中。

Debug 包含两个方法，分别是 Assert 和 Print，后者比较常用，其作用是在【立即窗口】中打印文本，其语法格式如下。

```
Object.Print [Outputlist]
```

其中各个参数的说明如下。

- **Object 参数**

必需参数。对象表达式，其值为“应用于”列表中的对象，这里常常是 Debug 对象。

- **Outputlist 参数**

可选参数。为要打印的表达式或表达式列表，如果省略则打印一个空白行。

(3) Do…Loop 语句

在许多实例中，用户需要重复一个操作直到满足给定的条件才中止。为此可以使用 Do…Loop 语句运行该语句块，而它所需要的时间是不确定的。因为只有在条件为 True 或直到条件变成 True 之前，此语句会一直重复地执行下去。该语句一般用于不知道循环次数时的循环。

① 第 1 种情况：条件为 True 时循环语句，使用 While 关键字去检查 Do…Loop 语句中的条件，即 Do While…Loop 语句。

Do While…Loop 语句的语法格式如下。

```
Do[{While | Until}条件]
[语句]
[Exit Do]
[语句]
Loop
```

其中“条件”是可选参数，是数值表达式或者字符串表达式，其值为 True 或者 False。如果条件为 Null<无条件>，则被当作 False。While 子句和 Until 子句的作用正好相反，如果指定了前者，当<条件>是真时则继续执行；如果指定了后者，当<条件>为真时则结束循环。如果把它们放在 Do 子句中，则必须满足条件才执行循环中的语句；如果把它们放在 Loop 子句中，在检测条件满足之前则先执行循环中的语句。

下面的例子即是使用 Do While…Loop 语句输出循环次数。

```
Sub DoLoop1()
'定义用于循环的整型变量
Dim i As Integer
'定义用于保存循环次数的整型变量
Dim C As Integer
  '为变量赋初值
  i = 1
  C = 0
  '使用 Do While…Loop 语句计算循环次数
  Do While i < 100
  i = i * 2
  C = C + 1
  Loop
  '输出循环次数的结果
  MsgBox "循环共执行了" & C & "次！"
End Sub
```

代码界面如下图所示。

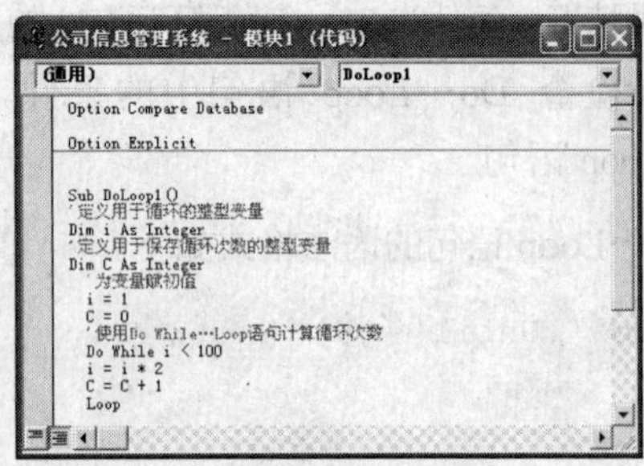

单击【运行子过程/用户窗体】按钮▶即可弹出如下图所示的对话框。

② 第 2 种情况：直到条件变成 True 时才循环语句，它使用 Until 关键字去检查 Do…Loop 语句中的条件，即 Do Until…Loop 语句。

Do Until…Loop 语句的语法格式如下。

```
Do
[语句]
[Exit Do]
[语句]
Loop[{While|Until}条件]
```

下面使用 Do Until…Loop 语句输出循环次数。

```
Sub DoLoop2()
'定义用于循环的整型变量
Dim i As Integer
'定义用于保存循环次数的整型变量
Dim C As Integer
  '为变量赋初值
  i = 1
  C = 0
  '使用Do While…Loop语句计算循环次数
  Do Until i > 100
  i = i * 2
  C = C + 1
  Loop
  '输出循环次数的结果
  MsgBox "循环共执行了" & C & "次!"
End Sub
```

3. 判断语句

判断语句在 VBA 中也是最常用的控制语句之一，在 VBA 中经常使用的判断语句有 If 条件语句和 Select Case 语句等。

If 条件语句

If 条件语句利用应用程序根据测试条件的结果对不同的情况做出反应，其语法形式有以下 3 种。

(1) If…Then

在程序需要做出“或者”的选择时使用该语句。该语句又有以下两种形式。

① 单行形式的语法格式如下。

```
If 条件 Then 语句
```

其中“条件”是一个数值或一个字符串表达式。若“条件”为 True（真），则执行 Then 后面的语句。“语句”可以是多个语句，但多个语句要写在一起，例如下面的这段代码。

```
If A <> B Then A = A + 1 B = B - 1
```

② 多行形式的语法格式如下。

```
If 条件 Then
语句
End If
```

在此可以看出与单行形式相比，只是要执行的语句是通过 End If 来标志结束。对于执行多条不方便写在一行的语句时，使用这种形式会使代码整齐美观。

例如上例可以写成如下所示的形式。

```
If A <> B Then
A = A + 1
B = B - 1
End If
```

(2) If…Then…Else

如果程序必须在两种条件中选择，则可使用 If…Then…Else 语句。

If…Then…Else 语句的语法格式如下。

```
If 条件 Then
语句
Else
语句
End If
```

若“条件”为 True，则执行 Then 后面的语句，否则执行 Else 后面的语句。

例如下面的代码，如果 Sex 的值为 True，则显示“男”，否则显示“女”。

```
Sub Sex()
Dim Sex As Boolean
If Sex Then
 MsgBox "男"
Else
 MsgBox "女"
End If
End Sub
```

(3) If…Then…ElseIf…Else

如果要从 3 种或 3 种以上的条件中选择一种，则要使用 If…Then…ElseIf…Else。

If…Then…ElseIf…Else 语句的语法格式如下。

```
If…条件 1 Then
   语句
ElseIf 条件 2 Then
   语句
[ElseIf 条件 3 Then
语句]…
Else
   语句
End If
```

若“条件 1”为 True，则执行 Then 后面的语句，否则就判断“条件 2”，如果为 True 则执行随后的语句，依次类推。当所有的条件都不满足时，则执行 Else 块的语句。

例如下面的语句通过员工工龄进行判断，给出员工工资上调值。

```
  '工龄小于 1 年，工资上调 5%
If standing < 1 Then
  salary = salary * 0.05
  '工龄大于 1 年小于 2 年，工资上调 10%
ElseIf standing >= 1 And standing < 2 Then
  salary = salary * 0.1
  '工龄大于 2 年小于 3 年，工资上调 15%
ElseIf standing >= 2 And s tanding < 3 Then
  salary = salary * 0.15
  '工龄大于 3 年，工资上调 20%
Else
  salary = salary * 0.2
End If
```

● Select Case 语句

如果条件复杂，分支太多，那么使用 If 语句就会显得很麻烦，而且程序会变得不易阅读，这时可以使用 Select Case 语句来写出结构清晰的程序。

Select Case 语句可以根据表达式的求值结果选择执行分支。

Select Case 语句的语法结构如下。

```
Select Case 表达式
Case 表达式 1
  语句
Case 表达式 2
  语句
Case 表达式 3
  语句
End Select
```

Select Case 语句的语法中的 Select Case 后面的表达式是必要参数，可以为任何的数值表达式或字符串表达式；在每个 Case 后面出现的表达式是多个“比较元素”的列表，其中可包含“表达式”、“表达式 To 表达式”、“Is<比较操作符>表达式”等几种形式。每个 Case 后面的语句都可以包含一条或多条语句。

在程序执行时，如果有一个以上的 Case 子句与“检验表达式”匹配，VBA 则只执行第 1 个匹配的 Case

后面的“语句”。如果前面的 Case 子句与<检验表达式>都不匹配，则执行 Case Else 子句中的“语句”。

例如对上例使用 Select Case 语句实现，具体的代码如下。

```
Select Case standing
Case Is < 1
 salary = salary + salary * 0.05
Case 1 To 2
 salary = salary + salary * 0.1
Case 2 To 3
 salary = salary + salary * 0.15
Case Else
 salary = salary + salary * 0.2
End Select
```

4. 结构语句

在 VBA 中经常用到的结构语句包括 With 语句、Exit 语句、End 语句以及 GoTo 语句。

With 语句

With 语句一般用在用户自定义类型或者对象内，用来执行一系列的语句集合。

可以使用 With 语句使过程运行的更快并且不用重复指出对象的名称。例如要设置一个对象的多个属性，可以在 With 控制结构中加上属性的赋值语句，这样只引用对象一次即可为每个对象赋值。

With 语句的语法格式如下。

```
With 对象
语句
End With
```

例如下面的例子即使用 With 语句对 Text0 对象执行了一系列的操作。

```
With Text0
    .SetFocus
    .Text = "你叫什么名字？"
    .FontSize = 15
    .FontName = "隶书"
End With
```

上述代码与以下代码的功能相同。

```
Text0.SetFocus
Text0.Text = "你叫什么名字？"
Text0.FontSize = 15
Text0.FontName = "隶书"
```

程序一旦进入 With 块对象将不能改变，所以不能用同一个 With 语句来设置多个不同对象的属性。可以将一个 With 语句块放在另一个 With 语句块中产生嵌套，但因为外层 With 语句块成员会在内层的 With 语句块中被屏蔽，所以必须在内层的 With 块中使用完成的对象引用来指出外层的 With 块中的对象成员。

Exit 语句

Exit 语句用于退出 Do…Loop、For…Next、Function、Sub 或者 Property 等代码块，表现为 Exit Do、Exit For、Exit Function、Exit Property 和 Exit Sub 等几种形式。

例如下面的例子即使用 Exit 语句退出循环操作，并在按钮上显示退出操作时的随机数值。

```
Private Sub Command0_Click()
Dim i As Integer
Dim D As Single
Do
  For i = 1 To 100
    D = Int(Rnd * 100)
   '随机数为 10，将退出 For 循环
    If D = 10 Then
      Exit For
    End If
   '随机数为 30，将退出 Do 循环
    If D = 30 Then
      Exit Do
    End If
   '随机数为 50，将退出 Sub 子过程
    If D = 50 Then
      Exit sub
    End If
```

```
  Next i
Loop
Command0.Caption = D
End Sub
```

该例需要在窗体中添加一个 Command0 按钮控件，然后在【属性表】的【事件】选项卡中打开【单击】事件的代码窗口并输入上述代码即可。

End 语句

End 语句用来结束一个过程或者块。

例如下面的例子就用到了 End 语句，当循环判断得到需要的数据时将结束判断。

```
Private Sub Command0_Click()
Dim i As Integer
Dim A(10) As Integer
  '通过 For 语句为数组赋值
For i = 1 To 10
 A(i) = i * 2 + 1
Next i
  '通过 For 语句循环判断数组是否有数值为 5 的数据
For i = 1 To 10
  '存在为 5 的数据将输出数组位置到按钮上，并结束循环
 If A(i) = 5 Then
   Command0.Caption = i
   End
 End If
Next i
End Sub
```

GoTo 语句

GoTo 语句主要实现无条件地转移过程中的行。

GoTo 语句的语法格式如下。

```
GoTo 行标签
```

其中行标用来指示一行代码，它可以是任何字符的组合，以字母开头并以"："（冒号）结束。

行标签不区分大小写，但必须从第 1 列开始标注行标签。

GoTo 语句将用户代码转移到行标签的位置，并从该点继续执行。

例如下面的例子即使用 GoTo 语句来实现代码中语句的跳转。

```
Sub GoTo1()
Dim N1, N2
N1 = 1
If N1 = 1 Then
   GoTo Line1
Else
   GoTo Line2
End If
  '定义行标签
Line1:
   N2 = "执行了第 1 条 GoTo 语句"
   GoTo LastLine
Line2:
   N2 = "执行了第 2 条 GoTo 语句"
   GoTo LastLine
LastLine:
   Debug.Print N2
End Sub
```

代码界面如下图所示。

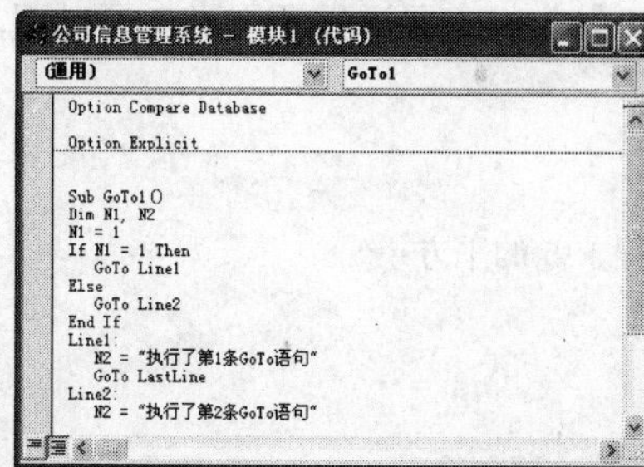

单击【运行子过程/用户窗体】按钮▶，然后单击【视图】➤【立即窗口】菜单项即可看到打开的【立即窗口】对话框中显示的信息。

12.3 过程和模块

过程是 VBA 代码的容器，主要包括子过程、函数过程和属性过程等 3 种，每一种过程都具有其独特的用途。

模块是过程的容器，主要包括类模块和标准模块，模块中的每一个过程都可以是一个函数过程或者子过程。

12.3.1 子过程

由 Sub 和 End Sub 语句所包含起来的一系列 VBA 语句被称为一个子过程，它可以执行动作、计算数值以及更新并修改内置的属性设置等操作，但不一定会有返回值。

Sub 语句用来声明一个子过程名。过程名通常需要遵循标准的变量命名规则，即必须以字母开头，长度不能超过 255 个字符，不能包含空格和标点符号，不能是 VBA 中的关键字、函数和操作符。

子过程可以有参数，但如果子过程没有参数，则需要在其子语句的后面加上圆括号。

用户可以在 VBE 代码窗口中直接输入代码来编写子过程。

例如下面的代码是求整数的平方，并将结果输入到【立即窗口】中。P1 子过程调用了 S 子过程，求整数 5 的平方。

```
Sub P1()
'调用子过程求 5 的平方
Call S(5)
End Sub
Sub S(a As Integer)
Dim R As Integer
R = a * a
Debug.Print R
End Sub
```

代码界面如下图所示。

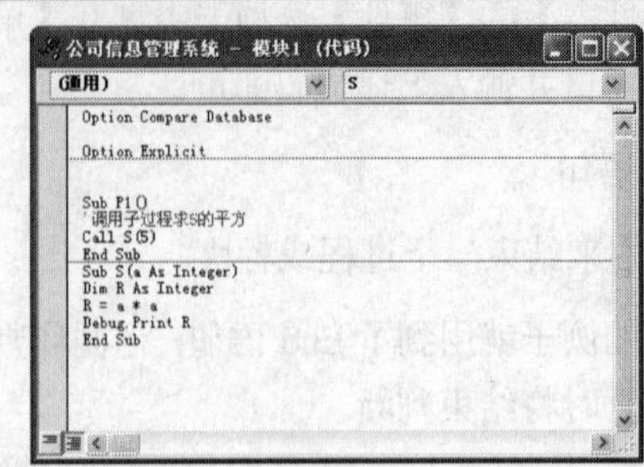

单击【运行子过程/用户窗体】按钮▶，然后单击【视图】➢【立即窗口】菜单项即可看到打开的【立即窗口】对话框中显示的信息。

12.3.2 函数过程

函数过程是一系列由 Function 和 End Function 语句所包含起来的 VBA 语句。

函数过程和子过程的区别如下。

(1) 函数可以有返回值，在表达式中可以当作变量来使用。

(2) 函数不能作为事件处理过程。

例如下面即使用函数过程求整数的平方。

```
Function F1(a As Integer)
Dim R As Integer
F1 = a * a
End Function
```

代码界面如下图所示。

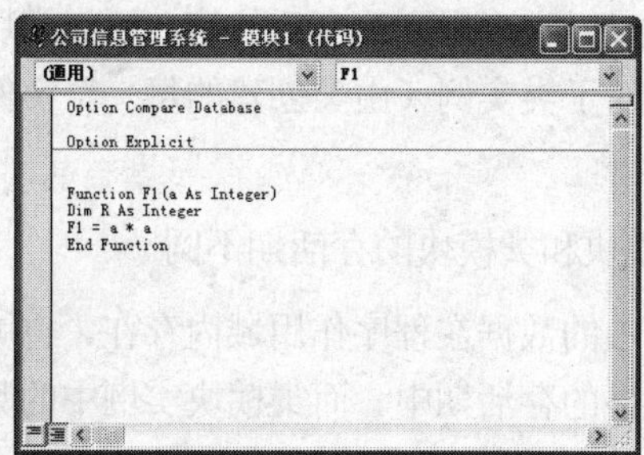

然后通过在【立即窗口】对话框中输入一个"？"（问号），再输入函数名称和参数并按下【Enter】键来激活该函数，运行的结果如下图所示。

12.3.3 属性过程

属性过程（Property）是一系列的 Visual Basic 语句，它允许程序员去创建并操作自定义的属性，也可以为窗体、标准模块以及类模块等创建只读属性。

声明 Property 过程的语法如下。

```
[Public|Private][Static|Property|{Get|Let|Set}}属性名 [（参数）][As 类型]
语句
End Property
```

Property 过程通常成对出现，Property Let 与 Property Get 一组，而 Property Set 则与 Property Get 一组，这样声明的属性具有可读和可写性。单独使用 Property Get 过程声明一个属性，该属性则只有可读性。

Property Let 和 Property Set 都可以设置属性，只是 Property Let 将属性设置为等于一个数据类型，而 Property Set 则将属性设置为等于一个对象的引用。

12.3.4 类模块

类模块包含新对象定义的模块。当创建类的新实例时，即可创建新对象。模块中定义的过程称为该对象的属性和方法。

类模块中有 3 种基本变形：窗体类模块、报表模块和自定义模块。

窗体模块

该模块中包含了在指定的窗体或者其控件的事件所触发的所有事件过程的代码，这些过程用于响应窗体中的事件。用户可以使用事件过程来控制窗体的行为和对用户操作的响应。

报表模块

报表模块与窗体模块类似，其不同之处在于工程响应和控制的是报表行为。

数据库中的每一个窗体/报表都有内置的窗体/报表模块，这些模块包含事件过程模板，用户可以向其中添加程序代码，使得当窗体/报表或其上的控件中发生相应的事件时运行这些程序代码。

自定义类模块

自定义类模块不与窗体和报表相关联，允许用户定义自己的对象、属性和方法。

12.3.5 标准模块

标准模块用来放置有希望可供整个数据库的其他过程使用的过程，这些过程不与任何的对象相关联。

用户可以在数据库窗口的【导航窗格】中查看该数据库中包含的标准模块列表。

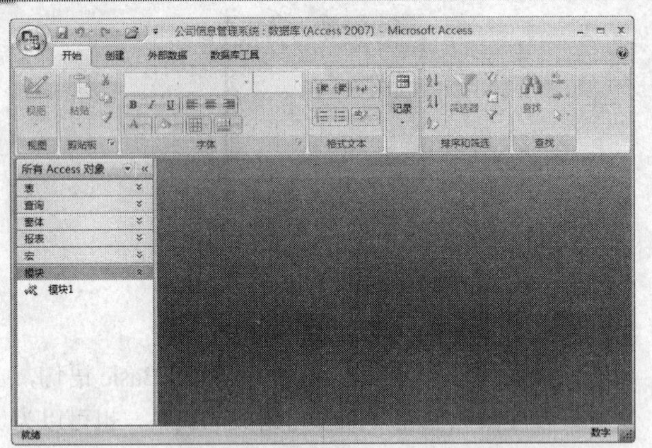

标准模块和类模块之间存在以下几个不同之处。

(1) 标准模块和类模块存储数据的方法不同。

标准模块的数据只有一个备份，这意味着标准模块中一个公共变量的值改变之后，在后面的程序中再读取该变量时它将得到改变后的值，而类模块中的数据则是相对于类实例（由类创建的每一个实例）独立存在的。

(2) 标准模块和类模块的存活期不同。

标准模块中的数据在程序作用域内存在，也就是说它存在于程序的存活期中。而类模块实例中的数据只存在于对象的存活期，它随对象的创建而创建，随对象的消失而消失。

(3) 标准模块和类模块的可见性不同。

当变量在标准模块中声明为 Public 时，它在工程中的任何地方都是可见的，而类模块中的 Public 变量只有当对象变量含有对某一类模块实例的引用时才能访问。

12.4 数据库操作

在 VBA 中可以使用数据访问对象（DAO）和 ActiveX 数据对象（ADO）两种数据访问模型来访问 Access 数据库。

12.4.1 DAO

DAO 能使用户通过编程操作本地或者远程数据库中的数据和对象，它依赖于工作区对象模型进行不同的类型和数据访问。

DAO 具有以下两种不同的工作区。

- Microsoft Jet 工作区

Microsoft Jet 工作区是针对 Jet、Jet 连接的 ODBC 和可安装的 ISAM 数据源而设计的，它使用微软的 Jet 数据库引擎连接数据库。其最大的特点是可以连接不同的数据源的表到通用记录集。

- ODBCDirect 工作区

ODBCDirect 工作区提供了对远程数据源（如 SQL Server）的快速访问，并且可以绕过 Jet。使用该工作区可以进行异步查询，从而可以实现更好的数据库访问。

12.4.2 ADO

ADO 使得程序员能够编写应用程序，并且可以通过 OLE DB 提供者访问和操作数据库服务器中的数据。其优点是易于使用、速度快、内存支出低和占用磁盘空间少等。

ADO 定义了“编程模型”，用来访问和更新数据源所必需的一系列活动，其中 ADO 编程模型的关键元素有连接、命令、参数、记录集、字段、错误、属性、记录、流、集合和事件等。

编程模型概括了 ADO 的完整功能，并提出了“对象模型”（即“对象”集）来表达和实现编程模型。对象具有“方法”和“属性”，方法用于操作数据，属性用于标识数据属性和控制某些对象方法的行为。与对象相关的是“事件”，用于通知某些操作已经发生或者即将发生。

ADO 对象及说明如下表所示。

对象	对象说明
Connection	启用数据的交换
Command	体现 SQL 语句
Parameter	体现 SQL 语句参数
Recordset	启用数据的定位和操作
Field	体现 Recordset 对象列
Error	体现连接错误
Property	体现 ADO 对象特性

ADO 集合及说明如下表所示。

集合	集合说明
Errors	为响应单个连接错误而创建的所有 Error 对象
Parameters	与 Command 对象关联的所有 Parameter 对象
Fields	与 Recordset 对象关联的所有 Field 对象
Properties	与 Connection、Command、Recordset 或 Field 对象关联的所有 Property 对象

ADO 连接事件及说明如下表所示。

连接事件	连接事件说明
BeginTransComplete、CommitTransComplete、RollbackTransComplete	事务管理，通知连接中的当前事务已经开始、提交或回卷
WillConnect、ConnectComplete、Disconnect	连接管理，通知当前连接将要开始、已经开始或结束
WillExecute、ExecuteComplete	命令执行管理，通知连接中的当前命令将要开始或已经开始
InfoMessage	信息，通知获得与当前操作相关的附加信息

ADO 记录集事件及说明如下表所示。

续表

记录集事件	记录集事件说明
FetchProgress、FetchComplete	检索状态，通知数据检索操作的进度或检索操作已经完成
WillChangeField、FieldChangeComplete	字段更新管理，通知当前字段的值将要更新或已经更新
WillMove、MoveComplete、EndOfRecordset	定位管理，通知在 Recordset 中当前行的位置将要更改、已经更改或已达 Recordset 的结尾
WillChangeRecord、RecordChangeComplete	行更改管理，通知有关 Recordset 当前行中某些内容将要更改或已经更改
WillChangeRecordset、RecordsetChangeComplete	记录集更改管理，通知当前 Recordset 中某些内容将要更改或已经更改

ADO 对象库中有 8 个对象：Connection、Command、Recordset、Field、Error、Property、Paremeter 和 Stream，其中 Connection、Command、Recordset 和 Field 具有集合。

下面介绍 ADO 编程模型中的关键元素。

连接

通过“连接”可以从应用程序访问数据源，连接是交换数据所必需的操作。通过如 Microsoft Internet Information Server 作为媒介，应用程序可以直接（有时称为双层系统）或间接（有时称为三层系统）地访问数据源。对象模型使用 Connection 对象使连接概念得以具体化。

“事务”用于区别在连接过程中发生的一系列数据访问操作的开始和结束。ADO 可以明确事务中的操作造成的对数据源的更改或者成功发生，或者根本没有发生。如果取消事务或者它的一个操作失败，最终结果是事务中的所有操作均没有发生，数据源将会保持事务开始之前的状态。对象模型无法清楚地体现出事务的概念，而是用一组 Connection 对象方法来表示。

ADO 访问来自 OLE DB 提供者的数据和服务。Connection 对象用于指定专门的提供者和任意参数，作为连接目标的数据源可以通过连接字符串或统一资源定位符（URL）来指定。

命令

通过已建立的连接发出的“命令”可以以某种方式来操作数据源。一般情况下，命令可以在数据源中添加、删除或者更新数据，或者在表中以行的格式检索数据。对象模型用 Command 对象来体现命令概念。Command 对象使得 ADO 能够进行对命令的优化操作。

参数

通常情况下，命令需要的变量部分（即“参数”）可以在命令发布之前进行更改。例如可以重复发出相同的数据索引命令，但每次均可更改指定的检索信息。参数对执行其行为类似函数的命令非常有用，这样就可以知道命令是做什么的，但不必知道它如何工作，通常对象模型用 Parameter 对象来体现参数概念。

记录集

如果命令是在表中按信息行返回数据查询（行返回查询），那么这些行将会存储在本地，对象模型将该存储体现为 Recordset 对象，但是不存在仅代表单独一个 Recordset 行的对象。记录集是在行中检查和修改数据最主要的方法。Recordset 对象可以用于指定可以检查的行、移动行、添加/更改/删除行、指定移动行的顺序、通过更改行更新数据源以及管理 Recordset 的总体状态。

字段

一个记录集行包括一个或多个“字段”。如果将记录集看做二维网格，字段将排列构成“列”。每一个字段（列）都分别包含有名称、数据类型和值的属性，正是在该值中包含了来自数据源的真实数据。对象模型以 Field 对象体现字段。要修改数据源中的数据，可以在记录集行中修改 Field 对象的值，对记录集的更改最终将被传送给数据源。作为选项，Connection 对象的事务管理方法能够可靠地保证更改要么全部成功，要么全部不成功。

错误

错误随时可以在应用程序中发生，通常是由于无法建立连接、执行命令或者对某些状态（例如试图使用没有初始化的记录集）的对象进行操作。对象模型以 Error 对象体现错误。任意给定的错误都会产生一个或者多个 Error 对象，随后产生的错误将会放弃先前的 Error 对象集合。

属性

每一个 ADO 对象都有一组唯一的“属性”来描述或者控制对象的行为。这里有两种类型的属性：内置和动态。其中内置属性是 ADO 对象的一部分并且随时可用；动态属性则由特别的数据提供者添加到 ADO 对象的属性集合中，仅在提供者被使用时才能存在。对象模型以 Property 对象体现属性。

记录

并非所有的数据源都以数据库的形式存在。文件和电子邮件系统等信息存储系统由“容器”和“内容”组件组成。容器可以包含内容及其他的从属容器。在文件系统中，容器和内容分别是“目录”和“文件”；而在电子邮件系统中，它们分别是“文件夹”和“邮件”。对象模型用 Record 对象来体现容器和内容。另外，Recordset 行也可以用 Record 对象来体现。

流

信息存储系统的“内容”是由字节流组成的。“内存”中的缓存区也是由字节流组成的。对象模型用 Stream 对象来体现字节流，Stream 对象提供执行读取或者写入一系列字节或文本行，从文件中自动地预置，或持久保留到文件中等操作的方法。

集合

ADO 所提供的“集合”是一种对象，可以包含其他特定类型的对象。使用集合属性可以按照名称或者序号对集合中的对象进行检索。ADO 提供有 4 种集合，分别是 Connection 对象的 Error 集合、Command 对象的 Parameters 集合、Recordset 和 Record 对象的 Fields 集合，以及 Connection、Command、Recordset 和 Fields 等对象都具有的 Properties 集合。每一种集合对象都包含存储和检索适合该集合的其他对象的方法。

● 事件

事件是对将要发生或者已经发生的某些操作的通知。一般情况下，可以用事件高效地编写包含几个异步任务的应用程序。对象模型无法明显地体现事件，只能在调用事件处理程序例程时表现出来。在操作开始之前调用的事件处理程序便于对操作参数进行检查或修改，然后取消或允许操作完成。操作完成之后调用的事件处理程序在异步操作完成后进行通知。多个操作经过增强可以有选择地异步执行。

12.5 调试

使用 VBA 设计信息管理系统（MIS）需要编写大量的程序代码，这难免会出现一些错误，这时就需要使用 VBA 程序调试功能来调试。

12.5.1 错误种类

程序错误种类一般包括以下 3 种。

● 语法错误

语法错误是指由输入错误、标点使用错误、固定配对的语句遗漏或者某些关键字使用错误，即在程序代码中使用了违反 VBA 语言规则的语句。

例如在程序中的 For 语句中漏写了 Next 语句，系统在编译时就会自动地弹出提示信息。

● 逻辑错误

逻辑错误是指程序运行时没有错误，也可以顺利执行，只是运行结果错误或者未按照设计人员的预想思路执行。也就是说这种错误并没有使用非法语句或者操作，只是运行的结果不正确。

● 运行错误

运行错误是指程序代码在一般情况下是正常运行的，遇到非法数据或者系统条件不允许代码运行时而出现的错误，例如计算机存储空间不足出现的运行错误。

12.5.2 【调试】工具栏

【调试】工具栏默认的状态下是不显示在 VBE 窗口中的，用户可以在数据库工具栏中单击鼠标右键，然后在弹出的快捷菜单中选择【调试】菜单项。

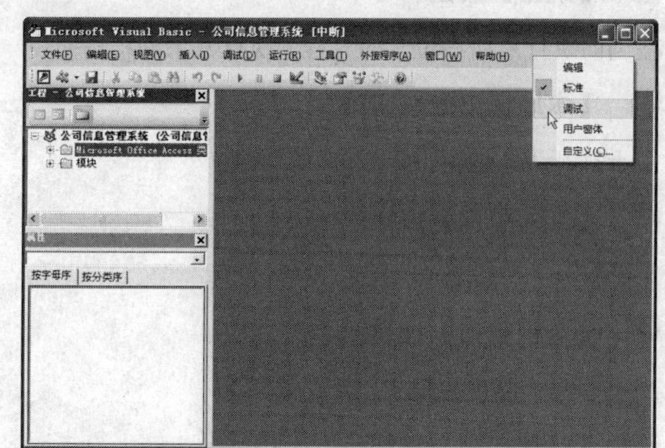

此时即可打开如下图所示的【调试】工具栏。

该工具栏中的每一个按钮都有对应的功能，各个按钮的名称及对应的功能如下。

● 【设计模式】按钮

用于打开和关闭设计模式。

● 【运行程序】按钮

如果指针在一个过程之中，则运行当前的过程；如果当前存在一个活动的 UserForm，则运行活动的

UserForm；如果既没有代码窗口也没有活动的UserForm，则运行宏。

- **【中断运行】按钮**

当一个程序正在运行时停止其执行，并切换至中断模式。

- **【重新设置】按钮**

用于清除执行堆栈及模块级变量并重置工程。

- **【切换断点】按钮**

用于在当前的程序行上设置或者删除断点。

- **【逐语句】按钮**

一次一个语句地执行代码。

- **【逐过程】按钮**

在代码窗口中一次一个过程或者语句地执行代码。

- **【跳出】按钮**

在当前执行点所在位置的过程中执行其余的程序行。

- **【本地窗口】按钮**

用于打开“本地窗口”。

- **【立即窗口】按钮**

用于打开“立即窗口”。

- **【监视窗口】按钮**

用于打开“监视窗口”。

- **【快速监视】按钮**

用于打开所选表达式当前值的快速监视对话框。

- **【调用堆栈】按钮**

用于打开“调用”对话框，列出当前活动的过程调用。

上面介绍了【调试】工具栏中的各个按钮的作用，下面介绍几个常用按钮的作用。

1. 【立即窗口】按钮

单击【立即窗口】按钮或者按下【Ctrl】+【G】组合键即可打开【立即窗口】对话框。

【立即窗口】对话框的作用如下。

(1) 检测有问题或者新编写的代码。

(2) 当执行应用程序时查询或者改变变量的值。当应用程序中断时，将一个需要的新值指定给程序中的变量。

(3) 当执行应用程序时查询或者更改属性值。

(4) 在代码中调用所需的过程。

(5) 运行应用程序时使用 Debug.Print 命令查看输出结果。

【立即窗口】的使用方法：首先用户需要在【立即窗口】对话框中输入或者粘贴代码，然后按下【Enter】键执行代码即可。

例如在【立即窗口】对话框中输入以下代码。

```
MsgBox "What Is Your Name?"
```

按下【Enter】键即可在弹出的对话框中显示“What Is Your Name？”。

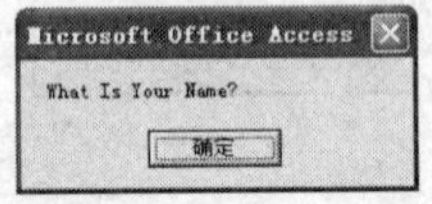

> 提示：在【立即窗口】中执行代码时，如果需要有关函数、语句、属性或者方法等语法的帮助，可以先选定它们，然后按下【F1】键即可。

2. 【监视窗口】按钮

单击【监视窗口】按钮即可打开【监视窗口】对话框。对话框由 4 个列表组成，分别显示“表达式”、表达式的“值”、表达式的“类型”和表达式的“上下文”。

【监视窗口】用来监视某些变量的值的变化情况。在【监视窗口】中添加变量的方法有以下几种。

(1) 选中或者将鼠标光标放到待“监视”的变量上，然后单击鼠标右键，在弹出的快捷菜单中选择【添加监视】菜单项即可。

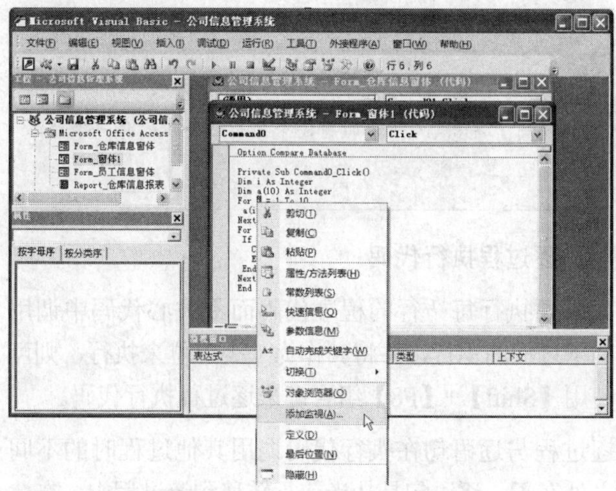

(2) 选中或者将鼠标光标放到待“监视”的变量上，然后选择【调试】➤【添加监视】菜单项即可。

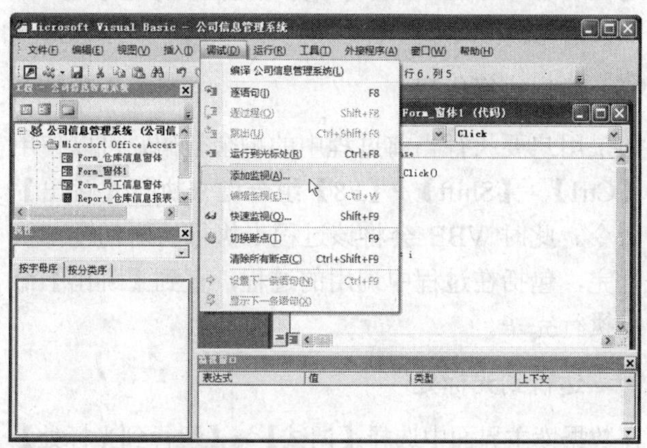

(3) 选中或者将鼠标光标放到待“监视”的变量上，然后按下鼠标左键不放将其拖动到【监视窗口】中释放即可。

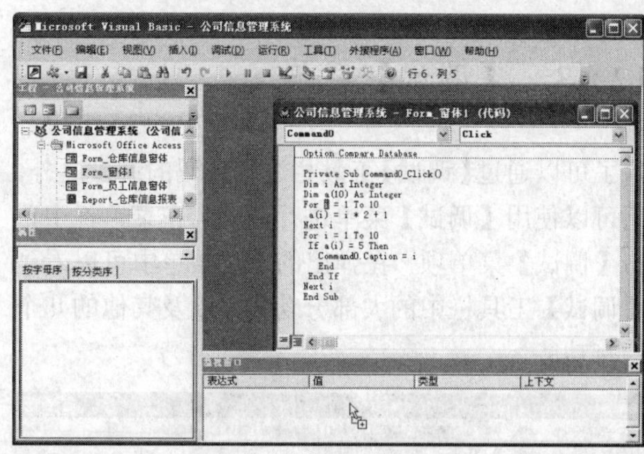

在【监视窗口】中添加变量 i 的界面如下图所示，利用同样的方法可以添加其他的变量。

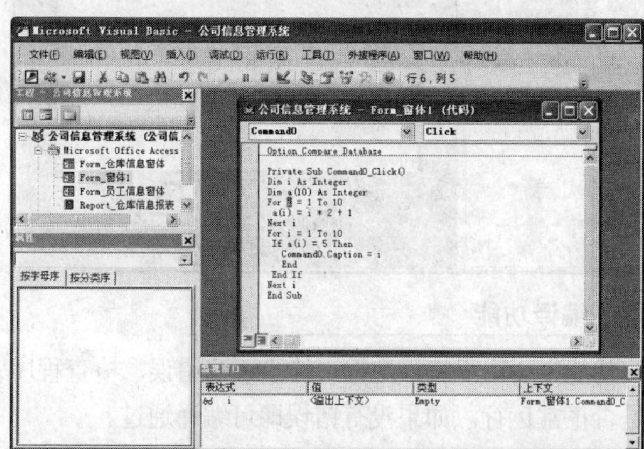

将变量添加到监视窗口后，需要将其与“设置断点”和“逐语句”功能结合起来使用才能起作用。

将鼠标光标移至 VBE 窗口左侧，待鼠标指针变为↖形状时单击左键即可将当前行设置为断点，例如下图中即将 For i = 1 To 10 行设置为断点。

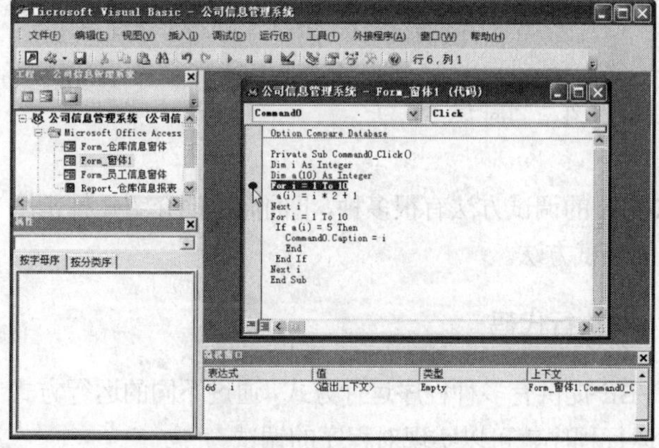

12.5.3 【调试】菜单

除了可以通过【调试】工具栏进行代码的调试之外，还可以使用【调试】菜单进行调试。在菜单栏中单击【调试】菜单项，在弹出的下拉菜单中可以看到【调试】工具栏中的大部分功能，以及其他的几个特有功能。

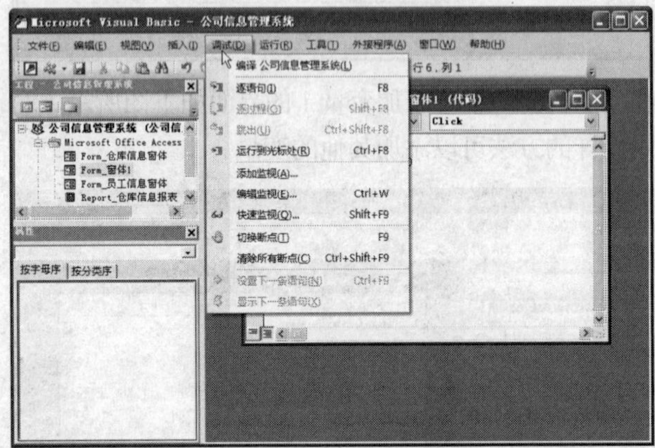

- **编译功能**

该功能主要用于编译数据，检查语法错误，检查程序是否正常运行。如果没有错误即可编译通过。

- **运行到光标处功能**

该功能是把程序运行到光标处，这样可以使用户看到程序代码运行到任意位置时的情况。

- **清除所有断点功能**

该功能用于清除代码中的多个断点。使用该功能可以方便地将所有的断点清除，而不用逐个清除。

12.5.4 调试方法

VBA 的调试方法有很多种，下面简单地介绍几种常用的调试方法。

1. 执行代码

VBE 提供有多种程序运行方式，通过不同的运行方式运行程序就可以实现对程序的调试。

- **逐语句执行代码**

这是一种非常有效的调试工具。通过单步执行每一行程序代码，包括被调用过程中的程序代码，可以及时并准确地跟踪变量的值并发现错误。

如果要逐语句执行代码，可以直接按下【F8】键执行 VBE 界面的当前语句，并自动地调转到下一条语句，同时将程序挂起。

对于在一行中使用冒号(:)隔开的多条语句，在使用“逐语句”命令时将逐个执行该行中的每一条语句。

- **逐过程执行代码**

如果要执行每一行的程序代码而不关心代码中调用的子过程的运行，并将其作为一个单位来执行，则可使用【Shift】+【F8】组合键来逐过程执行代码。

逐过程与逐语句在执行代码调用其他过程时的不同之处在于：逐语句是从当前行转移到该过程中，在此过程中一行一行地执行；而逐过程执行则将调用其他过程的语句当作一个语句，将该过程执行完毕进入下一条语句。

- **跳出执行代码**

如果用户要执行当前过程中的剩余代码，可以使用【Ctrl】+【Shift】+【F8】组合键来执行【跳出】命令。此时 VBE 会将该过程未执行的语句全部执行完，包括在过程中调用的过程，直到【跳出】命令执行完毕。

- **运行到光标处**

在数据库主界面中选择【调试】➤【运行到光标处】菜单项，VBE 就会运行到当前光标处。当用户可以确定某一个范围的语句正确，而对后面的语句的正确性不能保证时，可以用该命令运行程序到某条语句，再在该语句之后逐步调试。这种调试方式是通过光标来确定程序运行的位置，方便快捷。

设置下一条语句

在 VBE 中，用户可以自由地设置下一步要执行的语句。当程序挂起时，可以在程序中选择要执行的下一条语句，然后单击鼠标右键，在弹出的快捷菜单中选择【设置下一条语句】菜单项即可。

2. 暂停代码运行

VBE 提供的大部分调试工具都要在程序处于挂起状态时才有效，这时就需要暂停 VBA 程序的运行。在这种情况下程序仍处于执行状态，只是暂停正在执行的语句，变量和对象的属性仍然保持，当前运行的代码在模块窗口中会被显示出来。

使用以下几种方法可以将语句设置为挂起状态。

⑴ 断点挂起

如果 VBA 程序在运行时遇到断点，系统就会在运行到该断点处时将程序挂起。用户可以在任何可执行语句和赋值语句处设置断点，但不能在声明语句和注释行处设置断点。不能在程序运行时设置断点，只能在编写程序代码或程序处于挂起状态时设置断点。

用户可以在模块窗口中将光标移动到要设置断点的行，然后按下【F9】键设置断点。也可以将鼠标光标移至 VBE 窗口的左侧，待鼠标指针变为↖形状时单击左键即可将当前行设置为断点，再次操作可以取消断点设置。

⑵ Stop 语句挂起

为过程添加 Stop 语句或者在程序执行时按【Ctrl】+【Break】组合键即可将程序挂起。Stop 语句是添加在程序中的，当程序执行到该语句时将被挂起。

Stop 语句与断点的区别在于：关闭数据库后，所有的断点将自动取消，而 Stop 语句却还在代码中；如果不再需要断点，则可在数据库中选择【调试】➢【取消所有断点】菜单项将所有的断点清除，而对 Stop 语句则需要逐行清除。

3. 查看变量值

VBE 提供有多种方法来查看变量值，下面简单地介绍几种常见的查看变量值的方法。

⑴ 在"代码窗口"中查看数据

在调试程序时，将鼠标指针指向要查看的变量或者常量，就可以直接在屏幕上查看程序中的变量和常量的值。例如下图中的鼠标指针指向 a(i)，在该变量的下方即显示了 a(i)=5。

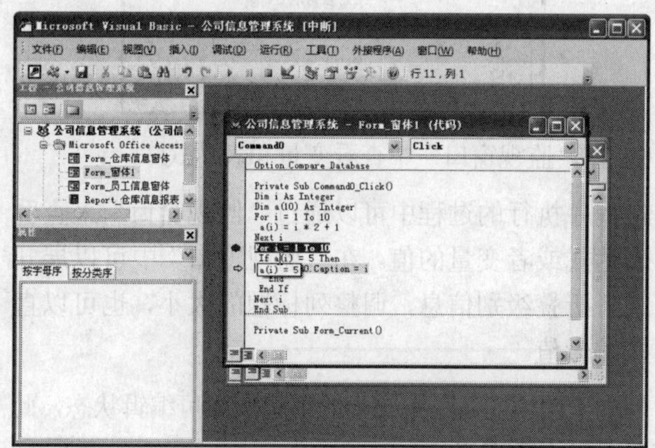

这是一种最简单的查看变量或者常量值的方法，但是通过这种方法一次只能查看一个变量或者常量的值。

⑵ 在"本地窗口"中查看数据

在数据库中选择【视图】➢【本地窗口】菜单项即可打开"本地窗口"。

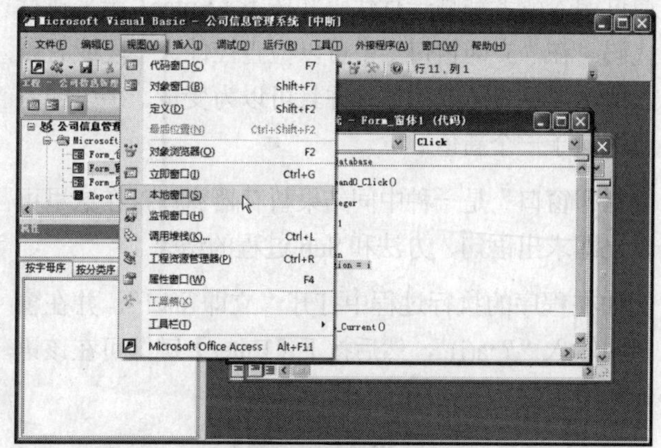

"本地窗口"包括 3 个列表，分别显示表达式、表达式"值"和表达式的"类型"。

从图中可以看出有些变量名称的左侧有一个⊞按钮，这些变量通常包含其他级别的信息，可以通过⊞按钮来控制级别信息的显示。

(3) 在“监视窗口”中查看变量和表达式

在程序执行的过程中可以通过“监视窗口”来查看表达式或者变量的值。在“监视窗口”中可以展开或者折叠级别信息，调整列标题的大小，也可以直接编辑值。

例如下图中的a(i)为“5”的值已变为可编辑状态，此时可以更新该值。

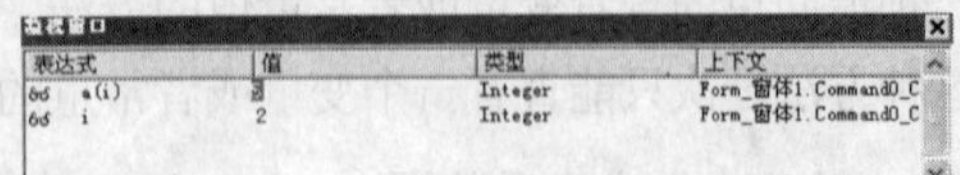

(4) 使用“立即窗口”查看结果

使用“立即窗口”可以检查一行VBA代码的结果。通过键入或者粘贴一行代码并按下【Enter】键来执行代码。在“立即窗口”中可以检查控件、字段或者属性值，显示表达式的值，并且可以为变量、字段或者属性赋予一个新值。

“立即窗口”是一种中间结果暂存器窗口，在这里可以立即求出语句、方法和Sub过程的结果。

例如在程序的执行过程中打开“立即窗口”，并在窗口中输入“? a(i)”，然后按下【Enter】键即可在该语句的下方显示a(i)的值。

用户可以将Debug对象的Print方法添加到VBA代码中，那么在运行代码的过程中就会自动地在“立即窗口”中显示出要显示的结果。

(5) 跟踪VBA代码的调用

在调用代码的过程中，如果要暂停执行VBA代码可以使用“调用堆栈”窗口查看那些已经开始执行但还未完成的过程列表。如果持续使用【Ctrl】+【L】组合键执行【调用堆栈】命令，Access就会在列表的最上方显示最近被调用的过程，然后是早些时候被调用的过程，依次类推。

4. 良好的编程习惯

虽然VBA有强大的错误处理系统和程序调试功能，但是如果程序出现了错误，那么必定会带来一些麻烦。在编程的过程中出现错误是必然的，但只要在平时养成良好的编程习惯，那么很多错误都是可以避免的。

下面列出几种编程习惯。

(1) 在每一个模块中加入Option Explicit语句，用来强制模块中所有变量的声明，也可以通过设置【选项】内容来省去为每一个模块添加Option Explicit语句的烦恼。具体的操作步骤如下。

1 在VBE窗口中单击【工具】➤【选项】菜单项。

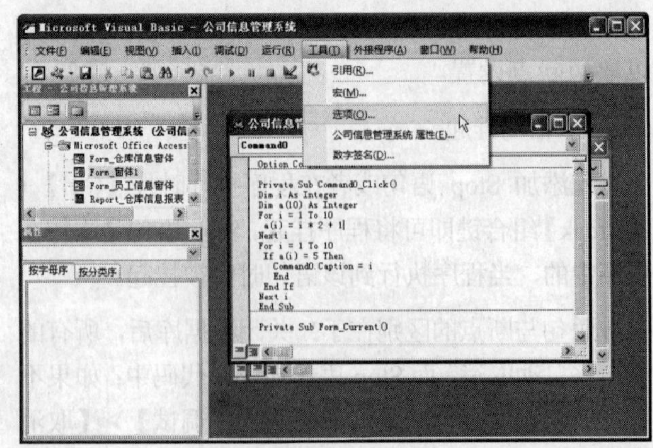

2 在打开的【选项】对话框中切换至【编辑器】选项卡，然后在【代码设置】组合框中选中【要求变量声明】复选框即可。

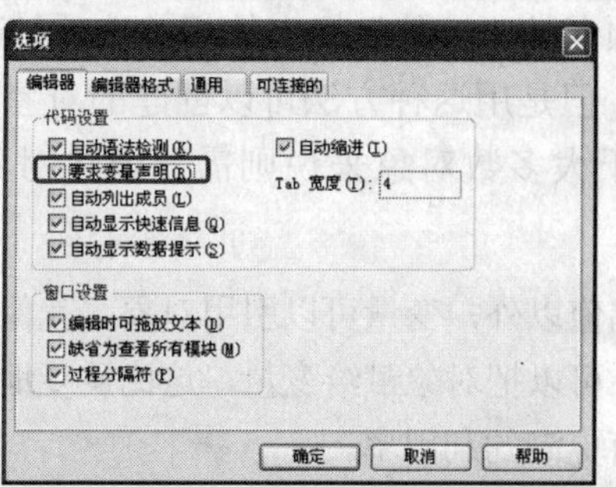

(2) 为变量命名时要具有容易识别的意义和统一的格式，这样可以避免用错变量。

(3) 编写程序时要养成添加注释的习惯，这样既可以清楚地了解各个模块的功能，也可以为程序的调试带来方便。

(4) 具有独立作用的非说明性语句应尽量放到 Sub 过程或者 Function 过程中，然后将其他的模块按照功能来划分，可以使程序具有很强的概括性、结构性和独立性。

(5) Access VBA 中的默认变量类型为变体类型（Variant 类型）。在变量声明时应尽可能少地使用变体类型，这样能使程序代码少出现错误，并且能够提高程序代码运行的速度。

12.6 VBA 对象

VBA 是一种面向对象的编程语言，在使用 VBA 进行数据库开发时必须要熟练地掌握对象、属性、方法和事件等相关的概念。

12.6.1 对象

1. VBA 对象简介

“对象”是面向对象程序设计的核心，明确这个概念对理解面向对象程序设计来说至关重要。

面向对象的程序设计中的对象是生活中事物的抽象，生活中的所有事物都具有以下两个特点：具有自己的特性和行为。例如一支放在桌子上的笔，它具有长度、重量和半径等特性，具有静止的行为。面向对象的程序设计中的对象是对现实世界中对象的模型化，它是代码和数据的组合，具有自己的特性和行为，而此时的对象的特性用数据来表示则称为对象的属性，而对象的行为用对象中的代码来实现则称为对象的方法。不同的对象具有不同的属性和方法。

在 VBA 中用户所创建的窗体、报表以及其中的所有控件都是对象，对象的大小以及位置等都可以通过对象属性来设置。对象可以进行的内置操作都是该对象的方法，通过对象方法可以控制对象行为。

对象的事件是一种特定的操作，它会在某个对象上被激活。例如发生在窗体按钮上的单击操作、文本框失去焦点操作和鼠标移动等操作都是事件。通常事件的发生都是用户操作的结果。VBA 是基于事件驱动编程模型的，事件驱动编程是应用程序中的对象响应用户操作。在事件驱动的应用程序中，事件并不是按照预定的顺序执行，而是通过响应各种事件来运行不同的代码过程。这些事件可以由用户操作引起，也可以由系统、其他应用程序或者其他应用程序的内部消息所触发。通过使用事件过程，可以为窗体、报表或者控件上发生的事件添加自定义事件响应。

类包含新对象的定义，通过创建类的新实例可以创建新对象，而类中定义的过程就成了该对象的属性和方法。可以通过“对象浏览器”窗口查看各个库中的类，从而了解使用这些类创建的对象的属性、方法和事件。

单击标准工具栏中的【对象浏览器】按钮即可打开【对象浏览器】对话框。

其中标志为对象的属性，标志为对象的只读属性，标志为对象的方法，标志为对象的事件。选中对象的属性、方法和事件，在窗口的下方可以看到简单的说明。

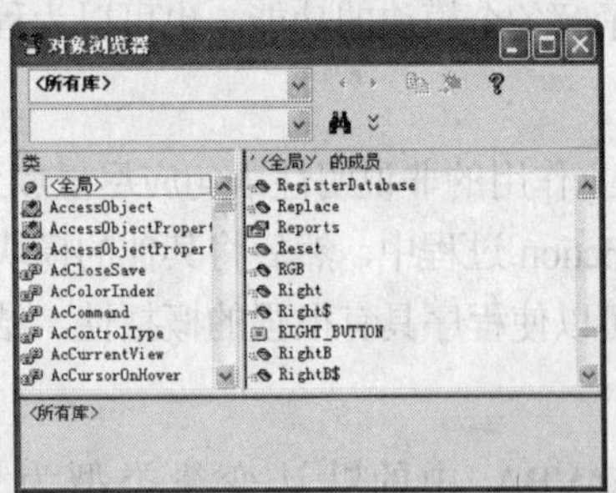

2. 使用 VBA 对象

在编程的过程中需要引用对象的属性和方法，但属性和方法不能够单独使用，而必须与对应的对象一起使用。

(1) 对象属性

引用对象属性的语法如下。

```
对象.属性名
```

对象和属性之间用“.”隔开，称做点操作符，用于分隔对象和属性。

一般的属性都是可读写的，这样就可以通过语句读取或者为属性赋值。

(2) 对象方法

引用对象方法的语法如下。

```
对象.方法名(参数 1，参数 2…)
```

如果引用的方法没有参数，则可以省略括号。

例如下面的语句首先引用了 Text0 对象的 SetFocus 方法来获取焦点，然后设置该文本框的 Text 属性。

```
Text0.SetFocus
Text0.Text = "张丽"
```

提示

在 Access 中确定一个对象可能需要通过多重对象来实现，可以使用加重运算符“!”来逐级确定对象。

3. 创建对象

创建对象最简单的方法是在窗体的设计视图的“设计”选项卡的“控件”组中的相关选项创建各种控件对象。但是用这种方法可以创建的对象非常少，因此对于大多数对象来说则需要通过对象变量来创建。

除了存储值以外，变量可以引用对象。就像给变量赋值一样，可以把对象赋给变量，这比反复地引用对象本身具有更高的利用率。

用对象变量创建对象引用时首先要声明变量。声明对象变量的方法和声明其他变量一样，要使用 Dim、ReDim、Static、Private 和 Public 等关键字。声明对象变量的语法格式如下。

```
Dim|ReDim|Static|Private|Public 对象变量 As [New]类
```

其中 New 关键字为可选项，用来隐式地创建对象。如果使用 New 来声明对象变量，那么第 1 次引用该变量时将新建该对象的实例，因此不必使用 Set 语句来给该对象引用赋值。

如果在对象变量声明时没有使用 New 关键字，则要使用 Set 语句将对象赋予变量，语法格式如下。

```
Set 对象变量 = [New] 对象表达式
```

通常使用 Set 将一个对象引用赋给变量时，并不是为该变量创建该对象的一份副本，而是创建该对象的一个引用，可以有多个对象变量引用同一个对象。由于这些变量只是该对象的引用，而不是对象的副本，因此对该对象的任何改动都会反映到所有的引用该对象的变量。如果在 Set 语句中使用 New 关键字，那么实际上就会创建一个该对象的实例。

还可以使用 CreateObject 或者 GetObject 函数初始化对象变量。CreateObject 可以创建一个 ActiveX 对象并返回该对象的值，这样就可以将 CreateObject 返回的对象赋给一个对象变量，从而实现变量的初始化。如果要使用当前实例，或者要启动该应用程序并加载一个文件，则可使用 GetObject 函数。

CreateObject 函数的语法如下。

```
CreateObject(类名称)
```

例如下面的代码即创建了一个 Word 的引用。

```
Dim O1 As Object
Set O1 = CreateObject("word.application")
```

CreateObject 函数也可用于返回文件中 ActiveX 对象的引用，函数语法如下。

```
GetObject(路径，类名称)
```

12.6.2 类模块

用户可以自己编写类模块，以创建自定义的对象、属性和方法。单击【插入】➢【类模块】菜单项即可创建一个类模块。

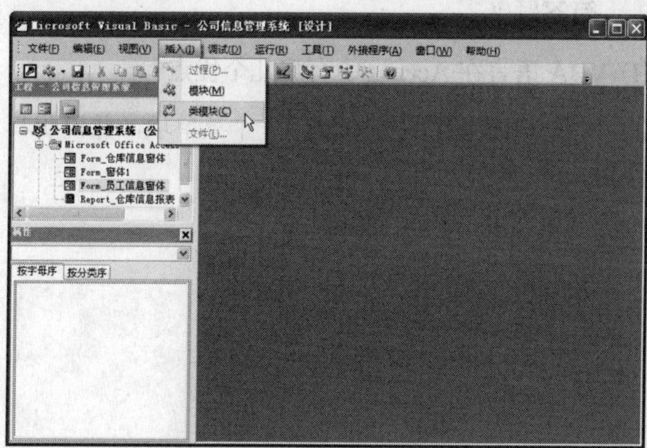

然后可以在【属性】窗口中为类设置名称和 Instancing 属性。

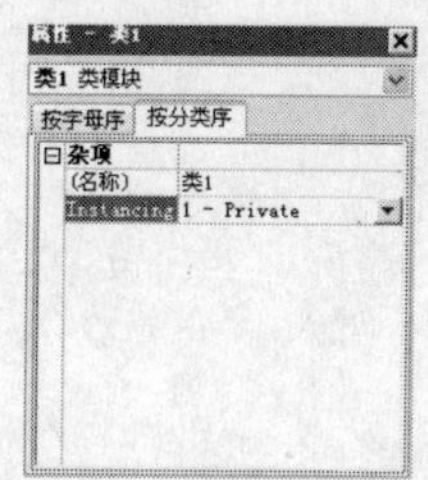

类模块【属性】窗口中的名称属性用来指定类的名称。由于类模块是对象的构架，因此在为类命名时最好用一个能够表达该类功能的名称。Instancing 属性用来设置当前用户设置了一个到该类的引用时，该类在其他的工程中是否可见。该属性有两个值：Private 和 PublicNotCreatable。如果将 Instancing 属性的值设置为 Private，那么引用用户工程的工程在对象浏览器中就不能看到这个类模块，也不能使用这个类的实例进行工作；如果将其设置为 PublicNotCreatable，那么引用工程就可以使用类模块的一个实例进行工作，但是被引用的用户工程要先创建这个实例，但其本身并不能真正地创建实例。

可以通过单击【插入】➢【过程】菜单项向类模块中插入子过程、函数或属性。

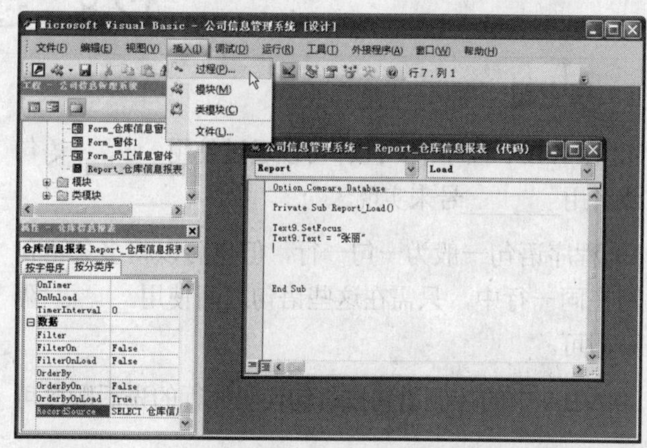

用户可以在【添加过程】对话框中选择添加的过程的种类及范围。

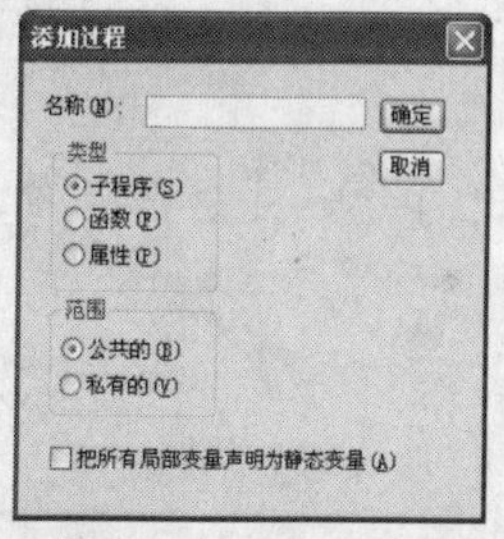

由于一个类模块代表了一个在运行时可按需要创建的对象，因此需要客户程序在开始使用对象之前或者退出对象之后能够完成某些处理，可以使用由 Class_Initialize 和 Class_Terminate 子过程来完成。一旦对象被调入内存，在此对象的引用还没有返回到创建此对象的客户程序之前，Class_Initialize 子过程将被调用。当对象的应用被设置为 Nothing 时，Class_Terminate 子过程将被调用。

12.7 本章小结

本章介绍了 VBA 和模块的相关概念。

首先介绍了 VBA 的优点和 VBE 代码界面。

其次介绍了 VBA 语言基础，包括数据类型、常量、变量、关键字以及控制语句等。

然后介绍了过程和模块、数据库操作以及代码调试基础等相关的内容。

最后介绍了对象属性和方法的使用方法。

12.8 过关练习题

1. 填空题

(1) 在 VBA 程序中，注释可以通过使用_______语句或者用_______号来实现。

(2) 程序语句一般为一句一行，但也可以将多条语句写在同一行中，只需在这些语句之间使用_______隔开即可。

(3) VBA 中的控制语句按语句代码执行的先后顺序可以分为_______、条件判断结构和_______等，按作用类型可以分为赋值语句、_______、循环语句、_______和退出语句等。

2. 简答题

(1) VBA 语言在 Access 中有哪几个优点？

(2) 列举 VBE 窗口中包括的 10 个菜单项，并说明其作用。

第 13 章　综合实例—考勤管理系统

考勤管理系统主要包括出勤管理、请假管理、加班管理以及出差管理等信息。

通过该系统可以统计员工的“出勤情况”、“加班情况”、“请假情况”和“出差情况”，并且可以通过该系统查看某一个员工在某一段时间内的各种考勤情况，以及在某一个时间段内所有员工的某一种考勤情况。

学习要点

- 需求分析
- 系统设计
- 数据库设计
- 系统模块设计

13.1 总体设计

"考勤制度"已成为现代企业的最基本的制度，一个完整的考勤管理系统能够帮助企业及时地了解员工的出勤、加班和出差等情况。

13.1.1 需求分析

考勤管理系统开发的总体任务就是把分散的企事业单位的考勤信息实行统一、集中和规范的收集管理，主要需要完成以下几个基本的功能。

(1) 保存员工信息、出勤情况、加班情况、请假情况和出差情况等详细的信息。

(2) 通过该系统查看某一个员工在某一段时间内的各种考勤情况。

(3) 通过该系统查看在某一个时间段内所有员工的某一种考勤情况。

13.1.2 系统设计

根据上述需求分析可以对系统的主要功能模块进行以下的划分。

(1) 员工基本资料

主要完成员工基本资料的管理，包括对员工信息的添加、修改和删除等基本的操作。

(2) 工作时间设置

主要用来设置员工的上下班时间。

(3) 考勤资料管理

该模块包括出勤管理、加班管理、请假管理以及出差管理等 4 个子功能，可以实现对员工日常主要考勤情况的记录管理。

(4) 考勤资料统计

该模块是系统的重点和难点，主要用于完成对员工的各种考勤资料的统计，包括出差时间、加班时间、请假时间以及迟到和早退的次数等。

(5) 考勤资料查询

该模块可以实现对员工考勤资料的查询，可以按照"工号"或者其他的条件来查询员工的出勤、加班、请假和出差等情况。

下面是根据考勤管理数据库模块的基本功能设计的流程图。

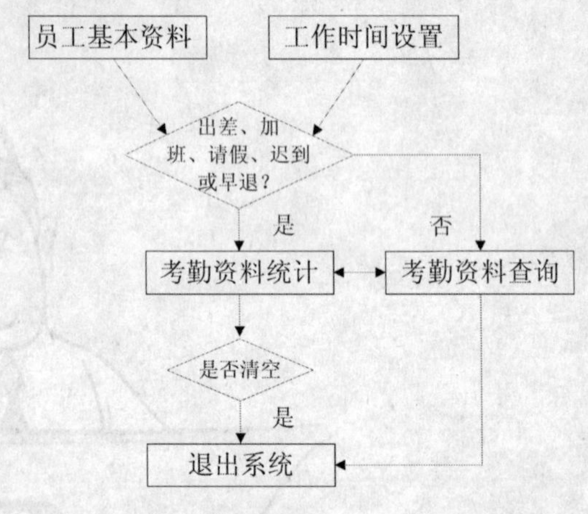

13.2 数据库设计

在数据库设计阶段将设计出所有的用到的数据表的逻辑结构，并且设计出数据库的总体框架。

13.2.1 数据表的逻辑结构设计

根据系统的功能要求，需要创建"员工信息表"、"上下班时间"、"出勤管理"、"加班管理"、"请假管理"、"出差管理"和"考勤统计"等 7 个数据表。

(1) 员工信息表

该数据表的作用是保存"员工基本资料"信息，各

项考勤管理都与该数据表关联，从中提取员工的基本资料信息。该数据表以“工号”为主键。所包含的字段以及各个字段的数据类型如下表所示。

字段名称	字段类型	字段大小	是否允许为空	备注
工号	文本	10	否	关键字
部门号	文本	10	否	显示控件：组合框
姓名	文本	8	是	
性别	文本	4	是	
年龄	数字	整型	是	默认值：18
籍贯	文本	50	是	显示控件：组合框
民族	文本	10	是	显示控件：组合框
身份证号码	文本	18	是	输入掩码：身份证号码
家庭住址	文本	50	是	
联系电话	文本	15	是	
电子邮箱	文本	50	是	
备注	文本	50	是	

⑵ 上下班时间

该数据表的作用是保存员工“上班/下班”时间信息。所包含的字段以及各个字段的数据类型如下表所示。

字段名称	字段类型	字段大小	是否允许为空	备注
上午上班时间	日期/时间		否	输入掩码：短时间
上午下班时间	日期/时间		否	输入掩码：短时间
下午上班时间	日期/时间		否	输入掩码：短时间
下午下班时间	日期/时间		否	输入掩码：短时间

⑶ 出勤管理

该数据表的作用是保存员工的出勤信息，用来统计员工的迟到或早退的次数。以“出勤编号”为主键。所包含的字段以及各个字段的数据类型如下表所示。

字段名称	字段类型	字段大小	是否允许为空	备注
出勤编号	自动编号		否	关键字
工号	文本	10	否	
部门号	文本	10	否	
上班日期	日期/时间		否	输入掩码：短日期
上班时间	日期/时间		否	输入掩码：短时间
下班时间	日期/时间		否	输入掩码：短时间
是否为上午	是/否		否	
备注	文本	50	是	

(4) 加班管理

该数据表的作用是保存员工的加班信息，用来统计员工的加班次数和加班时间。以“加班编号”为主键。所包含的字段以及各个字段的数据类型如下表所示。

字段名称	字段类型	字段大小	是否允许为空	备注
加班编号	自动编号		否	关键字
工号	文本	10	否	
部门号	文本	10	否	
加班原因	文本	50	否	
加班日期	日期/时间		否	输入掩码：短日期
开始时间	日期/时间		否	输入掩码：短时间
结束时间	日期/时间		否	输入掩码：短时间
备注	文本	50	是	

(5) 请假管理

该数据表的作用是保存员工的请假信息，用来统计员工的请假次数和请假时间。以“请假编号”为主键。所包含的字段以及各个字段的数据类型如下表所示。

字段名称	字段类型	字段大小	是否允许为空	备注
请假编号	自动编号		否	关键字
工号	文本	10	否	
部门号	文本	10	否	
请假原因	文本	50	否	
开始时间	日期/时间		否	输入掩码：短日期
结束时间	日期/时间		否	输入掩码：短日期
备注	文本	50	是	

(6) 出差管理

该数据表的作用是保存员工的出差信息，用来统计员工的出差次数和出差时间。以“出差编号”为主键。所包含的字段以及各个字段的数据类型如下表所示。

字段名称	字段类型	字段大小	是否允许为空	备注
出差编号	自动编号		否	关键字
工号	文本	10	否	
部门号	文本	10	否	
出差目的	文本	30	否	
开始时间	日期/时间		否	输入掩码：短日期
结束时间	日期/时间		否	输入掩码：短日期
备注	文本	50	是	

(7) 考勤统计

该数据表的作用是保存员工的各项考勤信息的统计结果，以“统计编号”为主键。所包含的字段以及各个字段的数据类型如下表所示。

字段名称	字段类型	字段大小	是否允许为空	备注
统计编号	自动编号		否	关键字
工号	文本	10	否	
部门号	文本	10	否	
出差次数	数字	整型	否	默认值：0
总出差时间	文本	8	否	
请假次数	数字	整型	否	默认值：0
总请假时间	文本	8	否	
加班次数	数字	整型	否	默认值：0
总加班时间	文本	14	否	
迟到次数	数字	整型	否	默认值：0
早退次数	数字	整型	否	默认值：0
旷工次数	数字	整型	否	默认值：0
备注	文本	50	是	

13.2.2 创建数据库

1. 创建空白数据库

本小节原始文件和最终效果所在位置如下。	
原始文件	无
最终效果	最终效果\第13章\考勤管理系统1. accdb

首先要创建一个空白数据库来装载其他的数据库对象，具体的创建步骤如下。

1 启动 Access 2007，单击【Office 按钮】按钮，然后在弹出的下拉列表中选择【新建】菜单项。

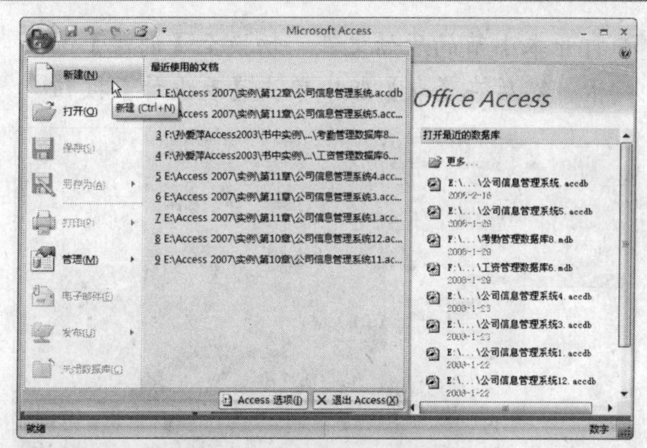

2 随即将在该窗口的右侧显示创建【空白数据库】的详细信息，在【文件名】文本框中输入“考勤管理系统 1.accdb”，然后单击按钮，在打开的【文件新建数据库】对话框中选择文件要保存的位置，之后单击 创建(C) 按钮，数据库即可创建成功。

2. 创建数据库

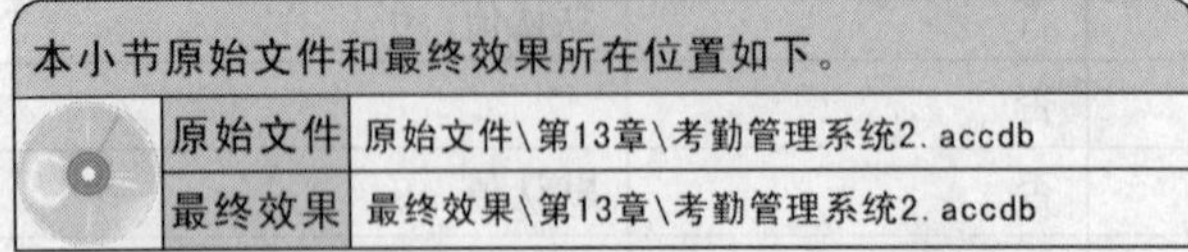

本小节原始文件和最终效果所在位置如下。

	原始文件	原始文件\第13章\考勤管理系统2.accdb
	最终效果	最终效果\第13章\考勤管理系统2.accdb

数据库创建完毕接下来需要创建系统需要的各个数据表。下面以创建“员工信息表”为例介绍创建数据表的具体步骤。

1. 打开本小节的原始文件，切换至【创建】选项卡，然后在【表】组中单击【表设计】按钮。

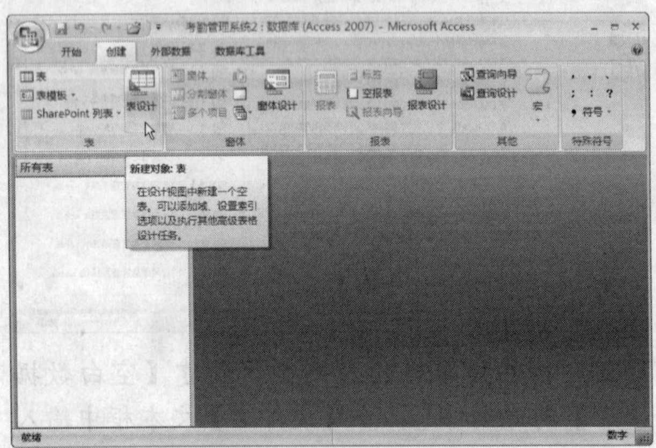

2. 随即打开表设计界面。

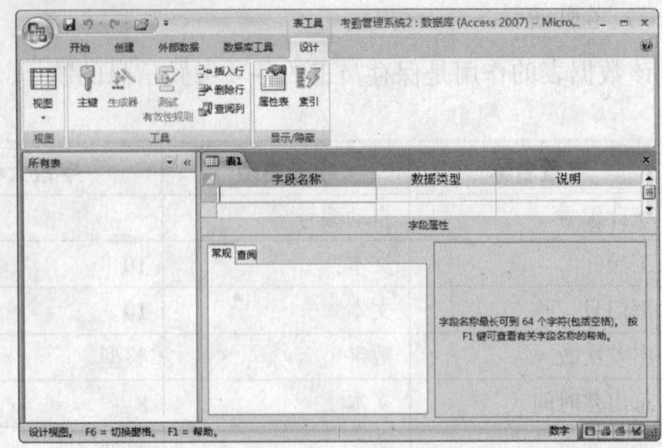

3. 将“员工信息表”中的【工号】字段的【字段名称】、【数据类型】和【字段大小】等输入到【表 1】设计界面的适当位置，然后右键单击该字段，在弹出的快捷菜单中选择【主键】菜单项将该字段设置为主键。

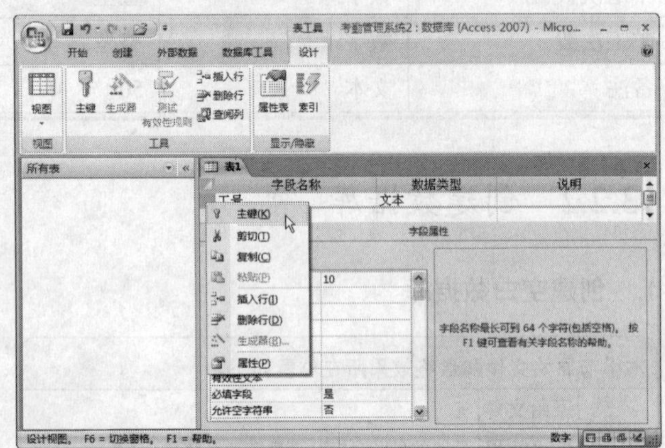

4. 添加【部门号】字段时，需要在【字段属性】组合框中切换至【查阅】选项卡，然后在【显示控件】下拉列表中选择【组合框】选项。

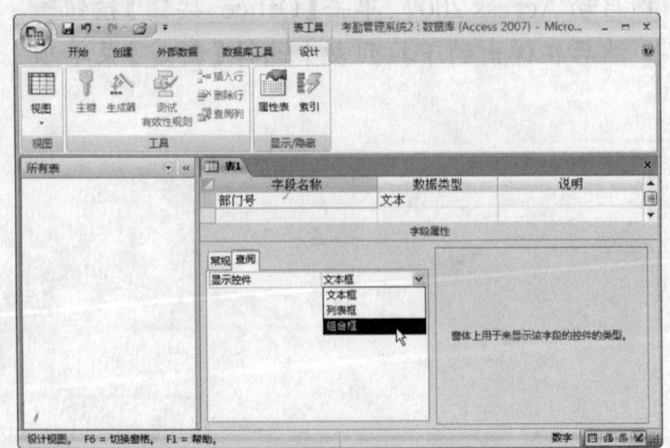

5 添加【身份证号码】字段时，需要单击【字段属性】组合框中【常规】选项卡中【输入掩码】右侧的…按钮，然后在弹出的【输入掩码向导】对话框中单击 是(Y) 按钮保存数据表。

6 随即弹出【另存为】对话框，在【表名称】文本框中输入“员工信息表”，然后单击 确定 按钮。

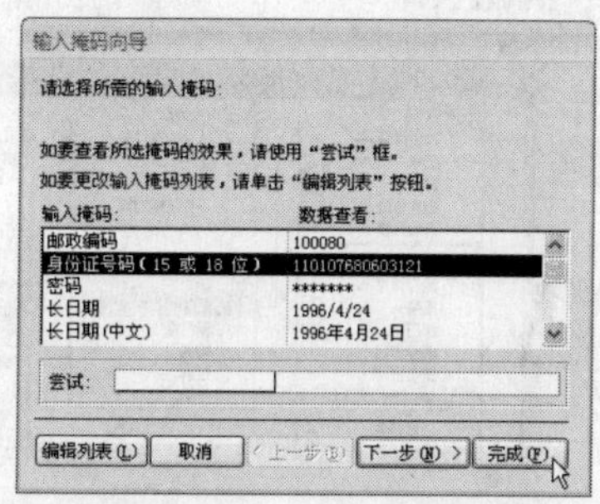

7 在打开的【输入掩码向导】界面中选择【身份证号码】选项，然后单击 完成(F) 按钮。

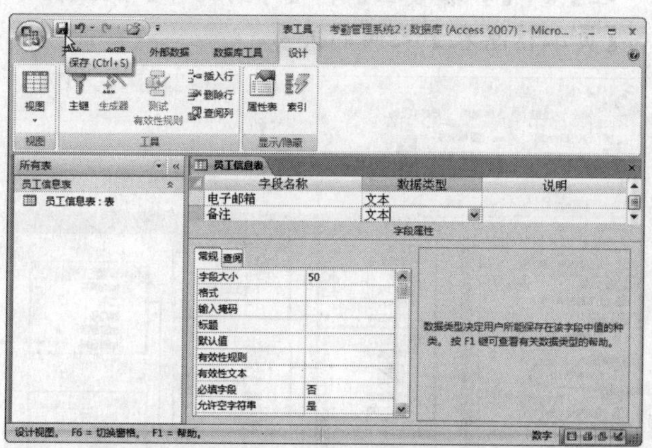

8 设计完毕单击【保存】按钮即可保存对该数据表的设计。

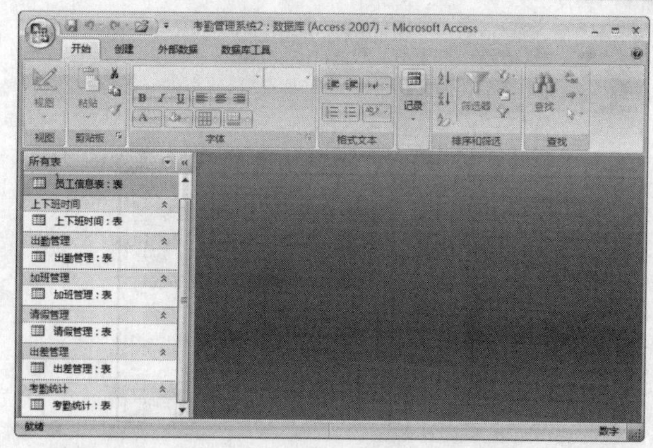

使用同样的方法创建其他的 6 个数据表，创建完毕如下图所示。

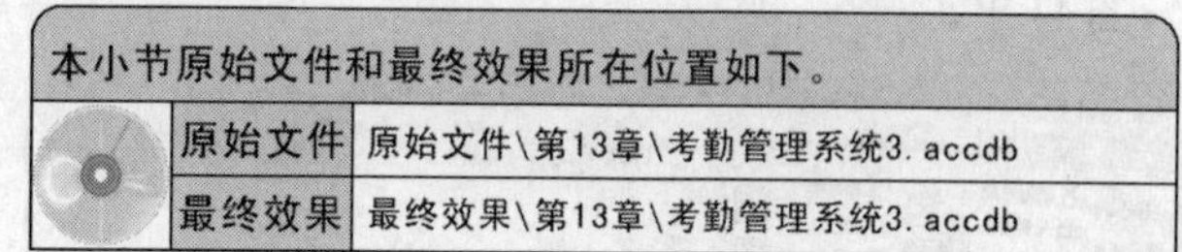

3. 创建关系

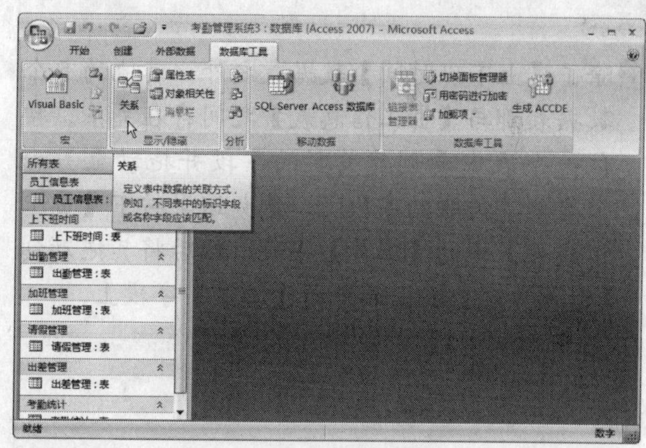

本小节原始文件和最终效果所在位置如下。	
原始文件	原始文件\第13章\考勤管理系统3. accdb
最终效果	最终效果\第13章\考勤管理系统3. accdb

数据库中的各个数据表之间是存在关系的，可以根据数据表的逻辑结构设计为各个数据表建立关系。具体的创建步骤如下。

1 打开本小节的原始文件，切换至【数据库工具】选项卡，然后单击【显示/隐藏】组中的【关系】按钮。

2 随即打开【关系】窗口和【显示表】对话框。在【显示表】对话框中的【表】选项卡中按住【Shift】键选中所有的数据表，单击 添加(A) 按钮，然后单击 关闭(C) 按钮。

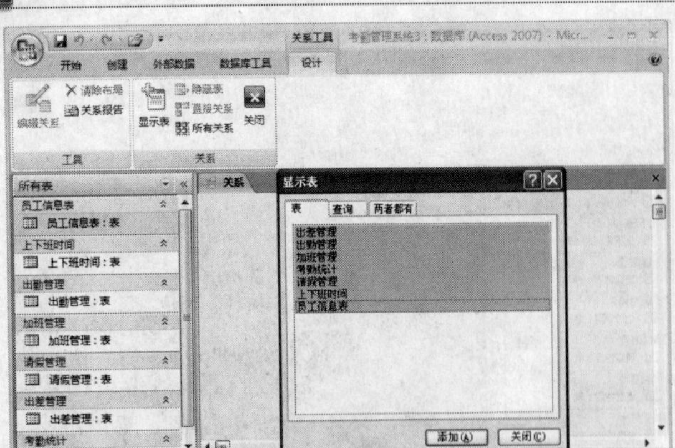

3 此时可以看到所有的数据表已添加到【关系】窗口中。

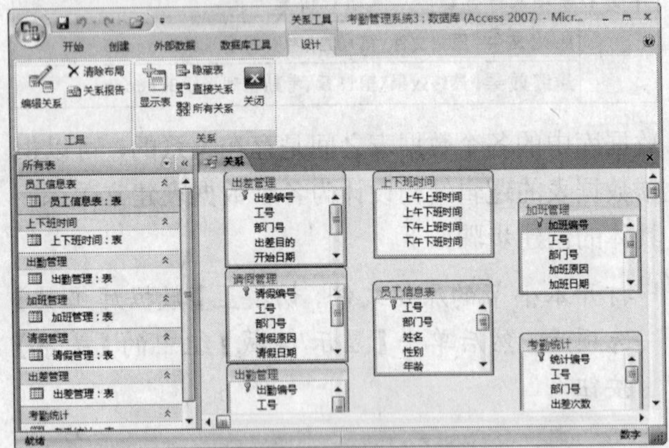

4 除了【上下班时间】数据表之外，其他的5个数据表都与【员工信息表】之间存在关系。按住一个表中要创建关联的字段并拖动至另一个要创建关联的字段上，例如这里按下【员工信息表】中的【工号】字段，然后将其拖动到【出差管理】数据表中的【工号】字段上。

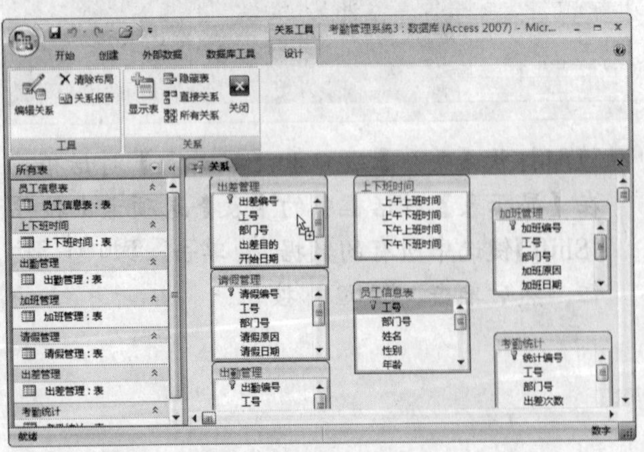

5 释放鼠标左键将弹出【编辑关系】对话框，在该对话框中可以看到要创建关联的两个数据表以及要关联的字段，然后单击 创建(C) 按钮即可。

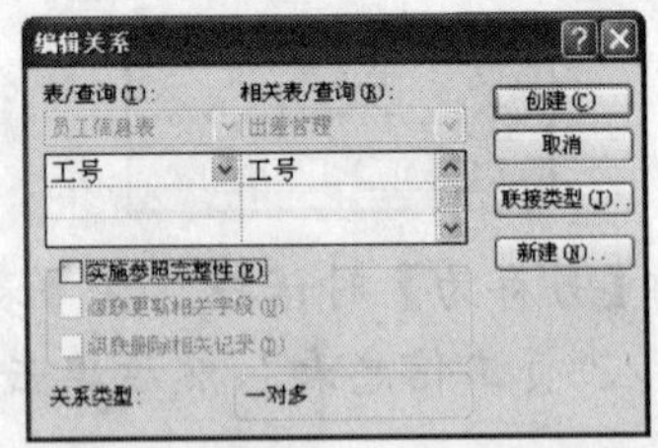

6 此时可以在【关系】窗口中看到创建的【员工信息表】中的【工号】字段与【出差管理】数据表中的【工号】字段之间的关系。

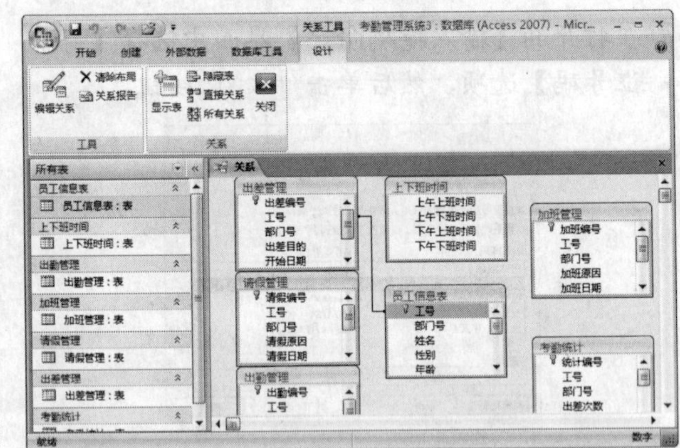

7 使用同样的方法创建【请假管理】、【出勤管理】、【加班管理】和【考勤统计】数据表与【员工信息表】之间的关系。

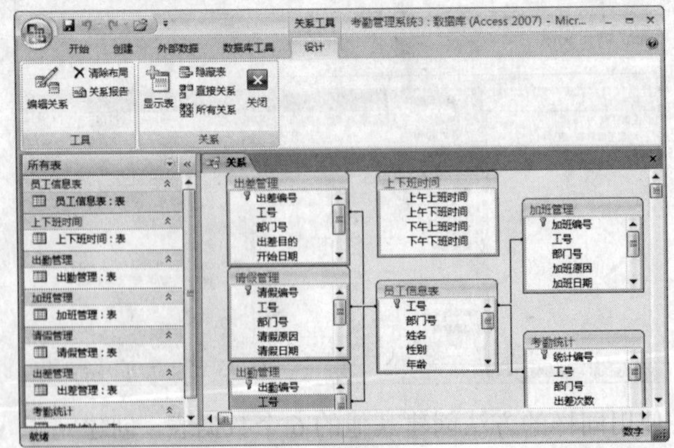

13.3 系统模块设计

通过窗体可以浏览数据表中的数据，也可以通过窗体对数据表进行添加、修改和删除等操作。

13.3.1 创建员工信息管理窗体

1. 窗体界面设计

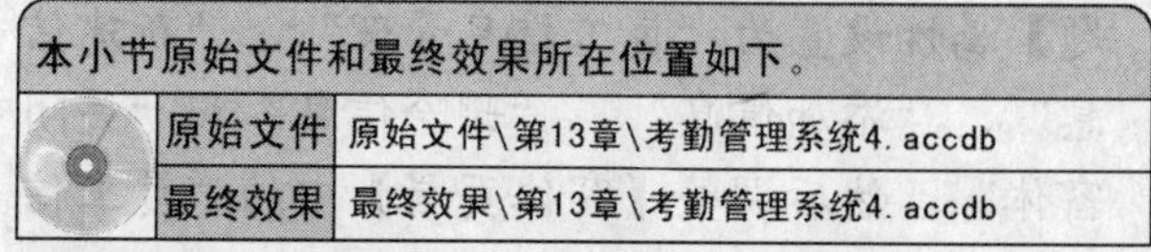

本小节原始文件和最终效果所在位置如下。	
原始文件	原始文件\第13章\考勤管理系统4. accdb
最终效果	最终效果\第13章\考勤管理系统4. accdb

在“员工信息管理”窗体中能够完成对员工基本资料的管理，包括对员工信息的添加、删除和更新等操作。

创建“员工信息管理”窗体的具体步骤如下。

1 打开本小节的原始文件，切换至【创建】选项卡，单击【窗体】组中的【其他窗体】按钮，然后在弹出的下拉菜单中选择【窗体向导】菜单项。

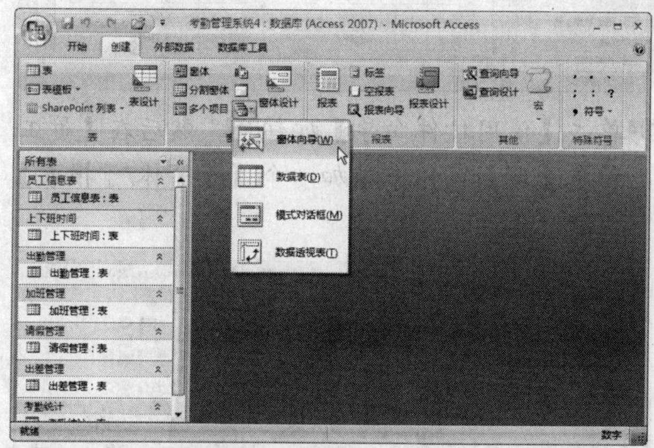

2 随即打开【请确定窗体上使用哪些字段】界面，在【表/查询】下拉列表中选择要创建窗体的表或者查询，这里选择【表：员工信息表】选项，接着单击 >> 按钮，将【可用字段】列表框中的所有字段添加到【选定字段】列表框中，然后单击 下一步(N) > 按钮。

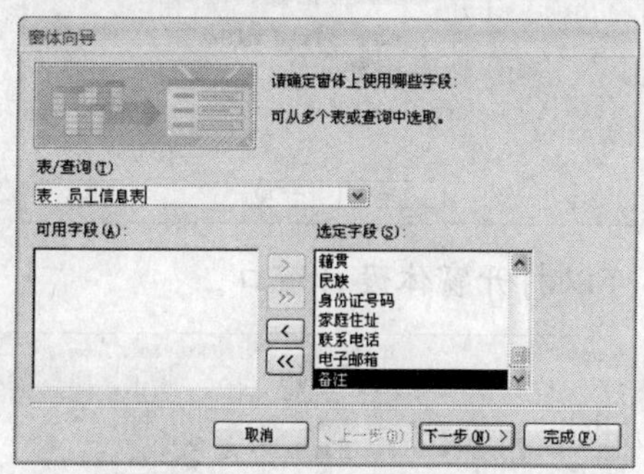

3 随即打开【请确定窗体使用的布局】界面，选中【纵栏表】单选按钮，然后单击 下一步(N) > 按钮。

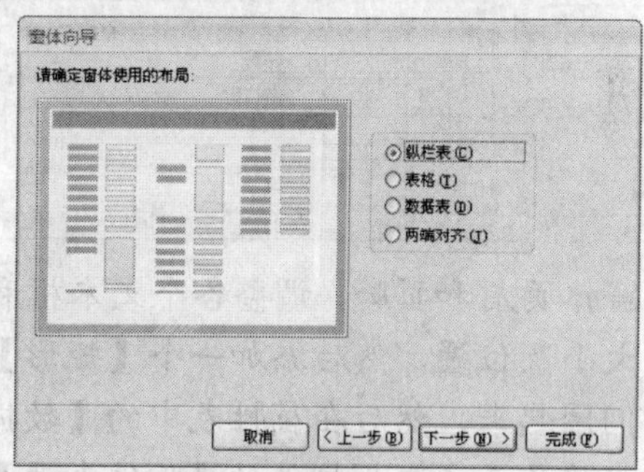

4 在打开的【请确定所用样式】界面中选择【办公室】选项，然后单击 下一步(N) > 按钮。

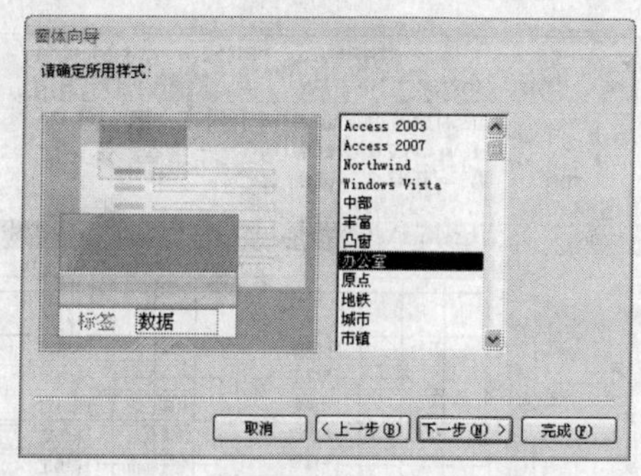

5 随即打开【请为窗体指定标题】界面，在文本框中输入“员工信息管理”，在【请确定是要打开窗体还是要修改窗体设计】组合框中选中【修改窗体设计】单选按钮，然后单击 完成(F) 按钮。

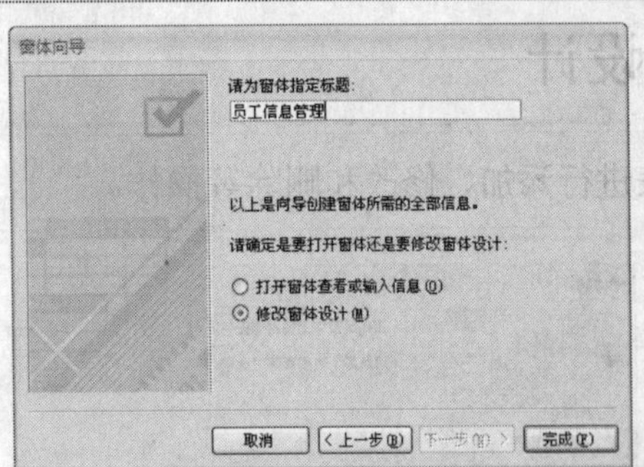

6 随即可以打开窗体设计窗口。

7 去掉窗体页眉和页脚，调整各个文本框和组合框的大小及位置，然后添加一个【矩形】控件将它们圈起来，然后在属性表中的【数据】选项卡中将各个文本框控件的【控件来源】属性都设置为“空”，将窗体属性表中的【记录源】属性也设置为“空”。

提示

默认的情况下窗体中的各个控件为堆积状态。选中窗体中的所有控件，切换至【窗体设计工具 排列】上下文选项卡，单击【控件布局】组中的删除按钮，使各个控件取消堆积状态才可以调整其大小和位置。

8 在“员工信息管理”窗体中添加一个标签和4个命令按钮，并将标签和4个命令按钮的【标题】属性设置为“员工信息管理”、“新建信息”、“添加信息”、“删除信息”和“关闭窗体”，然后调整【窗体页眉】中的“员工信息管理”文本框的大小和位置。

9 单击【使用控件向导】按钮，然后在【员工信息管理】窗体中添加一个【子窗体/子报表】控件。

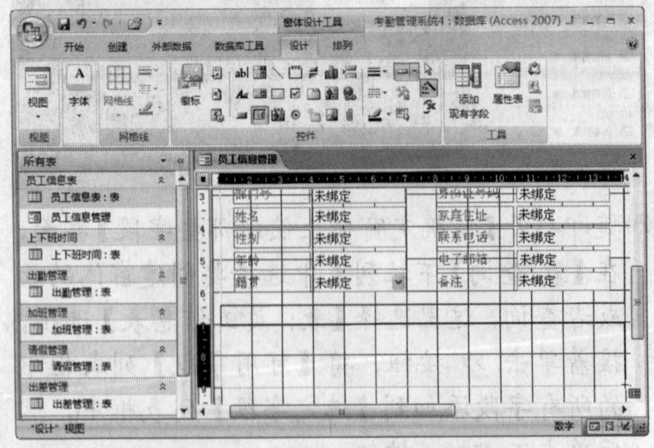

10 随即弹出【请选择将用于子窗体或子报表的数据来源】界面，然后单击下一步(N) >按钮。

⑪在打开的【请确定在子窗体或子报表中包含哪些字段】界面中的【表/查询】下拉列表中选择要创建子窗体的表或者查询，这里选择【表：员工信息表】选项，接着将需要的字段从【可用字段】列表框中添加到【选定字段】列表框中，然后单击 下一步(N) > 按钮。

⑫在打开的界面中选中【自行定义】单选按钮，然后单击 下一步(N) > 按钮。

⑬最后打开【请指定子窗体或子报表的名称】界面，在文本框中输入要保存的子窗体的名称，这里输入“员工信息子窗体”，然后单击 完成(F) 按钮。

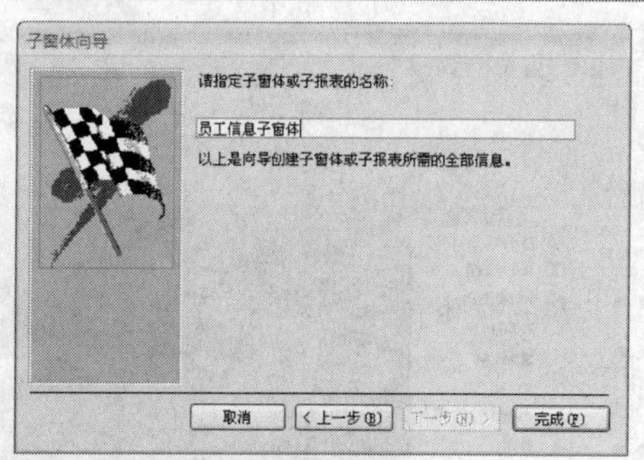

⑭设计完毕的界面如下图所示。

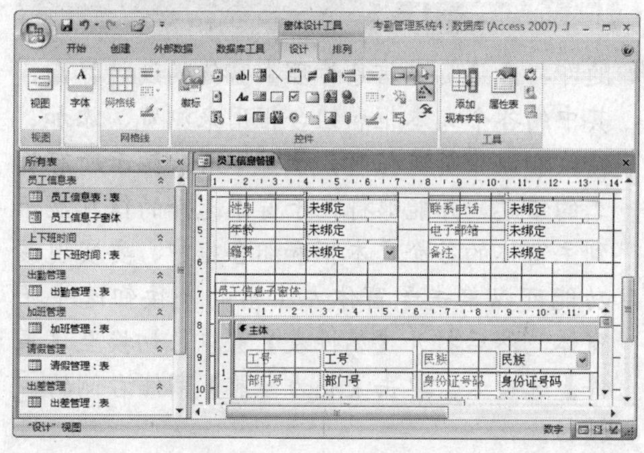

2. 控件功能设计

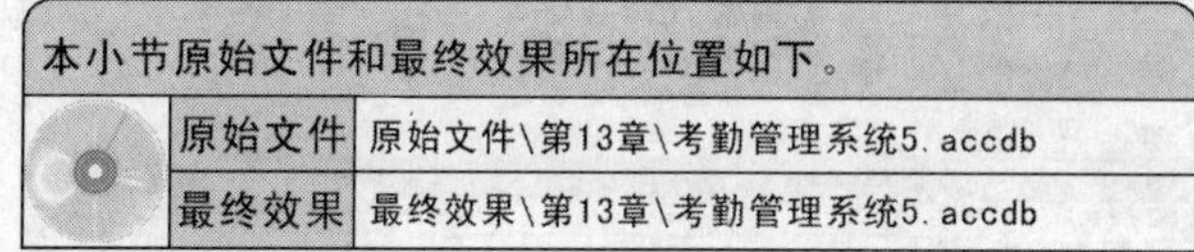

本小节原始文件和最终效果所在位置如下。	
原始文件	原始文件\第13章\考勤管理系统5. accdb
最终效果	最终效果\第13章\考勤管理系统5. accdb

窗体界面设计完毕，接下来需要实现窗体中各个控件的功能，例如各个按钮的单击事件等。

实现各个控件功能的具体步骤如下。

①打开本小节的原始文件，在【导航窗格】中右键单击【员工信息管理】选项，然后在弹出的快捷菜单中选择【设计视图】菜单项。

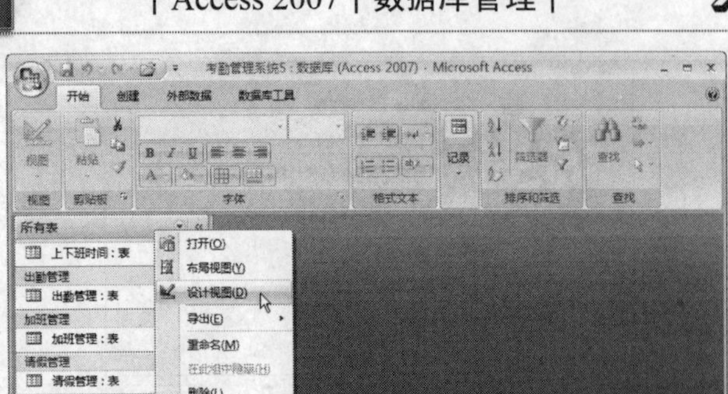

2 随即打开【员工信息管理】窗体的设计界面，其中的各个文本框和组合框用来浏览、添加、修改和删除员工信息，子窗体用来显示所有员工的信息，并能够将在子窗体选择的信息显示到主窗体的各个文本框和组合框中。要实现该功能可以单击子窗体左上角的■按钮选中子窗体，然后打开【属性表】窗口，切换至【事件】选项卡，单击【成为当前】事件右侧的...按钮。

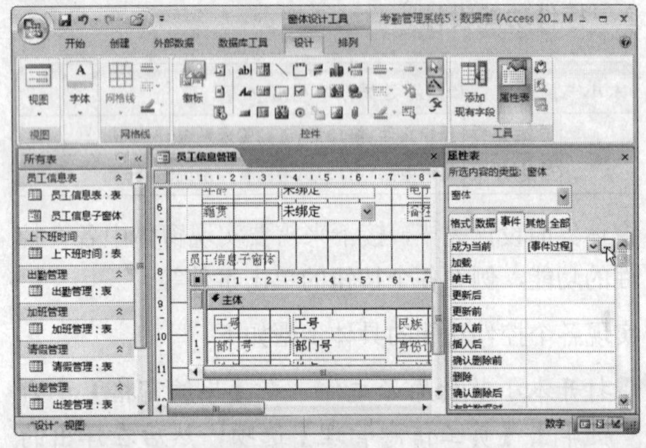

3 随即打开【选择生成器】对话框，从中选择【代码生成器】选项，然后单击 确定 按钮。

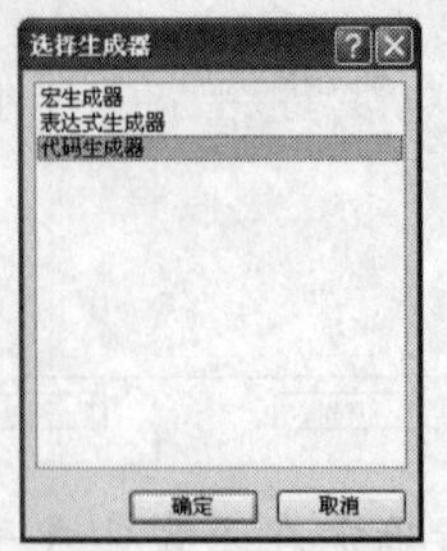

4 随即打开子窗体的【成为当前】事件的 VBE 窗口，然后输入以下代码。

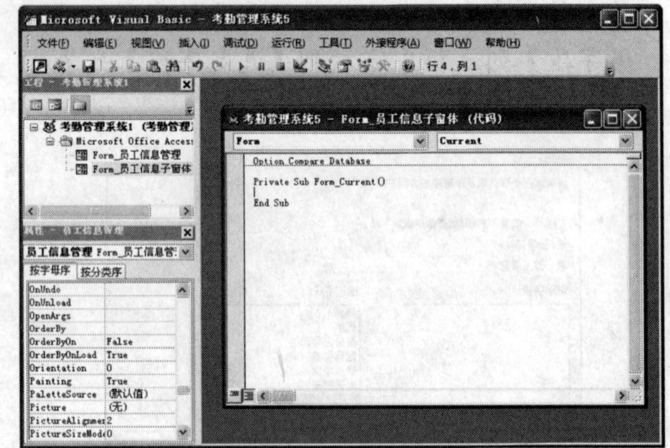

```
On Error GoTo Err_Form_Current
'把子窗体中当前记录值赋予主窗体对应的文本框内
Forms![员工信息管理]![工号] = Me![工号]
Forms![员工信息管理]![部门号] = Me![部门号]
Forms![员工信息管理]![姓名] = Me![姓名]
Forms![员工信息管理]![性别] = Me![性别]
Forms![员工信息管理]![年龄] = Me![年龄]
Forms![员工信息管理]![籍贯] = Me![籍贯]
Forms![员工信息管理]![民族] = Me![民族]
```

```
Forms![员工信息管理]![身份证号码] = Me![身份证号码]
Forms![员工信息管理]![家庭住址] = Me![家庭住址]
Forms![员工信息管理]![联系电话] = Me![联系电话]
Forms![员工信息管理]![电子邮箱] = Me![电子邮箱]
Forms![员工信息管理]![备注] = Me![备注]
Exit_Form_Current:
Exit Sub
Err_Form_Current:
MsgBox Err.Description
Resume Exit_Form_Current
```

5 将【员工信息管理】窗体切换至窗体视图，在【员工信息子窗体】中选择记录即可将该记录的详细信息添加到主窗体中的各个文本框和组合框中。

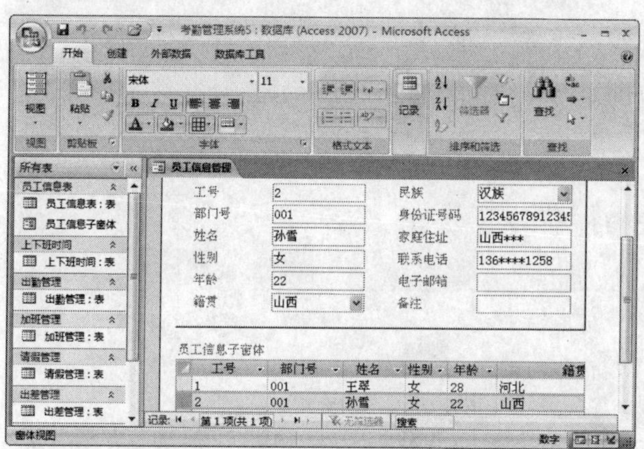

6 切换至设计视图设计代码以实现各个按钮的功能。单击新建信息按钮，清空主窗体中的所有文本框和组合框中的信息，然后打开新建信息按钮的 VBE 窗口，并在该窗口中输入以下代码。

```
Private Sub Command26_Click()
On Error GoTo Err_新建信息_Click
'把窗体中所有控件都置空
Me![工号] = Null
Me![部门号] = Null
Me![姓名] = Null
Me![性别] = Null
Me![年龄] = Null
Me![籍贯] = Null
Me![民族] = Null
Me![身份证号码] = Null
Me![家庭住址] = Null
Me![联系电话] = Null
Me![电子邮箱] = Null
Me![备注] = Null
Exit_新建信息_Click:
Exit Sub
Err_新建信息_Click:
MsgBox Err.Description
Resume Exit_新建信息_Click
End Sub
```

7 切换至窗体视图，单击新建信息按钮清空主窗体中所有的文本框和组合框中的信息。

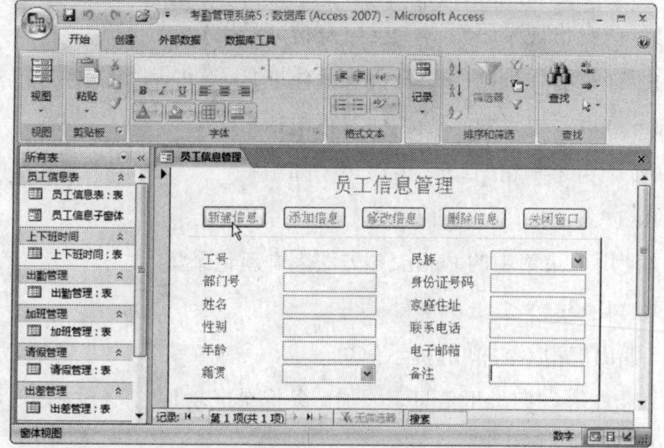

8 单击添加信息按钮，将输入到文本框和组合框中的信息添加到数据表并显示到子窗体中，然后打开添加信息按钮的 VBE 窗口，并在该窗口中输入以下代码。

```
Private Sub Command27_Click()
On Error GoTo Err_Command27_Click
'定义的字符型变量,用来保存"查询语句"
Dim S As String
'定义数据集变量,操作数据集
Dim Rs As ADODB.Recordset
'为定义的数据集分配空间
Set Rs = New ADODB.Recordset
S = "Select * From 员工信息表"
'打开"员工信息表"数据表
Rs.Open S, CurrentProject.Connection, adOpenKeyset, adLockOptimistic
'判断窗体中必填文本框和组合框是否为空
If Me![工号] <> "" And Me![部门号] <> "" And Me![姓名] <> "" And Me![身份证号码] <> "" Then
'如果必填文本框和组合框不为空
'使用记录集的 Addnew 方法添加一条新记录
Rs.AddNew
'把窗体中文本框和组合框内的值赋予记录集中对应的字段
Rs("工号") = Me![工号]
Rs("部门号") = Me![部门号]
Rs("姓名") = Me![姓名]
Rs("性别") = Me![性别]
Rs("年龄") = Me![年龄]
Rs("籍贯") = Me![籍贯]
Rs("民族") = Me![民族]
Rs("身份证号码") = Me![身份证号码]
Rs("家庭住址") = Me![家庭住址]
Rs("联系电话") = Me![联系电话]
Rs("电子邮箱") = Me![电子邮箱]
Rs("备注") = Me![备注]
'使用记录集中的 Update 方法来刷新记录集
Rs.Update
'弹出"完成添加"的提示信息
MsgBox "向员工信息表添加一条记录成功！", vbOKOnly, "完成添加"
Else
'如果必填文本框和组合框为空，则弹出"警告信息"
MsgBox "窗体中必填文本框和组合框不能为空！", vbOKOnly, "警告"
Me![工号].SetFocus
End If
Me![员工信息子窗体].Requery
```

```
'释放系统为 Rs 数据集分配的空间
Set Rs = Nothing
Exit_Command27_Click:
Exit Sub
Err_Command27_Click:
MsgBox Err.Description
Resume Exit_Command27_Click
End Sub
```

在上述代码中首先定义了一个用于保存 Open 方法参数的字符变量 S 和一个数据集变量 Rs，然后初始化这些变量，使用数据集的 Open 方法打开“员工信息表”数据表，实现对该数据表的访问。接着判断“工号”、“部门号”、“身份证号码”和“姓名”等文本框和组合框是否为空，如果不为空则使用 Rs 数据集对象的 Addnew 方法在“员工信息表”数据表中添加一条新记录，逐一赋值，再使用 Update 方法刷新记录集；如果“工号”、“部门号”、“身份证号码”和“姓名”等文本框和组合框存在为空的，系统将弹出“警告”对话框提示用户输入信息，然后把光标移至“工号”文本框内。

提示：在 Access 2007 中编写代码时可能会遇到无法识别 ADODB 变量的情况，此时需要单击 VBE 窗口中的【工具】➤【引用】菜单项打开【引用-考勤管理系统 1】对话框，然后选中【Microsoft ActiveX Data Object 2.8 Library】选项即可。

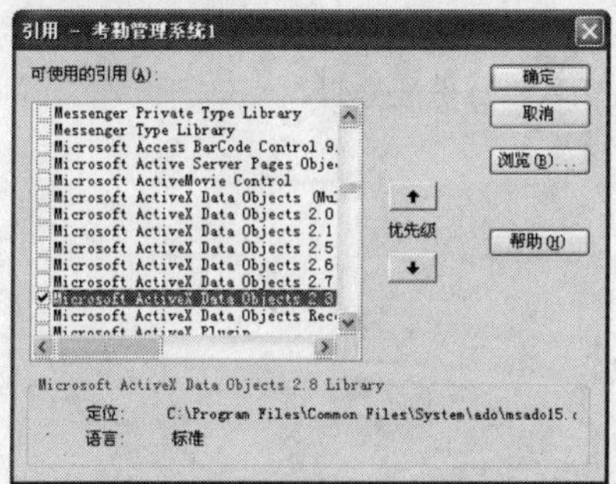

9 切换至窗体视图，在窗体中至少在【工号】、【部门号】、【姓名】和【身份证号码】等 4 个必填文本框和组合框中输入相关的信息，然后单击 添加信息 按钮将弹出【完成添加】对话框，提示用户信息已添加成功。

10 单击【完成添加】对话框中的 确定 按钮即可在【员工信息子窗体】中看到新添加的员工信息。

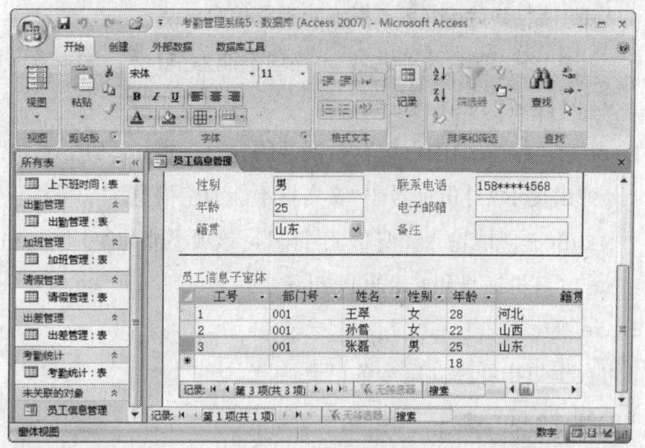

11 单击 修改信息 按钮将文本框和组合框中的更新的信息添加到数据表并显示到子窗体中。打开 修改信息 按钮的 VBE 窗口，然后在该窗口中输入以下代码。

```
Private Sub Command28_Click()
On Error GoTo Err_Command28_Click
'定义用于循环的整型变量 i
Dim i As Integer
'定义字符型变量 S
Dim S As String
'定义数据集变量 Rs
Dim Rs As ADODB.Recordset
'为定义的数据集变量分配空间
Set Rs = New ADODB.Recordset
'为打开数据表的"查询语句"字符变量 S 赋值
S = "Select * From 员工信息表"
'打开"员工信息表"数据表
Rs.Open S, CurrentProject.Connection, adOpenKeyset, adLockOptimistic
'判断"工号"等文本框是否为空
If IsNull(Me![工号]) = True Then
  '弹出提示"工号"文本框不能为空信息
  MsgBox "请输入“工号”，该项不能为空！", vbOKOnly, "请输入“工号”"
  Me![工号].SetFocus
ElseIf IsNull(Me![部门号]) = True Then
  '弹出提示"部门号"文本框不能为空信息
  MsgBox "请输入“部门号”，该项不能为空！", vbOKOnly, "请输入“部门号”"
  Me![部门号].SetFocus
ElseIf IsNull(Me![姓名]) = True Then
  '弹出提示"姓名"文本框不能为空信息
  MsgBox "请输入“姓名”，该项不能为空！", vbOKOnly, "请输入“姓名”"
  Me![姓名].SetFocus
ElseIf IsNull(Me![身份证号码]) = True Then
  '弹出提示"身份证号码"文本框不能为空信息
  MsgBox "请输入“身份证号码”，该项不能为空！", vbOKOnly, "请输入“身份证号码”"
  Me![身份证号码].SetFocus
Else
'将数据集指针指向第一条记录
Rs.MoveFirst
'使用 For…Next 循环在数据集中搜索相同"工号"的记录
For i = 1 To Rs.RecordCount
  If Rs("工号") = Me![工号] Then
    '修改"员工资料管理"数据表字段值
    Rs("部门号") = Me![部门号]
```

```
        Rs("姓名") = Me![姓名]
        Rs("性别") = Me![性别]
        Rs("年龄") = Me![年龄]
        Rs("籍贯") = Me![籍贯]
        Rs("民族") = Me![民族]
        Rs("身份证号码") = Me![身份证号码]
        Rs("家庭住址") = Me![家庭住址]
        Rs("联系电话") = Me![联系电话]
        Rs("电子邮箱") = Me![电子邮箱]
        Rs("备注") = Me![备注]
        '使用记录集的 Update 方法来刷新记录集
        Rs.Update
        '弹出"修改完成"的提示信息
        MsgBox "员工信息已经修改完成！", vbOKOnly, "修改完成"
        '退出子过程
      Exit Sub
      Else
      '将记录指针移动到下一条记录
      Rs.MoveNext
      End If
    Next i
    End If
    '刷新"员工信息子窗体"
    Me![员工信息子窗体].Requery
    '释放系统为 Rs 数据集分配的空间
    Set Rs = Nothing
    Exit_Command28_Click:
    Exit Sub
    Err_Command28_Click:
    MsgBox Err.Description
    Resume Exit_Command28_Click
    End Sub
```

上述代码首先定义了一个保存“查询语句”的字符型变量 S，然后判断“工号”、“部门号”、“姓名”和“身份证号码”等文本框或者组合框是否为空，如果都不为空则把数据集指针指向第 1 条记录，然后使用 For…Next 循环在数据集中搜索与“员工信息表”窗体的当前“工号”文本框中具有相同的“工号”的记录，再把该窗体中的所有文本框和组合框内的值赋予该条记录对应的字段，之后使用记录集的 Update 方法刷新记录集并弹出“添加完成”的提示信息。如果“工号”、“部门号”、“姓名”和“身份证号码”等文本框或者组合框存在为空的，系统将弹出“警告”对话框，并将光标置于为空的控件内，最后刷新“员工信息子窗体”。

⑫ 切换至窗体视图，在子窗体中选择一条要修改的记录，这里选择【工号】为“1”的员工信息并将其“年龄”改为“26”，然后单击 修改信息 按钮弹出【修改完成】对话框。

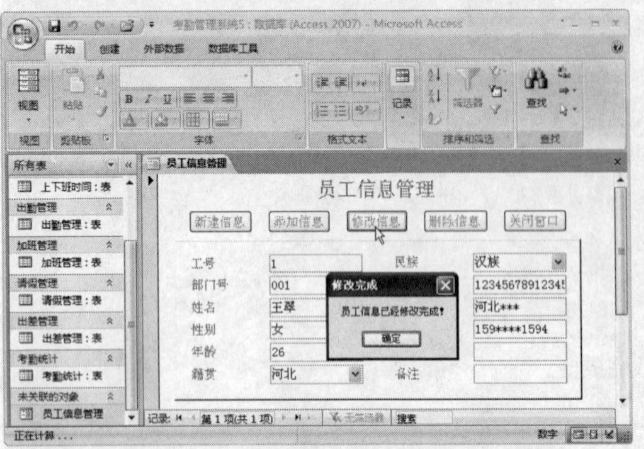

⑬ 单击 确定 按钮，可以看到子窗体中的【工号】为“1”的员工的“年龄”更新为了“26”。

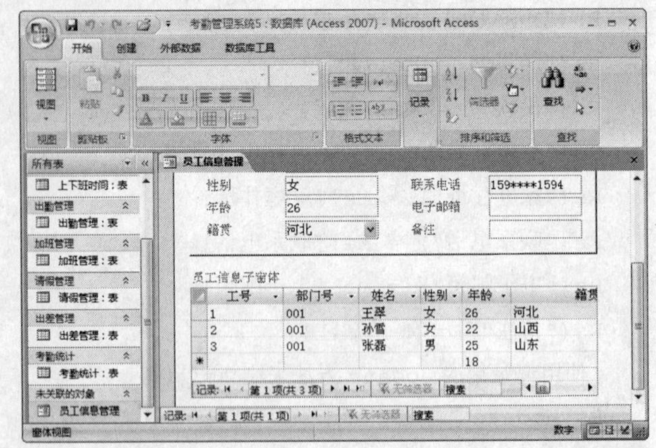

⑭ 单击 删除信息 按钮将选定的信息删除。打开 删除信息 按钮的 VBE 窗口，然后在该窗口中输入以下代码。

```
Private Sub Command29_Click()
On Error GoTo Err_Command29_Click
'定义的字符型变量,用来保存"查询语句"
Dim S As String
'定义一个整型变量,用来保存循环次数
Dim i As Integer
'定义一个数据集变量,
Dim Rs As ADODB.Recordset
'为定义的数据集变量分配空间
Set Rs = New ADODB.Recordset
'为打开数据表的"查询语句"字符变量赋值
S = "Select * From 员工信息表"
'打开"员工信息表"数据表
Rs.Open S, CurrentProject.Connection, adOpenKeyset, adLockOptimistic
'将记录集的指针指向第一条数据记录
Rs.MoveFirst
'使用 For…Next 循环语句在 Rs 数据集中循环判断
For i = 1 To Rs.RecordCount
'判断记录集中的"工号"字段值是否与窗体中的"工号"文本框内的值相同
If Rs("工号") = Me![员工信息子窗体]![工号] Then
'如果相同,则把该记录删除
Rs.Delete 1
'设置跳出循环的 i 值
```

```
i = Rs.RecordCount + 1
Else
'如果不相同,则移到下一条记录
Rs.MoveNext
End If
Next i
MsgBox "员工信息已经删除成功!", vbOKOnly, "删除完成"
Me![员工信息子窗体].Requery
'将为 Rs 数据集分配的空间释放
Set Rs = Nothing
Exit_Command29_Click:
Exit Sub
Err_Command29_Click:
MsgBox Err.Description
Resume Exit_Command29_Click
End Sub
```

上述代码首先定义了一个保存数据集 Open 方法参数的字符型变量 S 和一个数据集变量 Rs，并对这些变量进行初始化，再使用数据集的 Open 方法打开“员工信息表”数据表，实现对该数据表的访问。接着使用 For…Next 循环语句在 Rs 数据集中循环判断记录集中的“工号”字段是否与窗体中的“工号”文本框中的值相同，如果相同则使用 Rs 数据集对象的 Delete 方法删除该信息；如果不相同则移动到下一条记录，然后刷新“员工信息子窗体”，释放 Rs 数据集。

15 切换至窗体视图，在子窗体中选择一条要删除的记录，这里选择【工号】为“4”的员工信息，然后单击删除信息按钮弹出【删除完成】对话框。

16 单击 确定 按钮，可以看到子窗体中的该信息已经删除。

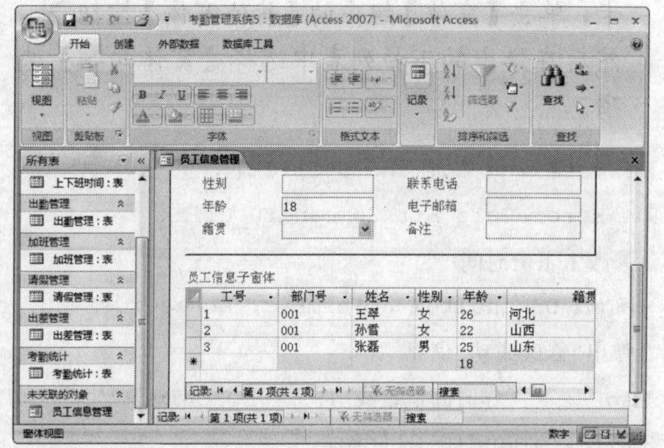

⑰ 最后需要完成关闭窗口按钮的功能，单击该按钮将退出【员工信息管理】窗口。打开关闭窗口按钮的 VBE 窗口，然后在该窗口中输入以下代码。

```
Private Sub Command30_Click()
On Error GoTo Err_Command30_Click
DoCmd.Close
Exit_Command30_Click:
Exit Sub
Err_Command30_Click:
MsgBox Err.Description
Resume Exit_Command30_Click
End Sub
```

至此【员工信息管理】窗体基本创建成功，用户可以根据自己的需要为该窗体添加新的功能，以使其完成更加智能化的操作。

13.3.2 创建工作时间管理窗体

本小节原始文件和最终效果所在位置如下。

原始文件	原始文件\第13章\考勤管理系统6. accdb
最终效果	最终效果\第13章\考勤管理系统6. accdb

在"工作时间管理"窗体中能够设定公司员工的上下班工作时间，并且可以通过此窗体向员工发布作息时间信息。

创建"工作时间管理"窗体的具体步骤如下。

① 打开本小节的原始文件，切换至【创建】选项卡，单击【窗体】组中的【其他窗体】按钮，然后在弹出的下拉列表中选择【窗体向导】选项。

② 创建基于"上下班时间"数据表的窗体标题为"工作时间管理"的窗体，去掉窗体的页眉和页脚，在该窗体中添加3个命令按钮，并将这些按钮的【标题】属性分别设置为"修改时间"、"系统默认"和"关闭窗口"，然后添加一个【标签】控件，并将其【标题】属性设置为"工作时间管理"。

③ 在【工作时间管理】窗体的各个时间文本框中输入对应的上班/下班时间，然后单击修改时间按钮，系统会把各个文本框中的值保存起来。实现该功能的主要代码如下。

```
Private Sub Command10_Click()
On Error GoTo Err_Command10_Click
'修改上下班时间
DoCmd.DoMenuItem acFormBar, acRecordsMenu, acSaveRecord, , acMenuVer70
'弹出"修改成功"信息
MsgBox "工作时间设置成功!", vbOKOnly, "修改成功"
Exit_Command10_Click:
```

```
Exit Sub
Err_Command10_Click:
MsgBox Err.Description
Resume Exit_Command10_Click
End Sub
```

上述代码首先将数据源清空，把第 1 次录入的时间作为一条记录保存在【工作时间管理】的记录源“上下班时间”数据表中，通过使用 DoCmd 对象的 DoMenuItem 方法来实现。

DoMenuItem 方法的语法格式如下。

```
Expression.DeMenuItem(MenuBar,MenuName,Command,Subcommand,Version)
```

其参数说明如下。

- MenuBar

必要参数，属于 Variant 数据类型，对“窗体”视图中的菜单栏使用固有常量 acFormBar，对于其他的视图则使用菜单栏参数列表中的视图所对应的数字。

- MenuName

必要参数，属于 Variant 数据类型，可以选择的固有常量有 acFile、acEditMenu 和 acRecordsMenu。

- Command

必要参数，属于 Variant 数据类型，可以选择的固定参数有 acNew、acSaveForm、acSaveFormAs、acSaveRecord、acUndo、acCut、acCopy、acPaste、acDelete、acSelectRecord、acSelectAllRecords、acObject 和 acRefresh。

- SubCommand

可选参数，属于 Varient 数据类型，可以选择的固有常量有 acObjectVerb 和 acObjectUpdate。

- Version

可选参数，属于 Variant 数据类型，可以选择的固有常量有 Microsoft Access 2003 数据库的代码使用的固有常量 acMenuVer70。

4 将【工作时间设置】窗体切换至窗体视图，在窗口中的文本框中输入对应的时间，然后单击 修改时间 按钮弹出【修改成功】对话框。

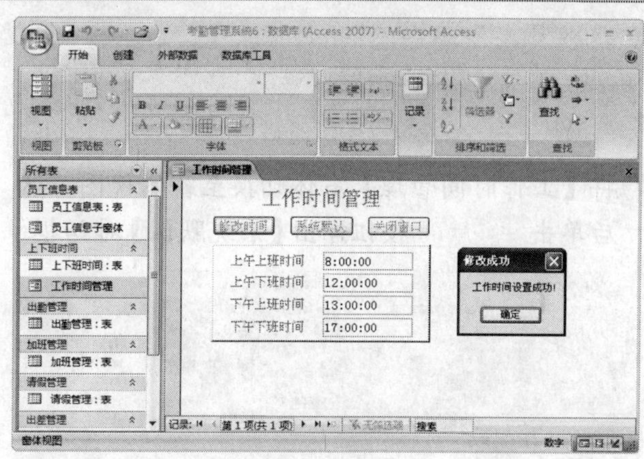

5 单击【修改成功】对话框中的 确定 按钮打开【上下班时间】数据表，可以看到数据已经添加到数据表中。

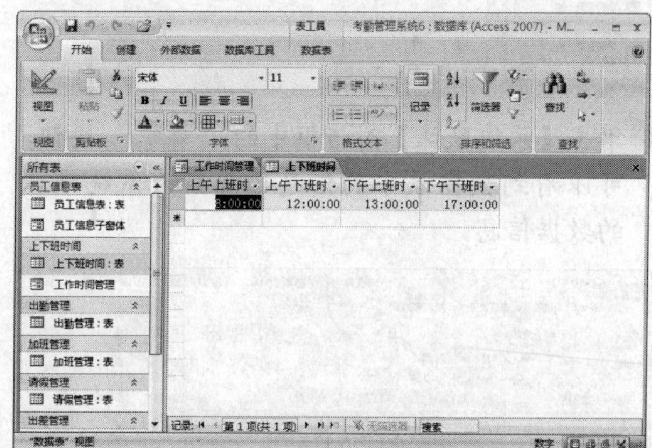

6 如果需要使用系统默认的时间，可以单击 系统默认 按钮实现还原“默认时间”的功能。可以通过以下代码来实现该功能。

```
Private Sub Command12_Click()
On Error GoTo Err_Command12_Click
```

```
'设置上下班默认时间
Me![上午上班时间] = "07:50"
Me![上午下班时间] = "11:30"
Me![下午上班时间] = "13:30"
Me![下午下班时间] = "17:40"
'弹出"系统默认"时间信息
MsgBox "已经恢复到系统默认时间！", vbOKOnly, "系统默认"
Exit_Command12_Click:
Exit Sub
Err_Command12_Click:
MsgBox Err.Description
Resume Exit_Command12_Click
End Sub
```

7 将【工作时间管理】窗体切换至窗体视图，然后单击 系统默认 按钮弹出【系统默认】对话框。

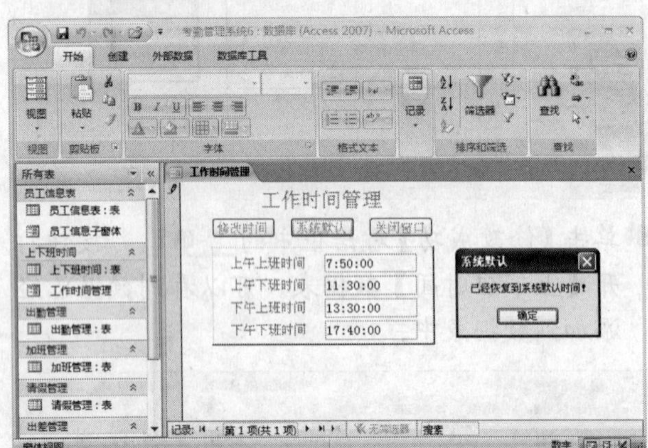

8 单击【系统默认】对话框中的 确定 按钮，可以看到数据表中的信息已更新为系统默认的数据信息。

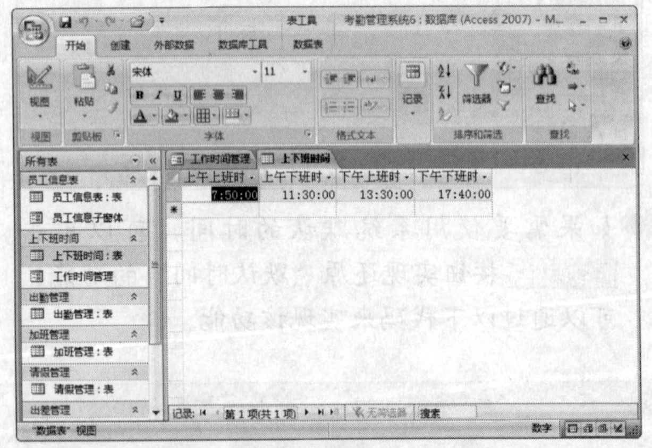

9 在 关闭窗口 按钮的 VBE 窗口中输入以下代码实现关闭窗口的功能。

```
Private Sub Command13_Click()
On Error GoTo Err_Command13_Click
DoCmd.Close
Exit_Command13_Click:
Exit Sub
Err_Command13_Click:
MsgBox Err.Description
Resume Exit_Command13_Click
End Sub
```

13.3.3 创建出勤管理窗体

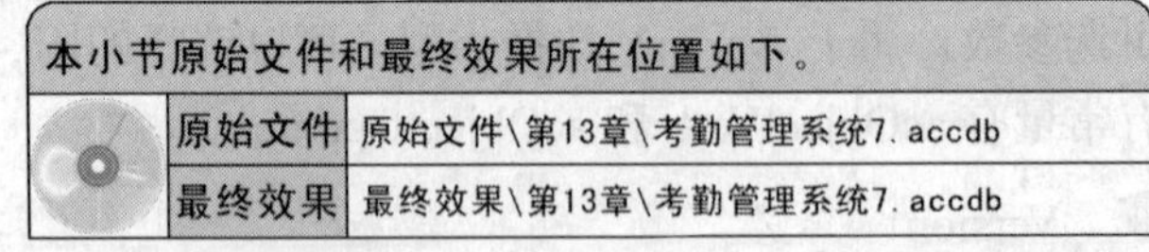

本小节原始文件和最终效果所在位置如下。	
原始文件	原始文件\第13章\考勤管理系统7.accdb
最终效果	最终效果\第13章\考勤管理系统7.accdb

“出勤管理”窗体中记录了员工日常的出勤情况，包括上班日期、上班时间和下班时间等内容。

创建“出勤管理”窗体的具体步骤如下。

1 打开本小节的原始文件，切换至【创建】选项卡，然后使用上面创建窗体的方法创建基于【出勤管理】数据表的窗体。

2 去掉窗体的页眉和页脚，取消各个控件的堆积状态，然后添加两个文本框，将标签的【标题】属性和文本框的【名称】属性分别设置为“姓名”和“性别”，将窗体的【记录源】属性和窗体中的所有控件的【控件来源】属性都设置为空。添加一个【选项组】控件，将【出勤编号】、【工号】、【部门号】、【姓名】和【性别】等控件圈起来，然后在【窗体设计工具 排列】上下文选项卡中单击【位置】组中的【置于底层】按钮，并将【标题】属性设置为“员工信息”。

3 再添加一个【选项组】控件，将【上班日期】、【上班时间】、【下班时间】、【是否为上午】和【备注】等控件圈起来，然后在【窗体设计工具 排列】上下文选项卡中单击【位置】组中的【置于底层】按钮，并将【标题】属性设置为“出勤信息”。

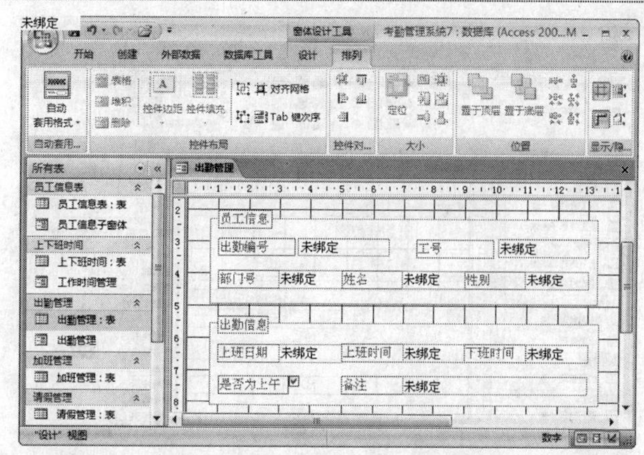

4 最后在窗体界面中添加一个标签和两个按钮，并将它们的【标题】属性分别设置为“出勤管理”、“保存”和“关闭窗口”，然后调整其大小和位置。

5 为了在【出勤管理】窗体中能够详细地显示员工信息添加了【姓名】和【性别】文本框，它们与【工号】字段是对应的。可以通过在【工号】文本框中添加“LostFocus”事件的方法来实现检索，即在【工号】文本框中输入“工号”时，系统将自动地从“员工信息表”数据表搜索与之对应的“姓名”和“性别”信息，当鼠标离开该文本框时，则将检索到的信息显示到相应的文本框中。选择【工号】文本框，打开【属性表】窗口，选择【失去焦点】事件，选择【事件过程】选项，然后单击其右侧的...按钮。

6 打开【工号】文本框的 VBE 窗口，然后在该窗口中输入以下代码。

```
Private Sub 工号_LostFocus()
On Error GoTo Err_工号_LostFocus
'定义字符型变量
Dim S As String
'定义用于保存循环变量的整型变量
Dim i As Integer
'定义数据集变量
Dim Rs As ADODB.Recordset
'为定义的数据集变量分配空间
Set Rs = New ADODB.Recordset
'为打开数据表"查询语句"字符变量赋值
S = "Select * From 员工信息表"
'打开"员工信息表"数据表
Rs.Open S, CurrentProject.Connection, adOpenKeyset, adLockOptimistic
'把记录集的指针指向第一条记录
Rs.MoveFirst
'使用 For…Next 循环语句在 Rs 数据集中循环判断
For i = 1 To Rs.RecordCount
'判断记录集中的"工号"字段值是否与窗体中的"工号"文本框中的值相同
If Rs("工号") = Me![工号] Then
'如果相同,则把该记录字段的值赋予窗体对应的文本框中
Me![部门号] = Rs("部门号")
Me![姓名] = Rs("姓名")
Me![性别] = Rs("性别")
Else
'如果不相同,则移动到下一条记录
Rs.MoveNext
End If
Next i
```

```
'释放系统为 Rs 数据集分配的空间
Set Rs = Nothing
Exit_工号_LostFocus:
Exit Sub
Err_工号_LostFocus:
MsgBox Err.Description
Resume Exit_工号_LostFocus
End Sub
```

上述代码首先定义了一个用于保存数据集 Open 方法参数的字符型变量 S 和一个数据集变量 Rs，然后初始化这些变量，使用 Open 方法打开“员工信息表”数据表，实现从该数据表中检索数据的功能。使用 For…Next 循环语句在 Rs 数据集中循环判断记录集中的“工号”字段中的信息是否与窗体中“工号”文本框中的值相同。如果相同，此数据集的指针所指记录的“部门号”、“姓名”和“性别”则分别赋予窗体对应的文本框中；如果不相同，则移动到下一条记录，最后释放 Rs 数据集。

7 将【出勤管理】窗体切换至窗体视图，当在【工号】字段输入一个存在的工号并将鼠标指针移开该文本框时，【部门号】、【姓名】和【性别】等字段将自动地填充相应的员工信息。

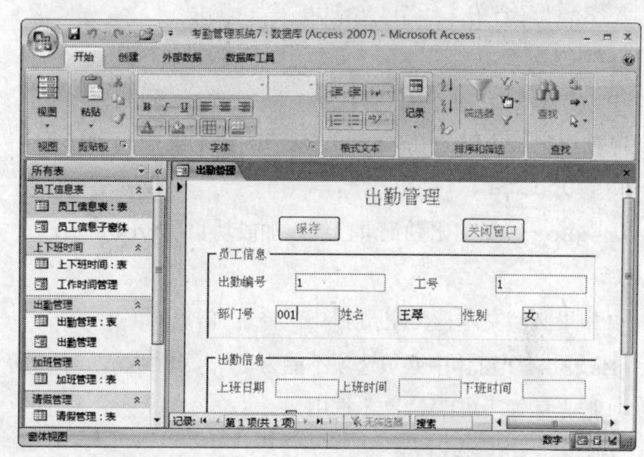

8 单击 保存 按钮即可将信息保存到“出勤管理”数据表中。实现该功能的代码如下。


```
Private Sub Command26_Click()
Dim S As String
Dim Rs As ADODB.Recordset
Set Rs = New ADODB.Recordset
'为打开数据表"查询语句"字符串赋值
S = "Select * From 出勤管理"
'打开"出勤管理"数据表
Rs.Open S, CurrentProject.Connection, adOpenKeyset, adLockOptimistic
'判断窗体中的必填文本框和组合框是否为空
If Me![工号] <> "" And Me![部门号] <> "" And Me![上班日期] <> "" _
   And Me![上班时间] <> "" And Me![下班时间] <> "" Then
 '如果必填文本框和组合框不为空
 '使用记录集 Addnew 方法添加记录
 Rs.AddNew
 '把窗体中文本框和组合框的值赋予记录集中对应的字段
 Rs("出勤编号") = Me![出勤编号]
 Rs("工号") = Me![工号]
```

```
Rs("部门号") = Me![部门号]
Rs("上班日期") = Me![上班日期]
Rs("上班时间") = Me![上班时间]
Rs("下班时间") = Me![下班时间]
'判断用户选择上午还是下午
If Me![是否为上午].Section = 1 Then
  '如果选择"上午",则把"是否为上午"的值设为"是"
  Rs("是否为上午").Value = True
  '如果选择"下午",则把"是否为上午"的值设为"否"
  Rs("是否为上午").Value = False
End If
Rs("备注") = Me![备注]
'使用记录集中的 Update 方法修改记录集
Rs.Update
MsgBox "员工出勤记录已经添加成功!", vbOKOnly, "添加成功"
Else
'如果必填文本框为空,则弹出"警告"信息
MsgBox "窗体中必填选项不能为空", vbOKOnly, "警告"
'把光标置于"工号"文本框中
Me![工号].SetFocus
End If
'释放系统为 Rs 数据集分配的空间
Set Rs = Nothing
Exit_Command26_Click:
Exit Sub
Err_Command26_Click:
MsgBox Err.Description
Resume Exit_Command26_Click
End Sub
```

9 将【出勤管理】窗体切换至窗体视图，在文本框中输入相关的信息后单击 保存 按钮将弹出【添加成功】对话框。

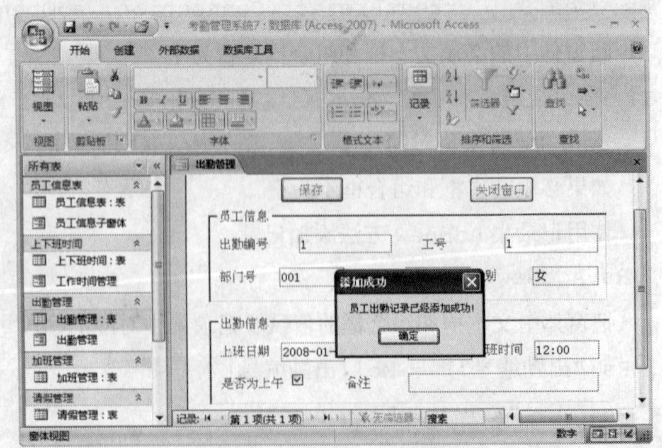

10 单击【添加成功】对话框中的 确定 按钮打开【出勤管理】数据表即可看到添加的出勤信息。

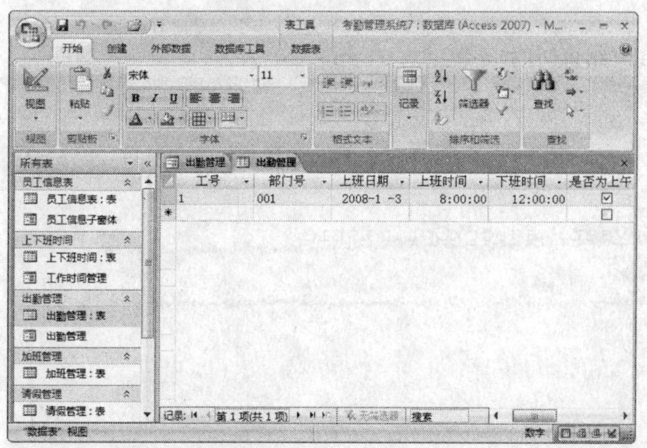

最后在 关闭窗口 按钮的 VBE 窗口中输入相应的代码即可实现关闭功能。

至此“出勤管理”窗体设计完毕，然后创建“出差管理”、“加班管理”和“请假管理”等窗体，创建的方法与“出勤管理”窗体的创建方法基本相同，这里不再重复。

13.3.4 创建考勤管理窗体

本小节原始文件和最终效果所在位置如下。	
原始文件	原始文件\第13章\考勤管理系统8.accdb
最终效果	最终效果\第13章\考勤管理系统8.accdb

创建“考勤管理”窗体可以统计某一个时间段内每个员工的各项资料信息，包括总出差时间、总加班时间、总请假时间以及迟到和早退的次数等。

创建“考勤管理”窗体的具体步骤如下。

1 打开本小节的原始文件，切换至【创建】选项卡，使用上面创建窗体的方法创建基于【考勤统计】数据表的窗体，然后调整各个控件的大小和位置，并添加其他的控件。

2 用户在“开始时间”和“结束时间”文本框中输入统计的时间段之后单击 考勤统计 按钮，系统将自动地统计出该员工的总出差时间、总加班时间、总请假时间以及迟到和早退的次数等，然后显示到窗体对应的文本框中。实现该功能的具体代码如下。


```
Private Sub Command28_Click()
On Error GoTo Err_Command28_Click
'定义保存员工总出差和请假的次数
Dim CCTime, QJTime As Integer
'定义用于循环的整型变量
Dim i As Integer
'定义保存"统计时间"的变量
Dim Num As Variant
'定义字符型变量
Dim S As String
'定义数据集变量
Dim Rs As ADODB.Recordset
```

```
'为定义的数据集变量分配空间
Set Rs = New ADODB.Recordset
'----------------计算总出差时间
'判断窗体中"工号"等文本框是否为空
If Me![工号] <> "" And Me![开始时间] <> "" And Me![结束时间] <> "" Then
  '为打开数据表"查询语句"字符变量赋值
  S = "Select * From 出差管理"
  '打开"出差管理"数据表
  Rs.Open S, CurrentProject.Connection, adOpenKeyset, adLockOptimistic
  '把 Num 变量的值先设置为 0
  Num = 0
  '把记录指针指向第一条记录
  Rs.MoveFirst
  For i = 1 To Rs.RecordCount
    '搜索待统计的员工记录，并进行计算"总出差时间"
    If Rs("工号") = Me![工号] Then
      If Me![开始时间] < Rs("结束日期") And Rs("结束日期") <= Me![结束时间] _
          And Rs("开始日期") <= Me![开始时间] Then
        Num = Num + Rs("结束日期") - Me![开始时间]
      ElseIf Me![开始时间] < Rs("结束日期") And Rs("结束日期") <= Me![结束时间] _
          And Rs("开始日期") > Me![开始时间] Then
        Num = Num + Rs("结束日期") - Rs("开始日期")
      ElseIf Me![开始时间] <= Rs("开始日期") And Rs("开始日期") < Me![结束时间] _
          And Rs("结束日期") > Me![结束时间] Then
        Num = Num + Me![结束时间] - Rs("开始日期")
      ElseIf Rs("开始日期") <= Me![开始时间] And Rs("结束日期") >= Me![开始时间] Then
        Num = Num + Me![结束时间] - Me![开始时间]
      End If
      Rs.MoveNext
    Else
    Rs.MoveNext
    End If
Next i
'把计算的"总出差时间"结果赋予窗体中的"总出差时间"文本框中
Me![总出差时间] = Num & " 天"
'把"总出差时间"结果赋予 CCTime
CCTime = Num
Rs.Close
'-------------计算总加班时间
```

```
'为打开数据表"查询语句"字符变量赋值
S = "Select * From 加班管理"
'打开"加班管理"数据表
Rs.Open S, CurrentProject.Connection, adOpenKeyset, adLockOptimistic
'把 Num 变量的值先设置为 0
Num = 0
'把记录指针指向第一条记录
Rs.MoveFirst
For i = 1 To Rs.RecordCount
  '搜索待统计的员工记录，并进行计算"总加班时间"
  If Rs("工号") = Me![工号] Then
    If Me![开始时间] <= Rs("加班日期") And Rs("加班日期") <= Me![结束时间] Then
      Num = Num + Rs("结束时间") - Rs("加班时间")
    End If
    Rs.MoveNext
  Else
  Rs.MoveNext
  End If
Next i
'把计算的"总加班时间"结果赋予窗体中的"总加班时间"文本框中
Me![总加班时间] = Hour(Num) & "小时" & Minute(Num) & "分钟"
Rs.Close
'---------------计算总请假时间
'为打开数据表"查询语句"字符变量赋值
S = "Select * From 请假管理"
'打开"请假管理"数据表
Rs.Open S, CurrentProject.Connection, adOpenKeyset, adLockOptimistic
'把 Num 变量的值先设置为 0
Num = 0
'把记录指针指向第一条记录
Rs.MoveFirst
For i = 1 To Rs.RecordCount
  '搜索待统计的员工记录，并进行计算"总请假时间"
  If Rs("工号") = Me![工号] Then
    If Me![开始时间] < Rs("结束时间") And Rs("结束时间") <= Me![结束时间] _
       And Rs("开始时间") <= Me![开始时间] Then
      Num = Num + Rs("结束时间") - Me![开始时间]
    ElseIf Me![开始时间] < Rs("结束时间") And Rs("结束时间") <= Me![结束时间] _
       And Rs("开始时间") > Me![开始时间] Then
```

```
    Num = Num + Rs("结束时间") - Rs("开始时间")
   ElseIf Me![开始时间] <= Rs(开始时间) And Rs("开始时间") < Me![结束时间] _
     And Rs("结束时间") > Me![结束时间] Then
    Num = Num + Me![结束时间] - Rs("开始时间")
   ElseIf Rs("开始时间") <= Me![开始] And Rs("结束时间") >= Me![开始时间] Then
    Num = Num + Me![结束时间] - Me![开始时间]
   End If
   Rs.MoveNext
  Else
  Rs.MoveNext
  End If
Next i
'把计算的"总请假时间"结果赋予窗体中的"总请假时间"文本框中
Me![总请假时间] = Num & " 天"
'把"总请假时间"结果赋予 QJTime
QJTime = Num
Rs.Close
'---------------计算"请假次数"
'为打开数据表"查询语句"字符变量赋值
S = " Select * From 请假管理"
'打开"请假管理"数据表
Rs.Open S, CurrentProject.Connection, adOpenKeyset, adLockOptimistic
'把 Num 变量的值先设置为 0
Num = 0
'把记录指针指向第一条记录
Rs.MoveFirst
For i = 1 To Rs.RecordCount
  '搜索待统计的员工记录，并进行"请假次数"计算
  If Rs("工号") = Me![工号] Then
   If Me![开始时间] <= Rs("结束时间") And Rs("结束时间") <= Me![结束时间] Then
    Num = Num + 1
   ElseIf Me![开始时间] <= Rs("开始时间") And Rs("开始时间") < Me![结束时间] Then
    Num = Num + 1
   ElseIf Rs("开始时间") <= Me![开始时间] And Rs("结束时间") >= Me![开始时间] Then
    Num = Num + 1
   End If
   Rs.MoveNext
  Else
  Rs.MoveNext
```

```
  End If
 Next i
 '把计算的"请假次数"结果赋予窗体中的"请假次数"文本框中
 Me![请假次数] = Num
 Rs.Close
 '---------------计算"出差次数"
 '为打开数据表"查询语句"字符变量赋值
 S = " Select * From 出差管理"
 '打开"出差管理"数据表
 Rs.Open S, CurrentProject.Connection, adOpenKeyset, adLockOptimistic
 '把 Num 变量的值先设置为 0
 Num = 0
 '把记录指针指向第一条记录
 Rs.MoveFirst
 For i = 1 To Rs.RecordCount
   '搜索待统计的员工记录，并进行"出差次数"计算
   If Rs("工号") = Me![工号] Then
     If Me![开始时间] <= Rs("结束日期") And Rs("结束日期") <= Me![结束时间] Then
       Num = Num + 1
     ElseIf Me![开始时间] <= Rs("开始日期") And Rs("开始日期") < Me![结束时间] Then
       Num = Num + 1
     ElseIf Rs("开始日期") <= Me![开始时间] And Rs("结束日期") >= Me![开始时间] Then
       Num = Num + 1
     End If
     Rs.MoveNext
   Else
   Rs.MoveNext
   End If
 Next i
 '把计算的"出差次数"结果赋予窗体中的"出差次数"文本框中
 Me![出差次数] = Num
 Rs.Close
 '---------------计算"加班次数"
 '为打开数据表"查询语句"字符变量赋值
 S = " Select * From 加班管理"
 '打开"加班管理"数据表
 Rs.Open S, CurrentProject.Connection, adOpenKeyset, adLockOptimistic
 '把 Num 变量的值先设置为 0
 Num = 0
```

```
'把记录指针指向第一条记录
Rs.MoveFirst
For i = 1 To Rs.RecordCount
  '搜索待统计的员工记录，并进行"加班次数"计算
  If Rs("工号") = Me![工号] Then
    If Me![开始时间] <= Rs("加班日期") And Rs("加班日期") <= Me![结束时间] Then
      Num = Num + 1
    End If
    Rs.MoveNext
  Else
  Rs.MoveNext
  End If
Next i
'把计算的"加班次数"结果赋予窗体中的"加班次数"文本框中
Me![加班次数] = Num
Rs.Close
'---------------计算"迟到"和"早退"次数
'为打开数据表"查询语句"字符变量赋值
Dim ZTNum As Integer
'定义用于保存从"上班时间"表中获取的"上下班时间"等参数
Dim AmInTime, AmOutTime, PmInTime, PmOutTime As Date
'使用 DLookup 函数从"上班时间"表中读取"上下班时间"等参数
AmInTime = DLookup("上午上班时间", "上下班时间")
AmOutTime = DLookup("上午下班时间", "上下班时间")
PmInTime = DLookup("下午上班时间", "上下班时间")
PmOutTime = DLookup("下午下班时间", "上下班时间")
'为打开数据表"查询语句"字符变量赋值
S = " Select * From 出勤管理"
'打开"出勤管理"数据表
Rs.Open S, CurrentProject.Connection, adOpenKeyset, adLockOptimistic
'把 ZTNum 变量的值设置为 0
ZTNum = 0
'把 Num 变量的值设置为 0
Num = 0
'把记录指针指向第一条记录
Rs.MoveFirst
For i = 1 To Rs.RecordCount
  '搜索待统计的员工记录，并进行"请假次数"计算
  If Rs("工号") = Me![工号] Then
```

```
    If Me![开始时间] <= Rs("上班日期") And Rs("上班日期") <= Me![结束时间] Then
    '判断是否为上午
     If Rs("是否为上午").Value = True Then
     '判断上班的时间与规定时间是否晚了 5 分钟以上
      If Hour(Rs("上班时间") - AmInTime) * 60 + _
         Minute(Rs("上班时间") - AmInTime) >= 5 Then
       Num = Num + 1
      '判断下班时间与规定时间是否早了 5 分钟以上
      ElseIf Hour(AmOuTime - Rs("下班时间")) * 60 + _
             Minute(AmOutTime - Rs("下班时间")) >= 5 Then
       ZTNum = ZTNum + 1
      End If
    Else
     If Hour(Rs("上班时间") - PmInTime) * 60 + _
        Minute(Rs("上班时间") - PmInTime) >= 5 Then
      Num = Num + 1
     End If
     If Hour(PmOutTime - Rs("下班时间")) * 60 + _
           Minute(PmOutTime - Rs("下班时间")) >= 5 Then
      ZTNum = ZTNum + 1
     End If
   End If
  End If
      Rs.MoveNext
  Else
  Rs.MoveNext
End If
Next i
'把计算的"迟到次数"结果赋予窗体中的"迟到次数"文本框中
Me![迟到次数] = Num
'把计算的"早退次数"结果赋予窗体中的"早退次数"文本框中
Me![早退次数] = ZTNum
Rs.Close
'---------------计算"旷工"次数
'定义保存搜索时间区间内的周末数量
Dim WeekdayNum As Integer
'为打开数据表"查询语句"字符变量赋值
S = "Select * From 出勤管理"
'打开"出勤管理"数据表
```

```
Rs.Open S, CurrentProject.Connection, adOpenKeyset, adLockOptimistic
'把 Num 变量的值设置为 0
Num = 0
'把记录指针指向第一条记录
Rs.MoveFirst
For i = 1 To Rs.RecordCount
  '搜索待统计的员工记录，并进行"上班次数"计算
  If Rs("工号") = Me![工号] Then
    If Me![开始时间] <= Rs("上班日期") And Rs("上班日期") <= Me![结束时间] Then
      Num = Num + 1
    End If
    Rs.MoveNext
  Else
  Rs.MoveNext
  End If
Next i
'计算搜索时间区间内的周末数量
 WeekdayNum = CInt(((Me![结束时间] - Me![开始时间]) + _
 Weekday(Me![结束时间] - Me![开始时间]) - 1) / 7) * 2
'把计算的"旷工"次数赋给"旷工"文本框
Me![旷工次数] = (Me![结束时间] - Me![开始时间]) - CCTime - QJTime - Num / 2 - WeekdayNum
Rs.Close
'-----------------计算结束
Else
MsgBox "窗体中“工号”等文本框不能置空" & Chr(13) & Chr(10) & _
"请先输入查询的员工及查询时间区间！", vbOKOnly, "输入工号"
'退出本子过程
Exit Sub
End If
'释放系统为 Rs 数据集分配的空间
Set Rs = Nothing
Exit_Command28_Click:
Exit Sub
Err_Command28_Click:
MsgBox Err.Description
Resume Exit_Command28_Click
End Sub
```

在上述代码中首先定义了一系列变量，然后判断“考勤编号”、“开始时间”和“结束时间”等文本框是否为空，如果不为空开始计算“总出差时间”、“总加班时间”、“总请假时间”以及“请假次数”、

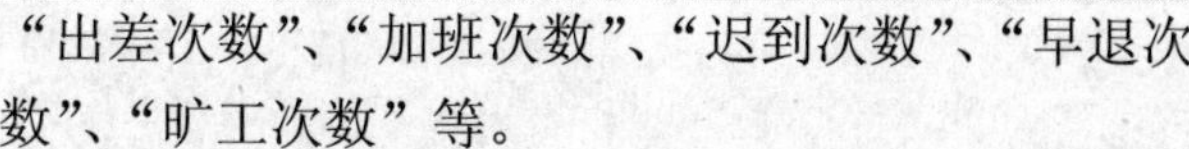

"出差次数"、"加班次数"、"迟到次数"、"早退次数"、"旷工次数"等。

在计算"总出差时间"程序段中，首先通过使用 RecordSet 对象的 Open 方法来访问"出差管理"数据表，然后随着记录指针的移动，分别判断当前记录的"开始时间"和"结束时间"字段值区间是否与统计时间区间存在"交集"，如果存在则将这个时间的"交集"值计算出来并赋予 Num 变量，直到最后把计算出的结果赋予窗体中的"总出差时间"文本框中和 CCTime 变量，可以在后面统计"旷工次数"时使用。

在计算"总加班时间"程序段中，同样通过使用 RecordSet 对象的 Open 方法来访问"加班管理"数据表。随着记录指针的移动，分别判断当前记录的"开始时间"和"结束时间"字段值的区间是否与统计时间区间存在"交集"，如果存在则将这个时间的"交集"值计算出来并赋予 Num 变量，直到最后把计算出的结果赋予窗体中"总加班时间"文本框。在该程序段中用到了 Hour（Time）和 Minute（Time）函数，它们分别用来读取 Time 时间的"小时"和"分钟"数值，其中 Time 参数是必要参数，可以是任意能够表示时刻的 Variant、数值表达式、字符串表达式或者它们的组合，如果 Time 包含 Null 则返回 Null。

在计算"总请假时间"程序段中，使用与上述同样的方法访问"请假管理"数据表，然后统计出时间的"交集"，并将计算出的"交集"值赋予 Num 变量，最后赋予"总请假时间"文本框中。

在计算"请假次数"程序段中，使用同样的方法访问"请假管理"数据表，并统计时间的"交集"，如果存在"交集"就需要将 Num 变量加 1，直到最后把计算出来的结果赋予窗体中的"请假次数"文本框。

在计算"出差次数"和"加班次数"程序段中，其操作与"请假次数"程序段中的相同。

在计算"迟到"和"早退"次数程序段中，首先使用 DLookup 函数从"上下班时间"数据表中读取各个时间，通过 Recordset 对象的 Open 方法访问"出勤管理"数据表，搜索窗体中"工号"文本框中输入的职工出勤记录，然后判断该记录的"上班日期"是否在搜索的时间区间内，如果"上班时间"比规定的"上班时间"晚 5 分钟（这里有上午和下午之分），就将 Num（用来保存迟到次数）加 1，如果"下班时间"比规定的"下班时间"早 5 分钟，就将 ZTNum（用来保存早退次数）加 1。最后将计算出来的 Num 和 ZTNum 变量分别赋予窗体中的"迟到次数"和"早退次数"文本框。在该程序段中使用了 DLookup 函数，其语法格式如下。

```
DLookup(expr,domain,[criteria])
```

其中各项参数的说明如下。

(1) expr 参数

必要参数，用于表示要获取值的字段名称。

(2) domain 参数

必要参数，用于表示要获取的表或者查询名称。

(3) criteria 参数

可选参数，用于限制 DLookup 函数执行的数据范围。如果不提供 criteria 值，DLookup 函数将返回域中的一个随机值。

在计算"旷工次数"程序段中，同样使用 Recordset 对象的 Open 方法来访问"出勤管理"数据表，判断当前记录的"上班日期"是否在统计时间区间内，如果是在统计区间内，则把 Num（保存职工上班次数）变量加 1，然后计算搜索时间区间内的周末数量，最后计算出"旷工次数"，并将结果赋予窗体中的"旷工次数"文本框。在该程序段中，计算搜索时间区间内的周末数量时用到了 Weekday（Date）函数，其作用是读取 Date 日期是星期几。因为计算出来的数值除以 2 以后可能不是整数，因此需要使用 Cint 函数对小数部分进行四舍五入来返回一个整型数值。计算旷工次数的公式如下。

```
旷工次数=(结束时间-开始时间)-出差天数-请假天数-上班天数-周末天数
```

3 将【考勤统计管理】窗体切换至窗体视图，在【开始时间】、【结束时间】、【统计编号】和【工号】等文本框中输入相应的信息，然后单击考勤统计按钮，将统计【工号】为“1”的员工在“2008-01-03”至“2008-01-05”时间段内的考勤情况。

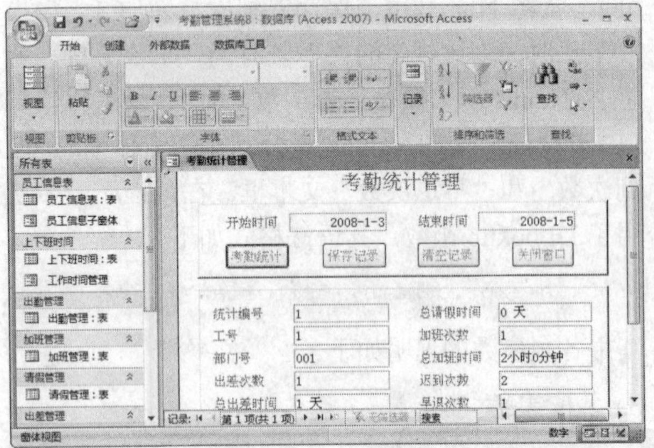

4 为了查询方便可以在【工号】的“LostFocus”事件中输入相应的代码来自动地添加部门号，然后在保存记录按钮的“Click”事件中输入相应的代码，实现将记录添加到数据表的功能。

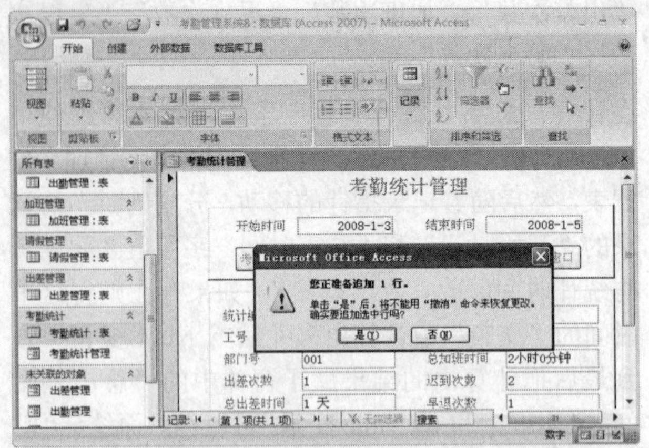

5 如果要统计其他用户的另外时间段的考勤情况，则需要单击清空记录按钮。实现该按钮功能的代码如下。


```
Private Sub Command30_Click()
On Error GoTo Err_Command30_Click
'定义保存"查询语句"的字符型变量
Dim STemp As String
'定义数据集变量
Dim Rs As ADODB.Recordset
'为定义的数据集变量分配空间
Set Rs = New ADODB.Recordset
If MsgBox("请确定是否要删除所有员工的考勤记录？删除记录后将无法恢复！", _
        vbYesNo, "确定删除") = vbYes Then
'-----------------删除"出差记录"
'为清空数据库"查询语句"字符变量赋值
STemp = "DELETE * FROM 出差管理"
'使用 DoCmd 对象的 RunSQL 方法执行查询
DoCmd.RunSQL STemp
'-----------------删除"出勤记录"
'为清空数据库"查询语句"字符变量赋值
STemp = "DELETE * FROM 出勤管理"
'使用 DoCmd 对象的 RunSQL 方法执行查询
```

```
DoCmd.RunSQL STemp
'----------------删除"加班记录"
'为清空数据库"查询语句"字符变量赋值
STemp = "DELETE * FROM 加班管理"
'使用 DoCmd 对象的 RunSQL 方法执行查询
DoCmd.RunSQL STemp
'----------------删除"出差记录"
'为清空数据库"查询语句"字符变量赋值
STemp = "DELETE * FROM 考勤统计"
'使用 DoCmd 对象的 RunSQL 方法执行查询
DoCmd.RunSQL STemp
'----------------删除"请假记录"
'为清空数据库"查询语句"字符变量赋值
STemp = "DELETE * FROM 出差管理"
'使用 DoCmd 对象的 RunSQL 方法执行查询
DoCmd.RunSQL STemp
MsgBox "成功删除所有员工的考勤记录！", vbOKOnly, "删除成功"
Else
MsgBox "删除所有员工考勤记录的操作被取消！", vbOKOnly, "取消删除"
Exit Sub
End If
Exit_Command30_Click:
Exit Sub
Err_Command30_Click:
MsgBox Err.Description
Resume Exit_Command30_Click
End Sub
```

最后在关闭窗口按钮的 VBE 窗口中输入相应的代码实现关闭功能即可。

13.3.5 创建考勤资料查询窗体

“考勤资料查询”窗体的作用是查询某一段时间区间内的职工的各项考勤资料记录，包括出差记录、加班记录、请假记录、出勤记录和考勤统计结果等。

本小节原始文件和最终效果所在位置如下。	
原始文件	原始文件\第13章\考勤管理系统9.accdb
最终效果	最终效果\第13章\考勤管理系统9.accdb

创建“考勤资料查询”窗体的具体步骤如下。

1 打开本小节的原始文件，创建“考勤资料查询”窗体。在“考勤资料查询”窗体中创建 6 个按钮，将其【标题】属性分别设置为“出差查询”、“请假查询”、“加班查询”、“出勤查询”、“统计查询”和“关闭窗口”。添加两个文本框，将它们的【名称】属性分别设置为“开始时间”和“结束时间”。然后单击【选项卡控件】按钮为窗体添加一个“选项卡”控件，再添加一个“标签”控件，并将其【标题】属性设置为“考勤资料查询”，最后调整各个控件的大小和位置。

2 打开【选项卡】控件属性窗口，将【名称】属性设置为“搜索选项卡”。然后右键单击“搜索选项卡”，在弹出的快捷菜单中选择【插入页】菜单项为该选项卡添加新的选项页。重复操作添加4个选项页。将每个页的【标题】属性分别设置为“出差信息”、“请假信息”、“加班信息”、“出勤信息”和“统计信息”。

3 要显示搜索结果，需要通过子窗体来实现，所以需要为每一种考勤搜索创建查询表，这里以创建“出差信息”的查询表为例介绍创建查询表的方法。首先打开创建查询表的设计视图，在【显示表】对话框中将“出差管理”数据表选项添加到创建的查询表的设计视图中，并将其保存为“出差查询”，然后右键单击【出差查询】选项卡，在弹出的快捷菜单中选择【SQL视图】选项。

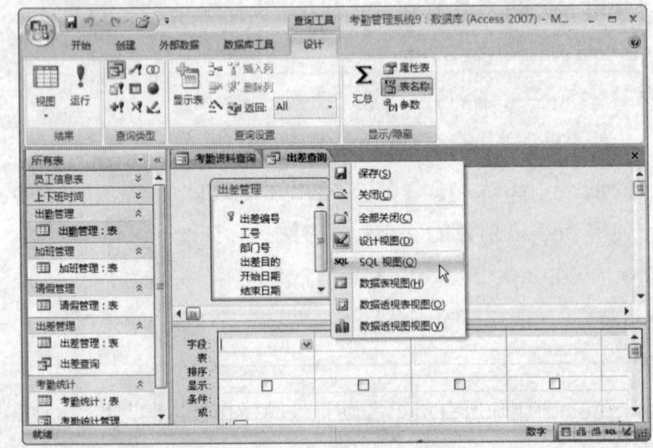

4 随即打开“出差查询”的SQL编辑窗口，在该查询编辑窗口中设计查询语句，只要在“出差管理”数据表中的“开始时间”与“结束时间”字段值区间与“查询时间区间”有交集，就把该记录显示出来。其查询语句如下。

```
SELECT 出差管理.工号, 出差管理.部门号, 出差管理.出差目的,
 出差管理.开始日期, 出差管理.结束日期, 出差管理.备注
FROM 出差管理
WHERE (((出差管理.开始日期)>Forms!考勤资料查询!开始时间
And (出差管理.开始日期)<Forms!考勤资料查询!结束时间))
Or (((出差管理.结束日期)>Forms!考勤资料查询!开始时间
And (出差管理.结束日期)<Forms!考勤资料查询!结束时间))
Or (((出差管理.开始日期)<=Forms!考勤资料查询!开始时间
And (出差管理.开始日期)>=Forms!考勤资料查询!结束时间))
Or ((Forms!考勤资料查询!开始时间) Is Null)
```

```
And ((Forms!考勤资料查询!结束时间) Is Null)
ORDER BY 出差管理.工号;
```

5 在【使用控件向导】按钮被选中的情况下，在"出差信息"选择页中创建基于"出差管理"数据表的子窗体用来显示出差信息。

6 运行该窗体，在【开始时间】和【结束时间】文本框中输入要查询的时间段，然后单击出差查询按钮，此时的查询结果如下图所示。

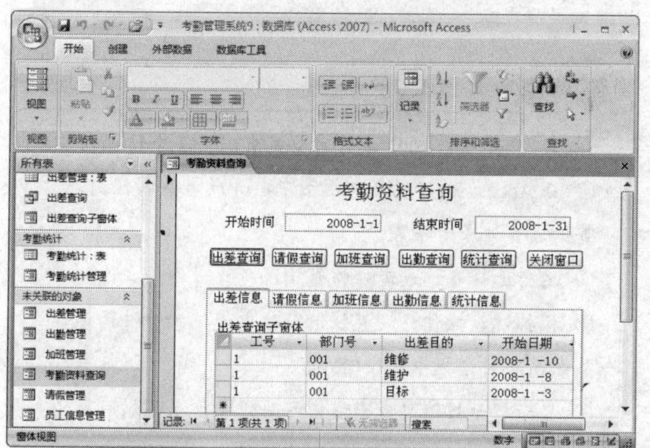

7 重复上面的操作，实现"请假信息查询"、"出勤信息查询"、"加班信息查询"和"统计信息查询"等其他选项页的设置，然后在关闭窗口按钮的"Click"事件中输入代码实现其关闭功能。

13.3.6 创建系统启动界面

创建完"考勤管理数据库"中的各个窗体之后，接下来需要使用"窗体集成"的方法将这些对象都集成到一起形成一个完整的系统。

本小节原始文件和最终效果所在位置如下。

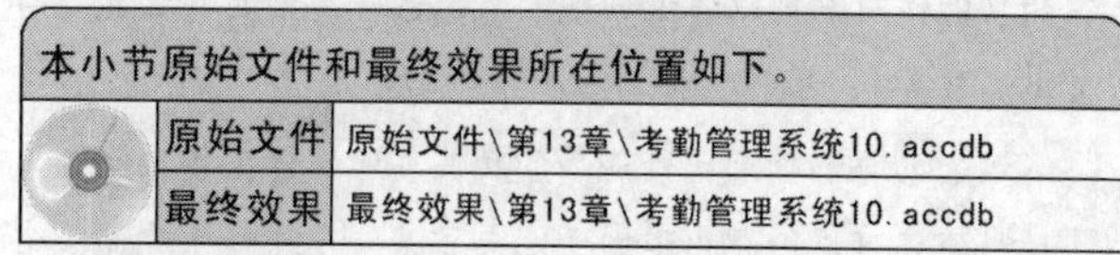

原始文件	原始文件\第13章\考勤管理系统10.accdb
最终效果	最终效果\第13章\考勤管理系统10.accdb

对"考勤管理系统"创建启动界面的具体步骤如下。

1 打开本小节的原始文件，切换至【创建】选项卡，然后单击【其他】组中的【宏】按钮。

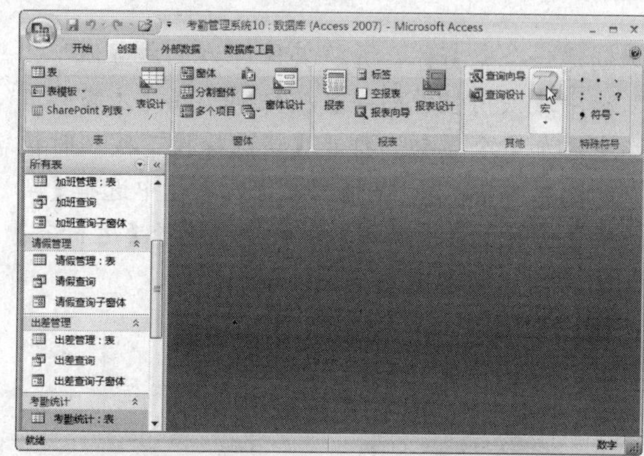

2 分别创建【宏名】为"员工信息"、"工作时间管理"、"出差管理"、"加班管理"、"出勤管理"、"请假管理"、"考勤统计"和"考勤资料查询"等宏，并将它们的【操作】属性都设置为"OpenForm"，在【窗体名称】中选择对应的窗体，然后将该宏保存为"考勤管理系统宏"。

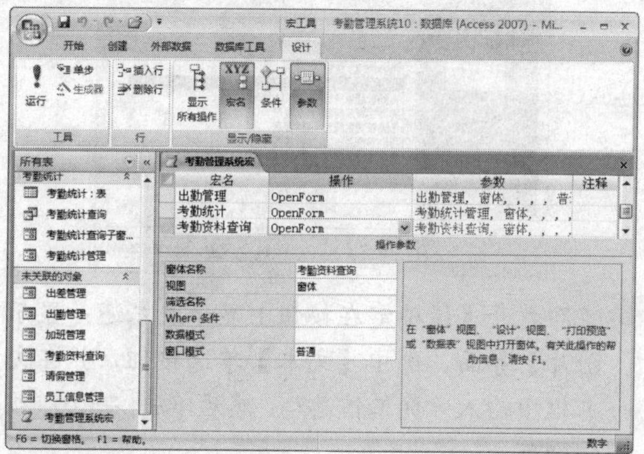

> 提示
>
> 宏是用来完成特定任务的操作或者操作集，即一个或者多个操作的集合，其中每个集合执行特定的功能。用户可以通过创建宏来执行一项重复或者复杂的任务。
>
> 通过宏的自动重复执行任务的功能可以保证工作的一致性，还可以避免出现由于忘却了某一个操作步骤而引起的错误。
>
> 宏减少了执行任务的操作步骤，提高了工作的效率，也增加了操作的准确性。

3 创建一个空窗体，并将其保存为“主窗体”。选中【使用控件向导】按钮，在“主窗体”中添加命令按钮。打开【请选择按下按钮时执行的操作】界面，在【类别】列表框中选择【杂项】选项，在【操作】列表框中选择【运行宏】选项，然后单击下一步(N) >按钮。

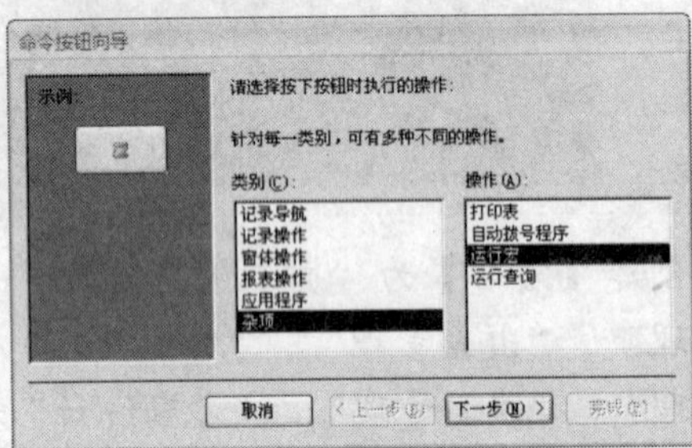

4 在打开的【请确定命令按钮运行的宏】界面中的列表框中选择【考勤管理系统宏.员工信息】选项，然后单击下一步(N) >按钮。

5 随即打开【请确定在按钮上显示文本还是显示图片】界面，选中【文本】单选按钮，并在文本框中输入“员工信息”，然后单击完成(F)按钮即可。

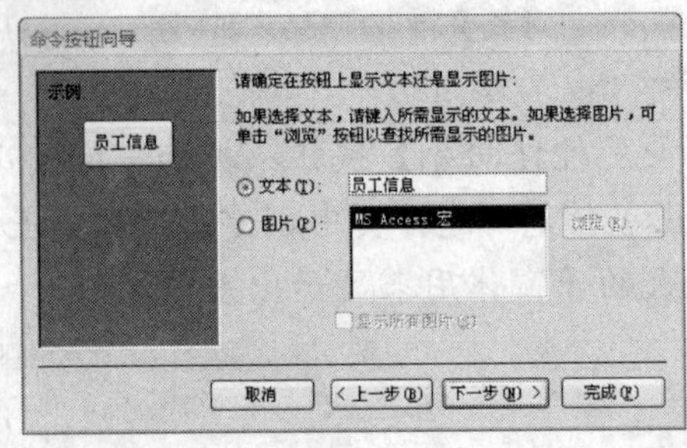

6 此时在【主窗体】界面中就添加了一个员工信息按钮。

> 提示
>
> Access 2007 中宏对象具有以下几个特殊功能。
>
> ① 在 Access 2007 的任何视图中打开或者关闭任何表、查询、窗体或者报表。
>
> ② 运行选择查询或者操作查询。
>
> ③ 模拟键盘操作，设置任何窗体或者记录控件的值，并向系统对话框中提供输入。
>
> ④ 显示提示性消息或者发出警告信息，以引起用户的注意。
>
> ⑤ 对数据库的任意对象更名、制作副本或者将其复制到另一个 Access 2003 数据库中。
>
> ⑥ 删除或者保存数据库中的对象。
>
> ⑦ 在 Access 2003 工作空间内移动、改变大小、最大化/最小化或者还原任意窗口等。

7 重复上面的操作，添加其他的按钮。在“主窗体”界面中添加 3 个选项组控件，将其【标题】属性分别设置为“员工信息”、“考勤信息”和“考勤统计”，然后调整所有控件的窗体布局，将相应的按钮圈起来。

8 选中【使用控件向导】按钮在窗体中添加一个按钮，随即弹出【请选择按下按钮时执行的操作】界面，在【类别】列表框中选择【应用程序】选项，在【操作】列表框中选择【退出应用程序】选项，然后单击下一步(N) >按钮。

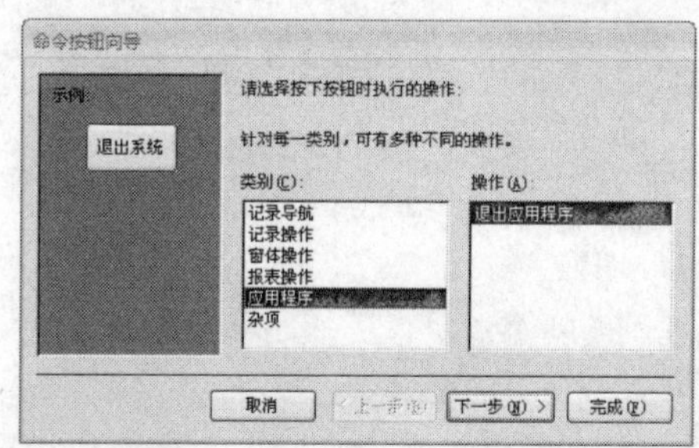

9 在打开的【请确定在按钮上显示文本还是显示图片】界面中选中【文本】单选按钮，在文本框中输入“退出系统”，然后单击 完成(F) 按钮。

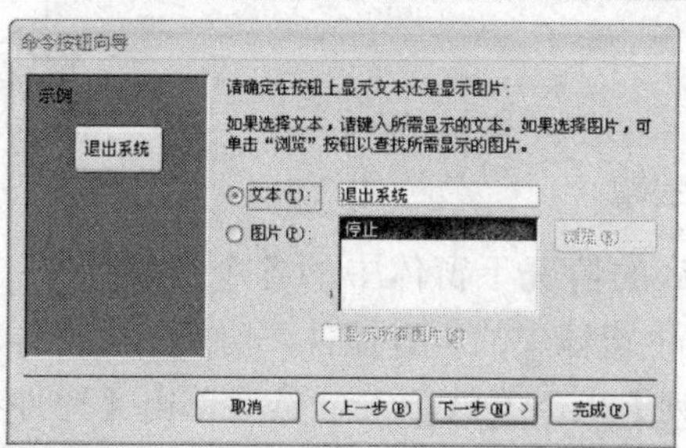

10 至此【主窗体】界面中的各个按钮即添加完毕。

11 运行【主窗体】窗体，然后单击其中的按钮即可打开相应的窗体界面。

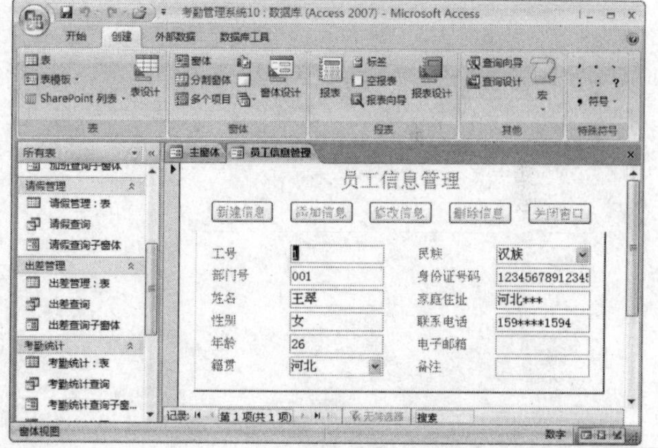

13.4 本章小结

本章介绍了一个简单的办公系统的设计方法和步骤。

主要包括系统的总体设计、系统设计和系统模块设计等，根据总体设计阶段的需求分析设计出系统流程图，根据系统流程图设计出系统中包括的各个数据表，然后设计表的各个字段和数据类型，最后设计数据库、数据表并实现各个模块的功能。

13.5 过关练习题

1. 填空题

(1) 默认的情况下窗体中的各个控件为_______状态。选中窗体中的所有控件，切换至【窗体设计工具 排列】上下文选项卡，然后单击【控件布局】组中的_______按钮可以使各个控件取消堆积状态。

(2) _______是用来完成特定任务的操作或者操作集，即一个或者多个操作的集合，其中每个集合执行特定的功能。用户可以通过创建_______来执行一项重复或者复杂的任务。

2. 简答题

(1) 在 Access 2007 中宏对象具有哪些特殊功能？

(2) 在 Access 2007 的 VBE 窗口中如何设置使其识别 ADODB 变量？

附录　Access 2007 实战技巧 300 招

一、Access 2007 实战技巧 300 招在光盘中的位置

本附录内容已经放在光盘中，光盘主界面如下图所示。

在光盘主界面中单击【实战技巧 300 招】按钮就可以查看附赠的 300 个 Access 2007 实战技巧。

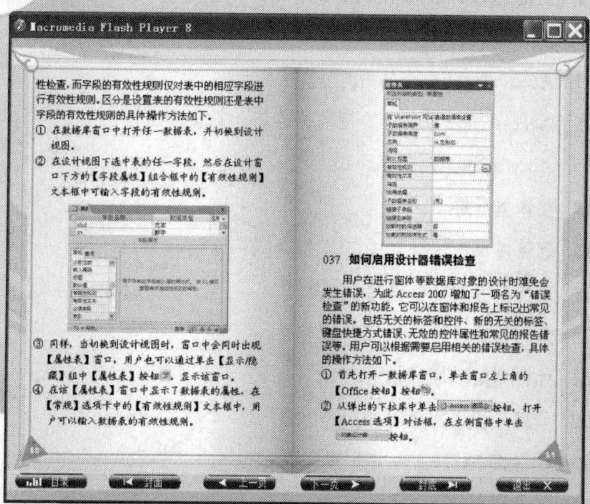

二、Access 2007 实战技巧 300 招索引

001. 如何通过属性表创建子数据表
002. 文本框的自动调整
003. 如何改变打开数据表时的默认视图方式
004. 如何解除禁用模式
005. 数据表建立关联后如何将不存在于主表的信息删除
006. 如何在打开数据表的同时自动展开子数据表
007. 如何设置非空字段
008. 如何使表中的字段以别名显示
009. 如何改变数据库窗口的整体风格
010. 如何改变数据库文档窗口的显示方式
011. 如何将功能区最小化
012. 如何改变自定义快速访问工具栏位置
013. 如何定义快速访问工具栏
014. 如何改变数据库的默认创建格式
015. 如何设置数据库用户名
016. 如何改变数据表的默认字体
017. 如何改变数据表的默认单元格效果
018. 如何改变数据表的默认颜色
019. 如何改变创建数据表时字段的默认类型
020. 如何设置在数据表中按下回车键时光标的移动方式
021. 如何设置箭头键的行为
022. 按箭头键时如何使光标始终定位于行记录
023. 如何在设计宏时默认显示条件列与名称列
024. 如何查看数据库的属性
025. 如何备份数据库
026. 如何压缩修复数据库
027. 如何在关闭数据库时自动压缩数据库
028. 如何区别设置的是单个还是全部数据库
029. 如何并置数据表中的字段
030. 如何在窗体中对某些字段进行数据锁定
031. 如何自动更正输入错误
032. 如何利用分析表工具优化数据表
033. 如何利用分析性能工具优化数据库
034. 利用在数据库名前加"#"预防数据库被下载
035. 利用字段属性检查表中数据的有效性
036. 如何区别表字段与表的有效性规则
037. 如何启用设计器错误检查
038. 利用事件过程对数据进行有效性检查
039. 在数据库文件名中保留空格避免数据库被下载
040. 如何打开【自定义词典】对话框
041. 通过虚拟目录保护数据库
042. 使用 ODBC 数据源保护数据库
043. 如何使查询窗体在打开时不显示空白窗体
044. 计算年龄表达式
045. 如何快速转换数据类型
046. 求和表达式
047. 格式化数字字段
048. 如何建立 Access 2007 的 ODBC 数据源

049. 数据透视图的主要包含部分
050. 如何通过数据透视图查看数据
051. 如何在切换面板窗口中实现多个切换页功能
052. 在切换窗口中打开窗体方法的主要区别
053. 如何更改切换面板窗口的默认面板切换页
054. 如何更改透视图的坐标轴标题
055. 如何将一个透视图分解为多个图表
056. 如何利用数据透视图筛选数据
057. 如何在数据透视图中细化对数据的分类
058. 如何为图表添加标题
059. 如何使用透视图中的系列区域
060. 如何查看图例
061. 如何对透视图中的数据进行不同汇总
062. 如何更改图表类型
063. 如何使数据透视图反映最新数据状态
064. 如何向透视图窗口中添加图例
065. 如何对图例中的字体格式进行设置
066. 如何改变图例的位置
067. 如何分别设置透视图中各图例项的格式
068. 将对应于图例项的各数据项设置为相应的数据格式
069. 如何通过【属性】窗口隐藏透视图中的字段按钮
070. 如何通过功能区按钮隐藏字段按钮
071. 如何通过功能区按钮快速显示字段按钮
072. 如何通过【属性】窗口显示字段按钮
073. 如何为数据透视图添加数据标签
074. 如何设置透视图中数值轴刻度
075. 如何设置透视图中分类轴刻度
076. 如何通过查询列查询其他表中数据
077. 如何删除子数据表
078. 子数据表与关系
079. 创建关系后主表中不显示子表
080. 如何嵌套子数据表
081. 显示或者隐藏网格
082. 删除子表与删除关系的关联
083. 如何隐藏表中的汇总行
084. 如何对表中记录进行汇总
085. 利用控件按钮在报表内添加徽标
086. 怎样使窗体完整显示
087. 如何在选项卡中载入窗体
088. 添加未绑定数据源文本框控件
089. 如何为文本框控件绑定数据源
090. 如何显示或隐藏标尺
091. 如何将控件作为整体调整
092. 如何启动控件向导
093. 如何添加新空白记录
094. 表的对应关系
095. 如何利用筛选器筛选出符合用户需要的记录
096. 利用快捷菜单筛选记录
097. 如何对记录按多个字段进行窗体筛选
098. 怎样对多表进行筛选或排序
099. 如何删除表关系
100. 选定字段和记录的技巧
101. 如何通过拖动鼠标改变行高
102. 如何准确调整行高
103. 如何将表中的列数据冻结
104. 如何隐藏选中的列
105. 如何改变字段顺序
106. 如何设置表中的字体
107. 如何美化数据表
108. 如何查找数据
109. 如何替换已有数据
110. 数据库加密机制
111. Access 2007 有哪些新特性
112. 安装 Access 2007 数据库后本地所有的网站都打不开
113. Access 2007 如何配合其他的 Microsoft Office 系统程序
114. Access 2007 适合的用户
115. Access 2007 如何配合现有服务器和数据库工作
116. Access 2007 数据库问题
117. 整体拖动组
118. 删除对象的快捷方式
119. 如何在导航窗格中删除对象
120. 如何设置多个字段为主键
121. 如何创建多字段索引
122. 如何导出表文件
123. 如何将 Excel 文件导入到表格
124. 如何利用导入步骤快速导入文件
125. 如何快速导出表文件
126. 设置主键时应该注意的问题
127. 如何修改出错记录
128. 如何对记录按单个字段进行排序
129. 如何将表中记录按多个字段值进行排序
130. 定义关系时引擎无法锁定的原因
131. 快速创建新关系
132. 如何创建一对一关系
133. 如何创建一对多关系
134. 如何显示表对话框

135. 如何在关系窗口中查看数据库的关系
136. 如何利用关系报告打印关系
137. 如何隐藏上次关系布局
138. 如何清除或保存关系布局
139. 快速绑定报表数据源
140. 利用报表向导创建报表
141. 针对数据源快速创建简单报表
142. 如何在属性表中对报表进行数据源的绑定
143. 对创建完的报表重新进行布局修改
144. 如何重新设计报表
145. 报表页眉/页脚与页面页眉/页脚区别
146. 在报表中进行字段计算
147. 如何对报表进行排序
148. 如何使报表中符合条件记录按要求显示
149. 在报表内通过添加控件添加日期和时间
150. 通过控件在报表内直接添加页码
151. 如何让报表中的记录按组显示
152. 查询类型详解
153. 如何建立简单查询
154. 如何通过查询设计器创建查询
155. 如何运行查询
156. 如何通过查询设计对记录进行分组汇总
157. 如何将更新结果生成单独的表
158. 如何利用查询更新源表中的记录
159. 为何更新查询不能执行
160. 如何将已建好的查询转换为所需要的类型
161. 如何进行交叉查询
162. 如何查看查询的 SQL 语句
163. 分割窗体
164. 创建关联简单窗体
165. 改变主键值导致的问题
166. 如何在创建窗体时快速编辑表
167. 如何在窗体中同时显示多条记录
168. 为何在创建窗体时不能修改记录
169. 如何按自己的需要创建窗体
170. 如何改变窗体的整体风格
171. 如何修改窗体设计
172. 如何修改窗体布局
173. 无法在窗体中修改记录
174. 窗体类型详解
175. 如何创建子数据表
176. 如何将当前表中的简体转换为繁体
177. 如何将当前表中的繁体转换为简体
178. 如何在打开数据库时自动打开切换面板窗口
179. 如何建立切换面板窗口
180. 拖动滚动条时窗体内容被覆盖
181. 如何将子数据表中嵌套的下级子数据表删除
182. 如何向窗体中添加选项卡
183. 如何通过普通窗体一次性浏览多条记录
184. 利用快捷菜单向选项卡中添加或删除页数
185. 如何利用模板创建数据库
186. 如何利用已有字段值创建表
187. 设置导航窗格中对象的打开方式
188. 显示隐藏消息栏
189. 如何完善选项卡属性
190. 如何启用 Windows XP 主题
191. 避免使用过程调用
192. 谨慎使用不定长数据类型
193. 灵活使用变量加快代码运行速度
194. 如何在启动 Access 程序时自动打开上次打开的数据库文件
195. 如何更加具体设置数据表格式
196. Access 2007 中常用的一些特殊键
197. 如何启用或禁用 Access 2007 特殊键
198. 隐藏或显示导航窗格
199. 默认情况下阻止导航窗格的显示
200. 如何在数据库中快速查找对象
201. 重命名或删除数据库中的对象
202. 如何利用导航条导入对象
203. 如何设置数据表的背景色
204. 如何设置表中字体
205. 如何快速改变数据格式
206. 使用压缩和修复数据库解决问题
207. 转换 Access 2007 数据库
208. 如何修改 Access 2007 数据库的默认路径
209. 如何将模板化的表添加到数据库中
210. ASP 如何连接 Access 2007 数据库
211. 如何将不同类型文件添加到字段中
212. 如何添加附加字段
213. 如何建立 C#与 Access 2007 数据库的连接
214. 如何将不同文件添加到附件字段中
215. 如何打开字段中包含的附件文件
216. 如何将数据库设置为共享
217. 如何将创建的数据库加密
218. 如何将附件中不需要的文件删除
219. 如何给数据库文件解密
220. 使用 Access 2007 时应注意的问题

221. 使用唯一的别名
222. 向 Access 逻辑字段写入逻辑变量
223. Access 对查询结果随机排序
224. SQL 语句创建表时的技巧
225. 如何在 Visual Basic 中用代码打印 Access 报表
226. 如何理解在数据库中删除记录但其大小不变
227. 使用表达式生成器中的几种常用符号
228. Access 2007 中的一些常用日期函数
229. 区别备注字段和 OLE 字段类型
230. 如何理解强制分页
231. 如何在数据库间使用相同的表
232. 显示单元格中的全部数据
233. 如何得到数据库对象的定义列表
234. 如何关闭数据库
235. 如何在窗体中画线
236. 如何快速展开导航窗格中的组
237. 如何快速折叠导航窗格中的组
238. 如何在导航窗格中显示对象详细信息
239. 如何在导航窗格中以图标方式查看对象
240. 如何通过导航窗格查看对象属性
241. 如何删除自动排序
242. 如何将组中对象按要求排序
243. 如何利用快捷菜单快速删除列
244. 快速插入时间和日期
245. 按要求打开数据库
246. 使用函数控制字段内容
247. 如何显示文字提示
248. 如何使用事件提示
249. 在 Visual Basic 中切换到数据库界面
250. 如何在查询设计窗口中设计字段别名
251. 通过查询窗口显示查询记录的格式
252. 在查询中计算
253. 如何最大化 Access 窗口
254. 如何最小化 Access 窗口
255. 如何正常显示 Access 窗口
256. 如何隐藏 Access 窗口
257. 如何利用【删除】按钮删除列
258. Access 对查询结果随机排序
259. Access 文件与 HTML 文档相互转换
260. 如何进入 Visual Basic 界面
261. 如何创建宏
262. 如何创建系列宏组
263. 通过功能区运行宏
264. 如何在设计视图下打开宏
265. 如何在导航窗格中双击运行宏
266. 如何显示宏名
267. 如何在宏中添加条件
268. 创建打开窗体的宏
269. 如何在宏中设计窗体打开时的不同视图
270. 在宏中设计以只读方式打开窗体
271. 以添加方式打开窗体
272. 以编辑模式打开窗体
273. 以对话框方式打开窗体
274. 单步执行宏命令
275. 以隐藏方式打开窗体
276. 以最小化方式打开窗体
277. 创建关闭窗体宏
278. 关闭数据库宏命令
279. 如何将宏转换为 Visual Basic 代码
280. 宏不能运行时的解决方法
281. 如何拆分数据库
282. 如何向导航窗格中添加项目
283. 如何在导航窗格中分组
284. 如何将单个对象添加到相应组中
285. 如何将多个对象添加到相应组中
286. 在导航窗格中直接分组数据库对象
287. 通过拖动对象移动数据库对象位置
288. 如何隐藏【未分配的对象】组
289. 如何在导航窗格中显示系统对象
290. 如何按创建日期在导航窗格中显示对象
291. 如何在导航窗格中按组筛选数据库对象
292. 如何按不同类别显示数据库对象
293. 如何更改导航窗格中自定义类别名
294. 如何更改导航窗格中组名
295. 如何更改类别中组的显示顺序
296. 如何快速改变组名
297. 如何隐藏组
298. 如何隐藏组中的对象
299. 如何显示隐藏对象
300. 如何根据需要命名各组中对象快捷方式